Antriebstechnik
in der Metallverarbeitung

Einführung in die Automatisierung

Antriebstechnik in der Metallverarbeitung

Einführung in die Automatisierung

Von

Dr.-Ing. Paul Volk

Abteilungsdirektor der Siemens-Schuckertwerke AG., Erlangen

Mit 393 Abbildungen

Springer-Verlag Berlin Heidelberg GmbH

1966

ISBN 978-3-642-92926-7   ISBN 978-3-642-92925-0 (eBook)
DOI 10.1007/978-3-642-92925-0

Titelnummer 1315

Vorwort

Die Antriebstechnik in der metallverarbeitenden Industrie hat sich im letzten Jahrzehnt sprunghaft weiterentwickelt. Den technologischen Forderungen nach einer weitgehenden Automatisierung hat die Elektrotechnik durch eine Verfeinerung der Signalverarbeitung mit Halbleiterbauelementen in überraschend vollkommener Weise Rechnung getragen. Wie der Untertitel des Buches andeutet, soll die Antriebstechnik im wesentlichen in dieser Entwicklungsphase geschildert werden.

Der Hinweis auf eine Einführung in die Automatisierung wirft die Frage auf, wo man mit den Betrachtungen anfangen soll. Wenn man vom Wesen der Automatisierung spricht, müßte das Problem sowohl von der naturwissenschaftlichen als auch von der geistes- und gesellschaftswissenschaftlichen Seite angepackt werden, denn bei der Automatisierung kommt es nicht nur auf die allbekannte Vergrößerung des Sozialproduktes an, sondern auch auf die Stellung des Menschen in diesem Prozeß. Wir dürfen die Menschlichkeit des Menschen, das, was man Humanität nennt, nicht außer acht lassen.

Auf diese sittlichen Werte wird in dem vorliegenden Buch nicht etwa deshalb nicht eingegangen, weil ihre Bedeutung unterschätzt wird, sondern weil der Verfasser sich auf den physikalischen Teil der Automatisierung beschränken möchte. Das Buch soll allen denen, die sich mit der Automatisierung beschäftigen müssen, genügend theoretische Kenntnisse vermitteln, um die aus Messungen und Beobachtungen erarbeiteten Einzelerfahrungen auf möglichst viele andere Fälle übertragen zu können.

Bei der Darstellung dieses Stoffes erscheint es wegen der Vielgestaltigkeit der Maschinen und der unerhörten Dynamik des technischen Fortschrittes zweckmäßig, in synthetischer Weise vorzugehen. Dabei werden die elementaren Bauelemente schrittweise erläutert und durch folgerichtige Zusammensetzung zu einem vollständigen Antrieb ausgebaut. Man kann dann auf die Beschreibung der Antriebe von einzelnen Maschinen weitgehend verzichten und vermeidet viele Wiederholungen. Lediglich in den letzten Kapiteln werden zur Betonung der Zielsetzung und als Anregung zu schöpferischer Tätigkeit einige fertige Anlagen analytisch beschrieben.

Für das Verständnis der Vorgänge brauchen wir die Mathematik. Die Voraussetzungen an mathematischen Vorkenntnissen sind im wesentlichen auf die elementaren Funktionen, die Grundlagen der Differential- und Integralrechnung und die komplexe Rechnung beschränkt. Darüber hinausgehende mathematische Hilfsmittel sind im Text erläutert und möglichst so angewendet, daß das Schwierigere sich auf dem vorhergehenden Leichteren aufbaut.

Der damit angestrebte einheitliche Gedankengang erleichtert die Zusammenarbeit zwischen dem spezialisierten Fachmann auf der elektrischen und dem Maschinenbauer auf der technologischen Seite. Letzterer soll in der Lage sein, die zukünftige Entwicklung durch eine klar umrissene Aufgabenstellung zu beeinflussen. Der Elektriker muß berechtigte oder auch unbedachte technologische Forderungen hinsichtlich der Auswirkung auf Aufwand und Betriebssicherheit kritisch beurteilen können.

Bei der Materialsammlung und -ordnung standen mir die Einrichtungen und Erfahrungen aus dem Hause Siemens und dem Springer-Verlag in großzügiger Weise zur Verfügung. Ich darf auch hier allen Mitarbeitern für ihre wertvollen Anregungen und mühevolle Kleinarbeit herzlich danken.

Erlangen, im Februar 1966

P. Volk

Inhaltsverzeichnis

I. Einleitung

Bei der Behandlung der Antriebstechnik in der Metallverarbeitung wollen wir die Betonung auf Automatisierung legen. Die mechanischen Prozesse selbst werden nur insoweit beschrieben, als sie zum Verständnis der Automatisierung nötig sind. Wir beschränken uns dabei auf Fertigungsprozesse, die durch mechanische Kräfte entstehen, also Veränderungen von festen Körpern — hauptsächlich Metallen — verursachen; diese wirken sich auf die Form der Körper, ihre Eigenschaft oder ihre Lage zueinander aus.

Das Wesen dieser Fertigungsprozesse ist, daß sie sich nicht von selbst vollziehen, sondern nur durch die bewußte Beeinflussung durch den Menschen zustande kommen. Die treibende Kraft für diese schöpferische Tat geht auf existentielle Bedürfnisse zurück.

Historisch gesehen muß die Entstehung dieser Fertigungsprozesse wohl auf die Steinzeit zurückgeführt werden, in der sich der Mensch — im Gegensatz zum Tier — naturfremde Werkzeuge fertigte, die ihm im Kampf ums Dasein Vorteile brachten.

Anstelle des spröden Steines trat dann später das Metall. Es ist bis heute noch der gebräuchlichste Werkstoff für die meisten Werkzeuge, die wir für die mechanischen Fertigungsprozesse benötigen. Mit diesen Werkzeugen konnte man andere feste Gegenstände bearbeiten und ihnen Formen und Eigenschaften geben, die in erster Linie das Leben erleichtern sollten. Das Handwerk war entstanden.

In dieser ersten Phase der Entwicklung ist das grundsätzlich Neue das Werkzeug. Es ist eine Erfindung des Menschen, mit der er seinen ihm von der Natur gegebenen Kräften mehr Wirkung in einer bewußt gewünschten Richtung gibt. Der Mensch beschäftigte sich also mit dem, was wir heute Technologie nennen. Auch heute noch ist es wichtig, erst die technologischen Verhältnisse auf Entwicklungsmöglichkeiten hin zu untersuchen, und wir erleben es immer wieder, daß grundsätzlich neue Wege durch technologische Fortschritte möglich sind.

In der zweiten Entwicklungsphase genügte dem Menschen die Kraft seiner eigenen Muskeln nicht mehr. Er suchte nach neuen Energiequellen. Das fing beim Sklaven und Haustier an und bekam neue Impulse durch Erfindungen zur Ausnutzung der Naturkräfte. Das Wasserrad spielte dabei eine große Rolle. Die Dampfmaschine leitete schließlich ein neues Zeitalter ein.

Das wesentlich Neue dieser Entwicklungsepoche ist wohl die Einführung der Drehbewegung, die Erfindung des Rades als tragendes Konstruktionselement der Maschine. Der Mensch mußte die in der Natur hauptsächlich vorkommende translatorische Bewegung in eine rotatorische Bewegung verwandeln. Abb. 1 zeigt einen solchen kinematischen

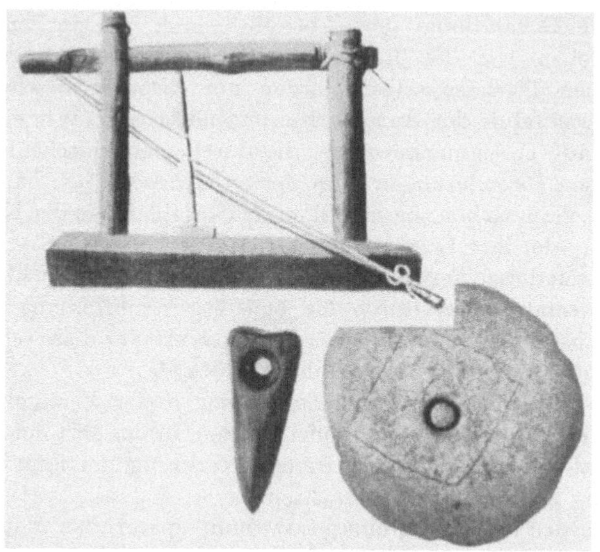

Abb. 1. Bohrvorrichtung (Rekonstruktion) um 4000 v. Chr. mit Bohrproben (Museum für Völkerkunde Berlin)

Wandler in der Form des Fiedelbogens. Die rotierende Energie ermöglichte das Bohren. Erst viel später versetzte man das Werkstück in Drehbewegungen und hielt das Werkzeug fest. Es entstand das Drehen (Abb. 2). Damit ließen sich schon die neuartigen umlaufenden Konstruktionselemente bearbeiten, um Maschinen für die Ausnutzung der Naturkräfte zu bauen [1].

Ein wichtiger Schritt auf dem Wege des technologischen Fortschritts war die Erfindung der Dampfmaschine. Die erzeugte Energie war jetzt schon so groß, daß man damit nicht nur einzelne Maschinen, sondern vielmehr die Einrichtungen ganzer Fabriken antreiben konnte. Es kam jetzt darauf an, den Energiestrom zu bändigen, also die einzelnen Maschinen im richtigen Augenblick an die energieverteilenden Transmissionen anzuschließen und nach erfolgter Arbeit wieder zu trennen. Man mußte fremden Energiestrom dem menschlichen Willen genauso gefügig machen, wie es die Muskeln als Energiequelle sind. Genauso wie im Gehirn des Menschen entstandene Entscheidungen die Muskeln durch Nachrichten zur Bewegung veranlassen und diese durch die Sinnesorgane kontrolliert werden, genauso mußte man den fremden Energiefluß mit Nachrichten versehen können, die vom Bedienungsmann der Maschine ausgingen.

Auch heute noch vollzieht sich jeder Fertigungsprozeß durch eine ihm — und nur ihm — eigentümliche Zusammenwirkung von Energie und Nachricht. In diesem Verzahnungsproblem zweier wichtiger Gebiete der Technik — der Energietechnik und der Nachrichtentechnik —

Abb. 2. Holzdrehbank. Antrieb mittels Stoßstange, nach einem Kupferstich von 1736

führte eine weitere grundsätzliche Erfindung zu einer völlig neuen Situation, nämlich dem Elektromotor.

Seine Bedeutung liegt in der Änderung der Energieart, die jetzt mit seiner Hilfe ganz nahe an der Verbraucherstelle erfolgen kann. Die langen mechanischen Energieleitungen konnten wegfallen, mit ihnen die großen Energieverluste in den Übertragungsgliedern. Wegfallen konnten auch mechanische Kupplungen, um den Energiefluß zu steuern. Dafür kamen leicht verlegbare elektrische Leitungen, die wenig Energieverluste brachten und vielseitige Möglichkeiten schufen, den Energiefluß durch elektrische Schalt- und Stellglieder mit Nachrichten aller Art zu versehen.

Die so entstandenen Fertigungsstätten — Fabriken — produzieren heute viel mehr als der Mensch für seine existentiellen Bedürfnisse benötigt. Der Mensch möchte nämlich nicht nur existieren, er möchte Freude haben am Besitz und Verbrauch von nützlichen Gütern. Für die Herstellung dieser Güter will der Mensch aber möglichst wenig Arbeit aufwenden, denn durch Arbeit wird er abhängig. Der Mensch möchte seinem Wesen nach frei sein.

1*

Die heutige Wirtschaft braucht seinen großen Konsum. Sie muß dem Menschen, den sie beschäftigt — wenn man von Maßnahmen der Forschung und Verteidigung absieht —, so viel geben, daß er die produzierten Güter kaufen und verbrauchen kann. Die Wirtschaft pulsiert deshalb zwischen zwei entgegengesetzten Polen, zwischen Rationalität der Produktion und der Irrationalität des Konsums. Diese zwei Kräfte müssen sich das Gleichgewicht halten, sonst ist Arbeitslosigkeit einerseits oder Inflation andererseits zu befürchten. In der Aufrechterhaltung dieses Gleichgewichtes spielt die Automatisierung eine immer größer werdende Rolle. Durch sie wird von weniger Menschen mehr produziert. Sie befreit den Menschen von der monotonen mechanischen Arbeit. Seine Tätigkeit verlagert sich auf neuartiges geistiges Gebiet. Er muß mehr lernen, um die Produktion zu verstehen, ist mit seiner Tätigkeit nicht mehr an einen kurzen Arbeitstakt gebunden und fühlt sich freier.

Bei allen Fragen der Automatisierung müssen wir deshalb sowohl an die rationelle Fertigung als auch an den Menschen denken, der hier zwei Rollen spielt: Er arbeitet mit an der Produktion und ist als Konsument der entscheidende Marktfaktor. Wir wollen uns nicht mit diesen Marktfragen, die voller Werturteile stecken und mit soziologischen Interessen verbunden sind, beschäftigen, sondern denken an die rationelle Fertigung und den arbeitenden und schöpferischen Menschen. Dabei wollen wir von der schon genannten Erkenntnis ausgehen, daß jeder Fertigungsprozeß durch eine ihm eigentümliche Zusammenwirkung von Energie und Nachricht gekennzeichnet ist.

II. Das Wesen der Automatisierung

Die Aufgabe des Menschen besteht zunächst darin, an den Energiefluß Nachrichten im richtigen Augenblick zu geben. Leider ist der Mensch für unsere Ansprüche recht unvollkommen und oft schuld daran, daß der Prozeß nicht mit der optimalen Produktivität abläuft. Unter Produktivität verstehen wir dabei letzten Endes das Verhältnis zwischen dem Ergebnis einer Produktionsanlage und dem hineingesteckten Aufwand. Durch die Automatisierung soll das Zusammenwirken von Nachricht und Energie nach einer optimalen Produktivität ausgerichtet werden.

Es besteht kein Zweifel, daß die Lösungselemente für diese Aufgaben in der Steuerungs- und Regelungstechnik zu suchen sind. Hier bieten sich Möglichkeiten an, die gelegentlich weit über die Grenzen dessen hinausgehen, was durch Einsatz des Menschen erreicht werden kann.

Und doch soll gleich von vornherein auch sehr deutlich gesagt sein, daß es in der Fertigungstechnik nicht immer möglich sein wird, den Menschen durch Roboter zu ersetzen. Die besten Computer werden die jahrzehntelange Erfahrung unserer Facharbeiter, ihr Fingerspitzengefühl, ihr handwerkliches Können, ihre Einsatzbereitschaft und ihr Verantwortungsgefühl nicht ersetzen können.

Bei der Analysierung der Lösungswege gehen wir von dem in der Einleitung erwähnten Hinweis aus, daß die Änderung der Energieart eine große Rolle spielt.

A. Wahl der Energieart

Mechanische Fertigungsprozesse erfordern mechanische Energie. Es ist schwierig, diese Energieart mit Nachrichten zu beeinflussen. Man braucht dazu mechanische Kupplungen verschiedenster Art. Viel einfacher ist es aber, die elektrische Energie mit Nachrichten zu versehen. Dafür stehen schnellwirkende Schalter oder kontaktlos arbeitende Einrichtungen zur Verfügung, die leicht fernsteuerbar sind. Das führt dazu, die Energie der Verbraucherstelle zunächst auf elektrischem Wege zuzuleiten und möglichst spät in die verlangte mechanische Energie überzuführen.

Dies soll am Beispiel der historischen Entwicklung des Antriebes einer Bohrmaschine näher erläutert werden. Die Änderung der Wärmeenergie in mechanische Energie erfolgt in der Dampfmaschine, die einen Niederspannungsgenerator antreibt. Die elektrische Energie wurde anfangs noch an die Gruppenantriebe weitergeleitet (Abb. 3a), die zuerst Gleichstrommotoren, später Drehstrommotoren mit Schleifringläufer waren. Die am Motorwellenende zur Verfügung stehende mechanische Energie bedurfte noch einer Drehmomentwandlung, die sich im Riemenvorgelege vollzog, dessen Riemenscheiben verschiedene Durchmesser hatten. Als weiteres Bauelement benötigte man einen Energieschalter, weil man die mechanische Energie zu- und abschalten mußte. Als Schalter diente das Riemenvorgelege mit Fest- und Losscheibe [18].

Beim nächsten Schritt, dem Einzelantrieb (Abb. 3b), erkennen wir als wesentliche Änderungen zunächst einen Energieschalter, der die Energie nicht mehr auf mechanischem Wege, sondern durch einen elektrischen Schalter zu- und abschaltet (Abb. 3b). Die außerhalb der Maschine liegenden Drehmomentwandler mit Riemen und Vorgelege fallen weg. Danach vollzog sich innerhalb der Maschine ebenfalls eine Abkehr vom Riemen. Als Drehmomentwandler dienten Zahnradgetriebe mit einrückbaren Zahnrädern für die Drehzahlwahl (Abb. 3c). Der Zerspanungsleistung sind jetzt keine energetischen Grenzen mehr gesetzt. Im Rahmen dieser ganz auf die Maschine gerichteten Entwicklungstendenzen entstand nach und nach der „Regelantrieb". Man versuchte, die Drehzahländerung ganz dem Motor zu übertragen (Abb. 3d). Dazu war es notwendig, jeder Energieverbraucherstelle innerhalb der Maschine einen eigenen Motor mit möglichst stetig veränderbarer Drehzahl zuzuordnen. Da der Drehmomentwandlung im Motor physikalische Grenzen gesetzt sind, entstanden Getriebe mit elektrisch fernsteuerbaren

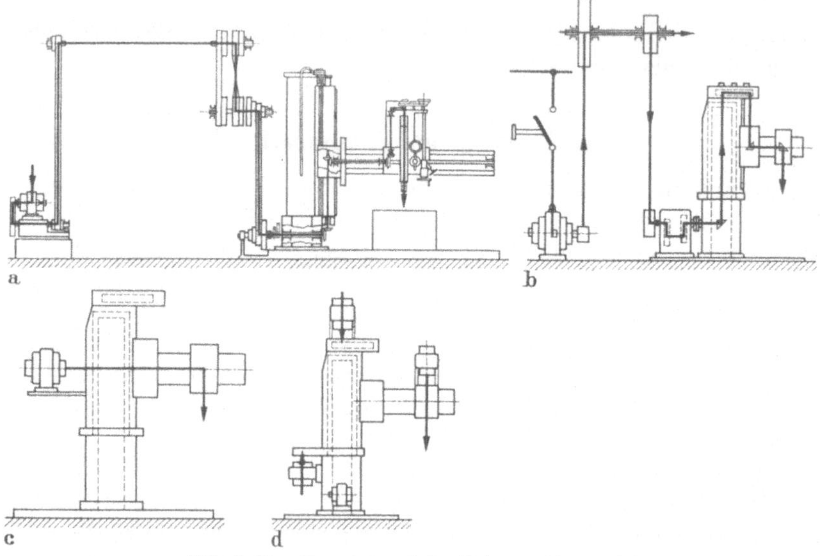

Abb. 3. Der Energieweg beim Bohrmaschinenantrieb
a) Gruppenantrieb; b) Einzelantrieb mit Deckenvorgelege; c) Einzelantrieb;
d) Mehrmotorenantrieb

Kupplungen. Schon vorher erhielten die für die einzelnen Motoren vorhandenen Schalter Einrichtungen für die Fernsteuerung. Damit waren die Voraussetzungen geschaffen, den Energiefluß in zweckmäßiger Form mit Nachrichten zu versehen.

B. Nachrichtenart

In der Umgangssprache ist Nachricht eine Mitteilung zum „Sichdanach-richten", ist Übermittlung von Begebenheiten, Belehrung, Auskunft, Information. Die moderne Technik erfordert eine Erweiterung des Begriffes der Nachricht. In Anlehnung an eine Definition von KÜPFMÜLLER [2] kann man jede, nicht voraussehbare, denkbare Folge von Ereignissen Nachricht nennen. Nachricht ist also das nicht Voraussetzbare, nur mit einer gewissen Wahrscheinlichkeit zu Erwartende. In die Informationstheorie hat man deshalb ein quantitatives Maß für die Nachricht eingeführt, das vom reziproken Wert der Wahrscheinlichkeit für das Eintreffen eines Ereignisses abhängt. Je kleiner die Wahrscheinlichkeit eines Ereignisses ist, um so mehr Nachricht vermittelt es.

Bei der Betrachtung der Nachrichtenverarbeitung für die aufgezeichneten Aufgaben wollen wir die Nachricht als Oberbegriff werten. Informationen sind Darstellungsformen einer Nachricht. Nach der NTG-Empfehlung 0102 (Entwurf 1962) ist das Signal „die physikalische Repräsentation einer Nachricht". Es hat eine physikalische Dimension und eine meßbare Größe.

1. Informationen

Wie wir einleitend festgestellt haben, sind mechanische Fertigungsprozesse ohne den Menschen nicht denkbar. Er ist nicht nur ihr Schöpfer, sondern er hat auch den Willen sie durchzuführen. Sowohl für den schöpferischen Gedanken als auch für die Willenskraft zur ausführenden Handlung liegen dem Menschen Informationen aus seiner Umwelt vor, die er durch seine Sinnesorgane wahrnimmt und durch gedankliche Weiterverarbeitung zur entscheidenden Handlung heranreifen läßt oder als neue Information anderen Menschen weitergibt. In deren Kreis entstehen dann die für die Durchführung des Fertigungsprozesses notwendigen „Handlungen" zur Einleitung des Energieflusses. Die Verbindung der Information mit dem Energiefluß stellt das Signal her.

2. Signale

Für die Automatisierung ist das Signal von grundlegender Bedeutung. Wir wollen bei ihm unterscheiden zwischen der Signalart und der Signalform. Die Signalart sagt aus, ob es sich um ein elektrisches, optisches, akustisches, hydraulisches oder pneumatisches Signal handelt. Wir wollen uns hier vorwiegend mit elektrischen Signalen beschäftigen, worunter aber alle Signale zählen, bei denen auch auf mittelbarem (hydraulisch, pneumatisch usf.) Wege ein elektrischer Impuls zur Weiterleitung entsteht.

Bei der Signalform lassen sich 5 Hauptformen unterscheiden:

a) Das stetig veränderliche und kontinuierliche Signal. Es kann in einem vorgegebenen Intervall jeden beliebigen Wert annehmen. Es wird auch als analoges Signal bezeichnet, weil es einen anderen physikalischen Wert nachbildet, ihm also analog ist [19].

b) Numerische, digitale und quantisierte Signale nehmen nur bestimmte diskrete Werte an, welche ein ganzes Vielfaches einer frei wählbaren kleinsten Einheit betragen. Werte unterhalb dieser Einheit sind nicht angebbar. Diese Signale treten z. B. beim Zählen und in der Digitaltechnik auf.

c) Logische und zweiwertige (binäre) Signale nehmen nur zwei Werte an, die im allgemeinen durch kein Signal (0) und Signal (1) wiedergegeben werden. Sie charakterisieren zwei Zustände wie „ein–aus" oder „wahr–falsch" oder „leitend–sperrend". Im Gegensatz zum analogen und digitalen Signal besteht zwischen der physikalischen Ausgangsgröße kein funktioneller (z. B. algebraischer), sondern ein logischer Zusammenhang.

Ein Wechsel des logischen (binären) Signals vom Zustand 0 auf 1 oder umgekehrt stellt in seinem Nachrichteninhalt eine Elementarentscheidung dar. Sie wird als Nachrichteneinheit (NE) betrachtet und hat im technischen Sprachgebrauch die Bezeichnung „bit" als Abkürzung für den englischen Ausdruck „binary digit". Es sind auch mehrwertige Signalformen denkbar. Ternäre Signale haben drei stabile Betriebszustände, die z. B. durch die Werte plus Eins, Null, minus Eins gekennzeichnet sind.

Im Grenzfall geht ein n-wertiges System in die analoge Signalform über. In der digitalen Signalverarbeitung werden aber fast ausschließlich binäre Systeme verwendet.

d) Impulsförmige Signale treten in Form von einzelnen diskreten, zeitlich begrenzten Zustandsänderungen auf, wobei z. B. deren Form, deren Amplitude und deren Breite maßgebend sind. Diese Werte können kontinuierlich oder digital sein. Es kann auch die Zahl der Einzelimpulse in einem Impulspaket maßgebend sein. Das Signal kann z. B. aus Gleichstromimpulsen oder periodischen, auch hochfrequenten Schwingungen bestehen.

e) Stochastische, aleatorische oder regellose Signale haben einen Wert, der einem Zufallsprozeß unterliegt. Sie können sowohl kontinuierlich wie impulsförmig verlaufen. Zu ihnen gehören vor allem die Störsignale.

In unseren Betrachtungen beschränken wir uns also auf Signale, deren physikalische Dimension und Intensität durch elektrische Größen gekennzeichnet werden können. Ist diese elektrische Größe ein Energiewert, spricht man von einem „aktiven" Signalglied, weil es ohne Zuhilfenahme der Energie eines anderen Signalgliedes im Ausgang mit endlichem Widerstand einen Strom erzeugt. Die meisten Signale kommen von „passiven" Signalgliedern, die eine fremde Energiequelle benötigen. Jedes passive Signal muß also erst „verarbeitet" werden, bevor es wirksam werden, also einen anderen Vorgang auslösen kann.

Aber auch das „aktive" Signal wird selten in der Lage sein, einen meist größeren Energiefluß zu ändern. Diese „aktiven" Signale müssen dann zunächst verstärkt werden.

C. Der Mensch als Informationswandler

Die für einen Fertigungsprozeß vorliegenden Informationen muß der Mensch nach zwei völlig verschiedenen Richtungen in Signale für die Beeinflussung des Energiestromes verwandeln.

Einerseits muß er dafür sorgen, daß die dazu nötigen Einrichtungen für den Energiefluß, die Signalgabe und Signalverarbeitung entstehen. Das ist im weiteren Sinne eine Aufgabe des Konstrukteurs. Andererseits sorgt er aber auch dafür, daß mit diesen Einrichtungen die Fertigungskapazität den Marktbedürfnissen angepaßt und in Gang gehalten wird. Darüber hinaus muß er an die betrieblichen und soziologisch-wirtschaftlichen Erfordernisse denken.

Die Aufgabe des *Konstrukteurs* soll dabei so umfassend wie möglich sein. Er soll nicht nur die elektrischen Einrichtungen an sich konstruieren, sondern muß auch weitgehend die Fertigungsverfahren beeinflussen und in die Gestaltung der Werkstücke eingreifen.

Ein weiterer ganz wesentlicher Gesichtspunkt ist die Betriebssicherheit der Einrichtungen. Dazu gehört die Wahl der geeigneten Bauelemente und ihre Beurteilung hinsichtlich der Lebensdauer und der Möglichkeit einer schnellen Ersatzbeschaffung. Es müssen also günstige betriebliche Voraussetzungen geschaffen werden.

Am sichersten sind Erfolge immer dann zu erwarten, wenn es gelingt, mit der Automatisierung ein neues Qualitätsniveau zu erreichen, an das vorher nicht heranzukommen war. Solche Fälle gibt es viele.

Wesentlich schwieriger wird die Wahl der Mittel bei der Automatisierung, wenn diese qualitativen Fortschritte nicht mehr ausschlaggebend sind, weil die vorherige Qualität den gestellten Anforderungen genügte. Dann muß die Automatik wirtschaftlichen Gesichtspunkten Rechnung tragen.

Stehen die wirtschaftlichen Überlegungen im Vordergrund, hängt der bei der Automatisierung einzuschlagende Weg wesentlich von der Stückzahl ab. Sie bestimmt, ob man die Automatisierung nach technologischen, energetischen oder nachrichtentechnischen Gesichtspunkten durchführt. Bei der Frage, welcher dieser drei Gesichtspunkte in Frage kommt, kann man schon von einer Gesetzmäßigkeit insofern sprechen, als technologische Gesichtspunkte immer dann mit Vorzug zu betrachten sind, wenn es sich um große, d. h. besonders extrem große Stückzahlen handelt. Bei kleiner werdenden Stückzahlen gewinnen energetische Lösungen an Bedeutung, und die untere Grenze in der Mengenfertigung wird man mit nachrichtentechnischen Lösungen suchen müssen. Je nach den gegebenen Voraussetzungen verwendet man Sondermaschinen, Maschinengruppen oder ganze Fertigungsstraßen.

Leider liegen die für eine weitgehende Automatisierung notwendigen Stückzahlen wegen der Marktverhältnisse oft nur zeitweise vor. Man sucht deshalb nach Lösungen, sich flexibel der Stückzahl anzupassen. Die elektrischen Einrichtungen der Automatisierung sind dafür am geeignetsten. Der Gedanke führt dann wieder von der technologisch eingerichteten Spezialmaschine weg zu der elektrisch gesteuerten

Universalmaschine hin. Das anzustrebende Ziel wird auch hier nicht in einseitigen Extremlagen liegen, sondern muß wirtschaftlich vertretbare Kompromisse eingehen. Dabei spielt eine entscheidende Rolle die Fertigungs-Zeitkonstante. Sie ist groß in der unflexiblen Massenproduktion und führt zu niedrigen Stückkosten. Flexible Fertigungen haben kleine Zeitkonstanten, ergeben aber höhere Stückkosten. Der erstrebte Kompromiß wird wohl häufig darin liegen müssen, daß der große Teil der Fertigung unflexibel — also billig — ist und nur eine kleine flexible Fertigung zur Abdeckung der Spitzenbelastung dient.

Noch schwieriger werden die Verhältnisse, wenn die Marktsituation eine Änderung des Arbeitstaktes verlangt, was aber auch aus technologischen Gründen notwendig sein kann, wenn sich beispielsweise die Materialeigenschaften bei einer neuen Lieferung plötzlich ändern. Ähnliche Verhältnisse ergeben sich, wenn an den Fertigungsstraßen Menschen ausfallen und nicht sofort ersetzt werden können. Sind diese Störungen vorübergehend, so wird man sich durch Bildung von kleinen Zwischenlagern helfen können.

Ziel jeder überlegten Betriebsführung wird es deshalb immer sein, durch Maßnahmen aller Art möglichst große Serien zu fertigen und kleine Serien auf ein Minimum zu reduzieren. Dazu kann der Vertrieb beitragen, in dem er den Verkauf normaler Geräte besonders pflegt. Das wird Grenzen nur an der Wettbewerbsfähigkeit haben. Einen wichtigen Beitrag muß zu diesen Fragen auch die Konstruktion in der Form bringen, daß einheitliche Bausteine für die verschiedenen zu bauenden Maschinen herangezogen werden, so daß zumindest die Bauteile in großen Stückzahlen anfallen. Dazu kann die Normung wesentlich beitragen.

All diese Erkenntnisse lassen die Forderung nach einer möglichst flexiblen Anpassung des Fertigungstaktes an die vorliegenden Betriebs- oder Marktverhältnisse als einen außerordentlich wichtigen Faktor bei der Automatisierung erkennen. Sie runden die Aufgaben ab, die an die elektrischen Einrichtungen in den Fertigungsprozessen gestellt werden.

Während diese für die Automatisierung an sich wichtigen Arbeiten des Menschen in der Konstruktion, Planung und dem Verkauf der Erzeugnisse sich mehr im Hintergrund abspielen, tritt der *Bedienungsmann* der Maschine bei allen Gedanken über die Automatisierung viel stärker hervor. Die Aufgaben des Menschen an der Maschine haben sich im Laufe der Zeit wesentlich geändert. Ursprünglich kannte der gelernte Facharbeiter nicht nur die Technologie des Werkzeuges und die Kinematik der Maschine, sondern war auch in der Lage, die aus dem Konstruktionsbüro kommenden Zeichnungen zu lesen, den Fertigungsablauf festzulegen, die Arbeitsgeschwindigkeiten zu wählen und das fertige

Werkstück zu prüfen. Er übernahm darüber hinaus wesentliche Teile des Transportes des Werkstückes und sorgte für den geordneten Ablauf des Späneflusses und des Kühlmittels. Zuletzt sorgte er noch für seine eigene Sicherheit und hatte dabei verständlicherweise den Wunsch, mit möglichst wenig eigener körperlicher Arbeit ein Verdienstmaximum zu erzielen.

Dabei stellte man zunächst ganz primitiv fest, daß immer dann, wenn der Mensch an der Maschine „arbeitet" — also er beispielsweise einspannt, Drehzahlen wählt, mißt, ausspannt u. dgl. Manipulationen vornimmt —, die Maschine nicht produziert. Man will aber verständlicherweise, daß sie möglichst viel produziert, mußte deshalb die Tätigkeit des Menschen weitgehend überflüssig machen bzw. durch Maschinenfunktionen ersetzen.

Nun kosten alle maschinellen Einrichtungen, die den Menschen ersetzen, Kapital, das verzinst und getilgt werden muß. Die Kapitalkosten K wachsen mit zunehmender Automatisierung A, während die Lohnkosten L abnehmen. Sind in diesen Lohn- und Kapitalkosten die übrigen zu dieser Fertigung gehörenden „Gemeinkosten" enthalten, so ist der Preis P für das gefertigte Werkstück

$$P = L + K \tag{1}$$

Der Stückpreis wird ein Minimum, wenn

$$\frac{dP}{dA} = \frac{dL}{dA} + \frac{dK}{dA} = 0 \tag{2}$$

Der Automatisierungsgrad ist damit eine Größe, die sich nach den Lohnverhältnissen und dem Kapitalmarkt richtet, also z. B. in Indien einen anderen Wert haben wird, als in den USA [20].

Ganz unabhängig davon, wie hoch dieser Automatisierungsgrad liegen muß, wird man für die Bedienung der Maschinen in automatisierten Fertigungen verlangen, daß billige Arbeitskräfte eingesetzt werden können. Es werden zwangsläufig wenig Vorkenntnisse vorausgesetzt. Damit das Anlernen schnell geht, muß die Bedienung einfach sein und soll wenig körperliche Arbeit verlangen. Das führt jedoch dazu, daß für das Einrichten der Maschine und die Instandhaltung getrenntes Personal zur Verfügung stehen muß, dessen Lohn allerdings in Gl. (1) mit einzubeziehen ist.

Bei der Rolle, die der Mensch in diesem Zusammenhang spielt, muß man an dreierlei denken:

Erstens sollen die Trägheit des Menschen, seine Unzulänglichkeit und seine Bequemlichkeit ausgeschaltet werden. Man versieht also die Automatik mit Gedächtnisfunktionen, die einen fortlaufend sich wiederholenden Arbeitsrhythmus ermöglichen, nimmt dem Menschen einfache logische Entscheidungen ab, die beispielsweise bei der Beobachtung von Meßwerten zu treffen sind und mutet ihm nicht die Ausführung unbequemer Arbeiten zu.

Zweitens muß man aber auch erkennen, daß es Vorgänge gibt, bei denen die Fähigkeiten des Menschen, sie zu beobachten und zu beeinflussen, einfach nicht mehr ausreichen. Dazu gehört z. B. das maßgerechte Beobachten oder die Speicherung von Zahlenmaterial und die Notwendigkeit, schnelle, oft extrem schnelle Entscheidungen zu treffen auf Grund von zwar immer gleichen, aber doch sehr komplizierten logischen Verknüpfungen.

Drittens sollte man aus sozialen und ethischen Gründen überall da den Menschen durch Maschinen ersetzen, wo seine Tätigkeit menschenunwürdig geworden ist.

Zusammenfassend soll die Aufgabe des Menschen an der Maschine durch Abb. 4 beispielhaft erläutert werden. Die Abbildung zeigt den Energiefluß für eine mechanische Fertigung (*1*) von einem Drehstromnetz (*2*) aus, über einen Transformator (*3*), gesteuerten Gleichrichter (*4*), Motor (*5*) und Kupplung (*6*). Sie zeigt auch als willkürliches Beispiel einige Ansatzpunkte, an denen der Energiefluß mit Nachrichten versehen werden kann. Da ist zuerst der fernbetätigte Schalter (*7*), der den Transformator an Spannung legt. Weiter ist der Steuersatz (*8*) zu erwähnen, der den schnell wirkenden Gleichrichter zu einem feinstufigen Stellglied des Energiepotentials macht. Ebenso sinnvoll kann ein Verstärker (*9*) im Erregerkreis des Motors sein, der den magnetischen Fluß ändert [*21*].

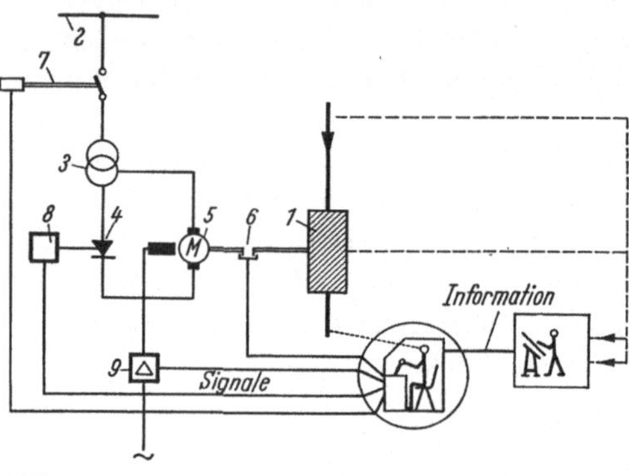

Abb. 4. Beeinflussung des Energieflusses durch Signale
1 Fertigungsprozeß; *2* Netz; *3* Transformator; *4* gesteuerter Gleichrichter; *5* Motor; *6* Kupplung; *7* Schalter; *8* Steuersatz; *9* Verstärker im Erregerkreis des Motors

Es kristallisiert sich für die Nachrichten ein als Kreis dargestellter Ort heraus, in dem die Information in ein Signal verwandelt wird. Mit zunehmender Automatisierung wandert dieser Ort immer weiter in den Informationsraum hinein, also vom Prozeß weg. Hier vollzieht sich also der umgekehrte Vorgang wie beim Energiefluß, bei dem der Ort für die Änderung der Energieart im Laufe der Zeit immer näher an den Fertigungsprozeß herangerückt ist.

III. Der Energiefluß

A. Allgemeines

Bei der Behandlung des Energieflusses wollen wir uns von dem vorstehend aufgezeigten Entwicklungsgesetz leiten lassen und den Ort der Änderung der Energieart immer im Auge behalten, wenn es darum geht, den Energiefluß in geeigneter Weise mit Nachrichten zu versehen. Dabei müssen wir uns um den Energiefluß selbst so weit kümmern, als seine Eigenschaften sich auf die Nachrichtenauswirkungen beziehen. In diesem Sinne betrachten wir den Energiefluß von seiner Entstehung her.

Dazu wollen wir von der elektrischen Energieerzeugung und -verteilung ausgehen, obwohl dieser Teil des Energieflusses für eine Beeinflussung durch Nachrichten im allgemeinen bei der Automatisierung nicht in Frage kommt. In Sonderfällen kommt es gelegentlich vor, daß man, besonders im Falle der Gefahr, den Energiefluß möglichst nahe bei der Energieerzeugung beeinflussen, also abschalten will, um sicher zu sein, daß die Gefahrenstelle auf keinen Fall mehr einer Energiezufuhr ausgesetzt ist.

Viel entscheidender ist aber, daß der Energiefluß in diesem Teil durch seinen eigenen Energiezustand selbst Signale in den weiteren Teil des Energieflusses geben kann, jedoch im allgemeinen dies nicht soll. Bricht z. B. durch einen Kurzschluß die Verteilerspannung zusammen, hört bei den meisten Energieverbrauchern der Energiefluß auf, und auch die Steuerungen versagen. Wieweit sich diese Störungen bei begrenzten Spannungsschwankungen auswirken, muß man übersehen können. Es geht dabei oft nicht nur um die Amplitudenänderung der Spannung, sondern auch ihre Frequenz ist wichtig, insbesondere wenn die Spannungsstörung mit steil ansteigenden Flanken ankommt und hochfrequente Schwingungen enthält. Für diese gelten ganz andere Ausbreitungsgesetze als für die üblichen Netzfrequenzen.

Der zweifellos wichtigste Teil des Energieflusses liegt bei der Änderung der Energieart im Motor. In diesem Bereich führen wir dem Energiefluß auf der elektrischen Seite die Nachrichten zu und erreichen dadurch die gewünschte Änderung der mechanischen Energie. Dabei kommt es im wesentlichen darauf an, daß Drehmoment und Drehzahl dem mechanischen Fertigungsprozeß angepaßt werden.

In der mechanischen Fertigung brauchen wir ganz allgemein mechanische Arbeit

$$W_m = \int \vec{F}\, d\vec{s} \tag{1}$$

wenn $\vec{F}$ den für die Werkstoffbearbeitung nötigen Kraftvektor kennzeichnet und $\vec{s}$ der Weg ist, dem entlang die Kraft wirken soll. Ohne das Grundsätzliche einzuschränken, können wir vereinfacht annehmen, daß F in Richtung s gleichmäßig wirkt und bekommen

$$W_m = \int F\,v\,dt \tag{2}$$

wobei v die leicht meßbare Geschwindigkeit und t die Zeit ist.

Maschinen, die diese Kräfte bei den gegebenen Geschwindigkeiten übertragen können, sind mit der Masse m behaftet. Deshalb müssen wir in unserer Betrachtung noch ihre kinetische Energie

$$W_k = \int m\,v\,dv \tag{3}$$

berücksichtigen. Vernachlässigen wollen wir die potentielle Energie, weil Transportprobleme mit großen Höhenunterschieden bei uns selten vorkommen.

Für die gesamte mechanische Arbeit können wir unter diesen Einschränkungen schreiben

$$W = W_m + W_k = \int F\,v\,dt + \int m\,v\,dv \tag{4}$$

und können ganz grob sagen, daß der erste Teil der Gleichung (W_m) die für die Bearbeitung wichtigen Energieprobleme kennzeichnet. Der zweite Teil W_k läßt die für die Produktion notwendigen Nachrichten in Erscheinung treten. Diese sind dann nötig, wenn eine Änderung der Bearbeitungsenergie eintreten soll oder bei gleicher Energie das Verhältnis $F : v$ geändert werden muß.

Glücklicherweise gibt es viele Fälle, bei denen bei Änderung der Energieart lediglich eine Änderung von F bei konstantem v in Frage kommt. Dafür genügen die einfachen Drehstrom-Asynchronmotoren. Schwieriger werden die Antriebsprobleme, wenn sich v bei konstanter Kraft F ändern soll. Dafür benötigt man für eine wirtschaftliche Lösung der Antriebsprobleme Stellmotoren, unter denen der Gleichstrommotor eine besondere Rolle spielt. Sie alle geben bei voller Ausnutzung ein konstantes Moment über den Drehzahlstellbereich ab.

Viele Werkzeugmaschinen verlangen bei der Zerspannung konstante Leistung über den Stellbereich, weil, beispielsweise beim Abdrehen eines Werkstückes mit verschiedenen Durchmessern, die Schnittkraft und Schnittgeschwindigkeit gleich bleiben sollen. Damit bei den verschiedenen Durchmessern die Schnittgeschwindigkeit konstant bleibt, muß sich umgekehrt proportional die Drehzahl n ändern, es bleibt also bei allen Drehzahlen die abzugebende Leistung

$$P = F\,v \tag{5}$$

konstant. Da die Motorleistung

$$P = M\,n \tag{6}$$

ist, wenn M das Drehmoment und n die Drehzahl ist, bekommt man
aus Gl. (5) und (6)

$$M\,n = \text{const} \tag{7}$$

Das abzugebende Drehmoment ist daher über den Stellbereich umgekehrt proportional der Drehzahl.

Diese Bedingung kann von elektrischen Stellmotoren nicht optimal erfüllt werden. Wir brauchen deswegen im letzten Teil des Energieflusses Drehmoment–Wandler, die so aufgebaut sein müssen, daß wir diesen Teil des Energieflusses noch mit Nachrichten versehen können. Es werden dazu fernsteuerbare Getriebe eingesetzt, bei denen magnetische Kupplungen eine große Rolle spielen.

Neben diesen statischen Überlegungen muß auch auf das dynamische Verhalten des Antriebes ein besonderes Augenmerk gerichtet werden. Bei der Stückgutfertigung können die Spielzeiten recht klein sein. Deshalb müssen die Beschleunigungs- und Bremsvorgänge schnell vor sich gehen. Überschwingungsvorgänge müssen dabei vermieden werden, da sonst unzulässige Schnittgeschwindigkeiten auftreten. Kritisch sind im Schnitt Drehzahlschwankungen, weil dabei Hartmetallwerkzeuge leicht ausbrechen können. Das ist besonders dann zu erwarten, wenn die Schnittkraft wegen der verschiedenen Rohmaterialzugaben schwankt oder gar, wie beim Eintritt in den Schnitt, sich plötzlich extrem stark ändert, was z. B. bei einem durch Nuten unterbrochenen Schnitt sehr oft vorkommen und durch rhythmische Wiederholung zu Schwingungen führen kann.

Die Vermeidung von Schwingungen ist beim Hauptantrieb besonders wichtig, weil eine Resonanz mit der Eigenschwingung der Maschine zu gefährlicher Werkzeugbeanspruchung und unsauber bearbeiteten Oberflächen führt.

B. Änderung der Energieart

Die Änderung der elektrischen Energie in mechanische Energie vollzieht sich im Motor. Die grundsätzlichen physikalischen Verhältnisse hierbei werden nur insoweit behandelt, als sie zum Verständnis der dynamischen Vorgänge nötig sind.

1. Der Drehstrom-Asynchronmotor

a) Wirkungsweise und Eigenschaften

Der Drehstrom-Asynchronmotor nimmt unter den verschiedenen Motorarten den wichtigsten Platz ein. Er besteht (Abb. 5) aus einem Gehäuse (*1*), das das Blechpaket mit der Ständerwicklung aufnimmt. Lagerschilde (*2*) nehmen die Lager für die Welle (*3*) auf. Diese trägt

das Blechpaket mit der Läuferwicklung und den Lüfter. Die Wirkungsweise des Motors beruht darauf, daß in der Ständerwicklung ein mit
Netzfrequenz umlaufendes Drehfeld erzeugt wird, das nach dem Induktionsprinzip den Läufer mitnimmt, weil auf die Läuferwicklung
transformatorisch eine Spannung (Sekundärspannung) übertragen wird,
die einen Strom (Sekundärstrom) erzeugt. Die Größe dieses Stromes ist
von der Spannung und diese wiederum von dem Schlupf, d. h. dem Nacheilen der Läuferdrehzahl gegenüber der dem Drehfeld entsprechenden
synchronen Drehzahl, abhängig. Mit wachsender Belastung wird deshalb

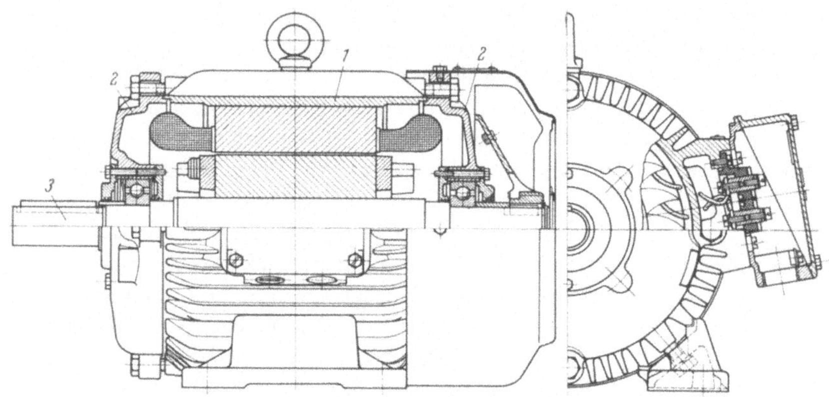

Abb. 5. Schnitt durch einen Drehstrommotor mit Kurzschlußläufer
1 Ständer; 2 Lagerschilde; 3 Welle

dieser Schlupf zunehmen. Er liegt bei mittleren Motorleistungen und
Nennlast etwa bei 5% der Synchrondrehzahl.

Wir wollen nun feststellen, wie der Drehstrommotor für die Aufgaben der Automatisierung eingesetzt werden kann und untersuchen
das Drehzahlverhalten $n = f(t)$ und die übertragbaren Drehmomente,
weil wir wissen müssen, wie sich der Motor bei den Schalt- und Steuervorgängen verhält. Bei diesen Vorgängen entsteht aus physikalischen
Gründen Verlustwärme im Motor, die zu beachten ist, damit er nicht
zu heiß wird. Wir wollen deshalb das Drehzahlverhalten und die beim
Schalten entstehenden Wärmeverluste analytisch untersuchen.

Dazu können wir, ohne das Wesentliche außer acht zu lassen, einige
Vereinfachungen treffen. Damit wir diese aber jederzeit abschätzen
und in besonderen Fällen auch berücksichtigen können, gehen wir von
den grundlegenden physikalischen Größen aus und leiten die Gesetze
davon schrittweise ab. Aus Gründen der Anschaulichkeit benutzen wir
das Vektordiagramm (Abb. 6).

Bekanntlich arbeitet der Drehstrommotor wie ein sich drehender,
sekundär kurzgeschlossener Transformator. Die zugeführte Primär-

spannung U_1 hat in den Wicklungen die in der Abbildung vernachlässigten Spannungsabfälle $R_1 I_1$ und $j\,2\pi f_1\,L_{1\sigma} I_1$ infolge der Streuinduktivität $L_{1\sigma}$ zur Folge.[1] Die restliche Spannung[2]

$$\vec{U}_1 - R_1\,\vec{I}_1 - j\,2\pi\,f_1\,L_{1\sigma}\,\vec{I}_1 = \vec{E}_1 \tag{8}$$

erzeugt einen ihr um $\pi/2$ (90°) nacheilenden Magnetisierungsstrom und einen mit diesem in gleicher Phase liegenden magnetischen Fluß Φ. Er

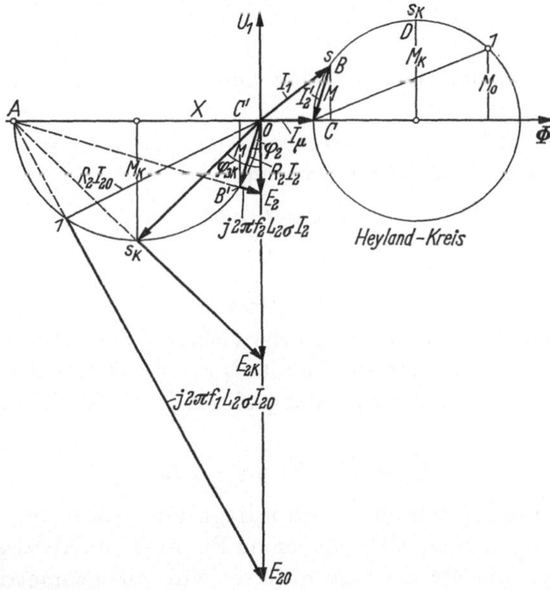

Abb. 6. Vereinfachtes Vektordiagramm mit Heylandkreis für den Drehstrom-Asynchronmotor

läuft in einer dreiphasigen Wicklung bei der Netzfrequenz f_1 als Drehfeld mit der Winkelgeschwindigkeit

$$\omega_0 = \frac{2\pi f_1}{p} \tag{9}$$

um, wenn p die Polpaarzahl des Motors ist. Im Leerlauf, also bei einem Lastmoment $M_L = 0$, strebt der Läufer die synchrone Drehzahl n_0 an, die er aber infolge der Leerlaufverluste nie erreichen kann. Aus der Winkelgeschwindigkeit $\omega_0\ [s^{-1}]$ ergibt sich die synchrone Motordrehzahl $n_0\ [\mathrm{min}^{-1}]$ nach der Gleichung

$$\omega_0 = \frac{2\pi n_0}{60} \quad \text{bzw.} \quad n_0 = \frac{60\omega_0}{2\pi} = \frac{30\omega_0}{\pi} \tag{10}$$

---

[1] Auf die übliche Abkürzung $2\pi f = \omega$ wird verzichtet, damit keine Verwechslung mit der Winkelgeschwindigkeit ω entsteht.

[2] Komplexe Größen erhalten nur dann einen Pfeil, wenn ein Hinweis auf die vektorielle Behandlung notwendig erscheint.

Wird der Motor mit einem Lastmoment $M_L > 0$ belastet, so fällt die Drehzahl ab. Der Drehzahlschlupf ist

$$s = \frac{\omega_0 - \omega}{\omega_0} = \frac{n_0 - n}{n_0} = 1 - \frac{\omega}{\omega_0} = 1 - \frac{n}{n_0} \tag{11}$$

Dann wird in den geschlossenen Wicklungen des Läufers die Spannung E_2 induziert, deren Frequenz

$$f_2 = s\,f_1 \tag{12}$$

ist. Es gilt also

$$E_2 = s\,f_1\,k\,\Phi \tag{13}$$

wenn k eine von den Maßsystemen und der Windungszahl abhängige Konstante ist.

Im Kurzschluß, also bei festgebremstem Motor ($\omega = n = 0$; $s = 1$), ist die sekundäre Kurzschlußspannung

$$E_{20} = f_1\,k\,\Phi \tag{14}$$

Es ergibt sich aus Gl. (13) und (14)

$$E_2 = s\,E_{20} \tag{15}$$

Diese EMK E_2 ruft in der Läuferwicklung einen Strom I_2 hervor, wobei ein ohmscher Spannungsabfall $R_2\,I_2$ und wegen der Streuinduktivität $L_{2\sigma}$ ein induktiver Spannungsabfall $j\,2\pi f_2 L_{2\sigma} I_2$ auftreten. Für die EMK E_2 gilt

$$\vec{E}_2 = R_2\,\vec{I}_2 + j\,2\pi f_2\,L_{2\sigma}\,\vec{I}_2 \tag{16}$$

Nun verlängern wir im Vektordiagramm (Abb. 6) den Vektor $j\,2\pi f_2 L_{2\sigma} I_2$ nach rückwärts, bis er im Punkt A die Abszisse schneidet. Bezeichnen wir die Strecke OA mit x, so wird aus geometrischen Gründen, da sich die Vektoren $R_2\,I_2$ und $j\,2\pi f_2 L_{2\sigma} I_2$ senkrecht treffen,

$$\frac{x}{R_2 I_2} = \frac{E_2}{2\pi f_2 L_{2\sigma} I_2} = \frac{E_2}{s\,2\pi f_1 L_{2\sigma} I_2} \tag{17}$$

Dann ist unter Verwendung von Gl. (13) und (17)

$$\frac{x}{R_2} = \frac{E_2}{2\pi f_2 L_{2\sigma}} = \frac{k_1 f_2}{k_2 f_2} = \text{const} \tag{18}$$

Wenn R_2 konstant bleibt, muß also auch x konstant sein. Der Endpunkt des Vektors $R_2 I_2$ bewegt sich auf einem Kreis (Satz von THALES) als geometrischer Ort, weil $\sphericalangle A B' O = \pi/2\ (90°)$ ist.

Damit können wir auch das Strom- bzw. Durchflutungsdiagramm zeichnen. Der Magnetisierungsstrom I_μ wirkt in Richtung des Flusses.

Der Stromvektor I_2' verläuft parallel zu $R_2 I_2$ und für den Ständerstrom gilt

$$\vec{I}_1 = \vec{I}_\mu - \vec{I}_2' \tag{19}$$

wenn I_2' der auf den Ständer reduzierte Läuferstrom ist.

Das Drehmoment M_d des Motors ist allgemein durch das Vektorprodukt

$$\vec{M}_d = \left[\vec{I}\ \vec{\Phi}\right] \tag{20}$$

gegeben, damit ist also die Senkrechte vom Punkt B des Vektors I_2' auf die Abszisse bis Punkt C ein Maß für das Drehmoment.

Der Strom I_2' ändert sich infolge der unterschiedlichen Belastung. Dadurch wandert der Punkt B ebenso wie der Punkt B' auf einem Kreis, den man als Heylandkreis bezeichnet. Offensichtlich erreicht das Drehmoment im Punkt D ein Maximum. Wir bezeichnen dieses Moment als Kippmoment M_k. Es entsteht bei dem Kippschlupf s_k die Spannung

$$E_{2k} = s_k E_{20} \tag{21}$$

Aus den geometrischen Verhältnissen können wir dann unter Berücksichtigung der Maßstäbe für die Einheiten ablesen

$$k\,M_k = \tfrac{1}{2} s_k E_{20} \tag{22}$$

Den Kippschlupf kann man durch Widerstände im Läuferkreis verändern. Je größer der Läuferwiderstand ist, desto größer muß die Spannung E_2 sein, um den Läuferstrom zu erzeugen. Ein größeres E_2 kann aber nur bei größerem Schlupf erzielt werden.

Aus dieser allgemeinen Darstellung wollen wir gleich einige Zusammenhänge ableiten, die wir später für die Berechnung der dynamischen Verhältnisse benötigen.

Bei den wirklichen, d. h. bei ausgeführten Motoren vorliegenden Größenverhältnissen, wo I_{20} etwa 6- bis 8 mal größer als I_2 ist, können wir für den Kreisdurchmesser OA setzen

$$x = s_k E_{20} \approx R_2 I_{20} \tag{23}$$

Es ist dann nach Gl. (17)

$$\frac{s_k E_{20}}{R_2 I_2} = \frac{s_k E_2}{s\,R_2 I_2} = \frac{E_2}{s\,2\pi f_1 L_{2\sigma} I_2}$$

also

$$2\pi f_1 L_{2\sigma} = \frac{R_2}{s_k} \tag{24}$$

Bezeichnet man also den $\sphericalangle B'OE_2$ mit φ_2, so kann man im rechtwinkeligen Dreieck ablesen (Strecke $B'C' = k\,M_d$)

$$\cos\varphi_2 = \frac{k\,M_d}{R_2 I_2} = \frac{R_2 I_2}{s\,E_{20}} \tag{25}$$

Mit M_k aus Gl. (22) bilden wir dann das Verhältnis des Motormomentes zum Kippmoment M_k, damit wir uns um die verschiedenen Maßstäbe der Einheiten nicht mehr zu kümmern brauchen. Es wird dann

$$\frac{M_d}{M_k} = 2\,\frac{R_2^2 I_2^2}{s\,E_{20}\,s_k E_{20}}$$

Das gibt mit Gl. (23)

$$\frac{M_d}{M_k} = 2\,\frac{s_k\,I_2^2}{s\,I_{20}^2} \tag{26}$$

Um die Abhängigkeit von $I_2 = f(I_{20})$ zu bekommen, ermitteln wir mit der analytischen Form der Vektorsumme von Gl. (16) und Gl. (24)

$$E_2^2 = s^2\,(2\,\pi\,f_1\,L_{2\sigma})^2\,I_2^2 + R_2^2\,I_2^2 = \left(\frac{s^2}{s_k^2}\,R_2^2 + R_2^2\right)I_2^2 \tag{27}$$

Aus Gl. (15) und E_{20} aus Gl. (23) wird dann mit E_2 aus Gl. (27)

$$R_2\,I_{20} = \frac{s_k}{s}\,I_2\,\sqrt{\frac{s^2}{s_k^2}\,R_2^2 + R_2^2}$$

also

$$I_{20} = I_2\,\frac{s_k}{s}\,\sqrt{\frac{s^2}{s_k^2} + 1} \tag{28}$$

Mit I_{20} aus Gl. (28) wird aus Gl. (26)

$$\frac{M_d}{M_k} = \frac{2}{\dfrac{s}{s_k} + \dfrac{s_k}{s}} \tag{29}$$

Das Verhältnis des jeweiligen Drehmomentes zum Kippmoment ist also immer abhängig vom Verhältnis des jeweiligen Schlupfes zum Kippschlupf.

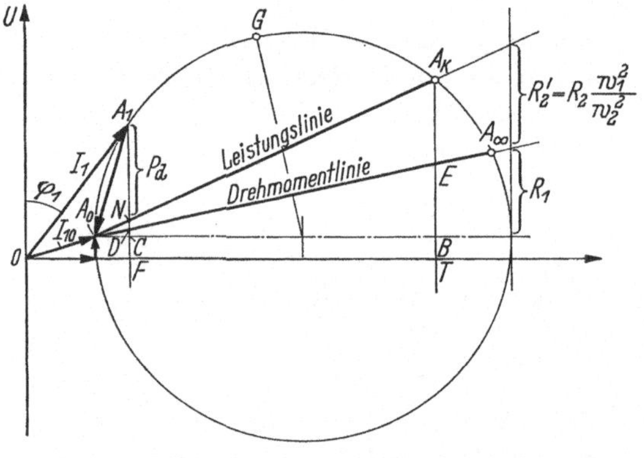

Um abzuschätzen, welche Fehler wir mit dieser vereinfachten Darstellung zulassen, wollen wir der Vollständigkeit halber den genauen Heylandkreis nach Abb. 7 kurz beschreiben, in dem vor allem die Ständer- und Läuferwiderstände berücksichtigt sind.

Demnach bewegt sich im Vektordiagramm bei gegebener Spannung U der Ständerstrom I_1 bei den verschiedenen Betriebsverhältnissen unter der Vorraussetzung, daß die Induktivitäten und Wirkwiderstände konstant sind, wieder auf einem Kreis. Die Strecke OA_0 stellt den Leerlaufstrom I_{10} dar. OA_1 ist der Strom I_1 bei Nennbetrieb. Die (nicht gezeichnete) Linie OA_k stellt den Ständerstrom im Stillstand (Kurzschluß) dar. OA_∞ wäre der Strom des Motors bei der Drehzahl ∞.

Abb. 7. Vollständiger Heylandkreis für Drehstrom-Asynchronmotor

Die beim Motorbetrieb elektrisch aufgenommene Leistung des Motors ist bei konstanter Spannung proportional der Wirkkomponente $I_1 \cos\varphi_1$, die durch die Strecke $A_1 F$ dargestellt wird. Im ideellen Leerlauf (Betriebspunkt A_0) würde der Motor mit der synchronen Drehzahl n_0 laufen.

Die Maschine nimmt in diesem Fall in der Hauptsache Leistung zur Deckung der Eisenverluste auf, die der Wirkkomponente des Leerlaufstromes I_{10}, also der Strecke CF, proportional ist. Die Reibungsverluste sollen in diesem ideellen Fall von außen gedeckt sein. Die Strecke CD ist proportional den Stromwärmeverlusten in der Ständerwicklung und DN proportional denjenigen in der Läuferwicklung. Damit ist die noch übrig gebliebene Strecke $A_1 N$ proportional der mechanischen Leistung P_d des Motors. Die Verbindungslinie $A_0 A_k$ wird deshalb „Leistungslinie" genannt, denn wenn der Betriebspunkt auf dem Kreis wandert, stellt jeweils die zur Abszisse senkrechte Entfernung $A_1 N$ die mechanische Leistung dar. Genaugenommen müssen dabei die Reibungsverluste noch abgezogen werden, wenn man die abgegebene mechanische Leistung angeben will. Die Strecke $A_1 D$ = mechanische Leistung + Läuferverluste ist ein Maß für die vom Ständer an den Läufer abgegebene Leistung. Sie ist gleich dem Produkt aus dem Drehmoment M_d und der synchronen Drehzahl n_0 des Ständerdrehfeldes. Somit ist die Strecke $A_1 D$ ein Maß für das Drehmoment des Motors, da n_0 konstant ist. Die

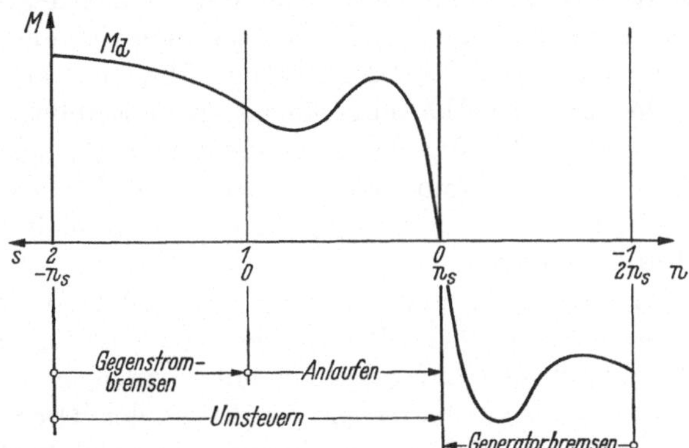

Abb. 8. Drehmoment des Drehstrom-Asynchronmotors in Abhängigkeit von der Drehzahl

Strecke $A_0 A_\infty$ wird die „Drehmomentenlinie" genannt. Allgemein ist also bei veränderlichem A der zur Abszisse senkrechte Abstand $A D$ von dieser Geraden dem jeweiligen Drehmoment proportional. Wir bekommen aus dem Heylandkreis das Kippmoment (maximales Moment), indem wir zur Drehmomentlinie $A_0 A_\infty$ eine Parallele als Tangente an den Heylandkreis ziehen (Berührungspunkt G).

Im Punkt A_k, der den Motorbetrieb im Kurzschluß (Stillstand) kennzeichnet, wird die gesamte zugeführte Leistung in Verlustwärme umgesetzt. Die mechanische Leistung ist Null, da die Drehzahl Null ist. Das Drehmoment hat einen bestimmten Wert, der $A_k E$ proportional ist. Aus $A_k E : EB = ND : DC$ folgt, daß $A_k E$ den Läuferverlusten und EB den Ständerverlusten proportional ist. Bekanntlich sind diese Verluste ihren Wicklungswiderständen proportional, d. h., $A_k E$ ist dem auf die Ständerwindungszahlen umgerechneten Läuferwiderstand R_2' und EB dem Ständerwirkwiderstand R_1 proportional.

Aus diesem Diagramm kann der Verlauf des Drehmomentes in Abhängigkeit von der Drehzahl entnommen werden (Abb. 8).

b) Dynamisches Verhalten

Die Bedingungen, bei denen Elektromotoren beim Anlaufen, Bremsen und Umsteuern zu arbeiten haben, sind wesentlich anders als im stationären Dauerbetrieb. Dies beruht auf dem Einfluß der zu beschleunigenden oder zu verzögernden trägen Massen und auf der veränderten Energiebilanz des Motors in dem zu durchlaufenden Drehzahlbereich.

Der Einfluß dieser Faktoren auf die Wahl des geeigneten Motormodells ist für die Automatisierung so wichtig, daß es gut ist, die Verhältnisse quantitativ zu übersehen. Dazu werden aus der allgemeinen Bewegungsgleichung Methoden für die Bestimmung von Anlauf-, Bremsoder Umsteuerzeiten bzw. der erforderlichen Momente abgeleitet. Die Betrachtung der Energieverhältnisse liefert einen Einblick in den zeitlichen Verlauf und die Größen der verschiedenen Leistungen, Verluste, Wärmemengen und Erwärmungen. Zur besseren Veranschaulichung und zur Erleichterung der Anwendung dienen neben analytischen auch graphische Darstellungen.

Das Motormoment M_d muß während des Anlaufens stets größer sein als das Lastmoment. Dies gilt vor allem zunächst für die Drehzahl Null. Der Motor muß also ein genügend hohes Anzugsmoment haben. Der Verlauf des Motormomentes als Funktion der Drehzahl ist bei direkter Einschaltung von Drehstrommotoren mit Käfigläufer durch die Motorbauart fest gegeben, wobei vorausgesetzt ist, daß die elektrischen Ausgleichsvorgänge im Motor während des Anlaufvorganges mit wesentlich kleinerer Zeitkonstante ablaufen als der Anlauf, so daß durch sie die statischen Drehmomente nicht beeinflußt werden. Dies ist außer bei reinem Leerlauf mit extrem kleinen Anlaufzeiten praktisch immer der Fall. Bei Schleifringläufermotoren ist der Verlauf des Motormomentes abhängig von Stufung und Betätigung des Anlassers (Abb. 9), wobei folgende Einteilung üblich ist:

Halblastanlauf: Mittleres Motormoment = 65 bis 75% des Nenn-momentes

Vollastanlauf: Mittleres Motormoment = 130 bis 150% des Nenn-momentes

Schwerlastanlauf: Mittleres Motormoment = 170 bis 200% des Nenn-momentes.

Die Differenz zwischen Motor- und Lastmoment ist das Beschleunigungsmoment (Abb. 10), das die trägen Massen von der Drehzahl 0 bis

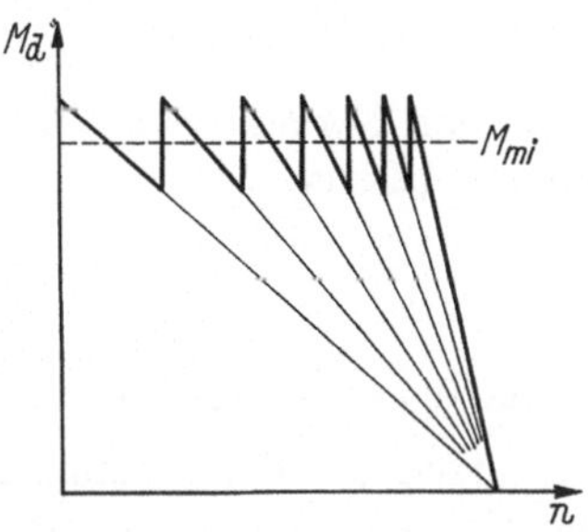

Abb. 9. Motordrehmoment beim Anlassen

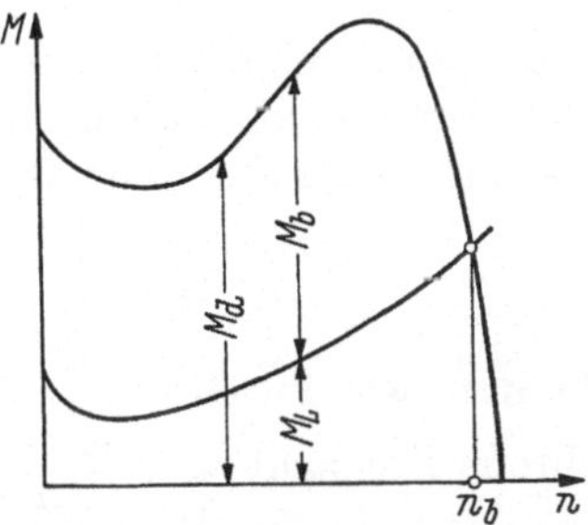

Abb. 10. Beschleunigungsmoment M_b aus Motormoment M_d und Lastmoment M_l

zur Betriebsdrehzahl zu beschleunigen hat. Die träge Masse ist bei geradliniger Bewegung

$$m = \frac{G}{g} \quad [\text{kp s}^2/\text{m}] \tag{30}$$

worin G das Gewicht in kp und $g = 9{,}81$ m/s² die Fallbeschleunigung ist. Bei der Drehbewegung wird die träge Masse, bezogen auf die Drehachse, ausgedrückt als polares Trägheitsmoment

$$\Theta = \frac{G}{g} r^2 \quad [\text{kp ms}^2] \tag{31}$$

worin r der Halbmesser des Kreises ist, auf den man sich die Masse konzentriert denken kann (Trägheitshalbmesser). In der Technik ist es üblich, statt des Trägheitsmomentes das sogenannte Schwungmoment zu benutzen:

$$GD^2 = 4g\,\Theta \quad [\text{kp m}^2] \tag{32}$$

worin D der Trägheitsdurchmesser ist. Infolgedessen erscheint in allen folgenden Rechnungen der Umrechnungsfaktor $4g$.

Schaltzeiten. Wir wollen berechnen, nach welchen Gesetzen der Motor im Leerlauf anläuft. Sein Drehmoment für die Beschleunigung ist dann

$$M_b = \Theta \frac{d\omega}{dt} \tag{33}$$

wenn Θ das Trägheitsmoment aller mit dem Motor verbundenen Schwungmassen ist.

Bildet man daraus das Verhältnis des jeweiligen Drehmomentes zum Kippmoment und ersetzt die Winkelgeschwindigkeit durch den Schlupf, so wird

$$\frac{M_b}{M_k} = \frac{\Theta\,\omega_0}{M_k}\,\frac{d\left(\dfrac{\omega}{\omega_0}\right)}{dt} = -T_k\,\frac{ds}{dt} \tag{34}$$

dabei ist

$$T_k = \frac{\Theta\,\omega_0}{M_k} \tag{35}$$

die sogenannte Kippanlaufzeitkonstante.

Man kann sinngemäß Gl. (35) auch auf das Nennmoment M_n beziehen und bekommt dann die Nenn-Anlaufzeitkonstante

$$T_n = \frac{\Theta\,\omega_0}{M_n} \tag{36}$$

Führen wir in Gl. (35) statt der Winkelgeschwindigkeit ω_0 die synchrone Drehzahl $n_0 = \dfrac{\omega_0\,60}{2\,\pi}$ ein und ersetzen das Trägheitsmoment durch das technisch gebräuchlichere Schwungmoment, so wird

$$T_k = \frac{GD^2\,n_0}{375\,M_k} \quad [\mathrm{s}] \tag{37}$$

wobei das Kippmoment M_k in kpm und GD^2 in kpm² und die synchrone Drehzahl n_0 in U/min zu messen sind. Diese Form ist für numerische Rechnungen bequemer.

Mit Gl. (29) und Gl. (34) bekommen wir dann für $M_d = M_b$ die Differentialgleichung

$$-T_k\,\frac{ds}{dt} = \frac{2}{\dfrac{s}{s_k} + \dfrac{s_k}{s}} \tag{38}$$

Diese Gleichung ist sofort integrierbar, wenn wir eine Trennung der Veränderlichen vornehmen

$$dt = -\frac{T_k}{2}\left(\frac{s}{s_k} + \frac{s_k}{s}\right)ds \tag{39}$$

Bei der Integration müssen wir bei der Berechnung der Anlaufzeit beachten, daß als untere Integrationsgrenze der Schlupf im Stillstand mit $s = 1$ in Frage kommt und als obere Grenze derjenige Schlupf s, bis zu dem man die Anlaufzeit t_a zählen will.

Es ergibt sich dann

$$\int_0^{t_a} dt = -\frac{T_k}{2}\int_1^{s}\left(\frac{s}{s_k} + \frac{s_k}{s}\right)ds = -\frac{T_k}{2}\left|\left(\frac{s^2}{2\,s_k} + s_k \ln s\right)\right|_1^{s} \tag{40}$$

$$t_a = \frac{T_k}{2}\left(\frac{1-s^2}{2\,s_k} + s_k \ln\frac{1}{s}\right) \tag{41}$$

Die kleinste Anlaufzeit ergibt sich, wenn man den Klammerausdruck von Gl. (41) nach s_k differenziert und den Differentialquotienten gleich Null setzt

$$\frac{d}{d s_k}\left(\frac{1-s^2}{2 s_k}+s_k \ln\frac{1}{s}\right)=0$$

also

$$-\frac{1-s^2}{2 s_k^2}+\ln\frac{1}{s}=0$$

Damit wird

$$s_k=\sqrt{\frac{1-s^2}{2\ln\frac{1}{s}}} \tag{42}$$

Soll der Motor auf beispielsweise $s=0{,}02$ hochlaufen, so wird

$$s_k=\sqrt{\frac{1-0{,}0004}{2\ln 100/2}}$$

also

$$s_k=0{,}35$$

Diesen Wert erreicht man nach Gl. (23) beispielsweise durch einen großen Läuferwiderstand R_2 (Widerstandsläufer).

Steuert man den Motor mit Gegenstrom durch Änderung des Umlaufsinnes des Drehfeldes um, so wird er zunächst bis zum Stillstand abgebremst. Hierfür gilt auch Gl. (40), nur muß man beim Integrieren als Grenzen von der Zeit $t=0$ bei $n=-n_0$ dann $s=2$ setzen. Zur Zeit $t=t_b$ (Bremszeit) ist $n=0$, also $s=1$.

Damit wird aus Gl. (40)

$$t_b=-\frac{T_k}{2}\left|\left(\frac{s^2}{2 s_k}+s_k\ln s\right)\right|_2^1$$

$$=+\frac{T_k}{2}\left(\frac{3}{2 s_k}+s_k\ln 2\right)$$

Die kleinste Bremszeit ergibt sich sinngemäß wie bei Gl. (41) aus

$$\frac{d}{d s_k}\left(\frac{3}{2 s_k}+s_k\ln 2\right)=0 \tag{43}$$

$$-\frac{3}{2 s_k^2}+\ln 2=0$$

$$s_k=1{,}47$$

Beim *Umsteuern* des Motors kommt dann zu diesem Bremsvorgang ein Anlaßvorgang hinzu. Die Integrationsgrenzen sind dann von $s=2$ bis $s=s$, also wird aus Gl. (40)

$$t_u=\frac{-T_k}{2}\left|\left(\frac{s^2}{2 s_k}+s_k\ln s\right)\right|_2^s$$

$$t_u=\frac{T_k}{2}\left(\frac{4-s^2}{2 s_k}+s_k\ln\frac{2}{s}\right)$$

Für die kleinste Umsteuerzeit setzt man wiederum

$$\frac{d}{d\,s_k}\left(\frac{4-s^2}{2\,s_k}+s_k\ln\frac{2}{s}\right)=0 \tag{44}$$

damit wird

$$\frac{4-s^2}{2\,s_k^2}=\ln\frac{2}{s}$$

Soll der Motor beispielsweise wieder auf $s = 0,02$ hochlaufen, so wird

$$s_k=\sqrt{\frac{4-s^2}{2\ln 2/s}}$$

$$s_k = 0,66$$

Die Drehmomentkurven für den jeweils günstigsten Kippschlupf zeigt Abb. 11.

Im allgemeinen haben die Motoren keine so hohen Läuferwiderstände, daß sich diese günstigsten Schaltzeiten ergeben. Man baut deswegen

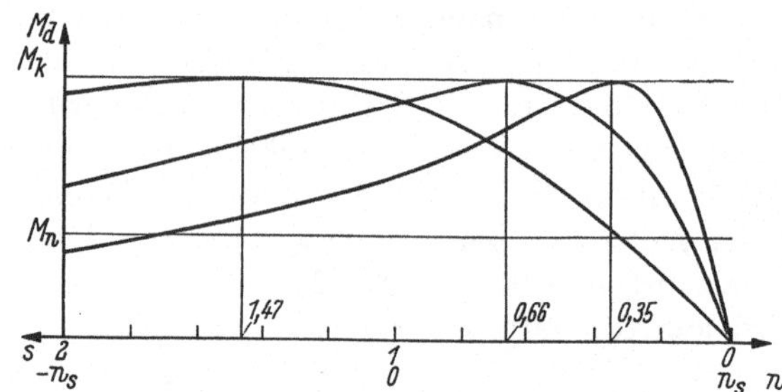

Abb. 11. Motorkennlinien für kleinste Anlauf-, Brems- und Umsteuerzeit

entweder bei hohen Ansprüchen Sondermotoren mit Spezialkurzschluß-läufer oder verwendet Schleifringläufer, bei denen dann der optimale Kippschlupf durch den äußeren Widerstand angepaßt werden kann.

Muß man bei der Ermittlung der genauen Anlaufzeit auch noch das Lastmoment M_L (Gegenmoment) berücksichtigen, so gilt für das Beschleunigungsmoment

$$M_b = M_d - M_L \tag{45}$$

Damit wird dann

$$M_d - M_L = \Theta\,\frac{d\omega}{dt} \tag{46}$$

Oft kann diese Gleichung rechnerisch nicht gelöst werden. Man ermittelt deshalb t graphisch. Hierzu zeichnet man Motormoment M_d und Lastmoment M_L, abhängig von der Drehzahl n, im passenden Maßstab auf und bildet die Differenzkurve M_b (Abb. 12). Nunmehr trägt man die Werte $1/M_b$ abhängig von n auf und ermittelt durch Ausplanimetrieren den Inhalt der schraffierten Fläche. Dieser Wert ergibt unter Berücksichtigung der Maßstäbe, multipliziert mit $GD^2/375$, die Anlaufzeit t_a.

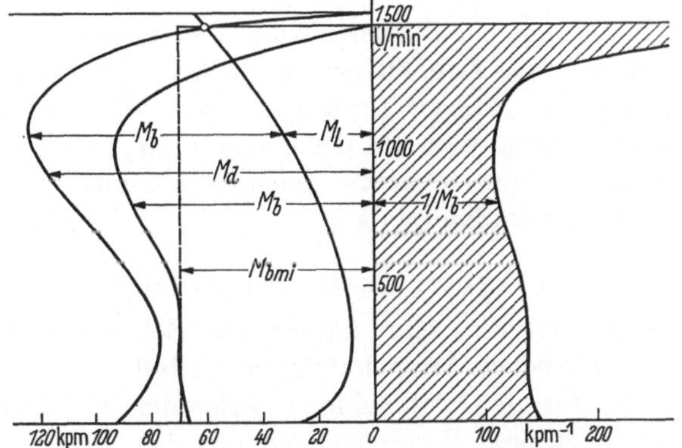

Abb. 12. Graphische Ermittlung der Anlaufzeit

Eine anschauliche Konstruktion des Drehzahlanstieges und damit der Anlaufzeit ergibt sich, wenn man in der Beschleunigungsgleichung

$$M_b = \frac{GD^2}{375} \frac{dn}{dt} \tag{47}$$

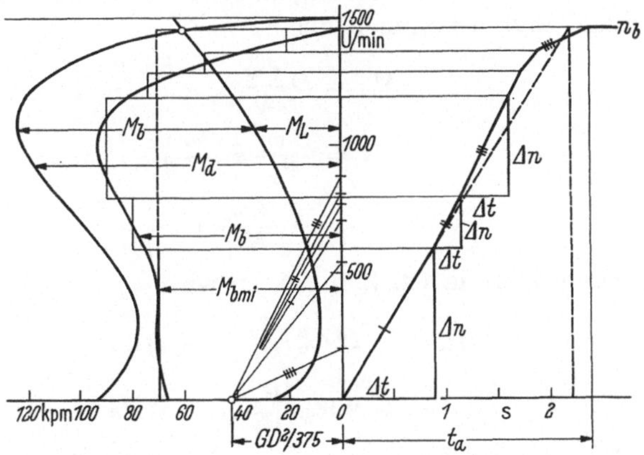

Abb. 13. Konstruktion der Kennlinien für die Anlaufzeit

die Differentiale durch endliche Größen und die Drehmomentkurve M_b durch eine Treppenkurve aus Abschnitten gleichbleibenden Moments ersetzt. Es gilt dann für jeden Abschnitt

$$M_b = \frac{GD^2}{375} \frac{\Delta n}{\Delta t} \quad [\text{kp m}] \tag{48}$$

Schreibt man dies als Verhältnisgleichung

$$375 \frac{M_b}{GD^2} = \frac{\Delta n}{\Delta t}$$

so ergibt sich daraus eine Konstruktion des Drehzahlverlaufes und der Anlaufzeit, die uns Abb. 13 zeigt. Dabei legt man den Punkt $GD^2/375$ in passendem Maßstab (kpm s min) fest. Daraus ergibt sich der Zeitmaßstab. Dann trägt man auf der Ordinate M_b an und zieht zu den mit Querstrichen gekennzeichneten Verbindungslinien der Reihe nach Parallelen, beginnend im Nullpunkt.

c) Energieverluste beim Schalten

Da Drehstrommotoren sehr häufig für Schaltbetrieb eingesetzt werden, müssen wir neben den Schaltzeiten auch die Verlustarbeit beim Schalten kennen, um die Gefahr einer Überlastung zu verhüten.

Wir gehen bei unseren Betrachtungen von den Leistungen aus und setzen die Nutzarbeit des Motors

$$dW_d = P_d\,dt = M_d\,\omega\,dt \tag{49}$$

und mit ω aus Gl. (11)

$$dW_d = \omega_0(1 - s)\,M_d\,dt \tag{50}$$

Nun ersetzen wir dt durch ds, damit wir die Nutzarbeit direkt aus der Drehmomentkurve ohne den Umweg über die Drehzahlzeitkurve entnehmen können, und bekommen aus

$$M_b = \Theta\,\frac{d\omega}{dt}$$

$$dt = \frac{\Theta\,\omega_0}{M_b}\,d\left(\frac{\omega}{\omega_0}\right)$$

$$= -\frac{\Theta\,\omega_0}{M_b}\,ds \tag{51}$$

Setzt man diesen Wert in Gl. (50) ein, so wird

$$dW_d = -\Theta\,\omega_0^2\,\frac{M_d}{M_b}\,(1 - s)\,ds$$

$$= -2\,W_k\,\frac{M_d}{M_b}\,(1 - s)\,ds \tag{52}$$

weil $1/2\,\Theta\,\omega_0^2 = W_k$ die kinetische Energie der bewegten Schwungmassen ist.

Um diese Nutzarbeit aufzubringen, muß auf den Läufer die sogenannte Drehfeldleistung

$$P_1 = M_d\,\omega_0 \tag{53}$$

übertragen werden. Im Läufer entsteht also die Verlustleistung

$$P_{v_2} = P_1 - P_d = M_d(\omega_0 - \omega) \tag{54}$$

Die Verlustarbeit im Läufer ist also

$$dW_{v_2} = P_{v_2}\, dt \tag{55}$$

Wir ersetzen wieder dt durch ds nach Gl. (51) und bekommen mit Gl. (54) und $\omega_0 - \omega = s\,\omega_0$

$$dW_{v_2} = -\Theta\,\omega_0^2\,\frac{M_d}{M_b}\,s\,ds \tag{56}$$

Es ist also

$$dW_{v_2} = -2W_k\,\frac{M_d}{M_b}\,s\,ds \tag{57}$$

wobei W_k wieder die kinetische Energie ist.

Anlaufen. Um die während des Leerlaufes ($M_L = 0$, daher $M_d = M_b$) entstehenden Verluste W_{a_2} zu erhalten, integrieren wir Gl. (57) von dem Anlaufzeitpunkt mit $s = 1$ bis zu der synchronen Drehzahl mit $s = 0$. Dann ist

$$\int_0^{W_{a_{20}}} dW_{v_2} = +W_{a_{20}} = -2W_k\int_1^0 s\,ds = +W_k \tag{58}$$

Für den Anlauf von der Drehzahl 0 bis zur Drehzahl mit dem Schlupf s gilt dann sinngemäß für die Läuferverluste

$$+W_{a_2} = -2W_k\int_1^s s\,ds = +W_k(1 - s^2) \tag{59}$$

Für den unterteilten Anlauf von s_1 bis zum kleineren s_2 wird dann

$$+W_{a\,u_2} = -2W_k\int_{s_1}^{s_2} s\,ds = W_k(s_1^2 - s_2^2) \tag{60}$$

Man sieht also, daß z. B. beim Anlauf von $0\,(s_1 = 1)$ auf die halbe Drehzahl ($s_2 = 0{,}5$) 75% der Gesamtverluste entstehen ($1 - 0{,}25 = 0{,}75$) und beim Hochlauf von der halben auf die volle Drehzahl die restlichen 25% ($0{,}25 - 0 = 0{,}25$). Verändert man die Synchrondrehzahl, so ändern sich die Verluste quadratisch mit der Synchrondrehzahl.

Hieraus ergibt sich eine Möglichkeit zum Herabsetzen der Anlaufverluste, indem man einen Anlauf auf eine Synchrondrehzahl n_{01} z. B. aufteilt in einen Anlauf auf eine kleinere Synchrondrehzahl n_{02} (bei Drehstrom verwirklicht durch verminderte Frequenz oder größere Polzahl) und abschließenden Hochlauf von n_{02} auf n_{01} mit normaler Frequenz oder Polzahl.

Für den ersten Abschnitt von der Drehzahl $n = 0$ auf $n = n_{02} = m n_{01}$ ist die kinetische Energie $W_k\,m^2$, wenn wir W_k gemäß Gl. (58) auf die obere Synchrondrehzahl n_{01} beziehen. Für diesen Vorgang ist der Schlupf $s = 1$ für die Drehzahl $n = 0$ und $s = 0$ für die Drehzahl $n = n_{02}$.

Dann ist die Verlustarbeit mit Gl. (60)

$$W'_{au_2} = W_k\, m^2\, (1^2 - 0) = W_k\, m^2 \tag{61}$$

Für den zweiten Abschnitt von der Drehzahl $n = m\, n_{01}$ ($s = 1 - m$) auf $n = n_{01}$ ($s = 0$) ist die kinetische Energie gleich W_k. Damit wird die Verlustarbeit

$$W''_{au_2} = W_k\,[(1 - m)^2 - 0] = W_k\,(1 - 2m + m^2) \tag{62}$$

Die Gesamtverlustarbeit ist dann

$$W_{au_2} = W'_{au_2} + W''_{au_2} = W_k\,(1 - 2m + 2m^2) \tag{63}$$

Die kleinste Verlustarbeit bei 2stufigem Anlassen ergibt sich mit

$$\frac{d\,W_k}{d\,m} = -2 + 4m = 0 \tag{64}$$

also mit $m = 0,5$ oder $n_{02} = 0,5\, n_{01}$.

Von diesen Zusammenhängen macht man mit Vorteil Gebrauch bei Antrieben mit großen Schwungmassen. Bei weiterer analoger Unterteilung in 3, 4 oder mehr Stufen werden die Anlaufverluste immer kleiner. Der Grenzfall ist der praktisch verlustfreie Anlauf ohne oder mit Lastmoment, bei dem Spannung bzw. Frequenz in jedem Augenblick proportional der jeweiligen Drehzahl ist.

Umsteuern. Die Umsteuerverluste ergeben sich, wenn von $s = 2$ bis $s = 0$ integriert wird. Dann gilt aus Gl. (58)

$$-W_{u_2} = 2\,W_k \int_2^0 s\,ds = -4\,W_k \tag{65}$$

Sie sind also 4mal größer als die Anlaßwärme.

Bremsen. Beim Abbremsen des Motors mit Gegenstrom muß von $s = 2$ bis $s = 1$ integriert werden. Das gibt für die Läuferverluste

$$-W_{b_2} = 2\,W_k \int_2^1 s\,ds = -3\,W_k \tag{66}$$

Die Verlustarbeit ist also beim Bremsen mit Gegenstrom 3mal so groß wie beim Anlauf.

Aus den Gl. (58), (66) und (65) erhält man also für die Läuferverluste beim

$$\left.\begin{array}{lll} \text{Anlaufen:} & W_{a_2} = W_k \\ \text{Bremsen:} & W_{b_2} = 3\,W_k \\ \text{Umsteuern:} & W_{u_2} = 4\,W_k \end{array}\right\} \tag{67}$$

Bei der Gleichstrombremsung, bei der man die vom Netz getrennte Ständerwicklung mit einer Gleichspannung erregt, ist die Bezugsdrehzahl nicht n_s, sondern 0, da der Ständer vom Netz getrennt ist; der

Anfangsdrehzahl n_s entspricht also in diesem Fall der Schlupf $s_1 = 1$ und der Enddrehzahl 0 der Schlupf $s_2 = 0$. Wird vorausgesetzt, daß das gleiche Feld erregt wird wie beim Anschluß an das Netz, so ist die Verlustarbeit im Läufer also ebenso groß wie beim Anlauf.

Unterteilte Umsteuerung. Zum Herabsetzen der hohen Verluste beim Umsteuern von einer Drehzahl $-n_1$ auf $+n_1$ kann man genau wie beim Anlaufen zu einer Unterteilung (kleinere Zwischendrehzahl) des Vorganges greifen, etwa durch verminderte Netzspannung bzw. Frequenz oder größere Polzahl. Betrachtet man z. B. eine Umsteuerung, so ist nach Gl. (61) mit n_1 als Bezugsdrehzahl und $M_L = 0$

a) bei direkter Umschaltung von $-n_1$ auf $+n_1$, $s_1 = 2$, $s_2 = 0$

$$W_{u_2} = 4\,W_k \tag{68}$$

b) bei Teilvorgang 1: Generatorbremsung von $-n_1$ auf $-n_2 = -m\,n_1$

$$s_1 = 1 - 1/m, \quad s_2 = 0,$$

$$W_{v_{2g}} = W_k\,m^2(1 - 1/m)^2 = W_k(m^2 - 2m + 1) \tag{69}$$

c) bei Teilvorgang 2: Umsteuern von $-m\,n_1$ auf $+m\,n_1$, $s_1 = 2$, $s_2 = 0$

$$W_{v_{2u}} = W_k\,m^2\,4 \tag{70}$$

d) bei Teilvorgang 3: Anlauf von $+m\,n_1$ auf $+n_1$, $s_1 = 1 - m$, $s_2 = 0$

$$W_{v_{2a}} = W_k(m^2 - 2m + 1) \tag{71}$$

Die Gesamtverlustarbeiten der Teilvorgänge 1—3 sind

$$W_{v_2} = W_k(6m^2 - 4m + 2) \tag{72}$$

Die kleinsten Verlustarbeiten, und zwar $^1/_3$ derjenigen bei direktem Umschalten ohne Zwischendrehzahl, ergeben sich, wenn $n_{02} = 0{,}33\,n_1$ gewählt wird; beim Anlauf allein war der günstigste Wert $n_{02} = 0{,}5\,n_1$.

Das gleiche Ergebnis bekommt man für einen Vorgang, bestehend aus einem Anlauf und einer Gegenstrombremsung, was ja identisch ist mit einer Umsteuerung (Teilvorgang 1: Anlauf von 0 auf $m\,n_1$; Teilvorgang 2: Anlauf von $m\,n_1$ auf n_1; Teilvorgang 3: Generatorbremsung von n_1 auf $m\,n_1$; Teilvorgang 4: Gegenstrombremsung von $m\,n_1$ auf 0).

Bei Unterteilung in 3, 4 und mehr Stufen werden die Gesamtverluste immer geringer; der Grenzfall praktisch verlustlosen Bremsens und Umsteuerns wird erreicht mit Antrieben für feinstufige Drehzahlsteuerungen.

Ständerverlustarbeit. Die Läuferverlustarbeiten beim Anlaufen, Gegenstrombremsen, Umsteuern verhalten sich also bei diesen Vorgängen wie $1 : 3 : 4$. Ebenso verhalten sich die Ständerverlustarbeiten bei Motoren ohne Stromverdrängung. Bei Motoren mit Stromverdrän-

gung wird das Verhältnis der Ständerverlustarbeiten für Gegenstrombremsen und Umsteuern günstiger, da der Läuferwiderstand wegen der
höheren Frequenz beim Gegenstrombremsen stärker zunimmt als beim
Anlaufen.

d) Der stationäre Betrieb

Im allgemeinen ist der stationäre Betrieb der normale Betriebszustand. Dieser ist festgelegt durch das stabile Gleichgewicht zwischen
dem Drehmoment der angetriebenen Arbeitsmaschine und dem des
antreibenden Motors. Ob und bei welcher Drehzahl ein solcher Zustand
erreicht wird, hängt ab vom Verlauf der Drehmoment-Kennlinien

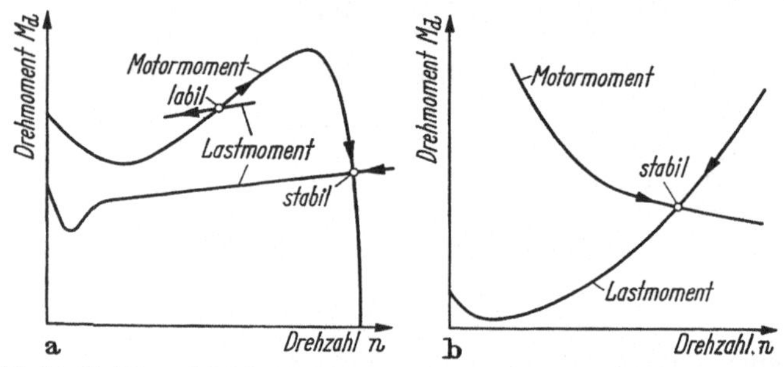

Abb. 14. Stabile und labile Betriebspunkte bei verschiedenen Lastkennlinien
a) etwa konstantes Moment; b) Lüftermoment

(Drehmoment abhängig von der Drehzahl) der Maschine und des Motors.
Stabile Betriebspunkte bestehen, wenn bei Überschreitung der Betriebsdrehzahl das Moment der Arbeitsmaschine (Lastmoment), bei Unter-
schreiten das Motormoment überwiegt, so daß der Antrieb wieder der
ursprünglichen Drehzahl zustrebt. Das umgekehrte Verhalten ergibt
labile Betriebspunkte, die für den praktischen Betrieb nicht brauchbar
sind. Die einmal eingetretene Drehzahlabweichung wird immer größer,
bis der Motor stehenbleibt oder durchgeht.

Abb. 14 zeigt als Beispiel unter a) einen stabilen und einen labilen
Betriebspunkt einer Maschine mit annähernd gleichbleibendem Drehmoment mit einem Drehstrom-Asynchronmotor; unter b) einen stabilen
Betriebspunkt einer Arbeitsmaschine mit Lüfter- oder Pumpencharakte-
ristik mit einem Reihenschlußmotor.

α) **Dauerbetrieb.** Dauerbetrieb liegt vor, wenn ein stationärer
Betriebszustand mindestens so lange anhält, bis die Beharrungstempera-
tur des Motors erreicht wird. Diese Zeit liegt zwischen etwa 45 min bei
kleinen und etwa 3 h bei großen Motoren.

Es ist wichtig, daß die Nennleistung des Motors möglichst genau
der von der Maschine tatsächlich benötigten Leistung angepaßt wird.

Überbemessung des Motors um etwa 25% der benötigten Leistung bewirkt praktisch keine Änderung in der Stromaufnahme gegenüber einem richtig bemessenen Motor. Bei größeren Abweichungen nimmt jedoch der zu groß bemessene Motor, vor allem bei kleinen Motorleistungen, infolge des bei Teillasten wesentlich schlechteren Leistungsfaktors, einen höheren Strom auf als der richtig bemessene kleinere, was zu erhöhten Verlusten im Motor und in den Zuleitungen führt und die Wirtschaftlichkeit verschlechtert.

Selbstverständlich dürfen im allgemeinen Elektromotoren im Dauerbetrieb grundsätzlich nicht überlastet werden. Nach VDE 0530 ist lediglich eine einmalige Überlast von 150% des Nennstromes 2 min lang zulässig. Bei höheren Überlastungen, z. B. während des Anlaufes, muß die Zeit entsprechend kürzer sein. Eine Ausnahme bilden Motoren mit gewissen hochwertigen Isolationen, die auch höhere Überlastungen ohne Schaden vertragen. Die Grenze für die mechanische Überlastbarkeit bildet das Kippmoment, das bei Drehstrommotoren mindestens 160% des Nennmomentes betragen muß.

Von entscheidender Bedeutung für den einwandfreien Betrieb des Motors ist, daß die Betriebsspannung des Netzes nicht wesentlich von der Nennspannung des Motors abweicht. Da die Drehmomente eines Drehstrom-Asynchronmotors (Anzugs-, Kippmoment) sich quadratisch mit der Betriebsspannung ändern, kann man nicht erwarten, daß bei Unterschreitungen der Nennspannung des Motors um 10 bis 20% und mehr, wie sie in schwachen Netzen vorkommen, der Motor noch seine volle Nennleistung abgibt bzw. seine Überlastungsfähigkeit behält. Beträgt z. B. die Netzspannung nur 80% der Nennspannung, so ist die zulässige Leistung ebenfalls nur 80% der Nennleistung, während Anzugsmoment und Kippmoment auf 64% der ursprünglichen Werte (bezogen auf die Nennleistung) zurückgehen. Nur bei Abweichungen bis zu $\pm 5\%$ der Netzspannung kann bei Nennfrequenz die Nennleistung abgegeben werden.

β) **Stoßlast.** Ein Sonderfall des Dauerbetriebes mit aussetzender oder wechselnder Belastung ist die z. B. bei Pressen, Scheren oder Stanzen vorkommende Stoßbelastung. Hier entsteht die Aufgabe, durch Ausnutzung der kinetischen Energie (Schwungarbeit) eines Schwungrades entweder mit einem Motor mit Schleifringläufer und passend bemessenem Dauerschlupfwiderstand oder mit einem Motor mit Käfigläufer mit erhöhtem Läuferwiderstand (Widerstands-, Schlupfläufer) eine möglichst gleichmäßige Belastung des Motors und des Netzes zu erreichen. Dazu müssen Drehzahländerungen in Kauf genommen werden. Abb. 15 zeigt das grundsätzliche Verhalten eines solchen Antriebes bei gleichbleibendem, das Kippmoment des Motors überschreitenden Stoßmoment.

Im rechten unteren Quadranten ist das gegebene Drehmoment-Zeit-Programm und der Verlauf des Motormomentes über der Zeit dargestellt, im darüberliegenden der Drehzahlverlauf über der Zeit und im linken oberen Quadranten ein Ausschnitt aus der Drehmomentkurve eines Motors mit einem Schlupf von 10 % bei Nennmoment und das Leerlauf- und Stoßmoment über der Drehzahl. Bei dem hier angenommenen

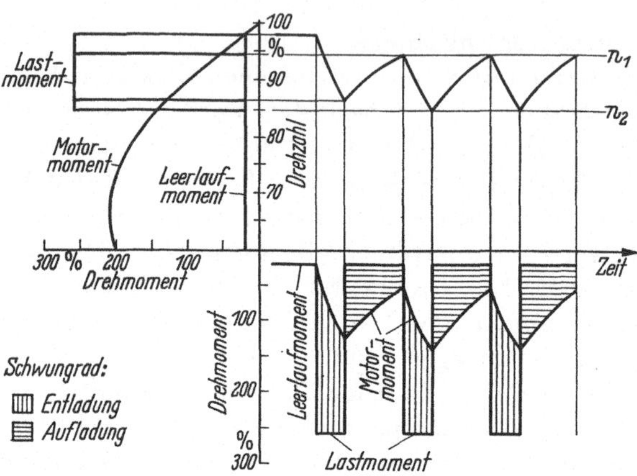

Abb. 15. Drehmoment und Drehzahl bei Schwungradantrieb

Wert des Schwungmomentes des Schwungrades ist die maximale Belastung des Motors etwa 150 % des Nennmomentes.

Das Verzögerungsmoment während des Stoßes ist die Differenz zwischen Last- und Motormoment; die Drehzahl sinkt von n_1 auf n_2, das Schwungrad wird „entladen". Während der Pause ist das Beschleunigungsmoment die Differenz zwischen Motor- und Leerlaufmoment. Die Drehzahl steigt von n_2 auf n_1, das Schwungrad wird „aufgeladen". Die vom Schwungrad während des Stoßes abgegebene kinetische Energie muß in der Pause wieder zugeführt werden. Sie ist proportional dem Schwungmoment und der Differenz der Quadrate der Drehzahlen n_1 und n_2.

Das Arbeitsspiel muß genau bekannt sein, damit Motorgröße, Schlupfwiderstand und Schwungmoment des Schwungrades so aufeinander abgestimmt werden können, daß die Änderungen des Motormomentes, der Drehzahl und der dem Netz entnommenen Leistung möglichst klein bleiben.

e) Kurzzeitbetrieb und Aussetzbetrieb

Es sei hier auf VDE 0530 verwiesen, in der die Betriebsarten definiert werden. Wegen der grundsätzlich verschiedenen Art der Erwärmung können Motoren für Kurzzeit- und Aussetzbetrieb nicht gegeneinander ausgetauscht werden. Da die gegenüber Dauerbetrieb erhöhte Leistung u. a. zum Sicherstellen einer ausreichenden Überlastbarkeit (Kippmoment) eine besondere Auslegung bedingt, können auch für Dauerbetrieb ausgelegte Motoren nicht für Kurzzeit- oder Aussetzbetrieb oder umgekehrt verwendet werden. Nimmt man allerdings ein geringeres Anzugs- und Kippmoment in Kauf, können in gewissen Fällen auch normale Motoren im Aussetzbetrieb mit erhöhter Leistung betrieben werden; wie überhaupt im Aussetzbetrieb, muß das Arbeitsspiel möglichst genau bekannt sein [22].

Im Aussetzbetrieb wechseln laufend Schaltungen (Anlaufen, Bremsen oder Umschalten) mit Arbeitsbelastung. Daher gewinnen die im vorigen Abschnitt gemachten Überlegungen besondere Bedeutung. Von größter Wichtigkeit für die Auswahl des richtigen Motors ist die genaue Kenntnis des Schwungmomentes (GD^2) der anzutreibenden Maschine.

Schaltbetrieb. Wenn im Aussetzbetrieb oder im Dauerbetrieb mit aussetzender Belastung die Schaltvorgänge überwiegen, so daß die Summe der durch die Schaltvorgänge entstehenden Verluste größer ist als die Summe der durch die Arbeitsbelastung entstehenden Verluste, spricht man von Schaltbetrieb. Dabei ist wieder zu unterscheiden zwischen Dauer- und Aussetzschaltbetrieb. Um die für einen Motor zulässige Schalthäufigkeit, d. h. die Zahl der Schaltungen je Stunde, bestimmen zu können, müssen Schaltart, Arbeitsbelastung, Schwungmoment der Maschine und Arbeitsspiel bekannt sein. Besonders auf das Schwungmoment kommt es an, da die zulässige Schalthäufigkeit umgekehrt proportional dem Gesamtschwungmoment von Motor und Maschine ist. Wegen der erhöhten mechanischen Beanspruchung erfordern Motoren für hohe Schalthäufigkeit eine verstärkte Ausführung zum Sicherstellen einer ausreichenden Lebensdauer.

Der Schaltbetrieb wird also als Sonderfall des Aussetzbetriebes (AB, DAB) definiert und wegen seiner Wichtigkeit so eingehend behandelt, daß eine quantitative Nachrechnung der Verhältnisse möglich ist. Dazu wird als zweite Kenngröße eines Motors neben der Nennleistung die Leerschalthäufigkeit eingeführt. Damit kann aus den gegebenen Betriebsbedingungen für jeden Motor die zulässige Schalthäufigkeit ermittelt werden.

Der Schaltbetrieb ist demnach durch die hohe Zahl von Schaltungen je Stunde derart gekennzeichnet, daß im allgemeinen die Summe der durch das Schalten entstehenden Verlustwärmemengen größer ist als die Summe der durch die Arbeitsbelastung entstehenden Verlustwärmemengen.

Maßgebend für die Beanspruchung des Motors im Schaltbetrieb ist die Schalthäufigkeit (Anzahl der Schaltungen je Stunde), wobei zu unterscheiden ist zwischen Anlaufschaltungen (Anlauf mit anschließendem freien Auslauf oder mechanischer Bremsung), Bremsschaltungen (Anlauf mit anschließender elektrischer Bremsung) und Umschaltungen von $+n$ auf $-n$; bei Gegenstrombremsung ist Bremsschaltung identisch mit Umschaltung.

Die Erwärmung der Motoren ergibt sich aus den bei den verschiedenen Schaltvorgängen in ihnen entstehenden Verlustwärmemengen und der Wärmeabfuhr.

Die Verlustwärmemengen für einmaliges Anlaufen, Bremsen oder Umsteuern sind abhängig vom Quadrat der Enddrehzahl, der Größe der zu beschleunigenden Massen und dem Lastmoment.

Es ist dabei zu unterscheiden zwischen Durchlaufschaltbetrieb (DSB) und Aussetzschaltbetrieb (ASB). Der Durchlaufschaltbetrieb

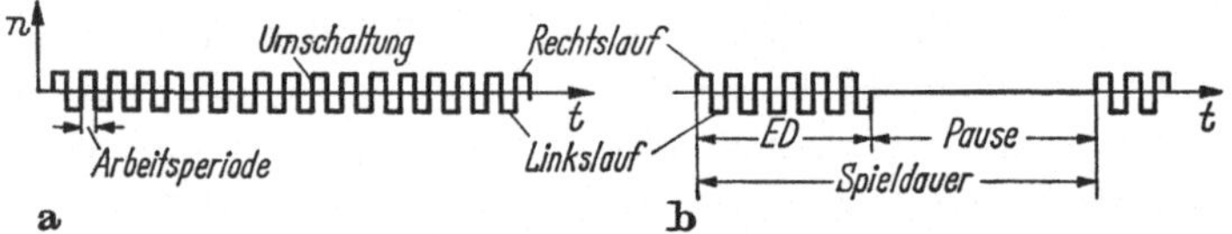

Abb. 16. Durchlauf- (a) und Aussetzschaltbetrieb (b) bei Umschaltungen

Abb. 16a entspricht etwa der in VDE 0530 festgelegten Betriebsart DAB (Dauerbetrieb mit aussetzender Belastung), wobei der Schaltvorgang die Belastung darstellt. Im Aussetzschaltbetrieb wechseln einige Minuten Schaltbetrieb mit Stillstand (Abb. 16b) oder auch einzelne Schaltungen mit Stillstand. Dabei wird ähnlich wie im Aussetzbetrieb AB nach VDE 0530 eine Einschaltdauer ED festgelegt.

Leerschalthäufigkeit. Wird der laufende Motor ohne Zusatzschwungmasse im Durchlaufschaltbetrieb umgeschaltet, so bezeichnet man diejenige Schalthäufigkeit, bei der die zulässige Erwärmung des Motors im Beharrungszustand erreicht wird, als Leerschalthäufigkeit z_0, gemessen in US/h (Umschaltungen je Stunde). Die Größe hat für den Schaltbetrieb dieselbe Bedeutung wie die Nennleistung für den Dauerbetrieb. Man kann einen Motor bei Ausnutzung der zulässigen Erwärmung entweder im Dauerbetrieb mit der Nennleistung ohne Schalthäufigkeit oder im Durchlaufschaltbetrieb mit der Leerschalthäufigkeit z_0 ohne Arbeitsbelastung betreiben. Für alle anderen Betriebszustände zwischen diesen beiden Grenzfällen kann mit Hilfe von z_0 entweder die sich ergebende Erwärmung bei einer bestimmten Schalthäufigkeit oder die bei dem Grenzwert der Erwärmung zulässige Schalthäufigkeit z bestimmt werden.

Die Hersteller von Motoren geben für ihre Motoren die Leerschalthäufigkeit beispielsweise in Verbindung mit der Nennleistung und den Läuferschwungmomenten an. Wird gegenüber der bei normalen listenmäßigen Motoren möglichen eine noch höhere Schalthäufigkeit gefordert, so kann diese u. U. durch Ausführung des Motorläufers als „Widerstandsläufer" (erhöhter Läuferwiderstand) erreicht werden. Es ergeben sich hierdurch höhere z_0-Werte.

Zulässige Schalthäufigkeit. Im folgenden ist zur Vereinfachung der Rechnung zunächst die gleiche Wärmeabgabezahl für Schaltbetrieb und stationären Dauerbetrieb angenommen. Am Schluß der Rechnung wird, nachdem die zulässige Schalthäufigkeit aus den Betriebsbedingungen ermittelt wurde, die Abhängigkeit der Wärmeabgabezahl von der Schalthäufigkeit durch einen Korrekturfaktor berücksichtigt.

Art der Schaltung. Die Leerschalthäufigkeit z_0 bezieht sich stets auf Umschaltungen.

Bei Anlaufschaltungen mit freiem Auslauf oder mechanischer Bremsung (Abb. 17), wird der Motor nur mit den Anlaufverlusten belastet.

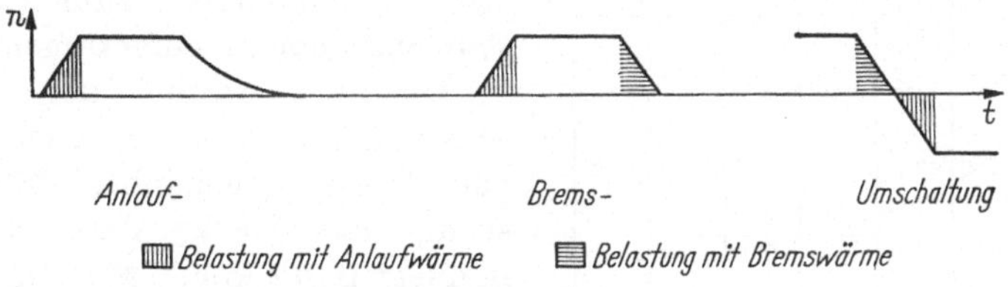

Abb. 17. Schaltarten

Erfahrungsgemäß wird dann

$$z = 2,2 \ldots 3 z_0 \quad [\text{AS/h}] \tag{75}$$

Der Faktor 3 gilt für kleinere, 2,2 für größere Motoren.

Bremsschaltungen. Wird mit Gegenstrom gebremst, so sind ein Anlauf und eine Bremsung identisch mit einer Umschaltung: $z = z_0$ [BS/h].

Bei Gleichstrombremsung setzt man

$$z = 2,5 z_0 \quad [\text{BS/h}] \tag{76}$$

Zusätzliche Schwungmassen. Die Verlustwärmemengen und damit die zulässige Schalthäufigkeit sind wesentlich vom Gesamtschwungmoment abhängig. Mit wachsendem Schwungmoment nehmen die Verluste zu, die zulässige Schalthäufigkeit entsprechend ab. Die zusätzlichen Schwungmassen sind im Verhältnis des Quadrates der Drehzahlen auf die Motordrehzahl umzurechnen.

Ist n_1 Motordrehzahl und $(GD^2)_2$ Schwungmoment der Welle mit Drehzahl n_2, so ist das auf die Motordrehzahl umgerechnete Schwungmoment

$$(GD^2)_1 = (GD^2)_2 \left(\frac{n_2}{n_1}\right)^2 \tag{77}$$

Handelt es sich um geradlinig bewegte Massen, z. B. Tischantriebe, so ist das einer derartigen Masse vom Gewicht G in kp mit der Geschwindigkeit v in m/s äquivalente Schwungmoment

$$(G\,D^2)_1 = 365\,\frac{G\,v^2}{n_1^2} \tag{78}$$

Ist $(G D^2)_m$ das Schwungmoment des Motors und $(G D^2)_z$ das entsprechend dem vorhergehenden bestimmte Zusatzschwungmoment, so ist

$$k_s = \frac{(G\,D^2)_m}{(G\,D^2)_m + (G\,D^2)_z} \tag{79}$$

der Faktor, der die Herabsetzung der Schalthäufigkeit durch das Zusatzschwungmoment angibt, also $z = k_s\,z_0$.

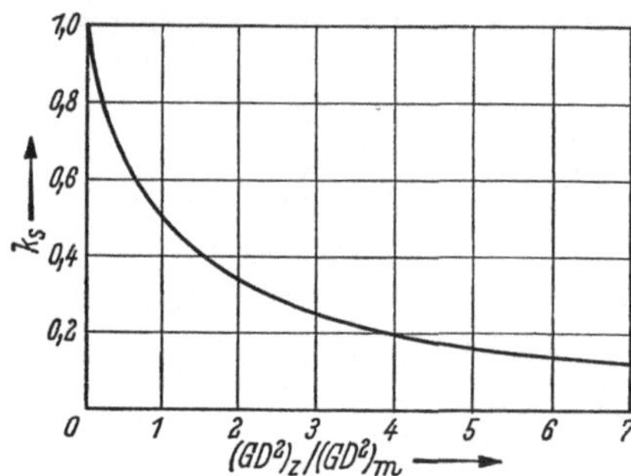

Abb. 18. Schwungmomentfaktor k_s

$(G D^2)_z$ = Zusatzschwungmoment
$(G D^2)_m$ = Motorschwungmoment

In Abb. 18 ist der Faktor k_s abhängig vom Verhältnis des Zusatzschwungmomentes zum Motorschwungmoment aufgetragen.

Um den Einfluß der Zusatzschwungmomente zu zeigen, sei ein Beispiel genannt. Motorleistung etwa 1 kW, Motorschwungmoment 0,012 kpm², Motordrehzahl 1500 U/min. Das Zusatzschwungmoment betrage 0,1 kpm² bei 500 U/min. Reduziert auf die Motordrehzahl ergibt sich dieses zu 0,011 kpm². Mit diesen Werten erhält man aus Abb. 18 einen Schwungmomentfaktor $k_s = 0{,}52$. War die Leerschalthäufigkeit $z_0 = 2500$, so beträgt die zulässige Schalthäufigkeit jetzt nur noch 1300 US/h.

Belastung (Gegenmoment) während des Schaltvorganges. In Gl. (58) sind die Verlustwärmen bei vernachlässigbar kleinem Lastmoment angegeben. Muß bei Anlaufschaltungen ein Lastmoment M_L berücksichtigt werden, so ist die Läuferverlustarbeit nach Gl. (57)

$$W_{v_2} = 2\,W_k \int_{s_b}^{1} \frac{M_d}{M_b}\,s\,ds \tag{80}$$

worin M_d Motordrehmoment, M_b Beschleunigungsmoment, s Schlupf, s_b Schlupf bei Betriebsdrehzahl n bedeuten.

Im gleichen Verhältnis wächst auch die Ständerverlustarbeit. Maßgebend für die Zunahme der Verlustarbeit ist der Faktor M_d/M_b $= M_d/(M_d - M_L)$. Umgekehrt proportional dazu muß die Schalthäufigkeit abnehmen. Da in der Praxis beim Schaltbetrieb das Lastmoment fast immer als konstant angenommen werden kann, wird zur Vereinfachung der Rechnung auch mit gleichbleibendem mittlerem Motormoment gerechnet. So ergibt sich der Faktor k_g für die Herabsetzung der Schalthäufigkeit zu

$$k_g = \frac{M_d - M_L}{M_d} = 1 - \frac{M_L}{M_d} \qquad (81)$$

dargestellt in Abb. 19. Wenn nicht mit konstanten Momenten gerechnet werden kann, müssen die Verluste bestimmt und mit denen für Leeranlauf verglichen werden.

Es wird also bei Anlaufschaltungen die Schalthäufigkeit unter Berücksichtigung von Gl. (81) und (75)

$$z = 2,2 \ldots 3 k_g z_0 \quad [\text{AS/h}]$$

Bei *Umschaltungen* werden durch das Lastmoment die Verluste in der Anlaufperiode vergrößert, in der Bremsperiode dagegen verkleinert. Beides hebt sich praktisch auf, so daß die Schalthäufigkeit durch das Lastmoment nicht geändert wird.

Belastung (Gegenmoment) in der Arbeitsperiode. Bei gleicher Wärmeabgabezahl sind in den beiden Grenzfällen: Leistung $P = $ Nennleistung P_n, $z = 0$ oder $P = 0$, $z = z_0$, die Verluste bei gleicher Erwärmung die gleichen. Bei Teillasten wird ein Teil der Gesamtverluste durch die Schalthäufigkeit und der andere durch die Belastung hervorgerufen. Die durch das Schalten entstehenden Verluste sind proportional der Schalthäufigkeit z, die durch die Be-

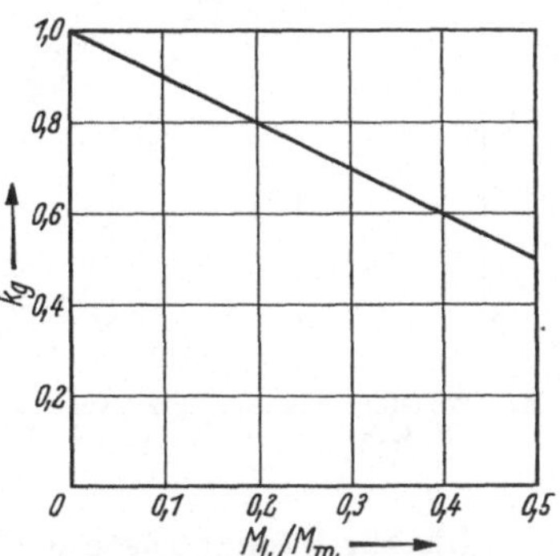

Abb. 19. Lastmomentfaktor k_g
$M_L = $ Lastmoment
$M_m = $ Motormoment (M_d)

lastung entstehenden Verluste sind proportional dem Quadrat des Stromes bzw. genügend genau dem Quadrat der Leistung oder des Drehmomentes.

Sind W_0 die Leerlaufverluste und W_g die bei Einhaltung der Grenzerwärmung abführbaren Gesamtverluste, so gilt demnach

$$W_g = W_0 + (W_g - W_0)\frac{z}{z_0} + (W_g - W_0)\frac{P^2}{P_n^2} \qquad (82)$$

Bei einer Teillast von z. B. 70% sind noch 51% der Leerschalthäufigkeit zulässig. Der Belastungsfaktor, mit dem z_0 zu multiplizieren ist, um die zulässige Schalthäufigkeit z zu erhalten, ist also $k_L = 0,51$. Damit wird

$$\frac{z}{z_0} = k_L = 1 - \left(\frac{P}{P_n}\right)^2 \qquad (83)$$

Die zulässige Schalthäufigkeit ist

$$z = k_L z_0 \qquad (84)$$

Liegen Umschaltungen vor, so gilt der Faktor k_L nur für den Fall, daß in beiden Drehrichtungen die Belastung gleich ist. Sind die Belastungen und die Laufzeiten bei Rechts- und Linkslauf verschieden, so ist der Mittelwert der Lastverluste zu bilden.

„z" nimmt mit Wachsen der Nennleistung ab (z-Kennlinie). Für je zwei aufeinanderfolgende Typen in einer Motorenreihe gibt es eine Grenzbelastung, bei der beide Typen die gleiche Schalthäufigkeit zulassen. In Abb. 20 ist z. B. für 4polige Motoren von 1,1 kW und solche von 1,5 kW mit normalem Läufer der Zusammenhang zwischen Belastung und Schalthäufigkeit bei gleicher Belastung in beiden Drehrichtungen durch die Kurven

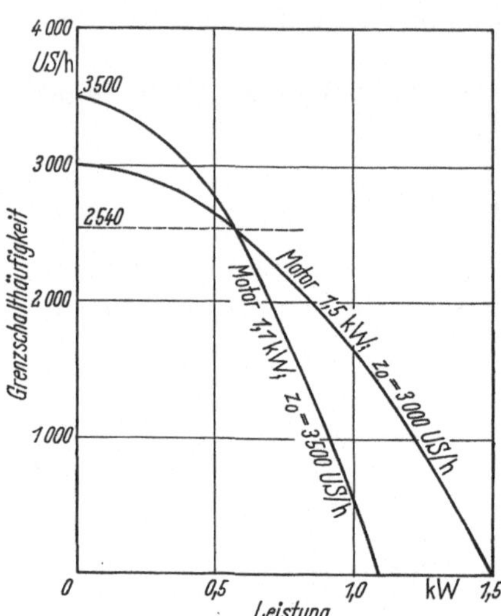

Abb. 20. Grenzschalthäufigkeit verschiedener Motoren a) 1,1 kW; b) 1,5 kW

$$z = z_0 \left(1 - \frac{P^2}{P_n^2}\right) \qquad (85)$$

dargestellt.

Bis zur Grenzbelastung $P = 0{,}575$ kW ergibt sich für den kleineren Motor eine höhere zulässige Schalthäufigkeit als für den größeren, umgekehrt bei größerer Belastung.

Die zulässige Schalthäufigkeit im Aussetzschaltbetrieb (Abb. 21) kann bei regelmäßigem Spielverlauf ebenfalls aus der Leerschalthäufigkeit z_0 durch einen Faktor k_a abgeleitet werden

$$z = k_a z_0 \qquad (86)$$

Zur Bestimmung dieses Faktors stellen wir beispielsweise für den Betrieb nach Abb. 21c die Wärmebilanz für einen Stundenbetrieb auf und setzen unter Berücksichtigung der Belastung (Gl. 82)

$$3600\left[W_g ED + \frac{W_g}{v}(1 - ED)\right]$$

$$= W_u z + ED \cdot 3600\left[W_0 + (W_g - W_0)\frac{P^2}{P_n^2}\right] \qquad (87)$$

Hierin kennzeichnet v das Verhältnis der Wärmeabgabezahl bei Betrieb mit Nenndrehzahl zu derjenigen im Stillstand. W_g sind die Gesamtverluste bei Nennbetrieb, W_0 die Leerlaufverluste, W_u kennzeichnet die Umsteuerverlustarbeit, ED die relative Einschaltdauer.

Daraus wird dann

$$z = 3600 \frac{v\,W_g\,ED - W_g\,ED - v\,W_0\,ED - v\,ED\,(W_g - W_0)\dfrac{P2}{P_n^2} + W_g}{v\,W_u} \qquad (88)$$

Mit k_a aus Gl. (86) wird bei gleichzeitiger Erweiterung des Zählers um $+ W_0 - W_0 + ED\,W_0 - ED\,W_0 = 0$ nach einigen Umrechnungen und

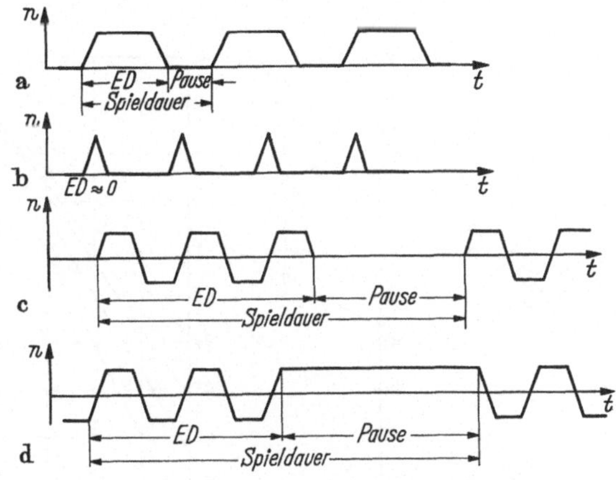

Abb. 21. Formen des Aussetzschaltbetriebes

unter Berücksichtigung der Wärmebilanz $3600\,W_g = W_u z_0 + 3600\,W_0$ für den Durchlaufschaltbetrieb im Leerlauf

$$k_a = \frac{z}{z_0} = \frac{z\,W_u}{3600\,(W_g - W_0)}$$

$$= \frac{1 + (v-1)\,ED}{v} + \frac{1-ED}{v}\,\frac{W_0}{W_g - W_0} - ED\,\frac{P2}{P_n^2} \qquad (89)$$

Dies ist der Belastungsfaktor bei Aussetzschaltbetrieb; er berücksichtigt also gegenüber demjenigen bei Durchlaufschaltbetrieb außer der Belastung auch die relative Einschaltdauer und das Wärmeabgabevermögen. Seine graphische Ermittlung zeigt Abb. 22.

Bei Durchlaufschaltbetrieb ist

$$z = k_s\,k_g\,k_L\,z_0 \qquad (90)$$

Liegen nicht Umschaltungen vor, so kommt außerdem bei Anlaufschaltungen noch der Faktor 3 (bei kleineren Motoren) bzw. 2,2 (bei größeren Motoren) und bei Bremsschaltungen mit Gleichstrombremsung der Faktor 2,5 hinzu.

k_s ist unter Zugrundelegung der Schwungmomente von Motor und Maschine aus Abb. 18 zu entnehmen.

Der Faktor k_g für Berücksichtigung des Lastmomentes während des Schaltvorganges gilt nur bei Anlaufschaltungen und ist entsprechend dem mittleren Last- und Motormoment nach Gl. (81) zu entnehmen.

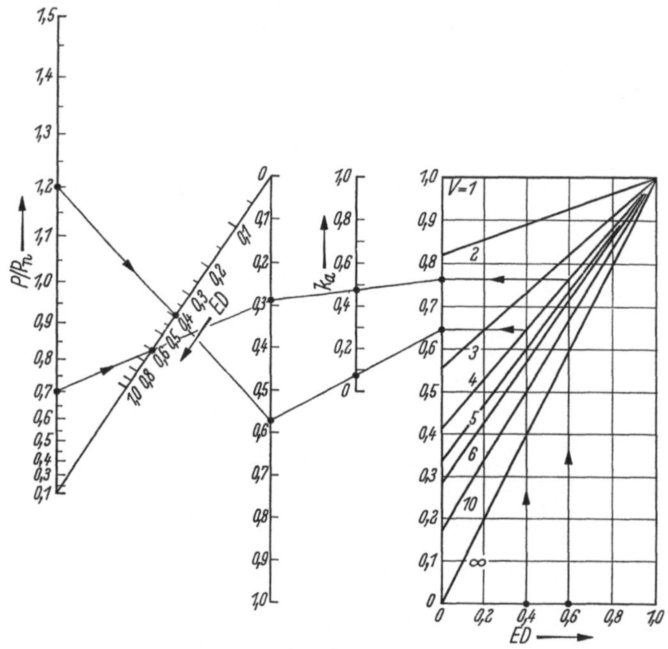

Abb. 22. Graphische Ermittlung des Belastungsfaktors bei Aussetzschaltbetrieb

Für die Bestimmung des Belastungsfaktors k_L benötigt man das Verhältnis der Belastungen bei Rechts- und Linkslauf P_r/P_l zur Nennleistung P_n und das Verhältnis der zugehörigen Laufzeiten t_r/t_l zur Gesamtzeit $t_r + t_l$. Damit ergibt sich der Belastungsfaktor k_L.

Am Schluß der Rechnung ist die ermittelte zulässige Schalthäufigkeit z mit dem Korrekturfaktor k_w für die Wärmeabgabefähigkeit zu korrigieren, der etwa zwischen 0,85 und 0,95 liegt, je nachdem ob es sich um 8-, 6- oder 4polige Motoren handelt.

Die auf diese Weise ermittelten zulässigen Schalthäufigkeiten müssen gleich oder größer sein als die durch das gegebene Arbeitsspiel verlangten. Wenn mit normalen Motoren die verlangte Schalthäufigkeit nicht erreicht werden kann, sind evtl. Motoren mit einem Widerstandsläufer zu verwenden.

Werden bei besonders großen Schwungmomenten oder bei größeren Leistungen hohe Schalthäufigkeiten gefordert, müssen Motoren mit

Schleifringläufer mit außenliegendem, dauernd eingeschaltetem Widerstand verwendet werden. Bei diesen wird die Verlustwärme des Läuferkreises im Verhältnis ihrer Widerstände auf Läufer- und Außenwiderstand aufgeteilt. Die Verlustwärme des Ständers ist infolge des vergrößerten Gesamtwiderstandes des Läuferkreises ebenfalls entsprechend kleiner.

f) Erwärmung

Die Verlustarbeit W_v beim Anlaufen, Bremsen und Umsteuern ist identisch mit einer Verlustwärme, die man z. B. in kcal ausdrücken kann (1 kWh = 860 kcal). Diese Wärmemenge bewirkt eine Erwärmung der Wicklungen, die abhängig ist von deren Wärmekapazität (Wärmeaufnahmevermögen) und der Wärmeabfuhr durch Leitung und Konvektion.

Bei kurzzeitigen Vorgängen mit Zeiten von einigen Sekunden ist die Wärmeabfuhr durch Leitung und Konvektion praktisch gleich Null. Die erzeugte Wärme wird in den Wicklungen gespeichert. Für diesen Fall ist die Erwärmung (Übertemperatur)

$$\Delta \vartheta = \frac{W_v}{G\,c} \quad [\text{grd}] \tag{91}$$

worin die Verlustwärme W_v in Ws, G Wicklungsgewicht in kp, c spezifische Wärme der Wicklung in Ws/kp grd einzusetzen sind. Werte für c zwischen 0 und 100 °C sind für

Aluminium	900 Ws/kp grd
Kupfer	388 Ws/kp grd
Bronze und Messing	375 Ws/kp grd

Trotz der größeren spezifischen Wärme haben Aluminiumwicklungen bei gleichem Querschnitt wegen des geringen spezifischen Gewichtes eine kleinere Wärmekapazität und damit größere Erwärmung als Kupferwicklungen. Leitwertgleiche Kupfer- und Aluminiumwicklungen haben etwa gleiche Erwärmung.

Bei länger dauernden Vorgängen (etwa ab 10 s, je nach Motorgröße und Bauart) wird bereits Wärme durch Leitung und Konvektion abgeführt, so daß die Erwärmung kleiner wird als nach Gl. (91) berechnet. Benutzt man trotzdem Gl. (91) als Anhaltspunkt, so ist man auf der sicheren Seite.

Setzt man für die Erwärmung $\Delta \vartheta$ einen durch die Lebensdauer der Isolation der Wicklung bedingten Grenzwert ϑ_{max} fest, so bedeutet das eine höchstzulässige Verlustwärmemenge $W_{v\,max}$. Beim Anlaufen, Bremsen oder Umsteuern ohne Lastmoment ist bei direktem Einschalten von Drehstrommotoren für ein gegebenes Motormodell die Verlustwärme W_v

nur abhängig vom Gesamtschwungmoment; das gleiche gilt für die Anlauf-, Brems- oder Umsteuerzeiten. Bei Änderung des Schwungmomentes sind also die verschiedenen sich ergebenden Zeiten gleichzeitig ein Maß für die sich entsprechend ändernden Verlustwärmemengen. Man kann daher für ein bestimmtes Motormodell, z. B. für Anlauf ohne Lastmoment, eine größte zulässige Anlaufzeit $t_{a\max}$ angeben, die dann ein Maß ist für die die Grenzerwärmung $\vartheta_{\max}$ ergebende Verlustwärme $W_{\max}$. Um beurteilen zu können, ob ein Anlauf mit Rücksicht auf die Erwärmung der Wicklungen noch zulässig ist, braucht man dann nur die Anlaufzeit zu bestimmen und mit der höchstzulässigen Anlaufzeit $t_{a\max}$ zu vergleichen. Die gleiche zulässige Anlaufzeit $t_{a\max}$ gilt für Anläufe mit Lastmoment, sofern $M_d/M_b = $ const; in diesem Fall ändern sich die Verlustwärmemengen W_v und die Anlaufzeit t_a im gleichen Verhältnis. Ist M_d/M_b nicht konstant, gilt diese Zuordnung nicht mehr. Ist z. B. bei Anlauf eines Drehstrommotors das Lastmoment annähernd konstant, so wächst die Verlustwärmemenge schneller als die Anlaufzeit. Der Grenzfall ist die Einschaltung des festgebremsten Motors; die hierbei zulässige Einschaltzeit ist wesentlich kürzer als die oben definierte höchstzulässige Anlaufzeit für $M_d/M_b = $ const.

Erfolgt Anlaufen, Bremsen oder Umsteuern anschließend an einen Dauerbetrieb, so hat der Motor bereits die Normalerwärmung ϑ_n. Statt $\vartheta_{\max}$ ist dann $\vartheta_{\max} - \vartheta_n$ einzusetzen; die zulässige Verlustwärmemenge bzw. Schaltzeit aus betriebswarmem Zustand heraus ist also entsprechend kleiner als vom kalten Zustand aus.

Die zulässige Schaltzahl bei einzelnen, kurz aufeinanderfolgenden Vorgängen mit bestimmter Schaltzeit t_s ist abhängig vom Verhältnis der bei einem Vorgang sich ergebenden Erwärmung $\Delta\vartheta$ zur zulässigen Grenzerwärmung $\vartheta_{\max}$.

Diese Beziehung muß beachtet werden, wenn z. B. bei erschwerten Anlaufbedingungen oder bei Fehlanläufen mehrmals hintereinander ein Anlauf versucht wird, wobei es leicht zu unzulässigen Erwärmungen der Wicklungen kommen kann (besonders bei Sterndreieckanlauf).

Am meisten gefährdet ist bei Käfigläufern die Ständerwicklung, weil ein großer Teil der Läuferwärme den Ständer durch Strahlung mit aufheizt. Außerdem ist bei Käfigläufern $\vartheta_{\max}$ für die Läuferwicklung wesentlich höher als für die Ständerwicklung, weil keine Isolation auf Baumwoll- oder Kunstharzbasis vorhanden ist. Bei Schleifringläufern dagegen ist meist die Läuferwicklung empfindlicher.

Die bisherigen Betrachtungen über Verlustwärmemengen und Erwärmungen für einzelne Schaltvorgänge bilden auch die Grundlage für die Beurteilung der Verhältnisse im Schaltbetrieb, bei dem in regelmäßiger Folge Schaltvorgänge mit Leerlauf, Belastung oder Stillstand abwechseln [15].

2. Sonderbauarten von Asynchronmotoren

Für die verschiedenartigsten Betriebsverhältnisse sind nun eine Reihe verschiedener Motorausführungen entstanden. Die meisten dieser Ausführungen gelten für das Antriebsgebiet allgemein. Dies betrifft beispielsweise die verschiedenen Schutzarten der Motoren, die in DIN 40050 zusammenfassend behandelt sind, ferner auch die wichtigsten Bauformen der Maschinen, die in DIN 42950 festgelegt sind. Das Normblatt DIN 42973 gibt ferner Aufschluß über die Stufung der Motorenleistungen (Leistungsreihe) bezogen auf etwa 1500 U/min. DIN 42673 legt die Maße der Fußmotoren (Baugrößen) fest, DIN 42948 die Flanschmaße für Flanschmotoren und DIN 42946 die Wellenstumpfabmessungen. Die Zuordnung der Leistungen, Baugrößen, Wellen- und Flanschabmessungen geht aus den Normblättern DIN 42673 und DIN 42677 hervor. Es können auch besondere atmosphärische Bedingungen vorliegen, die eine Sonderausführung verlangen. Dazu gehören der Explosions- und der Schlagwetterschutz.

Alle diese das Antriebsgebiet allgemein betreffenden Sonderbauarten wollen wir als bekannt voraussetzen und hier nur diejenigen Sonderausführungen beschreiben, die mit der bei der Automatisierung nötigen Energieänderung im engeren Sinne zusammenhängen. In der mechanischen Fertigung geht es dabei im wesentlichen um ungewöhnliche Vorgänge, die sich auf der mechanischen Seite des Motors abspielen. Sie treten beispielsweise beim Kurzschluß des Motors ein, bei dem der Motor am Wellenende bis auf Stillstand festgebremst wird. Dieser Kurzschluß kommt nicht nur bei einer Betriebsstörung vor, er kann auch betriebsmäßig auftreten, wenn mit einem Maschinenteil gegen festen Anschlag gefahren wird. Der Motor arbeitet dann als sogenannter Drehfeldmagnet. Ungewöhnliche Betriebsbedingungen ergeben sich ferner bei Schleichdrehzahlen. Zur Lösung dieser Aufgaben entstanden die Drehstrom-Schleichgangantriebe, die ebenfalls etwas ausführlicher beschrieben werden. Zuvor werden wir jedoch noch das Gebiet der Schwingungen behandeln, die bei der mechanischen Energieübertragung bei Werkzeugmaschinen für hohe Ansprüche an Genauigkeit und Oberflächengüte (Schleifmaschine) immer mehr beachtet werden müssen. Weil an der Schwingungsursache der Motor nicht unbeteiligt ist, entstanden zur Beseitigung der damit verknüpften Störungen schwingungsarme Motoren für erhöhte Laufgüte.

a) Schwingungsarme Motoren

Der Elektromotor, als umlaufende Kraftmaschine ohne hin- und hergehende Teile, ist von sich aus eine schwingungsarme Maschine. Sie kann daher in den meisten Fällen verwendet werden, ohne daß schwingungstechnische Schwierigkeiten zu erwarten sind. Die immer höheren

Anforderungen, welche an die Standzeit der Werkzeuge einerseits und die Oberflächengüte der Werkstücke andererseits gestellt werden, zwingen zu einer völlig neuen dynamischen Beurteilung der Maschinen. Bei dieser Betrachtungsweise erscheint dann der Antrieb als Schwingungserreger. Für die Werkzeugmaschinen sind deshalb Motoren entwickelt worden, die den besonders hohen Anforderungen eines schwingungsarmen Laufes genügen [23].

Hinsichtlich der mit einer Werkzeugmaschine erzielbaren Oberflächengüte kommt es in erster Linie auf die Vermeidung von Differenzwegen zwischen dem zu bearbeitenden Werkstück und dem Werk-

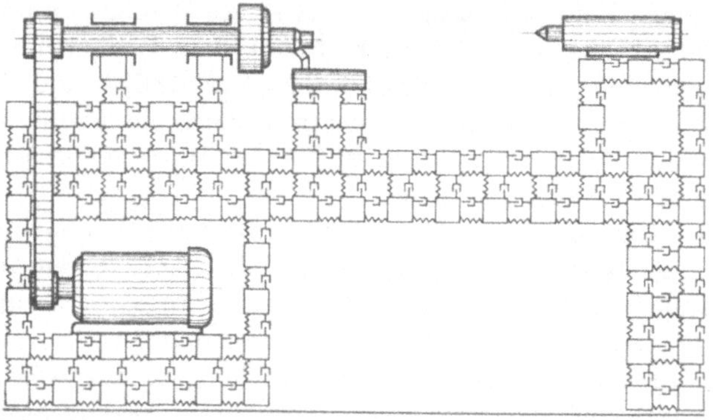

Abb. 23. Schema einer Drehbank, bestehend aus vielen Schwingungselementen nach [23]

zeug an. Dies bedeutet, daß der rückwärtige Kraftschlußweg, z. B. vom Drehmeißel über den Stahlhalter, den Support, das Drehbankbett, den Spindelstock, und über die Spindel zum Werkstück hin, möglichst steif sein muß. Nun stellt die Werkzeugmaschine, wie im Schwingungsschema (Abb. 23) skizziert, ein mechanisches Schwingungsgebilde mit verteilten Massen verschiedenster Steifigkeit und unterschiedlicher Dämpfung dar. Als Schwingungsgebilde betrachtet, weist sie schwer übersehbare Koppelschwingungen und zahlreiche Eigenresonanzen auf, was an den Resonanzstellen gleichbedeutend mit einem Einbruch des Schwingungswiderstandes ist. Bei der Werkzeugmaschine ist deshalb nicht allein die statische, sondern besonders die dynamische Steifigkeit wichtig. Unvermeidliche Eigenfrequenzen sollten möglichst hoch gelegt werden. Aus energetischen Gründen bedeuten Schwingungen mit hohen Frequenzen nur kleine Verformungswege, die sich im Oberflächenbild des bearbeiteten Werkstückes am wenigsten bemerkbar machen können. Gibt der in Abb. 23 dargestellte Motor Schwingungen ab, so werden diese über die mehr oder weniger große Steifigkeit der Werkzeugmaschine zum Werkstück und auch zum Werkzeug hin fortgeleitet. Da die Schwingungen über verschiedene Wege fortgeleitet werden, kommen sie mit verschiedener Phasenlage an, so daß Relativbewegungen zwischen dem Werkstück und Werkzeug die Folge sind. Im allgemeinen sind moderne Werkzeugmaschinen statisch so steif, daß die auftretenden elastischen Verformungen in sehr engen Grenzen bleiben. Wird dagegen durch die von außen zugeführte Schwingung eine vielleicht nur örtliche Eigenresonanz angeregt — wird also die Maschine auf dynamische Steifigkeit beansprucht —, so kann eine derartige Überhöhung der Schwingungen zustande kommen, daß die dann auftretenden Verformungen für Feinstbearbeitungsmaschinen untragbar sind. Je höher die Schnittgeschwindigkeit ist, desto mehr Schwingungen höherer Frequenzen lassen sich auf der Werkstückoberfläche als Wellenzüge abbilden. Deshalb besteht der Wunsch nach der dynamisch steifen Werkzeugmaschine. Von der Betrachtung der Schwingungs-Eigenerregung der Werkzeugmaschine, z.B. durch wechselnden Schnittdruck, Unwuchtkräfte, Wälzlager, Zahnradgetriebe, schlagende Riemen, Riemenstöße, muß hier abgesehen werden. Sie sind Angelegenheit des Konstrukteurs der Werkzeugmaschine.

Hier soll lediglich der Einfluß des antreibenden Elektromotors kurz behandelt werden. Insbesondere soll aufgezeigt werden, welche Maßnahmen zur Verminderung der Motorschwingungen anzuwenden, aber auch, welche Schwierigkeiten dabei zu überwinden sind.

Der Elektromotor ist eine elektromagnetische Kraftmaschine, in der große magnetische Kräfte zwischen Ständer und Läufer wirksam sind. Der Läufer dreht sich meistens in Kugellagern und kann mit einer Restunwucht behaftet sein.

Vom Motor her ist mit Schwingungsanregungen durch die Restunwucht des Läufers, Kugellagerschwingungen und elektromagnetische Anregungen zu rechnen.

Restunwucht. Die Schwingungsanregung durch Restunwucht des Läufers läßt sich durch dynamische Auswuchtung mit empfindlichen elektrischen oder elektronischen Auswuchtmaschinen weitgehend herabsetzen. In Sonderfällen läßt sie sich durch „Komplett-Nachwuchtung" des zusammengebauten Motors praktisch vollständig beseitigen. Das setzt dann aber voraus, daß dieser hochwertige Wuchtzustand beim nachträglichen Aufziehen einer Kupplungshälfte, eines Ritzels oder einer Riemenscheibe nicht verschlechtert wird. Hier ist eine Feinnachwuchtung mit aufgezogenem Antriebsglied notwendig.

Kugellagerschwingungen. Die Schwingungsanregung durch die Kugellager ist schon schwieriger zu beherrschen. Bei Motoren mit einer besonders hohen mechanischen Laufruhe wird es deshalb in der Regel notwendig, statt der Wälzlager normaler Qualität ausgesuchte Spezialkugellager mit erhöhter Genauigkeit zu verwenden. Ferner lassen sich die Lagerschwingungen durch besondere Fertigungsmaßnahmen zur Erzielung engerer Passungen bei Bohrungen und Zentrierungen und durch besondere konstruktive Maßnahmen, z. B. axiale Lagerspannung, weiter vermindern.

Elektromagnetische Schwingungsanregung. Das schwierigste Problem, weil physikalisch bedingt, ist die Verminderung der magnetisch erregten Schwingungen, insbesondere bei dem bevorzugt verwendeten Drehstrommotor. Da im Ständerblechpaket eines Drehstrommotors aus drei phasenverschobenen Wechselströmen ein magnetisches Drehfeld erzeugt wird, entstehen durch das Zusammenwirken des Ständerdrehfeldes mit den im Läuferkäfig induzierten Strömen zwischen dem feststehenden Ständerpaket und dem rotierenden Läufer tangential und radial gerichtete Kräfte. Die Tangentialkomponenten ergeben das an der Welle des Motors nutzbare Drehmoment, können jedoch auch unerwünschte Drehschwingungen verursachen. Die unvermeidlichen Radialkomponenten können gleichfalls zu einer Schwingungsanregung beitragen und sind deshalb unerwünscht. Wegen der hohen Leistung je Flächeneinheit, die aus wirtschaftlichen Gründen wünschenswert ist, sind die wirksamen magnetischen Kräfte der

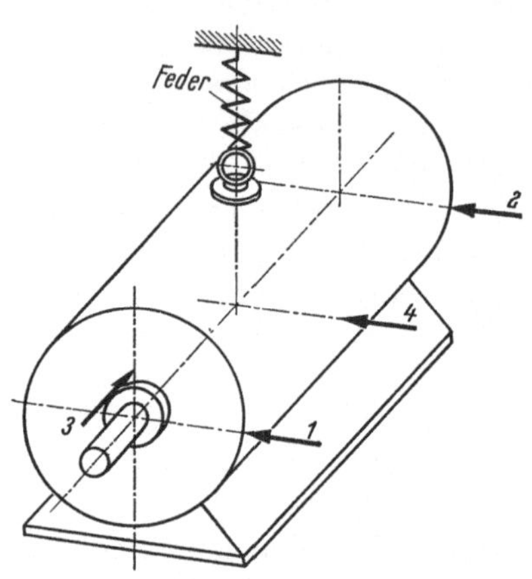

Abb. 24
Schema einer hinreichend weichen Aufhängung für serienmäßige Prüfung nach DIN 45665, *1—4* = Meßstellen

Elektromotoren erheblich. Sie betragen bei neuzeitlichen Maschinen in radialer Richtung zwischen Ständer und Läufer bis etwa 3 kp/cm². Allerdings sind die meisten Kräfte paarig entgegengesetzt, so daß sie sich nicht als freie Kräfte äußern können. Dagegen bewirken sie veränderliche elastische Verformungen, welche die unerwünschten Körperschwingungen darstellen.

Beim Zusammenwirken von Ständer und Läufer treten also magnetische Schwingungen auf, die sich hinsichtlich ihrer Anregung vorausberechnen lassen. Ihre Auswirkung kann aber nicht sicher vorausbestimmt werden, weil dabei schwierig zu übersehende Eigenresonanzen des Motorgehäuses eine maßgebende Rolle spielen. Die magnetische Anregung ist prinzipbedingt und es gilt, diese selbst und ihre Auswirkungen möglichst klein zu halten. Dies kann durch enge Zusammenarbeit von Berechnungsbüro, Konstruktionsabteilung, Versuchsfeld, Schwingungslaboratorium und Fertigung erreicht werden.

Bewertung der Schwinggüte. Da dem Hersteller von Motoren der Schwingungswiderstand, den der Motor beim Anbau an die Maschine vorfindet, nicht bekannt ist, ist es zur Bewertung der Schwinggüte vorteilhaft, dem Motor überhaupt keine Schwingungswiderstände zuzuordnen, sondern ihn frei beweglich und tief abgestimmt aufzuhängen, damit er allen anregenden Schwingungen folgen kann (Abb. 24).

Bei der Laufgütebeurteilung nach VDI-Richtlinie 2056 wird zwischen Schwingungsgüte und Geräuschgüte unterschieden. Die Geräuschgüte, die sich auf die von einzelnen schwingenden Teilen abgestrahlte Schallenergie bezieht, können wir in der sowieso lauten mechanischen Fertigung unbeachtet lassen und befassen uns nur mit der Schwinggüte.

Von den möglichen Meßgrößen, dem Ausschlag oder Schwingweg a, der Schwinggeschwindigkeit oder Schnelle v, der Beschleunigung b usw. wird die Schwinggeschwindigkeit v in mm/s als Bezugsmaßstab festgesetzt. Die genannte Richtlinie enthält dann Angaben über Mittelwertsbildung bei Schwingungen, die aus mehreren Schwingungsanteilen unterschiedlicher Frequenz zusammengesetzt sind, ferner Angaben über Meßgeräte, den Meßort (Abb. 24) und die Betriebsbedingungen während der Messung.

Bei der Beurteilung der Schwinggüte wird aus den Ähnlichkeitsbetrachtungen der Mechanik und den bisherigen Erfahrungen für den Beurteilungsmaßstab gefolgert, daß Schwingungen gleicher Schnelle in erster Annäherung als gleichwertig beurteilt werden können [23, 24].

b) Drehfeldmagnete

Drehfeldmagnete sind Drehstrom-Asynchronmotoren in besonderer elektrischer Ausführung, die ihr größtes Drehmoment bei der Drehzahl „Null" (d. h. im Stillstand) abgeben. Das besondere Merkmal dieser Motoren ist, daß sie auch im Stillstand eingeschaltet bleiben können. Für diese kleinen Schalt- und Verstellmotoren wurde analog zu dem gradlinig schaltenden Zugmagneten die Bezeichnung „Drehfeldmagnet" geprägt. Ihrem Verwendungszweck entsprechend werden die Drehfeldmagnete nicht für eine bestimmte abzugebende Leistung, sondern jeweils für ein bestimmtes maximales Drehmoment (Anzugsmoment) ausgelegt.

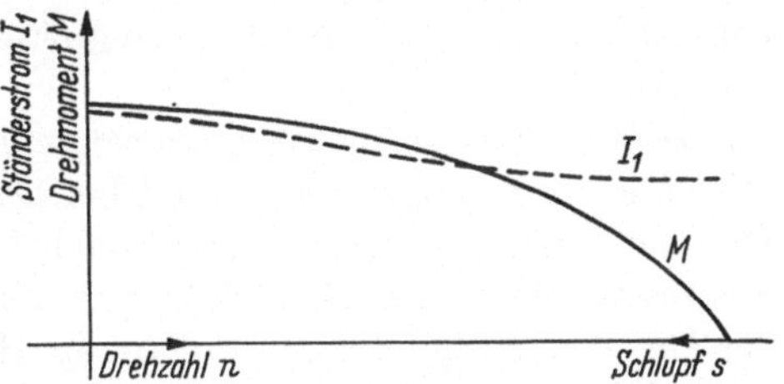

Abb. 25. Drehmoment- und Stromkennlinie eines Drehfeldmagneten

Das Diagramm (Abb. 25) zeigt den Verlauf des Drehmomentes M und Ständerstromes I_1 eines Drehfeldmagneten in Abhängigkeit von Drehzahl und Schlupf. Die Momentenkurve fällt mit wachsender Drehzahl, d. h., sie weist eine Charakteristik auf, wie sie Widerstandsläufern eigen ist.

Ein ausgeprägtes Kippmoment ist nicht vorhanden. Um kleine Drehzahlen und bei gegebenem Anzugsmoment kleine Motorverluste zu erhalten, werden die Drehfeldmagnete möglichst vielpolig ausgeführt. Die Drehfeldmagnete können, entsprechend der auftretenden Betriebsart, in verschiedenen Ausführungen eingesetzt werden. Nachstehend werden die gebräuchlichsten Ausführungen aufgeführt:

a) Ausführung für Dauereinschaltung in $\curlywedge$-Schaltung. In dieser Ausführung können die Drehfeldmagnete beliebig lange im Stillstand unter Spannung stehen. Seltener, ganz kurzzeitiger Betrieb in $\triangle$-Schaltung, bei welcher sich gegenüber der $\curlywedge$-Schaltung etwa das dreifache Moment ergibt, ist möglich.

b) Ausführung für Aussetzbetrieb (z. B. maximale Einschaltdauer 25% *ED*) in $\curlywedge$-Schaltung. Ein Dauerstillstand unter Spannung ist bei dieser Ausführung nicht möglich, jedoch weisen die Drehfeldmagnete in dieser Ausführung, entsprechend der verringerten Einschaltdauer, höhere Drehmomente auf als Drehfeldmagnete in der Ausführung gemäß a.

Die Drehfeldmagnete werden in erster Linie als Schalt- oder Verstellelemente eingesetzt. Ein Dauerbetrieb als motorischer Antrieb kommt in der Regel nicht vor, es muß vielmehr mit Dauereinschaltung im Stillstand gerechnet werden. Bei der Projektierung sollen die Drehfeldmagnete besonders sorgfältig den jeweils gegebenen Betriebsbedingungen angepaßt werden, d. h., die zu schaltenden bzw. von Drehfeldmagneten aufzubringenden maximalen Drehmomente sowie die maximale Einschaltdauer sind möglichst genau zu erfassen. In der Regel werden die Drehfeldmagnete für Drehmomente eingesetzt, die etwa in der Größenordnung von 0,1 bis 2 kpm liegen. Größere Drehmomente können unter Umständen durch Anordnung geeigneter Untersetzungsgetriebe erreicht werden.

Da die Drehfeldmagnete Bewegungen gegen festen Anschlag ausführen können und im Stillstand bei Dauereinschaltung ein bestimmtes Drehmoment abgeben, eignen sie sich insbesondere zur Betätigung von Spannvorrichtungen aller Art. Der Drehfeldmagnet treibt hierbei in der Regel eine Spindel an, mit deren Hilfe das Spannen vorgenommen wird. Beim Schließen der Spannvorrichtung wirkt der Drehfeldmagnet zunächst als motorischer Antrieb und kann dann nach erfolgtem Spannen im Stillstand eingeschaltet bleiben. In dem Fall, daß der Drehfeldmagnet ein selbsthemmendes Glied, z. B. einen Spindel- oder Schneckenantrieb, antreibt, kann er nach erfolgtem Spannen auch abgeschaltet werden. Zum Losreißen des Spindel- oder Schneckengetriebes wird dann der Drehfeldmagnet reversiert und von $\curlywedge$- in $\triangle$-Schaltung umgeschaltet, so daß dann das etwa Dreifache des Schließmomentes aufgebracht wird.

Der Drehfeldmagnet eignet sich ferner zum Drehen von Revolverköpfen oder zum Verstellen eines Teilkopfes. Er kann auch als Antrieb für Trommeln dienen, auf die Seile elektrischer Leitungsbündel oder dgl. aufgerollt werden und gespannt bleiben sollen. Er dient bei Hobelmaschinen u. dgl. für die Meißelklappenbetätigung, die beim Rücklauf das Werkzeug vom Werkstück abhebt. Auch kann er zum Materialvorschub herangezogen werden, dem im Rahmen der Automatisierung immer mehr Bedeutung zukommt. Öfters werden auch hydraulische Bauelemente durch einen Drehfeldmagneten betätigt. Es müssen aber nicht immer Werkzeugmaschinen sein, wo er eingesetzt wird, auch bei anderen Betriebsmitteln kann er Vorteile bringen [25].

c) Drehstrom-Schleichgangantriebe

Bei bestimmten Arbeitsmaschinen ist es erwünscht, daß die Arbeits- und Vorschubspindeln außer der normalen Geschwindigkeit, die der Drehstrom-Antriebsmotor liefert, auch eine Langsamgeschwindigkeit besitzen. Um ohne zusätzliche Getriebeeinbauten durch einfache elektrische Umschaltung solche kleine Drehzahlen zu erzielen, wurden sogenannte Drehstrom-Schleichgangantriebe gebaut. In einem gemeinsamen Gehäuse sind auf gemeinsamer Welle der eigentliche Antriebsmotor und ein Drehfeldmagnet in der vorher beschriebenen Ausführung eingebaut [25].

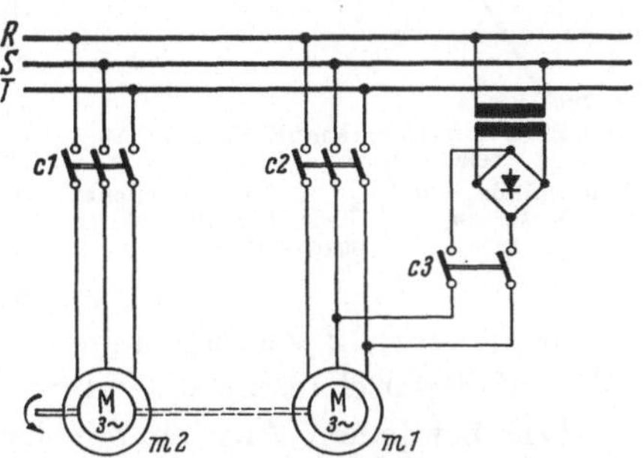

Abb. 26. Schaltung eines Schleichgangantriebes

Für den normalen Betrieb wird lediglich der Hauptantriebsmotor $m\,1$ eingeschaltet. Für den Betrieb mit Langsamgeschwindigkeit schaltet man nach Abb. 26 auf den Drehfeldmagneten $m\,2$ um, wodurch sich eine übersynchrone elektrische Bremsung bis auf die synchrone Drehzahl des Drehfeldmagneten ergibt (z. B. bei 16poligen Maschinen 375 U/min). Danach würde sich eine Drehzahl entsprechend der Drehmomentcharakteristik des Drehfeldmagneten einstellen, die stark lastabhängig ist (Abb. 27, Kennlinie 1). Sie wird im allgemeinen über 200 U/min liegen.

Um eine sehr niedrige Schleichdrehzahl (z. B. 20 bis 25 U/min) an der Arbeitswelle zu erreichen, wird zusätzlich Gleichstrombremsung angewandt. Der vom Netz abgeschaltete Ständer des Antriebsmotors $m\,1$ wird einphasig mit Gleichstrom erregt, wodurch ein Bremsmoment nach Abb. 27, Kennlinie 2 erreicht wird. Der gleichzeitig eingeschaltete Drehfeldmagnet bringt ein Moment entsprechend der bekannten Momentenkennlinie *1*. Die resultierende Momentenkennlinie *3* zeigt diejenigen Momente, die an der abtreibenden Welle des Schleichgangantriebes zur Verfügung stehen. Entsprechend dem Lastmoment (Kennlinie *4*) wird nun die Drehzahl weiter abnehmen; nach dem sprunghaften

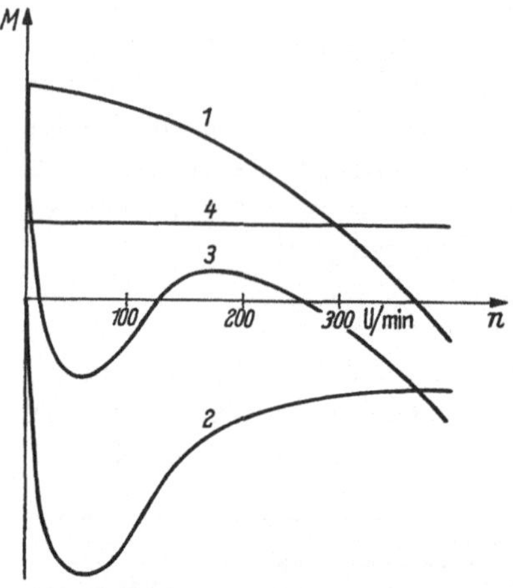

Abb. 27. Drehmomentkennlinien eines Antriebes nach Abb. 26

1 Kennlinie von m_2; *2* Bremsmoment von Motor m_1; *3* Resultierende aus *1* und *2*; *4* Lastmoment

Absinken beim Erreichen des Scheitelpunktes der Kennlinie (im gezeichneten Beispiel bei etwa 150 U/min) wird sich ein stabiler Betrieb am steilen Teil der Kennlinie ergeben (im Beispiel bei etwa 20 U/min). Wichtig ist dabei, daß das Gegenmoment (Kennlinie *4*) größer ist als der oben erwähnte Scheitelpunkt des Antriebsmomentes (Kennlinie *3*), damit überhaupt die gewünschte niedrige Drehzahl erreicht werden kann, da bei kleinem Gegenmoment sich ein stabiler Betrieb bei einer Drehzahl größer als 200 U/min ergibt. Ist das Gegenmoment kleiner, muß die Gleichstrombremsung vergrößert werden; falls das nicht möglich ist, muß das Antriebsmoment des Drehfeldmagneten $m\,2$ verringert werden, evtl. durch Übergang von Dreieck- auf Sternschaltung oder durch einen 3 phasigen Vorwiderstand.

Wie bei jedem Antrieb mit Drehfeldmagneten kann gegen festen Anschlag gefahren werden, wobei der Drehfeldmagnet sein Stillstandsmoment aufbringt und dies erhalten bleibt, bis eine elektrische Abschaltung erfolgt. Dies gilt sowohl mit, als auch ohne Gleichstrombremsung.

Die Schleichdrehzahl wird beispielsweise bei Werkzeugmaschinen benötigt: für die Getriebeschaltung bei Schieberadgetrieben, für das Einrichten der Maschine, für das Messen am Werkstück, für das Einfahren der Maschine in eine vorbestimmte Position, für das Stillsetzen einer Spindel in vorbestimmter Winkelstellung und anderes mehr. Die einfache, betriebssichere Schaltungsanordnung zur Erreichung einer niedrigen Schleichgangdrehzahl gestattet es, erhebliche Nebenzeiten einzusparen.

3. Elektrische Wellen

Eine recht interessante Änderung der Energieart ergibt sich bei den sogenannten elektrischen Wellen. Das sind Gleichlaufantriebe, die eine ähnliche Wirkung wie mechanische Wellen haben, die zwei oder mehrere Maschinenteile miteinander verbinden und damit im Gleichlauf halten. Bei der mechanischen Lösung wird nach Abb. 28 ein Maschinenteil mit der Last L_1 durch einen Motor m_1 angetrieben. Eine mechanische

Welle W verbindet das zweite Maschinenteil mit der Last L_2 mit L_1, so daß sich beide im Gleichlauf drehen. Bei der elektrischen Welle (Abb. 29) wird L_1 wieder motorisch ($m\,3$) angetrieben — in gewissen Fällen kann auch ein Drehen von Hand in Frage kommen —, die mechanische

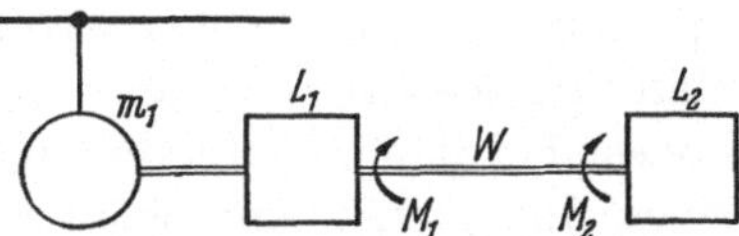

Abb. 28. Mechanische Welle W für den Gleichlauf zweier Lasten L_1 und L_2

Welle wird jetzt ersetzt durch eine elektrische Einrichtung, bestehend aus 2 Asynchronmaschinen m_1 und m_2, deren Ständer am Netz und deren Läufer durch eine elektrische Leitung miteinander verbunden sind. Die

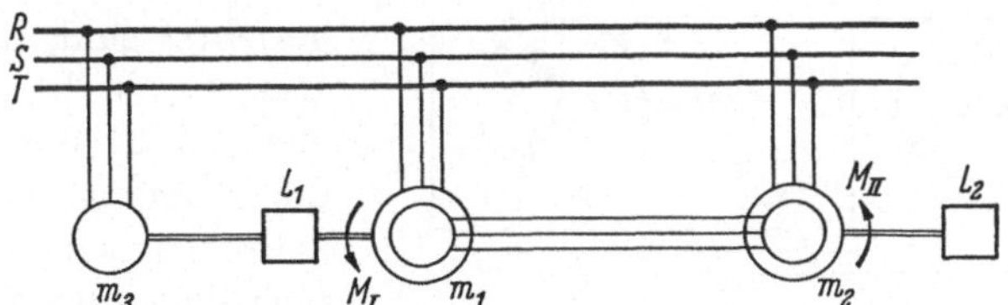

Abb. 29. Elektrische Welle für den Gleichlauf zweier Lasten L_1 und L_2

Energie für die Bewegung von L_2 wird also erst im Motor m_3 in mechanische Energie verwandelt, im Gebermotor m_1 wieder in elektrische Energie rückgewandelt, die schließlich im Empfängermotor m_2 wieder in mechanische Energie geändert wird.

a) Wirkungsweise

Zur Zusammenschaltung als elektrische Welle sind grundsätzlich alle Schleifringläufermaschinen geeignet, die für gleiche Phasenzahl gewickelt sind. Meistens haben beide Maschinen im Ständer und im Läufer Drehstromwicklungen; es werden aber auch Maschinen verwendet, die entweder nur im Ständer oder nur im Läufer 3phasige Wicklungen tragen, während der andere Teil der Maschine mit einer 1phasigen Wicklung und gegebenenfalls einer um 90° elektrisch versetzten Zusatzwicklung ausgestattet ist.

Die Überlegungen seien zunächst auf nur zwei Maschinen beschränkt, die sich im Gleichlauf drehen sollen. Die Ergebnisse lassen sich dann ohne Schwierigkeiten auf die Zusammenschaltung beliebig vieler Maschinen übertragen. Fast alle Schaltungen für elektrische Wellen beruhen auf folgendem Prinzip: In beiden Wellenmaschinen werden vom Netz magnetische Felder erzeugt, die gleiche Größe, gleiche Frequenz und gleiche zeitliche und räumliche Phasenlage haben (Abb. 30). Ist die relative Lage der Ständer- und Läuferwicklungen durch eine entsprechende Läuferstellung bei beiden Maschinen dieselbe, dann werden in den nicht erregten Wicklungen beider Maschinen — hier im Läufer — Spannungen von gleicher Größe und Phasenlage induziert (Abb. 30b). Man kann sie also so zusammenschalten, daß in den entstehenden Stromkreisen bei dieser Läuferstellung keine Ströme fließen. Verdreht man nun einen der Läufer um einen bestimmten Winkel φ, dann weichen die Läuferspannungen der beiden Maschinen in der Phasenlage voneinander ab (Abb. 30c). Die Spannungsdifferenz ΔU bringt Ströme zum Fließen, die zusammen mit den magnetischen Feldern Drehmomente erzeugen, die so gerichtet sind, daß sie ihre Ursache zu beseitigen suchen, d. h. die Läufer in die Ausgangslage zurückzudrehen suchen. Man muß allerdings beachten, daß der Betrag der Läuferspannung außer vom Verdrehungswinkel auch drehzahlabhängig ist und zu Null wird, wenn die Läufer synchron mit dem Drehfeld angetrieben werden.

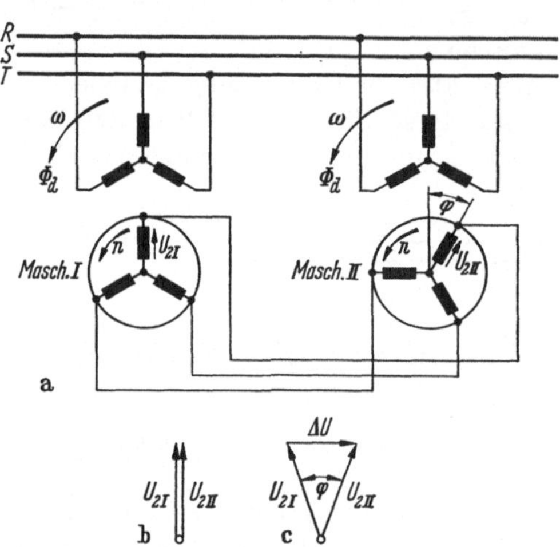

Abb. 30. Elektrische Welle mit Drehfelderregung
a) Schaltbild; b) Vektorbild der Läuferspannung bei unbelasteten Maschinen; c) desgl. bei belasteten Maschinen

Die Drehmomente der elektrischen Welle sind daher auch drehzahlabhängig und verschwinden, wenn Läufer und Drehfeld in der Drehzahl und Drehrichtung übereinstimmen.

Im folgenden soll auf das Betriebsverhalten der Schaltungen, die für die Praxis Bedeutung erlangt haben, näher eingegangen werden. Es sollen dabei nicht die theoretischen Grundlagen zur Berechnung elektrischer Wellen erarbeitet, sondern die wichtigsten Eigenschaften der verschiedenen Schaltungen dargelegt werden, die den richtigen Einsatz der elektrischen Welle und die zweckmäßige Auswahl der elektrischen Schaltung maßgeblich bestimmen. In diesem Rahmen werden daher die Ergebnisse der Theorie nur kurz angedeutet, eine zusammenfassende Darstellung der wichtigsten Berechnungsvorgänge findet sich in [16]. Dort sind die grundlegenden Untersuchungen ausführlicher behandelt.

Die übliche Schaltung für elektrische Wellen mit Drehfelderregung ist die nach Abb. 30a. Die Ständerwicklungen der beiden Wellenmaschinen liegen mit gleicher Phasenfolge 3phasig parallel am Netz

(dp-Schaltung); gleichphasige Läuferwicklungen sind miteinander verbunden.

Das Strom- und Drehmomentverhalten der elektrischen Welle kann man aus dem Kreisdiagramm (Primärstromdiagramm) der Asynchronmaschine herleiten (Abb. 31). Vereinfacht sei wieder der ohmsche Widerstand der Ständerwicklung vernachlässigt. Aus der vorgegebenen Drehzahl ergibt sich gegenüber dem Drehfeld ein bestimmter Schlupf s, dem auf dem Heylandkreis ein bestimmter Punkt S zugeordnet ist. Die Stromortskurve der Wellenmaschine ist ein Kreis über dem Durchmesser $S\,P_0$, der sogenannte Wellenkreis. Der Endpunkt der Strom-

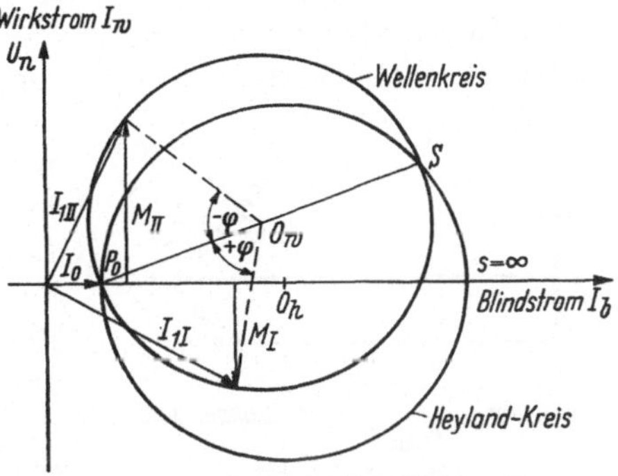

Abb. 31. Vereinfachtes Primärstromdiagramm einer elektrischen Welle

vektoren I_{1I} bzw. I_{1II} ist der Schnittpunkt einer um den Winkel $+\varphi$ bzw. $-\varphi$ verdrehten Geraden durch O_w mit diesem Wellenkreis. Die Drehmomente der beiden Wellenmaschinen sind proportional dem Wirkanteil der Ständerströme. Sie ergeben sich also aus dem senkrechten Abstand der Stromvektorenendpunkte zur Blindstromachse. Aus dem Kreisdiagramm ist ersichtlich, daß die Drehmomente an den beiden Wellenmaschinen nicht gleich groß sind. Es ist zweckmäßig, die Wellenmomente als Summe zweier Komponenten aufzufassen, die sich in ihrer Abhängigkeit von den Betriebsgrößen übersichtlich darstellen lassen. Man unterscheidet ein synchronisierendes Moment M_{sy} und ein asynchrones Moment M_{as}. Die Wirkung des syn-

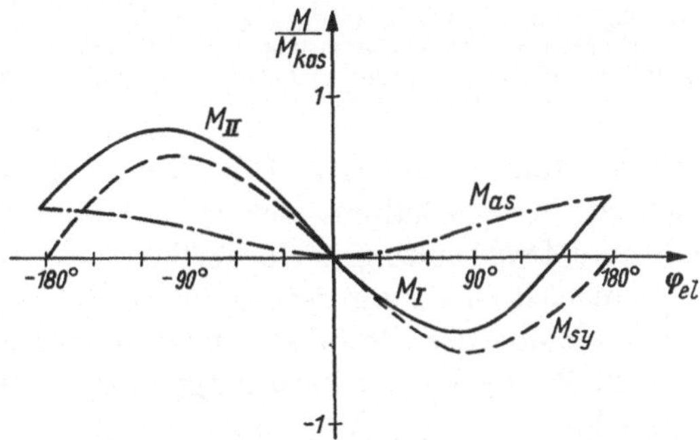

Abb. 32. Drehmomentkennlinien der elektrischen Welle

chronisierenden Momentes ist stets so, daß es die Verdrehung zwischen den Läufern rückgängig zu machen sucht. Das asynchrone Moment versucht, beide Wellenmaschinen in Richtung des Drehfeldes zu beschleunigen, ist also an der Aufrechterhaltung des Gleichlaufes nicht direkt beteiligt.

Der Verlauf der Drehmomentanteile und des Gesamtmomentes abhängig vom Läuferverdrehungswinkel ist in Abb. 32 dargestellt. In der

Ausgangsstellung bei $\varphi = 0$ verschwinden alle Drehmomente. Der synchronisierende Momentenanteil erreicht sein Maximum bei $\varphi = 90°$. Das asynchrone Moment steigt an bis $\varphi = 180°$, da die treibende Spannung im Läufer $\varDelta U$ (s. Abb. 30c) und damit die Läuferströme und -verluste in dieser Stellung am größten sind.

Im Gegensatz zur mechanischen Welle hat die dreiphasig erregte elektrische Welle Verstärkereigenschaften. Bei der mechanischen Welle sind die Drehmomente am Eingang und Ausgang absolut gleich groß, bei der elektrischen Welle sind dagegen die Momente am Geber und Empfänger verschieden groß. Wie stark die Momentenunsymmetrie ausgeprägt ist, hängt von dem Verhältnis $R_2/s\,2\pi f L_{2\sigma}$, also der relativen Größe zwischen den Wirk- und Blindwiderständen des Läufers, und vom Schlupf ab, bei dem die Maschinen arbeiten. Bei großen Maschinen ist der ohmsche Widerstand relativ klein, und die Unsymmetrie in den Momenten daher nicht sehr groß. Bei kleinen Maschinen wird aber der ohmsche Widerstand derart groß, daß erhebliche Unterschiede in den Wellenmomenten auftreten. Es bleibt die Frage, an welcher Maschine unter den verschiedenen Betriebsbedingungen das höhere Moment auftritt. Um dies zu beantworten, ist eine Untersuchung des Verhaltens der elektrischen Welle, abhängig von Drehzahl und Drehrichtung, erforderlich.

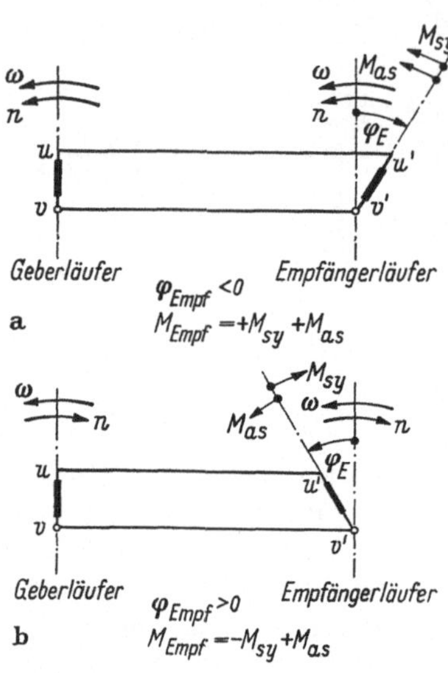

Abb. 33. Empfänger-Drehmoment in Abhängigkeit von der Drehrichtung a) Betrieb mit dem Drehfeld; b) Betrieb gegen das Drehfeld

Zunächst ist zu unterscheiden, ob sich die Läufer der Wellenmaschinen im Sinne des Drehfeldes oder in der entgegengesetzten Richtung drehen. Bei beiden Drehrichtungen ist ein Betrieb als elektrische Welle möglich.

Zur Beurteilung des Unterschiedes sei anhand von Abb. 33 die Entstehung der Momentdifferenz abhängig von der Drehrichtung näher erläutert. Die motorisch belastete Maschine (Empfänger) wird versuchen, in der Drehzahl abzusinken, ihr Verdrehungswinkel φ_E ist also immer entgegengesetzt ihrer Drehrichtung. Wir definieren die Richtung des Drehfeldes als positiv, M_{as} ist dann im untersynchronen Bereich immer positiv. M_{sy} wirkt entgegen φ_E, es ist also am Empfänger bei Betrieb mit dem Drehfeld auch positiv, bei Betrieb gegen das Drehfeld negativ.

Im ersteren Fall ist demnach die Summe $+M_{sy} + M_{as}$ am Empfänger wirksam (Abb. 33a), im zweiten ihre Differenz $-M_{sy} + M_{as}$ (Abb. 33b). Der wesentliche Unterschied besteht darin, daß bei Betrieb mit dem Drehfeld die Summe des synchronen und des asynchronen Momentes am Empfänger auftritt und am Geber ihre Differenz, bei Betrieb gegen das Drehfeld aber die Summe der Teilmomente am Geber und die Differenz am Empfänger.

In unserem Beispiel wird die elektrische Welle so eingesetzt, daß nur ein bestimmtes Empfängermoment gefordert wird, während das Gebermoment von untergeordneter Bedeutung ist. In diesem Fall wird

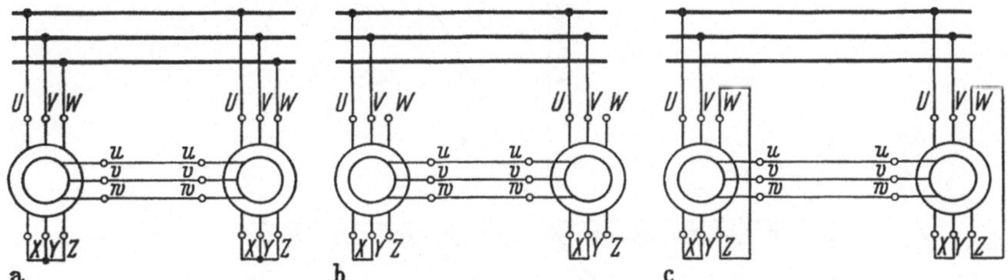

Abb. 34. Grundschaltugen von elektrischen Wellen
a) dreiphasiger Netzanschluß (*dp*-Schaltung); b) einphasiger Netzanschluß mit zwei in Reihe geschalteten Wicklungen und einem offenen Wicklungsstrang (*eh*-Schaltung); c) wie b, jedoch bei kurzgeschlossener dritter Wicklung (*ek*-Schaltung)

man daher bei elektrischen Wellen mit dreiphasiger Parallelschaltung der Ständerwicklungen den Betrieb mit dem Drehfeld bevorzugen, solange nicht wichtige Gründe dagegen sprechen (wie etwa bei Betrieb bis zur synchronen Drehzahl oder darüber hinaus oder gegebenenfalls bei Pendelneigung).

Ähnliche Verhältnisse erhält man, wenn die Maschinen auf der Primärseite nicht an ein Drehspannungsnetz angeschlossen werden, sondern an ein Wechselspannungsnetz. Bei Verwendung der üblichen Drehstrommaschinen werden zwei Wicklungen des Ständers in Reihe geschaltet. Die dritte Wicklung kann offengelassen, kurzgeschlossen oder auch mit Gleichstrom erregt werden.

Die drei Grundschaltungen zeigt Abb. 34. Es gibt noch eine Reihe von anderen Arten der Ständererregung, die hier nicht behandelt sind, um den Überblick nicht zu verlieren. Sie dienen vor allem für Betriebsbedingungen, bei denen Pendelungen auftreten können, auf die weiter unten eingegangen wird.

In Abb. 35 sind die statischen Kennlinien für diese 3 Schaltungen einander gegenübergestellt. Die Kennlinie *1* entspricht der Schaltung von Abb. 34a. Die Kennlinien *3* und *2* verlaufen entsprechend Abb. 34b und c symmetrisch zum Nullpunkt. Die Verschiedenheit der beiden Kennlinien zeigt sich vor allem in der unterschiedlichen Steilheit im

Nullpunkt. Während diese bei offener dritter Wicklung nahezu Null ist, weist die Steigung bei kurzgeschlossener dritter Wicklung einen beachtlichen Wert auf und bleibt in einem großen Bereich konstant; im Arbeitsbereich des Antriebes wächst also das Moment linear mit dem Verdrehungswinkel.

Die Schaltung mit einphasigem Anschluß an das Netz und offenem dritten Wicklungsstrang eignet sich für einen stabilen Betrieb schlecht, weil die Kennlinie in der Nähe des Synchronpunktes sehr flach verläuft,

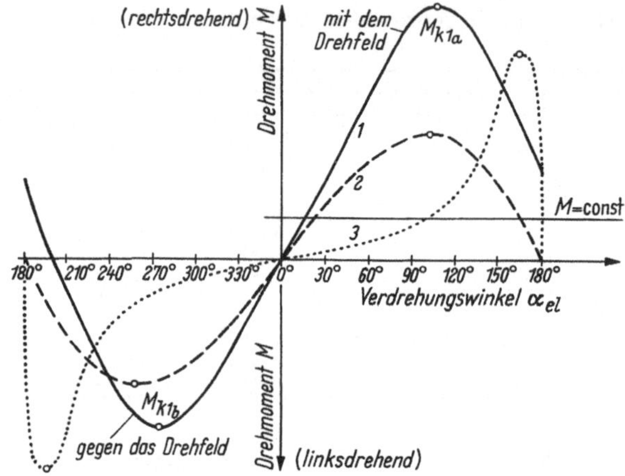

Abb. 35. Drehmoment bei Stillstand der einen Maschine (Empfänger) abhängig von dem Verdrehungswinkel der anderen Maschine (Geber)
Kurve *1* gilt für Schaltung a) von Abb. 34; Kurve *3* für Schaltung b) und Kurve *2* für Schaltung c)

so daß kleine Laständerungen schon große Änderungen des Verdrehungswinkels hervorrufen und den Anstoß zu Pendelungen geben. Durch den steilen Verlauf der Kennlinie bei großem Verdrehungswinkel eignet sich diese Schaltung zum Vorsynchronisieren von Drehstromwellen nach Abb. 34a.

Ob man nun den Drehstromanschluß (Schaltung *a* in Abb. 34) oder Einphasenerregung mit kurzgeschlossenem dritten Wicklungsstrang (Schaltung c) wählt, hängt davon ab, welches größte Moment ein Maschinentyp aufbringen soll und welcher Aufwand an Schaltgeräten zulässig ist. Bei Drehstromerregung ist es nämlich erforderlich, bei Umkehr der Drehrichtung ständerseitig zwei Stranganschlüsse zu vertauschen, damit der vorgewählte Betrieb mit oder gegen das Drehfeld erhalten bleibt. Soll nun auch noch die Drehrichtung des Empfängers zur Drehrichtung des Gebers reversierbar sein, was bei Wechselstromerregung einfach durch Vertauschen von zwei Wicklungssträngen im Läuferkreis erreicht werden kann, wird die Schaltung bei Drehstromerregung ständerseitig aus dem obengenannten Grund noch umfangreicher.

b) Dynamisches Verhalten

Die elektrische Welle ist ein elastisches Bindeglied zwischen Geberseite und Empfängerseite. Bei Belastungsänderungen wird der Übergang von einem Belastungszustand in den anderen meistens in Form einer periodischen Schwingung vor sich gehen. Die elektrische Welle wirkt wie eine Torsionsfeder zwischen den auf der Geber- bzw. Empfängerseite zusammengekuppelten Schwungmassen. Es ist allerdings zu berücksichtigen, daß sich die Federsteife c bei der elektrischen Welle abhängig von der Winkelstellung ändert ($c = M/\varphi \neq$ const), während bei mechanischen Federn eine lineare Abhängigkeit zwischen dem Moment und der Winkelverdrehung vorliegt ($c = M/\varphi =$ const). Daraus folgt, daß die Eigenfrequenz der elektrischen Welle belastungsabhängig ist.

Die Anregungen zu Schwingungen sind immer gegeben bei plötzlichen Laststößen oder bei plötzlicher Entlastung. Ferner kann sie verursacht werden durch periodische Lastschwankungen, durch den Einfluß des Kupplungsspiels oder der Verzahnung zwischengeschalteter Getriebe. Auch bei mechanischen Wellen können derartige Anregungen zu unangenehmen Schwingungen führen. Wie stark die Ausbildung der Schwingungen ist, hängt ab von dem Verhältnis der Eigenfrequenz des Systems zur Frequenz der Anregung und in ganz besonderem Maße von der Wirksamkeit der vorhandenen Dämpfung.

In den meisten Fällen stellt die angekuppelte Belastung eine erhebliche Dämpfung dar, so daß die Schwingungen sehr schnell abklingen. Schwierigkeiten können aber im unbelasteten Zustand auftreten, da dann nur die Dämpfung der Welle an sich wirksam ist. Die elektrische Welle hat aber die unangenehme Eigenschaft, daß unter gewissen Bedingungen durch die Pendelungen zusätzliche Momente erzeugt werden, die die Schwingungen nicht abdämpfen, sondern noch anfachen. Es müssen dann die äußeren Dämpfungen und die Reibung ausreichen, um zu verhindern, daß die Amplituden der Schwingungen immer größer werden und schließlich zum Zerreißen der Welle führen. In theoretischen Untersuchungen ist versucht worden, die Bedingungen näher einzugrenzen, unter denen selbsterregte Pendelungen auftreten [27]. Es hat sich gezeigt, daß je nach Betriebsart durch die Auswahl der Schaltung oder durch geeignete zusätzliche Hilfsmittel eine negative Dämpfung der elektrischen Welle durchaus vermieden werden kann. Ein einwandfreier Betrieb der Anordnung ist aber nur dann möglich, wenn dafür gesorgt wird, daß die Schwingungsanregung nicht in Resonanz ist mit der Eigenfrequenz der Welle. Besonderes Augenmerk ist dabei auch auf das Verhalten der Antriebsmaschine zu richten, da auch diese, etwa bei

Hochlauf oder bei schnellen Geschwindigkeitsänderungen, unter gewissen Bedingungen ein unstabiles Verhalten zeigen kann und dann stark schwingungsanregend wirkt. In ungünstigen Fällen kann es vorkommen, daß dadurch die elektrische Welle in sehr kurzer Zeit bis zum Kippen aufgeschaukelt wird.

4. Drehstromnebenschlußmotoren

Es hat nicht an Überlegungen und Versuchen gefehlt, den wegen seiner Einfachheit und Betriebssicherheit geschätzten Drehstrom-Asynchronmotor drehzahlsteuerbar zu machen. Dies scheitert bei konstanter Speisefrequenz an der Energiebilanz, da die gesamte Schlupfenergie im Motor in Wärme übergeführt wird. Dieser Nachteil des Asynchronmotors bei der Drehzahländerung wird beim Drehstromnebenschlußmotor vermieden. Er besteht im wesentlichen aus dem Läufer mit Kommutator und Schleifringen, dem Ständer und den Bürstenträgern. Der Läufer enthält 2 Wicklungen, eine Schleifringwicklung und eine Kommutatorwicklung. Die Schleifringwicklung liegt im Nutengrund, sie ist eine normale Drehstromwicklung, die über 3 Schleifringe an das Netz gelegt wird (Erstkreis). Die Kommutatorwicklung liegt in denselben Nuten über der Drehstromwicklung und wird als Gleichstrom-Schleifenwicklung ausgeführt. Die beiden Läuferwicklungen sind transformatorisch über das Läufereisen miteinander verkettet, jedoch elektrisch getrennt. Der Ständer trägt eine normale Drehstromwicklung (Zweitkreis), deren offene Phasenenden an 2 Bürstensätze geführt sind, die durch 2 Bürstenträger gegenläufig verschoben werden können.

Die in der Ständerwicklung erzeugte Schlupfspannung hat im Synchronismus den Wert Null und nimmt von dort nach beiden Seiten, dem absoluten Betrage nach, zu. Soll der Motor mit einer beliebigen Drehzahl innerhalb des Steuerbereiches laufen, so muß der bei dieser Drehzahl auftretenden Schlupfspannung durch eine gleich große Spannung entgegengesetzter Phase mit gleicher Frequenz das Gleichgewicht gehalten werden. Diese Steuerspannung greift man mit Hilfe der gegenläufig verschiebbaren Bürsten am Kommutator ab und führt sie dem Ständer zu. Je nachdem die Steuerspannung der im Ständer bei Stillstand erzeugten Spannung gleich- oder entgegengerichtet ist, läuft der Motor schneller oder langsamer als ein Asynchronmotor gleicher Polzahl. Die Grenzdrehzahlen ergeben sich aus dem Verhältnis der maximalen Steuerspannung zur Stillstandsspannung des Ständers. Das Grundschaltbild Abb. 36 zeigt einen Drehstromnebenschlußmotor mit Läuferspeisung.

Die Motoren können bei allen Drehzahlen innerhalb des Steuerbereiches mit Nennmoment belastet werden. Damit ändert sich die Leistung proportional mit der Drehzahl.

Eine Minderung der für die oberste Drehzahl angegebenen Leistung tritt ein: bei erweiterten Steuerbereichen, bei erhöhter Kühlmitteltemperatur, bei anomaler Frequenz, bei Aufstellung in Höhen über 1000 m über NN, sofern die Kühlmitteltemperatur nicht entsprechend abnimmt.

Nach einem ähnlichen Prinzip arbeiten ständergespeiste Drehstromnebenschlußmotoren, die wirtschaftlich aber nur für so große Leistungen eingesetzt werden können, wie sie bei Werkzeugmaschinen nicht vorkommen.

Nachteilig ist bei den läufergespeisten Drehstromnebenschlußmotoren, daß die Drehzahleinstellung durch mechanische Verstellung der Bürstenbrücke erfolgen muß. Für die in der Automatisierung oft notwendige Fernbedienung sind zusätzliche motorische Antriebe nötig. Sie arbeiten träge, führen also bei häufigen Verstellungen zu einem schlechten dynamischen Verhalten, das zudem durch das große Schwungmoment des Motors recht ungünstig beeinflußt wird. Motoren bis 45 kW können bei einem Steuerbereich von etwa 1 : 3,5 in der Stellung der Bürstenbrücke für niedrigste Drehzahl direkt ohne Ständerwiderstand eingeschaltet werden. Ein Verriegelungs-

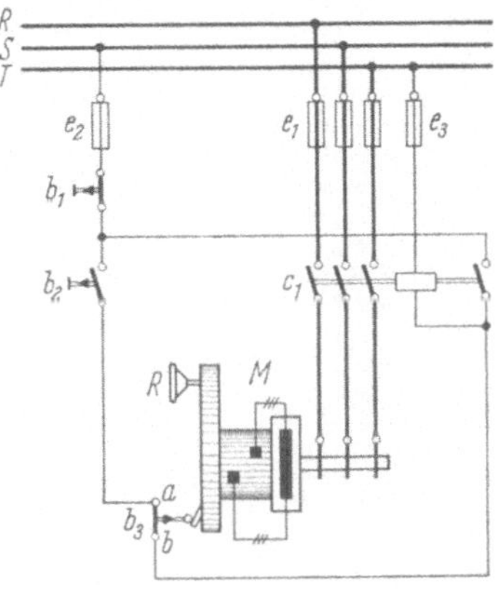

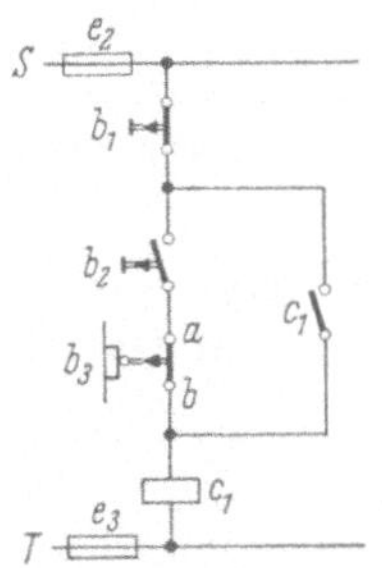

Abb. 36. Schaltung eines Drehstromnebenschlußmotors

c_1 Hauptschütz; b_3 Verriegelungsschalter; b_2 „ein"; b_1 „aus"

kontakt gestattet den Anlauf nur in dieser Anfahrstellung. Das Anzugsmoment und der Anzugsstrom betragen hierbei je nach Type das 1,7- bis 2fache des Nennmomentes bzw. der Stromaufnahme bei oberster Drehzahl (Nennstrom).

Bei größeren Motorleistungen — die Größe ist abhängig vom Steuerbereich — wird das Einschalten eines Widerstandes in den Sekundärkreis (Ständer) während des Anlaufs (unterste Bürstenstellung) erforderlich.

Ein Ständerwiderstand muß auch dann vorgesehen werden, wenn in Sonderfällen ein Einschalten bei Bürstenstellungen für höhere Drehzahlen gefordert wird. Ob dieser Widerstand ein- oder mehrstufig ausgeführt werden muß, hängt von dem verlangten Anzugsmoment und der gewünschten Betriebsdrehzahl ab.

Nach dem Anlauf wird der Widerstand durch ein Schütz überbrückt, das für den Maximalwert des Ständerstromes zu bemessen ist.

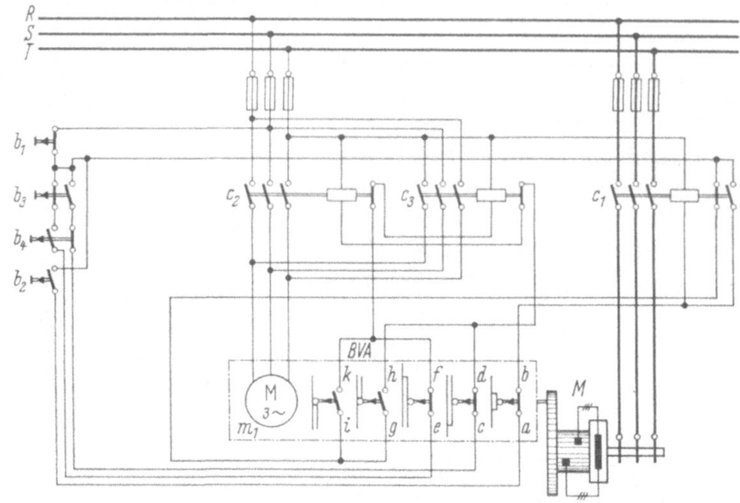

Abb. 37

Bauschaltplan eines Drehstromnebenschlußmotors mit ferngesteuerter Bürstenverstellung
b_1 aus, b_2 Motor ein, b_3 Drehzahl höher, b_4 Drehzahl tiefer

Als Beispiel zeigt Abb. 37 die Schaltung eines Drehstromnebenschlußmotors mit motorisch ferngesteuerter Bürstenverstellung, die wahlweise durch Druckknopfsteuerung (Abb. 38) oder durch eine Drehzahlvorwahlsteuerung mit Hilfe eines Sollwertgebers erfolgen kann.

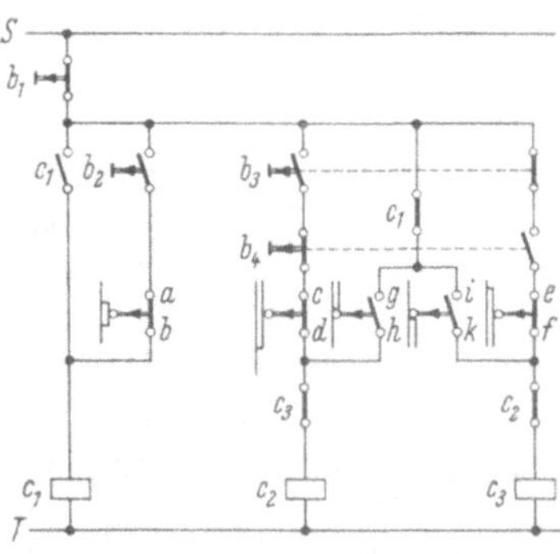

Abb. 38. Stromlaufplan für Steuerung nach Abb. 37

5. Gleichstrommotoren

Für alle schwierigen Antriebsaufgaben, bei denen eine Steuerungsmöglichkeit der Motordrehzahl über einen größeren Bereich gewünscht wird, können vorteilhaft Gleichstrommotoren eingesetzt werden.

a) Rechnungsgrundlagen

Der Gleichstrommotor besteht aus einem Anker, der sich in einem Magnetfluß dreht, sobald im Ankerkreis Gleichstrom fließt. Der Magnetfluß wird in einem Elektromagneten erzeugt. Die Drehrichtung hängt von der Richtung des Magnetflusses und der Stromrichtung im Anker ab.

Nachstehend soll das Verhalten des Gleichstrommotors näher untersucht werden.

Nehmen wir an, der Motor ist nach Abb. 39 geschaltet. Sein Anker liegt an der Spannung U_a und führt den Strom I_a. Der Anker hat die Induktivität L_a und den Widerstand R_a. Den Erregerfluß Φ erzeugt im wesentlichen die Haupterregerwicklung mit der Windungszahl w_e, dem Widerstand R_e und der Induktivität L_e. Durch sie fließt der Erregerstrom I_e, den die Erregerspannung U_e erzeugt. Eine Hilfserregerspule — die Hilfs-Reihenschlußwicklung — mit dem Widerstand R_h und der Induktivität L_h wird vom Ankerstrom durchflossen und hat die Windungszahl w_h.

Ein so „fremderregter" Gleichstrommotor hat die besten Regeleigenschaften aller Motoren, weil seine Winkelgeschwindigkeit Ω[1] sowohl durch Änderung der Anker-

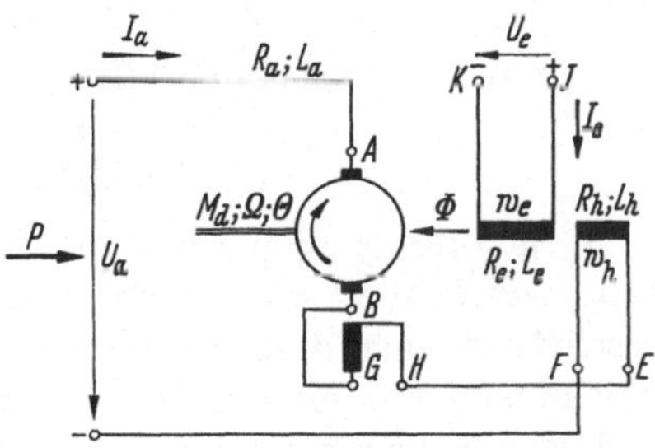

Abb. 39. Schaltung eines Gleichstromnebenschlußmotors

spannung als auch des Erregerflusses Φ rasch in weiten Grenzen beeinflußt werden kann. Sein Betriebsverhalten wird durch die Grundgleichungen des elektrischen und mechanischen Gleichgewichtes zwischen Anker- und Erregerkreis gekennzeichnet.

Bei Belastung des Motors entsteht durch den fließenden Ankerstrom eine dem Erregerfeld entgegengerichtete Feldkomponente. Diese sogenannte Ankerrückwirkung verursacht eine Feldverzerrung. Dies kann durch den Einbau von Wendepolen und Kompensationswicklungen weitgehend verhindert werden. Wir können deshalb bei unseren Betrachtungen Nebenerscheinungen, wie Ankerrückwirkung, den Kurzschlußstrom unter den Bürsten, die Bürstenübergangsspannung und die Remanenzeinflüsse im Haupt- und Wendepolkreis, unberücksichtigt lassen, da sie keinen wesentlichen Einfluß auf das Verhalten der Maschine haben.

Dreht sich der Anker mit der Winkelgeschwindigkeit Ω im Magnetfluß Φ, so entsteht eine Gegenspannung E, die auch als innere Spannung, oder Gegen-Elektromotorische Kraft (Gegen-EMK), bezeichnet wird. Sie ist nach dem Induktionsgesetz

$$E = k_a\,\Phi\,\Omega \tag{1}$$

wenn der Faktor k_a die wirksame Windungszahl im Anker kennzeichnet.

---

[1] Der große Buchstabe Ω wurde zur Unterscheidung von der normierten Winkelgeschwindigkeit ω (S. 72) gewählt.

Mit Gl. (1) bekommen wir dann für den Ankerkreis die Spannungs-gleichung

$$R_h\,I_a + L_h\,\frac{dI_a}{dt} + L_a\,\frac{dI_a}{dt} + R_a\,I_a + k_a\,\Phi\,\Omega = U_a \qquad (2)$$

Die Momentengleichung für das Drehmoment M_d des Motors, das Last- (oder Widerstands-) Moment M_L und das Trägheitsmoment Θ des bewegten Teiles lautet

$$M_d = k_a\,\Phi\,I_a = M_L + \Theta\,\frac{d\Omega}{dt} \qquad (3)$$

Für den Erregerkreis gilt

$$w_e\,\frac{d\Phi}{dt} + R_e\,I_e = U_e \qquad (4)$$

Wegen des großen Einflusses der Eisensättigung ist der Zusammen-hang von Fluß Φ und Strom I_e keine lineare einfache Beziehung. Man beschränkt sich deshalb zumeist auf die Betrachtung kleinerer Ab-weichungen von einem stationären Betriebspunkt und nimmt an, daß in dessen Nähe die Magnetisierungskurve linear verläuft. Im stationären Betriebspunkt mit dem Ankerstrom I_{as} und dem Erregerstrom I_{es} ist der Erregerfluß

$$\Phi_s = w_e\,k_{es}\,I_{es} + w_h\,k_{es}\,I_{as} \qquad (5)$$

wenn k_{es} der Magnetisierungsfaktor der Erregerspule ist. In der Nähe dieses Betriebspunktes ist dann sinngemäß

$$\Phi = w_e\,k_{es}\,I_e + w_h\,k_{es}\,I_a \qquad (6)$$

also wird für die Abweichung von dem stationären Betriebspunkt

$$\Phi - \Phi_s = w_e\,k_{es}(I_e - I_{es}) + w_h\,k_{es}(I_a - I_{as}) \qquad (7)$$

Eine Hilfsreihenschlußwicklung mit der Windungszahl w_h wird nur noch bei ganz einfachen Antrieben eingesetzt. Bei schnellen Regelungen stört der Einfluß der großen Zeitkonstante des magnetisch gekoppelten Erregerkreises sehr. Wir lassen deshalb für die folgenden Betrach-tungen die Hilfsreihenschlußwicklung wegfallen, setzen also $w_h = 0$.

Die Gl. (7) geht dann über in

$$\Phi - \Phi_s = w_e\,k_{es}(I_e - I_{es})$$

oder

$$\Delta\,\Phi = w_e\,k_{es}\,\Delta I_e \qquad (8)$$

b) Stationärer Betrieb

Für den stationären Betrieb des Gleichstromnebenschlußmotors (ohne Hilfsreihenschlußwicklung) ergibt sich für den Zusammenhang zwischen Drehzahl n_s (bzw. Winkelgeschwindigkeit Ω_s), der Ankerspannung U_{as}, dem Strom I_a und dem Fluß Φ_s aus Gl. (2) mit $\dfrac{dI_a}{dt} = 0$

$$\Omega_s = \frac{U_{as}}{k_a\,\Phi_s} - \frac{R_a\,I_a}{k_a\,\Phi_s} \qquad (9)$$

für das Drehmoment M_d wird aus Gl. (3)

$$M_d = k_a\, \Phi_s\, I_a \qquad (10)$$

Damit wird aus Gl. (9) mit (10)

$$\Omega_s = \frac{U_{as}}{k_a\, \Phi_s} - \frac{R_a\, M_d}{(k_a\, \Phi_s)^2} \qquad (11)$$

Daraus können wir für die beiden wichtigsten Regel- bzw. Stellarten der Drehzahl, d. h. die Änderung der Ankerspannung U_{as} oder des Erregerflusses Φ_s, die Belastungskennlinien $\Omega_s = f(Md)$ ableiten.

Für die Steuerung der Drehzahl bei konstantem Fluß Φ_s gilt für die verschiedenen Ankerspannungen im stationären Betrieb bei $R_a =$ konstant

$$\Omega_s = \frac{U_{as}}{k'} - \frac{M_d}{k''} \qquad (12)$$

Damit wird $\Omega_s = f(Md)$ nach Abb. 40 für die verschiedenen Ankerspannungen $U_{as_1}; U_{as_2}; \ldots U_{as_n}$ eine Schar paralleler Geraden. Mit zunehmender Last nimmt die Winkelgeschwindigkeit oder Drehzahl eines solchen Motors linear ab.

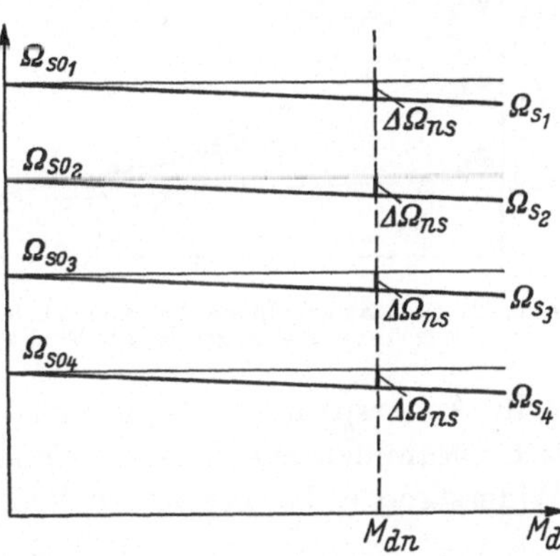

Abb. 40. Drehzahlkennlinien $\Omega_s = f(Md)$ für einen Motor nach Abb. 39 bei verschiedenen Ankerspannungen

Man bezeichnet dieses Drehzahlverhalten auch bei anderen Motoren als „Nebenschlußverhalten". Bei allen Spannungen ist der absolute Abfall der Winkelgeschwindigkeit $\Delta\Omega_{ns}$ zwischen Leerlaufwert und dem Nennwert

$$\Delta\Omega_{ns} = \Omega_{s_0} - \Omega_{ns} \qquad (13)$$

immer konstant.

Der prozentuale Abfall der Winkelgeschwindigkeit $\Delta\Omega_{ns}/\Omega_{s_0}$ wächst mit abnehmendem Ω_s und liegt beispielsweise bei 10 % der Nenndrehzahl $(0,1\,\Omega_{ns_0})$ bei 50 %, wenn $\Delta\Omega_{ns}/\Omega_{ns_0}$ bei Nennspannung bei 5 % liegt.

Wir sehen also, daß bei großen Drehzahlbereichen diese einfache Art der Steuerung einen viel zu großen relativen Drehzahlabfall (weiches Drehzahlverhalten) ergibt. Sie ist deshalb für viele technologische Aufgaben nicht mehr geeignet. Hier muß dann eine Drehzahlregelung eingesetzt werden.

Die zweite Steuerungsart der Drehzahl ergibt sich durch Flußänderung (Feldschwächung) bei konstanter Ankerspannung U_{as}. Aus Gl. (11) wird dann

$$\Omega_s = \frac{k_1}{\Phi_s} - \frac{k_2\, M_d}{\Phi_s^2} \qquad (14)$$

Damit wird $\Omega_s = f(M_d)$ (Abb. 41) mit dem magnetischen Fluß $\Phi_{1s}; \Phi_{2s}, \ldots \Phi_{ns}$ als Parameter eine Schar von Geraden mit verschiedener Neigung. Die Hüllkurve dieser Geradenschar (gestrichelt) ist der geometrische Ort derjenigen Punkte höchster Drehzahl, die durch Feldschwächung bei gegebenem Moment erreicht werden können. Das zu jedem dieser Punkte (z. B. P_1) gehörige Drehmoment bezeichnen wir als Kippmoment, das wegen der Stabilitätsbedingungen beachtet werden muß.

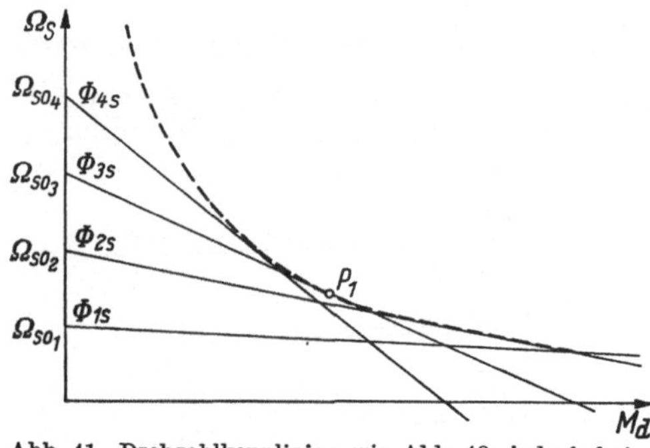

Abb. 41. Drehzahlkennlinien wie Abb. 40, jedoch bei verschiedenem magnetischen Fluß Φ

c) Anlassen und Schalten

Wir haben bei unserem bisherigen Beispiel angenommen, daß der Motor bei dem im Ankerkreis wirksamen Widerstand direkt an die volle Ankerspannung U_a gelegt werden kann. Dieser Widerstand setzt sich zusammen aus dem Widerstand des Motors, den wir als inneren Widerstand r_i bezeichnen wollen, und den äußeren Widerständen des Ankerstromkreises, die beispielsweise in vorgeschalteten Widerständen liegen können. Sind die äußeren Widerstände gleich Null, darf man im allgemeinen nur kleine Motoren, deren innerer Widerstand verhältnismäßig groß ist, bei voller Spannung einschalten. Bei großen Motoren mit sehr kleinem inneren Widerstand würde der entstehende große Kurzschlußstrom dem Kollektor schaden; auch das Netz wäre unter Umständen den hohen Stromstößen nicht mehr gewachsen.

Man muß deshalb Anlaßverfahren anwenden. Dazu kann man entweder die Ankerspannung U_a mit steigender Drehzahl erhöhen oder in den Ankerkreis Anlaßwiderstände schalten, die mit steigender Drehzahl kurzgeschlossen werden. Beim ersten Verfahren sind die Anlaufverluste am kleinsten, es wird deshalb immer häufiger angewendet.

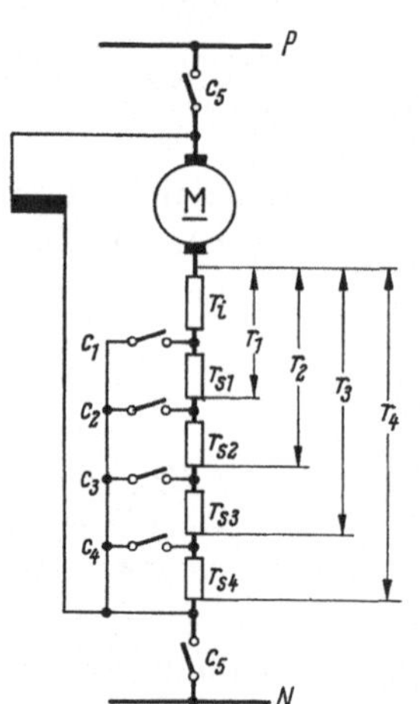

Abb. 42
Anlaßschaltung eines Gleichstromnebenschlußmotors für Anschluß an konstante Gleichspannung

In den wenigen Fällen, wo Netze mit konstanter Gleichspannung zur Verfügung stehen, muß man das Anlassen gemäß Abb. 42 mit Vorwiderständen vornehmen. Bezeichnen wir mit r_i den inneren Widerstand des Motors und mit $r_{s_1} \ldots r_{s\,n}$ die Vorwiderstände im Anlasser (Steller), so können wir für den Betrieb aus Gl. (2) angeben:

$$U - I\,(r_i + \Sigma\,r_{s_1 - s\,n}) = k_a\,\Phi\,\Omega = E \tag{15}$$

wobei E die innere Spannung des Motors ist. Wir vernachlässigen hierbei den beim Kurzschließen eines Widerstandsteiles entstehenden induktiven Spannungsabfall. Das ist vertretbar, da die Schaltzeit zwischen zwei Anlaßstufen viel größer ist als die magnetische Zeitkonstante.

Das Kurzschließen der Anlaßwiderstände erfolgt oft durch Schütze, deren Spulen $c_1 \ldots n$ an der Ankerspannung liegen und solche An-

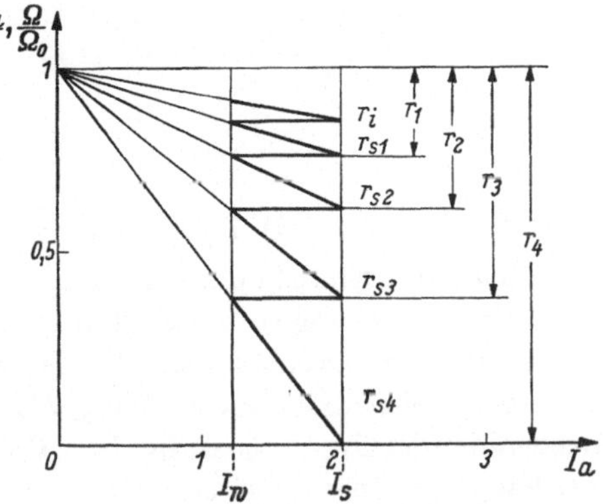

Abb. 43. Stromverlauf beim Anlassen mit 4 Anlaßwiderständen r_{s_1} bis r_{s_4}

sprechwerte haben, daß sich nach Abb. 43 der Strom zwischen einem beim Einschalten entstehenden Spitzenstrom I_s und einem Weiterschaltstrom I_w sägezahnförmig ändert, weil die Drehzahlkennlinien nach Gl. (15) als Gerade angenommen werden können. Die grundsätzliche Schaltung der Schütze ist in Abb. 44 gezeigt.

Soll die Fortschaltung immer bei gleichem Strom I_w erfolgen, wie in Abb. 43 dargestellt, und der danach zugelassene Spitzenstrom auch gleich sein, ergibt sich folgende Beziehung

$$\frac{I_s}{I_w} = \frac{r_4}{r_3} = \frac{r_3}{r_2} = \frac{r_2}{r_1} = \frac{r_1}{r_i} \tag{16}$$

$$= \frac{r_{s_4}}{r_{s_3}} = \frac{r_{s_3}}{r_{s_2}} = \frac{r_{s_2}}{r_{s_1}}$$

d. h., sowohl der jeweils wirksame Gesamtwiderstand wie auch die Stufenwerte des Anlaßwiderstandes bilden eine geometrische Reihe.

Aus $\quad \dfrac{r_1}{r_i} = \dfrac{I_s}{I_w} \quad$ folgt $\quad r_1 = \dfrac{I_s}{I_w}\,r_i$

$\dfrac{r_2}{r_1} = \dfrac{I_s}{I_w} \quad$ folgt $\quad r_2 = r_1\,\dfrac{I_s}{I_w} = \left(\dfrac{I_s}{I_w}\right)^2 r_i$

oder allgemein bei p-Stufen aus

$$\frac{r_p}{r_{p-1}} = \frac{I_s}{I_w} \quad \text{folgt} \quad r_p = \left(\frac{I_s}{I_w}\right)^p r_i \tag{17}$$

Das Verhältnis des gesamten Widerstandes r_p (einschließlich des inneren Widerstandes r_i des

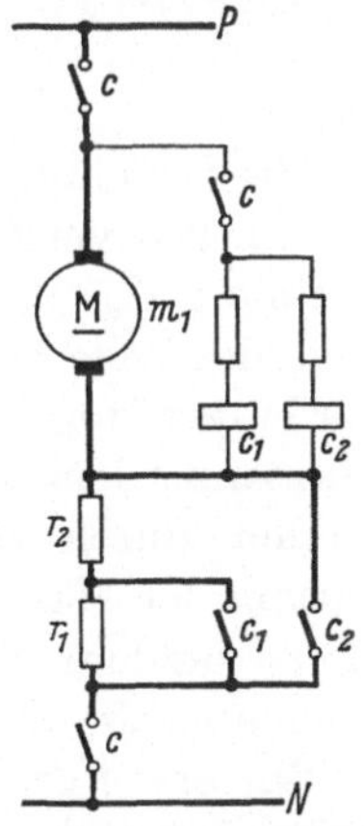

Abb. 44. Spannungsabhängige Schaltung von Anlaßschützen eines Gleichstrommotors

$c_{1,2}$ Anlaßschütze; $r_{1,2}$ Anlaßwiderstände

Ankers) zum inneren Widerstand r_i des Ankers allein ist gleich der p-ten Potenz des Verhältnisses von Spitzenstrom I_s zum Weiterschaltstrom I_w, wobei p die Anzahl der Widerstandsstufen ist. Für sie gilt

$$\left.\begin{aligned} r_{s_1} &= r_1 - r_i \\ r_{s_2} &= r_2 - r_1 \\ r_{s_3} &= r_3 - r_2 \end{aligned}\right\} \tag{18}$$

$$\vdots \qquad \vdots \qquad \vdots$$

d) Dynamisches Verhalten

Auch beim Einsatz des Gleichstrommotors für Aufgaben im Rahmen der Automatisierung interessiert am meisten sein dynamisches Verhalten. Während beim Drehstrommotor das Schalten im Vordergrund stand, wird der Gleichstrommotor häufiger dort eingesetzt, wo eine feinstufige Drehzahländerung notwendig ist. Für die Betrachtung dieser Zusammenhänge ergeben sich einfachere mathematische Beziehungen, wenn man Zeitkonstanten einführt.

Wir definieren die Ankerzeitkonstante als

$$T_a = \frac{L_a}{R_a} \tag{19}$$

und die Erregerzeitkonstante (im stationären Betrieb)

$$T_{es} = \frac{L_{es}}{R_e} \tag{20}$$

Zur Bestimmung der mechanischen Zeitkonstante setzen wir aus Gl. (3)

$$t = \Theta \int \frac{d\Omega}{M_d - M_L} \tag{21}$$

Um die Beziehungen zu vereinfachen, führen wir das Kurzschlußmoment M_k ein. Wir verstehen darunter das Moment, das bei Anlegen der Nennspannung U_{an} an den Anker des Motors im Stillstand auftreten würde, wenn das volle magnetische Feld wirksam wäre. Im praktischen Betrieb würde das Moment infolge der auftretenden Ankerrückwirkung kleiner sein. Außerdem würde das Anlegen der Nennspannung bei großen Maschinen durch den hohen auftretenden Kurzschlußstrom zur Zerstörung der Maschine führen. Wie die folgenden Betrachtungen zeigen, ist es trotzdem zweckmäßig, diesen theoretischen Wert des Kurzschlußmomentes M_k anzuwenden.

Wir erweitern nun die rechte Seite der Gl. (21) mit der Nenn-Leerlaufwinkelgeschwindigkeit Ω_0 und dem Kurzschlußmoment M_k und setzen das Lastmoment $M_L = 0$. Dann geht Gl. (21) über in

$$t = \frac{\Theta\,\Omega_0}{M_k} \int \frac{M_k}{M_d}\, d\left(\frac{\Omega}{\Omega_0}\right) \tag{22}$$

Würde nun der Motor mit dem Kurzschlußmoment M_k von $\Omega/\Omega_0 = 0$ bis $\Omega/\Omega_0 = 1$, d. h. Nenndrehzahl hochlaufen, so ergibt sich als Anlaufzeit aus Gl. (22)

$$t = \frac{\Theta \, \Omega_0}{M_k} = T_{mk} \tag{23}$$

Wir definieren diese Zeit als Anlaufzeitkonstante T_{mk} für das Kurzschlußmoment.

Wir wollen das dynamische Verhalten des Gleichstrommotors hinsichtlich seiner Drehzahl als Funktion der Zeit $\left(\Omega = f(t)\right)$ und seines Drehmomentes als Funktion der Zeit $(M_d = f(t))$ untersuchen. Sind uns diese beiden Zusammenhänge bekannt, können wir jederzeit beurteilen, wie sich der Gleichstrommotor beim Einsatz in einem Fertigungsprozeß verhalten wird.

Zuvor soll jedoch noch untersucht werden, welchen thermischen Beanspruchungen der Motor beim dynamischen Betrieb ausgesetzt ist, um zu verhindern, daß er evtl. durch eine zu große Verlustwärme Schaden leidet. Es ist also wichtig, auch bei diesen Motoren die Anlaufwärme W zu kennen.

Allgemein ist

$$W = \int R_a \, I_a^2 \, dt \tag{24}$$

wobei sich die zeitliche Integration vom Einschaltzeitpunkt bis zur Beendigung des Anlaufes erstrecken muß. Da uns in den meisten Fällen die entwickelte Wärmemenge W beim Übergang von einer Drehzahl auf eine andere interessiert, wollen wir anstelle der Zeit t als Veränderliche die Drehzahl bzw. die Winkelgeschwindigkeit Ω einführen. Dazu drücken wir das Zeitelement dt durch das Winkelgeschwindigkeitselement $d\Omega$ aus und erhalten aus Gl. (3) für den unbelasteten Anlauf mit $M_L = 0$

$$M_d = \Theta \, \frac{d\Omega}{dt}$$

$$dt = \frac{\Theta}{M_d} \, d\Omega \tag{25}$$

Also wird aus Gl. (24)

$$W = \Theta \int \frac{R_a I_a^2}{M_d} \, d\Omega \tag{26}$$

Diese Beziehung gilt also sowohl bei veränderlichem Widerstand als auch bei veränderlichem Strom oder Moment. Wir können beim Gleichstromnebenschlußmotor, da das Drehmoment proportional dem Strom I_a ist, unter Einführung der Leerlaufnennwerte von Drehmoment M_0 und Strom I_0 (bei Drehzahl Ω_0)

$$\frac{M_d}{M_0} = \frac{I_a}{I_0} \tag{27}$$

setzen. Ferner hat der Ankerstrom I_a bei Stillstand nach Gl. (2) den größten Wert U_a/R_a und nimmt durch die innere Spannung E mit zunehmender Drehzahl linear ab. Es gilt also die Beziehung

$$I_a = \frac{U_a}{R_a}\left(1 - \frac{\Omega}{\Omega_0}\right) \tag{28}$$

Setzt man die Werte von Gl. (27) und (28) in Gl. (26) ein, so wird

$$W = \Theta \int \frac{I_0 U_a}{M_0}\left(1 - \frac{\Omega}{\Omega_0}\right) d\Omega$$

und durch Erweiterung der rechten Seite mit Ω_0

$$W = \Theta \Omega_0 \int \frac{I_0 U_a}{M_0 \Omega_0}\left(1 - \frac{\Omega}{\Omega_0}\right) d\Omega$$

Für die Leerlaufverhältnisse gilt $I_0 U_a = M_0 \Omega_0$. Wir bekommen dann

$$W = \Theta \Omega_0^2 \int \left(1 - \frac{\Omega}{\Omega_0}\right) d\left(\frac{\Omega}{\Omega_0}\right) \tag{29}$$

Setzt man den Arbeitsinhalt der Schwungmasse (kinetische Energie)

$$W_k = \frac{\Theta \, \Omega_0^2}{2} \tag{30}$$

und den Schlupf

$$s = 1 - \frac{\Omega}{\Omega_0} \tag{31}$$

so ist

$$d\left(\frac{\Omega}{\Omega_0}\right) = - ds \tag{32}$$

dann wird

$$W = -2 W_k \int s \, ds \tag{33}$$

Das gibt integriert zwischen den Drehzahlgrenzen Ω_1 und Ω_2 beim Schlupf s_1 bzw. s_2

$$W = -2 W_k \int_{s_1}^{s_2} s \, ds$$

$$= - W_k(s_2^2 - s_1^2)$$

oder

$$W = W_k(s_1^2 - s_2^2) \tag{34}$$

d. h., auch beim Gleichstromnebenschlußmotor ist die Anlaufwärme beim Schwungmassenanlauf außer durch die Schwungarbeit lediglich durch den Unterschied der quadratischen Schlupfwerte gegeben (vgl. Gl. (60) auf S. 29). Nimmt man einen mehrstufigen Vorwiderstand nach Abb. 42, so muß man diese Stromwärme für jede Stufe gesondert bestimmen. Die erzeugte Wärme teilt sich dann entsprechend dem Verhältnis von Ankerwiderstand zum Vorschaltwiderstand in jeder Anlaßstufe unterschiedlich auf.

Für den gesamten Anlaufvorgang vom Stillstand mit $s_1 = 1$ bis zur Nenndrehzahl mit $s_2 = 0$ wird gerade die volle Schwungarbeit in Wärme umgesetzt. Reversiert man den Motor vom vollen Lauf auf vollen Gegenlauf, so ist der anfängliche Schlupf $s_1 = 2$, der Endschlupf $s_2 = 0$, so daß als Umsteuerwärme das Vierfache der Schwungarbeit entsteht. Setzt man den Anker durch Kurzschlußbremsung vom vollen Lauf aus still, so ist der Endschlupf $s_2 = 0$ vom stationären Zustand mit $s_1 = 1$ an zu rechnen, so daß man wieder die kinetische Energie als Bremswärme erhält.

Allgemein entsteht also eine große Verlustarbeit, wenn die äußere Stromquelle während des Beschleunigungs- oder Verzögerungsvorganges nutzlos Energie in den Motor liefert. Es wäre demnach anzustreben, die Spannung bei sich ändernder Drehzahl so zu steuern, daß nach jeder Spannungsänderung der Wert $s_1^2 - s_2^2$ nach Gl. (34) ein Minimum wird.

Aus diesen Überlegungen heraus werden die Gleichstrommotoren besser an eine Gleichspannung angelegt, die veränderlich ist. Wir brauchen also Gleichstromgeneratoren, deren Spannung durch einen Steller möglichst kleiner Leistung verändert und deren Ausgangsspannung der inneren Spannung der Motoren leicht angepaßt werden kann. Es gibt dafür rotierende Generatoren, die wie die Gleichstrommotoren selbst aufgebaut sind. Man verwendet ferner Hochvakuumröhren, Thyratrons (Stromtore), gittergesteuerte Gleichrichter, Trockengleichrichter in Verbindung mit Magnetverstärkern und gesteuerte Halbleiter (z. B. Thyristoren).

In unseren Untersuchungen hinsichtlich des dynamischen Drehzahl- und Drehmomentverhaltens wollen wir solche Antriebe mit einbeziehen und für sie den Zusammenhang $\Omega = f(t)$ und $M_d = f(t)$ ableiten.

Für die weiteren Betrachtungen, insbesondere zum besseren Verständnis der später zu behandelnden Regelkreise, führen wir jetzt schon die normierte Schreibweise ein. Sie führt zu wesentlichen Vereinfachungen, weil die Dimensionen der einzelnen Größen und die Gerätekonstanten wegfallen. Dazu beziehen wir den jeweiligen Wert auf einen anderen festgelegten Wert, z. B. den Nennwert. Bei den von uns verwendeten technischen Geräten und Maschinen treten im allgemeinen Nichtlinearitäten auf. Es sei hier an den Zusammenhang zwischen dem magnetischen Fluß und der Durchflutung bei Gleichstrommaschinen erinnert, der durch die Magnetisierungskurve beschrieben wird. Diese ist durch die auftretenden Sättigungserscheinungen gekrümmt. Um trotzdem zu allgemein gültigen Gleichungen zu kommen, hat es sich in der Regelungstechnik eingebürgert, die Betrachtungen auf kleine Abweichungen zu beschränken. Wir normieren daher nicht den Absolutwert, sondern die jeweilige Abweichung von einem stationären Bezugswert (Bezeichnung mit Index s). Dadurch wird eine nichtlineare Funktion in diesem Punkt linearisiert. Diesen so gewonnenen normierten Wert bezeichnen wir im folgenden mit kleinen Buchstaben.

Es ist z. B. der normierte Wert

$$u = \frac{U - U_s}{U_n} \tag{35}$$

Wir dürfen aber nicht nur einzelne Werte, sondern müssen vielmehr ganze Gleichungen normieren, also linke und rechte Seite derselben auf eine einzige bestimmte Größe beziehen. Die Wahl dieser Größe ist willkürlich. Meist wählt man technisch kennzeichnende Werte wie z. B. Nennwerte.

Zur Erläuterung dieser Rechnungsart wollen wir nun untersuchen, wie sich die Drehzahl eines Motors ohne Hilfsreihenschlußwicklung verhält, wenn er mit fester Erregerspannung an eine Gleichspannung U_a angeschlossen wird. Für diese Vereinfachung geht Gl. (2) über in

$$L_a \frac{dI_a}{dt} + R_a I_a + k_a' \Omega = U_a \tag{36}$$

entsprechend gilt für den stationären Bezugswert

$$L_a \frac{dI_{as}}{dt} + R_a I_{as} + k_a' \Omega_s = U_{as} \tag{37}$$

Aus Gl. (36) und (37) erhalten wir die bezogene Gleichung

$$\frac{U_a - U_{as}}{U_{an}} = R_a \frac{I_a - I_{as}}{U_{an}} + \frac{L_a}{U_{an}} \frac{d(I_a - I_{as})}{dt} + k_a' \frac{\Omega - \Omega_s}{U_{an}} \tag{38}$$

Im Leerlauf bei $I = 0$ und $dI/dt = 0$ geht Gl. (36) über in

$$U_{an} = k_a' \Omega_0 \tag{39}$$

wenn Ω_0 die Leerlaufdrehzahl ist.

Im festgebremsten Zustand (Kurzschluß) ist $\Omega = 0$ und $dI/dt = 0$, also nach Gl. (36)

$$U_{an} = R_a I_{ak} \tag{40}$$

wenn I_{ak} der Kurzschlußstrom ist.

Mit den Gl. (39) und (40) geht Gl. (38) über in

$$\frac{U_a - U_{as}}{U_{an}} = \frac{R_a (I_a - I_{as})}{R_a I_{ak}} + \frac{L_a}{R_a} \frac{d}{dt} \left(\frac{I_a - I_{as}}{I_{ak}} \right) + \frac{\Omega - \Omega_s}{\Omega_0} \tag{41}$$

Wir legen jetzt als normierte Größen fest

$$\left. \begin{aligned} \frac{U_a - U_{as}}{U_{an}} &= u_a \\[2mm] \frac{I_a - I_{as}}{I_{ak}} &= i_a \\[2mm] \frac{\Omega - \Omega_s}{\Omega_0} &= \omega \end{aligned} \right\} \tag{42}$$

Wir bekommen dann mit $T_a = L_a/R_a$, der magnetischen Ankerzeit-konstanten, für Gl. (41) mit den Werten von Gl. (42)

$$u_a = i_a + T_a \frac{d\,i_a}{d\,t} + \omega \qquad (43)$$

Für den mechanischen Teil des Antriebes können wir nach Gl. (3) setzen

$$\Theta \frac{d\,\Omega}{d\,t} = M_d - M_L \qquad (44)$$

Für die normierte Schreibweise wollen wir diese Werte auf das Drehmoment im Kurzschluß M_k beziehen und bekommen aus Gl. (44) für die Abweichung vom stationären Betriebspunkt

$$\Theta \frac{d\,(\Omega - \Omega_s)}{d\,t} = (M_d - M_{ds}) - (M_L - M_{Ls}) \qquad (45)$$

oder durch Erweiterung der linken Seite um Ω_0 und Division der Gleichung mit M_k

$$\frac{\Theta\,\Omega_0}{M_k} \frac{d\,\dfrac{\Omega - \Omega_s}{\Omega_0}}{d\,t} = \frac{M_d - M_{ds}}{M_k} - \frac{M_L - M_{Ls}}{M_k} \qquad (46)$$

Neben Gl. (42) legen wir zusätzlich für die normierte Schreibweise fest

$$\frac{M_d - M_{ds}}{M_k} = m_d$$
$$\frac{M_L - M_{Ls}}{M_k} = m_L \qquad (47)$$

Dann bekommen wir aus Gl. (46) mit Gl. (47) und Gl. (23)

$$T_{mk} \frac{d\,\omega}{d\,t} = m_d - m_L \qquad (48)$$

Aus den Gl. (43) und (48) können wir den Drehzahlverlauf errechnen, wenn der Zusammenhang zwischen i und m bekannt ist. Nach Gl. (3) ist

$$M_d = k_a\,I_a\,\Phi \qquad (49)$$

$$M_{ds} = k_a\,I_{as}\,\Phi \qquad (50)$$

ebenso auch

$$M_k = k_a\,I_{ak}\,\Phi \qquad (51)$$

also ist

$$\frac{M_d - M_{ds}}{M_k} = \frac{I_a - I_{as}}{I_{ak}} \qquad (52)$$

Damit ergibt sich aus den Gl. (47) und (42)

$$m_d = i_a \qquad (53)$$

Aus den Gl. (43), (48) und (53) können das Drehzahlverhalten $\omega = f(t)$ und das Stromverhalten $i = f(t)$ bei veränderlichem Belastungsmoment und veränderlicher Spannung abgeleitet werden. Die Störgrößen kommen jeweils auf die linke Seite der Gleichungen. Man erhält für das Drehzahlverhalten aus Gl. (43) mit i_a aus Gl. (53) und dm_d/dt aus Gl. (48)

$$u_a - m_L - T_a \frac{dm_L}{dt} = \omega + T_{mk} \frac{d\omega}{dt} + T_a T_{mk} \frac{d^2\omega}{dt^2} \qquad (54)$$

und für das Stromverhalten

$$T_{mk} \frac{du_a}{dt} + m_L = i_a + T_{mk} \frac{di_a}{dt} + T_a T_{mk} \frac{d^2 i_a}{dt^2} \qquad (55)$$

Wie früher bereits ausgeführt wurde, interessiert uns im Hinblick auf die Automatisierung vornehmlich die Beeinflussung der mechanischen Energie durch den Motor. Mit den bisher gewonnenen Beziehungen können wir das Drehzahlverhalten des Motors bei Änderung der Ankerspannung oder bei sich änderndem Lastmoment beschreiben. Es ist hierbei ein offener Steuerkreis zugrunde gelegt. Neuzeitliche Antriebe werden jedoch fast ausschließlich in geschlossenen Regelkreisen betrieben, weil damit das dynamische Verhalten besonders bei den bei Werkzeugmaschinen häufig vorkommenden Laststörungen wesentlich verbessert werden kann. Mit diesen Regelkreisen werden wir uns in einem späteren Kapitel beschäftigen (s. S. 276). Der hier beschriebene Motor soll dort mit den Reglerelementen zusammen eingehender behandelt und dann daraus das Drehzahlverhalten $\omega = f(t)$ abgeleitet werden.

Jetzt begnügen wir uns mit der Beschreibung des Stromverhaltens $i_a = f(t)$. Aus diesem Stromverhalten können wir die thermische Beanspruchung der einzelnen Motorteile, wie Wicklung und Kommutator, ableiten und bekommen auch ein Gefühl für das Drehmomentverhalten bei Drehzahländerungen durch Einschaltvorgänge oder Sollwertsprünge.

Dazu wollen wir den Stromverlauf für den unangenehmen Fall des direkten Einschaltens berechnen und wollen annehmen, daß der Motor dabei unbelastet ist, also $M_L = 0$, und die Ankerspannung konstant ist. Die Gl. (55) geht dann über in

$$T_{mk} T_a \frac{d^2 i_a}{dt^2} + T_{mk} \frac{di_a}{dt} + i_a = 0 \qquad (56)$$

Wir lösen sie mit dem Ansatz

$$i_a = c\, e^{\lambda t} \qquad (57)$$

und bekommen

$$\frac{di_a}{dt} = \lambda\, c\, e^{\lambda t} \quad \text{und} \quad \frac{d^2 i_a}{dt^2} = \lambda^2\, c\, e^{\lambda t} \qquad (58)$$

Durch Einsetzen dieser Werte in Gl. (56) erhält man die charakteristische Gleichung

$$T_{mk}\, T_a\, \lambda^2 + T_{mk}\, \lambda + 1 = 0 \tag{59}$$

Wurzeln der charakteristischen Gleichung:

$$\lambda_{1;2} = \frac{-T_{mk} \pm \sqrt{T_{mk}^2 - 4\, T_a\, T_{mk}}}{2\, T_a\, T_{mk}}$$

$$= -\frac{1}{2\, T_a}\left(1 \mp \sqrt{1 - \frac{4\, T_a}{T_{mk}}}\right) \tag{60}$$

Also lautet die allgemeine Lösung der Differentialgleichung

$$i_a = c_1\, e^{\lambda_1 t} + c_2\, e^{\lambda_2 t} \tag{61}$$

Zur Bestimmung der Konstanten c_1 und c_2 setzen wir für die Grenzbedingungen

$$\begin{matrix} t = 0 \\ i_a = 0 \end{matrix} \quad \text{und aus Gl. (43)} \quad \frac{d\,i_a}{d\,t} = \frac{u_a}{T_a} \tag{62}$$

weil auch $\omega = 0$ ist.
Also wird

$$c_1 + c_2 = 0 \tag{63}$$

und

$$\lambda_1\, c_1 + \lambda_2\, c_2 = \frac{u_a}{T_a} \tag{64}$$

Daraus wird

$$c_1 = -\, c_2 \tag{65}$$

und

$$-\, \lambda_1\, c_2 + \lambda_2\, c_2 = \frac{u_a}{T_a}$$

$$c_2 = \frac{u_a}{T_a}\, \frac{1}{\lambda_2 - \lambda_1}$$

$$c_1 = \frac{u_a}{T_a}\, \frac{1}{\lambda_1 - \lambda_2} \tag{66}$$

Damit wird

$$i_a = \frac{u_a}{T_a}\, \frac{1}{\lambda_1 - \lambda_2}\, e^{\lambda_1 t} - \frac{u_a}{T_a}\, \frac{1}{\lambda_1 - \lambda_2}\, e^{\lambda_2 t}$$

$$= \frac{u_a}{T_a}\, \frac{1}{\lambda_1 - \lambda_2}\, (e^{\lambda_1 t} - e^{\lambda_2 t}) \tag{67}$$

Wir entwickeln den Wurzelausdruck für λ_1 und λ_2 nach dem binomischen Satz

$$\sqrt{1 - \frac{4\, T_a}{T_{mk}}} = 1 - \frac{4\, T_a}{2\, T_{mk}} + \frac{1}{2 \cdot 4}\left(\frac{4\, T_a}{T_{mk}}\right)^2 - \frac{1 \cdot 3}{2 \cdot 3 \cdot 8}\left(\frac{4\, T_a}{T_{mk}}\right)^3 + \cdots \tag{68}$$

Ist die Ankerzeitkonstante T_a sehr klein gegenüber der mechanischen Zeitkonstante T_{mk}, was vor allem dann zutrifft, wenn Widerstände im Ankerkreis vorgeschaltet sind, ergibt sich annäherungsweise

$$\sqrt{1 - \frac{4T_a}{T_{mk}}} \approx 1 - \frac{2T_a}{T_{mk}} \tag{69}$$

Setzen wir dies für λ_1 und λ_2 ein

$$\lambda_1 = -\frac{1}{2T_a}\left(1 - 1 + \frac{2T_a}{T_{mk}}\right) = -\frac{1}{T_{mk}}$$
$$\lambda_2 = -\frac{1}{2T_a}\left(1 + 1 - \frac{2T_a}{T_{mk}}\right) = -\frac{1}{T_a} + \frac{1}{T_{mk}} \tag{70}$$

da

$$T_a \ll T_{mk}$$

ist

$$\lambda_2 \approx -\frac{1}{T_a} \tag{71}$$

Führen wir die hier gefundenen Ausdrücke in Gl. (67) ein, wird

$$i_a = \frac{u_a}{T_a\left(\dfrac{1}{T_a} - \dfrac{1}{T_{mk}}\right)}\,(e^{-t/T_{mk}} - e^{-t/T_a}) \tag{72}$$

oder

$$i_a \frac{T_{mk} - T_a}{u_a\,T_{mk}} = i_a k = (e^{-t/T_{mk}} - e^{-t/T_a}) \tag{73}$$

Den zeitlichen Verlauf einer solchen Funktion zeigt Abb. 45. Die Anstiegsteilheit dieser Kurve hängt demnach im wesentlichen von T_a ab.

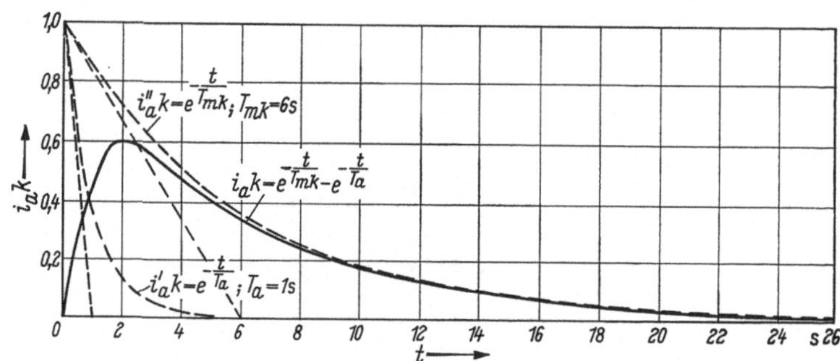

Abb. 45. Verlauf des Ankerstromes beim Einschalten

Der Kulminationspunkt liegt um so höher, je kleiner T_a gegenüber T_{mk} ist. Das Abklingen bestimmt hauptsächlich T_{mk}.

6. Translatorische Energie

Die direkte Änderung elektrischer Energie in translatorische mechanische Energie ist auf kleine Weglängen begrenzt und hat deswegen im Rahmen der mechanischen Fertigung keine sehr große Bedeutung erlangt. Für solche Sonderzwecke dienen hauptsächlich Magnete. Deren Anwendung beschränkt sich jedoch vornehmlich auf Hilfseinrichtungen.

Die Zugmagnete bestehen aus einem geteilten Magnetsystem. Der eine meistens fest angeordnete Teil trägt die Wicklung. Der andere, bewegliche Teil, der Anker, wird angezogen, wenn durch die Wicklung ein Strom fließt. Im allgemeinen arbeiten die Magnete mit ziehender Kraftwirkung.

Die Ankerkraft ändert sich mit dem Quadrat des Erregerstromes und ist entsprechend der Magnetisierungskurve vom Luftspalt abhängig. Bei Wechselstromerregung würde die Ankerkraft zwischen Null und Maximum mit doppelter Netzfrequenz schwanken. Durch Kurzschlußringe im Blechpaket können jedoch die Schwankungen der Zugkraft so klein gehalten werden, daß diese bei den üblichen Massenwirkungen ohne besondere Meßgeräte nicht mehr festzustellen sind. Außerdem wird zur Vermeidung der Wirbelströme der Eisenkern geblättert.

Grundsätzlich unterscheiden sich Gleich- und Wechselstrommagnete auch durch die Größe des Dauerstromes. Bei Gleichstrommagneten ist dieser lediglich von der angelegten Spannung und vom Widerstand der Spule abhängig. Der Strom ist also unabhängig vom Luftspalt, so daß der Hub beliebig groß gewählt werden kann, soweit die Hubarbeit ausreicht. Bei Wechselstrommagneten gelten diese Beziehungen nicht. Der Strom des Wechselstrommagneten ist von dem Wechselstromwiderstand des Systems und damit auch von der Größe des Luftspaltes abhängig. Im allgemeinen muß deshalb dafür gesorgt werden, daß der Hub und damit der Luftspalt begrenzt wird. Bei einem zu großen Luftspalt kann die Spule wegen des zu großen, zum Anziehen des Ankers notwendigen Stromes beschädigt werden.

Unterschiede bestehen ferner im Verlauf der Stromwerte beim Einschalten. Bei Gleichstrommagneten wächst der Strom exponentiell bis zu seinem Nennwert an. Auch bei höchster Schalthäufigkeit kann deshalb keine unzulässige Erwärmung auftreten. Bei Wechselstrommagneten dagegen steigt der Strom beim Einschalten stark über den Nennwert an und klingt erst mit der Verkleinerung des Hubes ab (Änderung der Induktivität der Spule). Die Schalthäufigkeit eines Wechselstrommagneten ist somit thermisch begrenzt. Bei großer Schalthäufigkeit muß der Hubweg herabgesetzt werden. Die maximale Schalthäufigkeit liegt bei etwa 4000 Schaltungen/Stunde.

Für die Bestimmung der Magnetgröße, die von der Hubarbeit sowie der Einschaltdauer abhängt, stellen die Hersteller Kennlinien zur Verfügung. Die Ausführung der Zugmagnete ist vielgestaltig.

C. Die Steuerung des mechanischen Energieflusses

1. Steuerungsarten

Bei diesen Betrachtungen unterscheiden wir zwischen rotatorischer und translatorischer Bewegung. Wir haben gesehen, daß translatorische Bewegungen selten durch direkte Änderung der Energieart entstehen. Man geht meist den Umweg über die rotatorische Bewegung und beeinflußt dann diesen rotatorischen Teil durch Steuerungen und Regelungen.

Eines der wichtigsten Maschinenelemente zur Steuerung der mechanischen Energie bei rotierenden Bewegungen ist die Kupplung. Aus der Fülle der Kupplungsarten interessieren hier nur die Schaltkupplungen. Je nach ihrer Betätigungsart kann man 3 Arten von Schaltkupplungen unterscheiden. Die erste wird durch fremde, von außen wirkende Energiequellen gesteuert. Dazu gehören mechanische, elektrische (elektromagnetische), hydraulische und pneumatische Betätigungsarten. Die zweite Art schaltet drehrichtungsabhängig. Das sind die sogenannten Freilaufkupplungen. Während diese beiden Arten nur 2 Betriebszustände herbeiführen, also entweder ein- oder ausgeschaltet sind und dabei entweder das volle Drehmoment, bei möglichst schlupflosem Betrieb, oder bei vollem Drehzahlunterschied kein Moment übertragen, hängt bei der dritten Art die austreibende Drehzahl von der eintreibenden Drehzahl und dem zu übertragenden Drehmoment ab. Auch bei dieser Gruppe von Kupplungen kann man unterscheiden in solche, die von außen nicht beeinflußbar, und in solche, die von außen z. B. durch hydrodynamische Einrichtungen oder elektromagnetische Kräfte steuerbar sind. Zu den ersteren gehören Anlauf-, Sicherheits- und Fliehkraftkupplungen. Bei den letztgenannten nützt man für die Drehmomentbildung entweder die Gefällekraft oder die Wirbelkraft im magnetischen Feld aus.

2. Elektrokupplungen

Für diese verschiedenartigen *Schaltkupplungen* gibt es viele Anwendungsmöglichkeiten. Unter ihnen sollten zunächst alle ausscheiden, bei denen der Energiestrom nur ein einzigesmal unterbrochen oder eingeschaltet wird, denn für diese Fälle ist es zweckmäßiger, das Schalten der Energie durch einen besonderen Motor vorzunehmen. Dieser Weg wurde schon bei der Entwicklung vom Einzel- zum Mehrmotorenantrieb gegangen. Es bleibt somit die Verwendung von Kupplungen für den Anlaß- und Bremsvorgang und für mechanische Energieverzweigungen, die zwangsläufig von einem Motor ausgehen müssen, weil der technologische Prozeß einen Gleichlauf verlangt oder die Anwendung mehrerer Motoren energetisch nicht sinnvoll ist. Im zuletzt erwähnten Fall kann es nützlich sein, an der Energieschaltstelle einen Drehzahlsprung zu bekommen.

Anlaufkupplungen. Sie sind entweder dort sinnvoll, wo das Anlaufmoment des Motors das Lastmoment stark überwiegt, so daß die Beschleunigung der Massen zu schnell erfolgt oder das Lastmoment von der Drehzahl abhängt, wobei es erwünscht wäre, daß das Lastmoment mit Rücksicht auf die Netzverhältnisse nicht zu schnell wächst. Die letzteren Verhältnisse gelten für Maschinen für flüssige oder luftförmige Medien, also Pumpen und Lüfter, die in der mechanischen Fertigung keine wesentliche Rolle spielen. Die Anwendung von Anlaufkupplungen würde sich also auf die zuerst genannten Maschinen beschränken, die kein großes Beschleunigungsmoment vertragen. Dazu gehören vor allem Maschinen mit Flachriemen alter Bauart, die aber in einer mechanischen Fertigung nur noch selten anzutreffen sind.

Für unsere Verhältnisse spielen also Anlaufkupplungen keine große Rolle.

Bremskupplungen. Auch die Anwendung von Bremsen im mechanischen Energieteil ist umstritten, weil dann die kinetische Energie des abzubremsenden Maschinenteiles in der Bremse vernichtet werden muß.

Bei der immer stärker zunehmenden dynamischen Beanspruchung der Motoren kann jedoch die zusätzliche Bremswärme die zulässige Schalthäufigkeit und damit den Fertigungstakt bzw. die Leistung erheblich herabsetzen. Man ist deshalb gelegentlich recht froh, wenn man die thermische Beanspruchung der Motoren durch mechanische Bremsen entlasten kann. Hinzu kommt als Vorteil für die mechanische Bremse, daß ihr Bremsmoment während des Bremsvorganges konstant bleibt [26].

a) Bemessungsgrundlagen

Entsprechend den beschriebenen technologischen Aufgaben muß die Kupplung für das übertragbare Drehmoment geeignet sein und darf sich durch die Schaltenergie nicht unzulässig erwärmen. Diese kinetischen Verhältnisse, die für jede Kupplungsart gültig sind, muß man also für jeden Anwendungsfall genau kennen.

Dazu betrachten wir das Getriebeschema nach Abb. 46 und zeichnen es für die rechnerische Behandlung noch mehr vereinfacht (Abb. 47). Der treibende Getriebeteil mit dem Motor M hat demnach das Trägheitsmoment Θ_1 und die Drehzahl (Winkelgeschwindigkeit) ω_1; je nachdem, ob die Kupplung s_1 oder s_2 erregt ist, läuft die austreibende Welle mit ω_2 oder ω_3. Das Trägheitsmoment des austreibenden Teiles einschließlich der Zahnräder und austreibenden Magnethälften sei Θ_2. Die Zahnradpaare haben demnach bei s_1 ein Übertragungsverhältnis $\omega_1 : \omega_2$ und bei s_2 ein solches von $\omega_1 : \omega_3$.

Die energetischen Verhältnisse beim Einschalten sind leicht zu überblicken. Der Motor habe die Drehzahl ω_1, die austreibende Welle stehe still; ω_2 bzw. ω_3 ist gleich Null. Wird nun s_1 erregt, so entsteht im Kupplungsreibbelag die Drehzahldifferenz $\omega_1 - 0$, die mit zu-

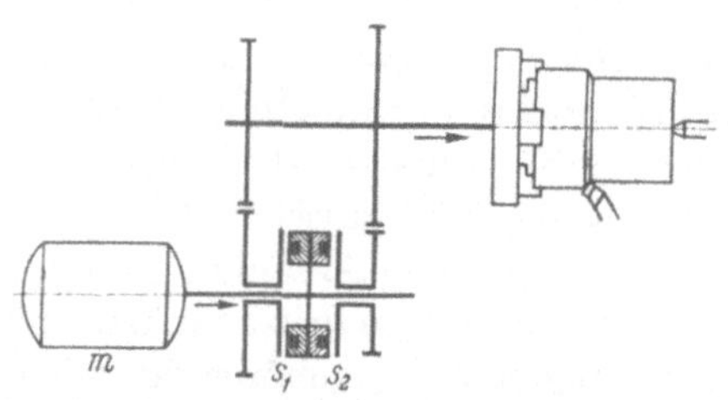

Abb. 46. Antrieb mit Schaltkupplung s_1 und s_2

nehmendem Fassen der Kupplung auf 0 verkleinert wird. Dadurch werden die Reibbeläge der Kupplung stark erwärmt. Diese Reibungswärme W_{s_1} und die kinetische Energie der austreibenden Schwungmassen muß also der Motor aufbringen. Es ist

$$W_{m_1} = W_{s_1} + \tfrac{1}{2} \Theta_2 \omega_2^2 \qquad (75)$$

wenn W_{m_1} die vom Motor aufzubringende kinetische Energie ist.

Schaltet man jetzt mit Hilfe der Kupplung s_2 auf die Drehzahl ω_3 um, so wird zunächst s_1 entregt. In diesem Augenblick ist die austreibende Drehzahl noch ω_2. Wegen des mitlaufenden Zahnradpaares ω_1/ω_3 dreht sich

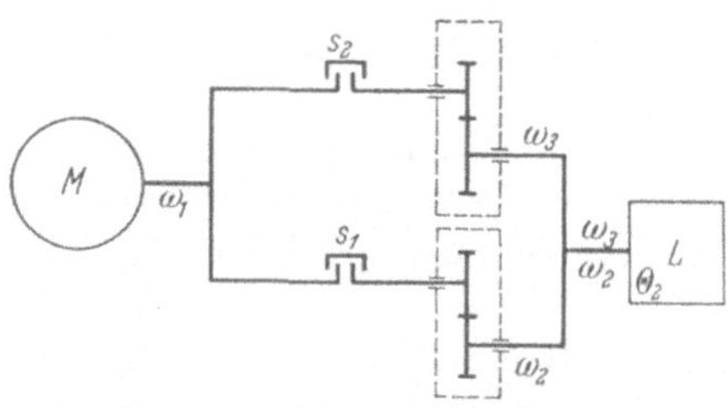

Abb. 47
Blockbild für Anordnung nach Abb. 46

der austreibende Teil der Kupplung s_2 mit der Drehzahl $\omega_2 (\omega_1/\omega_3)$. Beim Einrücken der Kupplung entsteht also eine Drehzahldifferenz

$$\Delta \omega = \omega_2 \frac{\omega_1}{\omega_3} - \omega_1 \qquad (76)$$

die nach dem Kupplungsvorgang wieder Null geworden ist. Die austreibenden Schwungmassen Θ_2 sind von ω_2 auf ω_3 beschleunigt worden. Der Motor muß wieder diese kinetische Energie und die in s_2 entstehende Wärme W_{s_2} aufbringen. Es gilt also

$$W_{m_2} = W_{s_2} + \tfrac{1}{2} \Theta_2 (\omega_3^2 - \omega_2^2) \qquad (77)$$

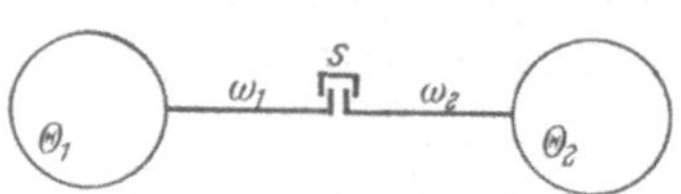

Abb. 48. Zwei Schwungmassen und
eine Kupplung

Zur Beurteilung der Kupplungsbeanspruchung interessiert uns jetzt, welche Wärme in den Kupplungen beim Schalten entsteht. Diese Frage kann man auf Grund der Gl. (75) und (77) nicht ohne weiteres beantworten, weil sehr schwer zu übersehen ist, wie der Energieanteil im Motor auf die Beschleunigung und Erwärmung aufzuteilen ist.

Zur Berechnung dieser Verhältnisse untersuchen wir deshalb, wie sich eine Anordnung nach Abb. 48 verhält, bei der zwei Schwungmassen Θ_1 und Θ_2 auf die Drehzahl ω_1 und ω_2 gebracht worden sind und dann mit einer Kupplung s zusammengekuppelt werden. Vor dem Kuppeln ist ihre kinetische Energie

$$W_1 + W_2 = \tfrac{1}{2}\,\Theta_1\,\omega_1^2 + \tfrac{1}{2}\,\Theta_2\,\omega_2^2 \tag{78}$$

Nach dem Kuppeln entsteht die Drehzahl ω_3. Für diesen Fall ergibt sich aus dem Flächensatz der Mechanik

$$\omega_3(\Theta_1 + \Theta_2) = \Theta_1\,\omega_1 + \Theta_2\,\omega_2 \tag{79}$$

Die kinetische Energie ist nach dem Kuppeln

$$W_3 = \tfrac{1}{2}(\Theta_1 + \Theta_2)\,\omega_3^2 \tag{80}$$

Die Kupplungswärme kann nur aus dem Unterschied der kinetischen Energie aufgebracht werden. Es gilt also nach Gl. (78) und (80)

$$W_s = W_1 + W_2 - W_3 = \tfrac{1}{2}[\Theta_1\,\omega_1^2 + \Theta_2\,\omega_2^2 - (\Theta_1 + \Theta_2)\,\omega_3^2] \tag{81}$$

Setzt man hier ω_3 aus Gl. (79) ein, wird

$$\begin{aligned}
W_s &= \frac{1}{2}\left[\Theta_1\,\omega_1^2 + \Theta_2\,\omega_2^2 - \frac{(\Theta_1\,\omega_1 + \Theta_2\,\omega_2)^2}{(\Theta_1 + \Theta_2)}\right] \\
&= \frac{1}{2}\,\frac{\Theta_1\,\Theta_2\,(\omega_1^2 + \omega_2^2 - 2\,\omega_1\,\omega_2)}{\Theta_1 + \Theta_2} \\
&= \frac{1}{2}\,\frac{(\omega_1 - \omega_2)^2}{\dfrac{1}{\Theta_1} + \dfrac{1}{\Theta_2}}
\end{aligned} \tag{82}$$

Ist eines der Trägheitsmomente (Θ_1) unendlich groß, so bleibt seine Drehzahl ω_1 beim Kuppeln bestehen und die Drehzahl der anderen Schwungmasse ändert sich von ω_2 auch auf ω_1. Die dabei frei werdende Brems- oder Beschleunigungswärme ist deshalb nach Gl. (82)

$$W_s = \tfrac{1}{2}\,\Theta_2(\omega_1 - \omega_2)^2 \tag{83}$$

Diese Verhältnisse können wir nun auf unser Antriebsbeispiel übertragen, bei dem durch den starren Motor die Drehzahl auf der einen Seite ebenfalls starr festgehalten wird. Sie entspricht also nicht, wie man vermuten könnte, der Differenz der kinetischen Energie der bewegten Massen, für die gilt

$$W_{\Delta E} = \tfrac{1}{2}\,\Theta_2(\omega_1^2 - \omega_2^2) \tag{84}$$

sondern ist erfreulicherweise erheblich kleiner. Zum Vergleich mit den Verhältnissen beim Motor führen wir den Schlupf

$$s_1 = \frac{\omega_2 - \omega_1}{\omega_1} \tag{85}$$

ein, betrachten also die neue Drehzahl als Bezugsgröße und erhalten dann aus Gl. (83) bei $s_2 = 0$

$$W_s = \tfrac{1}{2}\,\Theta_2\,\omega_1^2\,s_1^2 \tag{86}$$

Wir bekommen damit für die Kupplung dieselben Ergebnisse wie für den Motor, wenn man in der dort abgeleiteten Gl. (60) auf S. 29 $s_2 = 0$ und $2\,W_k = \Theta_2\,\omega_1^2$ setzt.

Es ist demnach sinnvoll, auch mit den Kupplungen große Schwungmassen durch Schalten mit kleinen Drehzahlsprüngen zu beschleunigen und zu bremsen, weil dann die Verlustwärme in den Kupplungen klein wird und im Grenzfall für $s = 0$ ganz wegfällt.

Im allgemeinen muß man damit rechnen, daß nicht nur eine reine Beschleunigungsarbeit in Frage kommt, sondern der austreibende Teil durch ein Last- (Widerstands-) Moment M_L belastet ist. Für die exakte Berechnung der Verlustwärme müßten wir den zeitlichen Verlauf des Drehmomentes kennen, das die Kupplung während des Schaltens überträgt. Wir bezeichnen dieses Drehmoment M_S als schaltbares Moment zum Unterschied vom übertragbaren Moment $M_{\ddot{u}}$, das die Kupplung im eingeschalteten Zustand tatsächlich übertragen kann. Mit $M_{n\ddot{u}}$ bezeichnen wir das übertragbare Nennmoment.

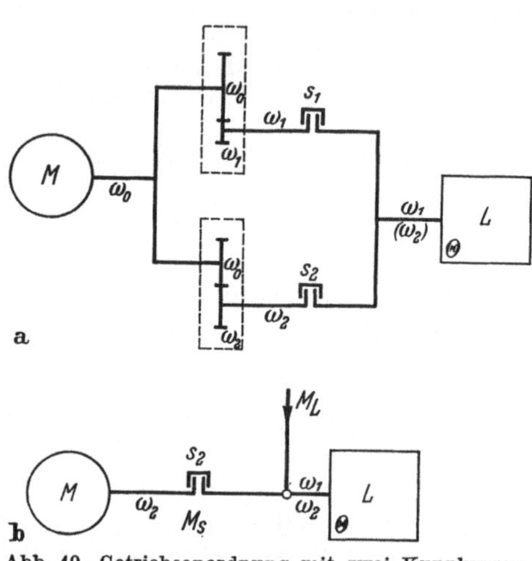

Abb. 49. Getriebeanordnung mit zwei Kupplungen und Last L mit Schwungmoment Θ
a) Gesamtanordnung; b) Blockbild bei eingeschalteter Kupplung s_2

Bei Reibkupplungen ist das Drehmoment vom Reibungswert μ abhängig. Dieser ist jedoch keine Konstante, sondern eine nichtlineare Funktion der Gleitgeschwindigkeit und der Normalkraft F; man muß insbesondere zwischen dem Reibwert der Ruhe μ_0 (Haftreibung) und dem Reibwert der Bewegung μ_g (Gleitreibung) unterscheiden. Der Reibungsfaktor μ_0 der Haftreibung ist immer größer als der der Gleitreibung; schon bei sehr kleiner Gleitgeschwindigkeit nimmt der Reibwert vom Wert μ_0 der ruhenden Reibung auf dem Reibwert der Bewegung ab. Dieser sinkt bei größeren Geschwindigkeiten nur noch wenig; es können deshalb Flächen-Reibungskupplungen ein wesentlich größeres Drehmoment dauernd übertragen als schalten. Aus diesem Grunde wird bei Reibkupplungen zwischen dem schaltbarem Drehmoment (Drehmoment der Gleitreibung) und dem übertragbaren Drehmoment (Drehmoment der Haftreibung) unterschieden.

Bei dem schwer zu formulierenden Verhältnis zur Berechnung der Verlustwärme wollen wir gewisse Vereinfachungen treffen und wählen dazu, um einen etwas übersichtlicheren Rechnungsgang zu erhalten, eine Kupplungsanordnung nach Abb. 49a, bei der also die Drehmomentwandlung im treibenden Teil durch die Zahnradpaare ω_0/ω_1 und ω_0/ω_2 stattfindet. Wir nehmen an, daß das Getriebe mit eingeschalteter Kupplung s_1 in Betrieb ist und untersuchen die Umschaltung auf s_2. Dafür ergibt sich das Blockschaltbild Abbildung 49b. Man erhält damit für die eintreibende Drehzahl nach Abb. 50a eine Sprungfunktion. Wir treffen jetzt für die Rechnung die Vereinfachung, daß die austreibende Drehzahl ω_2 während des Schaltvorganges — also der Zeit t_a — linear wachse und das schaltbare Moment M_s während des ganzen Schaltvorganges konstant sei (Abb. 50c).

Dann ist die Eintrittsarbeit

$$W_E = M_s\,\omega_2\,t_a \qquad (87)$$

Für die Berechnung von t_a gehen wir vom Beschleunigungsmoment $M_b = M_s - M_L$ aus und setzen

$$M_b = \Theta\,\frac{d\omega}{dt}$$

$$\int_0^{t_a} (M_s - M_L)\,dt = \int_{w_1}^{w_2} \Theta\,d\omega \qquad (88)$$

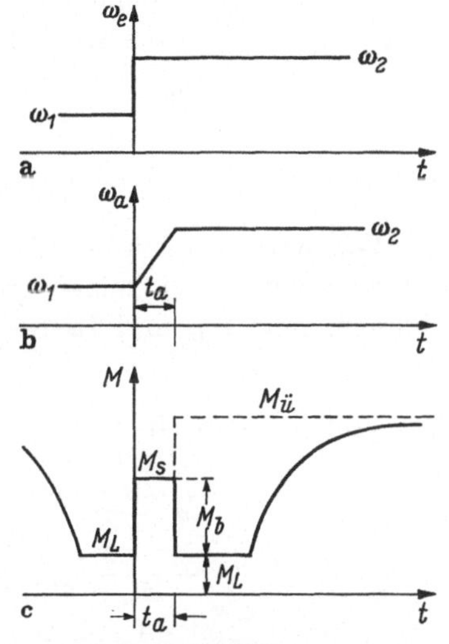

Abb. 50
Drehzahl- und Drehmomentkennlinie für Getriebeanordnung nach Abb. 49
a) eintreibende Drehzahl; b) austreibende Drehzahl; c) Drehmomente beim Schaltvorgang

Bei als konstant angenommenem M_s wird dann

$$t_a = \frac{\Theta}{M_s - M_L}\,(\omega_2 - \omega_1) \qquad (89)$$

Das ergibt mit Gl. (87) für die Eintrittsarbeit

$$W_E = \frac{M_s}{M_s - M_L}\,(\omega_2^2 - \omega_1\,\omega_2)\,\Theta \qquad (90)$$

Auf der austreibenden Seite entsteht daraus die Beschleunigungsarbeit W_B und die Arbeit der Last W_L während des Beschleunigungsvorganges. Für W_B erhält man mit der Beschleunigungsleistung $P_B = M_B\,\omega$

$$W_B = \int P_B\,dt = \int M_B\,\omega\,dt \qquad (91)$$

Mit M_B aus Gl. (88) erhält man für die Beschleunigungsarbeit

$$W_B = \int_{\omega_1}^{\omega_2} \Theta\,\omega\,d\omega$$

die in den Grenzen von ω_1 bis ω_2 integriert wird. Wir erhalten dann

$$W_B = \tfrac{1}{2}\,\Theta\,(\omega_2^2 - \omega_1^2) \tag{92}$$

Für die Arbeit der Last ergibt sich sinngemäß

$$W_L = M_L\,\omega\,t_a \tag{93}$$

Bei dem linearen Beschleunigungsvorgang können wir für ω den Mittelwert $\tfrac{1}{2}\,(\omega_2 + \omega_1)$ setzen und bekommen dann aus Gl. (93) mit t_a aus Gl. (89)

$$\begin{aligned}
W_L &= \frac{M_L}{M_s - M_L}\,\frac{\omega_2 + \omega_1}{2}\,\Theta\,(\omega_2 - \omega_1) \\
&= \frac{M_L}{M_s - M_L}\,\frac{\Theta}{2}\,(\omega_2^2 - \omega_1^2)
\end{aligned} \tag{94}$$

Die Wärmeverluste in der Kupplung ergeben sich dann aus der Differenz zwischen der eintreibenden Arbeit W_E und der Summe von Beschleunigungsarbeit W_B und Lastarbeit W_L

$$W_s = W_E - (W_B + W_L)$$

Das gibt mit den Gl. (90), (91) und (94)

$$\begin{aligned}
W_s &= \frac{M_s}{M_s - M_L}\,\Theta\,(\omega_2^2 - \omega_1\,\omega_2) - \frac{1}{2}\,\Theta\,(\omega_2^2 - \omega_1^2) - \\
&\quad - \frac{M_L}{M_s - M_L}\,\frac{\Theta}{2}\,(\omega_2^2 - \omega_1^2) \\
&= \frac{1}{M_s - M_L}\,\frac{\Theta}{2}\,[2\,M_s(\omega_2^2 - \omega_1\,\omega_2) - \\
&\quad - (M_s - M_L)\,(\omega_2^2 - \omega_1^2) - M_L(\omega_2^2 - \omega_1^2)] \\
&= \frac{M_s}{M_s - M_L}\,\frac{\Theta}{2}\,(\omega_2 - \omega_1)^2
\end{aligned} \tag{95}$$

Für eine Bremsung ist M_L negativ einzusetzen. Diese für einen Sonderfall abgeleitete Formel befriedigt auch die allgemein gültige Gl. (83), wenn man $M_L = 0$ setzt.

Die Gl. (95) für die Verluste beim Schalten mit Last und Gl. (83) für die Verluste beim Schalten ohne Last unterscheiden sich durch den Faktor

$$a = \frac{M_s}{M_s - M_L} \tag{96}$$

den wir „Belastungsfaktor" nennen wollen. Er hat auf die Beurteilung der Einsatzmöglichkeit der Kupplung einen entscheidenden Einfluß. In Abb. 51 ist er als Funktion des auf das Schaltmoment M_S bezogenen Lastmomentes M_L dargestellt. Man sieht daraus, daß die Verluste bis zum halben Lastmoment „unterlinear", darüber aber sehr schnell bis ins unendliche ansteigen, weil bei $M_L = M_S$ die Kupplung dauernd rutscht. Eigentlich müßte man bei diesen Betrachtungen das Lastmoment auf das übertragbare Moment beziehen, denn nach über t_a hinaus verlängerter Kurve in Abb. 50c kann die Kupplung von $t = t_a$ ab das übertragbare Moment $M_{\ddot{u}}$ übertragen, das größer als das schaltbare Moment ist. Das Lastmoment M_L kann also für $t > t_a$ noch unbedenklich über M_S hinaus anwachsen, muß aber unter $M_{\ddot{u}}$ bleiben.

Diese Verhältnisse zeigen, weshalb sich gerade auf dem Werkzeugmaschinengebiet die Kupplungen in Getrieben auf solch breiter Basis eingeführt haben, denn die Drehzahlschaltung findet hier selten unter Last statt, weil in den meisten Fällen während der Umschaltung keine Spanabnahme erfolgt. Für diejenigen Fälle, bei denen jedoch eine „Lastschaltung" verlangt wird, die Werkzeuge also während des Schaltens im Schnitt bleiben, müssen die Kupplungen überdimensioniert werden, damit nach Abb. 51 $M_L/M_S \ll 1$ bleibt. Die richtige Dimensionierung der Kupplungen kann insbesondere dort wichtig werden, wo die Lastschaltbedingung nur auf den Schlichtspan bezogen wird, während die Spanabnahme beim Schruppen während des Schaltens unterbrochen wird. Es kann dann M_L unbedenklich über M_S liegen.

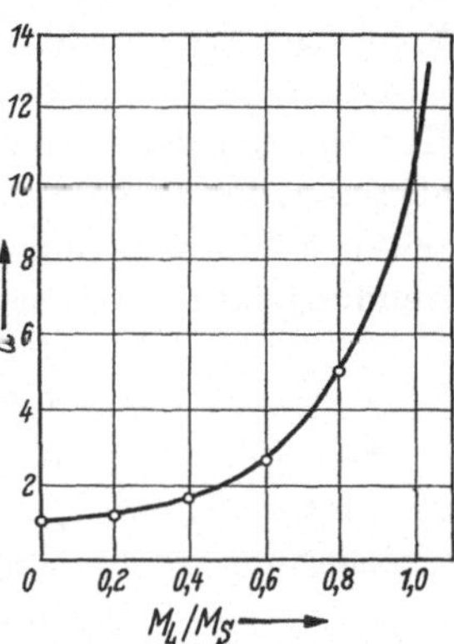

Abb. 51. Belastungsfaktor a in Abhängigkeit von M_L/M_S

Für numerische Rechnungen ist es zweckmäßig in Gl. (95) das Trägheitsmoment Θ durch das GD^2 [kpm²] und ω durch die Drehzahl n [min⁻¹] zu ersetzen. Mit den bekannten Umformungsgleichungen (vgl. S. 17, 23)

$$\Theta = \frac{1}{4g}\, G\, D^2$$

$$\omega = \frac{2\pi n}{60}$$

wird aus Gl. (95)

$$W_s = \frac{M_s}{M_s - M_L}\, \frac{G D^2 \pi^2}{8g \cdot 900}\, (n_2 - n_1)^2$$

$$= \frac{M_s}{M_s - M_L}\, \frac{G D^2 (n_2 - n_1)^2}{7160}\quad [\text{mkp}] \tag{97}$$

Die Drehmomente sind dabei in mkp einzusetzen.

Die Hersteller geben für die unter diesen Einschränkungen errechnete Kupplungswärme W_0 Werte, die für die einzelnen Kupplungstypen zugelassen werden können. Es muß dann gelten

$$w = \frac{W_s}{W_0} < 1 \tag{98}$$

dabei ist w der Wärmeausnutzungsgrad der Kupplung.

Die hier abgeleitete Verlustwärme gilt für *eine* Schaltung, bei z Schaltungen ist die Wärme also $z$mal größer.

Für die Auslegung der Kupplung benötigt man jetzt noch das zu übertragende Drehmoment (übertragbares Moment $M_{\ddot{u}}$).

Bei der Festlegung der Drehzahlen eines Kupplungsgetriebes ist, wie wir schon an den einfachen Getriebebeispielen gesehen haben, darauf zu achten, daß nicht nur die beim Schalten vorkommenden Drehzahlen berücksichtigt werden, sondern auch noch die Leerlaufverhältnisse in Betracht gezogen werden müssen, damit sich bei den nicht erregten Kupplungen keine unzulässigen Drehzahlwerte für den treibenden und abtreibenden Teil der Kupplung ergeben. Für die Berechnung der Schaltzeiten erhält man aus technologischen Gründen für die einzelnen Anwendungsfälle meist sehr exakt vorliegende Bedingungen.

b) Kupplungsbauarten

Es ergibt sich nun für uns die Aufgabe, aus der Fülle der eingangs genannten Kupplungsarten diejenigen auszuwählen, die für die Automatisierung der Fertigung am geeignetsten sind. Wir wollen uns dabei, entsprechend der Aufgabenstellung des Buches, auf elektrisch schaltbare Kupplungen beschränken und unterscheiden zwischen Reibungskupplungen, formschlüssigen Kupplungen und Induktionskupplungen.

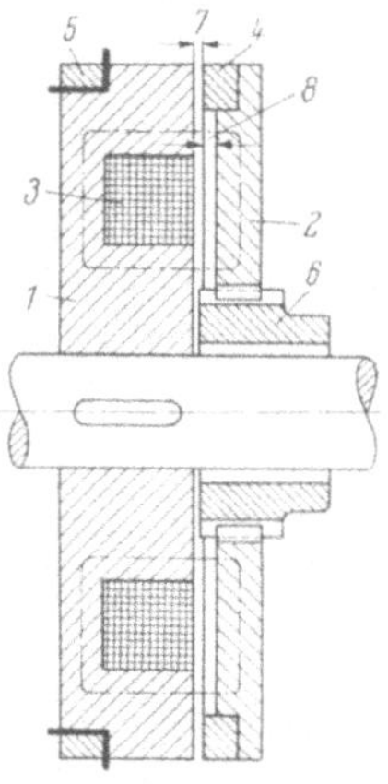

α) Reibungskupplungen. Die *Einflächenkupplung* Abb. 52 ist die einfachste Bauart elektromagnetischer Kupplungen. Sie besteht aus einem meist ständig umlaufenden Magnetkörper *1* und einer abtriebsseitigen, axial verschiebbaren Ankerscheibe *2*. Bei elektrischer Erregung der Spule *3* im Magnetkörper wird die Ankerscheibe über die Arbeitsluftspalte (*7* und *8*) zum Magnetkörper hin gezogen. Die Ankerscheibe trägt auf ihren äußeren Umfang den Reibbelag *4*, der im angezogenen Zustand auf die Reibfläche des ständig umlaufenden Magnetkörpers drückt.

Abb. 52. Elektromagnetische Einflächenkupplung

1 Magnetkörper; *2* Ankerscheibe; *3* Erregerspule; *4* Reibbelag; *5* Schleifring; *6* Mitnehmer; *7* Arbeitshub; *8* Restluftspalt bei angezogenem Anker

Um eine Einflächenkupplung für größere Drehmomente zu erhalten, muß man zur Erzielung einer großen Anpreßkraft sowohl den Magnetkörper — mit Rücksicht auf die magnetische Sättigung — als auch die mittleren Durchmesser der Reibflächen vergrößern. Bei gleichem Drehmoment hat die Einflächenkupplung sehr viel größere Abmessungen als die Mehrscheibenkupplung. Deshalb ist auch das abtriebsseitige Schwungmoment sehr groß, da es mit der vierten Potenz des Durchmessers wächst. Bei vielen Aufgaben in der Steuerungs- und Regelungstechnik strebt man jedoch ein kleines Schwungmoment der Massen an, um diese schnell beschleunigen zu können. Ein Vorteil der Einflächenkupplung ist, daß sie kein Restmoment überträgt, da im geöffneten Zustand der Kupplung Magnetkörper und Ankerscheibe völlig getrennt sind.

Lamellenkupplungen. Elektromagnetisch betätigte Lamellenkupplungen sind Reibungskupplungen mit mehreren hintereinander angeordneten Lamellen, die abwechselnd mit dem Magnetkörper und dem Abtriebsmaschinenteil verbunden sind und durch die gleiche axial wirkende Normalkraft aneinandergepreßt werden. Die Reibflächen sind die Planflächen der Lamellen; jede abtriebsseitige Lamelle ist mit zwei Reibflächen versehen. Hierdurch wird das erzielbare Drehmoment der Kupplung gegenüber der Einflächenkupplung vervielfacht. Das abtriebsseitige Schwungmoment kann trotzdem kleiner als das der Einflächenkupplung sein, wenn die Ankerscheibe mit dem Magnetkörper zusammen umläuft und die Abtriebswelle lediglich die verhältnismäßig dünnen Sekundärlamellen mitnimmt. Die Lamellenkupplung läßt sich jedoch nicht so wirksam ausschalten wie die Einflächenkupplung, so daß auch im entregten Zustand noch ein kleines Restmoment von etwa 1% des schaltbaren Momentes zurückbleibt.

Abb. 53. Elektromagnetische Lamellenkupplung mit durchfluteten Lamellen

1 Magnetkörper; *2* Innenlamellen; *3* Außenlamellen; *4* Ankerscheibe; *5* Erregerspule; *6* Schleifring; *7* Mitnehmer

Die Wärmekapazität des Lamellenpaketes ist wegen der kleinen Masse nicht besonders groß. Dem Abkühlungsproblem der Lamellenkupplung muß man daher bei der Konstruktion erhöhte Aufmerksamkeit widmen. Kupplungen mit offenen Lamellenpaketen, die die Wärme über eine große Fläche leicht an die umgebende Luft oder bei Ölumlauf abgeben können, haben sich im Werkzeugmaschinenbau gut bewährt. Lamellenkupplungen werden in zwei verschiedenen Bauarten hergestellt, nämlich Kupplungen mit durchfluteten Lamellen und Kupplungen mit getrenntem Magnet- und Reiblamellensystem [28].

Bei Kupplungen mit vom Magnetfluß durchfluteten Lamellen (Abb. 53) geht der magnetische Fluß vom Magnetkörper *1* durch die Lamellen *2, 3*, die Ankerscheibe *4* und wieder durch die Lamellen zum Magnetkörper zurück. Damit die Lamellen keinen magnetischen Kurzschluß verursachen, sind sie mit Durchbrüchen versehen. In den Stegen tritt magnetische Sättigung auf, also ein großer magnetischer Wider-

stand. Beim Erregen der Kupplung wird die Ankerscheibe zum Magnetkörper gezogen und drückt das Lamellenpaket zusammen. Auch bei
Materialverlust, der durch die Reibung der Lamellen entsteht, bleibt
das Kupplungsmoment erhalten. Die Werkstoffwahl für das Lamellenpaket ist allerdings unter den Gesichtspunkten des magnetischen Kreises zu treffen, d. h., es können nur Stahllamellen verwendet werden. Da
diese nicht trocken aufeinander laufen dürfen, sind solche Kupplungen
lediglich für Öllauf geeignet [29].

Bei Kupplungen mit getrenntem Magnet- und Reiblamellensystem
verläuft, wie Abb. 54 zeigt, der magnetische Fluß (strichpunktierte
Linie) vom Magnetkörper *1* über Luft-
spalt *10*, Ankerscheibe *2*, Luftspalt *10* zum
Magnetkörper zurück. Zwischen Ankerscheibe und Magnetkörper bleibt im angezogenen Zustand ein Restluftspalt, so
daß die magnetische Kraft über Druckstifte *6* und Druckscheiben *7* nur auf das
Lamellenpaket wirkt und dieses zusammen-
preßt. Die Lamellenwerkstoffe kann man
ausschließlich nach dem Gesichtspunkt
günstiger Reibeigenschaften auswählen.

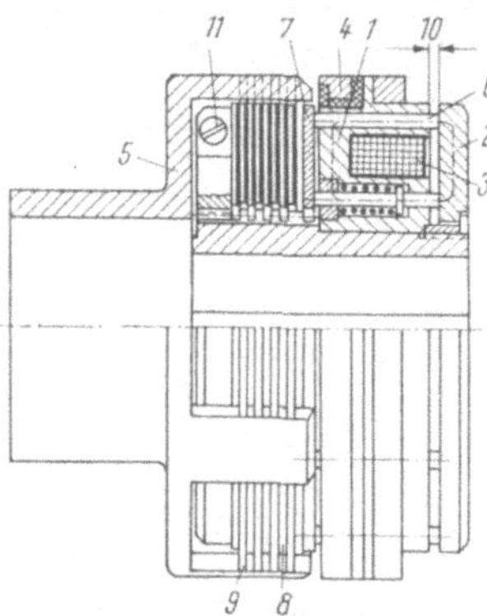

Abb. 54. Lamellenkupplung mit
nicht durchfluteten Lamellen
(Bauart Ortlinghaus)

1 Magnetkörper; *2* Ankerscheibe;
3 Erregerspule; *4* Schleifring;
5 Mitnehmer; *6* Druckstifte;
7 Druckscheibe; *8* Innenlamellen;
9 Außenlamellen; *10* Luftspalt;
11 Stellmutter

Auch für Trockenlauf lassen sich solche
Kupplungen bauen, wenn man hierfür z. B.
Sinterbronze auf Stahl als Reibwerkstoffe
verwendet, die sich in der Praxis gut bewährt haben. Die Sinterbronze enthält
Graphit. Die Reibstoffpaarung Sinterbronze
auf Stahl oder Kunststoff auf Stahl ergibt
auch bei Öllauf wegen ihres größeren Reib-
wertes bei kleinerer Axialkraft und gleicher Baugröße das gleiche schaltbare Drehmoment, das man mit luftspaltfreien Kupplungen mit durchfluteten Lamellen erzielt. Materialverlust an den Reibflächen kann aber
den Luftspalt immer weiter verkleinern, so daß sich der Anker schließlich auf den Magnetkörper abstützt und keine mechanische Kraft
mehr auf das Lamellenpaket überträgt. Es ist also zweckmäßig, diese
Kupplungen nachstellbar zu bauen (Stellmutter *11* in Abb. 54).

Kupplungen mit Luftspalt haben ein günstigeres dynamisches Verhalten als Kupplungen mit durchfluteten Lamellen. Trockenkupplungen
werden im Werkzeugmaschinenbau teilweise für Kopierzwecke angewendet, da sie infolge des Wegfallens des Öles schneller lösen und so
eine größere Schalthäufigkeit zulassen. Dabei muß allerdings darauf geachtet werden, daß Trockenkupplungen nicht doch im Laufe der Zeit
feucht werden und dadurch ihre ursprünglichen Eigenschaften verlieren.

Die Gefahr der Änderung ihres Momentes besteht auch bei nassen, nicht durchfluteten Kupplungen. Dem Vorteil, daß sie mittels des allgemein vorhandenen Luftspaltes im Drehmoment „fein eingestellt" werden können, was für manche Anwendungen, z. B. Lastschaltgetriebe, durchaus angenehm ist, steht der Nachteil der Änderung dieser Einstellung infolge der Lamellenabnützung und damit Änderung des Luftspaltes gegenüber.

Stromzuführungen. Für die Zuführung des Erregerstromes werden bei Schleifringkupplungen Stromzuführungen verwendet. Die „Teleskop"-Stromzuführung, Abb. 55, ist seit langem eine zuverlässige Ausführungsform. Wegen ihrer geringen Störanfälligkeit kann die Schleifringkupplung besonders in Verbindung mit dieser Bürste in allen Fällen angewendet werden, bei denen die Zugänglichkeit zu den Stromzuführungen nicht allzu schwierig ist [30].

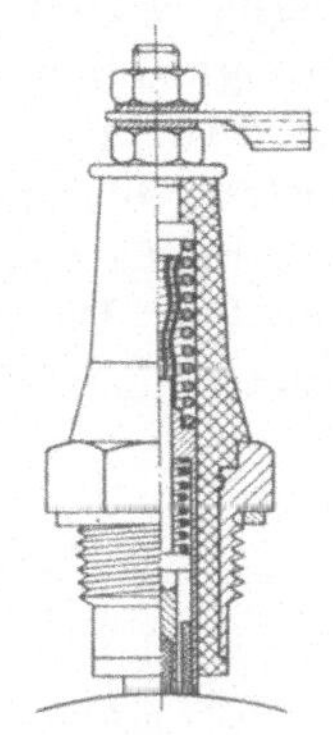

Abb. 55. Teleskop-Stromzuführungs-bürste (Bauart *ZF*)

Schleifringlose Lamellenkupplungen. In dem Bestreben, die Wartung der Stromzuführungen wegfallen zu lassen, wurden schleifringlose Lamellenkupplungen entwickelt. Bei der schleifringlosen Ausführung wird der Strom entweder durch frei herausgeführte Spulenenden oder über Anschlußklemmen der Magnetspule zugeführt. Der feststehende Spulenkörper ist mittels Wälzlager auf den Kupplungsträger gelagert. Um ihn am Mitlaufen zu hindern, wird er durch entsprechende Halterungen in Umfangsrichtung festgehalten. Abb. 56 zeigt eine derartige Anordnung. Ein Kupplungsdrehmoment wird auf den Spulenkörper nicht ausgeübt; die Halterung hat nur das geringe Reibmoment des Wälzlagers aufzunehmen [30].

Schleifringlose Lamellenkupplungen werden sowohl in Ausführung mit durchflutetem Lamellenpaket als auch mit getrenntem Magnet- und Reiblamellensystem gebaut. Bei der in Abb. 56 dargestellten Kupplung mit *getrenntem Magnet- und Reiblamellensystem* ist der Spulenkörper *1*, welcher die Spule *11* umgibt, gegen die übrigen sich drehenden Teile der Kupplung über ein Wälzlager *9* abgestützt und steht still. Dadurch kann der Strom über eine Anschlußklemme *8*, die mittels eines Haltearmes am Magnetkörper *1* befestigt ist, der Spule zugeführt werden. Es entfallen also Schleifringe und Bürsten [31].

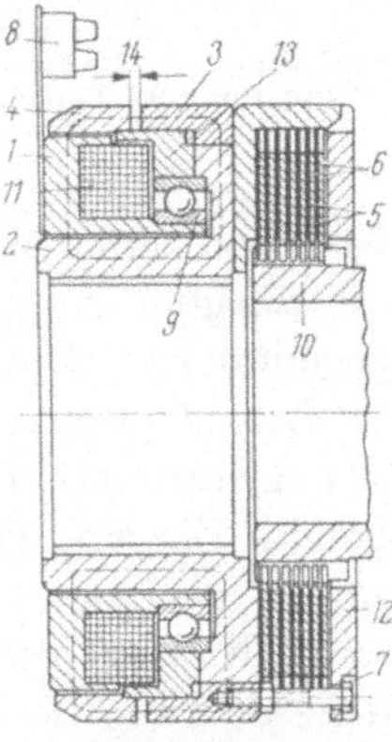

Abb. 56
Schleifringlose Elektromagnet-Lamellenkupplung (Bauart Binder)

1 Magnetkörper; 2 Magnetkern; 3 Anker; 4 Polring; 5 Außenlamelle; 6 Innenlamelle; 7 Einstellschraube; 8 Anschlußklemmen; 9 Wälzlager; 10 Mitnehmer; 11 Spule; 12 Durchzug; 13 Polringträger; 14 Luftspalt

Der magnetische Fluß (strichpunktierte Linie) verläuft vom Spulenkörper *1* über den Magnetkern *2*, den Anker *3*, den Luftspalt *14* und den Polring *4* zum Spulenkörper zurück. Bei erregter Spule wird der ringförmige Anker *3* angezogen und preßt über die Einstellschraube *7* und den Druckring *12* das Lamellenpaket *5, 6* zusammen. Im angezogenen Zustand bleibt zwischen Anker und Polring ein Restluftspalt zurück.

Abb. 57 zeigt eine schleifringlose Kupplung mit *durchflutetem* Lamellenpaket. Der konstruktive Aufbau ist im wesentlichen gleich. Ein feststehender Magnetkörper ist mittels Wälzlager auf der Welle gelagert.

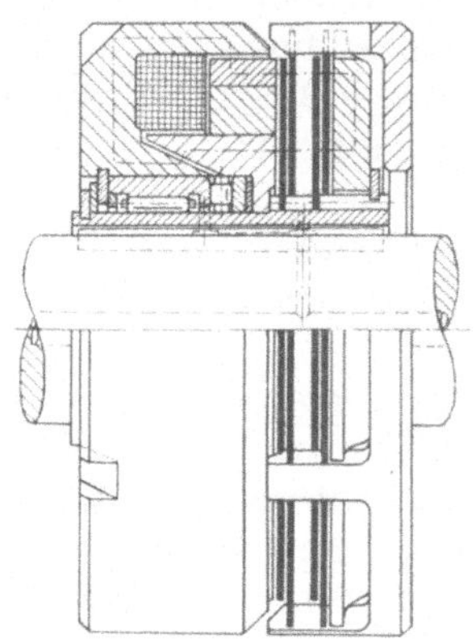

Abb. 57
Schleifringlose Elektro-Lamellenkupplung mit durchflutetem Lamellenpaket (Bauart ZF)

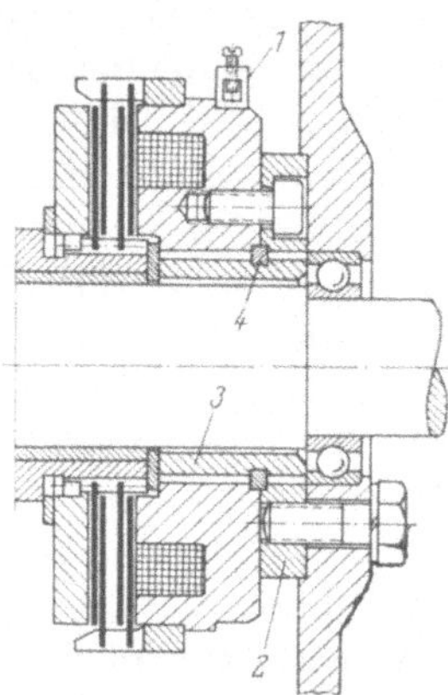

Abb. 58.   Elektro-Lamellenkupplung als Bremse (Bauart ZF)
1 Anschlußklemme;   *2* Befestigungsring; *3* Keilbüchse; *4* Ring für axiale Halterung

Er überträgt seinen Magnetfluß über unveränderliche Luftspalte auf die übrigen Kupplungsteile, die sich je nach dem Schaltzustand ihm gegenüber in Ruhe oder Drehbewegung befinden.

Das Anwendungsgebiet der schleifringlosen Kupplungen erstreckt sich grundsätzlich auf alle Gebiete, in denen die Schleifringkupplung bereits Eingang gefunden hat. Darüber hinaus ist sie für höhere Drehzahlen geeignet, da die Rücksicht auf die Schleifringgeschwindigkeit wegfällt. Eine neue Grenze ist allerdings durch die zulässige Drehzahl der Lagerung des stillstehenden Magnetkörpers gezogen. Je nach Konstruktion kann die Lagerbelastung in weiten Grenzen schwanken. Durch eine starre Befestigung des Spulenkörpers am Getriebegehäuse (Stirn- und Zwischenwand) kann man die Lagerung aus der Kupplung heraus verlegen und mit der Wellenlagerung koppeln. Die größere Freiheit in der Wahl der Lager erlaubt dann eine u. U. höhere Drehzahl der Kupplung.

Bei gleicher Leistung muß die schleifringlose Kupplung größer werden als die Schleifringkupplung. Das ist physikalisch bedingt durch die nicht zu umgehenden Luftspalte zwischen dem stillstehenden Magnetkörper und dem umlaufenden Teil der Kupplung. Für die Durchdringung der Luftspalte durch den Magnetfluß muß bei den schleifringlosen Kupplungen eine erheblich größere Durchflutung aufgebracht werden, wodurch die Magnetspule größer wird. Bei schleifringlosen Kupplungen mit durchfluteten Lamellen wird als zusätzliches Element auch eine Leitscheibe zur Umlenkung der Feldlinien benötigt. Nichtdurchflutete Kupplungen haben wiederum weitere Luftspalte, die überdies nachgestellt werden müssen.

Es ist vielleicht verfrüht, die beiden Kupplungstypen gegeneinander abzuwägen. Beide haben ihre Vor- und Nachteile und es ist schwer vorauszusagen, ob die kleinere und im Aufbau einfachere Schleifringkupplung oder die größere und aufwendigere schleifringlose Kupplung zu bevorzugen sein wird. Sinnvoll angewandt haben im augenblicklichen Entwicklungsstadium beide Ausführungsformen ihre Berechtigung.

Lamellenbremskupplungen. Sämtliche Arten von Elektro-Reibkupplungen können auch als Bremsen verwendet werden. Dabei ist es zweckmäßig, den Magnetkörper festzusetzen, weil dann der Schleifring wegfallen kann (Abb. 58). Bei der Anordnung von Bremskupplungen in Getrieben muß darauf geachtet werden, daß diese in ihrer Funktion durch das Aufreiß- oder das Restmoment anderer Kupplungen infolge zwischenliegender hoher Übersetzungen nicht behindert oder gestört werden.

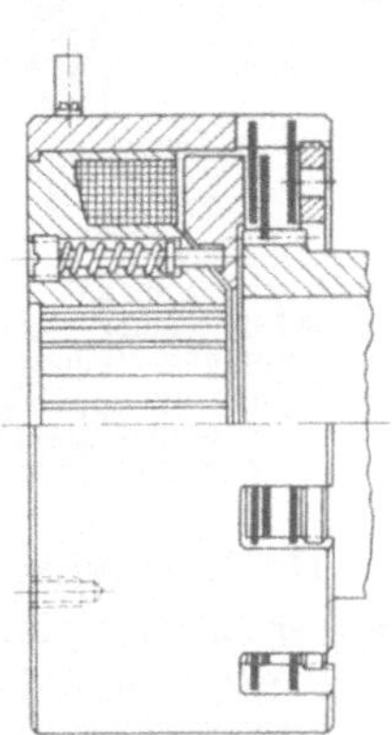

Abb. 59
Elektromagnetische Federdruckbremse (Bauart ZF)

Es besteht in manchen Fällen der Wunsch, Maschinen bei Ausfall des Netzes stillzusetzen. Daraus entstand eine besondere Ausführung der Lamellenbremskupplung, bei welcher die durch Federdruck geschlossene Bremskupplung elektromagnetisch geöffnet wird (Abb. 59). Die Bremse ist im nicht eingeschalteten Zustand geschlossen, bei eingeschaltetem Erregerstrom geöffnet; sie arbeitet also nach dem Ruhestromprinzip. Beim Lüften der Bremse muß die elektromagnetische Kraft den Anpreßdruck der Federn überwinden, und zwar über den größten Luftspalt an der Ankerscheibe. Dadurch wird auch die Abmessung einer solchen Bremse wesentlich größer als die einer vergleichbaren Kupplung, bei welcher der größte Anpreßdruck bei kleinstmöglichem Luftspalt wirksam ist. Derartige Elektro-Federdruckbremsen werden für Hebezeuge, Stanzen und Pressen verwendet, bei denen eine Unfallgefahr bei Stromausfall besteht. Aber auch für Werkzeugmaschinen, bei denen kurzzeitiger Stromausfall zu Werkzeug- und Werkstückschäden führen kann, werden diese benützt. Schließlich werden sie auch bei Bremsmotoren angewendet.

Pulver-Reibkupplungen. Bei der Magnetkupplung nach Abb. 60 dient als Reibstoff Eisenpulver, das sich infolge der Fliehkraftwirkung im umlaufenden Teil der Kupplung gleichmäßig über den Luftspalt *1*

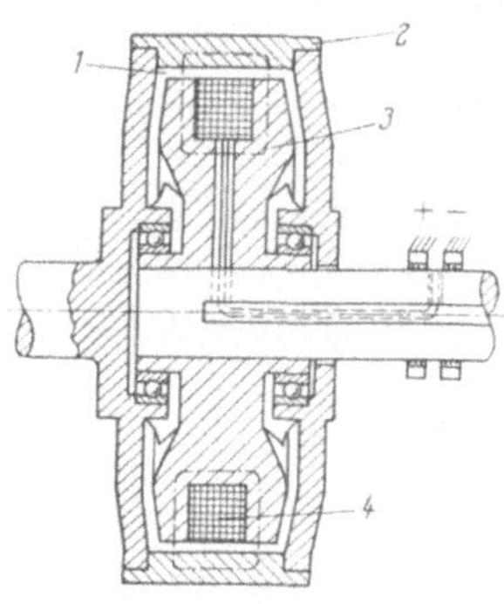

Abb. 60
Schnittbild einer Magnetpulverkupplung (Bauart AEG)
1 Luftspalt; *2* Kupplungsaußen-
ring; *3* Kupplungsinnenring;
4 Erregerspule

verteilt. Wird die Spule erregt, so versteift das magnetische Feld das gesamte Eisenpulver und schafft hierdurch eine kraftschlüssige Verbindung zwischen den beiden Kupplungsringen *2* und *3*. Auf Grund der physikalischen und konstruktiven Erfordernisse sind Magnetpulverkupplungen im allgemeinen größer und schwerer als Lamellenkupplungen. Sie haben daher auch eine wesentlich größere Wärmekapazität und eignen sich schon aus diesem Grund für Anlaßvorgänge mit großer Schaltarbeit. Das Drehmoment ist dem Erregerstrom proportional und vom Schlupf unabhängig; schaltbares und übertragbares Drehmoment sind also gleich [*32*].

Das schlupfunabhängige Drehmoment erlaubt es, die Kupplung als Sicherheitskupplung einzusetzen; doch ist zu beachten, daß die Kupplung nicht mit Dauerschlupf laufen darf, da dann die Pulverfüllung verschleißt und übermäßig viel Wärme entsteht, die nicht mehr ab

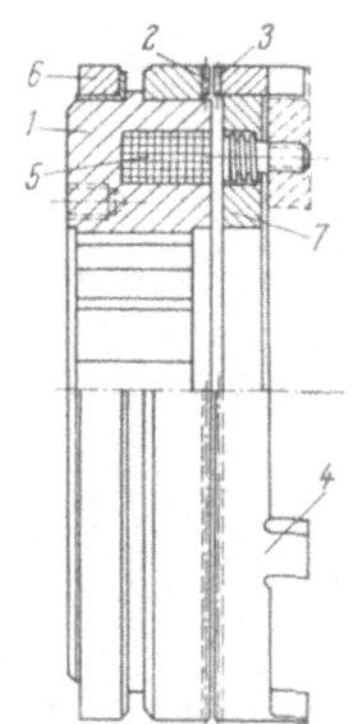

Abb. 61. Elektro-Zahn-
kupplung mit Schleif-
ring (Bauart ZF)

1 Magnetkörper; *2* Stirn-
verzahnung von Magnet-
körper; *3* dgl. von An-
kerscheibe; *4* Mitneh-
mer; *5* Erregerspule;
6 Schleifring; *7* Ankerscheibe

geführt werden kann. Die Magnetpulverkupplung eignet sich für Schweranlauf, also zum Beschleunigen großer Schwungmassen; die Anlaufzeit läßt sich mit Hilfe des Erregerstromes leicht einstellen.

Für Stellantriebe wurde eine kleine Magnetpulverkupplung für 0,25 mkp Nennmoment entwickelt. Mit solchen Kupplungen ausgerüstete Wendeantriebe lassen sich zum schnellen Umschalten der Drehrichtung für Steuer- und Regelaufgaben einsetzen.

β) **Formschlüssige Kupplungen.** Elektromagnetische *Zahnkupplungen* sind in der gleichen Art wie Einflächen-Reibkupplungen aufgebaut; der Magnetkörper und die Ankerscheibe tragen jedoch im Gegensatz zu diesen an ihren Stirnseiten Verzahnungen *2* und *3*, die im erregten Zustand ineinandergreifen und eine formschlüssige Verbindung zwischen Magnetkörper *1* und Ankerscheibe *7* her stellen (Abb. 61). Das übertragbare Drehmoment solcher Kupplungen ist um so größer, je steiler die Zahnflanken ausgeführt sind; andererseits wird dann aber der Einrückvorgang immer schwieriger. Da die Zahnkupplung keinerlei Schlupfarbeit aufnehmen kann, darf sie nur im Stillstand oder zum Beschleunigen kleiner Schwungmassen bei geringer Drehzahldifferenz geschaltet werden. Je größer die Masse, desto kleiner muß die zulässige Differenzdrehzahl sein. Das Ausschalten einer Zahnkupplung ist grundsätzlich bei allen üblichen Drehzahlen möglich. Ebenso wie die Einflächenkupplung, überträgt die Zahnkupplung im geöffneten Zustand kein Reibmoment. Bei den gebräuchlichen Zahnkupplungen ist das übertragbare Drehmoment 4- bis 5mal größer als das schaltbare Drehmoment einer Lamellenkupplung gleichen Außendurchmessers. Wegen der formschlüssigen Verbindung kann die Zahnkupplung nicht schlüpfen. Man baut sie deshalb im Werkzeugmaschinenbau dort ein, wo auch kurzzeitig kein Schlupf zugelassen werden kann, z. B. für den Antrieb der Vorschubspindel zum Gewindeschneiden [30].

γ) Induktionskupplungen. Die Induktionskupplung unterscheidet sich von den bisher genannten Kupplungen dadurch, daß das Drehmoment ohne mechanische Berührung der an- und abtriebsseitigen Kupplungselemente übertragen wird. Die Übertragung des Drehmomentes erfolgt hier durch den magnetischen Fluß, der den Luftspalt zwischen der an- und abtriebsseitigen Kupplungshälfte überbrückt und so eine Verbindung der beiden Kupplungshälften herstellt [33].

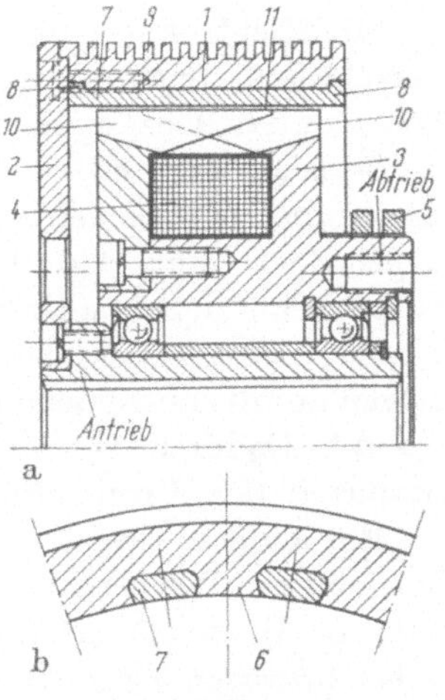

Abb. 62a zeigt einen Längsschnitt und Abb. 62b einen Teilquerschnitt durch diese Kupplung. Antriebsseitig besteht die Kupplung aus der Ankerringnabe *2* und dem Ankerring *1*, der außen mit Kühlrippen *9* versehen ist und auf seiner Innenseite Pole *6* trägt. Die Nuten zwischen den Polen sind mit Stäben *7* aus gut leitenden, aber unmagnetischem Material ausgefüllt, die an ihren Enden, d. h. also auf beiden Stirnseiten der Kupplung, durch Kurzschlußringe *8* miteinander verbunden sind.

Abb. 62. Induktionskupplung (Bauart Stromag)

a) Längsschnitt; b) Teilquerschnitt
1 Ankerring; *2* Ankerringnabe; *3* Magnetkörper; *4* Spule; *5* Schleifringe; *6* Pole (innen); *7* Stäbe; *8* Kurzschlußringe; *9* Kühlrippen; *10* Pole (außen); *11* Luftspalt

Die abtriebsseitige Kupplungshälfte enthält die Spule *4* und den Magnetkörper *3*, der mittels Kugellager auf der Ankerringnabe gelagert ist und auf dessen äußeren Umfang beiderseits die gleiche Anzahl von

Polen *10* wie auf dem Ankerring angeordnet ist. Auf der Nabe des Spulenkörpers sitzen die Schleifringe *5*, welche die Spule mit Gleichstrom versorgen. Wie der Abbildung zu entnehmen ist, ist zwischen Ankerring und Spulenkörper ein Luftspalt *11* vorhanden, der beim Stromfluß von magnetischen Kraftlinien überbrückt wird. Der magnetische Kraftfluß läuft also durch den Spulenkörper und schließt sich jenseits des Luftspaltes im Ankerring.

Wird der Erregerstrom gesteuert, so ändert sich mit der Anzahl der den Luftspalt überbrückenden Kraftlinien auch die Größe des Drehmomentes, welches von Null bis zum Nennmoment der Kupplung ansteigt. Es ist zu beachten, daß die Kupplung im ausgeschalteten Zustand kein Leerlaufmoment hat. Ferner ist von Bedeutung, daß die Kupplung ohne Verschleiß arbeitet. Ebenso erübrigt sich ein Nachstellen der Kupplung, so daß sie wartungsfrei ist.

c) Kupplungsgetriebe

Mit Elektrokupplungen lassen sich fernsteuerbare Getriebe für die verschiedenartigsten Aufgaben bauen. Im Vordergrund stehen dabei konstruktive Überlegungen, die wir hier nur andeuten wollen.

So zeigt Abb. 63 ein Beispiel für ein sechsgängiges Getriebe. Sind, wie in diesem Beispiel, mehrere Kupplungen auf der treibenden Welle angeordnet, muß darauf geachtet werden, daß durch rücktreibende Räder keine zu hohen Drehzahlen entstehen. Wenn die Möglichkeit dafür besteht, wird zweckmäßigerweise der Magnetkörper mit den Schleifringen auf die antreibende, also meist umlaufende Seite des Kraftflusses gesetzt. Dadurch wird auch insbesondere bei Reversiergetrieben die Standzeit der Stromzuführungsbürsten günstig beeinflußt.

Ein anderer Gesichtspunkt für den Aufbau der Getriebe sind deren betriebliche Eigenschaften. Dabei erweist sich als besonders vorteilhaft die Bremsmöglichkeit durch die Kupplungen. Wir unterscheiden dabei zwischen Getrieben mit zwei oder mehreren Kupplungen. Bei einem Getriebe mit 2 Kupplungen, das beispielsweise Abb. 64 zeigt, erfolgt die Bremsung durch gleichzeitiges Einschalten beider Kupplungen, wobei der Motor abgeschaltet wird. Gemäß dem Getriebeschema treibt der Motor *1* über die Zahnräder *2* und *3* die austreibende Welle *4* mit etwa der Motordrehzahl an, wenn die Kupplung s_1 erregt ist. Über ein Schneckengetriebe *5* wird vom Motor der Magnetteil der Kupplung s_2 ganz langsam angetrieben. Wird diese Kupplung erregt, so läuft die austreibende Welle mit einer sehr kleinen Drehzahl. Das Getriebe dient als viel verwendetes Bauelement zum Umschalten von Vorschubantrieben für Vorschub und Eilgang. Beim gleichzeitigen Erregen beider Kupplungen werden zwei verschiedene Übersetzungen wirksam, was dazu führt, daß sämtliche sich drehende Teile abgebremst werden. Nachteilig ist aber, daß die kinetische Energie des schnellaufenden Motors bei dieser Konstruktion mit abgebremst werden muß.

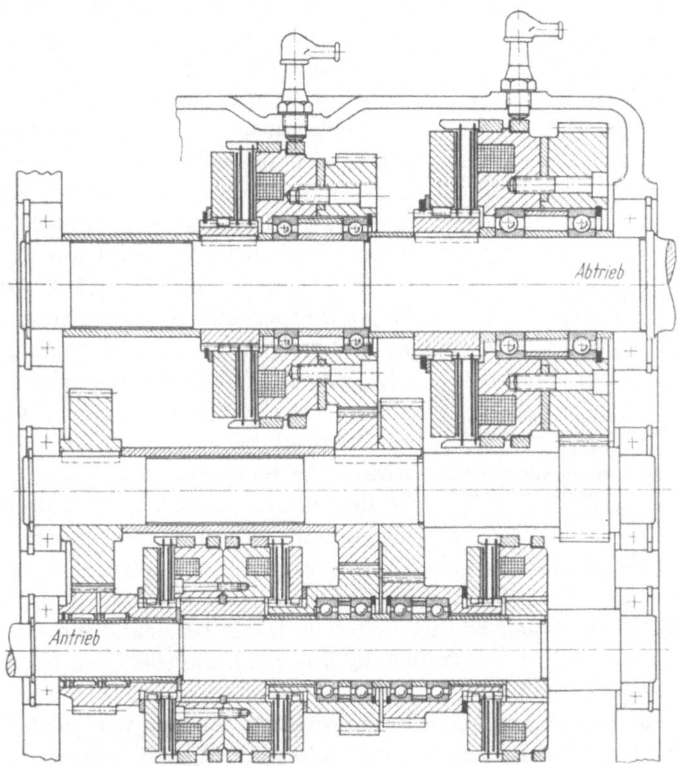

Abb. 63. Konstruktionsbeispiel für ein 6-gängiges Getriebe

Hat der Antriebsteil, wie beispielsweise im Getriebeplan nach Abb. 65, große Schwungmassen, so ist es vorteilhafter, eine besondere Bremskupplung s_3 vorzusehen. Zum Bremsen werden die Getriebekupplungen s_1 und s_2 abgeschaltet und die Bremskupplung s_3 erregt. Dadurch braucht nur die mit der austreibenden Welle *2* verbundene Schwungmasse abgebremst zu werden. Der Motor mit dem eintreibenden Getriebeteil kann durchlaufen. Man muß nur darauf achten, daß mit diesem eintreibenden Teil die schweren Magnetteile der Kupplungen s_1 und s_2 umlaufen. Bei

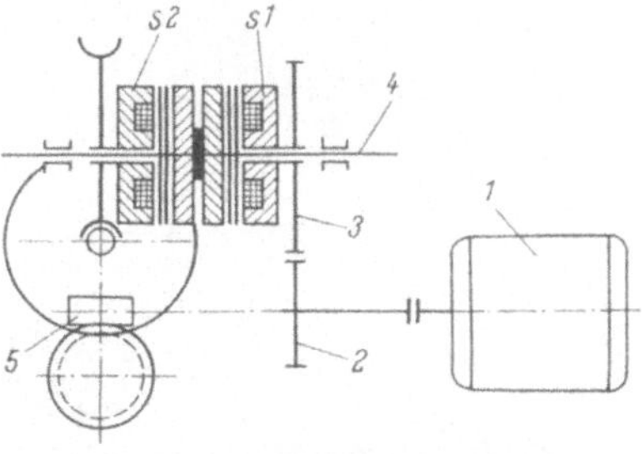

Abb. 64. Getriebeplan einer Antriebsbremsung durch Getriebeblockierung
1 Motor; *2, 3* Stirnräder; *4* Welle;
5 Schnecke; s_1, s_2 Magnetkupplungen

der Bremskupplung wird der Magnetteil der Bremse mit dem Getriebegehäuse fest verbunden. Für die Stromzuführung sind bei dieser keine
Schleifringe nötig. Bei der Bemessung der Bremskupplung gelten die für das Beschleunigen abgeleiteten Verhältnisse, jedoch mit anderen Vorzeichen.

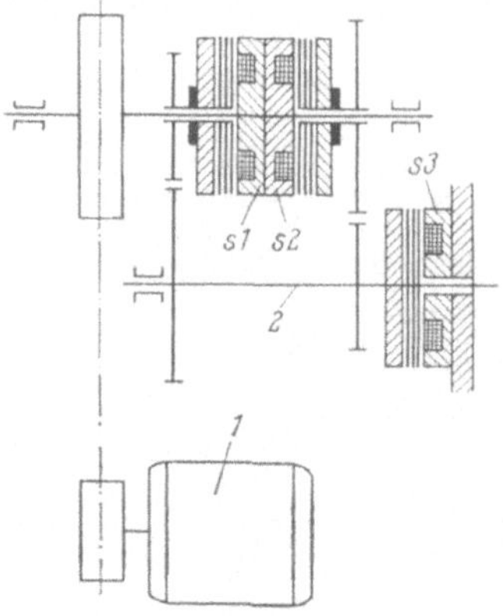

Noch günstigere Bremsverhältnisse er-geben sich bei Getrieben mit mindestens 3 Kupplungen auf 2 Wellen. Als Bei-spiel möge der Getriebeplan nach Abb. 66 gelten. Der Motor M treibt nur die Zahn-räder 1 und 2 und $1'$ und $2'$ und die Magnetkörper der Kupplungen s_1 und s_2 an. Je nachdem, welche Kupplung erregt ist, läuft die Welle 4 mit der einen oder anderen Drehzahl um, die sich jeweils aus der Zahnradübersetzung ergibt. Sinngemäß wirken die Kupplungen s_3 und s_4. An der Welle 6 mit der Last können 4 Drehzahlen abgenommen werden, je nachdem, welche

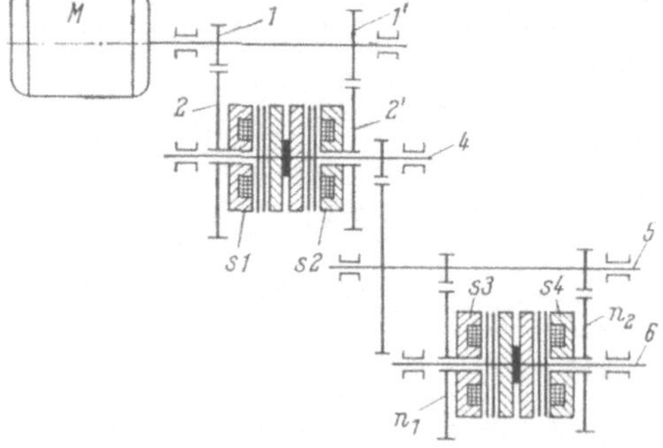

Abb. 65. Getriebeplan eines Kupp-lungsgetriebes mit einer besonderen Bremskupplung

1 Motor;   *2* austreibende Welle; s_1, s_2 Magnetkupplungen; s_3 Brems-kupplung

Kupplungskombination $s_1 + s_3$, $s_1 + s_4$, $s_2 + s_3$ oder $s_2 + s_4$ wirksam ist. Zum Bremsen werden nun die Kupplungen $s_1 + s_2$ entregt und $s_3 + s_4$ erregt. Es tritt dabei, wie im ersten Fall, eine Blockierung ein, wobei aber wie im 2. Fall der antreibende Motor mit zugehörigem Getriebeteil weiterlaufen kann.

Bei der Beurteilung der Bremswirkung müssen wir jetzt 2 Fälle unterscheiden. Beim Lauf war entweder die Kupplung s_3 oder Kupplung s_4 eingeschaltet, zum Bremsen wird dann eine der nicht eingeschaltet gewesenen Kupplungen s_4 oder s_3 zugeschaltet, wobei natürlich s_1 und s_2 abgeschal-tet sind.

Im ersten Fall des Zuschal-tens sei also s_3 eingeschaltet gewesen, und s_4 wird zuge-schaltet. Als Antrieb wirkt dann wegen der ausgeschalte-ten Kupplungen s_1 und s_2 nicht mehr der Motor. Es tritt somit beim Zuschalten von s_4 an der Kupplung s_3 ein rück-wirkendes Drehmoment

Abb. 66. Getriebeplan eines Kupplungsgetriebes für Bremsung durch Getriebeblockierung

1, 2 Stirnräder;   *4, 5* Getriebewellen;   *6* austreibende Welle; s_1, s_2, s_3, s_4 Magnetkupplungen;   *M* Motor

$$M_{r_3} = M_{s_4} \frac{n_2}{n_1} \qquad (99)$$

auf, wenn M_{s_4} das schaltbare Moment von s_4 ist und durch das Drehzahl-verhältnis n_2/n_1 der jetzt austreibenden Magnetteile von s_3 und s_4 die Drehmomentwandlung gekennzeichnet ist. Dieses rückwirkende Moment M_{r_3} kann nun so groß sein, daß die Kupplung s_3 aufgerissen wird und zum Rutschen kommt. Für diesen Fall ist also

$$M_{r_3} > M_{\ddot{u}_3} \tag{100}$$

wenn $M_{\ddot{u}_3}$ das übertragbare Moment von s_3 ist. Sobald s_3 rutscht, wird s_4 zum Fassen kommen. Die Kupplung s_3 muß also nahezu die ganze Schwungenergie des Bremsvorganges aufnehmen. Die Verlustwärme W_s der Kupplung ist dann gleich der kinetischen Energie der bewegten Massen, also

$$W_{s_3} = W_{E_1} = \frac{G_1 D_1^2 \, n_1^2}{7160} \quad [\text{kpm}] \tag{101}$$

wobei das GD^2 in kpm² und n in min⁻¹ eingesetzt wird. $G_1 D_1^2$ ist das auf die austreibende Drehzahl n_1 reduzierte Gesamt GD^2, da die Schwung-masse des Getriebes und der Last zu berücksichtigen ist.

Ist $M_{r_3} < M_{\ddot{u}_3}$, so wird durch das Zuschalten der Kupplung s_4 die Kupplung s_3 nicht losgerissen, es rutscht nur die Kupplung s_4, die dann die Schwungenergie aufnehmen muß. Dafür gilt wieder

$$W_{s_4} = W_{E_1} \tag{102}$$

Sinngemäß bekommt man im zweiten Fall für die Zuschaltung von s_3 bei laufender s_4 folgende Bedingungen:

Ist $M_{s_4} = M_{s_3} \left(\dfrac{n_1}{n_2} \right) > M_{\ddot{u}_4}$, rutscht s_4 mit dem Drehmoment M_{s_4} und nimmt für die gesamte Schwungmasse $G_2 D_2^2$ bei der Drehzahl n_2 die Wärme

$$W_{s_4} = W_{E_2} = \frac{G_2 D_2^2 \, n_2^2}{7160} \quad [\text{kpm}] \tag{103}$$

auf. Ist dagegen $M_{r_4} < M_{\ddot{u}_4}$, so faßt s_4, deswegen rutscht s_3 und nimmt ebenfalls die Wärme $W_{s_3} = W_{E_2}$ auf.

Für jede der 4 Möglichkeiten muß die Verlustenergie in der einzelnen Kupplung mit der zulässigen Wärmeverlustmenge verglichen werden.

Diesen Vorteilen beim Bremsen steht der Nachteil gegenüber, daß beim Drehzahlwechsel eine Unterbrechung des Kraftflusses entsteht, wenn die eine Kupplung abgeschaltet, die andere jedoch noch nicht ein-geschaltet ist. Diese Unterbrechung des Kraftflusses ist oft unerwünscht, besonders wenn der Antrieb für eine Werkzeugmaschine dient, bei der der Schnitt nicht unterbrochen werden soll. Man schaltet deshalb die Kupplungen durch geeignete Verzögerungsglieder so, daß eine gewisse Überdeckung stattfindet, daß also die eine Kupplung erst abschaltet, wenn die andere schon faßt. Durch diese Überdeckung entsteht aber ein

Blockiermoment, weil zeitweise, wie beim Bremsen, zwei Übersetzungen wirksam sind. Bei der Einstellung der Verzögerungsglieder muß man deshalb darauf achten, daß das Blockiermoment nicht zu groß wird und z. B. auch niedriger liegt als das Kippmoment des Antriebsmotors.

d) Betriebsverhalten

Auf Grund der beschriebenen Kupplungsarten kann man jetzt die geeignete Type für das gewählte Getriebe auswählen. In vielen Fällen ergibt sich schon aus der technologischen Forderung kein Zweifel, welche Art zu wählen ist. Das gilt z. B. für Kupplungen, die in ein Getriebe eingebaut werden müssen, das ölberieselt ist. Hier darf man keine Kupplungen mit ölempfindlichem Reibbelag verwenden. In Vorschubgetrieben, die nur im Stillstand geschaltet werden, führen Zahnkupplungen von vornherein zu den kleinsten Abmessungen. Es gibt aber auch Fälle, wo es nicht so klar ist, welche Kupplungsart am zweckmäßigsten zu wählen ist. Man muß deshalb die betrieblichen Vor- und Nachteile der Kupplungen gegeneinander abwägen. Wir wollen diese Beurteilung nach technologischen Gesichtspunkten durchführen und daraus die günstigsten Verhältnisse für die Abmessungen, den Verschleiß, die Erwärmung und das dynamische Verhalten hinsichtlich des zeitlichen Verlaufes von Drehmoment und Drehzahl beim Schalten ableiten.

α) **Arbeitsbedingungen.** Kupplungen mit Stahllamellen arbeiten entweder in Ölnebel oder werden von innen her mit Öl durchflutet. Der Ölnebel entsteht meist durch Zahnräder die teilweise im Ölsumpf rotieren, und dabei Öl wegschleudern, das dann auf die Kupplung zurückkrieselt. Als Mindestölmenge wird dabei etwa 5 Liter/Kupplung vorgesehen. Auf diese Weise erreicht man eine gute Kühlung der Kupplung, insbesondere wird die in den Lamellen entstandene Wärme recht wirksam abgeführt. Für hohe Beanspruchung verwendet man die Schmierung von innen mit Hilfe einer Ölumlaufschmierung. Das Kühlöl wird bei dieser durch die durchbohrte Welle und geeignete Bohrungen in den Kupplungen zwischen die Lamellen gepreßt. Dadurch wird die Ableitung noch größerer Wärmemengen ermöglicht als bei der Kühlung durch Ölnebel. Empfehlenswert ist dabei eine Mindest-Ölzuflußmenge von 0,2 Liter/min je Kupplung.

Besonderes Augenmerk ist auf die Wahl der geeigneten Ölsorte zu richten. Die Hersteller empfehlen bestimmte Ölsorten mit flacher Viskositätskurve. Die Öltemperatur sollte etwa 40 bis 60 °C im Leerlauf betragen und sich im Schaltbetrieb nicht über 90° erhöhen.

Die Ölschmierung hat auch Nachteile. Durch den Ölfilm auf der Oberfläche der Lamellen entsteht je nach Viskosität eine „Klebekraft“, so daß die Kupplungen beim Entregen nicht sofort öffnen. Außerdem verbleibt ein „Restmoment“, das die Kupplungen auch im unerregten

Zustand übertragen. Die Größe dieses Restmomentes liegt bei etwa 1% des jeweiligen schaltbaren Momentes.

Gelegentlich müssen Kupplungen — z. B. wegen des vorgeschriebenen Wellendurchmessers — überdimensioniert werden. In diesem Fall ist es möglich, bei Kupplungen mit durchfluteten Lamellen das zu große Kupplungsmoment durch sogenannte Blindlamellen herabzusetzen. Dazu wird eine Messinglamelle (unmagnetisches Material) zwischen den Kupplungskörper und die erste Stahllamelle gelegt. Man muß bei der Lamellenschichtung nur darauf achten, daß die erste Stahllamelle sich mit dem Magnetkörper dreht, zwischen ihr und der Messinglamelle im Leerlauf also keine Relativbewegung entsteht.

Durch die Messinglamelle wird der magnetische Widerstand erhöht, der magnetische Fluß und damit die Magnetkraft kleiner.

Bei Kupplungen mit nicht durchfluteten Lamellen hängt das Restmoment im wesentlichen von dem Luftspalt (Lamellenspiel) ab. Die verwendeten Lamellenspreizmittel — Federn — spielen ebenfalls eine große Rolle.

Eine Reihe anderer mechanischer Einflüsse bestimmen mehr die konstruktiven Fragen. Es wird daher auf entsprechende Angaben im Schrifttum verwiesen [30].

β) **Erregung.** Einen veränderlichen Einfluß auf das Betriebsverhalten der Kupplungen haben auch elektrische Vorgänge an der Kupplung. Alle hier beschriebenen Kupplungen arbeiten mit Gleichstrom, der meist aus dem Wechselstromnetz mit Hilfe von Trockengleichrichtern erzeugt wird. Kupplungen mit umlaufenden Erregerspulen benötigen für die Stromzuführung einen oder zwei Schleifringe und arbeiten in der Regel mit 24 Volt.

Die *Stromzuführungen* werden über die Schaltgeräte an den + -Pol der Stromquelle angeschlossen. Das andere Ende der Erregerspule ist bei Kupplungen mit einem Schleifring ebenso wie der — -Pol des Gleichrichters über die Maschinenteile mit Masse verbunden. Auf die Ausführung und Anordnung der Stromzuführungen ist besondere Sorgfalt zu verwenden. Es dürfen weder beim Ein- und Abschalten noch im Betrieb Funken am Schleifring entstehen. Sie bilden dort nämlich Schweißpunkte, die zu einem schnellen Verschleiß der Bürsten führen. Wichtig ist auch die beim Stromtransport nicht vermeidbare Feinwanderung des Materials. Man muß darauf achten, daß dieses das Schleifringmaterial nicht zur Bürste transportiert. Günstiger ist der umgekehrte Weg, denn es ist leichter die Bürsten zu ersetzen als die Schleifringe. Deshalb muß man auf die schon erwähnte Polarität achten.

Besonders schwierig werden die Verhältnisse bei Kupplungen, die unter Öl arbeiten. Man kann hier nicht das bei elektrischen Maschinen seit Jahrzehnten bekannte Bürstenmaterial Kohle verwenden, sondern muß Messinggewebe nehmen, das den Ölfilm durchbricht bzw. abstreift.

Eine große Sorge bereiten oft die bei Werkzeugmaschinen auftretenden Getriebeschwingungen. Sie führen zu Biegeschwingungen der Welle, denen der bewegliche Teil der Stromzuführungsbürste folgen muß, wenn keine Stromunterbrechung stattfinden soll. Bei unglücklichen Resonanzbedingungen kann es deshalb vorkommen, daß Stromunterbrechungen stattfinden. Sie führen zu kleinen Lichtbögen, erzeugen Schweißstellen und bringen einen zu hohen Bürstenverschleiß, der zu Standzeiten führt, die nur noch bei wenigen Stunden liegen. Abhilfe bringt die Verwendung von Teleskopstromzuführungen, bei denen nach Abb. 55 nicht nur eine bewegliche Bürste auf dem Schleifring liegt, sondern zwei konzentrisch angeordnete Teile, die getrennt abgefedert sind. Dabei wurde besonders darauf geachtet, daß die Federn verschiedene Federkonstanten haben, so daß es unwahrscheinlich ist, daß beide Bürsten mit der Biegeschwingung in Resonanz sind. Im normalen Betrieb unterbricht der äußere Ring der Bürste den Ölfilm und ermöglicht dem inneren eine gute metallische Berührung.

Nachteilig ist, daß bei dieser einpoligen Stromzuführung der Stromkreis für die Kupplung über die Masseleitung geschlossen wird. Ein wesentlicher Teil des Stromes kann deswegen über die Lager gehen. Gelegentlich sind dadurch Stromschäden an den Laufflächen der Kugellager entstanden [34]. Wenn auch die restlose Klärung dieser Vorgänge noch aussteht, war der Anteil der Lagerschäden verhältnismäßig gering und tritt vorwiegend dort auf, wo die Lager auch ohne Stromdurchgang eine zu geringe Lebensdauer gehabt hätten.

Auch von der Möglichkeit, einen zweiten Schleifring zu verwenden, ist wenig Gebrauch gemacht worden. Die zweite Bürste hat den Nachteil, daß bei ihr die Stromrichtung hinsichtlich der Materialwanderung verkehrt ist. Die Schleifringfläche unterliegt einem hohen Verschleiß.

Sowohl der Bürstenverschleiß als auch die Kugellagerschäden werden durch den Einsatz von schleifringlosen Kupplungen vermieden. Diese haben darüber hinaus noch den Vorteil, daß die umlaufenden Massen kleiner sind, weil die Magnetkörper stillstehen. Das wirkt sich aber nur bei Getrieben aus, bei denen die Magnetkörper nicht auf der eintreibenden Welle sitzen. Nachteilig ist bei der schleifringlosen Kupplung ihre große Bauart, weil der Magnetfluß im Erregerteil über einen zusätzlichen Luftspalt gehen muß. In diesem Luftspalt sammelt sich u. U. auch Schmutz, z. B. metallische Abriebsteile, die eine zusätzliche Reibung erzeugen, so daß die Getriebe wegen der noch hinzukommenden höheren Erregung heißer werden. Ferner muß man noch berücksichtigen, daß auf die beweglichen Magnetflußübertragungsteile magnetische Kräfte ausgeübt werden, die von den Kupplungen aufgefangen werden müssen. Das vermeiden zwar radial angeordnete Erregerspulen. Bei ihnen muß auf sorgfältige Zentrierung geachtet werden, sonst entstehen durch den unsymmetrischen Luftspalt Biegeschwingungen, die bei vielen Werkzeugmaschinen für die Standzeit des Werkzeuges nachteilig sind.

γ) **Schaltvorgang.** Die theoretischen Verhältnisse beim Schalten sind nur soweit von Interesse, als es für das Verhältnis des Vorganges nötig ist. Sie liegen ähnlich wie bei den Schaltgeräten. Neu ist nur, daß gegen das Auftreten von Wirbelströmen, die beim Schaltvorgang beim Ein- und auch beim Ausschalten entstehen, keine derartig wirksamen Maßnahmen wie beim Schaltgerät zur Verfügung stehen, weil die dort verwendete Lamellierung des Magnetkernes nicht durchgeführt werden kann. Der Magnetring, in den die Spule eingebettet ist, bildet um die Erregerspule herum eine kurzgeschlossene sekundäre Wicklung, in der ein Wirbelstrom in Richtung der Erregerspule fließt.

Die Erscheinungen beim Schalten solcher massiver Magnetkerne ähneln sehr dem Schalten von Gleichstrommagneten mit Dämpferwicklungen. Beim praktischen Vergleich muß man natürlich beachten, daß man für die Dämpferwicklung Kupfer hoher Leitfähigkeit verwenden kann, während das massive Feldeisen eine schlechtere Leitfähigkeit besitzt. Die Wirbelströme verlaufen auch nicht in bestimmten von außen vorgeschriebenen Bahnen, sondern verteilen sich im Innern des massiven Eisenkernes in verschiedenartiger Richtung und Dichte. Um den räumlichen und zeitlichen Verlauf der Wirbelströme berechnen zu können, muß man die elektromagnetische Verkettung jedes elementaren Wirbelfadens verfolgen und das Differentialgesetz dieser Erscheinung aufstellen [3]. Die Ergebnisse führen zwar zu einer klaren Vorstellung über den Verlauf der Wirbelströme, insbesondere ihre verzögernde Wirkung im Feldaufbau, ermöglichen aber keine konkreten Folgerungen für die Beseitigung der Wirbelströme. Sie führen entweder zur Verwendung eines hochohmigen teueren Magneteisens, das jedoch den mechanischen Beanspruchungen nicht gewachsen wäre, oder verlangen eine Lamellierung senkrecht zu der Wirbelstrombahn, d. h. in radialer Richtung. Dies würde jedoch zu Konstruktionen führen, deren Festigkeit erst recht zweifelhaft ist.

Glücklicherweise kommt es nun beim Schalten von Kupplungen im allgemeinen nicht auf das Herausholen der letzten Millisekunde an. Man nimmt die Wirbelströme in Kauf, mißt den Verlauf des Erregerstromes oszillographisch und kann daraus den zeitlichen Verlauf des Kupplungsvorganges verfolgen.

Vernachlässigt man diese Wirbelströme und nimmt ferner an, daß sich die Induktivität beim Schalten nicht ändert, so bekommt man für den Einschaltvorgang aus dem Induktionsgesetz

$$U = R\,I + L\,\frac{dI}{dt}$$

oder

$$\frac{U}{R} = I + \frac{L}{R}\,\frac{dI}{dt} \tag{104}$$

Zur Lösung bekommt man mit dieser Gleichung durch Differenzieren des integrierenden Faktors $I\,e^{\frac{R}{L}t}$

$$d\left(I\,e^{\frac{R}{L}t}\right) = e^{\frac{R}{L}t}\,dI + \frac{I\,R}{L}\,e^{\frac{R}{L}t}\,dt$$

$$= \frac{R}{L}\,e^{\frac{R}{L}t}\,dt\left(I + \frac{L}{R}\,\frac{dI}{dt}\right) \tag{105}$$

also mit Gl. (104)

$$\int\limits_0^I d\left(I\,e^{\frac{R}{L}t}\right) = \int\limits_0^t \frac{U}{L}\,e^{\frac{R}{L}t}\,dt \tag{106}$$

Als Anfangsbedingung für die Integration setzen wir $I = 0$ zur Zeit $t = 0$ und bekommen dann

$$I\,e^{\frac{R}{L}t} - 0 = \frac{U}{R}\left(e^{\frac{R}{L}t} - 1\right)$$

oder

$$I = \frac{U}{R}\left(1 - e^{-\frac{R}{L}t}\right) \tag{107}$$

Der Strom steigt nach dem Einschalten gemäß einer e-Funktion mit der magnetischen Zeitkonstante $T = L/R$ an. Wir können diese Zeitkonstante also durch kleinere Induktivität und größeren Widerstand verkürzen. Eine Vergrößerung von R mit zusätzlichem Widerstand ergibt die sogenannte Schnellerregung. Eine Verkleinerung von L bringt z. B. die weiter vorne beschriebene Blindlamelle. Sie verkleinert den Magnetfluß bei gleichem Erregerstrom, setzt aber leider, wie wir gesehen haben, die Drehmomente herab. Abb. 67 zeigt den zeitlichen Verlauf von Erregerstrom, Ankerbewegung, Drehmoment und Schlupf einer elektromagnetischen Kupplung während des Einschaltens.

Sobald sich bei der Zeit t_1 der Anker in Bewegung setzt, fällt I (wegen der Änderung von L), um dann bei t_2 wieder anzuwachsen, wenn die Ankerbewegung aufgehört hat. Jetzt beginnt die Kupplung mit der Übertragung von Drehmoment. Der Schlupf nimmt ab und ist bei t_4 gleich Null, die Kupplung ist eingeschaltet und kann jetzt ein Drehmoment übertragen, das unter dem übertragbaren Moment $M_{\ddot{u}}$ liegen muß, aber höher als M_s sein kann.

Die Vorgänge beim Abschalten sind ebenfalls ähnlich wie bei einem Relais. Es treten hier durch die aufgespeicherte magnetische Energie hohe Spannungsspitzen auf, die durch Parallelwiderstände herabgesetzt werden können. Die Spannungsspitzen sind um so kleiner, je kleiner der Parallelwiderstand ist. Leider haben sie eine große Abschalt-Zeit-Konstante zur Folge. Üblich ist deshalb die zusätzliche Anordnung von Gleichrichtern, die dem Parallelwiderstand in Reihe geschaltet werden. Um schnelle Abschaltzeiten zu bekommen, wären Widerstandsanordnungen erwünscht, die zuerst einen kleinen und dann einen großen Widerstand haben. Deswegen werden dort, wo es auf kurze Schaltzeiten ankommt, häufig sogenannte VDR-Widerstände (Voltage Dependent Resistors) angewendet, die mit wachsender Spannung ihren Widerstand exponentiell verkleinern.

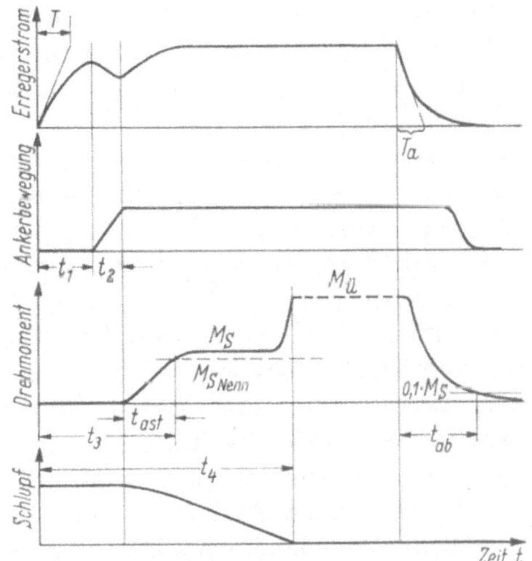

Abb. 67. Schaltvorgang einer Elektro-Magnetkupplung nach [35]

M_s schaltbares Moment; M_a übertragbares Moment; T Erregerzeitkonstante; t Schaltzeiten

3. Schaltgetriebemotoren

Es liegt der Gedanke nahe, Kupplungen nicht nur in vorhandene Getriebe der Maschine einzubauen, sondern vollständige Schaltgetriebe mit dem Motor als eine Baueinheit zu fertigen. Das hat den Vorteil, daß diese Baueinheit für eine Reihe von Maschinen geeignet sein kann, also in größeren Stückzahlen gebaut werden kann und dadurch preisgünstig ist. Technologisch gesehen hat eine solche Zusammenfassung auch Vorteile. Wie wir gesehen haben, entsteht in den Getrieben Wärme, die auf die Werkzeugmaschine übertragen wird und Nachteile hinsichtlich der Genauigkeit bringt. Eine Getriebeeinheit kann von der Maschine losgelöst werden. Sie strahlt ihre Wärme direkt in den Raum und beeinflußt die Maschine nicht mehr so stark. Durch die von der Arbeitsspindel getrennte Anordnung des Getriebes können darüber hinaus z. B. bei Verwendung eines Riementriebes als Übertragungsglied zwischen Spindel und Schaltgetriebe, unter Umständen unerwünschte Schwingungseinflüsse von der Arbeitsspindel ferngehalten werden.

4. Bremsmotoren

Wir haben gesehen, daß Kupplungen auch für die Vernichtung der Bremsenergie geeignet sind. Am vorteilhaftesten ist ihre Anordnung in Getrieben mit der sogenannten Blockierschaltung (vgl. S. 96) bei der der mit dem Motor verbundene Getriebeteil während des Bremsvorganges weiterläuft und nur der austreibende Teil mit dem zu bremsenden Maschinenteil stillgesetzt wird. Dadurch braucht nicht die gesamte kinetische Energie, sondern nur ein Teil in der Bremse als Wärme vernichtet zu werden.

Überall dort, wo diese Voraussetzungen von der Getriebeseite her nicht gegeben sind, muß man zur Motorbremsung schreiten. Hier wird man zunächst die elektrische Bremsung — insbesondere bei Gleichstrommotoren — bevorzugen, weil bei dieser kein Verschleiß entsteht. Beim Drehstrommotor verlangt die elektrische Bremsung erheblichen zusätzlichen Geräteaufwand und kann — wie bei der Gegenstrombremsung — zu Umkehrbewegungen führen oder übt, z. B. wie bei der Gleichstrombremsung im Stillstand, kein Bremsmoment mehr aus. Ferner streuen die Nachlaufwege. Dies vermeiden mechanische Bremsen, die direkt an den Motor angebaut sind. An einigen Beispielen wollen wir die verschiedenen Ausführungsmöglichkeiten von derartigen Bremsmotoren erläutern.

a) Bremsmotoren mit Lamellenbremse

An Antriebsmotoren von Werkzeugmaschinen, bei denen es auf ein weiches und stoßfreies Stillsetzen der Arbeitsmaschine ankommt, kann z. B. eine elektromagnetische Lamellenbremse angebaut werden (Abb. 68).

Aufbau der Bremse. Der Magnetkörper mit der Erregerspule ist über einen Anbauflansch mit der Gußlüfterhaube des Motors fest verbunden. Die Mitnehmer des Magnetkörpers führen die Außenlamellen und die Ankerscheibe. Die Innenlamellen greifen in ein Ritzel ein, das mit der Motorwelle fest verkeilt ist. Das Bremsgehäuse ist teilweise mit Öl gefüllt, das eine aus-

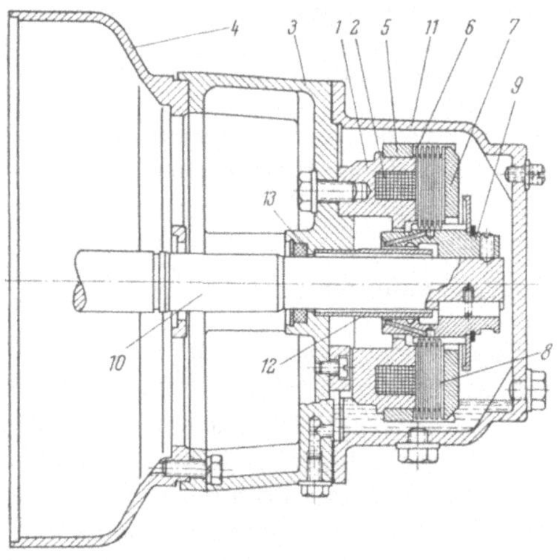

Abb. 68
Schnittbild einer Lamellenbremse (Bauart Siemens)
1 Magnetkörper; *2* Erregerspule; *3* Anbauflansch; *4* Gußlüfterhaube; *5* Mitnehmer; *6* Außenlamellen; *7* Ankerscheibe; *8* Innenlamellen; *9* Ritzel; *10* Motorwelle; *11* Bremsgehäuse; *12* Hülse; *13* Dichtung

reichende Schmierung der Lamellen gewährleistet. Eine Hülse und eine selbstschmierende Wellendichtung sorgen dafür, daß kein Öl in den Motor gelangen kann.

Wirkungsweise. Beim Abschalten des Motors wird durch einen Hilfsschalter die Erregerspule der Lamellenbremse an eine Gleichspannung von 24 Volt gelegt. Sie arbeitet wie die Kupplung. Unter dem Einfluß des Magnetfeldes werden Ankerscheibe und Lamellen zusammengepreßt, dadurch wird eine kraftschlüssige Verbindung zwischen den umlaufenden und den festen Teilen hergestellt. Die umlaufenden Massen des Motors und der Maschine werden somit abgebremst. Die Bremswirkung setzt weich und stoßfrei ein. Da die Erregung der Magnetspule beliebig lange aufrechterhalten werden kann, ist die Bremsung auch im Stillstand wirksam. Zum Lösen der Bremse wird der Erregerstrom abgeschaltet.

Das Bremsmoment beträgt je nach der Motorgröße und je nach dem Typ der verwendeten Lamellenbremse das 1- bis 3fache des Motormomentes.

b) Bremsmotoren mit Federbremse

Für die besonderen Forderungen der Hebezeugtechnik und für Sonderaufgaben der Werkzeugmaschinenindustrie wurde eine Bremse entwickelt, die als Federkegelbremse ausgeführt ist. Bei dieser wird beim Bremsen eine kegelförmig ausgebildete Trockenreibfläche durch Druckfedern gegen einen entsprechend ausgebildeten Bremsteller gepreßt, der auf der Motorwelle angeordnet ist. Die Bremse wirkt auch als Sicherheitsbremse beim Wegbleiben der Spannung. Sie kann auch nach den Forderungen des Hebezeugbetriebs im spannungslosen Zustand auf einfache Art von Hand gelüftet werden. Außerdem besteht u. U. die Möglichkeit, die Bremse im Stillstand auch elektrisch durch Erregen des Magnetkörpers zu lösen.

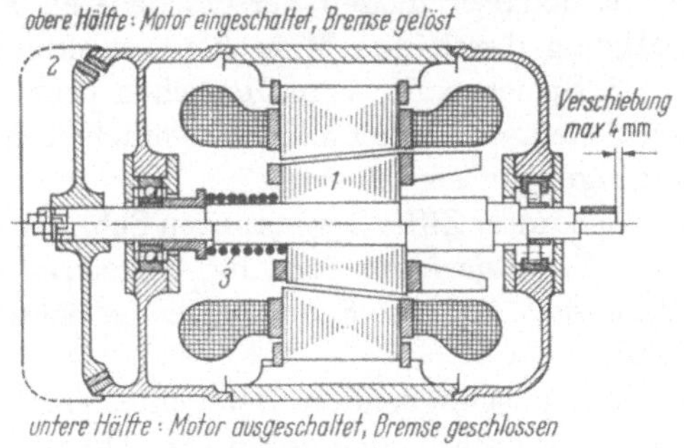

c) Motoren mit Konusläufer

Um zusätzliche Kraftsysteme für die Bremsung zu vermeiden, werden auch Motoren nach Abb. 69 mit konischer Läufer- und Ständerbohrung gebaut. Auf der Motorwelle sitzt ein Bremsring *2*, der im abgeschalteten Zustand durch die Feder *3* gegen den festen Bremsbelag gedrückt wird, so daß eine Kegelbremse entsteht.

Abb. 69
Motor mit Konusläufer (grundsätzlicher Aufbau)
1 Konischer Läufer; *2* Bremsring; *3* Bremsfeder

Zum Lüften der Bremse wird die Axialkraft des eingeschalteten Motors ausgenützt. Sie ist proportional dem Quadrat der Luftspaltinduktion und einem Faktor, der von der Differenz des Quadrates der größten und kleinsten Ständerbohrung abhängt. Beim Einschalten wird durch diese Axialkraft der Läufer gegen die Kraft der Feder in den Ständer hineingezogen. Dadurch bewegt sich der Bremsring *2* vom festen Bremsbelag weg, und der Motor kann ungehindert laufen.

IV. Die Signalerzeugung

A. Arten der Signalerzeugung

Nachdem jetzt bekannt ist, wie und an welcher Stelle der Energiefluß mit Nachrichten versehen werden kann, wollen wir uns mit der Frage beschäftigen, wie die Nachricht verarbeitet werden muß, damit sie den Energiefluß im gewünschten Sinne beeinflußt. Ähnlich wie beim Energiefluß gehen wir von dem im Kapitel II abgeleiteten Entwicklungsgesetz aus, nach dem mit zunehmender Automatisierung der Wandlungsort der Nachrichtenart (Information → Signal) immer weiter vom Prozeß wegwandert. Die Probleme der Automatisierung in der Fertigung beginnen dann bei der Wandlung der Information in ein Signal, also der Signalerzeugung, für die sich aus den einleitenden Überlegungen zwei verschiedene Möglichkeiten ergeben:

1. Schalter in den verschiedensten Formen, wie diese für eine Betätigung durch den Menschen zweckmäßig sind,

2. Speicher, die vom Menschen programmiert werden und die Informationen gegebenenfalls so verarbeiten können, daß sie zur Signalerzeugung geeignet sind.

Die unter Ziffer 1 genannten Schalter werden zweckmäßigerweise mit den Schaltgeräten für die Signalverarbeitung (Kap. V) zusammen behandelt, weil die Schaltprobleme bei diesen grundsätzlich die gleichen sind.

Die anschließenden Betrachtungen beziehen sich deshalb nur auf die unter Ziffer 2 genannten Einrichtungen, deren Problemstellung durch das Stichwort „Programmieren" gekennzeichnet ist.

B. Programmieren

Alle mit der Informationsspeicherung zusammenhängenden Fragen laufen letzten Endes bei der Automatisierung darauf hinaus, dem Menschen Gedächtnisfunktionen abzunehmen. Je größer nun der Informationsumfang ist, desto mehr Menschen müssen sich mit diesem Problem beschäftigen. Sie bedienen sich dabei zweier genialer Erfindungen, das sind die Sprache und die Schrift. Der Mensch hat hier mit seinen Mitmenschen einen Schlüssel (Code) vereinbart, so daß jeder weiß, was ein bestimmter Laut oder ein Zeichen bedeutet.

Genauso wie im menschlichen Leben hat die Codierung im Rahmen der Automatisierung der Fertigung eine grundlegende Bedeutung. Auf der einen Seite ist es die Sprache, mit welcher der Mensch andere Menschen gleichzeitig oder in einer vereinbarten Reihenfolge zur Handlung auffordert, auf der anderen Seite ist es jedoch in noch viel höherem Maße die Schrift, mit der die Informationen einem großen Kreis von Menschen zugänglich gemacht werden. Hier spielt der Mensch als Informationsträger eine wichtige Rolle, wobei im Rahmen dieser Informationsübertragung auch eine Informationsverarbeitung stattfinden kann, weil der angesprochene Mensch den Befehl nicht unbedingt wörtlich einem anderen Kreis von Menschen weitergeben muß, sondern diesen Befehl durch eigene Entscheidung so verarbeitet, daß ihn sein vielleicht weniger geschulter „Befehlsempfänger" auch versteht.

Das führt zwangsläufig zu der Notwendigkeit, den menschlichen Code des Sprechens und Schreibens durch einen neuen Code zu ersetzen, mit dem die Informationen in einen Speicher gegeben werden können, welcher für die Abgabe von physikalischen Signalen geeignet ist. Dieser neue — wenn wir so sagen wollen — Maschinencode ist in seiner Anwendung auf die mechanische Fertigung, d. h. weniger auf die Sprechlaute, sondern fast ausschließlich auf die Schriftzeichen, ausgerichtet. Dabei müssen wir zwischen digitalen und analogen Darstellungsmethoden unterscheiden. Zu den analogen Methoden muß man die Zeichnung rechnen, bei der man versucht, die Informationen in einer möglichst dem zu fertigenden Werkstück ähnlichen — also analogen — Form zu geben. Digitale schriftliche Informationsmethoden beruhen hauptsächlich auf der Anwendung der Zahl. Ein typisches Beispiel sind die Maßangaben. Werden diese Angaben auf Zeichnungen gemacht, so liegt eine Kombination digital-analoger Informationen vor.

In der Zeichnung haben wir einen der wichtigsten Informationsspeicher. Speicher sind auch alle Modelle, Schablonen, Vorrichtungen, letzten Endes alle Kinematiken, die zur Konstruktion der Maschine verwendet wurden. Ferner gehören dazu die Bauelemente wie Wahlschalter, Nocken mit Endschaltern, Stecker und alle digitalen Speichermöglichkeiten, die uns Lochkarten, Lochstreifen, Magnetbänder, Kernspeicher u. dgl. bieten. Bei der Beurteilung der verschiedenen Speicher muß man zunächst die Eingabeseite betrachten. Vorteilhaft werden solche Eingabemöglichkeiten sein, die nicht nur der Mensch bedienen kann. Höheren Ansprüchen werden dabei wohl am leichtesten Speicher mit elektrischem Informationseingang, wie Magnetbänder und Kernspeicher, genügen.

Bei der Beurteilung der Speicher muß man noch an die Informationsausgabe denken. Dafür fordert unsere Aufgabe die Möglichkeit der Ausgabe von elektrischen Signalen. Neben diesem Abrufkriterium spielt die Informationskapazität eine Rolle. Der Informationsinhalt soll ferner eine gewisse Beständigkeit aufweisen. Um der Eindeutigkeit des Speichervorganges willen darf sich der Wert der kennzeichnenden Zustandsgrößen zwischen Einspeichern und Abgreifen nur innerhalb bestimmter Grenzen ändern. Die zu überbrückenden Zeiten können dabei im Mikrosekunden-, im Sekunden-, im Stunden- oder Jahresbereich liegen. Weiter interessiert die Frage, ob die eingespeicherte Information nur ein einziges Mal oder wiederholt abgerufen werden soll. Man unterscheidet deshalb zwischen einem, den Informationsinhalt zerstörenden (destruktiven) und einem zerstörungsfreien (nondestruktiven) Ausgabe- bzw. Lesevorgang. Wichtig ist auch die Zugriffszeit. Ferner ist die Kenntnis einer Reihe von Speichereigenschaften notwendig wie Empfindlichkeit gegen Spannungsschwankungen bzw. -ausfälle, Verhalten beim Speichervorgang, Platzbedarf, Lebensdauer und Betriebssicherheit.

1. Analoge Informationen

Die meisten analogen Informationen und viele digitale Informationen werden uncodiert eingegeben. Zu den analogen Informationen gehören z. B. das Setzen der Nocken auf Grund eines bestimmten Maßes. Auch das Modell oder die Schablone ist seinem Charakter nach eine unverschlüsselte Information. Ferner gehören dazu auch viele Schaltinformationen; z. B. schaffen diese die Möglichkeit, eine Drehzahl 1200 U/min dadurch in die Steuerung als Information einzuspeichern, daß der entsprechende Wähler eben auf die Stellung „1200" gebracht wird.

2. Codierte Informationen

Es wird Fälle geben, wo der Mensch seinen Wirkungseingriff auf die Signalparameter durch einen Schlüssel (Code) festlegt. Der CodeTräger enthält ein Programm, wird programmiert und erzeugt in seinem Ausgang Signale. Wir wollen uns dabei auf Speicher beschränken, die für Zahlen- und Buchstabeneingabe geeignet sind. Wir verzichten also auf die Informationseingabe durch die Sprache, weil diese Informationsart für die Automatisierung der mechanischen Fertigung praktisch noch keine Bedeutung hat.

Unser Schriftsystem hat 26 Buchstaben. Mit den Buchstaben werden Worte kombiniert und Sätze geprägt. Dieses System ist also 26wertig und bietet so unvorstellbar viele Informationsmöglichkeiten, die wir in der Fertigung gar nicht ausnützen können. Wir brauchen hauptsächlich Zahlen, weil die Informationen wegen der Maße auch zahlenmäßig vorliegen und benützen deshalb im wesentlichen das Zahlensystem, das man natürlich durch Buchstaben ergänzen kann.

Unser dekadisches Zahlensystem ist 10wertig. Innerhalb einer Dekade ist es dezimal aufgebaut. Den Ziffern 0 bis 9 wird jeweils in Verbindung mit fallenden Potenzen zur Grundzahl ein bestimmtes Gewicht verliehen. Wir bezeichnen dieses Gewicht als Einer, Zehner, Hunderter usw. und bilden so z. B. die Zahl 1962 durch eine Addition nach dem Muster

$$1962 = 1000 + 900 + 60 + 2$$

die man auch schreiben kann

$$1962 = 1 \cdot 10^3 + 9 \cdot 10^2 + 6 \cdot 10^1 + 2 \cdot 10^0$$

Benützt man ein solches 10wertiges Zahlensystem für die Informationsspeicherung, so muß das Ausgangssignal des Speichers zur Darstellung der Ziffern 0 bis 9 in 10 Stufen unterteilt sein.

Eine andere Codierungsmöglichkeit ergibt sich durch Anwendung des binären Systems. Es bildet aus den Ziffern 0 und 1 in Verbindung mit der Grundzahl 2 alle Zahlenwerte von Null bis Unendlich, die duale Zahlenreihe:

2^0	2^1	2^2	2^3	2^4	2^5	2^6	2^7	2^8	2^9	2^{10}	2^{11}	2^{12}	
1	2	4	8	16	32	64	128	256	512	1024	2048	4096	usw.

Ein Zahlenwert Z läßt sich in diesen Potenzen von 2 angeben durch

$$Z = \sum_{n=0}^{n} a \cdot 2^n \tag{1}$$

wobei a die Werte 0 oder 1 annehmen kann. Für die Zahl 86 gilt z. B.

$$86 = 1 \cdot 2^6 + 0 \cdot 2^5 + 1 \cdot 2^4 + 0 \cdot 2^3 + 1 \cdot 2^2 + 1 \cdot 2^1 + 0 \cdot 2^0$$

Die Zahl der notwendigen Zweierschritte ist aber $n = l\,b\,Z$ (Gl. (2), wenn mit $l\,b$ der Zweierlogarithmus (Binärlogarithmus) bezeichnet wird.

Als „Dualzahl" werden nur die Faktoren der Zweierpotenzen in fallender Reihenfolge angeschrieben, also

$$86 = 1010110$$

oder zur besseren Unterscheidung vom Dezimalsystem auch L0L0LL0.

Während das Dezimalsystem für die Darstellung der Zahl 86 zwei Stellen (Einer und Hunderter) benötigt, benötigen wir im Dualsystem sieben Stellen dafür, aber nur 2 Ziffern Null und Eins (oder L).

Obwohl das duale Zahlensystem für die Informationsspeicherung viele Vorteile bietet, wendet man es nur bei einfachem Informationsinhalt an. Bei umfangreichem Informationsmaterial wirkt erschwerend, daß größere Zahlen nicht leicht zu lesen und einzugeben sind.

Zur Vermeidung dieser Schwierigkeiten ging man auf die tetradische Codierung über. Jede Dekade einer Dezimalzahl wird hier getrennt für sich in eine Binärzahl umgesetzt. In unserem Fall sind für die Darstellung der 10 Ziffern einer Dekade 4 Dualstellen erforderlich, die als Tetrade bezeichnet werden. Die Zahl 86 schreibt sich z. B. in diesem dualdezimal Code:

$$86 = \underbrace{1 \cdot 2^3 + 0 \cdot 2^2 + 0 \cdot 2^1 + 0 \cdot 2^0}_{\text{Tetrade 8}} + \underbrace{0 \cdot 2^3 + 1 \cdot 2^2 + 1 \cdot 2^1 + 0 \cdot 2^0}_{\text{Tetrade 6}}$$

Bei diesem Code werden die 10 Ziffern des Dezimalsystems also durch 4 Dualzeichen tetradisch dargestellt. Mit diesen 4 Zeichen lassen sich $2^4 = 16$ Kombinationen bilden, also die Ziffern 0 bis 15 darstellen, von denen aber nur 10 für die Ziffern 0 bis 9 benötigt werden. Bei der Addition von binärverschlüsselten Dezimalziffern treten sogenannte Pseudotetraden auf, denen keine Dezimalziffer zugeordnet ist und die berücksichtigt werden müssen, indem beispielsweise der Übertrag um $+6$ korrigiert wird. Durch diese Korrektur werden also Pseudotetraden in richtige Tetraden umgesetzt.

Man suchte auch nach anderen Tetraden-Codierungen, von denen es insgesamt 16!/6! Möglichkeiten der eindeutigen Zuordnung gibt. Bei der Auswahl müssen eine Reihe von Nebenbedingungen berücksichtigt werden, zu denen für unsere Fälle die Bewertbarkeit, die Komplementbildung, der zyklische Aufbau, die Prüfbarkeit u. dgl. gehört.

Bei der Bewertbarkeit (oder auch Wägbarkeit) kann jeder Stelle in der Tetrade ein Gewicht zugeordnet werden, so daß die Gewichtssumme ein (analoges) Abbild der Dezimalziffer bildet. Eine Möglichkeit dafür zeigt Abb. 70. Durch die Codiereinrichtung werden 4 Kontakte 1 bis 4 betätigt je nachdem, ob durch die Bahn $1-4$ des Codes über Relais $d_1 - d_4$ Signal gegeben wird oder nicht. Zur Signalgabe kann, wie bei der JBM-Lochkarte, die Codeeinrichtung dort gelocht werden, wo der Kontakt geschlossen sein soll. Die Kontakte d_1, d_2, d_3, d_4 liegen in vier

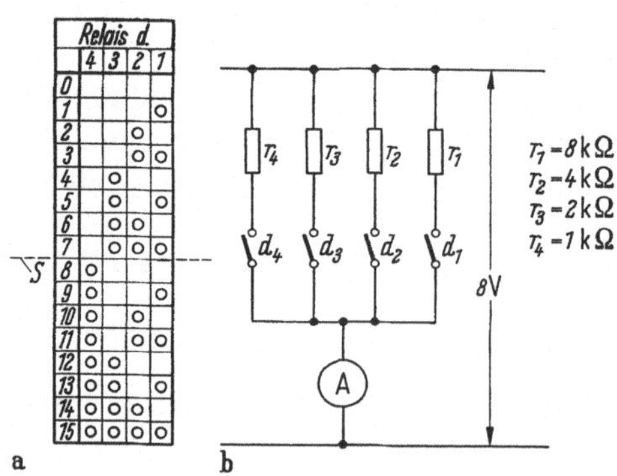

Abb. 70. Dualcode

a) Bildungsgesetz; b) Schaltungsbeispiel für Wiegbarkeit mit Relais d_{1-4}, die von den Codespuren $1-4$ betätigt werden

S Symmetrielinie

parallelen Strompfaden mit „gewerteten" Widerständen, die bei dualer Verschlüsselung mit den Potenzen von 2 in umgekehrter Reihenfolge, also mit 8, 4, 2, 1 bewertet sind und beispielsweise 8, 4, 2, 1 $k\Omega$ haben können. Dann fließt bei konstanter Gleichspannung von beispielsweise 8 V ein Strom von entweder 1, 2, 4, 8 mA, je nachdem welcher Kontakt geschlossen ist. Bei der Zahl 7 sind z. B. die Kontakte d_1, d_2 und d_3 geschlossen, es fließen dann $(1 + 2 + 4)$ mA $= 7$ mA.

Bei der Komplementbildung besteht die Forderung, die Tetrade durch eine Operation zu einer bestimmten Ziffer zu ergänzen. Voraus-

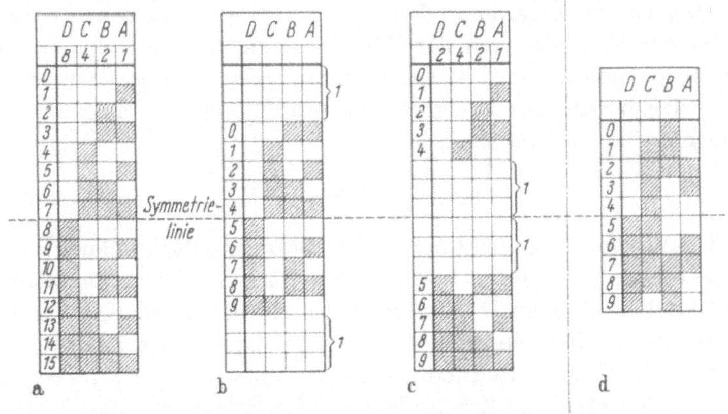

Abb. 71. Verschiedene Dual-Code für die Zahlen 0—9
a) Dual (BCD)-Code; b) 3-Exzess-Code; c) Aiken-Code; d) Gray-Code (zyklischer Code)

setzung für die einfache Erfüllung dieser Forderung ist ein symmetrischer Aufbau der Verschlüsselung (Symmetrielinie nach Abb. 71).

Beim *zyklischen Aufbau* erreicht man die zum Ablesen, beispielsweise durch Fotozellen, sehr angenehme Bedingung, daß von einer Stellung zur nächsten immer nur *eine* Spur verändert wird. Ändern sich bei solchen Fotozellensteuerungen zwei Spuren, so muß man sehr viel Mühe darauf verwenden, daß die beiden Änderungen auch wirklich gleichzeitig erfolgen, sonst können Fehlschaltungen entstehen.

Einen sehr wichtigen Einfluß auf die Codewahl hat die Prüfbarkeit. Dazu nützt man den Umstand aus, daß von den möglichen Kombinationen des Codes für die Verschlüsselung nur ein Teil ausgenützt wird. Schafft man nun für diesen „ausgenützten" Teil ein besonderes Kennzeichen, so läßt sich damit eine gewisse Prüfbarkeit ableiten, weil immer dann eine Fehllesung erkannt wird, wenn eine Zahl gelesen wird, die dieses besondere Kennzeichen nicht hat. Als Kennzeichen kann z. B. die Bedingung eingeführt werden, daß jede verschlüsselte Zahl zwei L enthält, oder aus einer geraden Zahl von L besteht. Die Fehler-Erkennbarkeit ist dann um so besser, je größer das Verhältnis der möglichen Kombination n_m zu den ausgenützten Kombinationen n_a ist.

Dieses Verhältnis führt zum Begriff der Redundanz R. Nach NTG 0102 (Entwurf 1962) ist

$$R = H_0 - H \tag{2}$$

Dabei ist H_0 der Entscheidungsgehalt einer Menge von n einander ausschließenden Ereignissen. Bei binär auftretenden Ereignissen erhält man H_0 in bit (Anzahl der Binärentscheidungen) aus

$$H_0 = l\,b\,n \quad [\text{bit}] \tag{3}$$

H ist der Erwartungswert (Mittelwert) des Informationsgehaltes. Er bewertet das Ereignis nach der Wahrscheinlichkeit, mit der es eintritt, und nach der Gesamtmenge von untereinander unabhängigen Ereignissen, aus der das bestimmte Ereignis ausgewählt werden kann.

Die relative Redundanz ist

$$r = \frac{R}{H_0} = \frac{H_0 - H}{H_0} \tag{4}$$

also die auf den Entscheidungsgehalt bezogene Redundanz und gibt z. B. bei einem bestimmten Code an, wie hoch der Prozentsatz an überflüssigen Zeichen bei der Darstellung einer Nachricht ist. Kann man diese überflüssigen Zeichen identifizieren, so bezeichnet man sie als redundante Zeichen. Der Begriff Redundanz findet eine weitere Anwendung in bezug auf den strukturellen Aufwand von Systemen. Man kann dann sinngemäß sagen: ein System ist redundant, wenn es mehr Bauelemente enthält, als minimal nötig sind.

Aus der angedeuteten großen Fülle der tetradischen Codes haben wegen der geschilderten Nebenbedingungen die in Abb. 71 zusammengestellten Spezialcode für unsere Aufgabe eine Bedeutung bekommen.

Beim *Stibitz*- oder Dreiexzess-Code ordnet man nach Abb. 71 b der dualen 3 die Null zu und geht dann fortlaufend weiter, so daß die Zahl 9 der dualen 12 entspricht. Dieser Code ist im Gegensatz zum „Binär-Dezimal-Code" (BCD) nicht bewertbar. Er zeigt jedoch auch einen symmetrischen Aufbau, ist also für die Komplementbildung geeignet.

Der *Aiken*-Code zeigt zusätzlich zur Symmetrie auch die „Wägbarkeit". Bei diesem häufig verwendeten Code fallen die den dualen Ziffern 5 bis 10 entsprechenden Verschlüsselungen (Pseudotetraden) weg (Abb. 71 c).

Abb. 71 d zeigt den „*Gray*"-Code, der gelegentlich auch „Zyklischer Code" heißt, weil sich hier von Ziffer zu Ziffer immer nur der Wert einer Stufe der Tetrade ändert.

Die Reihe der Codearten ist damit keineswegs erschöpft. Die getroffene Auswahl reicht jedoch aus, um die verschiedenen Codierungsarten bei den hauptsächlich zur Verwendung kommenden Speichern zu verstehen [*36, 37*].

3. Lochkarten

Von der dekadischen Codierung wird z. B. bei den bekannten Lochkarten von JBM Gebrauch gemacht.

Nach Abb. 72 hat diese Karte 10 Reihen für die Ziffern 0 bis 9. Die Zahlen, von denen ein Signal ausgehen soll, werden durch ein rechteckiges Loch in der entsprechenden Reihe dargestellt. Da sich die 26 Buchstaben mit diesen 10 Zahlenreihen allein nicht erfassen lassen, werden bei Buchstaben 2 Signale gegeben. Dazu hat man 2 weitere Signalreihen, die eine für die Buchstaben A bis I, die zweite für J bis R.

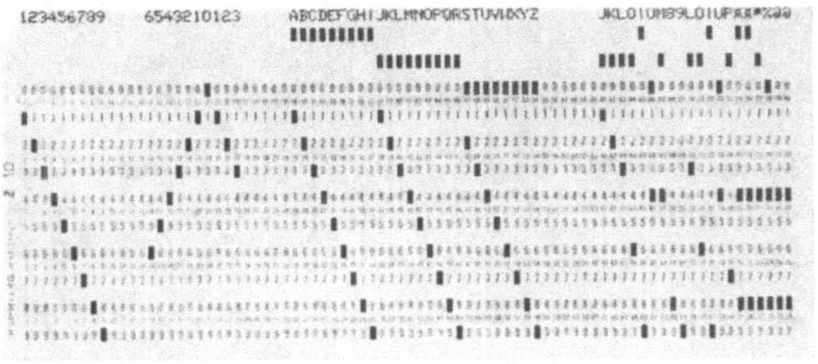

Abb. 72. Lochkarte von IBM

Die Vorwahl der Buchstaben S bis Z erfolgt über die Nullreihe. Jedem Buchstaben wird neben einer der 3 Vorwahlzeichen eine Zahl zugeordnet, z. B. 6 bei dem Buchstaben F.

Die Ziffern werden bei dieser Art der Codierung aus einem „1 aus 10 Code" gebildet, während die Buchstaben in einem „2 aus 12 Code" verschlüsselt werden. Er ist leicht erlernbar und hat den Vorteil, daß er in der Büromaschinentechnik schon auf breiter Basis eingeführt ist. Es bestehen dann keine Schwierigkeiten in der Verzahnung von Arbeitsvorbereitung und Fertigung. Man muß nur darauf achten, daß die Frage der Programmierung in Randgebieten wie in der Organisationstechnik oder dgl. entsprechend gehandhabt wird.

Für Programme mit begrenztem Informationsinhalt und häufigem Programmwechsel eignen sich Lochkarten wegen ihrer kurzen Zugriffszeit am besten. Mit geringem Zeitaufwand — gegebenenfalls mit mechanischen Hilfsmitteln — kann aus einem größeren Vorrat von Programmlochkarten eine bestimmte Karte herausgesucht werden.

4. Lochstreifen

Die Lochstreifen, die von der Fernschreibtechnik her bekannt sind, ermöglichen im Gegensatz zur Lochkarte eine praktisch beliebig große Informationsspeicherung. Sie haben aber eine große Zugriffszeit. Bei den in der Fertigungstechnik häufig vorkommenden sequentiellen Bearbeitungsverfahren ist dies jedoch nicht nachteilig, wenn der Lochstreifen in der vorgeschriebenen Reihenfolge geschrieben ist. Als Lochstreifenmaterial dient häufig kunststoffkaschiertes Papier, das sich im Werkstattbetrieb als recht betriebssicher erwiesen hat. In der Fernschreibtechnik verwendet man einen 5-Spur-Lochstreifen mit dem internationalen Fernschreibcode Nr. 2 nach CCIT. Dieser Code ist nur bedingt prüfbar und wurde deshalb für die Zwecke eines Informationsspeichers in

Bedeutung nach VDI-Richtlinie 3259, Abschn. 3	Programm-Symbol	Programm-Symbol	Spur-Nr. 1	2	·	3	4	5	CCIT Nr. 2 A…	CCIT Nr. 2 1…	ZSC 3 A…	ZSC 3 1…
Dezimalziffer	0	0		●	·		●	●	g	▨	g	0
"	1	1	●	●	·	●			u	7	u	1
"	2	2	●	●	·		●		j	🔔	j	2
"	3	3	●	●	·			●	w	2	w	3
"	4	4	●		·	●	●		f	□	f	4
"	5	5	●		·	●		●	y	6	y	5
"	6	6	●		·		●	●	b	?	b	6
"	7	7			·	●	●	●	m	.	m	7
"	8	8		●	·	●	●		c	:	c	8
"	9	9		●	·	●		●	p	0	p	9
Vorzeichen	−	+			·			●	t	5	t	.
"	+	−	●		·				e	3	e	−
Spindeldrehzahl	a	a	●	●	·				a	−	a	+
Hilfsfunktionen	d	d	●		·		●		d	+	d	+
Vorschubgeschwindigkeit	h	h			·	●		●	h	▱	h	?
Reserve 2	i	i		●	·	●			i	8	i	🔔
Reserve 1	k	k	●	●	·	●	●		k	(	k	(
Reserve 2	l	l		●	·			●	l	)	l	)
Werkzeugspeicher	n	n			·	●	●		n	,	n	,
Reserve 2 oder Stopsignal	o	o			·		●	●	o	9	o	:
Drehbewegung um eine Achse	r	r		●	·		●		r	4	r	/
Reserve 1 oder Interpolatorangabe	s	s	●		·	●			s	'	s	'
Reserve 1	v	v		●	·	●	●	●	v	=	v	=
Koordinatenmaß in der x-Achse	x	x	●		·	●	●	●	x	/	x	□
" " " y-Achse	y	y	●	●	·	●		●	q	1	q	□
" " " z-Achse	z	z	●		·			●	z	+	z	▱
		JRR	●	●	·	●	●	●	A…		A…	
		ZWR			·	●			ZWR		ZWR	
		<			·		●		<		<	
		≡		●	·				≡		≡	
a			●	●	·		●	●			1…	

b   8   4   2   1   Bewertung

Linke Gruppen (Pfeilbeschriftung): *numerische Zeichen* (0…9); *Vorzeichen* (−, +); *Alpha-Zeichen Adressen* (a…z); *Betriebszeichen* (JRR…).

Von den Reserve-Adressen sind die Buchstaben i, l und o möglichst zu vermeiden (2. Reserve)

a

Zeichenerklärung:

ZWR	Zwischenraum	□
IRR	Irrung	▨
<	Wagenrücklauf	▱

z. Z. unbenutzte Sonderzeichen

≡ Zeilenwechsel   A…   Umschaltung auf die Buchstabenreihe
🔔 Klingel   1…   Umschaltung auf die Ziffern- und Zeichenreihe
+ Wer da ?   TAB Tabulator

Abb. 73 a—d. Lochstreifen-Codes für numerisch gesteuerte Werkzeugmaschinen nach VDI 3259
a) Programmsymbole; b) Programm-Code 5;

der Fertigung in einen prüfbaren Code abgewandelt, den sogenannten ZSC-
Code (Abb. 73 b, S. 114). Hier sind alle 9 Ziffern mittels der Quersumme der
Löcher auf „ungerade" prüfbar. Die für den Streifenschreiber wichtigen

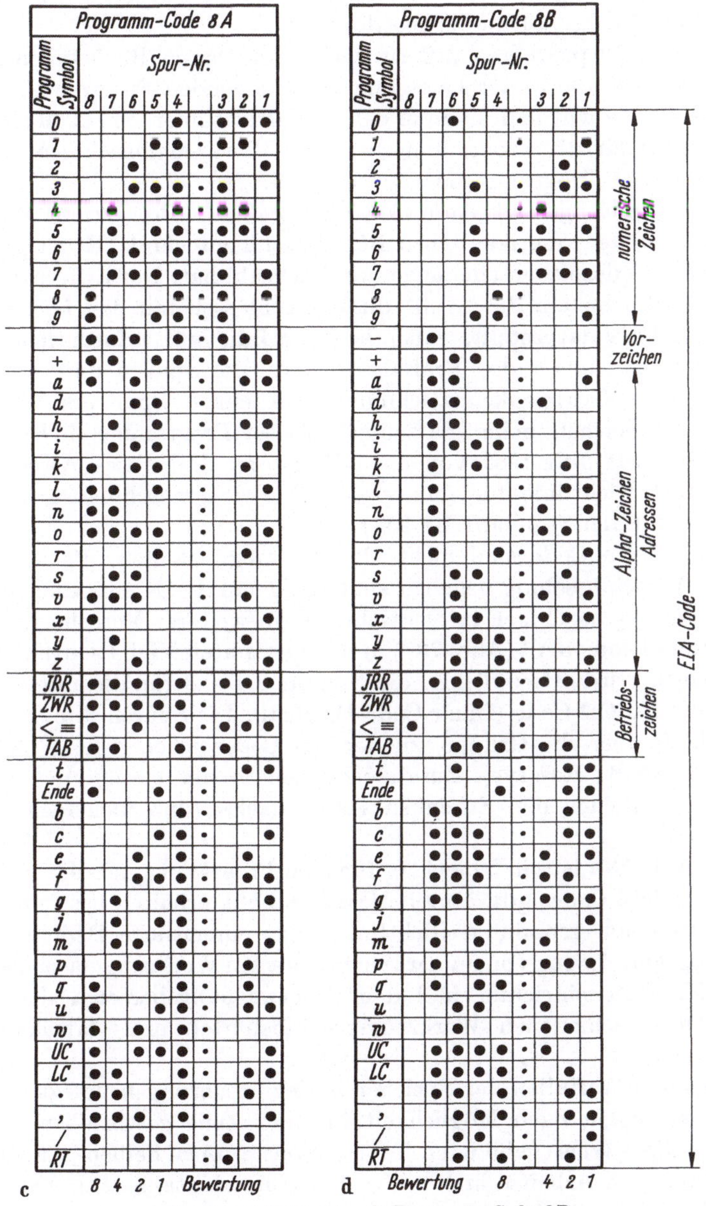

c   d

c) Programm-Code 8 A; d) Programm-Code 8 B

8*

Zeichen für Zeilenvorschub (Zl), Zwischenraum (ZWR), Wagenrücklauf (Wr), Buchstaben (Bu) sind gegenüber CCIT nicht geändert und wie die Ziffern auf „ungerade" prüfbar. Die 15 noch möglichen auf „gerade" prüfbaren Schriftgruppen sind 14 ausgewählten Buchstaben sowie der Zi- (Ziffern-) Umschaltung zugeordnet [38].

Mit den 10 prüfbaren Ziffern und 14 prüfbaren Buchstaben lassen sich praktisch alle in der Fertigung vorkommenden Programme schreiben. Der Code wurde deshalb in den VDI-Richtlinien Nr. 3259 als einer der 3 Code für die Programmierung von Werkzeugmaschinen mit der Bezeichnung „Programmcode 5" vorgeschlagen.

Der zweite, gemäß Abb. 73d ausgewählte „Programmcode 8B" stammt aus der amerikanischen Büromaschinentechnik. Er ist prüfbar, weil jedes Codezeichen eine ungerade Lochzahl hat. Der Ziffernwert der Zeichen wird bis auf die „Null" dual verschlüsselt mit den Löchern der Spuren *1* bis *4* dargestellt, wobei die Spur *5* die evtl. erforderlichen Zeichen für die „ungerade" Prüfung enthält. Die Spur *6* und *7* erlaubt eine gewisse Gruppenkennzeichnung. Auf der 8. Spur erscheint nur einmal ein Zeichen beim „Satzende". Dieser Programmcode 8B ist in den USA seit Juli 1961 von der „Electronic Industries Association" (EIA) als Richtlinie für numerische Werkzeugmaschinensteuerungen empfohlen (EIA-Standard RS-244).

Bei diesem Code sind nicht alle Prüfmöglichkeiten, die durch die 8-Spur-Verschlüsselung gegeben sind, ausgenützt. Es entstand deshalb für Werkzeugmaschinen in Deutschland ein weiterer Vorschlag, der als „Programmcode 8A" (Abb. 73c) in den genannten VDI-Richtlinien vorgeschlagen wird. Hier dienen die Spuren *5* bis *8* für die numerischen Zeichen im BCD-Code (Binär-Code-Dezimal). Die Spuren *3* und *4* geben Aufschluß über die Gruppe, zu der das Codezeichen gehört (Adresse, Speicherinhalt, Reserve). Zusatzlochungen in der ersten und zweiten Spur ermöglichen das Erkennen von einfachen und mehrfachen Fehlern [39].

In Abb. 73a ist ein Vorschlag für eine Programmsymbolik gemacht, die für alle 3 Codes gilt. Durch diese Symbolik erhalten bestimmte Zeichen nach den genannten Richtlinien eine einheitliche Bedeutung für die Programmierung von numerisch gesteuerten Werkzeugmaschinen, um dem Maschineneinrichter und dem Überwachungspersonal die Arbeit bei den verschiedenen Werkzeugmaschinenarten und -fabrikaten zu erleichtern.

Die zum Auffüllen der Speicher in der Steuerung benötigten Informationen sollen nach Möglichkeit in einer Zeile geschrieben werden. Die auf diese Weise gebildeten Informationsgruppen heißen „Sätze" und sollen mit den Arbeitsschritten der Maschine identisch sein. Jeder neue Satz beginnt mit einer neuen Zeile.

Die einzelnen Wörter in den Sätzen kann man entweder durch Kombinationen aus den vorgeschlagenen 14 Buchstaben (alpha Schreibweise) oder aus den 10 Dezimalziffern (numerische Schreibweise) oder durch Kombination von Buchstaben und Ziffern (alpha-numerische Schreibweise) zusammensetzen.

Die Schaltinformationen bestehen aus Wörtern, die sich bei alphanumerischer Schreibweise aus den Kennbuchstaben für die Adresse, z. B. x (Koordinate), den zugehörigen mehrstelligen Maßzahlen sowie den evtl. Vorzeichen zusammensetzen. Bei mehrstelligen Zahlen werden die Ziffern nacheinander in Laufrichtung des Lochstreifens angeordnet.

Neben diesen im wesentlichen auf den dualen Ziffern aufgebauten Verschlüsselungen gibt es auch noch viele andere Verschlüsselungsarten. Dazu gehören z. B. ternäre und quinäre Codes. Aus dem letztgenannten Code entstand der biquinäre Code. Um ihre unterschiedlichen Entwicklungsgesetze zu erläutern, sind einige typische Verschlüsselungsarten nochmals in Tab. 1 einander gegenübergestellt. Man sieht daraus, daß mit Ausnahme der ternären alle nach dem Binärsystem aufgebaut sind. Man erkennt ferner, daß die Begriffe dual und binär nicht dasselbe bedeuten, denn ein quinäres System ist binär, aber nicht dual.

Tabelle 1.

Dezimal	binär	reflekt. binär	ternär	Dezimal-binär tetradisch	Dezimal-binär biquinär
0	0 0 0 0 0	0 0 0 0 0	0 0 0	0 0 0 0 0 0	0 0 0 1 0 0 0 0 1
1	0 0 0 0 1	0 0 0 0 1	0 0 1	0 0 0 0 0 1	0 0 0 1 0 0 0 1 0
2	0 0 0 1 0	0 0 0 1 1	0 0 2	0 0 0 0 1 0	0 0 0 1 0 0 1 0 0
3	0 0 0 1 1	0 0 0 1 0	0 1 0	0 0 0 0 1 1	0 0 0 1 0 1 0 0 0
4	0 0 1 0 0	0 0 1 1 0	0 1 1	0 0 0 1 0 0	0 0 0 1 1 0 0 0 0
5	0 0 1 0 1	0 0 1 1 1	0 1 2	0 0 0 1 0 1	0 0 1 0 0 0 0 0 1
6	0 0 1 1 0	0 0 1 0 1	0 2 0	0 0 0 1 1 0	0 0 1 0 0 0 0 1 0
7	0 0 1 1 1	0 0 1 0 0	0 2 1	0 0 0 1 1 1	0 0 1 0 0 0 1 0 0
8	0 1 0 0 0	0 1 1 0 0	0 2 2	0 0 1 0 0 0	0 0 1 0 0 1 0 0 0
9	0 1 0 0 1	0 1 1 0 1	1 0 0	0 0 1 0 0 1	0 0 1 0 1 0 0 0 0
10	0 1 0 1 0	0 1 1 1 1	1 0 1	0 1 0 0 0 0	0 1 0 0 0 0 0 0 1
11	0 1 0 1 1	0 1 1 1 0	1 0 2	0 1 0 0 0 1	0 1 0 0 0 0 0 1 0
12	0 1 1 0 0	0 1 0 1 0	1 1 0	0 1 0 0 1 0	0 1 0 0 0 0 1 0 0
13	0 1 1 0 1	0 1 0 1 1	1 1 1	0 1 0 0 1 1	0 1 0 0 0 1 0 0 0
14	0 1 1 1 0	0 1 0 0 1	1 1 2	0 1 0 1 0 0	0 1 0 0 1 0 0 0 0
15	0 1 1 1 1	0 1 0 0 0	1 2 0	0 1 0 1 0 1	1 0 0 0 0 0 0 0 1
16	1 0 0 0 0	1 1 0 0 0	1 2 1	0 1 0 1 1 0	1 0 0 0 0 0 0 1 0
17	1 0 0 0 1	1 1 0 0 1	1 2 2	0 1 0 1 1 1	1 0 0 0 0 0 1 0 0
18	1 0 0 1 0	1 1 0 1 1	2 0 0	0 1 1 0 0 0	1 0 0 0 0 1 0 0 0
19	1 0 0 1 1	1 1 0 1 0	2 0 1	0 1 1 0 0 1	1 0 0 0 1 0 0 0 0
20	1 0 1 0 0	1 1 1 1 0	2 0 2	1 0 0 0 0 0	

Für das Lesen der Lochkarten und Lochstreifen gibt es erprobte Lesemaschinen. Bei der Lochkarte können diese durch einige Änderungen und Ergänzungen aus einer serienmäßigen Lochkartenmaschine für die betrieblichen Belange abgewandelt werden. Sie fühlt die Lochkarte in senkrechten Spalten nacheinander ab.

Abb. 74
Lochstreifenleser (Bauart Siemens)

Den Lesemechanismus wollen wir an einem Lochstreifenleser erläutern (Abb. 74), bei dem das Lesen ähnlich wie bei der Lochkarte sowohl beim 5-Spur- als auch beim 8-Spur-Lochstreifen in der Weise abläuft, daß jeweils eine Zeile abgelesen wird, und zwar mit 5 oder 8 Tastelementen gleichzeitig. Man spricht von einer Simultanlesung.

Den Abtastmechanismus zeigt die schematisch-perspektivische Darstellung nach Abb. 75.

Der nicht gezeichnete Lochstreifen wird durch Kontaktbürstensätze *6* abgetastet, die elektrisch voneinander getrennt die Auswertung

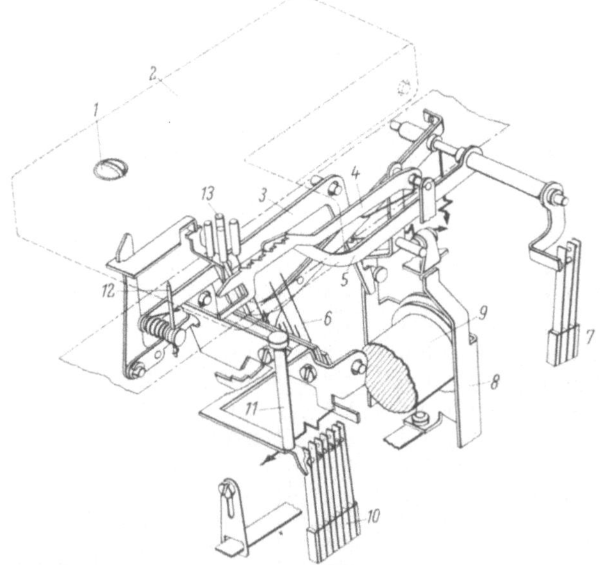

Abb. 75. Funktionsdarstellung eines Lochstreifenlesers nach Abb. 74.
1 Halteschraube; *2* Klappe; *3* Hebel; *4* Vorschubklinke; *5* Papierendhebel; *6* Schleifbürsten; *7* Kontaktfedersatz; *8* Anker; *9* Schaltmagnet; *10* Kontaktfedersatz; *11* Drucktaste; *12* Nadel; *13* Kontakte

von zwei hintereinanderliegenden Schrittgruppen ermöglichen. Dabei werden die 5 (oder 8) Spuren eines Zeichens gleichzeitig abgetastet. Die

eine Bürstenreihe kann z. B. für Steuerzwecke, die andere zu Kontroll-
zwecken verwendet werden.

Die Bürsten *6* schließen durch die das Zeichen darstellenden Löcher
im Lochstreifen, über die sich darüber befindlichen Kontakte, vorberei-
tend den Stromkreis. Den Lochstreifenvorschub besorgt nach Abb. 75
ein Magnet *9* mit einer Vorschubklinke *4*, die mit mehreren abgeschrägten
Zähnen in die Vorschublöcher des Lochstreifens eingreift.

Bei den immer höher werdenden Ansprüchen an die Speicherkapazi-
tät, Zugriffzeit und Speicherfrequenz reichen die mechanischen Speicher
nicht mehr aus, weil die mechanische Zeitkonstante der Konstruktions-
teile zu groß ist. Man verwendet deshalb bei hohen Speicheransprüchen
elektrische Speicher; das führt für unseren Aufgabenbereich zu sogenannten Kern- und Magnetbandspeichern.

5. Magnetbänder

Der aus der Tonbandtechnik bekannte Magnetbandspeicher wird
auch für industrielle Zwecke verwendet.

Das *Grundprinzip* besteht darin, daß bei der Signaleingabe eine
dünne Eisenoxydschicht auf dem Band, das durch den Luftspalt eines
sogenannten Aufnahmemagnetkopfes ge-
führt wird, durch ein in den Luftspalt
heraustretendes Magnetfeld mehr oder
weniger aufmagnetisiert wird (Abb. 76).
Das Magnetfeld wird von der Durchflutung einer elektrischen Wicklung erzeugt,
die auf dem Eisenkern des Magnetkopfes
sitzt. Macht man die Durchflutung dem
eigentlichen Signal, das registriert werden
soll, verhältnisgleich, so ist die remanente
Induktion in der Eisenoxydschicht ein
Abbild des zu registrierenden Signals.

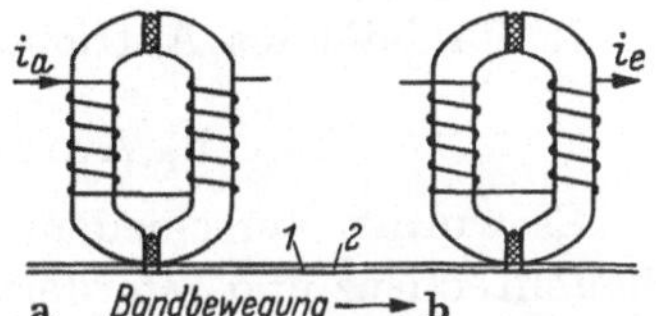

Abb. 76. Magnetischer Aufsprechkopf für Magnetband

a) Wiedergabekopf; b) Aufnahmekopf

1 Band; *2* magnetische Schicht;
i_e Eingabesignal; i_a abgenommenes
Signal

Bei der Wiedergabe wird die Induktionswirkung eines veränderlichen
Magnetfeldes auf eine Leiterschleife ausgenützt. Das magnetisierte Band
wird hierbei an dem Luftspalt des Wiedergabekopfes vorbeigeführt.
Dieser ist im Prinzip gleich aufgebaut wie der Aufnahmekopf. Der veränderliche magnetische Fluß erzeugt beim Vorbeiführen in der Wicklung
des Kopfes eine EMK. Es ist jedoch zu beachten, daß auch der eingeprägte
Magnetismus bei der Aufnahme proportional dem Signal und das Wieder-
gabesignal proportional dem Magnetismus ist. Die Ursachen für evtl. Abweichungen sind in dem endlichen Luftspalt der Köpfe zu suchen, ihrem
ohmschen Widerstand, der von der Frequenz abhängigen Eindringtiefe
des Magnetfeldes und dem Abstand der Köpfe vom Band, um nur einige zu
nennen. Durch entsprechende konstruktive Maßnahmen bei der Gestaltung

und Auslegung der Verstärker können diese Fehler reduziert werden. Um die Betriebssicherheit zu erhöhen, wurden außerdem verschiedene Aufzeichnungsverfahren entwickelt [40].

a) Bandantriebe

Die Güte eines jeden Magnetbandsystems hängt überwiegend davon ab, wie gut der Bandantrieb arbeitet. Die wichtigsten Kriterien für die Güte des Bandantriebes sind:

1. Die auf das Magnetband ausgeübten Spannungen beim Anfahren, Anhalten und während des Betriebes sollen so klein wie möglich sein.

2. Die magnetische Schicht auf dem Band sollte idealerweise nur mit den Aufnahme- und Wiedergabeköpfen in Kontakt kommen und dies möglichst nur während der Aufnahme und Wiedergabe.

3. Die Längsführung des Bandes sollte nicht zur Beschädigung der Ränder führen.

4. Genaue Konstruktion der Auf- und Abwicklungsspulen, um einwandfreies Aufspulen und damit gleichmäßige Spannung des Bandes zu gewährleisten.

5. Konstante Temperatur im Antriebsgehäuse.

6. Geringes Flattern des Bandes.

7. Staubdichtes Antriebsgehäuse.

b) Aufzeichnungsverfahren

Es wurden verschiedene Verfahren entwickelt, von denen je nach Signalfrequenz und geforderter Genauigkeit der Signalreproduktion die geeignete Methode gewählt wird.

Grundsätzlich lassen sich die Registrierverfahren in 2 Gruppen aufteilen: Analoge Registriertechnik (für Meßtechnik) und digitale Registriertechnik (für Meßtechnik und Rechner).

Die gebräuchlichsten *analogen* Registrierverfahren sind das Direktregistrierverfahren, das Frequenzmodulationsverfahren (FM) und das Pulsdauermodulationsverfahren (PDM).

Bei der Direktregistrierung wird das Signal in unverschlüsselter Form auf das Band gespielt. Ein vom Magnetband abgenommenes Signal ist, insbesondere wenn mit kleinen Signalen gearbeitet wird, nicht mehr linear proportional der Induktion auf dem Band, weil man im unteren Bereich der Kennlinien arbeitet. Um diese Schwierigkeit zu umgehen, wird beim Direktregistrierverfahren dem eigentlichen Signal ein hochfrequenter Vorstrom überlagert, der den Arbeitspunkt in den (nahezu) linearen Bereich der magnetischen Kennlinie anhebt (Abb. 77) [41].

Vorteile der Direktregistrierung sind ein breites Frequenzband und eine obere Frequenzgrenze bei 100 kHz. Die Nachteile sind in einer geringen Amplitudengenauigkeit, in empfindlicher Einstellung des Vorstromgenerators und Wiedergabeverstärkers und in der unteren Grenzfrequenz bei etwa 100 Hz zu sehen.

Beim frequenzmodulierten Registrierverfahren (FM) wird eine Trägerfrequenz nach Maßgabe der Amplitude des zu registrierenden Signals moduliert, d. h. jeder augenblicklichen Signalspannung entspricht eine von der Trägerfrequenz abweichende augenblickliche Frequenz (Abb. 78). Die maximale Frequenzabweichung von der Mitten- oder Trägerfrequenz beträgt üblicherweise $\pm 40\%$ für ein Eingangssignal von $\pm 100\%$. Hieraus läßt sich errechnen, daß z. B. einer Geschwindigkeitsänderung des Bandes von 1% ein Signalfehler von 2,5% entspricht.

Da die obere Grenzfrequenz eines Magnetbandes durch das Auflösungsvermögen des Wiedergabekopfes und die Bandgeschwindigkeit festgelegt ist, beträgt die maximale Registrierfrequenz beim FM-Verfahren nur etwa $^1/_5$ derjenigen bei Direktregistrierung. Die Vorteile der FM-Verfahren sind: die hohe erreichbare Genauigkeit und die Möglichkeit, Gleichspannungen zu registrieren. Die hohen Anforderungen an die Mechanik des Bandantriebes sind ein Nachteil dieser Methode.

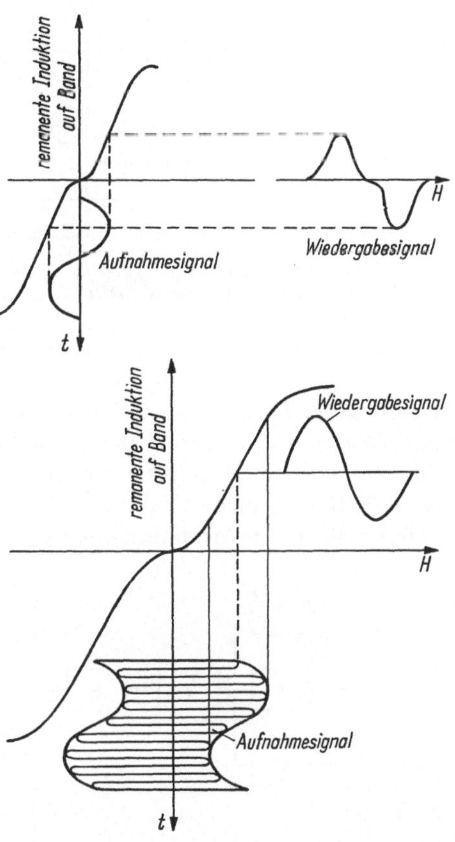

Abb. 77. Verzerrung der Wiedergabe bei Direktregistrierung (oben) und Entzerrung durch hochfrequenten Vorstrom (unten) nach [41]

Mit dem FM-Multiplexverfahren läßt sich eine Mehrfachausnutzung einer Magnetbandspur erreichen (Abb. 79). Hierbei wird jedes Signal wiederum in ein frequenzverschlüsseltes Signal umgewandelt, und zwar wird jedem eine bestimmte Trägerfrequenz zugeordnet, die nach Höhe und Vorzeichen des Signals um $\pm 7,5\%$ (bzw. $\pm 15\%$) frequenzmoduliert wird. Die so gewonnenen Signale werden in einer Mischstufe addiert und das Mischsignal nach dem Direktregistrierverfahren auf das Band gespielt. Bei der Wiedergabe wird das von den Köpfen gelieferte Misch-

signal über einen Direktwiedergabeverstärker verstärkt und über Band-
paßfilter entmischt. Der Frequenzabstand der einzelnen Trägerfrequen-
zen ist so gewählt, daß auch bei maximaler Frequenzabweichung zweier

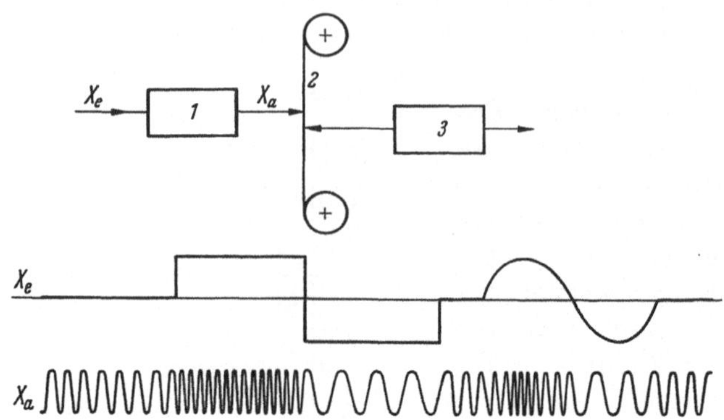

Abb. 78. Das Wesen der Frequenzmodulation nach [41]
1 Frequenzmodulator; *2* Magnetband; *3* Frequenzdemodulator

benachbarter Frequenzen keine Überschneidung auftritt. Da die maximale Frequenzabweichung bei 100 % Eingangssignal nur 7,5 % beträgt,
wird bei diesem Verfahren der Einfluß der ungleichmäßigen Bandgeschwindigkeit um den Faktor 40/7,5 = 5,3 größer. Es müssen hohe Anforderungen an die Mechanik des Bandantriebes und die Empfindlichkeit

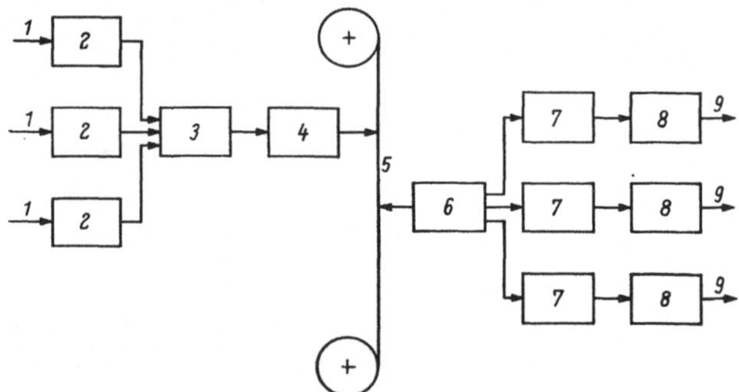

Abb. 79. Frequenzmultiplexverfahren nach [40]
1 aufzugebende Signale; *2* Oszillatoren; *3* Mischer; *4* Verstärker; *5* Band; *6* Verstärker;
7 Filter; *8* Demodulatoren; *9* abgehende Signale

der Einstellung der Direktregistrier- und Wiedergabe-Elektronik gestellt
werden. Die maximale Signalfrequenz beträgt nur etwa 1000 Hz.

Beim pulsdauermodulierten Registrierverfahren (PDM) handelt es
sich um eine der FM-Technik ähnliche Methode, nur wird statt eines
Sinusträgers ein symmetrischer Rechteckträger benutzt, dessen abfal-

lende Flanke nach Maßgabe der Amplitude und des Vorzeichens der Signalspannung nach links oder rechts verschoben wird (Abb. 80) [*40*].

Die Registrierung und die Reproduktion eines solchen modulierten Rechteckträgers mittels Magnetband ist relativ einfach. Der Registriervorgang besteht darin, daß bei ansteigender Flanke des Rechteckträgers das Magnetband in positiver Richtung und bei abfallender Flanke in negativer Richtung in Sättigung getrieben wird. Die Wiedergewinnung des modulierten Signals kann durch einen bistabilen Multivibrator erzielt werden. Das eigentliche Signal wird durch eine einfache Siebung erhalten. Der Vorteil dieser Art der Registrierung beruht darauf, daß sich Unstetigkeiten im Bandantrieb nicht auswirken können. Allerdings ist die mögliche Signalbandbreite wesentlich geringer als beim FM-Verfahren (etwa $^1/_7$).

Auch bei dieser Modulationsart ist ein Multiplexverfahren, das PDM-

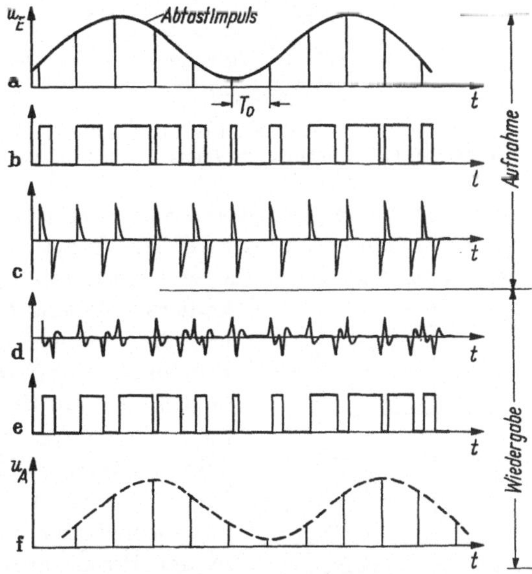

Abb. 80. Impulsplan bei „pulsdauermodulierter" Aufzeichnung nach [*40*]

Multiplexverfahren, möglich, das sehr weit verbreitet ist (Abb. 81). Die zu registrierenden Signale werden mit einem Umschalter der Reihe nach abgefragt und die so gewonnenen Impulse verschiedener Höhe durch einen Verschlüßler in PDM-Impulse verschiedener Länge umgesetzt, die nach dem im obigen Abschnitt beschriebenen Verfahren auf dem Magnetband registriert werden. Die Wiedergabe der Signale erfolgt dadurch, daß die vom Band gewonnenen PDM-Impulse durch einen Entschlüßler in Impulse entsprechender Höhe verwandelt werden, die wiederum durch einen Umschalter auf die verschiedenen Signalausgänge verteilt werden. Durch entsprechende Filter könnten die einzelnen Impulse jedes Signalausgangs wieder in reine analoge Werte umgewandelt werden.

Vorteile des PDM-Multiplexverfahrens sind: hohe Bandausnutzung, hohe Genauigkeit und geringe Anforderungen an Mechanik des Bandantriebes, Registrierung und Wiedergabe von Gleichspannungen sind möglich. Die Frequenzbandeinschränkung beim PDM-Multiplexverfahren ist stärker als beim gewöhnlichen PDM-Verfahren.

Die *digitale* Registriertechnik hat gegenüber der analogen Methode den Vorteil, daß Registrierfehler theoretisch nicht vorkommen, sofern

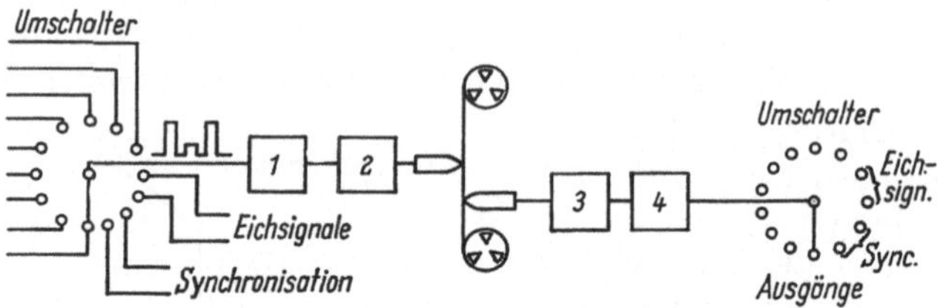

Abb. 81. Das PDM-Multiplexverfahren nach [41]
1 Verschlüßler; 2 Aufnahmeverstärker; 3 Wiedergabeverstärker; 4 Entschlüßler (Diskriminator)

nicht durch den Verlust von Signalquanten (drop outs) der ganze Signalwert überhaupt sinnlos wird. Die Aufnahme- und Wiedergabeelektronik ist *einfacher* als bei analoger Registrierung, da ausschließlich die binärkodierte Signalaufzeichnung angewendet wird, bei der es darauf ankommt, Impulse aufzunehmen oder bei der Wiedergabe festzustellen, ob Impulse auf dem Band registriert sind oder nicht. Die Höhe oder Länge der Impulse ist kein Kriterium für den Signalwert. Jedem Impuls ist eine bestimmte Wertigkeit zugeordnet, wobei der zu registrierende Signalwert in der Praxis durch eine Gruppe solcher verschiedenartig geordneter Impulse ausgedrückt wird.

Die Wertigkeit eines Impulses innerhalb einer solchen Gruppe kann durch den relativen Zeitpunkt, zu dem der Impuls auftritt, bestimmt sein (seriale Digitalsignale) oder durch das Muster, das mehrere zur gleichen Zeit auftretende Impulse besitzen (paralleles Digitalsignal). Eine Kombination beider Methoden ist ebenso möglich (parallelseriales Digitalsignal). Die Formierung digitaler Signale auf den Spuren des Magnetbandes erfolgt unter denselben Gesichtspunkten (Abb. 82).

a)

| 1 | 1 | 1 | 1 | Spur 1 |
| 1 | 0 | 0 | 1 | Spur 2 |

b)

1			Spur 1
0			Spur 2
0			Spur 3
1			Spur 4

c)

| 1 | 0 | | Spur 1 |
| 0 | 1 | | Spur 2 |

Abb. 82. Die Verarbeitung digitaler Signale nach [41]
a) Bei serialer Darstellung enthält Spur 1 ein Taktsignal und Spur 2 die Information 1001; b) bei paralleler Darstellung enthält diese Information die Spuren 1—4 gleichzeitig; c) Kombination von a und b

Die Registrierung der einzelnen Impulse eines digitalen Signals erfolgt nach der Sättigungsmethode. Hierfür haben sich zwei grundsätzliche Verfahren herausgebildet: nämlich die „return to zero" (RZ) und die „non return to zero" (NRZ)-Technik. Beim RZ-Verfahren wird der Strom im

Aufnahmekopf so groß gemacht, daß das Magnetband in Sättigung getrieben wird, wenn eine „1" geschrieben werden soll, und der Strom wird zu Null, wenn eine „0" oder kein Impuls registriert werden soll. Beim NRZ-Verfahren werden die positive und negative Sättigung ausgenutzt. Es fließt dabei im Aufnahmekopf einer der zur Sättigung führenden Ströme. Zu Beginn sowie für die Dauer eines aufzuzeichnenden Signals wird die umgekehrte Sättigung auf das Band gegeben.

Bei einem anderen NRZ-Verfahren — der phasenmodulierten Registrierung — ändert sich die Richtung des Sättigungsstromes nur, wenn ein Übergang von einer „Null" auf eine „Eins" auftritt oder umgekehrt [*40, 41, 42*].

c) Informationskapazität

Um die mögliche Informationskapazität der verschiedenen Registrierverfahren miteinander vergleichen zu können, ist es wichtig, sich auf gewisse gemeinsame Ausgangsbasen festzulegen. Eine davon ist das Verhältnis von Trägerfrequenz oder Abtastfrequenz zur maximalen Signalfrequenz. Dies ist an und für sich ein ziemlich umfassender Fragenkomplex; eine für diese Betrachtung jedoch hinreichende und auch durch die Praxis bestätigte Annahme erlaubt uns, ein Verhältnis von 5:1 festzulegen. Für Direktregistrierung geht dieses Verhältnis natürlich nicht ein, da kein Träger vorhanden ist. Ein brauchbares Maß für die Informationskapazität ist die Anzahl der Signalfrequenzperioden, die pro Längeneinheit jeder Spur registriert werden können, multipliziert mit der möglichen Anzahl der Spuren auf dem Magnetband, die zu einem Wert gehören. Dies berücksichtigt auch die Tatsache, daß digitale Registrierverfahren einen geringeren Spurenabstand als analoge Verfahren zulassen.

Bei Direktregistrierung können maximal 2000 Perioden *pro Zoll* und Spur registriert werden. Die Grenze ist durch das Signal-Rausch-Verhältnis gesetzt. Die Anzahl der Perioden bei FM-Registrierung errechnet sich zu 180 Signalperioden pro Zoll aus dem Verhältnis von Träger zur Signalfrequenz (5:1) und dem für FM-Systeme allgemein festgelegten Verhältnis von Bandgeschwindigkeit zu Trägerfrequenz.

Die digitale Registrierung erlaubt nur einen Vergleich mit analogen Registrierverfahren, wenn die Genauigkeit der beiden Verfahren in Betracht gezogen wird. Die größte digitale Datendichte wird natürlich erzielt, wenn der rein duale Code zugrunde gelegt wird. Wenn die Genauigkeit eines analogen Systems überschlägig mit einer Genauigkeit von 1% festgelegt wird, so muß also eine rein duale Darstellung gleicher Genauigkeit aus sieben Binärzeichen bestehen. Jede Signalperiode muß, wie festgelegt, 5mal abgetastet werden. Damit sind also 35 Impulse pro Periode notwendig; bei einer Pulsdichte von 1000 Impulsen pro Zoll entspricht dies also etwa 28 Signalperioden pro Zoll und Spur.

Die Spurenzahl pro Zoll Bandbreite liegt wegen der zulässigen Übersprechdämpfung bei FM- und Direktregistrierverfahren bei 16 Spuren; bei digitaler Registrierung und PDM-System bei 32 Spuren. Damit erhalten wir folgende theoretische maximale Informationsdichte in Perioden pro Quadratzoll Magnetband:

Direktregistrierung	32000 Perioden/in.^{2}
FM-Verfahren	2880 Perioden/in.^{2}
PDM-Verfahren	834 Perioden/in.^{2}
Digital-Methoden	896 Perioden/in.^{2}

6. Kernspeicher

Ein sehr vielseitig verwendbarer Speicher ist der Kernspeicher. Ein ringförmiger Kern (Abb. 83) aus ferromagnetischem Material trägt 2 Wicklungen. Beim Schließen des oberen Kontaktes b_1 fließt durch die linke Wicklung ein Strom, dessen Größe sich aus der Batteriespannung und dem Wirkwiderstand des Stromkreises ergibt. Dieser Strom erzeugt im Ringkern einen Magnetfluß. Durch Wahl eines geeigneten Kernmaterials kann man erreichen, daß dieser magnetische Fluß bis zu einer bestimmten Stromstärke praktisch Null ist, dann aber plötzlich in die Sättigung springt, ohne bei weiterem Steigen noch wesentlich anzuwachsen. Die Hysteresisschleife erhält also nahezu Rechteckcharakter (Abb. 84). Wird der Kontakt wieder geöffnet, tritt im Magnetisierungszustand infolge der Remanenzwirkung keine Änderung ein. Auch durch mehrmaliges Öffnen und Schließen des oberen Kontaktes kann in der rechten Spule keine Spannung induziert werden, da der Magnetfluß gesättigt ist und sich nicht mehr ändert.

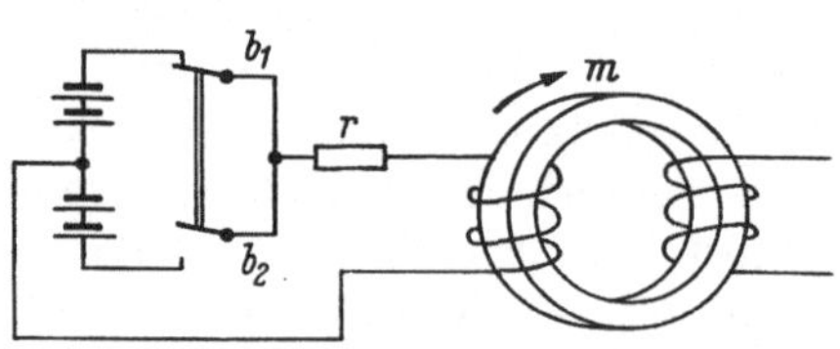

Abb. 83. Wirkungsweise einer Kernspeicherung

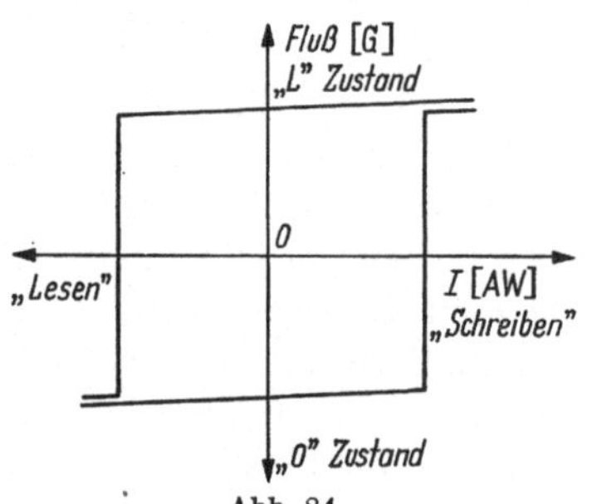

Abb. 84
Hysteresisschleife eines Magnetkernes

Wenn nun aber der untere Kontakt b_2 geschlossen wird, fließt durch die linke Wicklung ein Strom in umgekehrter Richtung, der bei ausreichender Stärke die Koerzitivkraft überwindet und den Kern in umgekehrter Richtung magnetisch sättigt. Diese starke Flußänderung ruft in der rechten Spule einen Spannungsimpuls hervor, ein weiteres Öffnen und Schließen des unteren Kontaktes bleibt ohne Wirkung, da der Magnetfluß unverändert bleibt. Nach erneutem Schließen des oberen

Kontaktes erzeugt ein Strom in der ursprünglichen Richtung einen Spannungsimpuls in der rechten Spule, diesmal in umgekehrter Richtung. Die eine Magnetisierungsrichtung bezeichnet man willkürlich mit „0" und die umgekehrte mit „1". Ein Spannungsstoß tritt also in der rechten Wicklung jedesmal dann und nur dann auf, wenn der Ringkern von „0" nach „1" oder von „1" nach „0" ummagnetisiert wird.

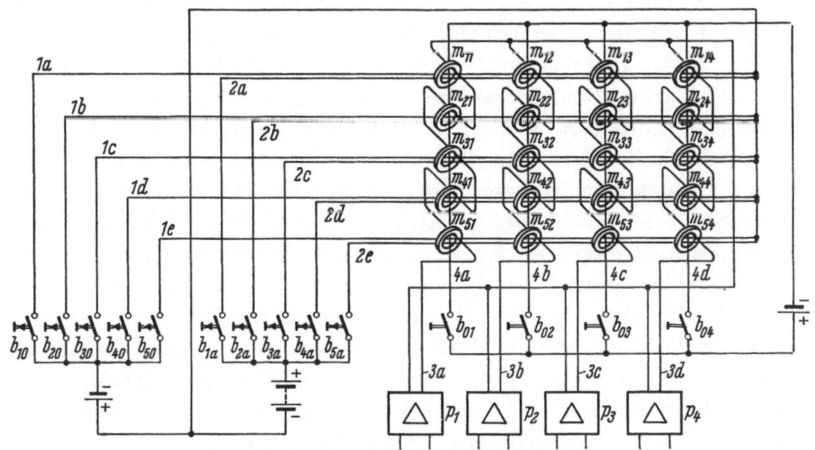

Abb. 85. Kernspeicher in Matrixform

b Signalgeber; *1 a—e* Schreibdraht; *2 a—e* Abfragedraht; *3 a—d* Lesedraht; *4 a—d* Spaltenschreibdraht

Diese Eigenschaft kann nun zum Speichern und Wiederabfragen von Informationen benutzt werden. Als Beispiel sei ein Kernspeicher angenommen, der aus 5 Zeilen und 4 Spalten besteht (Abb. 85). Jeder Kern wird von 2 senkrechten und 2 waagerechten isolierten Drähten durchsetzt. Da sich diese außen schließen, haben sie für jeden Kern die Wirkung einer Wicklung. Die 4 Drähte heißen (waagerecht) Zeilenschreibdraht (1_{a-e}) und Abfragedraht (2_{a-e}), sowie (senkrecht) Lesedraht (3_{a-d}) und Spaltenschreibdraht (4_{a-d}). Die erste Ziffer der Kernbezeichnung nennt die Zeile, die zweite die Spalte, der der Kern angehört.

Diese Kernspeicher können wir zur Steuerung eines Folgeprogramms verwenden. Die Zeilen entsprechen z. B. den einzelnen Programmschritten, während die Spalten jeweils einem Stellglied zugeordnet sind. In unserem Beispiel haben wir also eine sogenannte Ringkernmatrix für 4 Stellglieder und 5 Programmschritte. Es soll folgendes Programm gespeichert werden:

Schritt 1:   Stellglied 1 „Ein", 2, 3 und 4 „Aus"
Schritt 2:   Stellglied 1 und 2 „Ein", 3 und 4 „Aus"
Schritt 3:   Stellglied 2 und 3 „Ein", 1 und 4 „Aus"
Schritt 4:   Stellglied 3 und 4 „Ein", 1 und 2 „Aus"
Schritt 5:   Stellglied 4 „Ein", 1, 2 und 3 „Aus"

Wird nun für den Befehl „Ein" ein Kern mit „1"-Magnetisierung, für den Befehl „Aus" ein solcher mit „0"-Magnetisierung genommen, so ergibt sich als Programmierungstafel für die Kernmatrix:

Um dieses Programm zu speichern, werden zunächst sämtliche Kerne in den „0"-Zustand gebracht. Der gewünschte „1"-Zustand für die vorgesehenen Kerne wird erreicht, indem über den Zeilenschreibdraht und den Spaltenschreibdraht durch je einen Schalter b_{10-50} bzw. b_{01-04} gleichzeitig ein Stromimpuls (Halbstrom $I/2$) gegeben

$$\begin{matrix} 1 & 0 & 0 & 0 \\ 1 & 1 & 0 & 0 \\ 0 & 1 & 1 & 0 \\ 0 & 0 & 1 & 1 \\ 0 & 0 & 0 & 1 \end{matrix}$$

wird. Beide zusammen erreichen die zum Ummagnetisieren erforderliche Induktion, während alle anderen Kerne, die keine Erregung oder nur die halbe Erregung durch den einen der beiden Impulse erhalten, im „0"-Zustand verharren. Auf diese Weise wird durch kurzzeitiges Schließen der entsprechenden Schalter das ganze Programm eingeschrieben. Als Beispiel möge der Kern m_{22} dienen, der Signal speichert, wenn die Schalter b_{20} und b_{02} geschlossen werden. Zur Abfragung des Programms wird jeweils für einen Programmschritt die Abfragetaste der zugehörigen Zeile kurz gedrückt. Es fließt dabei der Vollstrom I. Damit werden alle Kerne der abgefragten Zeile in den „0"-Zustand zurückversetzt. Auf diese Weise entsteht im Lesedraht ein Signal, wenn ein Kern der Spalte Signal hatte. Dieses Signal wird einem der Verstärker p_{1-4} zugeführt.

Es gibt jedoch auch Magnetkerne, die unsymmetrisch aufgebaut sind und infolge der Verwendung eines besonderen Materials ihre Magnetisierungsrichtung beim Lesen nicht ändern. Bei Speichern, die mit solchen Kernen aufgebaut sind, erübrigt sich das Wiedereinschreiben der gelesenen Informationen.

Ein Speicher enthält z. B. 32 Zeilen mit je 32 Speicherelementen, mit denen $32 \times 32 = 1024$ „Ein"-,„Aus"-Funktionen angesteuert werden können, besitzt also eine Kapazität von 1024 bit.

Stellglieder, die sich im stromlosen Zustand in der Ruhelage, unter Strom in Arbeitslage befinden, oder umgekehrt, wie Schütze ohne Selbsthaltung, Magnetventile u. a., sind über Verstärker ohne weiteres für eine Ansteuerung von Magnetkernspeichern geeignet [43, 44].

V. Bauelemente für die Signalverarbeitung

A. Verarbeitungsarten

1. Verteilen

Das Signal können wir selten an der Stelle wo es entsteht, auch tatsächlich verwenden. Wir müssen es zunächst weiterleiten (verteilen). Dies erfolgt meistens in Leitungen. Drahtlose Signalübertragungen sind bei den verhältnismäßig kleinen Wirkungsräumen unserer Automatiken kaum nötig. Jedoch können Störsignale von außen „drahtlos" unsere Automatik beeinflussen. Wir haben es dabei mit hochfrequenten Störungen (schnelle Potentialänderungen) zu tun, die man niemals ganz vermeiden kann, jedoch abschirmen muß.

Leitungen können ferner im Zusammenwirken mit weiteren Schaltgeräten Speicherfunktionen übernehmen. Sie können sogenannte permanente Speicher werden. Man will aber auch flexible Speicher haben und benötigt dann Signalflußweichen, die möglichst elektrisch wählbar sind. Die dafür notwendigen Bauelemente sind sowohl bei Schaltgeräten als auch bei kontaktlosen Bauelementen zu finden.

2. Ändern der Signalform

Sehr oft können wir das Signal nicht so, wie es entsteht, verwenden. Wir müssen seine Form ändern. Es kann z. B. nur kurzzeitig auftreten, soll aber dauernd wirken, muß also gespeichert werden.

Wir brauchen für diese Änderung der Signalform ein Übertragungsglied, dessen Eingangssignal nur kurzzeitig wirkt. Das Ausgangssignal soll dauernd gegeben werden. Solche Übertragungsglieder kann man als Speicher (Gedächtnisglieder) auffassen. Soll das Signal zeitlich begrenzt wirken, führt man zum Löschen des Ausgangssignals ein zweites Eingangssignal ein. Es kann bei einem solchen Gedächtnisglied auch wünschenswert sein, daß das Eingangssignal nicht gleich, sondern erst nach einer Zeit t_1 wirkt und wieder durch ein zweites Signal, gegebenenfalls nach einer anderen Zeit t_2, gelöscht wird.

Eine weitere sehr wichtige Signaländerung ist die Inversion, bei der im Ausgang kein Signal vorhanden ist, wenn der Eingang Signal hat oder umgekehrt.

Für ungenaue Signale, die beispielsweise extrem kurz sein können und sich vielleicht noch mehrfach mit verschiedener Amplitude wiederholen, braucht man Übertragungsglieder, die aus einem ungenauen Eingangssignal ein zeitlich genau definiertes Ausgangssignal machen, das auch wirklich nur einmal wirkt. Das Signal kann entweder sofort oder mit einer zeitlichen Verzögerung wirken. Andere interessante Signaländerungen gibt es beim Zählen von Impulsen (vgl. S. 248). Signalverstärker spielen eine wichtige Rolle.

3. Mischen

Selten haben wir es mit nur einem Signal zu tun, müssen also mehrere Signale miteinander mischen oder das richtige Signal aus vielen auswählen. Dabei schreibt eine Information vor, unter welchen Bedingungen die Signalverarbeitung stattfinden kann. Diese Bedingungen können logischer oder funktioneller Art sein. Bei automatischen Anlagen wird man bestrebt sein, diese Bedingungen nicht als Informationen, sondern als Signale zur Verfügung zu haben. Dies läuft dann auf die Signalverarbeitung hinaus, also die Weitergabe des Signals über logische oder funktionelle Verknüpfungen [*10*].

a) Logische Verknüpfungen

Bei logischen Verknüpfungen haben die Signale entweder binäre — zweiwertige — oder höherwertige Aussagekraft. Bei der allgemeinen Zweiwertigkeit der Signale hat jedes Signal nur die Aussagekraft „ja" oder „nein", „eingeschaltet" oder „ausgeschaltet" usf. Bei den verschiedenen Kombinationsmöglichkeiten der Eingangssignale wird das Ausgangssignal auch nur eine binäre Aussagekraft haben. Durch die Verknüpfung ändert sich das Signal an sich nicht. Sein Vorhandensein oder Nichtvorhandensein hängt von den Kombinationsmöglichkeiten der Eingangssignale und der logischen Verknüpfungen des für die Signalverknüpfung dienenden Übertragungsgliedes ab.

Es gibt 3 verschiedenartige Übertragungsbedingungen.

Bei der „Und"-Bedingung darf das Übertragungsglied im Ausgang nur Signal geben, wenn gleichzeitig alle Eingangssignale gegeben werden. Liegt nur ein Signal an, so hat der Ausgang kein Signal.

Anders ist es bei der „Oder"-Bedingung. Hier hat das Übertragungsglied immer dann Ausgangssignal, wenn an dem einen oder anderen Eingang ein Signal liegt. Infolgedessen entsteht auch ein Ausgangssignal, wenn beide Eingänge Signal haben. Mit diesen beiden Bedingungen und der vorher beschriebenen Signalinversion lassen sich praktisch alle Verknüpfungen durch beliebige Kombinationen der 3 Möglichkeiten durchführen.

Bei den bisherigen Betrachtungen wurden durch die genannten logischen Verknüpfungen immer nur Ja-Nein-Entscheidungen getroffen. Das soll nicht sagen, daß mit einem solchen 2wertigen digitalen Verknüpfungssystem von vornherein ein Optimum an Aufwand und Betriebssicherheit erreicht wird. Es lassen sich für Sonderfälle auch mehrwertige Systeme anwenden, auf die jedoch nicht näher eingegangen wird.

b) Funktionelle Verknüpfungen

Es kann auch die Notwendigkeit bestehen, mehrere Signale funktionell miteinander zu mischen. In erster Linie gehören dazu Übertragungsglieder mit mehreren Eingängen ($e_1 - e_n$) und einem Ausgang ($a = f(e)$), wobei $f(e)$ durch algebraische Funktionen gegeben ist, also beispielsweise

$$f(e) = e_1 + e_2 + \cdots \tag{1}$$

oder $\qquad\qquad f(e) = e_1 - e_2$

oder $\qquad\qquad f(e) = e_1 \cdot e_2$

oder $\qquad\qquad f(e) = e_1 \,/\, e_2$

Es können selbstverständlich auch andere, insbesondere nichtlineare Funktionen auftreten.

Besonders markante Beispiele sind Prozeßrechner, Interpolatoren u. dgl., bei denen meistens kontaktlose Schaltungen für die umfangreichen Rechenoperationen zur Verfügung stehen (vgl. S. 422). Sie arbeiten sowohl nach digitalen als auch nach analogen Methoden.

Bei digitalen Methoden arbeitet man meistens auf der Basis von Dualzahlen.

Bei analogen Verfahren dienen häufig ohmsche Widerstände in Verbindung mit Verstärkern zur Signalmischung [45].

B. Signal- und Störpegel

Nicht nur die Erkenntnis, daß die meisten Signale von „aktiven“ Signalgebern kommen, führt dazu, daß man der Signalspannung — dem Signalpegel — große Bedeutung beimessen muß. Der Signalpegel ist auch richtungsgebend für die Entwicklung der Signalverarbeitung in der industriellen Steuerungstechnik überhaupt. Man geht immer mehr davon ab, umfangreiche Aufgaben der Signalverarbeitung, wie Speichern und Wählen, auf den durch die Schütze bedingten Spannungspegel von 220 V zu legen. Mit Rücksicht auf die vorgeschriebenen Kriechwege lassen sich die dafür nötigen Geräte nicht beliebig verkleinern. Bei den immer umfangreicheren Aufgaben für die Signalverarbeitung würden dann die dazu gehörigen Steuerungen einen viel zu großen räumlichen Aufwand erfordern.

Man verlegt deshalb die Aufgaben der Signalverarbeitung auf einen Spannungspegel, der unter 60 V liegt. Dafür gelten im wesentlichen die VDE-Vorschriften 800 und 804. Günstig erscheinen 24 V Gleichstrom. Dieses Gebiet werden wir wegen seiner großen Bedeutung ausführlicher behandeln müssen.

In der Steuerungstechnik spielt noch ein dritter, meist noch niedriger liegender Signalpegel eine Rolle. Er kommt von den selbsttätigen Signalgebern verschiedener Art her, zu denen z. B. Fotozellen gehören. Für diese Signalgeber gibt es auch besondere Meßrelais, die zweckmäßigerweise mit den Relais behandelt werden. Diese sind zumeist aus Aufgaben der Fernmeldetechnik entstanden.

Je niedriger der Signalpegel liegt, desto gefährlicher werden die Störungen, die von außen auf die Automatik zukommen. Es ist deshalb notwendig geworden, dies genauer zu definieren. Man hat den Begriff „Störpegel“ geprägt und versteht darunter die Amplitude einer elektrischen Störgröße, also z. B. Leistung, Strom oder Spannung. Dieser Störpegel wird dann mit dem Signalpegel ins Verhältnis gesetzt. Man mißt ihn in Neper (N) oder Dezibel (db) und definiert in Neper

$$n_{(N)} = \frac{1}{2}\ln\frac{P_2}{P_1} = \ln\frac{U_2}{U_1} = \ln\frac{I_2}{I_1} \tag{2}$$

Dabei ist also n das logarithmische Verhältnis der elektrischen Größen (Leistung, Spannung und Strom) gleicher Einheit zueinander oder zu ihren genormten Bezugswerten.

Bei der Definition in Dezibel geht man nicht vom natürlichen, sondern vom 10er Logarithmus aus und schreibt

$$n_{(db)} = 10\lg\frac{P_2}{P_1} = 20\lg\frac{U_2}{U_1} = 20\lg\frac{I_2}{I_1} \tag{3}$$

Für die Umrechnung von Neper in Dezibel gilt dann

$$1\,\mathrm{N} = 8{,}686\ \mathrm{db}$$
$$1\,\mathrm{db} = 0{,}1151\,\mathrm{N}$$

Bei drahtlosen Übertragungen der Störgröße spielt neben dem Störpegel noch die Störfrequenz eine Rolle. Eine schnelle Signalverarbeitung verlangt ein breites Frequenzband mit großer Störempfindlichkeit. In der industriellen Anwendung versucht man einen Kompromiß in der Richtung auf schmales Frequenzband hin.

Auf die Leitungsführung muß man deshalb besonders achten. Dazu gehört die räumliche Trennung von Leitungen mit verschiedenem Signalpegel. Resistive (R_s) und kapazitive (C_s) Isolationswiderstände können nach Abb. 86 Störströme zulassen, die besonders an hochohmigen Eingängen R_g von Verstärkern gefährlich werden. Bei der üblichen Erdung der Netzspannung an M_1 und der Meßspannung an M_2 treibt U einen Störstrom I_s über C_s bzw. R_s durch

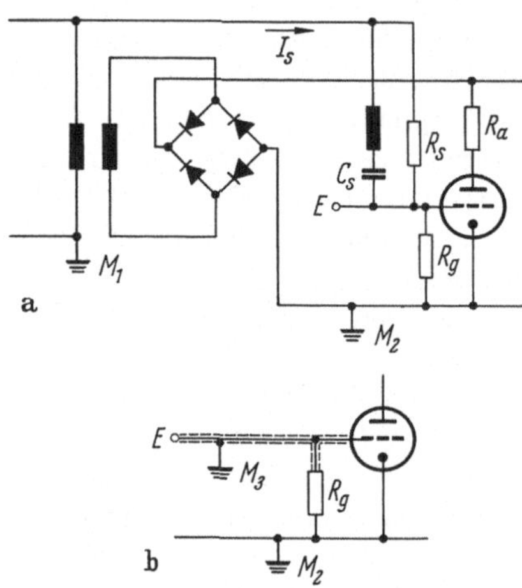

Abb. 86. Entstehung von Störsignalen (I_s) durch resistive (R_s) und kapazitive (C_s) Isolationswiderstände

a) Schaltungsbeispiel für hochohmigen Eingang einer Verstärkerröhre; b) Abhilfe durch Abschirmung

R_g über M_2 und M_1, der bei R_g einen beträchtlichen, als Störspannung wirkenden Spannungsabfall erzeugt. Sofern man nicht auf niederohmige Eingangswiderstände übergehen kann, bringt die übliche Abschirmung nach Abb. 86b Abhilfe. Bei empfindlichen Meßgebern muß man jetzt sogar noch darauf achten, daß auf die Verbindung von M_2 und M_3 keine Störspannung einwirken kann. Dafür gibt es Spezialschaltungen für die Abschirmleitungen.

Grundsätzlich schirmen diese Maßnahmen Störungen durch elektrische Felder ab. Gegen magnetische Felder müßte man die Geräte in Eisenkäfige packen. Oft reicht auch schon die kräftige Verdrillung der gefährdeten Leitung aus, weil sich dann die Störeinflüsse in ihrer Wirkung aufheben [46].

C. Schaltgeräte

Unter den Bauelementen, die für die verschiedenen Arten der Signalverarbeitung zweckmäßig sind, spielen die Schaltgeräte die größte Rolle.

Einen elektrischen Energiestrom kann man mit einer Nachricht versehen, indem man den Strompfad durch den direkten oder indirekten Eingriff des Menschen unterbricht oder schließt. Aus Gründen des Unfallschutzes muß dieser Eingriff so erfolgen, daß der Bedienungsmann mit spannungsführenden Teilen nicht in Berührung kommt. Man schuf dazu das „Schaltgerät".

Um das Gesamtgebiet der Schalter übersehen zu können, hat man in Hoch- und Niederspannungsschaltgeräte unterschieden. Für die Automatisierung werden hauptsächlich letztere verwendet. Wir wollen deshalb nur diese Gruppe ausführlich behandeln.

In den VDE-Vorschriften — VDE 0660 „Regeln für Schaltgeräte bis 1000 V Wechselspannung" — hat man sich um eine klare Gliederung und saubere Begriffsbestimmung der Niederspannungsschaltgeräte bemüht. Gemäß der Definition sind Schaltgeräte solche Geräte, die Strompfade verbinden, unterbrechen und trennen. Bei der Einteilung der Geräte unterscheidet man zwischen Schaltern, Anlassern, Stellern, Sicherungen und Zubehör für Schaltgeräte wie Widerstände, Kraftmagnete usw. Die genaue Begriffsbestimmung enthält § 4 der genannten VDE-Vorschrift 0660. Wir müssen uns im Rahmen der funktionellen Überlegungen mit Schaltern und Steckvorrichtungen beschäftigen. Sicherungen spielen hinsichtlich des betrieblichen Verhaltens eine Rolle, deren Notwendigkeit wird hauptsächlich durch die Frage nach der Betriebssicherheit bei den jeweils vorliegenden Betriebsbedingungen bestimmt. Anlasser werden zusammen mit den zugehörigen Motoren u. dgl. beschrieben.

1. Übersicht über Schalterarten

Die Gruppe der Schalter kann nach verschiedenen Gesichtspunkten aufgegliedert werden, und zwar gemäß § 5 VDE 0660 nach Wirkungsweise — Antriebsart — Schaltvermögen — Art der Lichtbogenlöschung — Verwendungszweck. Die daraus abgeleitete Zusammenstellung der Schalter zeigt Abb. 87. Die tatsächlich verwendeten Schalter bestehen nun aus Kombinationen der hier aufgezeichneten Möglichkeiten. Der Fülle der äußeren Erscheinungsformen der Schalter steht ihre innere Wesensgleichheit gegenüber [4].

Allen Schaltern gemeinsam sind die Kontaktfragen. Deren großen Bedeutung entsprechend, wollen wir deshalb die physikalischen und

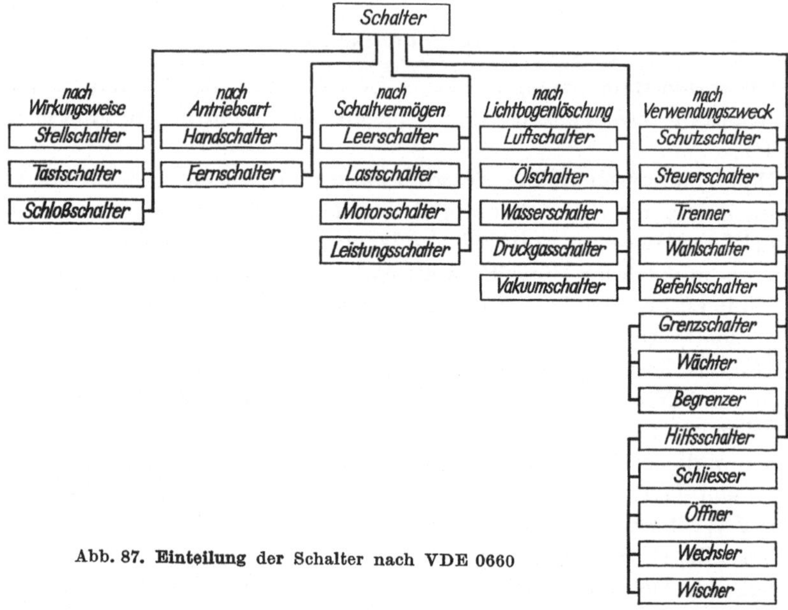

Abb. 87. **Einteilung** der Schalter nach VDE 0660

technischen Probleme des *Leistungsschalters* vorweg ausführlicher behandeln.

2. Das Kontaktsystem für Leistungsschalter

Dieses hat die Aufgabe, den Strom im Dauer- oder Aussetzbetrieb zu führen. Die wesentlichen physikalischen Vorgänge entstehen im Lichtbogen beim Öffnen der stromführenden Kontakte [3, 4].

Der Lichtbogen ist eine Gasentladung, die beim Öffnen der Schaltstücke gezündet wird, weil sich die kurz vor der endgültigen Trennung vorhandenen stromtragenden dünnen Metallbrücken stark erhitzen, bei genügend hohem Strom schmelzen und schließlich verdampfen.

Die konstruktive Gestaltung der Schaltgeräte ist auf die Theorie des Lichtbogens ausgerichtet, die hier nicht behandelt zu werden braucht. Wir können uns deshalb damit begnügen, die wichtigsten Begriffe zu erläutern, soweit sie zum Verständnis des Schaltvorganges und seiner Auswirkungen notwendig sind. Dabei ist es zweckmäßig, bei den Betrachtungen zwischen „Energie" führenden und „Signal" führenden Lichtbogen zu unterscheiden, weil die daraus folgenden Auswirkungen recht verschieden sind. Wir wollen deshalb die Fragen des Lichtbogens bei signalführenden Geräten, zu denen hauptsächlich die Relais gehören, in diesem Rahmen später behandeln.

Bei „Energie" führenden Lichtbogen unterscheidet man nach Abb. 88 im Lichtbogen zwischen der Kathode (1) und der Anode (2) 3 charakteristische Gebiete: das Gebiet des Kathodenfalles (3), der Bogensäule (5), auch Bogenplasma oder positive Säule genannt, und das Gebiet des Anodenfalles (4).

Das Gebiet des Kathodenfalles schließt sich sehr eng auf einer Strecke von etwa 10^{-3} bis 10^{-4} mm an die Kathode an. Über die Tiefenausdehnung des Anodenfallgebietes besitzt man keine genauen Werte. Sie ist aber wahrscheinlich größer als die des Kathodenfallgebietes. Die 3 Gebiete sind durch ihre elektrischen Spannungsverhältnisse charakterisiert. Bei Kupferelektroden beträgt die Kathodenfallspannung 8 bis 9 V, die Anodenfallspannung 2 bis 6 V. Die Spannung der positiven Säule ist durch die Länge und die äußeren Umstände (Kühlung) gegeben.

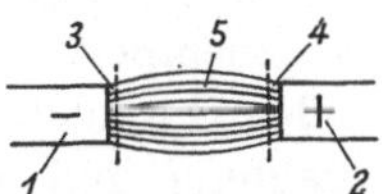

Abb. 88. Schema eines Lichtbogens

1 Kathode; 2 Anode; 3 Kathodenfallgebiet; 4 Anodenfallgebiet; 5 positive Säule

Nach der Art der Elektronenerzeugung unterscheidet man thermische Bogen und Feldbogen. Bei thermischen Bogen muß der Kathodenfleck, d. i. der Fußpunkt des Bogens an der Kathode, eine Temperatur von etwa 3000 °C annehmen, ohne daß das Kathodenmaterial verdampft. Es tritt dann Glühemission auf. Dies ist nur bei Kathoden aus Werkstoffen hoher Verdampfungstemperatur, z. B. Wolfram und Kohle, der Fall. Bei den bei Niederspannungsschaltgeräten üblichen Kontaktwerkstoffen aus Cu und Ag, deren Verdampfungstemperatur um 2000 °C liegt, tritt keine Glühemission auf. Infolge der Materialverdampfung und der damit verbundenen hohen Dampfdichte, können sich unmittelbar vor der Kathode im Kathodenfallraum große positive Raumladungen ausbilden, die ein starkes Feld zwischen sich und der Kathodenoberfläche zur Folge haben. Die hohe Feldstärke, die in der Größenordnung von 10^6 V/cm liegt, übt auf die Leitungselektronen Kräfte aus, die über den Bindekräften der Leitungselektronen liegen. Das Feld ist also imstande, einen Teil der Leitungselektronen aus dem Metall herauszuziehen. Kathoden dieser Art heißen Feldbogenkathoden, und der Bogen Feldbogen. Schaltlichtbogen an Cu- und Ag-Schaltstücken sind demnach Feldbogen. Die aus der Feldbogenkathode emittierten Elektronen werden in dem starken Feld des Kathodenfallraumes beschleunigt und erreichen auf der Strecke einer freien Weglänge Geschwindigkeiten, die sie befähigen, durch Stoßionisation von Gasmolekülen neue Elektronen und Ionen zu erzeugen. Die erzeugten positiven Ionen werden nun

9 a*

durch das Feld des Kathodenfallraumes beschleunigt und zur Kathode zurückgezogen. Bei dem Aufprall auf die Kathode geben sie ihre kinetische und aufgespeicherte Ionisierungsenergie an die Kathode ab und halten so die Kathode auf der notwendigen hohen Verdampfungstemperatur.

Am säulenseitigen Ende des Kathodenfallraumes wird der Strom fast ausschließlich von den Elektronen transportiert.

Der Bogensäule werden ständig Ladungsträger durch Rekombination oder Wegdiffusion entzogen. Solange diese Ladungsträger in der Säule neu erzeugt werden, und zwar im wesentlichen durch Temperaturionisierung des heißen Gases, bleibt der Lichtbogen bestehen. Dann stellt sich die Längsfeldstärke in der Bogensäule so ein, daß die auf die Längeneinheit der Säule umgesetzte Energie gerade ausreicht, um den heißen Gasfaden gegenüber den Wärmeverlusten durch Wärmeleitung, Strahlung und Konvektion auf dem für die Temperaturionisierung erforderlichen Wert zu halten. Dieser Vorgang bildet den Kernpunkt der Erkenntnisse über die Löschung von Lichtbogen.

Der Zusammenhang zwischen Strom und Spannung in einem Lichtbogen wird durch die Lichtbogenkennlinie gegeben. Man unterscheidet statische und dynamische Bogenkennlinien. Unter statischen Kennlinien sind solche zu verstehen, bei denen die den Bogen beeinflussenden Größen, im wesentlichen die Temperatur des Bogens, für den jeweiligen Stromwert stationär sind; unter dynamischen solche, bei denen in dem betrachteten Zeitpunkt für einen Stromwert noch die Temperaturverhältnisse der Vergangenheit, also die Vorgeschichte des Bogens, wirken. Das Bogengas besitzt eine große Trägheit (Lichtbogenhysterese), die Änderungen nur in einer gewissen Zeit zuläßt.

Lichtbogenlöschung. Da der Lichtbogen die Schaltkontakte nachteilig beeinflußt, ist man zunächst bestrebt, den Lichtbogen durch Lichtbogenlöscheinrichtungen zu verkleinern. Allgemein sollen sie, je nach dem erstrebten Zweck, ebenfalls hohe Bogengradienten oder aber bei hohen wiederkehrenden Spannungen hohe Wiederzündspannungen vermeiden, um möglichst schon nach dem ersten Nulldurchgang das Erlöschen zu erzwingen. Sie sollen zuletzt die Lichtbogen der einzelnen Strombahnen zuverlässig voneinander trennen und hierdurch Kurzschlüsse infolge Zusammenschlagens der Lichtbogen unmöglich machen.

Zur Erfüllung dieser Aufgaben werden bei Luftschaltern Lichtbogenkammern, magnetische Blasung, Mehrfachunterbrechung und Aufteilung in Teillichtbogen angewendet. Bei Schaltgeräten mit Schaltanordnungen in Flüssigkeit, z. B. Öl, werden die unter dem Einfluß des Lichtbogens freigesetzten entionisierenden Eigenschaften dieser Medien selbst herangezogen.

Schaltstücke. Die Leistungsfähigkeit der Schalter wird maßgebend vom Verhalten der Schaltstücke beeinflußt. Für kleinere Leistungen verwendet man häufig Flächenkontaktstücke, Punktkontakte kommen hauptsächlich bei großen Leistungen vor.

Beim Flächenkontakt muß man zwischen scheinbarer und wirklicher Berührungsfläche unterscheiden. Das Experiment zeigt, daß zwei ebene Kontaktplatten, die mit einer gewissen Kraft, der Kontaktkraft oder Kontaktlast F, gegeneinander gedrückt werden, sich keineswegs auf ihrer ganzen Berührungsfläche auch wirklich berühren, sondern nur in einigen wenigen, winzigen kleinen Flächen.

Die Erklärung liegt darin, daß auch mikroskopisch gut eingeschliffene Flächen noch wellig und höckrig sind, so daß nur die äußersten Spitzen wirklich tragen. Diese äußersten Spitzen werden unter der Kontaktlast elastisch oder meist plastisch deformiert, so daß endliche Drücke entstehen.

Im ersten Augenblick der Berührung ist die Kontaktkraft und damit auch die Kontaktleitfähigkeit gleich Null.

Für den Stromdurchgang ist nun der Oberflächenzustand der wirklichen Berührungsfläche von ausschlaggebender Bedeutung. Innerhalb der wirklichen Berührungsfläche finden sich Stellen mit rein metallischer Berührung. Durch sie geht der Strom genauso wie durch das Metall des Kontaktstückes hindurch. Da die Berührungsstellen aber nur winzige Flächen sind, werden die Stromlinien sehr zusammengedrängt. Nach den Strömungsgesetzen schnüren sich die Stromlinien nicht abrupt, sondern allmählich in einem sanften Übergang ein. Der Widerstand, den diese Einschnürung in den Kontakten zur Folge hat, heißt nach Holm „Engewiderstand“, und das Gebiet der Zusammendrängung der Stromlinien eine „Stromenge“. Der Engewiderstand sitzt also in den Kontaktstücken selbst und nicht in der Berührungsfläche.

Für den Engewiderstand gilt die Erfahrungsformel

$$R_e = \frac{c}{F^n} + \sigma \quad [\Omega] \tag{4}$$

Er ist umgekehrt proportional der Kontaktlast F in n-ter Potenz, hat aber bei noch so hoher Kontaktlast noch ein Restglied σ. Für Feinsilberkontakte fand Höpp $n = 1$, $c = 0{,}2 \cdot 10^{-3}$ und $\sigma = 5 \cdot 10^{-6}$, wenn F in kp gemessen wird.

Bei der Kontaktberührung gibt es noch Stellen mit quasimetallischer Berührung. Metalle, die der Luft ausgesetzt sind, überziehen sich sofort mit Fremdschichten. Zunächst entsteht nach Holm eine einmolekulare Haut aus Sauerstoff oder Wasser. Bei unedlen Metallen z. B. Cu, entwickelt sich hieraus sehr schnell, nach etwa 1 s, eine Oxydhaut von einigen Å, also einigen 10^{-8} cm Dicke, die in Minuten auf Dicken in der Größenordnung von 10 bis 30 Å anwächst.

Die molekularen Häute und auch die etwas dickeren Häute bis etwa 20 Å bereiten dem Stromdurchgang nur geringe Hindernisse. Den Mechanismus der Stromleitung durch diese Häute erklärt der Tunneleffekt. Nach ihm werden Elektronen durch dünne Fremdschichten nicht merklich festgehalten.

Gefährlicher sind Stellen mit störenden Fremdschichten, die aus Oxyden oder Sulfiden oder aus ganz fremden Stoffen bestehen. Sie können so stark sein, daß sie an sich vollständig isolieren.

In der Frage der Schaltstückstoffwahl ist die Fremdschichtbildung von ausschlaggebender Bedeutung. Das klassische Schaltstückmaterial Kupfer ist dabei zugunsten von Silber in den Hintergrund getreten. Das Kupfer oxydiert leicht und ist dann für niedrigere Spannungen wegen der isolierenden Oxyde nicht mehr zu gebrauchen. Wenn man Kupfer verwendet, läßt man beim Zusammenpressen die Schaltstücke gegeneinander reiben, so daß die Oxydhaut mechanisch zerstört wird. Das sind die sogenannten Wälzschiebekontakte. Dieser Reinigungsvorgang hat natürlich einen unerwünschten mechanischen Abrieb zur Folge. Man sollte diese Kontakte deshalb nur bei nicht zu großer Schalthäufigkeit anwenden. Kupfer ist auch ungünstig hinsichtlich des Verschleißes durch den Schaltlichtbogen. In ihm verdampft Kontaktmaterial. Der sich bildende Kupferdampf oxydiert sofort in der Luft und geht als Kontaktmaterial verloren.

Viel günstiger liegen die Verhältnisse beim Silber. Es wird von der Atmosphäre (Chlor, Ammoniak, Schwefelwasserstoff) praktisch nicht angegriffen. Die gelegentliche Bildung dünner Sulfidschichten (schwarz bzw. gelb) hat sich für den Übergangswiderstand praktisch als bedeutungslos erwiesen. Eine mechanische Reinigung beim Schaltvorgang durch Reiben der Kontaktstücke gegeneinander, wie beim Kupfer, ist also nicht erforderlich. Aus diesem Grunde lassen sich Silberschaltstücke als Druckkontakte ausführen. Hierdurch ergibt sich eine große Lebensdauer. Eine unbegrenzte Dauereinschaltung ist ohne weiteres möglich. Die edelmetallischen Eigenschaften von Silber wirken sich auch hinsichtlich der Verdampfung durch den Lichtbogen aus. Silberdampf schlägt sich nämlich teilweise an den Schaltstücken nieder und steht für den nächsten Schaltvorgang als Kontaktmaterial wieder zur Verfügung. Dieser Rückgewinnungsprozeß wird begünstigt durch eine geeignete großflächige Form der Schaltstücke.

In Verbindung mit geeigneten Einrichtungen für die schnelle Lichtbogenlöschung, haben Geräte — insbesondere im unteren Strombereich — mit Silberkontakten nur etwa 1/5 des Abbrandes, der sonst unter gleichen Bedingungen an Kupferschaltstücken auftritt. (Das gilt für Ströme bis etwa 10 A.)

Gelegentlich kann bei Reinsilber die Schweißfestigkeit nicht ganz ausreichen, wenn es auf ein hohes Einschaltvermögen ankommt. Beim Einschaltschlag kann sich auch die geringere Härte des Silbers in der Abnützung durch die mechanische Beanspruchung bemerkbar machen. Für Sonderaufgaben kennt man eine Reihe von Silberlegierungen und Verbundstoffen.

Prellen. Einen sehr wesentlichen Einfluß auf den Kontaktverschleiß hat das Prellen der Schaltstücke. Darunter versteht man die Erscheinung, daß die Schaltstücke nach der ersten Berührung infolge mechanischer Stoßvorgänge sich noch ein- oder mehrmals trennen. Dies führt beim Einschalten zum Ziehen von Lichtbogen, was um so gefährlicher ist, je höher der Stromanstieg im Verbraucher und je länger und öfter die Kontaktunterbrechung ist. Das Schalten von Drehstrommotoren mit dem hohen Einschaltstrom sollte man deshalb mit möglichst prellfreien Geräten vornehmen.

Das Prellen der Kontaktstücke unterliegt den Gesetzen des unvollkommenen elastischen Stoßes.

Die Prellfreiheit bei Neukonstruktionen der letzten Jahre ist in erster Linie darauf zurückzuführen, daß man die Masse m der aufschlagenden Teile so weit wie möglich verminderte. Dabei versucht man auch die Geschwindigkeit herabzusetzen, was aber besonders bei Wechselstromschützen Grenzen hat, weil hier die Aufschlaggeschwindigkeit von der Phasenlage der Steuerspannung im Einschaltaugenblick abhängt. Danach könnte die Geschwindigkeit sehr unterschiedlich sein, wie aus Abb. 89 zu ersehen ist. Die Aufschlaggeschwindigkeit wäre je nach der Einschaltphase einmal 43, das andere Mal 69 cm s^{-1}. Im ersten Fall war die Prelldauer O_{ms}, im zweiten Fall 1,9 ms [5].

Ein weiteres sehr wirksames Mittel zum schnellen Verzehr der Stoßenergie ist die Verwendung hoher Kontaktkräfte. Leider wird diesem Wert aus konstruktiven Gründen Grenzen gesetzt. Man begnügt sich deshalb besonders bei großer Stromstärke mit einer nur vorübergehenden Steigerung des Anpreßdruckes durch elektrodynamische Wirkungen oder versucht als sehr günstiges und oft angewendetes Mittel die Herabsetzung des Schalthubes.

Schließlich ist, abhängig vom Einschaltvermögen, noch der Schweißvorgang ein wesentlicher Faktor. Das Einschaltvermögen wird durch den höchsten Strom (bei Wechselstrom der Scheitelwert) definiert, bei dem der Kontakt nicht verschweißt und die Strombahn weder durch Stromkräfte noch durch unzulässige Erwärmung beschädigt wird.

Wesentlich ist natürlich auch das Abschaltvermögen. Die Abschaltvorgänge führen zur Bildung eines Lichtbogens, dessen schnelle Löschung schon erwähnt wurde. Außer der Bauart der Geräte spielen die elektrischen Verhältnisse in dem zu schaltenden Stromkreis eine entscheidende Rolle.

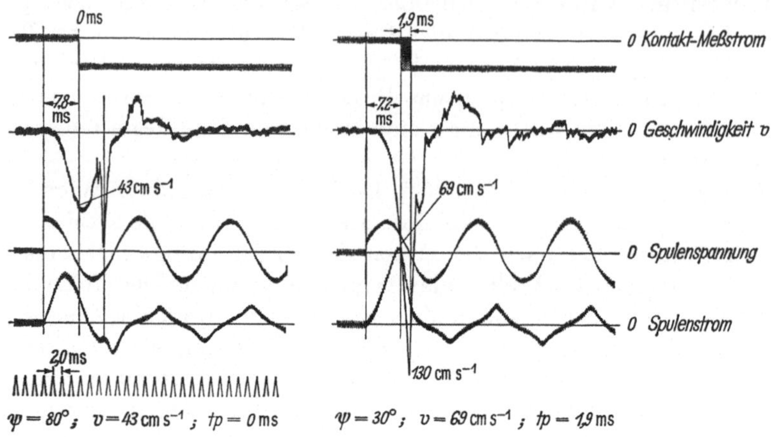

Abb. 89. Prellbilder bei Einschaltbefehl in unterschiedlicher Phasenlage nach [5]

3. Motorschutzschalter

Zum Schließen und Öffnen der Kontakte muß nun jeder Schalter ein Kraftsystem haben. Man unterscheidet ganz grob handbetätigte und fernbetätigte Schalter. Fernbetätigte, vor allem solche mit elektrischen Mitteln, gehören schon zur Signalverarbeitung und werden dort behandelt. Im Rahmen der handbetätigten Schalter kommen für unsere Aufgabe im wesentlichen zwei Schaltergruppen in Frage, Steuerschalter und Motorschutzschalter.

Alle Maschinen müssen nach VDE 0113 einen Hauptschalter haben, den man zweckmäßigerweise handbetätigt ausführt. Er kann dann gleichzeitig als Notschalter dienen, der wirkt, wenn die Steuerung nicht mehr einwandfrei arbeitet. Es hat sich eingebürgert, diesen Hauptschalter, der also nur am Ende und bei Beginn großer Betriebspausen betätigt wird, den Charakter eines Motorschutzschalters zu geben, der also den Motor und die Anlage vor Überlastung schützt. Man baut ihn üblicherweise als Schloßschalter und spricht deshalb von einem verklinkten Motorschutzschalter, dessen Grundschema Abb. 90 zeigt.

Bei der konstruktiven Gestaltung dieser Bauelemente ist der Umstand entscheidend, daß der Schalter den Motor — sowohl Gleichstrom- als auch Wechselstrommotor — nicht nur betriebsmäßig ein- und ausschalten, sondern auch die bei Störungen auftretenden Ströme beherrschen muß. Dazu gehören vor allem auch Kurzschlußströme, deren Größe nicht vom Motor, sondern von den Querschnitten der Zuleitungen abhängt. Im allgemeinen liegen die Kurzschlußströme dann bei mehr als 10 kA. Reicht die Schaltleistung des Schalters dafür nicht aus, müssen den Schaltern Sicherungen vorgeschaltet werden. Meistens haben aber schon kleine Motorschutzschalter ein Kurzschlußausschaltvermögen bis 5 kA.

Für diese Schaltleistung müssen dann die mechanischen Betätigungselemente ausgelegt sein. Man benötigt also große Betätigungskräfte, die in Schaltschlössern mit Hebeleinrichtungen erzeugt werden, wobei

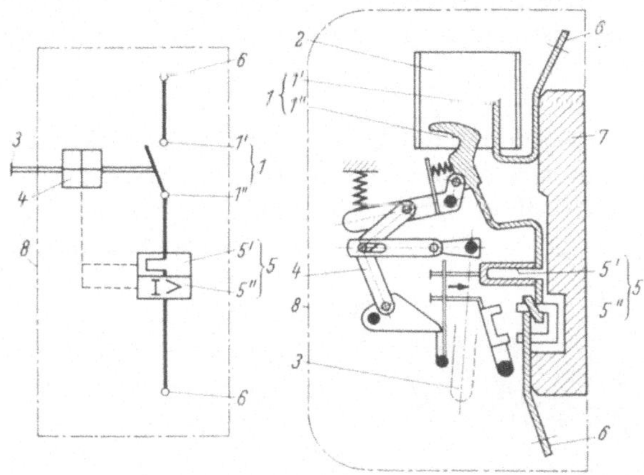

Abb. 90. Grundschema eines Motorschutzschalters

1 Kontakte oder Schaltglieder (*1'* feste Schaltstücke, *1''* bewegliche Schaltstücke), *2* Lichtbogenlöscheinrichtung; *3* Antriebsglieder; *4* Schaltschloß; *5* Auslöseglieder; (*5'* Bimetallauslöser; *5''* Kurzschlußauslöser); *6* Leitungsanschlüsse; *7* Grundplatte; *8* Geräteumhüllung

man aber Möglichkeiten schaffen muß, diese großen Kontaktkräfte durch die geringen Kräfte der Auslöseeinrichtungen bei Überstrom oder Kurzschluß auszulösen.

Beim Antrieb, der zum Ein- und Ausschalten der Schaltgeräte dient, unterscheidet man Hand- und Kraftantrieb. Hand- (oder Fuß-) Antrieb ist ein durch menschliche Kraft, Kraftantrieb ein durch eine physikalische Kraft betätigter Antrieb.

Motorschutzschalter erhalten für die hier besprochenen Ausrüstungen im allgemeinen Handantrieb. Wenn sie, was häufig der Fall ist, gleichzeitig als Hauptschalter dienen, müssen sie Handantrieb erhalten, der durch einen roten Kreis am Betätigungsort deutlich gekennzeichnet sein soll, damit dort im Gefahrfalle die ganze Anlage abgeschaltet werden kann. Es sollen dann alle elektrischen Einrichtungen der Anlage stillgesetzt werden, mit Ausnahme derer, die im ausgeschalteten Zustand eine neue Gefahr bringen können, wie es z. B. bei magnetischen Spanneinrichtungen der Fall sein kann.

Auslöser und Relais. Wesentliche Einrichtungen des Motorschutzschalters sind die Geräte, die zum Schutz des Motors und der Anlage dienen. Wir unterscheiden dabei zwischen Auslöser und Relais und bezeichnen als Auslöser messende und nichtmessende Einrichtungen als Bestandteile von Schaltern, die durch Änderung physikalischer, vorwiegend elektrischer Größen betätigt werden und den Schalter mechanisch auslösen. Relais werden von den gleichen physikalischen Größen ausgelöst, steuern aber weitere Einrichtungen auf elektrischem Wege. Bei nichtmessenden Auslösern und Relais denkt man hauptsächlich an Arbeits- oder Ruhestromauslöser, die eine Auslösung oder Befehlsgabe beim Ein- und Ausschalten der Erregung in die Wege leiten.

4. Steuerschalter

Für einfache Maschinen mit kleinen Antriebsleistungen, insbesondere für Drehstrommotoren, ist der sogenannte „Steuerschalter" entstanden. Sein Name deutet schon darauf hin, daß man hier nach einem Gerät gesucht hat, das bei geringem Aufwand eine Kombination der handbetätigten Signalgabe mit dem Schalten von energieführenden Stromkreisen ermöglicht.

Abb. 91. Nockenschalter und seine Einzelteile (Bauart Siemens)
1 Schalterwelle; *2* Abschlußplatte; *3* Rastwerk

Die Schalter sind handbetätigte Motorschalter und können als Stell- oder Tastschalter wirken. Sie dienen als dreipolige Einschalter zum mittelbaren Schalten von Drehstrommotoren in einer oder beiden Drehrichtungen. Man kann sie auch als Umschalter für die verschiedensten Aufgaben verwenden, dazu gehört z. B. die wahlweise Speisung eines Drehstrommotors aus zwei verschiedenen Netzen, oder die Stufenschaltung von Transformatoren u. dgl. mehr. Häufig werden sie auch nur als Steuerschalter für Hilfsstromkreise verwendet.

Derartige Schalter arbeiten meistens als Nocken- oder Walzenschalter. Als Beispiel möge ein Nockenschalter nach Abb. 91 dienen. Das wesentliche seines Konstruktionsaufbaues ist, daß er wegen der außerordentlich vielseitigen Schaltprogramme aus mehreren, untereinander gleichartigen Nockenschaltelementen besteht, die paketartig aneinandergereiht sind. Dies gestattet wiederum hohe Stückzahlen gleicher Schaltelemente bei einer großen Varianz der Schaltprogramme und führt zu preiswerten Geräten.

Mehrere solche Schaltelemente, auf zwei Steckbolzen und der Schalterwelle *1* aneinandergereiht, von zwei Abschlußplatten *2* zusammengehalten und mit einem Rastwerk *3* versehen, bilden den Schaltereinsatz. Die einzelnen Raststellungen liegen um je 45° auseinander. Zur Kennzeichnung der Schaltstellung haben die Schalter noch eine auf die Schalterwelle aufgeschobene Anzeigescheibe aus Isolierstoff.

Hinsichtlich der Werkstoffwahl wurde besonderer Wert auf lange Lebensdauer bei gleichzeitiger Eignung für größere Schalthäufigkeit gelegt, die man bei derartigen Schaltern auf etwa 200 Schaltspiele je Stunde bei voller Schaltleistung begrenzt. Es muß deshalb eine hochwertige Schalt- und Löschtechnik gewählt werden. Da bei Wechselstrom der Lichtbogen sowieso im Nulldurchgang erlischt, kommt man bei kleinen Schaltleistungen und daher geringer Rückzündungsgefahr zu geringem spezifischem Lichtbogenabbrand, wenn man kleine Öffnungswege vorsieht und somit eine hohe Wärmeentwicklung vermeidet. Man kommt dadurch zu einer Lebensdauer der Silberkontakte beim Ausschalten des jeweiligen Nennstromes, die bei etwa 1 Million Schaltspiele liegt.

Um eine hohe mechanische Lebensdauer zu erzielen, gleiten in den Lagerstellen (am Rastwerk usw.) Metall und Preßstoff aufeinander. Dadurch ergibt sich eine mechanische Lebensdauer, die bei etwa 5 Millionen Schaltspielen liegt.

5. Schütze

Ihren, im Deutschen recht ungewöhnlichen Namen haben die Schütze vom Wasserbau her, wo das Schütz den Energiestrom ganz oder teilweise einstellt. In den meisten anderen Sprachen hat man eine Bezeichnung gewählt, die vom Kontakt herkommt (französisch „Contacteur“, englisch „Contactor“, italienisch „Contattore“, holländisch „Contactor“, spanisch „Contactor“, schwedisch „Kontaktor“).

Wesentliche Bestandteile des Schützes sind das Kontakt- und das Kraftsystem. Die Art des Zusammenwirkens dieser beiden Systeme bestimmt den Gesamtaufbau der Schütze. Die Schütze dienen vorzugsweise zum Schalten von Motoren. Sie werden vielfach mit einem thermischen Relais zum Überlastschutz des Motors ergänzt und übernehmen damit Motorschutzfunktion. Ihr Schaltvermögen ist auf diesen Verwendungszweck, einschließlich gelegentlich vorkommender Störungsfälle, wie z. B. Nichtanlauf von Motoren, abgestimmt. Ungeeignet ist das Schütz für den Kurzschlußschutz. Dafür sind Sicherungen und Motorschutzschalter vorzusehen.

Die Sonderstellung der Schütze beruht auf ihrer hohen Lebensdauer bei großer zulässiger Schalthäufigkeit.

a) Das Kontaktsystem

Da die Kontakte gleichfalls Energie schalten müssen, gilt für diese das über die Kontakte der Leistungsschalter Gesagte (vgl. S. 134).

Daneben erhalten die Schütze jedoch noch sogenannte Hilfskontakte, die zur Signalverarbeitung dienen.

Bei kleinen Schützen macht man bei diesen Hilfskontakten keinen Unterschied zu den sogenannten Hauptkontakten für die energieführenden Stromkreise. Bei Schützen für größere Nennströme baut man diese jedoch meist getrennt an und versieht sie mit verschiedenartigen Kontaktanordnungen, die später unter den „Zusatzeinrichtungen" (S. 150) beschrieben werden.

b) Das Kraftsystem

Die Betätigungskräfte für die Schütze werden meistens von Elektromagneten aufgebracht, die durch eine äußere angelegte Spannung erregt werden. Man bezeichnet sie als Spannungsmagnete im Gegensatz zu den Strommagneten, die im Zusammenhang mit der Lichtbogenlöschung als Blasmagnete dienen.

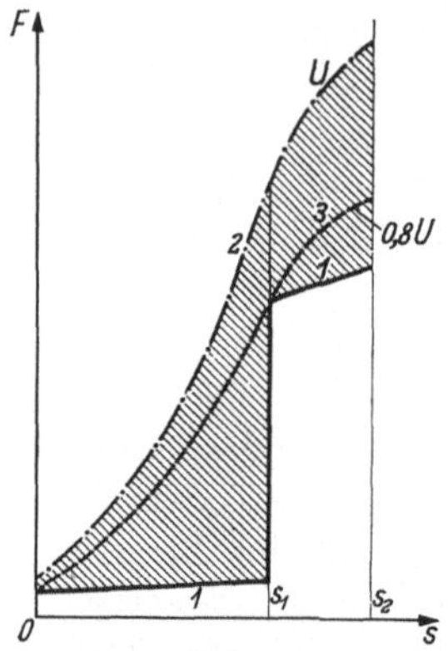

Bei der Bemessung dieser Spannungsmagnete muß man den Energiebedarf zugrunde legen, der zum Schließen des Kontaktes nötig ist. Wir gehen dabei von der bei fast allen Schütztypen gültigen Voraussetzung aus, daß die Kontaktkraft durch Federn erzeugt wird, die durch die Magnetkraft zusammengedrückt werden. Meistens sind diejenigen Kontakte gefedert, die mit dem beweglichen Teil des Magneten verbunden sind. Abb. 92 zeigt das Kraft-Weg-Diagramm. Bis zum Magnetweg s_1, wo der bewegliche Kontakt den festen gerade berührt, ist der Kraftbedarf (1) verhältnismäßig klein. Er nimmt an dieser Stelle sprungartig zu, weil jetzt die Federkraft überwunden werden muß und wächst von da an noch wenig bis zum Weg s_2, wo der Endwert erreicht ist.

Abb. 92

Kraft-Weg-Diagramm für Schützmagnet nach [5]

1 Kraftbedarf; *2* Zugkraft bei 100 % U; *3* Zugkraft bei 80 % U

Die Zugkräfte der Magnete haben nun im allgemeinen einen anderen Verlauf. Die exakte Berechnung der Kräfte ist recht schwierig, weil man einerseits die Veränderung des Kraftflusses durch die Ausgleichsvorgänge beim Einschalten berücksichtigen muß und andererseits die Streuung am Anfang der Bewegung nicht vernachlässigen darf. Es ist deshalb bei der Entwicklung von Schützen in der Praxis üblich, die Größe der Magnete nach grundsätzlichen Überlegungen im voraus abzuschätzen und dann, so gut es geht, die Kräfte zu messen.

Das Einschalten eines Schützes findet nun stets dann statt, wenn der erforderliche Zugkraftbedarf in jedem Punkt des Magnethubes kleiner ist als die Zugkraft des Magneten. Abb. 93a zeigt diese statischen

Einschaltbedingungen. Der Zugkraftbedarf kann beim Einschalten an einzelnen Stellen des Hubes größer sein als die statische Zugkraft des Magneten, wenn das in den bewegten Massen gespeicherte Arbeitsvermögen ausreicht, um den zusätzlichen Kraftbedarf zu decken.

Bei dieser dynamischen Einschaltung nach Abb. 93b muß Fläche A größer als Fläche B sein.

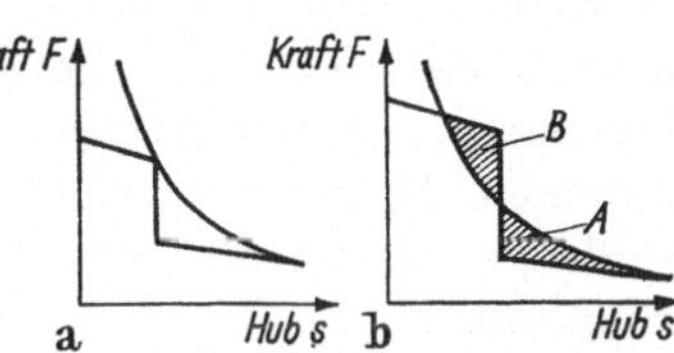

Abb. 93. Magnetkraft und Bedarfskraft
a) statische Einschaltung; b) dynamische Einschaltung

Bei Einschaltmagneten muß man ferner die Remanenzzugkraft bei angezogenen Magneten, nach Abschalten der Erregung, beachten. Sie kann es notwendig machen, den Magneten nicht bis zum Luftspalt O zu schließen.

Für viele dynamische Schaltvorgänge ist es wichtig, den zeitlichen Verlauf des Magnetweges zu kennen, um daraus die Schaltzeit des Schützes abzuleiten.

Bei Spannungsmagneten für Gleichstrom wird der Erregerstrom durch die an die Erregerspule angelegte Spannung bestimmt. Bei derartigen Magneten hat die in der Erregerspule induzierte Spannung einen beträchtlichen Anteil und beeinflußt damit den Erregerstrom.

Die induzierte Spannung

$$U = w\frac{d\Phi}{dt} = w\left(\frac{\partial\Phi}{\partial I}\frac{dI}{dt} + \frac{\partial\Phi}{\partial s}\frac{ds}{dt}\right) \tag{5}$$

ist einerseits abhängig von der Stromänderungsgeschwindigkeit dI/dt im Stromkreis beim Einschalten des Magneten und andererseits von der Anzugsgeschwindigkeit ds/dt des Magnetankers, d. h. von der Beschleunigungskraft und der Magnetmasse, vergrößert um die zu bewegenden Zusatzmassen.

Abb. 94 zeigt den oszillographisch gemessenen Stromverlauf in der Wicklung eines Gleichstrommagneten beim Anzug. Zu Beginn

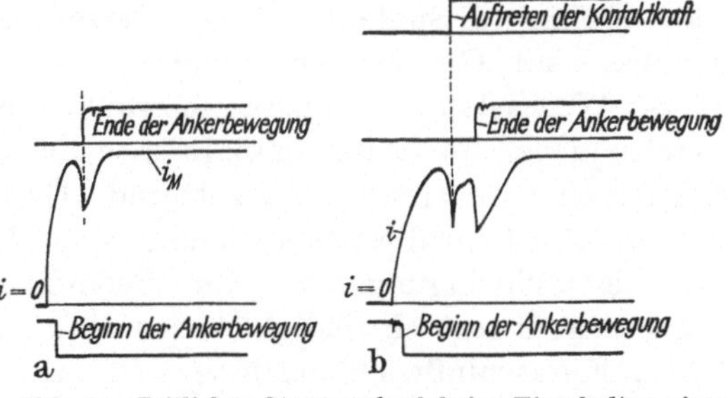

Abb. 94. Zeitlicher Stromverlauf beim Einschalten eines Gleichstrommagneten
a) richtige Zugkraft; b) zu kleine Zugkraft

ist $d\Phi/dI$ const (keine Sättigung und $ds/dt = 0$; $s =$ voller Magnethub). Wie bei der Magnetkupplung (S. 101.) folgt der Strom dem Einschaltgesetz für induktive Stromkreise. Der Stromanstieg ist um so steiler, je größer R ist. Für die sogenannte Schnellerregung benützt man deshalb häufig besondere Vorwiderstände, muß dafür aber mit hoher Erregerspannung U arbeiten, um den gleichen Strom I zu bekommen.

Bei Erreichen der Zugkraft, d. h. eines bestimmten Erregerzustandes, setzt sich der Magnetanker in Bewegung ($ds/dt > 0$), das zweite Glied im Klammerausdruck für U wächst jetzt an und gewinnt je nach Bemessung des Magneten mehr oder weniger Einfluß. Dies kann zu einem Absinken des Erregerstromes führen, was jedoch nicht gleichbedeutend mit einem Absinken der Zugkraft des Magneten sein muß, da mit kleiner werdendem Luftspalt auch der erforderliche Erregerstrom für gleichen Fluß sinkt.

Beim Anschlag des Magneten an den Polflächen (Ende der Ankerbewegung $s = 0$; $ds/dt = 0$) verschwindet das zweite Glied in der Klammer der Gl. (5), und der Strom steigt auf seinen Endwert an. Die Anstiegsgeschwindigkeit dieses zweiten Astes ist wesentlich langsamer als zu Beginn der Einschaltung, da erstens bei konstantem L gegen Ende des Einschaltvorganges der Wert dI/dt gemäß der e-Funktion kleiner wird und zweitens die Induktivität $L = d\Phi/dI$ bei kleiner werdendem Luftspalt s gegen 0 erheblich wächst.

Bei Wechselspannungsmagneten sind die Induktivitäten und Ohmschen Widerstände wesentlich kleiner als bei Gleichstrommagneten. Ihr Dauerstrom ist in der Hauptsache durch den induktiven Widerstand im eingeschalteten Zustand gegeben. Bei geöffnetem Magneten ist wegen des großen Luftspaltes die Induktivität wesentlich kleiner und damit die Stromaufnahme und die Zugkraft bei gleicher Spannung erheblich größer. Man muß deshalb sehr darauf achten, daß Wechselstrommagnete im offenen Zustand nicht dauernd erregt bleiben. Wenn dies durch irgendeine Störung, beispielsweise durch einen Fremdkörper erzwungen wird, brennt die Spule durch. Man bevorzugt dort, wo solche Gefahren denkbar sind, Gleichstrommagnete.

Bei Wechselstrommagneten schwankt die Anzugskraft mit doppelter Netzfrequenz. Es treten deshalb mechanische Schwingungen auf, die sich durch schnarrende und ratternde Geräusche bemerkbar machen. Wesentlich ist für diese Schwingungen das Verhältnis der Netzfrequenz zur Eigenschwingungszahl. Zur Beeinflussung der Auf- und Entmagnetisierungsgeschwindigkeit des Magnetsystems werden in vielen Fällen Kurzschlußwicklungen verwendet.

Einfluß langer Steuerleitungen. In räumlich ausgedehnten Schaltanlagen, in denen wechselstrombetätigte Schütze und die dazugehörigen Befehlsgeräte weit voneinander entfernt angeordnet werden müssen, kann es gelegentlich zu Erscheinungen kommen, daß die Schütze trotz des gegebenen Ausschaltbefehles nicht öffnen. Die Ursache hierfür ist nach Abb. 95 die Kapazität der langen Steuerleitung, die parallel zu dem „Aus"-Befehlsgeber geschaltet ist. Bei einer gewissen Länge der

Steuerleitung wird die Kapazität so groß, daß bei geöffnetem „Aus"-Befehlsgeber ein kapazitiver Strom über die Schützspule fließt, der so groß wie der benötigte Haltstrom sein kann. Diejenige Kapazität, bei der das Schütz gerade noch hängenbleibt, bezeichnet man als „kritische Kapazität". Da der Wert umgekehrt proportional dem Quadrat der Steuerspannung ist, kann es vornehmlich bei kleinen Schützen (mit kleinem Haltestrom) und hohen Erregerspannungen zu

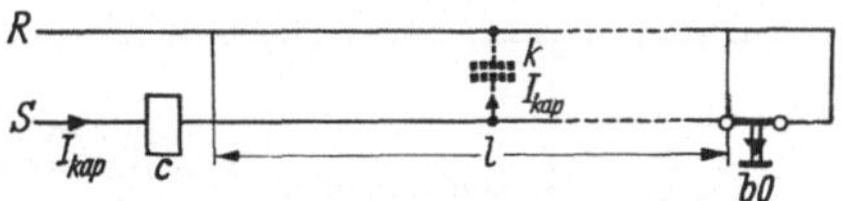

Abb. 95. Der Einfluß der Leitungskapazität auf den Haltestrom von Schützen

dem unangenehmen Hängenbleiben des Magnetankers kommen. Die einfache kritische Länge liegt bei 220 V, 50 Hz bei kleinen Schützen je nach Leitungswahl bei etwas über 100 m und wächst auf über 2000 m bei den großen Schützen. Bei 500 V 50 Hz liegen die entsprechenden Werte bei etwa 25 m und 500 m.

Wenn sich so lange Steuerleitungen nicht vermeiden lassen, kann man sich beispielsweise dadurch helfen, daß man die Betätigungsspannung am Befehlsgeber zuführt, sofern es nicht möglich ist, sie herabzusetzen oder auf Gleichspannung überzugehen. Ferner kann man den Steuerstrom durch einen Parallelwiderstand zur Spule erhöhen.

Gelegentlich will man Wechselstrommagnete mit Gleichstrom erregen. Dazu können nicht die gleichen Spulen verwendet werden. Wegen des Wegfalles des induktiven Widerstandes wäre der Erregerstrom viel zu groß. Die Spule würde zu heiß werden. Man muß deshalb die Spule mit einer Durch-

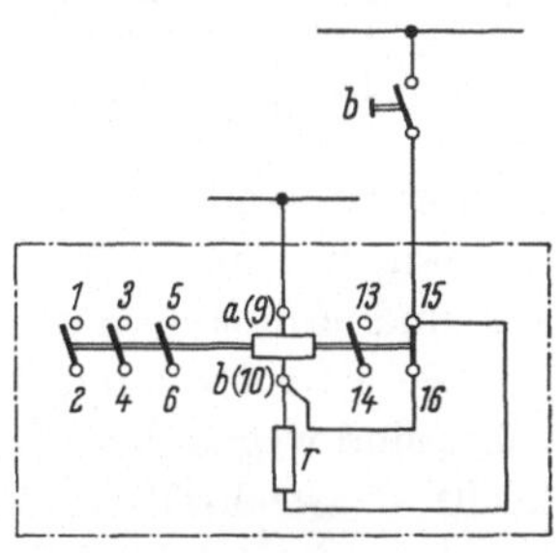

Abb. 96
Gleichstromerregtes Wechselstromschütz in Sparschaltung

flutung (Amperewindungszahl) versehen, welche die Anzugskraft gewährleistet. Die Haltekraft wäre dann jedoch unnötig groß, weil der Luftspalt sehr klein geworden ist. Man verwendet deshalb z. B. die in Abb. 96 gezeigte Schaltung. Hat das Schütz angezogen, öffnet der Hilfskontakt *15, 16* des Schützes und macht einen Vorwiderstand r wirksam, der so bemessen ist, daß dann nur noch $1/_8$ bis $1/_{10}$ der Anzugsdurchflutung vorhanden ist.

c) Der Gesamtaufbau der Schütze

Aus einer sinnvollen Verbindung von Kraft- und Kontaktsystem entstanden eine Reihe von Grundformen von Schützen, die in Abb. 97 zusammengestellt sind.

Jede Schütztype wird für verschiedene Schaltleistungen gebaut, denn infolge der Verschiedenartigkeit der Verbraucherleistungen sind

Schützreihen entstanden, mit denen der gesamte Leistungsbereich überbrückt werden kann. In Tab. 2 sind die wichtigsten Daten einer solchen Schützreihe zusammengestellt.

Tabelle 2　*Wechselstromschütze*

Schütztyp	Zulässiger Dauerstrom	Größtzulässige Nennleistung von Drehstrommotoren bei 50 Hz			Lebensdauer	
					der mechanischen Teile	eines Satzes Schaltstücke
		220 V kW	380 V kW	500 V kW	Millionen Schaltspiele	
Größe 0	7	1,7	3	3	10—15	2
1	16	4	7,5	7,5	10—15	2
2	32	8,5	15	15	10—15	2,5
3	45	11	22	30	10—15	2,5
4	63	18,5	30	40	10—15	2
6	110	32	55	75	10—15	2
8	170	50	90	110	10—15	2
10	250	75	132	160	10—15	1,7
12	400	115	200	255	10—15	1
14	630	190	325	433	10—15	1

Man kann somit für den jeweils vorliegenden Fall das geeignete Schütz auswählen. Dabei geht man von der Schaltleistung und Schalthäufigkeit aus und ermittelt daraus die zu erwartende Lebensdauer.

Diese Lebensdauer hängt von der Kontaktlebensdauer ab. Die Kontakte sind wegen ihrer Lebensdauer meistens durch einfache Maßnahmen leicht auswechselbar. Man muß deshalb noch die Gerätelebensdauer kennen, die angibt, nach welcher Zeit bzw. Anzahl von Schaltspielen das Gerät ausgewechselt werden muß.

Aus Abb. 97 sieht man, daß es zweckmäßig ist, innerhalb einer Reihe das Grundprinzip des Schützaufbaues den Schaltleistungen anzupassen. So hat bei der hier gezeigten Reihe das kleinste Schütz Größe 0 eine Schaltkammer aus Isolierstoff, in der die festen Schaltstücke der Haupt- und Hilfsschaltglieder mit den Anschlußklemmen eingebaut sind. Hinter der Schaltkammer in einem Sockel aus gleichem Werkstoff befinden sich die Spule und der Magnetanker. Letzterer trägt die Isolierstoffbrücke mit den federnd gelagerten beweglichen Schaltstücken.

Bei den Luftschützen Größe 1, 2 und 3 sind der Schaltmagnet mit der Spule und die festen Schaltstücke der Haupt- und Hilfsschaltglieder mit den Anschlußklemmen in einem Isolierstoffsockel eingebaut. Magnetanker und Isolierstoffbrücke sind unmittelbar miteinander verbunden und im Sockel gleitend angeordnet; die Isolierstoffbrücke trägt auch hier die federnd gelagerten beweglichen Schaltstücke. Ähnliche Unterschiede liegen bei den großen Typen vor.

In der metallverarbeitenden Industrie hat das Luftschütz die größte
Verbreitung, Ölschütze sind selten. Das ist begründet in der langen
Lebensdauer der Kontaktstücke der Luftschütze. Es ist zunächst über-
raschend, daß der unter Öl stehende Lichtbogen wesentlich heißer

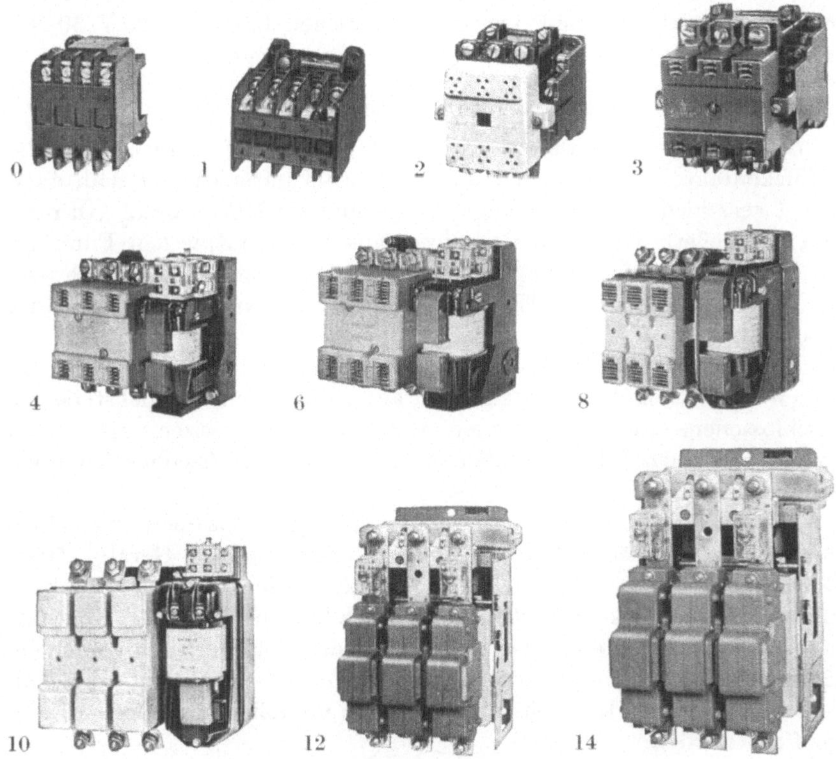

Abb. 97. Schützreihe (Bauart Siemens)

ist als der in Luft brennende, weil man zunächst vermutet, daß Öl mehr
kühlend wirkt. Das an sich kühle Öl, das den Schaltlichtbogen umgibt,
hat jedoch auf diesen die umgekehrte Wirkung. Es schnürt nämlich das
Lichtbogenplasma ein, wodurch dessen Stromdichte und damit auch seine
Temperatur zunimmt. Das gleiche trifft auch für die Lichtbogenfuß-
punkte zu, die sich auf den Schaltstücken bilden. Dort wird Material
geschmolzen und verspratzt; es erstarrt sofort im Öl und setzt sich
im Ölsumpf des Gerätes in Form von Kügelchen ab. Ölschütze verwendet
man deshalb fast nur noch in Betrieben mit aggressiven Dämpfen. Die
mit Luftschützen erreichte Schaltstücklebensdauer von z. B. 5 Millionen
Schaltspielen für eine bestimmte Type liegt fast 100mal höher als bei
Ölschützen früherer Ausführung.

Nicht nur die dem Verschleiß unterliegenden Schaltstücke, sondern auch die Spulen sind, wie schon angedeutet, mit einfachen Mitteln leicht auszuwechseln. Gelegentlich muß nachträglich die Steuerspannung geändert werden, weil die Normen für die Steuerspannung in den verschiedenen Ländern noch nicht einheitlich sind. Nach VDE 0113 benützt man in Deutschland und vielen europäischen Ländern 220 V 50 Hz, während in USA 110 V 60 Hz vorgeschrieben ist [47].

d) Zusatzeinrichtungen an Schützen

Hilfskontakte. Ein wesentlicher Bestandteil aller Schütze sind die „Hilfskontakte". Hinsichtlich ihrer Funktion unterscheidet man auch hier 4 verschiedene Ausführungen. Dies sind zunächst einmal „Öffner" und „Schließer". Und zwar sind diese danach benannt, welche Funktion sie bei der Einschaltbewegung des Schützes ausführen, danach ist:

Der „Schließer" ein Hilfsschalter, der bei angezogenem Schütz geschlossen ist.

Der „Öffner" ein solcher, der bei angezogenem Schütz geöffnet ist.

„Wechsler" sind solche Hilfskontakte, die je eine Schließstelle bei geschlossenem und bei geöffnetem Schaltgerät besitzen, also einen Öffner und einen Schließer, aber praktisch mit gemeinsamer Kontaktbrücke.

„Umschalter" sind Wechsler mit einer gemeinsamen, um einen Drehpunkt arbeitenden Kontaktbrücke, also 3polige Geräte. Diese Bezeichnung ist in DIN 40713 festgelegt. „Öffner" und „Schließer" müssen oft überdeckend wirken, so daß sich kurzzeitig beide in Kontaktlage befinden. Es entsteht dann ein „Wischer", der aber auch von einem einzigen Kontaktglied gebildet werden kann, so daß während des Schaltens des Gerätes kurzzeitig beide Kontaktstellen geschlossen oder geöffnet werden.

Die Hilfskontaktglieder können so angeordnet werden, daß sie voreilend, nacheilend oder gleichzeitig mit den Hauptkontaktgliedern öffnen bzw. schließen. Unterschiedliche Öffnungs- bzw. Schließzeiten können beim Aufbau der Schaltpläne verwendet werden. Gelegentlich wird bei Schützen mit mehr als einem Hilfsschaltersatz der eine grundsätzlich voreilend, der andere nacheilend montiert. Die Schließer sind manchmal so ausgebildet, daß man die Voreilung durch Umstecken der Kontaktbrücke verändern kann. Es ist üblich geworden, die Hilfskontakte an Schützen grundsätzlich für eine bestimmte Stromstärke, z. B. 10 A, einzurichten.

Anomale Magnetsysteme. Steht es von vornherein fest, daß Schütze für Drehstrommotoren mit Gleichstrom erregt werden müssen oder umgekehrt Schütze für Gleichstrom mit Wechselstrom, so ist es zweckmäßig, diese Schütze mit den geeigneten Magnetsystemen auszurüsten.

Unterspannungsschutz. Schütze bleiben zwischen dem 0,85- und 1,1fachen Wert der Betätigungsnennspannung betriebssicher. Schütze für Betätigung mit Wechselstrom fallen etwa zwischen dem 0,65- und 0,45fachen, Schütze für Gleichstrom etwa zwischen dem 0,45- und 0,2fachen Wert der Betätigungsnennspannung ab. Sie haben damit den Charakter nicht messender Auslöser bei Unterspannung.

Diese Abhängigkeit von der Netzspannung kann auch lästig sein, weil bereits kurzzeitige, etwa 20 bis 25 ms dauernde Spannungsabsenkungen zum Abfallen der Schütze führen. Derartige kurze Spannungsänderungen wären für den Betrieb oft unbedenklich. Das Abschalten der Schütze dabei jedoch unerwünscht.

Um letzteres zu verhindern, gibt es Schütze mit Ausschaltverzögerung, d. h., mit einer angebauten Zusatzeinrichtung zur Verzögerung des Schaltvorganges. Nach der Schaltung in Abb. 98 erhalten die Schütze durch einen eingebauten Gleichrichter eine Gleichstromerregung ähnlich wie in der bereits erwähnten stromsparenden Schaltung. Die Zeitverzögerung erreicht man mit einem Kondensator k_1, der im eingeschalteten Zustand parallel zur Spule liegt und sie mit Energie versorgt, wenn seine Spannung höher als die Netzspannung liegt. Mit diesen Schaltungen lassen sich Spannungsabsenkungen bis zu etwa 1 s überbrücken.

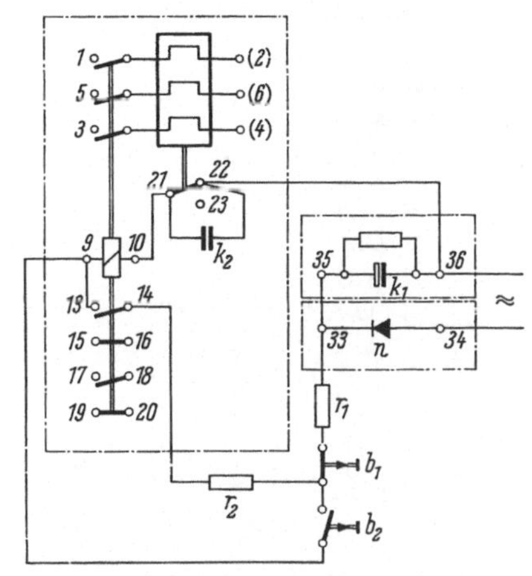

Abb. 98. Schaltung eines Luftschützes mit Ausschaltverzögerung

k_1 Kondensator für Ausschaltverzögerung; k_2 Löschkondensator; r_1 Vorwiderstand; r_2 Sparwiderstand; b_1 Taster „aus"; b_2 Taster „ein"

Schütze mit remanentem Verhalten. Soll das Schütz bei längeren oder gar dauernden Spannungsabsenkungen nicht unbeabsichtigt abfallen, greift man zur magnetischen Remanenz. Dazu erhalten die Schütze ein Magnetsystem aus Spezialblechen mit hoher Remanenz und verhältnismäßig geringer Koerzitivkraft. Die Remanenz dieser Bleche ist so groß, daß die nach dem Einschalten des Schützes vorhandene Induktion die erforderliche Haltekraft mit Sicherheit aufbringt. Die Abschaltung des Schützes erfolgt durch Wechselstrom, indem die Remanenz durch einen Wechselstrom kleiner Amplitude vernichtet wird [48].

Der besondere Vorteil dieser Ausführung liegt darin, daß es sich bezüglich des konstruktiven Aufbaues um ein völlig normales Schütz aus der Serienfertigung handelt und keine zusätzlichen beweglichen Teile, wie Verklinkungen oder ähnliches vorhanden sind [*49*].

Der für die Einschaltung und Magnetisierung erforderliche Gleichstrom wird nach Abb. 99 bei dieser Ausführung durch einen eingebauten Gleichrichter erzeugt. Da die Spule zum Aufbau der benötigten Remanenz stark übererregt ist, ist diese nur für Kurzeinschaltung geeignet. Sie wird daher über einen eigenen Öffner des Schützes vom Einschaltkommando abgetrennt. Da die notwendige Sättigung der Bleche aber erst bei angezogenem Schütz (also beim Minimalwert des Luftspaltes) aufgebracht werden kann, wird diese Abtrennung vom Einschaltkommando durch einen dem Öffner parallel geschalteten Kondensator verzögert.

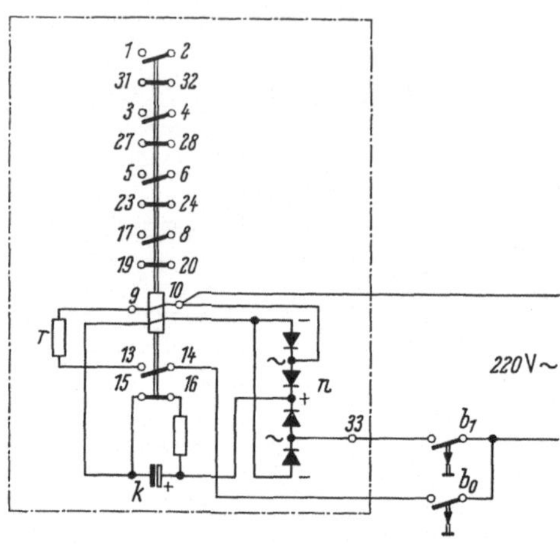

Abb. 99. Schaltung eines Remanenzschützes
n Gleichrichter; *k* Kondensator; *r* Vorwiderstand;
b_1 Taster „ein"; b_0 Taster „aus"

Für die Ausschaltung wird die Steuerspannung (Wechselspannung) durch einen am Schütz angebauten Widerstand auf den zur Entmagnetisierung notwendigen Wert herabgesetzt. Der Ausschaltkreis ist über einen Schließer des Schützes geführt und damit gleichfalls unabhängig von der Betätigungsdauer des Ausschaltkommandos.

6. Signalschalter

a) Der Druckknopftaster

Der Wirkungseingriff des Menschen bei den handbetätigten Schaltgeräten hat Nachteile. Die Schaltgeräte müssen im Zuge der Energieleitungen eingebaut sein, werden häufig in Schaltschränken eingebaut und können selten da untergebracht werden, wo ihre Betätigung aus Bedienungsgründen zweckmäßig wäre.

Um kurze Griffzeiten zu erzielen, kam man deshalb schon frühzeitig auf die Druckknopfsteuerung, die eine Trennung des Betätigungsorgans vom Schaltgerät ermöglichte, so daß die Betätigungsorgane — jetzt meist als Druckknöpfe — leicht dort angeordnet werden konnten, wo sie der Bedienungsmann benötigt. Als wesentlicher Vorteil kommt noch dazu, daß in der Steuerleitung zwischen Druckknopf und Schaltgerät eine Signalverarbeitung stattfinden kann.

Der Aufbau erfolgt nach dem Baustein-Prinzip, das bei einer kleinen Zahl von Teilen eine Vielzahl von Ausführungsformen ermöglicht.

Das Grundelement dieses Baukastens ist der Kontakteinsatz, für das als Beispiel ein Gerät nach Abb. 100 dient. Die festen Schaltstücke werden von einem Sockel aus Isolierstoff getragen; die beweglichen Kontaktstücke sind federnd im Isolierstoffstößel gelagert. Die Schaltstücke haben im allgemeinen an der Kontaktstelle eine massive Silberauflage, weil Silber für diese Zwecke die besten Schalteigenschaften hat. Sein Oxyd ist wenig beständig und leicht verletzbar, gibt deshalb kaum einen Anlaß zu Fehlschaltungen.

Das Schaltelement enthält nach Abb. 101 je einen Schließer und Öffner. Durch Umstecken der Schaltstücke läßt sich die Anordnung der Schaltglieder nachträglich auch

Abb. 100. Einsatzelement für Druckknopftaster

in 2 Schließer oder 2 Öffner ändern. Die mechanische Lebensdauer der Elemente beträgt etwa 10 Millionen Schaltspiele.

Bei Gleichstrom hängt die Lebensdauer der Schaltstücke nicht nur vom Ausschaltstrom, sondern von der Spannung, von der Induktivität der Stromkreise und der Schaltgeschwindigkeit ab. Allgemeine Werte lassen sich deshalb nicht angeben.

Die bauliche Ausführung der Schalter ist sehr mannigfaltig. Es gibt z. B. die normalen Einsatzelemente für vorder- oder rückseitigen Leitungsanschluß, ferner Einsatzelemente in Tandemausführung für rückseitigen Leiteranschluß. Einzeltasten werden als Bauelemente für werkstattmäßigen Einbau in Tafeln oder Wänden gebaut, entweder in Verbindung mit Rosetten in den

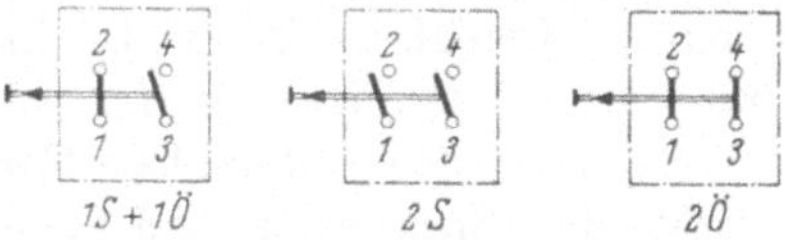

Abb. 101
Schaltung eines Druckknopftasterelementes

verschiedensten Ausführungen oder in Frontplatten. Sie haben als Einsätze entweder Druckknöpfe aus Isolierstoff in verschiedenen Farben oder pilzförmige Druckknöpfe, die sich vor allem für Notschaltungen eignen, da sie auch mit der flachen Hand oder mit der Faust rasch betätigt werden können. Ferner gibt es Knebelantriebe, die entweder als Taster oder als Dauerkontaktgeber ausgebildet sein können. Sie eignen sich besonders für Umschaltungen. Für Verriegelungszwecke sind Einsätze mit Sicherheitsschloß besonders geeignet. Bei der Ausführung als Dauerkontaktgeber kann der Schlüssel in Stellung „Ein“ und „Aus“ oder nur in Stellung „Ein“ oder nur in Stellung „Aus“ abziehbar sein.

Die Rosetten mit Druckknopf oder pilzförmigem Einsatz erhalten meistens Membrane-Dichtungen und entsprechen damit der Schutzart P 54.

Besonderer Wert muß auf eine eindeutige Beschriftung der Druckknopftaster gelegt werden. Diese kann auch mit Hilfe symbolischer Bezeichnungen vorgenommen werden, die auf die Effekte hinweisen, die die Druckknöpfe auslösen (vgl. DIN 43605 und 55003). Ebenso wichtig ist die Wahl der richtigen Farben. Hier besteht vielfach immer noch eine gewisse Unklarheit. Es wird deswegen hinsichtlich der Übereinstimmung mit internationalen Abmachungen auf DIN 43605 und DIN 4818 hingewiesen. Danach hat rot eine doppelte Bedeutung. Einerseits weist es auf die Gefahr, also den eingeschalteten Zustand hin, andererseits sind die Schaltmittel zur Gefahrenbekämpfung ebenfalls rot gefärbt. Im allgemeinen ist dies die Ausschalttaste. Die Einschalttaste soll indifferent (z. B. schwarz) gefärbt sein, jedenfalls nicht grün.

Im Interesse der Unfallverhütung ist es notwendig, daß die Druckknöpfe schnell zu finden sind. In DIN 43605 wird deshalb vorgeschlagen, daß bei einer horizontalen Anordnung der Tasten der Ausschaltknopf links liegt, bei einer vertikalen unten und bei Wendebetrieb in der Mitte zwischen beiden Richtungstasten. Dabei wird man sich noch bemühen, die Geräte sinnvoll anzuordnen. Wegen des Schaltsinnes bei Knebelantrieben sei auf DIN 43602 verwiesen. Die Druckknopfeinsätze können auch Signallampen enthalten.

Die beschriebenen Einsätze können in Sammelkästen untergebracht werden, die entweder für Einbau oder Aufbau bestimmt sind.

Hängedruckknopftafeln. Sie sind meistens gußgekapselt und enthalten mehrere Befehlsstellen, u. U. bis zu sechs. Das Leichtmetallgehäuse hat unten einen Haltegriff.

Fußtaster. Eine besondere Form der Taster stellen die fußbetätigten Geräte dar. Sie werden dort angeordnet, wo der Bedienungsmann beide Hände für die Handhabung des Werkstückes oder der Maschine benötigt. Unbedenklich ist deren Verwendung für den „Aus"-Befehl. Bei Verwendung derselben für den „Ein"-Befehl muß man darauf achten, daß unbedachte Schritte oder herabfallende Werkstücke keine unbeabsichtigte Einschaltung verursachen.

Schwenktaster. Zu den konstruktiven Sonderformen gehören auch die Schwenktaster. Sie benötigen wenig Raum und sind hauptsächlich für Einzelantriebe gedacht. Die Betätigung derselben erfolgt, wie der Name schon sagt, durch Schwenkhebel. Sie sind drehbar in einer Platte gefaßt, die für den Einbau in die Maschinenplatte oder als Deckel für ein eigenes Gehäuse gedacht ist.

Die Kontakteinsätze werden beispielsweise mit 1 Schließer und 1 Öffner bzw. 2 Schließer oder 2 Öffner ausgeführt. Sie sind als Nockenschalter aufgebaut und enthalten in einer Kammer aus Isolierstoff die festen und beweglichen Schaltstücke (Abb. 102). Auch hier sind alle Kontaktteile mit einer massiven Silberauflage versehen. Die Einsatzelemente haben eine Rast-Rückstelleinrichtung, welche die für die wahlweise Verwendung der Schwenktaster als Tast- oder Stellschalter erforderlichen Federn, Hebel usw. enthält. Zum Einschalten der gewünschten Wirkungsweise befindet sich an der Rückseite der Einsatzelemente für jede der beiden seitlichen Schaltstellungen ein Schieber für die Stellungen „Stellschalter", d. h. mit Rastung oder „Tastschalter", d. h. ohne Rastung.

Lage an der Arbeitsmaschine. Bei der Anbringung dieser Schalter an der Arbeitsmaschine muß einerseits auf eine kurze Griffzeit geachtet werden, andererseits dürfen die Geräte nicht unfallfördernd sein. Dies gilt vor allem für die Druckknopftafeln. Die frontale Anordnung muß nicht immer die beste sein.

Abb. 102. Schwenktaster mit Einsatzelement für rückseitigen Leiteranschluß und Rosette für Einbau in Maschinenteil (Bauart Siemens)

b) Der Endtaster

Mit dem Druckknopftaster konstruktiv eng verwandt ist der Endtaster. Er dient der Begrenzung einer Bewegung und wird deshalb hauptsächlich selbsttätig von einem Maschinenteil betätigt. Selbsttätige Schaltungen werden meistens übersichtlicher, wenn die Befehlsgeber nach der Betätigung wieder in ihre Ausgangsstellung zurückgehen. Sie werden deshalb im allgemeinen als Taster (mit selbsttätiger Rückstellung) ausgebildet. Gelegentlich gibt es auch Fälle, wo der Befehl nach der Betätigung durch den Schalter aufrechterhalten werden soll. Die Schalter müssen dann in einer bestimmten Lage verharren. Man bezeichnet dann diese Geräte als Anstoßschalter. Sie bleiben in der betätigten Lage, bis durch eine andere Betätigung die Stellung geändert wird.

Bei beiden Geräten hängt das einwandfreie Arbeiten im wesentlichen von der mechanischen Betätigung ab, mit der wir uns etwas genauer beschäftigen müssen.

Bei handbetätigten Schaltgeräten, wie Hebelschaltern, Motorschutzschaltern, Druckknopftastern usw., wird die Betätigung durch die Gegebenheiten der menschlichen Hand bestimmt. Von ihnen geht der Gerätekonstrukteur aus, wenn er Betätigungsrichtung, Weglänge, aufzuwendende Kraft und mögliche Geschwindigkeiten für die Betätigung dieser Geräte festlegt. Ermüdungserscheinungen, Handlichkeit des

Hebels usw. sind dabei zu berücksichtigen. Die Bedingungen für die Betätigung der Geräte werden somit in verhältnismäßig engen Grenzen festgelegt.

Wesentlich anders ist es dagegen bei Endtastern, also bei Geräten, die rein mechanisch durch Lineale, Nocken, Anschläge usw. betätigt werden. Um einen einwandfreien Betrieb derselben sicherzustellen, müssen vom Benutzer wesentlich mehr Gesichtspunkte beachtet werden, die der Gerätekonstrukteur mit Rücksicht auf die unterschiedlichen Anwendungsfälle nicht bis ins letzte festlegen kann. Die Hauptpunkte sind: Anlaufrichtung, Anlaufgeschwindigkeit, Betätigungsweg.

Bei diesen Faktoren können bei einem Endtaster nur gewisse Bereiche eingehalten werden, auf die man Rücksicht nehmen muß. Für die richtige Beurteilung dieser Fragen muß man den wesentlichen Aufbau der Geräte kennen. Wir wollen uns dabei der Bedeutung entsprechend auf den Endtaster beschränken.

α) **Aufbau und Wirkungsweise.** In vielen Fällen bestehen die Endtaster-Grundelemente aus einem Isolierstoffsockel, der die festen Schaltstücke trägt. In ihm ist ein Isolierstoffschieber federnd gelagert, der durch einen Metallstößel geführt wird. Bei der Betätigung des Endtasters wird dieser Stößel z. B. durch einen Nocken, Anschlag oder durch ein Lineal von außen angefahren. Dadurch wird die Umschaltung der Schaltglieder bewirkt. Bei diesem Schaltvorgang werden die Öffnerschaltglieder stets mechanisch zwangsläufig geöffnet, d. h. Stößel und bewegliche Öffnerschaltstücke sind (ohne eine dazwischenliegende Feder) Glieder einer mechanisch starren Wirkungskette. Ein genügend weites Anfahren des Stößels führt in jedem Fall zu einem Öffnen des Stromkreises (wichtig bei Sicherheitsschaltungen wie „Not-Aus").

Endtaster dieser Bauart gibt es auch als Schnappschalter, bei denen die Schaltbrücken schlagartig umschalten. Hier liegt keine zwangsläufige Betätigung der Schaltglieder vor. Die Geräte ermöglichen jedoch eine prellarme Kontaktgabe auf rein mechanischer Grundlage und zeichnen sich durch hohe Schaltgenauigkeit, geringe Antriebskräfte und verhältnismäßig kleine Wege aus. Ein Federglied dient dabei dazu, die in der Regel langsamen Betätigungen in die gewünschte Schaltgeschwindigkeit zu übersetzen.

Die Wirkungsweise eines Schnappgliedes beruht z. B. darauf, daß nach Abb. 103 eine Schraubenfeder in Pfeilrichtung ausgelenkt wird und dadurch sich die Kraftrichtung in bezug auf den Drehpunkt des Kontaktgliedes ändert.

Kleinendtaster, vielfach auch Mikroendtaster, Feinendtaster usw. genannt, werden grundsätzlich als Schnappschalter ausgeführt. Sie haben meistens einen kleinen Stößel, der bei sehr kurzem Hub auf eine vorgespannte Blattfeder wirkt. Bei ausreichendem Durchdruck des

Stößels springt diese Feder schlagartig um und löst dadurch einen Schaltvorgang aus [50].

Die Formgebung und damit die Schaltcharakteristik der Blattfeder ist je nach Konstruktion unterschiedlich. Allen diesen Kleingeräten ist jedoch gemeinsam, daß deren Schaltraum wegen der Empfindlichkeit des Schaltmechanismus gekapselt (vernietet) ist und lediglich die Anschlüsse als Klemmen- oder Lötanschlüsse herausgeführt sind. Derartige Feinendtaster arbeiten präzis.

β) **Schaltstückanordnungen.** Endtaster gibt es mit den verschiedensten Schaltstückanordnungen. Am gebräuchlichsten sind die ein-, zwei-,

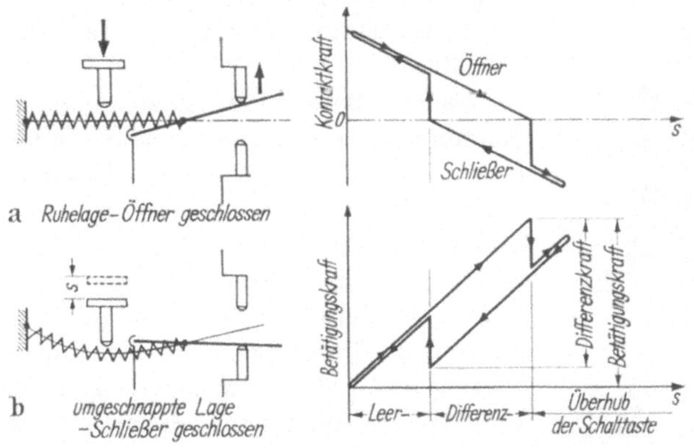

Abb. 103. Wirkungsweise von Endtastern mit Schnappgliedern (Mikroschalter)

drei- oder vierpoligen Ausführungen, bei denen die Schaltglieder als Schließer oder Öffner ausgebildet sein können. Die kleinen Schnappschalter (Feinendtaster) haben meistens einen Wechsler.

Eine andere Endtasterausführung eignet sich z. B. besonders für den Einsatz bei Kleinspannungen und ungünstigen Umgebungseinflüssen wie Staub usw. Diese Elemente haben nicht die sonst üblichen Druckkontakte, sondern ihre Schaltglieder führen beim Schalten stets eine Wälz-Schiebe-Bewegung aus, wodurch Schmutz- und Staubschichten leichter beseitigt werden. Diese Konstruktion gewährleistet daher auch bei den erwähnten erschwerten Betriebsbedingungen einen einwandfreien Stromübergang an den Schaltstücken. Infolge des mechanischen Abriebs ist jedoch die Lebensdauer der Schaltstücke kürzer als bei den anderen Ausführungen.

γ) **Gehäuse.** Können die Endtaster nicht offen eingebaut werden, muß man abgedeckte oder gekapselte Ausführungen wählen.

Endtasterelemente mit durchsichtigen Abdeckkappen gibt es für verschiedene Anwendungsfälle. In einem Fall soll z. B. der Schaltmechanismus gegen grobes Verschmutzen oder äußere Eingriffe — vor allem bei Sprungendtastern — geschützt werden. Die Anschlußklemmen liegen dabei frei. In einem anderen Fall hat die durchsichtige Kappe die Aufgabe, einen gewissen Berührungsschutz zu bieten. Die Anschlußklemmen liegen unter der Abdeckkappe, die nach der Montage und dem Anschließen der Leiter übergestülpt werden kann (Abb. 104).

Daneben gibt es auch vollkommen gekapselte Endtaster. Sie haben meistens ein Spritzgußgehäuse aus Leichtmetall, das je nach Ausführung z. B. den Schutzarten P 32 oder P 54 (nach DIN 40050) entspricht.

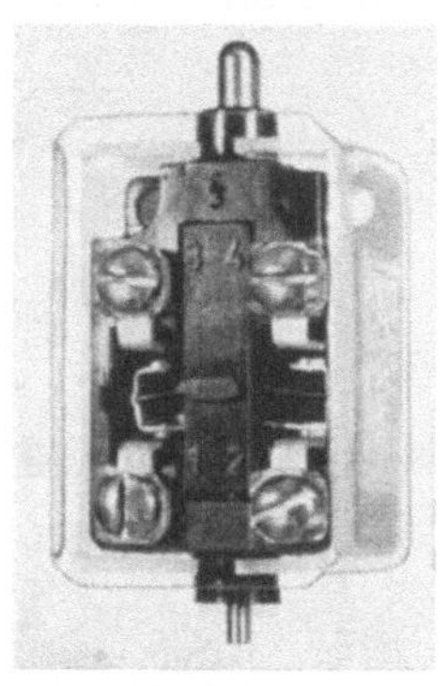

Abb. 104. Endtaster mit durchsichtiger Abdeckkappe (Bauart Siemens)

In diesen Gehäusen sind die Endtasterelemente eingebaut. Es gibt auch Gehäuse, die zwei oder mehr Endtasterelemente in Tandemanordnung enthalten.

Neben diesen für Einzelanbau bestimmten Ausführungen gibt es Gehäuse mit Mehrfacheinbau, d. h., verschiedene Endtasterelemente sitzen direkt nebeneinander in einem gemeinsamen Gehäuse. Jedes Element kann für sich getrennt betätigt werden. Die Gehäuse eignen sich besonders für den Einbau von Feinendtastern, da diese Geräte einen besonders geringen Platzbedarf haben. Es lassen sich deshalb relativ viele Elemente in einem solchen Gehäuse unterbringen.

δ) **Antriebe.** Auch hinsichtlich der Antriebsart gibt es unterschiedliche Ausführungen. Jede Konstruktion eignet sich für einen bestimmten Anwendungsfall.

Die meisten Grundelemente und viele gekapselte Endtaster haben einen Stößel, d. h. einen gehärteten Metallstift, der von außen durch das Betätigungsglied (z. B. Lineal, Nocken) seitlich oder in Hubrichtung angefahren wird.

Hebelantriebe, die entsprechend dem Hebelgesetz die Kraft- und Wegeverhältnisse, die am Endtasterstößel herrschen, verändern, gibt es in vielerlei Abwandlungen. Eine Ausführungsart ist der einfache Hebel, der mit einem starren oder einem in sich federnden Hebelarm ausgerüstet sein kann. Bei einem starren Hebelantrieb lassen sich die Angriffspunkte auf dem Hebelarm genau definiert linear verschieben. Die Betätigungsarbeit (= Betätigungskraft × Betätigungsweg), die beim Niederdrücken des Hebels geleistet werden muß, bleibt jedoch für alle Angriffspunkte konstant, da sich die erforderliche Betätigungkraft linear verkleinert und der Weg linear vergrößert.

Ein in sich federnder Hebelantrieb kann dagegen die Genauigkeit eines starren Hebelantriebs nicht bieten, läßt jedoch größere Anbau-

und Anfahrtoleranzen zu. Die erforderliche Betätigungsarbeit steigt allerdings bei dieser Ausführung zum Hebelende an.

Die große Anzahl der verschiedenen Rollenhebelantriebe ermöglicht eine andere Betätigungsart. Ein Beispiel zeigt Abb. 105.

ε) **Betätigung.** Kann der *Anlauf in Hubrichtung* erfolgen, wird ein Endtaster mit einfachem Stößel (oder auch mit Rollenstößel) gewählt. Diese Anlaufart verhindert schädliche seitliche Kraftkomponenten auf die Befestigungsteile des Endtasters. Dies ist besonders bei der offenen Grundausführung zu beachten. Damit der Endtaster nicht „überfahren" und dabei u. U. sogar zerstört wird, muß in jedem Fall ein Anschlag vorgesehen werden. Er sollte so ausgebildet sein, daß der Stößel des Schaltelementes noch genügend Spielraum hat. Bei den gekapselten Endtastern erübrigt sich die Anbringung eines besonderen Anschlags, da dieser in den meisten Fällen bereits am Gehäuse vorgesehen ist.

Abb. 105
Endtaster mit Rollen-
hebel (Bauart Siemens)

Endtaster mit einfachem Hebel eignen sich gleichfalls für Betätigung in Hubrichtung. Sie sind vor allem dann zu empfehlen, wenn die Kraft, die das Betätigungsglied maximal aufbringen kann, nicht ausreicht, den Endtasterstößel sicher niederzudrükken. Der Hebelarm untersetzt entsprechend dem Hebelgesetz die Kraft, so daß für die Betätigung am Hebelende eine bedeutend geringere Kraft notwendig ist. Je länger der Hebel gewählt wird, um so mehr verringert sich dieser Wert. Die jeweils zu leistende Betätigungsarbeit bleibt jedoch konstant.

In manchen Fällen kann auch ein Endtaster mit Rollenhebel für den Anlauf in Hubrichtung gewählt werden, und zwar dann, wenn die Anlaufgeschwindigkeit groß ist. Durch die Rollenübersetzung wird ein Teil der Geschwindigkeit aufgefangen, so daß sie sich auf das Endtasterelement nicht schädlich auswirken kann.

Häufig muß jedoch, durch die Einbauverhältnisse bedingt, ein *seitlicher Anlauf* gewählt werden. Aber auch der Vorteil, daß keine Bewegungsbegrenzung erforderlich ist, spricht oft für den seitlichen Anlauf, denn das Betätigungsglied kann über den Endtaster hinweglaufen.

Endtaster mit Stößel oder Rollenstößel können für diese Anlaufart verwendet werden. Dabei sind jedoch die zulässigen Anlaufwinkel zu beachten. Da bei diesem Anlauf Schubkräfte entstehen, die seitlich auf die Stößelführung wirken, sind Endtaster mit Stößel oder Rollenstößel sorgfältig zu montieren.

Der günstigste Antrieb für einen seitlichen Anlauf ist der Rollenhebel. Der Rollenhebel bedeutet bei seitlichem Anlauf einen Schutz

für das Endtaster-Einsatzelement, denn die seitlich auftretenden Kraftkomponenten werden von der Rolle aufgefangen und vom Stößel ferngehalten. Bei seitlichem Anlauf auf den Rollenhebel ist darauf zu achten,
daß er nicht verkantet oder verklemmt werden kann.

Ein zweiter wichtiger Punkt für den sicheren Betrieb der Endtaster ist die *Anlaufgeschwindigkeit*. In den meisten Fällen wird sie
durch die Gegebenheiten der Anlage bestimmt, so daß sie als fester
Wert angesehen werden muß, und der Endtaster diesen Verhältnissen
entsprechend zu wählen ist.

Ist mit sehr hohen Anlaufgeschwindigkeiten zu rechnen, empfiehlt
es sich in jedem Fall, eine Ausführung mit Rollenhebel und seitlichem

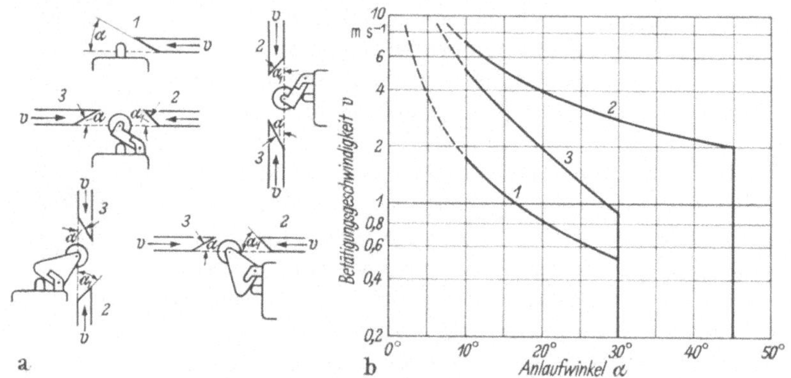

Abb. 106. Anlaufwinkel und Betätigungsgeschwindigkeit beim Endtaster
a) Grenzen des Anlaufwinkels; b) Kennlinien
1 mit Stößel α = 30°; *2* mit Rollenhebel α = 45°; *3* dgl. α = 30°

Anlauf zu wählen. Der Rollenhebel fängt einen großen Teil der Geschwindigkeit auf und lenkt nur eine Komponente auf den Stößel um. Sehr wichtig ist dabei allerdings, daß der zu der Geschwindigkeit gehörende
richtige Anlaufwinkel gewählt wird.

Das Diagramm (Abb. 106) gibt ein Beispiel für die Zusammenhänge zwischen Anlaufgeschwindigkeit und Anlaufwinkel. Bei sehr
kleinen Betätigungsgeschwindigkeiten kann es bei falscher Auswahl
der Endtaster zu Schaltfehlern kommen. Es wurde bereits erwähnt,
daß hinsichtlich der Schaltgeschwindigkeit zwei Endtaster-Grund-
typen zu unterscheiden sind: solche mit Sprungumschaltung und solche
mit „schleichender" Kontaktgabe. Bei den letztgenannten hängt die
Schaltgeschwindigkeit einzig von der Geschwindigkeit ab, mit der der
Schalter angefahren wird. Ihre Schaltsicherheit ist nur dann gewährleistet, wenn eine Mindestgeschwindigkeit (sie kann z. B. 0,2 m/s betragen) nicht unterschritten wird und die Betätigung zügig erfolgt.

Treten kleinere Anlaufgeschwindigkeiten auf, so werden unter Umständen nur flatternde Kommandos weitergegeben, was wiederum unsichere Schaltbefehle und Schaltversager (Rattern von Schützen, Verschweißen der Schaltstücke usw.) zur Folge haben kann. Besondere Beachtung ist diesem Umstand zu schenken, wenn damit Kommandos an Relaissteuerungen oder gar an kontaktlose Steuerungen gegeben werden. In solchen Fällen empfiehlt es sich, Endtaster mit Sprungumschaltung vorzusehen. Aufgrund ihrer besonderen Konstruktion (sie enthalten Blattfedern) schalten diese Endtaster auch bei extrem kleinen Betätigungsgeschwindigkeiten sicher. Sie sind allerdings empfindlicher gegen äußere Eingriffe in ihren Schaltmechanismus. Auf unveränderte Justierung des Sprungmechanismus muß Wert gelegt werden, da sonst die Schaltsicherheit nicht mehr gewährleistet ist. Außerdem ist die mechanische Lebensdauer von Endtastern mit Sprungbetätigung oftmals kürzer als die von Endtastern ohne Sprungbetätigung.

Als wesentlicher dritter Punkt sind bei der Auswahl der richtigen Antriebe die *Schaltwege* zu berücksichtigen. Jeder Endtasterausführung wird ein bestimmtes Schaltwegdiagramm zugeordnet, das Aufschluß über den Ablauf des Schaltvorganges gibt. Man kann hier klar die Reihenfolge der Schaltvorgänge erkennen und feststellen, wie groß jeweils der Mindestbetätigungsweg sein muß. Der darüber hinaus am Stößel noch zur Verfügung stehende Restweg, der sogenannte Nachlauf, ist ein Sicherheitsfaktor für das Gerät. Er ermöglicht einmal größere Einbautoleranzen und zum anderen kann damit ein zu großer Betätigungshub abgefangen werden. Es ist aber beim Einbau immer zu berücksichtigen, daß der maximale Betätigungshub innerhalb des Nachlaufweges enden muß.

Kann diese Forderung nicht sicher erfüllt werden, ist ein fester Anschlag, der den Endtaster schützt, unerläßlich.

Die Schaltwege der Endtaster bewegen sich in verschiedenen Größenordnungen. Bei der einen Ausführung hat man aus Gründen des Raumbedarfs Wert auf einen kleinen Gesamthub gelegt und bei der anderen vor allem einen langen Nachlauf berücksichtigt.

Je nach Antriebsart verändern sich die Schaltwege. Durch Hebel- oder Rollenhebelantriebe wird z. B. eine Verlängerung der Wege erreicht. Das bedeutet im gewissen Sinn einen Vorteil, denn bei diesen Ausführungen dürfen die Einbautoleranzen größer gewählt werden, da sich in gleichem Maße der Nachlaufweg vergrößert. Dennoch ist es wichtig zu beachten, daß der Rollenhebel nur bis in den Nachlaufbereich niedergedrückt wird. Das Betätigungsglied darf nicht über den Rollenhebel auf das Gehäuse und damit auf die Befestigungsschrauben drücken. Das könnte u. U. zu einer Beschädigung und damit zum Versagen des Endtasters führen.

Beim Einbau der Endtaster kommt der *Justierung des Schaltpunktes* eine besondere Bedeutung zu, vor allem dann, wenn die genaue Lage des Schaltpunktes für die Funktion der Maschine, der Anlage usw. wesentlich ist. Die Justierung des Endtasters kann auf zweierlei Arten vorgenommen werden.

Einmal besteht die Möglichkeit, am Endtaster selbst zu justieren, z. B. Veränderung der Lage des Grundelementes oder des Gehäuses mit Hilfe von Langlöchern, Verwendung einer Montageplatte, auf der der Endtaster fest montiert und die ihrerseits Langlöcher oder andere Verstelleinrichtungen hat usw.

Die zweite Möglichkeit, die für die Schaltpunktjustierung besteht und die in der Praxis in erster Linie angewendet werden sollte, ist die, daß eine Verstellung des Betätigungsgliedes, d. h. des Lineals, Nockens, Anschlags usw., vorgenommen wird. Dieses Verfahren begünstigt ein nachträgliches Auswechseln der Endtaster, denn es kann jederzeit ein fabrikneues, unverändertes Gerät als Ersatz eingebaut werden, ohne daß am Gerät selbst etwas verstellt und justiert werden muß.

Bei beiden Justiermöglichkeiten ist aber zu beachten, daß der Betätigungsweg innerhalb des Nachlaufweges endet. Bei der Auswahl der Endtaster sollte auch beachtet werden, welche Genauigkeit für die Einhaltung des Schaltpunktes verlangt wird. Gute Endtaster-Fabrikate halten den einmal eingerichteten Schaltpunkt mit einer Genauigkeit von $\pm$ 0,01 mm über eine große Anzahl von Schaltspielen (etwa 10 000 Schaltspiele).

Äußere *Erschütterungen* in beliebiger Richtung sind in gewissen Grenzen ohne Einfluß auf die Endtaster. Bei Beschleunigung von etwa 20 g an in Richtung des Stößels kann es zu unangenehmen Erscheinungen kommen, z. B. dazu, daß der Kontaktdruck an den Schaltgliedern nachläßt oder der Schalter kurz unterbricht. Es sollten jedoch harte, kurze Schläge und Stöße möglichst vom Endtaster ferngehalten werden. Wichtig ist weiterhin, daß die Festigkeitsgrenze des Grundmaterials der Endtaster (meistens Isolierstoff) beachtet wird, da Teile des Einsatzelementes bei einer zu großen mechanischen Beanspruchung (z. B. bei Betätigungskräften von 50 bis 70 kp) brechen können.

Bei der Wahl der Endtaster ist auch die *Raumtemperatur* zu berücksichtigen. Die zulässige Temperatur für diese Geräte wird durch den Werkstoff bestimmt. Am gebräuchlichsten sind Isolierstoffe auf Phenol- und Melaminbasis. Sie können bei Temperaturen bis maximal 110 bis 120 °C eingesetzt werden. Bei höheren Werten verändert sich der Isolierstoff und damit u. U. die Form des Gerätes. Dieses kann dann ein Verklemmen des Schaltmechanismus zur Folge haben.

Um solche Schäden zu vermeiden, sollte dieser Punkt von vornherein beachtet und gegebenenfalls für Abhilfe gesorgt werden. Bei Temperaturen ab 120 °C empfehlen sich Endtaster aus Keramikteilen.

Zur richtigen Beurteilung eines Endtasters gehört auch die Kenntnis seiner elektrischen Belastbarkeit. Endtaster sind Geräte, die sich zum Schalten von Steuerstromkreisen eignen. Die für die Kontakte bei den Druckknopftastern gemachten Angaben gelten auch hier (s. S. 153).

Beim Schalten von Gleichstrom ist auf die Wanderungen des Kontaktmaterials (Stift- und Kraterbildungen) zu achten.

Kontaktschwierigkeiten können u. a. auch bei Betrieb mit Kleinspannungen ≤ 24 V entstehen, und zwar vornehmlich dann, wenn mit Staub- und Schmutzeinwirkungen zu rechnen ist. Da beim Schalten von ≤ 24 V und Doppelunterbrechung nicht an beiden Schaltstellen ein Lichtbogen entsteht, der die Schmutz- und Staubschichten auf den Schaltstücken beseitigen könnte, kann es zu Schaltversagern kommen. Abhilfe schafft hier eine ausreichende Kapselung des Endtasters oder das Parallelschalten von zwei Schaltgliedern.

Je nachdem, welche Steuerströme geschaltet werden, nutzen sich die Schaltstücke der Endtaster schneller oder langsamer ab. Im allgemeinen ist es so, daß die Schaltstücklebensdauer eines Endtasters bei Belastung mit den in Hilfsstromkreisen üblicherweise auftretenden Strömen ungefähr so lang ist wie seine mechanische Lebensdauer, d. h. etwa 10 bis 15 Millionen Schaltspiele, so daß ein Auswechseln der abgebrannten Schaltstücke nicht viel Nutzen bringen würde. Es ist zu empfehlen, Endtaster mit abgebrannten Schaltstücken gegen vollständig neue Geräte auszutauschen.

c) Relais

α) **Begriff und Aufgaben.** Der Name Relais kommt aus dem Französischen, wo er in der Zeit der Postkutsche den Ort des „Schlaff"werdens, den Pferdewechsel, bezeichnete. In den Anfängen der Nachrichtentechnik reichte die Batteriespannung nur für begrenzte Drahtlängen. Um größere Entfernungen zu überbrücken, schuf man „Relais"-Stationen. Heute bezeichnet man nach VDE 0660 mit Relais alle messenden und nicht messenden Befehlsschalter, die durch Änderung physikalischer Größen betätigt werden und elektrisch weitere Einrichtungen steuern [6].

Das elektrische Relais, mit dem wir uns hauptsächlich beschäftigen wollen, ist seinem Wesen nach ein Vierpol. Über mindestens zwei Eingangsklemmen wird dabei eine primäre, den Übertragungsvorgang steuernde Energie zugeführt und über mindestens zwei Ausgangsklemmen, an denen eine sekundäre Energiequelle liegt, die sekundärgesteuerte Energie abgegeben. Diese Definition trifft auf eine Vielzahl anderer Vielpole, wie Transformatoren u. dgl., ebenfalls zu, und man könnte diese im weiten Sinne auch als Relais bezeichnen. Man unterscheidet deswegen auch zwischen quantitativen und qualitativen Relais, je nachdem, ob die gesteuerte Energie jederzeit in einem bestimmten Verhältnis zur steuernden Energie steht oder nicht. Der Begriff des Verstärkers drängt sich auf, wenn die Ausgangsenergie größer als die Eingangsenergie ist, was durch die Größe der sekundär zugeführten Fremdenergie leicht zu beeinflussen ist.

Wenn wir im folgenden von Relais sprechen, so denken wir an das elektromagnetische Relais im engeren Sinne, das im wesentlichen primär eine oder mehrere Erregerspulen hat und sekundär durch die Kontakte in Stromkreisen wirken kann, die im wesentlichen der Signalverarbeitung dienen, also keine für den Fertigungsprozeß nötige Energie schalten. Diese Aufgabe wollen wir dem Schütz zusprechen, das seinem Wesen nach auch ein Relais ist. Dabei kann es immer wieder vorkommen, daß man ein Relais als Schütz benützt oder noch häufiger umgekehrt ein Schütz als Relais einsetzt.

Die unmittelbare Aufgabe der Relais besteht darin, einen sekundären elektrischen Kreis zu schließen bzw. unterbrechen. Die Schließungs- und Öffnungsstellen bilden die vom Relais betätigten Kontakte, von denen man fordert, daß sie bei jahrelanger Betätigung in Millionen Fällen mit einem möglichst gleichbleibenden Übergangswiderstand an der Kontaktstelle den Sekundärkreis schließen oder unterbrechen.

Die zweckmäßigste Ausbildung des Kontaktes ist ein Kernproblem für die Fertigung und den Einsatz eines zuverlässigen Relais und wird wesentlich beeinflußt vom Signalspannungspegel, den wir als maßgebend für die systematische Behandlung ansehen wollen.

β) „Starkstrom"relais. Der unschöne Name stammt aus der Zeit, als man noch zwischen Starkstrom- und Schwachstromtechnik unterschied. Leider ist er in den Sprachgebrauch so fest übernommen worden, daß sich andere Namen noch nicht einführten. Wir wollen darunter Relais verstehen, deren Erregung hauptsächlich mit den normalen Netzspannungen und Stromarten erfolgt, die in der Energieverteilung üblich sind. Aus Sicherheitsgründen benützt man gemäß VDE 0113 die Netzspannung für Steuerungszwecke in der Regel nicht unmittelbar, sondern verwendet zusätzliche Zwischentransformatoren (sog. Steuerspannungstransformatoren).

Nachdem die Aufgaben der Relais auf diesem Spannungspegel immer weiter eingeengt werden, kommt man im allgemeinen mit folgenden Kontaktausführungen aus:

a) Der Schließer wird nach Einsetzen der Erregung geschlossen, bleibt in dieser Stellung, solange das Relais erregt ist, und öffnet nach Aussetzen der Erregung.

b) Der Öffner ist geschlossen, solange das Relais nicht erregt ist, und öffnet nach Einsetzen der Erregung.

c) Wechsler (Schließer und Öffner mit gemeinsamem Mittelpol), die bei Erregen oder Entregen des Relais so arbeiten, daß entweder die Schaltglieder beim Umschalten sicher getrennt sind oder alle drei Kontakte vorübergehend miteinander verbunden werden.

d) Wechsler mit vier Anschlüssen haben einen Schließer und einen Öffner mit gemeinsamer Schaltstückbrücke.

e) Wischer. Der Schließer schließt beim Einsetzen der Erregung vorübergehend (für den Bruchteil einer Sekunde). Der Öffner schließt beim Entregen kurzzeitig.

Als Hilfsrelais verwendet man immer mehr die kleinste Schütztype, die schon früher beschrieben wurde (S. 149). Hier sind auch die wichtigsten Kontaktprobleme behandelt, die für alle „Starkstrom"relais gelten.

γ) **Fernmelderelais.** Die Unterscheidung der Relais nach Gattungen und ihre entsprechende Benennung erfolgt in der Fernmeldetechnik nach den verschiedensten Gesichtspunkten, wie Form des Eisenkerns, Lagerung des Ankers, Anordnung der Kontakte usw.

Um aus der Fülle von Ausführungen für den jeweils vorliegenden Verwendungszweck das passende Relais auswählen zu können, ist es nötig, die Eigenschaften der Relais mit verschiedenen Bauformen zu kennen. Bei diesen beschränken wir uns jedoch auf diejenigen, die für die Automatisierung nach dem heutigen Stand der Technik von Bedeutung sind.

Das Kontaktsystem. Die Aufgabe, den sekundären Energiekreis zu schalten, übernimmt der Kontakt. Der von ihm ausgelöste Schaltvorgang ist in der einfachsten Form eine Schließung oder Unterbrechung eines Einzelstromkreises; häufiger aber werden durch das bewegte Ankerglied nicht nur einzelne, sondern viele Kontakte betätigt. Die sichere, einwandfreie und gleichzeitige Kontaktbetätigung ist Hauptaufgabe des Relais. Sie erfordert eine Kraft längs eines Weges, der in bestimmten Zeiten zurückgelegt wird. Dazu dient das Kraftsystem, das auf die Aufgaben des sekundären Kontaktkreises zurückwirkt.

Die Kontaktbetätigung ist dann als ideal anzusprechen, wenn die Kontaktgabe schlagartig wirkt, ohne Prellungen, Funkenbildung o. dgl. ungewollte Nebenerscheinungen zu verursachen.

Kontakt im engeren Sinne ist beim Relais die eigentliche Schließungs- und Öffnungsstelle für den sekundären Kreis, im weiteren Sinne der Kontaktträger. Dieser ist in der Regel eine Feder, auf welcher das Kontaktmaterial aufgesetzt ist. Da das Kontaktmaterial, der Schaltaufgabe entsprechend, aus hochwertigem Metall hergestellt werden muß, verwendet man dieses nur für die eigentliche Schaltstelle, während das Material für die Feder nach Gesichtspunkten des elastischen Verhaltens ausgesucht wird. Leider hat jede ausgebogene Feder das Bestreben, bei der Freigabe in Form von Eigenschwingungen in die Normallage zurückzukehren. Sie bringen für die Kontaktstelle die Gefahr einer *prellenden* Schließung. Zur Vermeidung der Eigenschwingungen erhält das elastische Glied entweder eine die Schwingung dämpfende starre Beilage oder man führt die Kontaktspitzen mit dem beweglichen Anker so zwangsläufig, daß sie sich in keiner Stellung freitragend selbst überlassen sind.

Die verschiedenen Kontaktarten zeigt Abb. 107, die aus den beiden Grundformen des Schließers (Arbeitskontakt) oder Öffners (Ruhekontakt) abgeleitet werden. Die daraus abgeleiteten Kontaktarten, wie Umschalter, Wechselkontakte und ihre Kombinationen, brauchen nicht näher erläutert zu werden.

Häufig verlangt die schaltungstechnische Aufgabe, daß in zwangsläufiger Aufeinanderfolge erst ein Kontakt, und zwar meist der untere, dem Anker am nächsten liegende, betätigt wird, ehe die Bewegung auf den oberen übertragen wird. Damit läßt sich eine bestimmte zeitliche Aufeinanderfolge sicherstellen. Man beschränkt sich dabei meistens auf „Folge-Öffner-Schließer" oder umgekehrt und nimmt wegen der Betriebssicherheit keine Kombinationen mit Umschaltern.

Der Kontaktwiderstand setzt sich aus zwei Anteilen zusammen. Der erste heißt, wie schon früher erläutert (S. 137), Engewiderstand. Er ist auf die Verengung des leitenden Querschnittes durch die Unebenheiten bzw. Mikrorauheit der beiden Flächen zurückzuführen. Der zweite wird von Fremdschichten hervorgerufen, die zwischen den beiden Metalloberflächen liegen und den Stromübergang behindern. Da die Fremdschicht die Metalloberfläche oft wie eine Haut bedeckt, spricht man zuweilen auch von „Hautwiderstand".

Kontaktstörungen. Die Kenntnis der zu Kontaktstörungen führenden Vorgänge ist ebenso wichtig wie es die Maßnahmen zu ihrer Bekämpfung sind. Dabei unterscheidet man zweckmäßigerweise zwischen belasteten und unbelasteten Kontakten.

Beim *belasteten* Kontakt treten die Störungen im wesentlichen beim Schalten auf. Ist die Belastung induktiv, so beschränkt sich die Zerstörung vorwiegend auf den Ausschaltvorgang; bei Kapazitivlast dagegen in erster Linie auf den Einschaltvorgang.

Beim Öffnen eines Kontaktes verringert sich der leitende Querschnitt mit der geringer werdenden Kraft, bis bei verschwindender Kontaktkraft auch die Berührungsfläche verschwindend klein wird. Fließt während dieser Zeit ein Strom, so nimmt die Stromdichte mit abnehmendem Querschnitt zu. Die Temperatur des metallisch leitenden Pfades erhöht sich bis zum Schmelzpunkt und u. U. bis zum Siedepunkt.

Dadurch entsteht eine sogenannte „Schmelzbrücke". Das ist ein Vorgang, der auch schon von den Schaltgeräten her bekannt ist. Das wesentliche Merkmal der „Schmelzbrücke" ist ein von der Anode zur Kathode gerichteter Materialtransport, die sogenannte „Feinwanderung". Dabei

Kontaktart	alte	neue	Bild und Darstellung
	Bezeichnung		
Arbeitskontakt	a	1	
Ruhekontakt	r	2	
Umschaltekontakt	u	21	
Arbeit-Arbeitskontakt	aa	1-1	
Ruhe-Ruhekontakt	rr	2-2	
Arbeit-Ruhekontakt	ar	1-2	
Arbeit-Umschaltekontakt	au	121	
Umschalte-Ruhekontakt	ur	212	
Zwillingsarbeitskontakt	za	11	
Zwillingsruhekontakt	zr	22	
Folge-Arbeit-Arbeitskontakt	faa	1+1	
Folge-Arbeit-Ruhekontakt	far	1+2	
Folge-Ruhe-Arbeitskontakt	fra	2+1	

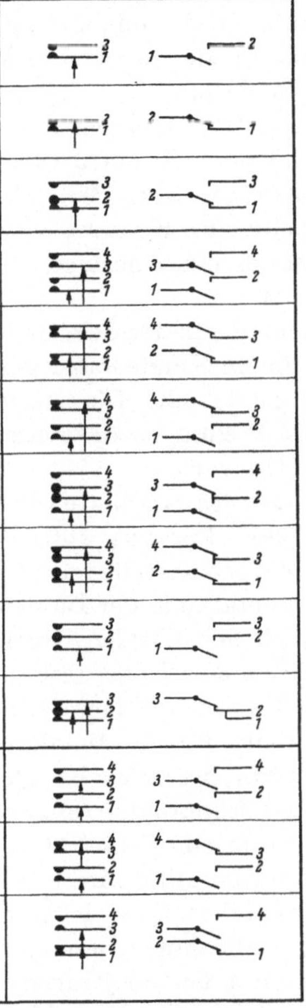

Abb. 107. Die wichtigsten Kontaktausführungen am Fernmelderelais nach DIN 40713

lösen die von der Kathode kommenden Elektronen beim Aufprall auf die Anode Lockerionen los, die dann unter dem Einfluß der magnetischen und elektrischen Kräfte wandern und zu Spitzen- oder Löcherbildungen auf den Kontakten führen, weil eine einmal angefangene Materialspitze sich laufend vergrößert. Die Ablagerungen erscheinen bei Gleichstrom auf der Kathode als kleine Spitzen, Stifte, Kugeln oder Kuppen.

Nach dem Abreißen der Schmelzbrücke zündet ein Lichtbogen. Bei weiterem Öffnen — besonders bei induktiver Last — entsteht dann eine Glimmentladung, bei der kleine Teile der Kathode zerstäubt werden, wobei sich, wie wir bei den Schaltgeräten schon gesehen haben, ein Teil des zerstäubten Materials auf den beiden Elektroden niederschlägt. Man kann deshalb auch von einer gerichteten Stoffübertragung von der Kathode zur Anode sprechen und bezeichnet diese in der Relaistechnik als „Grobwanderung".

Die Ablagerungen auf der Anode haben gewöhnlich die Form unregelmäßig aufgebauter Kuppen, während sich auf der Kathode kraterähnliche Vertiefungen ausbilden. Die Grobwanderung kann deshalb das exakte Arbeiten des Kontaktes beeinträchtigen, tritt aber in der Bedeutung wegen der meist geringen Kontaktbelastung gegenüber der Feinwanderung zurück.

Auch beim Schließen des Kontaktes wird vorwiegend bei kapazitiver Belastung die im Kondensator gespeicherte Energie durch die Kontaktoberfläche geschleußt. Die Auswirkungen sind besonders nachteilig, wenn durch Prellungen die Anzahl der Kontaktbetätigungen unbeabsichtigt erhöht wird.

Bei *unbelasteten* Kontakten tritt beim Schaltvorgang keine Materialwanderung auf. Der hier auftretende Verschleiß ist auf die Wechselwirkung der Kontaktstelle mit der Umgebung zurückzuführen. So bilden z. B. Silberkontakte in der Industrieluft Sulfidschichten, andere Metalle bedecken sich mit Oxyden. Auch die in der Luft enthaltenen Staubteilchen spielen eine Rolle, insbesondere wenn die Luft — wie gelegentlich in den Tropen — Flugsand oder wie Schmirgel wirkende Gesteinsteilchen enthält. Bei der Metallverarbeitung herrscht oft ölhaltige Umgebungsluft vor, wodurch bei gleichzeitigem Vorhandensein von Gußstaub an Relaiskontakten unangenehme Auswirkungen hervorgerufen werden. Nicht nur der Kontakt selbst, sondern auch seine Isolation, z. B. gegen andere Kontakte, wird u. U. unzulässig verringert, wenn sich Gußstaub auf die ölbenetzten Isolationsteile legt.

Zu den Maßnahmen, um aufgetretene Kontaktstörungen zu beseitigen, gehören außer denjenigen zur Beseitigung von Erschütterungen, zur Schaffung einer günstigen Umgebungsatmosphäre u. a., vor allem die richtige Wahl des Kontaktwerkstoffes, die Funkenlöschung sowie die entsprechende Kapselung der Geräte.

Kontaktwerkstoffe. Die Auswahl der geeigneten Kontaktwerkstoffe ist nicht zuletzt aus dem Grunde recht schwierig, weil die gleichen Relaiskontakte unter den verschiedensten elektrischen, mechanischen, thermischen und chemischen Arbeitsbedingungen betrieben werden. Es wird deshalb immer wieder versucht, neben einer Reihe von Kontaktwerkstoffen für spezielle Zwecke vor allem solche zu entwickeln, die ein möglichst breites Anwendungsgebiet haben.

Die Kontaktmaterialien können in drei Gruppen eingeteilt werden, in Elemente, Legierungen und Verbundstoffe. Unter Legierungen sind Mischungen von zwei oder mehreren Metallen (z. B. Silber-Palladium) zu verstehen, die sich in geschmolzenem Zustand völlig ineinander gelöst hatten, wenn sie sich auch beim Erkalten und Kristallisieren wieder sondern. Verbundstoffe nennt man solche, die aus einem Gemisch feiner Pulver durch Sintern in der Hitze hergestellt werden. Ein bekanntes Beispiel ist Wolfram-Silber.

Fast alle unedlen Metalle sind als Kontaktmaterial für Andruckkontakte ungeeignet, weil sie in der Atmosphäre chemisch zu unbeständig sind. Sie oxydieren relativ rasch, und die entstehenden Oxydhäute haben eine sehr schlechte Leitfähigkeit. Den an elektrische Kontakte gestellten Anforderungen können nur Edelmetalle und edelmetallhaltige Werkstoffe gerecht werden.

Für den Gesamtanwendungsbereich der Fernsprechtechnik hat sich Silber als günstigstes Kontaktmaterial erwiesen. Es oxydiert nicht in Luft und hat die höchste Leitfähigkeit von allen Elementen. Die Materialwanderung im Schwachstromgebiet ist gering. Sein Hauptnachteil ist die mangelnde Beständigkeit in schwefelhaltiger Atmosphäre, denn das dort entstehende Silbersulfid ruft ein erhebliches Ansteigen des Übergangswiderstandes hervor. Silber allein genügt also nicht, wenn bei schwachen Strömen absolute Schaltsicherheit gefordert wird. In diesem Falle werden Legierungen mit Platin, Gold oder Palladium angewendet. Das letztere ist das Edelmetall, von dem eine nur geringe Menge erforderlich ist, um Silber gegen sulfidische Angriffe widerstandsfest zu machen. Bei einem Anteil von 30% Palladium wird ein praktisch vollständiger Schutz erreicht. Aus diesem Grunde hat sich Silber-Palladium ein weites Anwendungsgebiet in der Schwachstromtechnik erobert.

Gold ist chemisch viel widerstandsfähiger als Silber und besonders für schwache Ströme sehr geeignet. Eine Legierung des Goldes mit Nickel ist härter als reines Gold, jedoch diesem als Kontaktmaterial praktisch gleichwertig. Gold und Goldnickel werden in un- und schwachbelasteten Kreisen immer dann verwendet, wenn keine Frittung möglich ist.

Ein weiterer in der Schwachstromtechnik angewandter Kontaktwerkstoff ist Platin. Dieses ist schon im unlegierten Zustand dem Silber in mancher Beziehung überlegen und wurde von diesem nur wegen seines hohen Preises weitgehend verdrängt. Härter und schaltfester sind seine Legierungen mit Indium und Wolfram.

Aus der Vielzahl der Kontaktwerkstoffe sei schließlich noch Wolfram erwähnt. Es eignet sich wegen seiner Härte, seines hohen Schmelzpunktes und seiner Beständigkeit gegen Bogen- und Glimmentladung ausgezeichnet für starke Belastungen. Im feuchten Tropenklima treten jedoch durch Schichtbildung auf der Oberfläche erhöhte Kontaktwider-

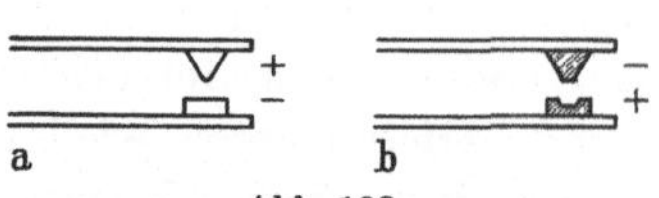

Abb. 108
Potentialverteilung am Kontakt mit Rücksicht auf Metallwanderung
a) richtige; b) falsche Polarität

stände auf. Für dieses Anwendungsgebiet hat sich die erwähnte Legierung des Wolframs mit Platin bewährt.

Kontaktformen. Früher wurden die Kontaktnieten allgemein als Spitze und Platte ausgeführt. Dabei mußte auf die richtige Polung bei Gleichspannung Wert gelegt werden. Die Spitze soll, wie Abb. 108 zeigt, mit dem positiven, die Platte mit dem negativen Pol verbunden sein. Das hängt mit der schon erwähnten Materialwanderung zusammen.

Man nimmt bei der Anordnung die hauptsächlich bei Edelmetallen unvermeidliche Metallwanderung durch die Wahl des Potentials in der Weise in Kauf, daß auf der Platte das Metall niedergeschlagen und von der Spitze abgetragen wird.

Statt dessen wird der Ballenkontakt immer mehr verwendet. Die Ausführung ergibt eine etwas geringere Niethöhe und wird schon wegen der Raumersparnis bevorzugt.

Funkenlöschung. Die Maßnahmen, die die Außenschaltung betreffen, sollen vor allem die Grobwanderung verhindern. Die zusätz-

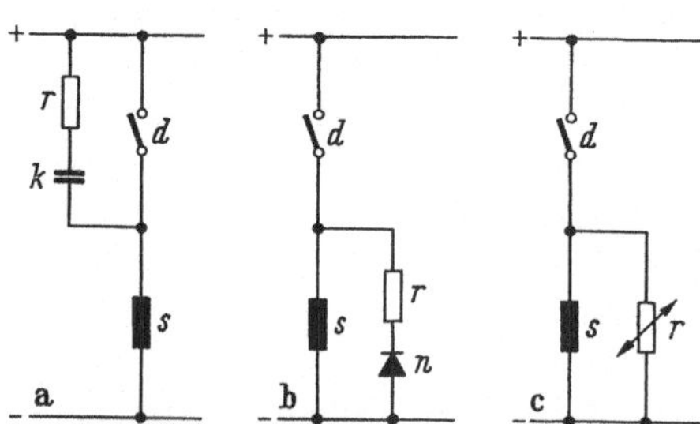

Abb. 109. Maßnahmen zur Funkenlöschung
a) Schaltung mit Kondensator *k* parallel zu Kontakt *d*;   b) Gleichrichter *n* parallel zur Last;
c) spannungsabhängiger Widerstand *r* parallel zur Last *s*

lichen Schaltmittel haben also die Aufgabe, die Lichtbogenbildung und die Glimmentladung zu verkleinern oder gar zu verhindern. Dazu verwendet man entweder Kondensatoren zusammen mit Widerständen oder Gleichrichter.

Eine Schaltung zur Funkenlöschung mit Kondensator zeigt Abb. 109a. Beim Öffnen des Kontaktes, der einen Strom von einem Gerät mit Widerstand und Induktivität unterbrechen soll, lädt sich der Kondensator *k* über den Widerstand auf, so daß die magnetische Energie der Spule in den Kondensator als elektrische Energie wandert, ohne den Kontakt zu beanspruchen. Damit beim Wiedereinschalten durch die Entladung des Kondensators kein zu großer Strom über den Kontakt geführt werden muß, begrenzt man diesen Strom durch einen Widerstand.

Die Wirksamkeit dieser Schaltung hängt stark vom dU/dt ab, bringt also bei niedrigerem U nicht mehr viel. Deswegen verwendet man dann Schaltungen mit Gleichrichtern nach Abb. 109b. Der Gleichrichter ist so geschaltet, daß er beim Einschalten des Kontaktes den Strom sperrt. Beim Ausschalten wird dann die in der Spule aufgespeicherte magnetische Energie über den Gleichrichter kurz geschlossen. Diese Schaltung ist sehr wirksam in Hinblick auf die Lichtbogenlöschung, hat aber, wie wir später sehen werden, den Nachteil, daß sie das Abfallen des Relais verzögert, weil die Zeitkonstante durch den jetzt sehr kleinen Durchlaßwiderstand vergrößert wird. Ist das nicht erwünscht, muß der Widerstand des Entregerkreises durch einen zusätzlichen Widerstand r vergrößert werden, der aber die Löschwirkung verschlechtert.

In der letzten Zeit wurden sogenannte „spannungsabhängige Widerstände" so weit verbessert, daß jetzt auch bei kleinen Betriebsspannungen (z. B. 24 V) mit diesen Überspannungen beseitigt werden können. Die auf Halbleiterbasis arbeitenden Bauteile sind leicht unterzubringen und sind unter Namen wie „Varistor" o. ä. im Handel (Abb. 109c).

Kontaktsicherheit oder *Schaltsicherheit*. Durch die seit etwa 30 Jahren verwendete Doppelkontaktgabe in der Relaistechnik konnte die Betriebssicherheit durch die damit erzielte erhöhte Kontaktsicherheit wesentlich verbessert werden. Während beim Einfachkontakt unter sonst gleichen Verhältnissen die Wahrscheinlichkeit besteht daß auf x Betätigungen eine Störung trifft, so vermindert sich nach der Wahrscheinlichkeitsrechnung diese Gefahr auf $1/x^2$ für die Doppelkontaktgabe. Von einem Doppelkontakt kann aber nur gesprochen werden, wenn die Sicherheit besteht, daß sich die beiden Kontaktstellen tatsächlich berühren. Man erreicht dies durch Schlitzen der Kontaktfeder, die dadurch in 2 Einzelfedern aufgeteilt wird. Zusätzlich wird ein Fenster eingestanzt, so daß die Beweglichkeit der beiden Kontaktenden zueinander noch erhöht wird.

Die praktische Schaltsicherheit schwankt zwischen 3- und 100fach. An der unteren Grenze liegt man, wenn die Doppelkontakte z. B. nicht mit gleichem Druck aufliegen und sich nicht gleichmäßig an der Kontaktgabe beteiligen. In die Nähe der oberen Grenze kommt man, wenn man 2 völlig getrennte Kontakte mit Einfachkontaktgabe parallelschalten kann.

Betrachtet man dagegen den von Starkstromschaltgeräten her bekannten Kontakt mit Doppelunterbrechung, so erhöht sich die Ausfallwahrscheinlichkeit um etwa den Faktor 2 gegenüber der Einfachkontaktgabe, ohne Berücksichtigung, daß bei derartigen Schaltgeräten *ein* Kontakt des „Gesamtkontaktes" zwangsläufig „trocken", d. h. spannungslos schalten muß. Damit wird sich der genannte Faktor erheblich vergrößern, wobei sich die Verschlechterung der

Kontaktsicherheit praktisch nur empirisch ermitteln läßt, da jetzt verschiedene Einflüsse — z. B. der Umgebungsluft und des Kontaktmaterials — verstärkt in die Betrachtung eingehen.

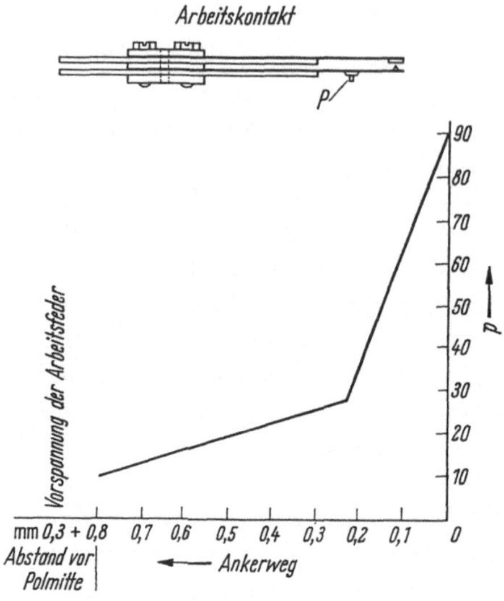

Das Kraftsystem. Die Aufgabe des Kraftsystems ergibt sich aus der Kraft-Weg-Kennlinie der verschiedenen Kontaktarten. Bei den am häufigsten verwendeten Federkontakten (bei Rundrelais) hat der Schließer eine Kennlinie nach Abb. 110. Im geöffneten Zustand hat die untere Feder eine Gegenspannung von 10 p. Bei 0,2 mm Ankerweg wird der obere Kontakt erreicht, es beginnt die elastische Durchbiegung der Gegenfeder. Die Endkraft ist dann 90 p.

Beim Öffner greift nach Abb. 111 der Kontaktpimpel P an der oberen Feder an, die mit einer Vorspannung von 25 p auf der unteren Feder aufliegt. Die Kontaktkraft an der Schließungsstelle ist deshalb beim Öffner kleiner als beim Schließer. Deswegen wird letzterer in kritischen Fällen bevorzugt. Wird der Pimpel erreicht, tritt ein Kraftanstieg ein, der die Vorspannung überwindet. Dann erst beginnt die elastische Durchbiegung der oberen Feder allein und führt

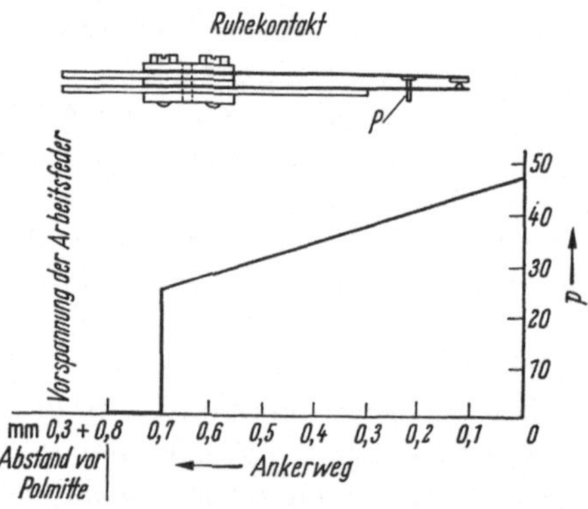

Abb. 110. Arbeitskontakt (Schließer) und seine Kraft-Weg-Kennlinie nach [6]

Abb. 111. Ruhekontakt (Öffner) und seine Kraft-Weg-Kennlinie [6]

zu einem linearen Kraftanstieg bis zu 48 p, die der Anker in der Endstellung leisten muß.

Relais mit anderer Kontaktbestückung haben Kraft-Weg-Kennlinien, die sich aus diesen beiden Formen zusammensetzen, z. B. der Wechsler.

Die Kraftsysteme der verschiedenen Relais müssen nun diese für die Kontaktgabe nötige Kraft aufbringen. Dabei hat sich eine Fülle von

Relaisformen entwickelt, von denen wir nur diejenigen behandeln wollen, die in der industriellen Anwendung eine Rolle spielen.

Das Rundrelais hat seinen Namen vom runden Magnetkern. Er ergab sich aus arbeitsparenden Gründen bei der Fertigung der Erregerspule, die in ihrer einfachsten Form ein Zylinder ist. Als Beispiel für die konstruktive Gestaltung eines solchen Rundrelais zeigt Abb. 112 ein Schneidankerrelais, bei dem das Joch am vorderen Ende zu einer Schneide ausgeformt ist, auf welcher der Anker drehbar gelagert ist. Die Schneidenlagerung ergibt geringste Reibung und eine eindeutige Ankerlagerung, sofern ein Schutz gegen seitliches Herausfallen vorhanden ist. Zugleich wird durch die Schneide das Joch zu einer zweiten Polfläche verbreitert, welche den Übertritt der Kraftlinien verbessert. Es ermöglicht durch vielseitige Federsätze den Einsatz in den verschiedenartigsten Steuerungen. Es hat normalerweise Lötanschlüsse.

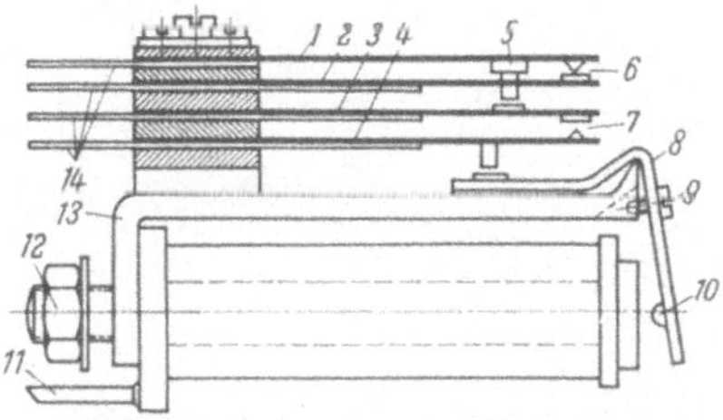

Mit diesen und ähnlichen Relaistypen lassen sich alle diejenigen Aufgaben lösen, bei denen das Ansprechen unabhängig von der Richtung des Erregerstromes erfolgen kann, denn die auf den Anker wirkende Kraft ist etwa proportional zum Quadrat des Erregerstromes. Man bezeichnet diese Relais auch als *ungepolte* Relais.

Abb. 112. Aufbau des Schneidankerrelais

1 Arbeitsfeder des Ruhekontaktes; *2* Gegenfeder des Ruhekontaktes; *3* Gegenfeder des Arbeitskontaktes; *4* Arbeitskontakt — Arbeitsfeder; *5* Pimpel; *6* Ruhekontakt; *7* Arbeitskontakt; *8* Anker; *9* Halteschraube; *10* nichtmagnetischer Trennstift; *11* Lötstifte für Wicklungen; *12* Befestigungsschraube mit Mutter; *13* Joch; *14* Lötfahnen

Gepolte Relais dagegen reagieren abhängig von der Stromrichtung. Am einfachsten erhält man ein gepoltes Relais durch die Verwendung eines Dauermagneten. Neben dem Weicheisenmagnet ist noch ein Dauermagnetkreis so angeordnet, daß je nach der gestellten Aufgabe die Flüsse den Anker gleichsinnig oder gegensinnig beeinflußen. Dabei ist vor allem zu vermeiden, daß der Dauerfluß über den Erregerkreis fließt, um die Eisenquerschnitte und damit die Kupferverluste der Spule klein zu halten, denn die wesentliche Aufgabe der gepolten Relais liegt beim Einsatz in Steuerungen, die auf der Erregerseite sehr geringe Leistungsaufnahme zulassen und dabei eine hohe Ansprechgenauigkeit verlangen. Dabei unterscheidet man zwischen einseitiger, mittlerer und zweiseitiger Ruhelage der Außenkontakte.

Bei der einseitigen Ruhelage hält der Anker im unerregten Zustand immer den gleichen Kontakt oder die Kontaktpaare geschlossen. Je nach der Richtung des Erregerstromes bleibt der Anker entweder in seiner Ruhelage oder wird umgelegt. Sobald die Erregung einen bestimmten Wert unterschreitet, kehrt der Anker in seine Ruhelage zurück.

Beim gepolten Relais mit 2 Ruhelagen hält der Anker in unerregtem Zustand einen der beiden Kontakte oder Kontaktpaare geschlossen. Bei Erregung bleibt der Anker je nach Stromrichtung liegen oder wird umgelegt und verharrt in dieser Stellung nach Aufhören der Erregung.

Bei gepolten Relais mit einer mittleren Ruhelage und mit zwei Arbeitslagen steht der Anker im unerregten Zustand in der Mitte und

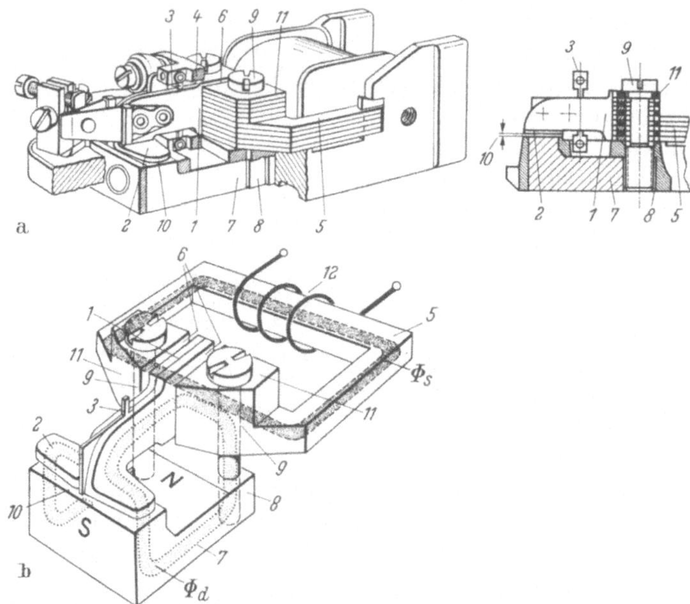

Abb. 113. Kleinpolrelais (Bauart Siemens)
a) Teilschnitt; b) Magnetflüsse
1 Anker; *2* Ankerflußlappen; *3* Drehfeder; *4* Spannbügel; *5* Joch; *6* Arbeitsluftspalt; *7* Dauermagnet; *8* Flußausgleichstück; *9* Flußbolzen; *10* toter Luftspalt; *11* Polschuh; *12* Steuerspule; Φ_s = Steuerfluß; Φ_d = Dauerfluß

schließt je nach Stromrichtung einen der beiden Kontakte oder Kontaktpaare und kehrt bei Aufhören der Erregung wieder in die Mitte zurück.

Als Beispiel hierfür wird in Abb. 113 ein Relaisaufbau schematisch dargestellt. Der vom Dauermagneten erzeugte Fluß teilt sich in zwei gleiche Teile, wobei man für diese Betrachtungen die magnetischen Widerstände des Eisens gegenüber denen der Luftspalte vernachlässigt. Diese Teile fließen über die beiden Schenkel und die toten Luftspalte und überlagern sich im Arbeitsluftspalt mit dem Erregerfluß. Um den Anker umzulegen, bedarf es nur eines Erregerflusses, der um weniges größer als der Ausgleichsfluß ist, den man zur Verringerung des Ankerhubes klein halten kann. Zum Ansprechen reicht für die Erregung bei dem abgebildeten Relais eine Durchflutung von wenigen AW (Amperewindungen) aus. Das Relais ist also sehr empfindlich.

Eine vielseitige Verwendungsmöglichkeit hat ein sogenanntes Haftrelais nach Abb. 114. Es ist ein kleines gepoltes Schaltrelais für Impulsbetrieb mit den äußeren Abmessungen von 19 × 30 × 30 mm. Das Relais verträgt auch eine Übererregung, die z. B. bei Fehlschaltungen vorkommen kann [51].

Es besteht, wie jedes gepolte Relais, aus Joch, Anker, Spule mit Magnetweicheisenkern, Dauermagnet, Kontaktfedersatz und Isolierstoffsockel. Der Dauermagnet ist zwischen Joch und Spulenkern angeordnet; der Anker ist so ausgebildet, daß ein Haupt- und ein Hilfsanker entsteht.

Durch den Dauermagnet werden zwei Arbeitsluftspalte vormagnetisiert. Je nach Richtung des Erregerflusses wird der Haupt- oder der Hilfsanker in Anzugsrichtung bewegt und damit ein wechselseitiges Arbeiten des gesamten Ankers erzielt. Ein wesentliches Merkmal des Relais ist, daß der Anker infolge seiner besonderen Form jeweils nur durch einen Impuls von der einen in die andere Lage gebracht werden kann, daß er also in seiner jeweiligen Lage haften bleibt (Haftrelais).

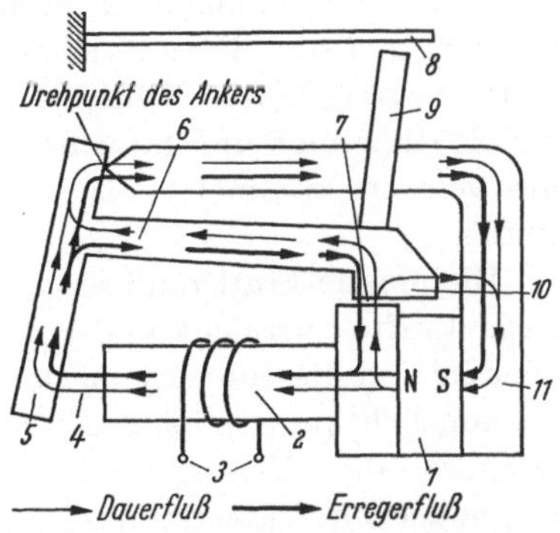

Abb. 114. Grundsätzlicher Verlauf des Magnetflusses vom Haftrelais

1 Dauermagnet; *2* Kern mit Polblech; *3* Erregerwicklung; *4* Arbeitsluftspalt; *5* Hauptanker; *6* Ankerarme; *7* Hilfsluftspalt; *8* Federsatz; *9* Kamm; *10* Hilfsanker; *11* Joch

Aus Abb. 114 ist auch der Flußverlauf zu ersehen. Der zwischen Joch (*11*) und Kern (*2*) liegende Dauermagnet (*1*) erzeugt einen Dauerfluß, der sich einerseits über den Hauptanker (*5*), das Joch (*11*) und den Spulenkern (*2*), andererseits über den Hilfsanker (*10*) schließt.

Durch Anlegen einer geeigneten Spannung an die Erregerwicklung (*3*) wird ein Erregerfluß in Richtung des Dauerflusses erzeugt. Dadurch wird im Hilfsluftspalt (*7*) der Fluß geschwächt, während im Arbeitsluftspalt (*4*) eine Kraft auf den Anker ausgeübt wird, die das Relais zum Ansprechen bringt.

Wird die Spannung an der Spule umgepolt, so wirkt der Erregerfluß dem Dauerfluß im Arbeitsluftspalt (*4*) entgegen, während sich im Hilfsluftspalt (*7*) die Flüsse addieren. Dadurch wird auf den Hilfsanker (*10*) eine Kraft ausgeübt, die das Relais zum Abfallen bringt (Abb. 114: Anker im abgefallenen Zustand).

Alle diese Relais werden mit Gleichstrom betrieben. Falls nur Wechselstrom zur Verfügung steht, ist es am einfachsten, diesen gleichzurichten.

Bewegungsvorgänge und Schaltzeiten. Die dynamischen Verhältnisse hängen einerseits von der Relaiskonstruktion, Kontaktbestückung, andererseits vom Erregerkreis ab.

Bei den Fragen der Automatisierung wird man im allgemeinen auf fertige Relaiskonstruktionen zurückgreifen und sogar Wert darauflegen, Relais zu verwenden, die auch auf anderen Gebieten gebraucht werden. Sie werden dann nämlich in großen Stückzahlen gefertigt und sind deswegen nicht nur billiger, sondern werden in der Massenfertigung sehr sorgfältigen Prüfungen, insbesondere auch Dauererprobungen, unterworfen, was die Betriebssicherheit fördert. Wir können uns deswegen damit begnügen, die wichtigsten Eigenschaften der in Frage kommenden Relais zu kennen und brauchen uns um konstruktive Überlegungen nur insoweit zu kümmern, als sie zu einer kritischen Betrachtung nötig sind.

Die Magnetkraft muß so groß sein, daß sie für die Überwindung der Gegenkräfte ausreicht und darüber hinaus noch Reibungskräfte überwinden und Beschleunigungskräfte ausüben kann. Die Magnetkraft ist bekanntlich proportional B^2 (Induktion), also auch proportional Φ^2 (Magnetfluß). Dieser hängt bei vertretbarer Vernachlässigung des magnetischen Widerstandes im Eisen proportional mit dem Produkt aus Windungszahl und Erregerstrom zusammen. Das Produkt bezeichnet man als „Durchflutung". In der Nachrichtentechnik ist der Ausdruck „Amperewindungszahl" noch viel gebräuchlich, weil man bei den Relais häufig durch Schaltungsvarianten von mehreren Erregerwicklungen bei einem Relais die Windungszahl wählen muß und dann den Strom so festlegt, daß die vom Hersteller genannte Amperewindungszahl zum Ansprechen oder Abfallen erreicht wird, wobei gewisse Sicherheiten eingehalten werden müssen. Auf Grund dieser Werte kann das Bewegungsdiagramm des Relaisankers abgeleitet werden. Dafür stellen die Hersteller Diagramme zur Verfügung.

Wir wissen, daß eine kleine Zeitkonstante zu kurzen Schaltzeiten führt. Während es für die angestrebte Zugkraft gleichgültig war, wie groß in dem Produkt der Amperewindungszahl $I\,w$ die einzelnen Faktoren sind, solange das Produkt gleich blieb, liegen die Verhältnisse für die Schaltzeit anders. Da die Induktivität bei einer Ringspule proportional dem Quadrat der Windungszahl ist, gilt

$$L = c_1\,w^2 \tag{6}$$

wenn c_1 als Konstante angenommen wird, welche die Eigenschaften der magnetischen Kreise ausdrückt. Es ergibt sich dann für die Zeitkonstante

$$T = \frac{L}{R} = c_1 \frac{w^2}{R} \tag{7}$$

Da diese quadratischen Zusammenhänge wenig anschaulich sind, setzt man mit

$$R = \frac{U}{I} \tag{8}$$

wenn U die Erregerspannung bedeutet,

$$\frac{w^2}{R} = w \frac{w}{R} = w \frac{w I}{U} \tag{9}$$

Ist für ein Relais die Amperewindungszahl $w I = c_3$ als gegebene Konstante anzusehen, so wird daraus

$$\frac{w^2}{R} = c_3 \frac{w}{U} \tag{10}$$

Die Zeitkonstante eines Relais ist also proportional dem Verhältnis der Windungszahl zur Spannung, das man auch als spezifische Windungszahl bezeichnet. Versuchsergebnisse über die Abhängigkeit der

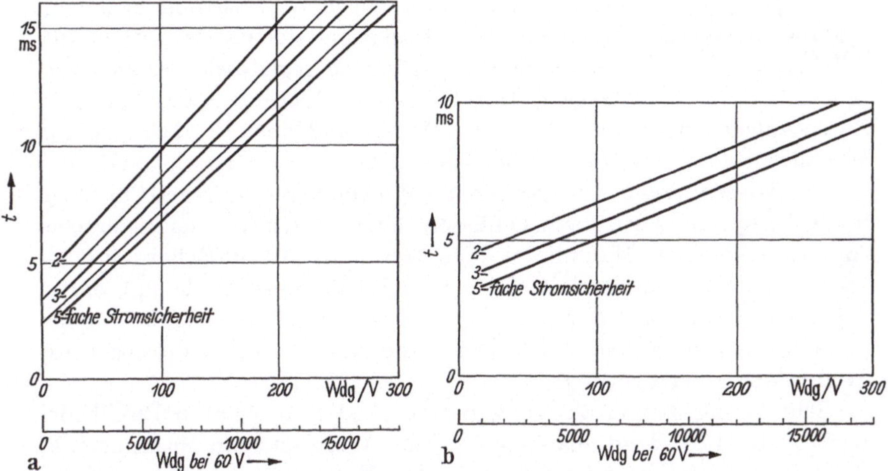

Abb. 115. Abhängigkeit der Anzugszeit von der spezifischen Windungszahl w/U nach [6]
a) bei schwer belastetem Relais; b) bei leicht belastetem Relais

Anzugszeit von der spezifischen Windungszahl zeigt beispielsweise Abb. 115a für ein schwer belastetes und Abb. 115b für ein leicht belastetes Relais. Diese Bilder zeigen neben der linearen Abhängigkeit der Anzugskraft von der spezifischen Windungszahl auch die Tatsache, daß zunehmende Stromsicherheit einen Gewinn an Anzugszeit bringt, der aber von der 5fachen Stromsicherheit ab nur mehr unwesentlich zuwächst.

Weiterhin sehen wir, daß bei einem stark belasteten Relais dieser
Einfluß stärker ist als bei einem schwach belasteten Relais, bei dem bei
gleicher spezifischer Windungszahl die Ansprechzeit verständlicherweise
kürzer ist.

Neben diesen das Relais selbst betreffenden Maßnahmen zur Beeinflussung der Schaltzeit, macht man auch häufig von der äußeren Beschaltung der Relais mit Widerständen, Kondensatoren, Gleichrichtern
u. dgl. Gebrauch.

Einschaltbeschleunigung. So wie bereits beim Schütz beschrieben
(S. 145) läßt sich mit einem Vorwiderstand die Zeitkonstante (T)
des Stromkreises verkleinern. Das Relais spricht dann schneller an. Will
man extrem kurze Einschaltzeiten erreichen, so muß man darüber

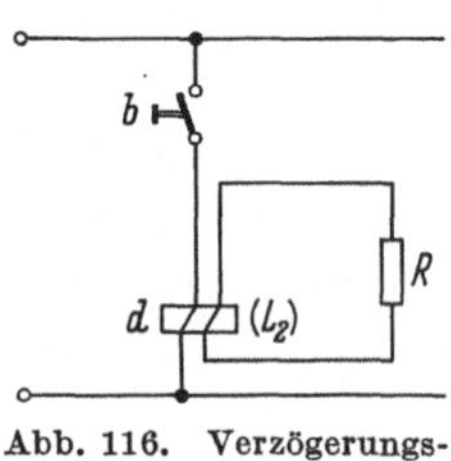

Abb. 116. Verzögerungs-
schaltung mit 2 Erreger-
wicklungen

hinaus noch Relais mit lamelliertem Eisenkern verwenden. In einem massiven Magnetkern entstehen
beim Anstieg des Erregerstromes Wirbelströme,
weil das System als Transformator aufzufassen ist,
mit der Erregerspule als Primärwicklung und dem
massiven Eisenkern als kurzgeschlossener Sekundärwicklung, in der sich Wirbelströme ausbilden
können. Diese bauen ein eigenes Magnetfeld auf,
das dem Erregerfeld entgegenwirkt, es also verzögert. Durch die Lamellierung mit isolierenden
Zwischenlagen wird der elektrische Widerstand der Sekundärwicklung
erheblich vergrößert, die Wirbelströme sind dann vernachlässigbar.

Anzugsverzögerung. Die dämpfende Wirkung einer kurzgeschlossenen
Spule kann man auch dazu benützen, eine künstliche Anzugsverzögerung zu bekommen. Man nimmt dazu nach Abb. 116 ein Relais mit einer
zweiten Spule (Induktivität L_2) und schließt diese Spule mit einem
Widerstand R kurz. Der Strom I_2 in diesem Widerstandskreis ist dann
um so größer, je kleiner R ist. Der Widerstand 0 bringt deswegen die
größte Anzugsverzögerung.

Sehr häufig dienen als Verzögerungsglieder sogenannte RC-Glieder
nach Abb. 117a. Legt man eine solche Anordnung an Spannung, so
fließt der Strom im wesentlichen in den Kondensator. In dem Maße,
wie sich der Kondensator auflädt, nimmt der Ladestrom ab und der
Relaisstrom zu, da der Spannungsabfall an R_1 nach und nach kleiner
wird.

Das Abklingen des Kondensator-Ladestromes hängt bekanntlich
von der Zeitkonstante $T = (R_1 + R_2)\,C$ ab. Sie ist also ein Maß für die
Anzugsverzögerung.

Einschaltverzögerung. Weitere Schaltverzögerungen ergeben sich nach
der Schaltung in Abb. 118 durch die Kombination des Kondensators
mit einer zweiten Wicklung des Relais.

Es gibt noch eine Reihe anderer Verzögerungsmaßnahmen — beispielsweise durch Laufzeitglieder —, die aber auf unserem Gebiet seltener angewendet werden.

Bei der Auswahl der Schaltung muß noch beachtet werden, daß alle diese Schaltungsmaßnahmen auch den Abfallvorgang des Relais beeinflussen (z. B. Abb. 117 a).

Abfallverzögerung. Das Relais fällt um so schneller ab, je schneller der Erregerstrom verschwindet. Dies vollzieht sich beispielsweise bei einer Schaltung nach Abb. 117 b mit der Zeitkonstante $T = L/R$, wobei R der Widerstand im Stromkreis ist, der bei geöffnetem Kontakt noch für die Umwandlung der in der Spule aufgespeicherten magnetischen Energie in Wärme übrigbleibt. Für diesen Stromkreis gilt die Gleichung

$$L \frac{dI}{dt} + R I = 0 \qquad (11)$$

wenn L die Induktivität der Spule und R der gesamte Widerstand des Kreises einschließlich dem der Spule sind.

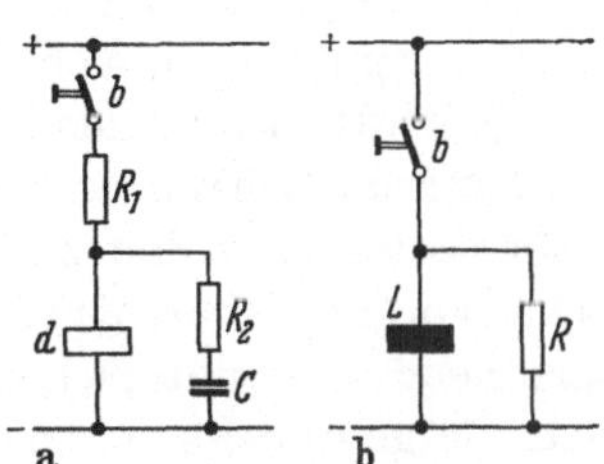

Abb. 117. Verzögerungsschaltung a) mit RC-Glied zur Anzugs- und Abfallverzögerung; b) mit Widerstand zur Abfallverzögerung

Zum Integrieren schreibt man unter Trennung der Variablen I und t

$$\frac{dI}{I} + \frac{R}{L} dt = 0 \qquad (12)$$

und erhält durch Integrieren in den Grenzen t von 0 bis t und I von I_0 bis I, wenn I_0 der ursprüngliche Strom ist

$$\ln I - \ln I_0 + \frac{R}{L} t - \frac{R}{L} 0 = 0 \qquad (13)$$

also

$$\ln \frac{I}{I_0} = - \frac{R}{L} t$$

oder durch Delogarithmieren

$$I = I_0 e^{-\frac{t}{T}} \qquad (14)$$

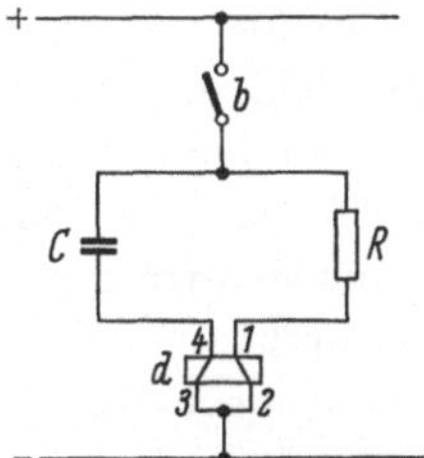

Abb. 118. Abfallverzögerung mit Kondensator für ein Relais mit 2 entgegengesetzten Arbeitswicklungen

wenn $T = L/R$ die Zeitkonstante des Stromkreises ist. Der Strom klingt also um so schneller ab, je kleiner T, also je größer R ist. Das schnellste Ergebnis ergibt sich für $R = \infty$. Allerdings führt dies zu hohen Spannungen an der Spule im Augenblick des Ausschaltens, die Wicklungsdurchschläge verursachen können, wenn die Isolation der Spule dafür nicht ausreicht.

Aus diesem Grund wirkt der parallel zur Spule zur Funkenlöschung angeordnete Gleichrichter stark abfallverzögernd (vgl. Abb. 109 b),

12*

weil er in der nach dem Ausschalten wirksamen Stromrichtung einen kleinen Widerstand hat.

Abfallverzögernd wirken auch die Wirbelströme und kurzgeschlossenen Spulen auf dem gleichen Eisenkern. Will man diesen Effekt bewußt verstärken, ordnet man ein Kupferrohr auf dem Kern des Relais an oder man wickelt eine oder mehrere Lagen eines stärkeren Kupferdrahtes als Kurzschlußwicklung auf, bevor man die Wicklung auf die Spule aufbringt.

Dasselbe gilt auch für eine Anordnung mit Kondensator in der zweiten Spule nach Abb. 118.

δ) **Zeitrelais.** Zu den Sonderbauformen der Relais gehören u. a. auch mechanische Zeitrelais. Sie werden verwendet, wenn ein Befehl erst nach einer einstellbaren Zeit weiterzugeben ist oder wenn aus anderen Gründen Schaltvorgänge verzögert oder zeitlich begrenzt werden müssen. Entsprechend ihres unterschiedlichen konstruktiven Aufbaus unterscheiden sich die gebräuchlichsten Zeitrelais durch:

a) die einstellbaren Verzögerungszeiten, die sich von Bruchteilen einer Sekunde bis auf Stunden erstrecken können,

b) die Genauigkeit, mit der die eingestellte Sollzeit eingehalten wird,

c) die Art der Erregung (stoßweise oder dauernd),

d) die Reihenfolge der Kontaktgabe (Einfachrelais schließen oder öffnen ihre Schaltglieder gleichzeitig nach Ablauf der eingestellten Verzögerung, während die Mehrfachzeitrelais innerhalb der Gesamtlaufzeit ihre Schaltglieder in bestimmten Zeitabständen nacheinander betätigen),

e) die zulässige elektrische und mechanische Beanspruchung, also die Schalthäufigkeit, Schutzart, Erschütterungsempfindlichkeit usw.

Wie beim Hilfsrelais können die Schaltglieder in den verschiedensten Ausführungen vorgesehen werden, in Luft schalten oder als Quecksilberschaltröhren ausgebildet sein. Für die Verzögerungen werden benutzt:

a) mechanische Uhrwerke in Verbindung mit Magnetspulen (Hemmwerke),

b) elektrische Uhrwerke (meistens Synchronmotoren) oder

c) Kontaktvorrichtungen mit Verzögerungen durch magnetische, thermische, mechanische u. ä. Zeitkonstanten.

Als Beispiel für die konstruktive Gestaltung und Wirkungsweise wird in Abb. 119 ein Vielbereichzeitrelais in perspektivischer Prinzipdarstellung gezeigt.

Der Synchronmotor (*1*) treibt ein Getriebe an, das entsprechend den sechs Zeitbereichen sechs Gänge hat. Zur Einstellung eines Ganges wird ein Ritzel (*21*) durch einen Drehknopf auf einer Kreisbahn um die

Schaltwelle (2) geschwenkt und zum Eingriff mit einem der sechs Zeit-
bereich-Zahnräder gebracht. Auf der Schaltwelle läuft ein Zahnrad (22)
lose mit und greift in das Rad auf der Welle (23) ein. Diese Welle steht
also ständig in Verbindung mit dem Getriebe, wird aber erst dann

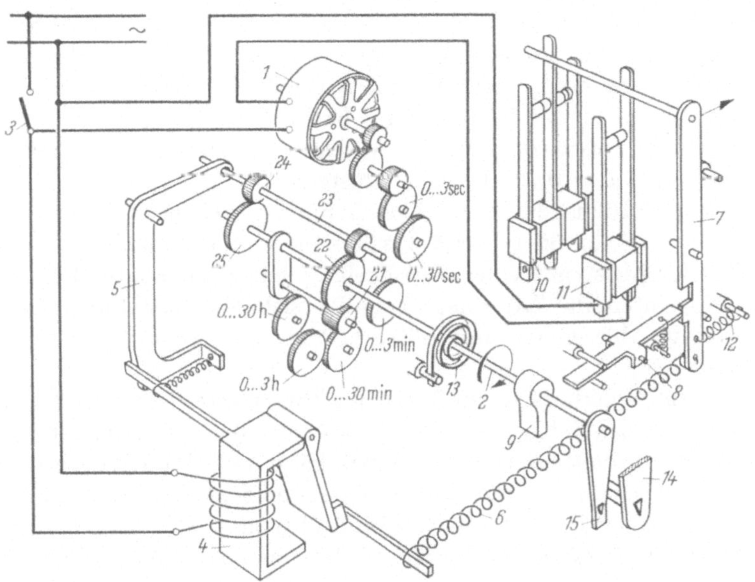

Abb. 119. Schematische Darstellung eines Zeitrelais (Bauart Siemens)
1 Synchronmotor; *2* Schaltwelle; *3* Schalter; *4* Magnetsystem; *5* Kupplungshebel; *6* Kraft-
speicherfeder; *7* Schalthebel; *8* Klinke; *9* Schaltnocken; *10* Umschaltkontakte; *11* Hilfskontakt; *12* Rückzugfeder; *13* dgl.; *14* Zeiger für eingestellte Laufzeit; *15* Zeiger für Zeit-
ablauf; *21—25* Schaltgetriebe

über die Zahnräder (*24, 25*) an die Schaltwelle (*2*) gekuppelt, wenn sie
durch den Kupplungshebel (*5*) bei Erregung des Magnetsystems (*4*)
gekippt wird.

Wird das Zeitrelais erregt, z. B. durch Schließen des Schalters (*3*),
so beginnt der Synchronmotor zu laufen. Gleichzeitig zieht der Magnet
(*4*) seinen Anker an und kuppelt dadurch über den Kupplungshebel (*5*)
die Schaltwelle (*2*) an das Getriebe. Die mit dem Drehknopf (Zeiger *14*)
innerhalb des gewählten Bereiches eingestellte Laufzeit läuft ab. Beim
Anziehen spannt der Magnetanker außerdem eine am Schalthebel (*7*)
befestigte Feder (*6*). Nach Ablauf der eingestellten Laufzeit hebt der
Schaltnocken (*9*) die Verklinkung (Klinke *8*) des Schalthebels auf, der
durch den Zug der Feder (*6*) die Kontakte (*10, 11*) augenblicklich um-
schaltet. Zum Entklinken wird praktisch kein Laufweg und damit auch
keine Laufzeit benötigt, so daß also Laufzeiten von Null an eingestellt
werden können. Beim Zeitbereich bis 3 s können jedoch Laufzeiten

unter 0,15 s nicht eingestellt werden. Der Motor wird bei Umschaltung der Kontakte durch den Hilfskontakt (*11*) abgeschaltet; dadurch ist das Getriebe entlastet.

Bei Entregung — wenn der Schalter (*3*) geöffnet wird — fällt der Magnetanker ab. Die Zugfeder (*12*) zieht den Schalthebel (*7*) zurück, und damit fallen auch die Relaiskontakte in die Ausgangslage, die Schaltwelle wird vom Getriebe abgekuppelt, durch die Rückzugfeder (*13*) in die Ausgangsstellung gedreht, danach geht die Klinke (*8*) in Sperrstellung. Damit ist der Rücklauf des Relais beendet.

Mit einem Drehknopf auf der Vorderseite des Zeitrelais läßt sich einer der folgenden 6 Zeitbereiche einstellen:

$$0{,}15 \text{ bis } 3 \text{ s} \qquad 0{,}15 \text{ bis } 3 \text{ min} \qquad 0{,}15 \text{ bis } 3 \text{ h}$$
$$1{,}5 \text{ bis } 30 \text{ s} \qquad 1{,}5 \text{ bis } 30 \text{ min} \qquad 1{,}5 \text{ bis } 30 \text{ h}$$

Der Drehknopf ist mit einer Verriegelung gegen unbefugte Betätigung versehen. Unten im Zifferblatt befindet sich ein Ausschnitt, in dem der jeweilige Ablesefaktor mit Zeiteinheit für den gewählten Zeitbereich angezeigt wird.

Mit dem Drehknopf in der Mitte des Zifferblattes läßt sich die Laufzeit innerhalb des Zeitbereiches stufenlos einstellen. Die Einstellung der Drehknöpfe für Zeitbereich und Laufzeit kann notfalls auch bei erregtem Relais geändert werden. Die Laufzeit kann von dem eingestellten Skalenwert (= Sollwert) im Zeitbereich 0 bis 3 s bis zu $+8\%$, bei den übrigen Bereichen bis $+2{,}5\%$ des Bereichsendwertes abweichen.

D. Verstärker und Gleichrichter

Zur Signalverarbeitung ist es im allgemeinen notwendig ein einheitliches Signalniveau (z. B. Spannung) und bei einer digitalen Verarbeitung zusätzlich eine definierte Signalform zu schaffen. Wir benötigen deshalb Einrichtungen für die Signalwandlung und die Signalformung. Betrachten wir die energetische Seite, so erkennen wir, daß wir diese Aufgabe immer dann mit passiven Elementen lösen können, wenn die Ausgangsenergie kleiner als die Eingangsenergie sein kann. Eine Energiezufuhr ist dann notwendig, wenn das Ausgangsniveau der Einrichtung größer als das des Einganges sein muß. Wir sprechen dann von einer Signalverstärkung durch aktive Elemente. Der Verstärker ist also ein Gerät, bei dem nach Abb. 120 aus einer physikalischen Eingangsgröße mit der Leistung P_e eine größere Ausgangsleistung P_a gebildet wird. Die für die Ausgangsleistung P_a

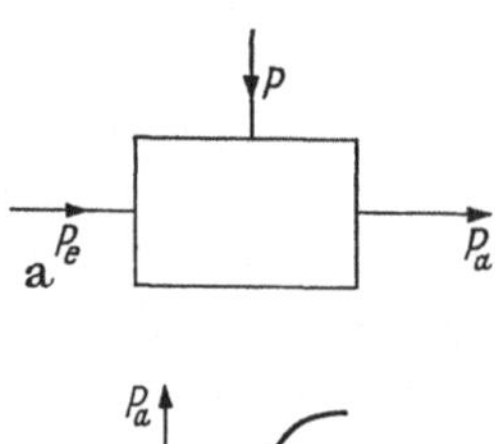

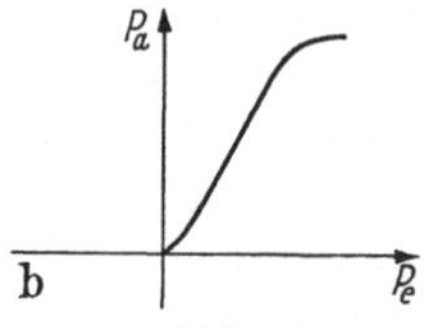

Abb. 120
Das Wesen des Verstärkers
Blockschaltbild (a) und Kennlinie (b)
P_e Eingangsleistung; P_a Ausgangsleistung; P Zusatzleistung

aufzubringende Energie stammt voll oder zum großen Teil aus der zusätzlich notwendigen, von außen zugeführten Energie. Der Energiefluß wird normalerweise so beeinflußt, daß ein möglichst linearer Zusammenhang zwischen P_a und P_e besteht. Bei einem technisch realisierbaren Verstärker ist dies über seinen ganzen Arbeitsbereich nicht möglich. Man beschränkt sich deshalb auf den Bereich, bei dem diese Bedingung hinreichend gut erfüllt ist und bei dem außerdem $\Delta P_a / \Delta P_e > 1$ ist. Wir definieren als Verstärkung V

$$V = \frac{P_a}{P_e} \tag{15}$$

Die Verstärkung kennzeichnet das statische Verhalten des Gerätes. Für die Beurteilung des dynamischen Verhaltens hat man den Gütefaktor G eingeführt. Nach Abb. 121 kommt es bei der Dynamik darauf an, wie bei einer sprunghaften Änderung des Eingangssignals P_e das Ausgangssignal P_a folgt. Man definiert dazu eine Anlaufzeit T_{63}, die vergeht, bis das Ausgangssignal 63% seines Endwertes erreicht hat. Würde das Ausgangssignal nach einer e-Funktion ansteigen, so würde die Anlaufzeit T_{63} der Zeitkonstante T entsprechen. Man versteht dann unter Gütefaktor G das Verhältnis zwischen Verstärkung zur Anlaufzeit und setzt

$$G = \frac{V}{T_{63}} \tag{16}$$

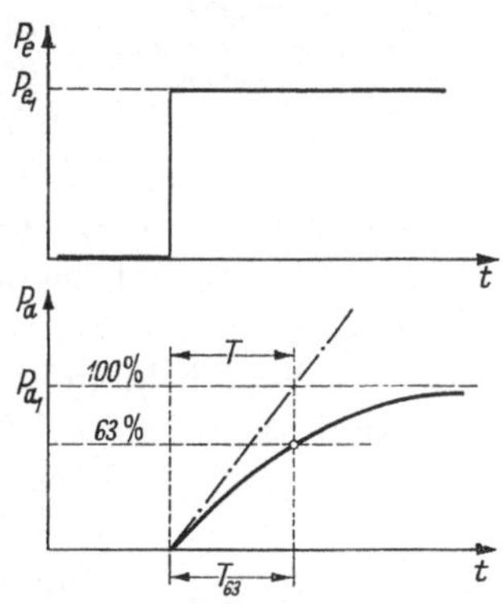

Abb. 121. Das dynamische Verhalten des Verstärkers

Dieser Gütefaktor, der gelegentlich auch als „dynamische Verstärkung" bezeichnet wird, ist ein für jeden Verstärker charakteristischer Wert, den man durch äußere Beschaltung nicht verändern kann. Damit läßt sich wohl die eine Größe des Quotienten verbessern, zwangsläufig verschlechtert sich dann die andere.

1. Röhrenverstärker

Die Hochvakuumröhre als Verstärker hat nach Abb. 122 mindestens 3 Elektroden. Aus der beheizten Glühkathode treten Elektronen aus, die von der positiv geladenen Anode angezogen werden (U_a), wodurch der Stromfluß zustande kommt. Die Elektronen müssen dabei das Gitter passieren. Mit ihm kann man den Elektronenstrom durch die angelegte Gitterspannung (U_g) beeinflussen. Die Abhängigkeit des Anodenstromes I_a von der Gitterspannung U_g wird in der Kennlinie dargestellt (z. B. Abb. 124). Die Röhre arbeitet praktisch trägheitslos, wirkt also wie ein veränderbarer ohmscher Widerstand, den man mit einer Gitterspannung und sehr geringen Gitterströmen durch elektrische Signale leicht verändern kann. Die Verstärkung der Röhre wird im allgemeinen durch die Steilheit

$$S = \frac{d\,I_a}{d\,U_g} \tag{17}$$

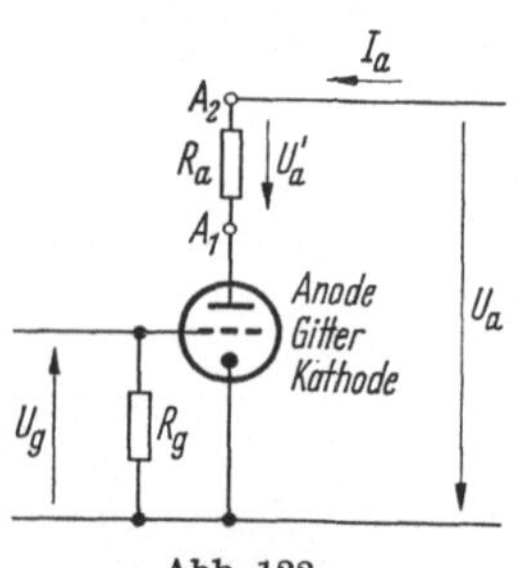

Abb. 122
Verstärkerschaltung einer Hochvakuumröhre

U_a Anodengleichspannung; U_g Gitterspannung

gekennzeichnet. Sie erreicht bei Endröhren die Werte von 10 bis 15 mA/Volt. Reicht dieser Anodenstrom einer Röhre nicht aus, so werden für unsere Antriebsaufgaben Röhren parallelgeschaltet.

Da wir die Röhre praktisch leistungslos steuern können, trachtet man danach, den Gitterwiderstand R_g recht hochohmig (etwa $10^6\,\Omega$) zu machen. Wir sprechen also von einem hochohmigen Eingang; dies hat den Vorteil, daß der Strom I_e im Eingangskreis recht klein sein kann, weil wir bei negativem Gitterpotential den Gitterstrom vernachlässigen können. Der Signalgenerator wird also leistungsmäßig sehr gering belastet.

Dieser Vorteil kann sich aber auch sehr nachteilig auswirken, weil energetisch schwächere Störsignale am Eingangswiderstand eine sehr hohe Störsignalspannung erzeugen, die dann auch weiter verstärkt wird. Zur Unterdrückung von Störungen wäre es besser, den Eingangswiderstand R_g niederohmig zu wählen. Bei kräftigen Signalgeneratoren G mit kleinem inneren Widerstand R_i (Abb. 123) wird dann ein großer Strom fließen, der am niederohmigen Eingangswiderstand einen Spannungsabfall erzeugt, der von dem Spannungsabfall am hochohmigen Widerstand nicht viel abweichen würde. Leider haben Signalgeneratoren oft einen nicht vernachlässigbaren Innenwiderstand. Man muß deshalb

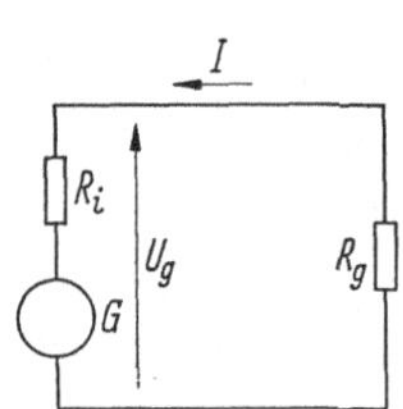

Abb. 123. Ersatzschaltung des Verstärkereinganges

G Signalgenerator; R_i sein Innenwiderstand; R_g Eingangswiderstand

in einem solchen Fall für die Bemessung des Eingangswiderstandes ein Optimum suchen.

Mit den Bezeichnungen in Abb. 123 ist

$$U_g - R_i\,I = R_g\,I \tag{18}$$

Die Eingangsleistung ist dann

$$P_e = R_g\,I^2 = U_g\,I - R_i\,I^2 \tag{19}$$

Zur Optimierung bilden wir

$$\frac{dP_e}{dI} = U_g - 2R_i I \tag{20}$$

Ein Maximum an Eingangsleistung bekommen wir also, wenn

$$U_g = 2R_i I \tag{21}$$

Nun ist aus Gl. (18)

$$U_g = (R_g + R_i)I \tag{22}$$

Aus Gl. (21) und (22) ergibt sich dann

$$2R_i = R_g + R_i$$

oder

$$R_i = R_g \tag{23}$$

Dies nennt man Leistungsanpassung, bei der man den Eingangswiderstand des Verstärkers gleich dem Innenwiderstand des Signalgenerators macht. Hiervon wird viel Gebrauch gemacht. Die Ausgangsleistung nehmen wir an den Klemmen A_1 und A_2 ab (Abb. 122). Hier haben wir den Spannungsabfall U_a', den der Anodenstrom I_a am Widerstand R_a erzeugt. Die maximale Leistung, die am Lastwiderstand R_a erzeugt werden kann, hängt im wesentlichen von der Betriebsspannung ab. Leider sind der Höhe der Betriebsspannung U_a Grenzen gesetzt. In Anlagen, die in der Werkstatt arbeiten sollen, geht man mit U_a nicht gerne über

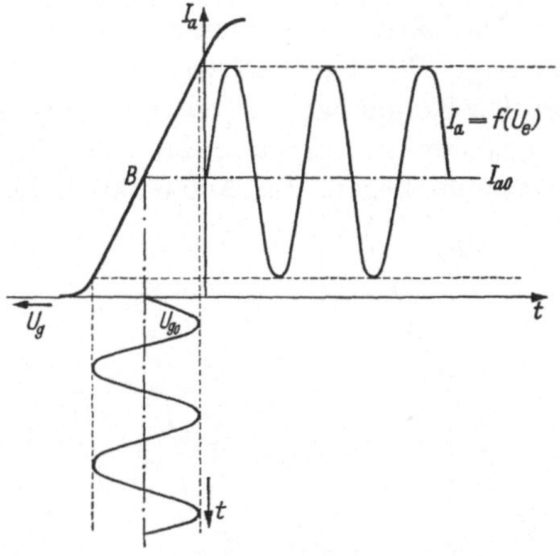

Abb. 124. Ermittlung von $I_a = f(U_e)$ mittels Röhrenkennlinie

500 V, da andernfalls Vorschriften für die Verwendung von Hochspannung beachtet werden müssen.

Bei Wechselstromsignalen benötigt man eine feste Gittervorspannung U_{g_0}, die wieder so gepolt sein muß, daß das Gitter gegenüber der Kathode ein negatives Potential hat. Dann arbeitet die Schaltung gemäß Abb. 124 auf einem Betriebspunkt B der Röhrenkennlinie, der etwa in der Mitte des Astes im linken Quadranten liegen soll. Damit verstärkt man die Amplituden der Eingangsspannung U_e in einem maximalen Bereich symmetrisch und bekommt einen Ausgangswechselstrom I_a, der einem Gleichstrom mit überlagertem Wechselstrom entspricht.

Die genannte Schaltung ist oft lästig, weil man für die Gittervorspannung keine besondere Spannungsquelle zur Verfügung hat. Oft

möchte man zudem von der Möglichkeit der Trennung des Ausgangssignals in einen Gleichstrom und den eigentlichen Signalwechselstrom
Gebrauch machen und wendet die Schaltung nach Abb. 125 an.

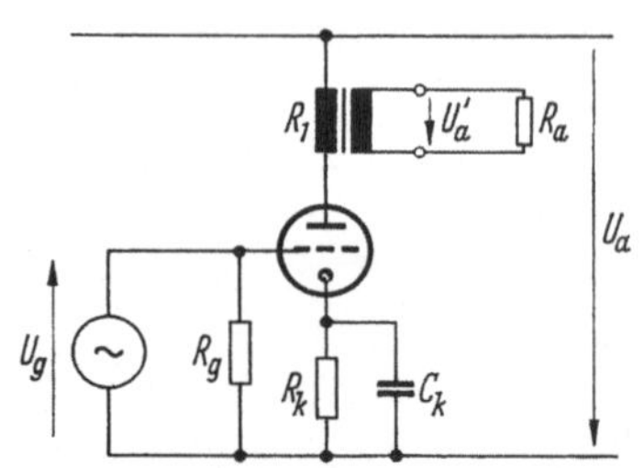

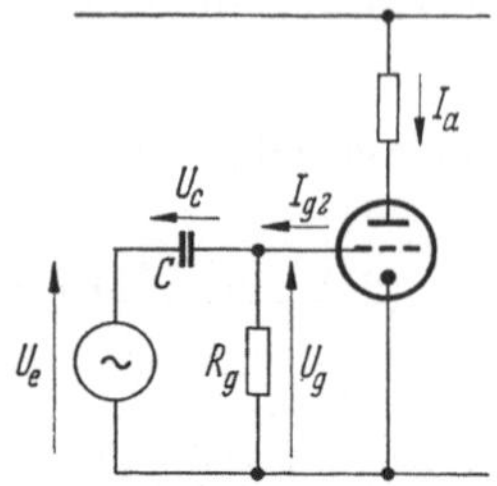

Abb. 125
Schaltung für die Verstärkung von Wechselstromsignalen mit Ausgangsübertrager

Abb. 126
Schaltung für die Gleichrichtung und
Verstärkung von Wechselstromsignalen

Die Gittervorspannung wird durch einen Kathodenwiderstand R_k
erzeugt. Für den Wechselstromkreis (Anoden- und Gitterkreis) wird ein
großer Kondensator C_k über R_k vorgesehen; er legt die Kathode auf Be-
zugspotential. Es kann dann der Signalgenerator direkt an Gitter und
Kathode liegen. Im Anodenkreis liegt ein Transformator.

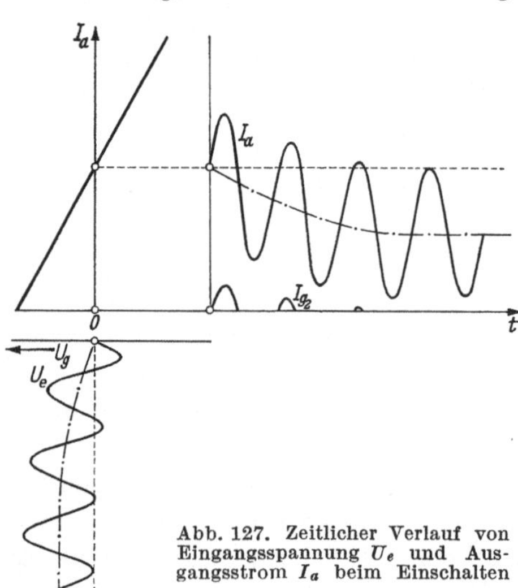

Abb. 127. Zeitlicher Verlauf von
Eingangsspannung U_e und Ausgangsstrom I_a beim Einschalten

In Wirklichkeit hat die
Röhrenkennlinie einen leicht
parabolisch gekrümmten Verlauf. Das führt dazu, daß die
positive Amplitude des An-
odenwechselstromes etwas größer wird als die negative. Der
Wechselstrom hat neben der
Grundschwingung noch Oberwellen. Dieser Oberwellengehalt wird durch den „Klirr-
faktor" definiert. Er spielt
bei der signalverarbeitenden
Antriebstechnik aber nur eine
untergeordnete Rolle.

Bei der Wechselstromver-
stärkung ist es oft nützlich,
gleichzeitig von der Möglichkeit einer Umformung in

Gleichstrom Gebrauch zu machen, weil die Röhre auch als Gleichrichter
wirken kann. Dies ist mit einer Schaltung nach Abb. 126 möglich.

Die Kathode der Röhre liegt dabei direkt am Minuspol des Netzes.
Im Gitterkreis liegt ein Kondensator C. Beim Einschalten des Signal-

generators drückt seine Spannung U_e durch die Gitterkathodenstrecke einen Strom I_{g_2}, der in Abb. 127 zeitabhängig dargestellt ist. Dieser Gitterstrom lädt den Kondensator negativ auf. Dadurch verschiebt sich der Arbeitspunkt der Röhre durch jeden Ladungsstoß immer weiter in das negative Gebiet, bis die Gitterwechselspannung keinen positiven Anteil mehr hat. Die Schaltung wirkt nur in dieser Weise, wenn der Gitter-Eingangswiderstand R_g so groß ist, daß sich darüber der Kondensator nicht wieder schnell entladen kann. Die Zeitkonstante $R_g C$ muß also wesentlich größer als die Periodendauer des Wechselstromes sein.

Die begrenzte Ausgangsleistung ist ein Nachteil der Röhre. Sie unterliegt auch einem definierten Verschleiß durch die Verdampfung der Glühkathode.

2. Thyratron

Das Thyratron (Stromtor) hat einen ähnlichen Aufbau wie die Hochvakuumröhre. Es unterscheidet sich von ihr durch eine Füllung mit Edelgas oder Quecksilberdampf. Auch die Verstärkung ist ähnlich. Infolge der Ionisierung des Gases kann aber das Steuergitter einen einmal gezündeten Lichtbogen nicht mehr löschen. Dieser erlischt erst beim natürlichen Nulldurchgang des Anodenstromes. Eine Wiederzündung kann mit einer negativen Gittervorspannung so lange verhindert werden, bis die Summe aus Gittervorspannung und Steuerspannung die Zündspannung überschreitet. Durch eine Phasenverschiebung der Steuerspannung kann man also den Zündpunkt im Bereich der Halbwelle der Anodenspannung verschieben und damit aus der Halbwelle Teile herausschneiden, so daß sich der Spannungsmittelwert je nach Lage des Zündpunktes ändert. Mit der Phasenverschiebung der Steuerspannung kann man also den Mittelwert der Anodenspannung in weiten Grenzen steuern.

3. Kaltkathodenröhre

Da bei den üblichen Verstärkerröhren die Glühkathode mit der Zeit verdampft und damit die Lebensdauer begrenzt ist, entstand die sogenannte Kaltkathodenröhre, bei der auf die Kathode eine dünne Schicht, die hauptsächlich aus Magnesiumoxyd besteht, aufgetragen ist, das nach einem besonderen Aktivierungsprozeß Elektronen im kalten Zustand emittiert. Dazu muß die Kaltkathode „gezündet" werden. Für diesen Zündprozeß gibt es verschiedene Möglichkeiten. Man beschießt die Kathode mit Elektronen, die aus einem zusätzlich eingebauten Draht stammen, der kurzzeitig zum Glühen gebracht wird. Die Zündung kann u. a. auch durch Bestrahlung mit Licht, UV-Licht, radioaktivem Material oder vom Feld einer Teslaspule erfolgen. Die verschiedenen

Zündsysteme unterscheiden sich durch die Verzögerungszeit, nach der die Entladung, d. h. der Stromfluß, einsetzt.

Der Vorteil der Röhre liegt in ihrer längeren Lebensdauer, für die Werte bis zu 15000 Stunden angegeben werden [52].

4. Halbleiter-Bauelemente

Mit Rücksicht auf die immer größer werdende Bedeutung der Halbleitertechnik werden die physikalischen und chemischen Grundlagen nachstehend kurz zusammengefaßt.

Wir können den Halbleiter durch einige wesentliche Merkmale kennzeichnen, die mit seiner elektrischen Leitfähigkeit zusammenhängen. In dieser Hinsicht sind bei den festen Körpern drei große Gruppen zu erkennen: Isolatoren, Halbleiter und Metalle.

Im Metallkristall gibt es eine große Zahl von „freien" Elektronen, die unter der Wirkung eines elektrischen Feldes wandern, also Energie transportieren. Die Dichte dieser Elektronen liegt in der Größenordnung der Anzahl der Atome je Volumeneinheit, also etwa bei $10^{22}/cm^3$. Beim Isolator werden dagegen alle Elektronen der äußeren Schale (die „Valenzelektronen") von den Atomen für die Gitterbildung beansprucht. Es stehen von Haus aus, abgesehen vom Einfluß höherer Temperatur, keine Elektronen für die Stromleitung zur Verfügung.

Nun ist für den Halbleiter kennzeichnend, daß seine Leitfähigkeit durch sehr geringe Beimengungen von Fremdstoffen, z. B. in der Größenordnung von 1 Fremdatom auf 10^6 Atome des Grundstoffes, wesentlich, meistens um mehrere Zehnerpotenzen, erhöht werden kann. Durch die Fremdatome ist aus dem Isolator ein Halbleiter geworden.

Bei der Herstellung von Halbleitern geht man so vor, daß zunächst Halbleiterwerkstoffe in großer Reinheit hergestellt werden. Diese werden dann in ganz gezielten Dosen verunreinigt.

Bei diesem Verfahren hat das Germanium eine große Rolle gespielt, weil es verhältnismäßig gut gereinigt werden kann. Die Grundbegriffe der Stromleitung mögen deshalb am Beispiel des Germaniums erläutert werden. Germanium ist chemisch 4wertig, hat also 4 Valenzelektronen. Von den 32 Elektronen, die um den Atomkern kreisen, liegen also 4 in der äußeren Schale. Durch Vermittlung dieser Valenzelektronen geht jedes Atom mit seinen 4 Nachbarn eine Verbindung ein. Wenn alle Gitterbindungen unversehrt blieben, könnten sich die Elektronen unter der Wirkung eines elektrischen Feldes nicht bewegen. Der störfreie Kristall wäre ein vollkommener Nichtleiter.

Brechen nun — bildlich gesprochen — einzelne solche Bindungen beispielsweise durch Schwingungen infolge der BRAUNschen Bewegung auf, so werden einzelne Elektronen vorübergehend frei beweglich, bis sie an irgendeiner Stelle wieder an einer Bindung teilnehmen. Entfernt

sich beim Aufbrechen einer Bindung ein Elektron, so entsteht ein „Loch"
oder „Defektelektron". Infolge des Fehlens der negativen Elektronen-
ladung wirkt das Loch wie eine positive Elementarladung. Genauso
wie die freien Elektronen von einer Stelle zur nächsten wandern, genauso kann man auch von einer Wanderung der Löcher sprechen, die wie eine
Ladung unter dem Einfluß eines Feldes wandern. Da Löcher und freie
Elektronen paarweise entstehen, tragen sie zu gleichen Teilen zur Leitfähigkeit bei, die als „Eigenleitfähigkeit" des Halbleiterkristalles bezeichnet wird.

Eine Erhöhung der Leitfähigkeit der Kristalle erreicht man durch
Einlagerung von Fremdatomen. Typische Beimengungen sind 5- und
3 wertige Atome. Diese haben 5 bzw. 3 statt 4 für
die Verbindung mit anderen Atomen maßgebende
Valenzelektronen. Gegenüber den Elementen des
Germaniumgitters weisen sie also einen Überschuß
bzw. Mangel an Valenzelektronen auf.

Betrachten wir zunächst den Einbau eines
5 wertigen Elementes, etwa eines Arsenatoms, in
das Germaniumgitter. Mit geringem Energie-
aufwand kann das überschüssige Elektron abgetrennt werden. Es bleibt ein positiv geladenes
Arsenatom zurück. Diese elektronenspendenden
Fremdatome heißen Donatoren. Der Leitungstyp ist eine n- (negative)
Leitung, weil die negativen Elektronen die Leitfähigkeit verursachen.

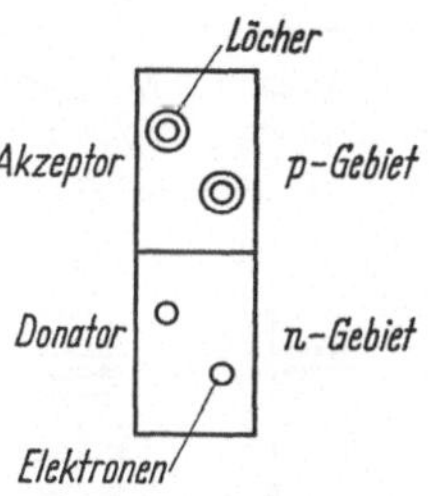

Abb. 128. Begriffe beim
$p\,n$-Übergang

Dreiwertige Elemente, wie z. B. Indium, bringen für die Bindung im
Gitter ein Valenzelektron zuwenig mit. Die verbleibende Lücke kann
durch ein Elektron aus der Nachbarschaft leicht ausgefüllt werden.
Es entsteht ein positives Loch, das sich in der oben schon erwähnten
Weise wie ein Elektron durch das Gitter bewegen kann. Eine solche
Störstelle, die ein Elektron aufgenommen hat, heißt Akzeptor, der
somit negativ aufgeladen ist. Dies ergibt einen p- (positiven) Leitungstyp,
weil positive Ladungsträger (Löcher) die Leitfähigkeit verursachen.

Die Wirkungsweise der Gleichrichter auf Halbleiterbasis und der
Transistoren beruht wesentlich auf den Vorgängen in der Grenzschicht
zwischen p- und n-Gebieten eines Halbleiters. In Abb. 128 ist eine derartige Grenzschicht schematisch dargestellt.

Im oberen (p-Gebiet) sind als doppelte Kreise die „Löcher" eingezeichnet. Im unteren (n-Gebiet) deuten einfache Kreise die Elektronen
an. Nach außen herrscht Gleichgewicht. Die ionisierten Donatoren und
Akzeptoren sind nicht einzeln dargestellt.

Beim Anlegen einer Gleichspannung an solche Halbleiter kann man
zweierlei Vorgänge beobachten. Wird das Potential des n-Gebietes
durch Anlegen einer gegen das p-Gebiet positiven Spannung angehoben,

so werden die Löcher nach oben und die Elektronen nach unten gedrängt. Die Grenzschicht verarmt an Ladungsträgern und wird dadurch schlechtleitend, also zu einer „Sperrschicht".

Bei einer äußeren Spannung mit umgekehrter Polarität wird dagegen das Potential des p-Gebietes angehoben. Dadurch werden Löcher und Elektronen in die Grenzschicht getrieben, die gut leitend wird (Durchlaßrichtung).

a) Gleichrichter

Die wichtigste Anwendung dieses Sperr- und Durchlaßeffektes ist die Gleichrichtung von Wechselströmen.

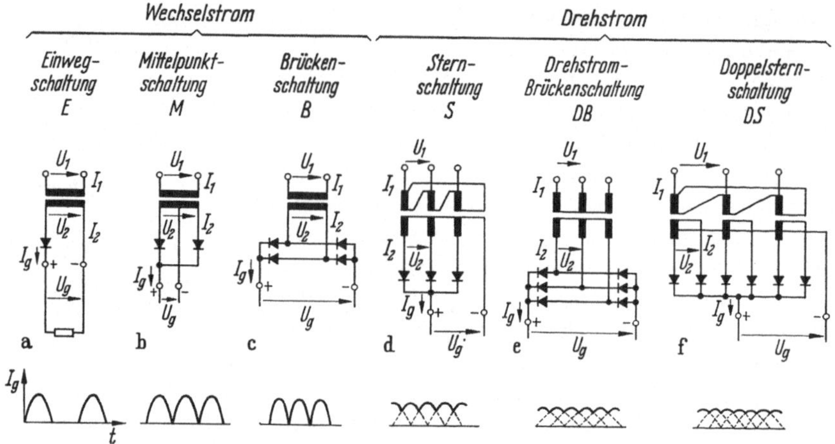

Abb. 129. Verschiedene Gleichrichterschaltungen

In einer „Einweg"-Schaltung nach Abb. 129a liegt in Reihe mit dem Lastwiderstand der Gleichrichter, der den Strom I_g führt. Er ist in Durchlaßrichtung groß und hat entsprechend der Wechselspannung U_2 ebenfalls die Form einer Sinuswelle. In Sperrichtung fließt praktisch kein Strom mehr. Deshalb hat die Gleichspannung U_g die in Abb. 129a unten gezeigte Form. Es entsteht also ein gleichgerichteter Wechselstrom mit einer Strompause von der Länge einer Halbwelle.

Diese Strompause läßt sich mit den Schaltungen Abb. 129b und c vermeiden. Jede Halbwelle wird dabei gleichgerichtet. Aller-

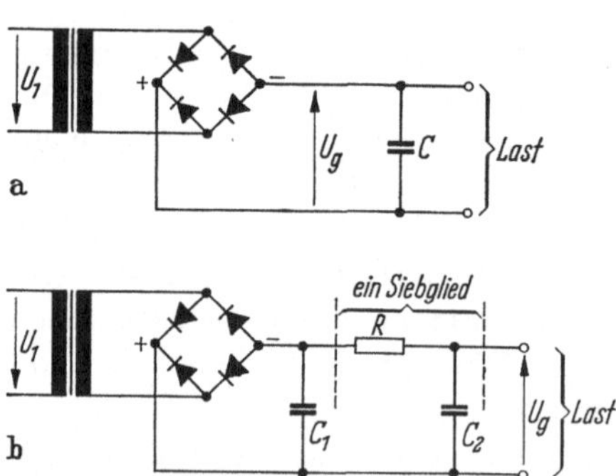

Abb. 130. Die Glättung des Gleichstromes
a) mit Kondensator; b) mit Siebkette

dings führt bei der „Mittelpunktschaltung" der Transformator auf der Sekundärseite immer nur in einer Hälfte Strom, ist also schlecht ausgenützt. Bei der Brückenschaltung ist zwar der Transformator voll ausgenützt, dafür führen nur zwei der vier Gleichrichter jeweils Strom. Der Aufwand ist auf der Gleichrichterseite größer. Von der Art der Schaltung hängt somit auch der Preis der Geräte ab.

Die Welligkeit des Gleichstromes läßt sich verkleinern, wenn man nach Abb. 130a parallel zum Lastwiderstand einen Kondensator C legt (Siebung), wobei Transformator und Gleichrichter den erforderlichen Längswiderstand bilden.

Reicht die so erreichte Unterdrückung der Welligkeit nicht aus, so wendet man dabei gewöhnlich Siebketten nach Abb. 130b an. Diese können ein- oder mehrgliedrig sein, wobei man je ein Längs- und ein Querglied als ein Siebglied bezeichnet.

Auf dem Energiegebiet sind die Lastwiderstände niederohmig. Die Glättungsglieder müßten dann aus großen Drosseln und hohen Kapazitäten bestehen. Deshalb wendet man hier die Schaltungen Abb. 129 $d-f$ an, bei denen mit Drehstrom gearbeitet wird. Je höher die Phasenzahl dieses Drehstromes ist, desto mehr paßt sich der gleichgerichtete Strom dem idealen Gleichstrom an. Ein Maß dafür ist die Welligkeit in der Gleichspannung. In der Energietechnik gibt man nach untenstehender Tabelle das Verhältnis des Mittelwertes der Gleichspannung zum Effektivwert der Wechselspannung bzw. das Verhältnis des Scheitelwertes der Gleichspannung zum Mittelwert der Gleichspannung an.

Verhältnis der Spannungswerte	Pulszahl p				
	1	2	3	6	12
Mittelwert der Gleichspannung zum Effektivwert der Wechselspannung	0,450	0,900	1,17	1,35	1,40
Scheitelwert der Gleichspannung zum Mittelwert der Gleichspannung	3,14	1,57	1,21	1,05	1,01

Der Wirkungsgrad aller Gleichrichterschaltungen ist um so besser, je höher der Widerstand in Sperrichtung und je kleiner dieser in Durchlaßrichtung ist. Diese Werte hängen von dem Material des Gleichrichters und von der angelegten Spannung ab. Sie sind in Kennlinien festgehalten. Abb. 131 zeigt den grundsätzlichen Verlauf einer Durchlaßkennlinie als Funktion des Durchlaßstromes I_d von der Durchlaßspannung U_d.

U_s ist die Schleusenspannung, bei der die Kennlinie abknickt, d. h., der Gleichrichter durchlässig wird. Abb. 132 zeigt den Sperrstrom I_{sp} als Funktion der Sperrspannung U_{sp}. Dabei ist U_b die Durchbruchspannung,

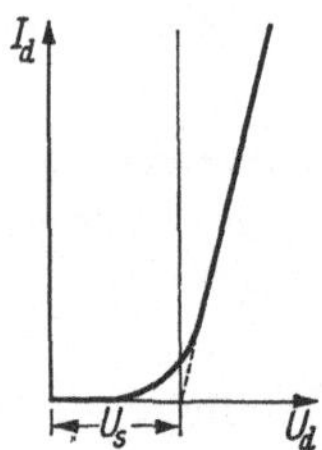

Abb. 131
Durchlaßkennlinie eines Gleichrichters
I_d Durchlaßstrom, U_d Durchlaßspannung, U_s Schleusenspannung

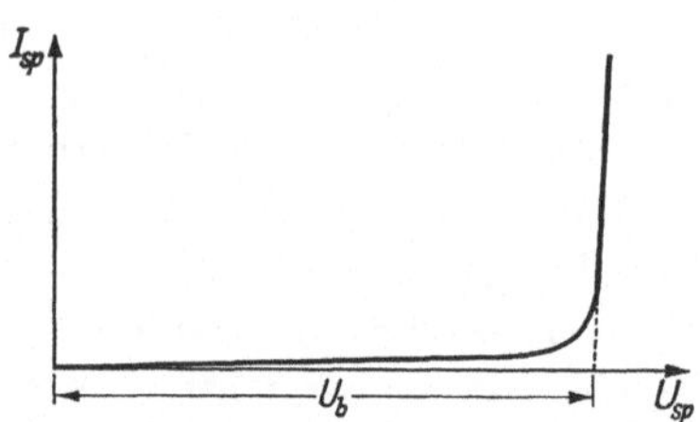

Abb. 132
Sperrkennlinie eines Gleichrichters
U_b Durchbruchspannung, U_{sp} Sperrspannung

bei der die Kennlinie ihren Knick hat. Die im Betrieb zulässige Sperrspannung liegt mit großem Sicherheitsabstand unter der Durchbruchspannung U_b.

Für die wichtigsten Gleichrichterwerkstoffe Selen und Silizium zeigen die Abb. 133a die Durchlaßkennlinien und Abb. 133b die Sperrstromkennlinien für Selen, ferner Abb. 134 die Durchlaßkennlinien für

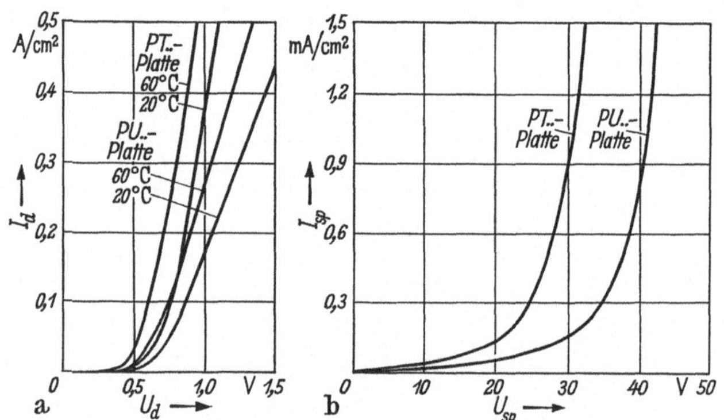

Abb. 133. Kennlinien von Selengleichrichterplatten
a) Durchlaßkennlinie; b) Sperrkennlinie

Silizium. Man sieht daraus, daß für Silizium die Sperrspannung wesentlich höher liegt als bei Selen. Für die Gleichrichtung großer Ströme bei höherer Spannung werden deshalb nur noch Siliziumgleichrichter verwendet [53].

Wegen der geringen Wärmekapazität muß man die Siliziumgleichrichter mit sehr flinken Sicherungen schützen.

Zu beachten ist ferner, daß beim Übergang von der Durchlaß- zur Sperrphase ein kurzzeitiger Strom in Sperrichtung auftritt, dessen plötzliches Abreißen bei Siliziumzellen zu schädlichen Überspannungen führen kann (Trägerstaueffekt). Zum Schutz gegen diese Überspannungen muß bei dreiphasigen Schaltungen sowie bei einphasigen Schaltungen mit hoher Induktivität im Stromkreis eine Beschaltung mit Kondensatoren durchgeführt werden.

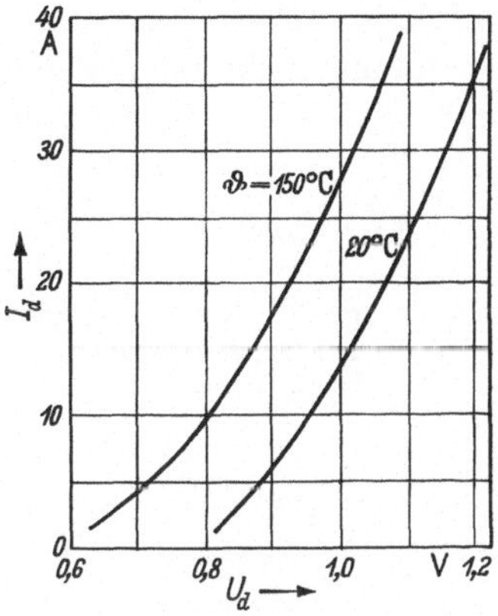

Siliziumgleichrichter gemäß Abb. 135 werden beispielsweise für Stromstärken von 1 bis 200 A gebaut. Bei deren Auswahl ist zu beachten, daß die Strombelastung von der Schaltungsart abhängt.

Abb. 134. Durchlaßkennlinie einer Siliziumzelle

b) Zenerdiode

Zur Stabilisierung und Begrenzung von Spannungen dienen Zenerdioden. Das sind Halbleiterdioden, die in Sperrichtung betrieben werden. Wir haben gesehen, daß bei den Halbleiterdioden der Strom mit wachsender Spannung zunächst wenig anwächst. Erst, wenn eine bestimmte

Abb. 135. Siliziumgleichrichter für verschiedene Stromstärken (Bauart Siemens)

Grenzspannung überschritten wird, steigt er, besonders bei Siliziumdioden, sehr rasch auf größere Werte an. Zur Aufklärung der physikalischen Vorgänge in diesem Abbruchgebiet haben Arbeiten von C. ZENER beigetragen. Deswegen werden Dioden, die für den Betrieb in diesem Abbruchgebiet speziell ausgelegt sind, Zenerdioden genannt [54].

Den Aufbau einer legierten Zenerdiode zeigt Abb. 136. In das n-Silizium-Plättchen, das entsprechend der gewünschten Abbruchspannung mehr oder weniger stark mit Antimon dotiert ist, wird ein Aluminiumdraht einlegiert. Auf diese Weise bildet sich ein pn-Übergang aus, dessen p-Gebiet von einem sehr niederohmigen Aluminium-Silizium-Eutektikum gebildet wird. Dieses Diodensystem wird auf ein Gold-Antimon-Plättchen auflegiert zur Bildung eines sperrfreien Kontaktes. Dann lötet man das ganze auf den Sockel und schweißt an den Aluminiumdraht ein Stück Kupferlitze an. Um den von Oberflächenstörungen verursachten Sperrstromanteil niedrig zu halten, bedeckt man das System vor dem Verkappen mit einer Schutzmasse. Als letztes werden Anschlußdrähte an das Gehäuse angelötet.

Als Glättungsfaktor

$$G = \frac{d\,U_e}{d\,U_a} \tag{24}$$

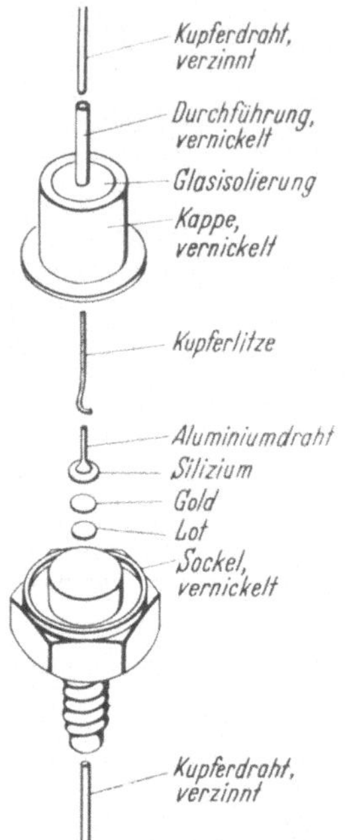

Abb. 136
Aufbau einer Zenerdiode

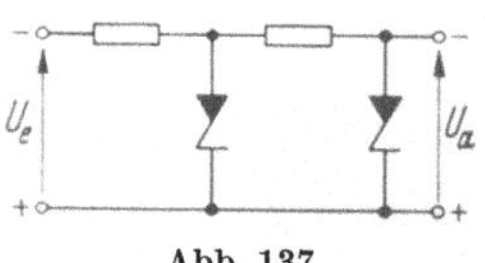

Abb. 137
Zweistufige Stabilisierungs-schaltung mit Zenerdioden

einer Anordnung nach Abb. 137 bezeichnet man das Verhältnis zwischen den Absolutwerten der Schwankungen von Eingangs- und Ausgangsspannung. Es ist ungefähr gleich dem Verhältnis von Vor- und Zenerwiderstand und ist unabhängig von Zener- und Ausgangsstrom. In der Regel ist jedoch für die Güte einer Stabilisierungsschaltung nicht das Verhältnis G zwischen den Absolutwerten der Schwankungen von Eingangs- und Ausgangsspannung maßgebend, sondern das Verhältnis der Relativwerte. Dieses wird Stabilisierungsfaktor S

$$S = \frac{d\,U_e}{d\,U_a}\,\frac{U_a}{U_e} \tag{25}$$

genannt.

Die Zenerdioden dienen hauptsächlich zur Glättung und Stabilisierung von Signalspannungen. Wenn die Glättungsgüte einer einstufigen Grundschaltung für einen bestimmten Zweck nicht genügt, kann man nach Abb. 137 z. B. eine zweistufige Stabilisierung verwenden. Die Verhältnisse liegen ähnlich wie bei der Glättung (s. S. 190).

Aus der Fülle anderer Anwendungsmöglichkeiten zeigt Abb. 138 eine gemischt bestückte Brückenschaltung, mit der aus dem Netz mit Hilfe eines Transformators und einer Gleichrichteranordnung eine annähernd konstante Gleichspannung erzeugt werden kann.

Man kann natürlich auch eine Schaltung nach Abb. 137 zur Stabilisierung von Wechselspannungen verwenden. Die Ausgangsspannung hat dann Trapezform. Die eine Halbwelle der Eingangswechselspannung wird von der Zenerspannung begrenzt, die andere von der Schwellspannung der Zenerdiode, also etwa 0,7 V. Wenn die Unsymmetrie dieser Spannung stört, so kann man 2 Zenerdioden mit gleicher Zenerspannung gegensinnig gemäß Abb. 139 in Reihe schalten.

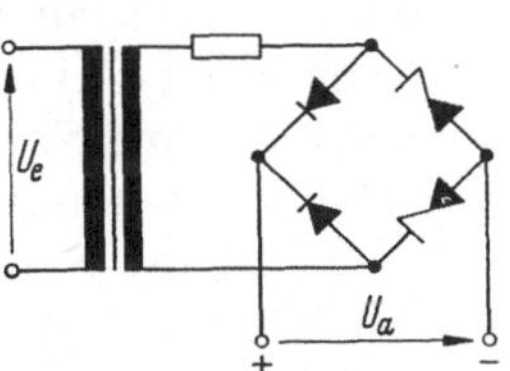

Abb. 138
Gemischt-bestückte Oractz-Gleichrichterschaltung

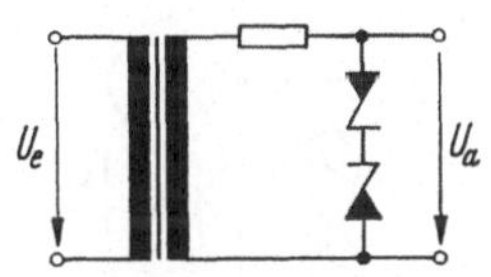

Abb. 139. Stabilisierung von Wechselspannungen

c) Transistoren

Fügt man zwei Gleichrichter derart zusammen, daß das n-Gebiet nur eine dünne, zwischen den beiden p-Gebieten liegende Zone bildet, so erhält man einen Transistor. Der Germanium-Transistor besteht nach Abb. 140 aus 3 Schichten, die je einen elektrischen Anschluß erhalten und als Kollektor-, Basis- und Emitteranschluß bezeichnet werden. Die Basiselektrode ist mit dem dünnen n-Gebiet verbunden, in dem das Germanium mit fünfwertigen Arsen- oder Antimonatomen legiert ist (Donatoren). Das rechte p-Gebiet hat den Kollektoranschluß. Es ist mit dem dreiwertigen Indium legiert. Das gleiche gilt für das linke p-Gebiet, das den Emitteranschluß trägt.

Ein solcher Transistor vom pnp-Typ wird z. B. in der Weise hergestellt, daß ein

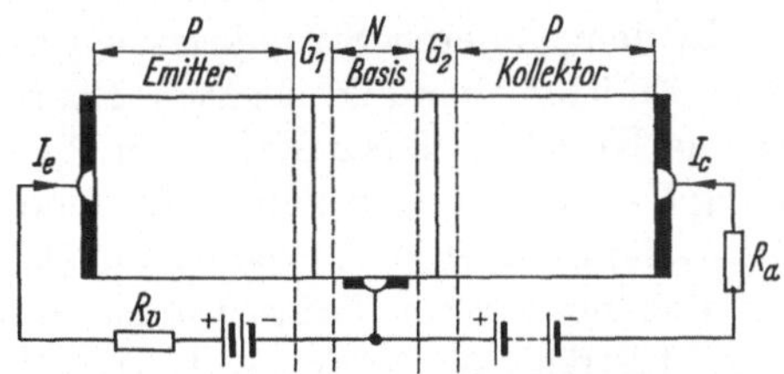

Abb. 140. pnp-Übergang als Transistor nach [7]

dünnes Kristallplättchen aus n-leitendem Germanium nach sorgfältigem Ätzen der Oberfläche einem Legierungsprozeß unterworfen wird. Dabei werden auf die beiden Flächen des Plättchens zwei Kügelchen aus Indium aufgebracht. Das Ganze wird auf etwa 500 °C erwärmt, so daß das Indium schmilzt und unter Bildung einer Indium-Germanium-Legierung in das Plättchen eindringt. Sind die beiden Legierungsfronten so weit vorgeschritten, daß zwischen ihnen nur noch eine n-Schicht der gewünschten geringen Stärke von etwa 50 bis 100 μm stehengeblieben ist, so wird das Plättchen abgekühlt. Das im Indium

13*

gelöste Germanium kristallisiert aus, und zwar vornehmlich an dem ungelösten Kristallplättchen in der alten Orientierung. Dabei wird ein kleiner Teil des in der Schmelze enthaltenen Indiums in die auskristallisierende Schicht eingebaut, während der Hauptteil des Indiums in dem noch flüssigen Gebiet bleibt. So entstehen an den Legierungsfronten zwei sehr dünne Schichten, die eine geringe Menge Indium enthalten und daher p-leitendes Germanium darstellen.

Diese legierten pnp-Flächentransistoren werden fast ausschließlich in den zu behandelnden Steuerungen verwendet. Auf andere Entwicklungsformen wird deshalb nicht weiter eingegangen, sondern lediglich auf das diesbezügliche Schrifttum verwiesen [7, 8].

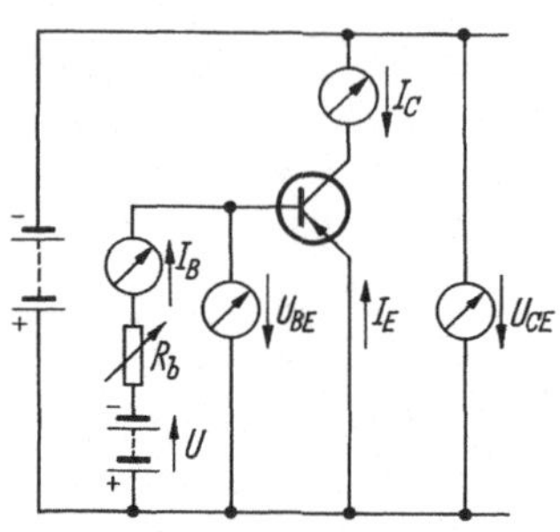

Abb. 141. Schaltung zur Aufnahme von Transistorkennlinien für den Kollektorstrom nach [8]

Auch von den vielen Schaltungsmöglichkeiten wollen wir nur die gebräuchlichste herausgreifen: die Emitterschaltung. Hier wird nach Abb. 141 der Emitter als gemeinsame Elektrode für zwei getrennte Stromkreise benützt. In dem einen Stromkreis wird die Basis an eine gegenüber dem Emitter negative Spannung gelegt. Es entsteht ein Basisstromkreis mit einer Basisspannung U_{BE} und einem Basisstrom I_B. Nach den Ausführungen auf S. 190 benötigt man für den pn-Übergang (hier die Emitterbasisstrecke) nur ganz kleine Spannungen, um einen Basisstrom herbeizuführen.

In dem anderen Stromkreis wird der Kollektor an eine gegenüber dem Emitter ebenfalls negative Spannung gelegt. In dieser Schaltung ist die Kollektor-Basis-Strecke in Sperrichtung gepolt. Bei einer Spannung U_{CE} von einigen Volt fließt demnach kaum ein Kollektorstrom I_C. Das stimmt aber nur, wenn kein Basisstrom fließt.

Das neue beim Transistor ist nun, daß man mit dem Basisstrom die Leitfähigkeit der Kollektor-Basis-Strecke beeinflussen kann, nnd damit einen Kollektorstrom bekommt, der vom Basisstrom abhängt. Diese Abhängigkeit kommt dadurch zustande, daß durch die Basisspannung die an der Grenzschicht von Basis und Emitter konzentrierten Löcher durch die dünne Basisschicht bis an die Grenzschicht zwischen Basis und Kollektor diffundieren und dadurch deren Sperrwirkung aufheben. Die vom Emitter ausgesandten Löcher werden sozusagen vom Kollektor eingesammelt und rekombinieren dort mit den Elektronen, die von der Batterie über den Kollektoranschluß geliefert werden.

Die Abhängigkeit des Kollektorstromes von dem Basisstrom läßt sich nun mit der in Abb. 141 angegebenen Schaltung experimentell ermitteln. Zweckmäßigerweise verwendet man dabei für den Basis-

stromkreis eine verhältnismäßig hohe Betriebsspannung U, damit man auch den Stellwiderstand R_b genügend groß gegenüber den im Basis-Emitter-Kreis vorhandenen Widerständen machen
kann. Wichtig ist auch,
daß der Widerstand des
Spannungsmessers für
U_{BE} möglichst hoch ist.
Für die Aufnahme der
Kennlinie hält man zuerst
I_B konstant und erhält
die Kennlinienschar I_C
$= f(U_{CE})$. Ist U_{CE} konstant (z. B. —5 V), so erhält man die Kennlinie
$I_C = f(I_B)$. Entsprechend
erhält man die Kennlinie
$U_{BE} = f(I_B)$ für U_{CE}
konstant.

Häufig werden die
vier Kennlinien nach
Abb. 142 zusammenge-
zeichnet. Im allgemeinen
bezeichnet man die
Kurve a als Eingangs-
kennlinie. Die Kurve c

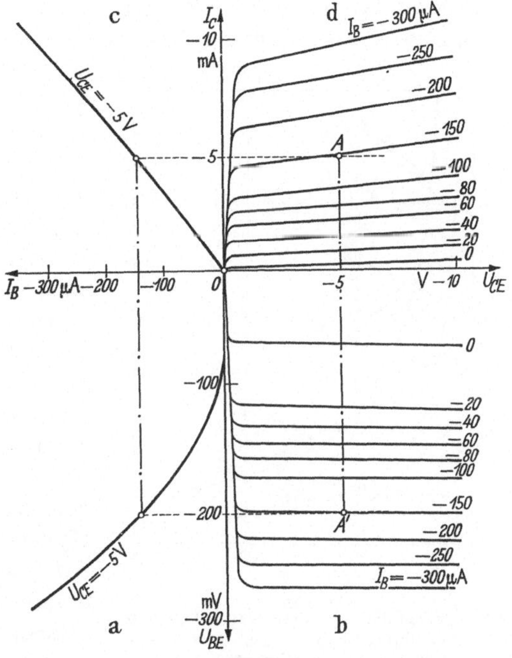

Abb. 142
Zusammengefaßte Darstellung der Transistorkennlinien

zeigt, um wieviel der Kollektorstrom größer als der Basisstrom ist. Sie gibt also die Stromverstärkung an und heißt Stromverstärker-kennlinie. Ausgangskennlinien sind die Kurvenschar d.

Damit haben wir eine sehr wichtige Eigenschaft des Transistors erkannt: die Verstärkung. Wir können ihn also ähnlich wie eine Röhre benützen, haben aber den großen Vorteil, daß er keine dem Verschleiß unterliegenden Teile (wie Heiz-faden) hat, sofort betriebsbereit ist und sehr kleine Abmessungen hat. In der Steuerungstechnik hat deshalb der Transistor die Röhre als Verstärker-element weitestgehend verdrängt.

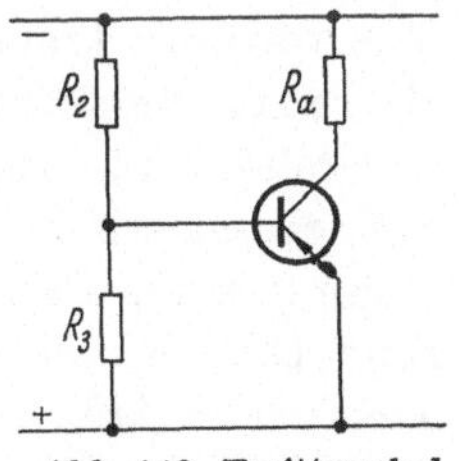

Abb. 143. Emitterschal-tung eines Transistors

Im Basisstromkreis werden wir nicht gerne getrennte Batteriespannungen verwenden wollen. Man schließt deshalb die Transistoren an eine gemeinsame Gleichspannung an und entnimmt die Basisspannung nach Abb. 143 einem Spannungsteiler mit den Wider-ständen R_2 und R_3 und sieht einen Kollektorwiderstand R_a vor.

Die Verlustleistung P_v des Transistors ist

$$P_v = I_C\,U_{CE} \tag{26}$$

Die zulässige Verlustleistung hängt stark von der Betriebstemperatur ab und wird als Abhängige von der Temperatur jeweils vom Hersteller angegeben. Diese Verlustleistung wird in das Ausgangskennlinienfeld $I_C = f(U_{CE})$ mit I_B als Parameter (vgl. Abb. 142d) eingetragen und ergibt eine Hyperbel. Als Beispiel möge ein Transistor dienen, für den ein Ausgangskennlinienfeld nach Abb. 144 angegeben wird. In dieses Ausgangskennlinienfeld ist die Verlustleistung als gestrichelte Hyperbel (25 mW bei 60° Umgebungstemperatur) eingetragen. Im Dauerbetrieb darf der Transistor in keinem Punkt betrieben werden, der in der Abbildung rechts von dieser Hyperbel liegt. Wir müssen also den Arbeitspunkt und die Widerstandsgerade so legen, daß sie nicht in diesem Bereich liegen.

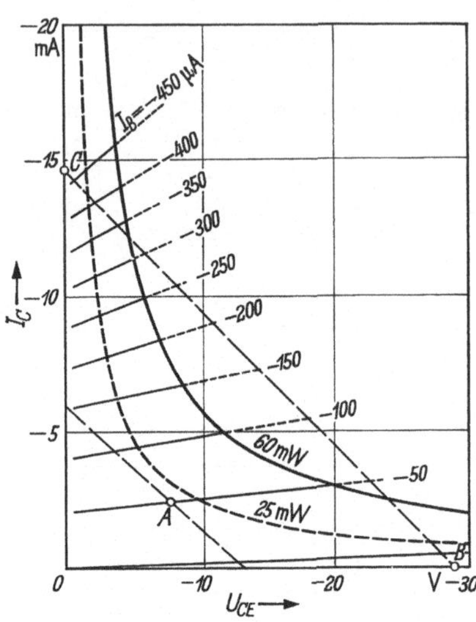

Abb. 144
Ausgangskennlinie eines Transistors TF 65/30
60 mW = Verlustleistung bei 45 °C Umgebungstemperatur; 25 mW ~ desgl. bei 60 °C

Als Arbeitspunkt A könnte beispielsweise der Punkt $I_B = -50\,\mu\text{A}$ bei $U_{CE} = -8$ V dienen. Die Widerstandsgerade könnte dann so liegen, daß die Netzspannung -14 V beträgt, für $U_{CE} = 0$ wäre dann der Kollektorstrom $I_C = -6$ mA.

Damit ergibt sich für den Lastwiderstand

$$R_a = \frac{U_{CE}}{I_C} = \frac{14}{6}\,\text{k}\Omega = 2{,}34\,\text{k}\Omega$$

Nun wird der Transistor in der Steuer- und Regelungstechnik nicht nur als reiner Verstärker, sondern vor allem als Schalter für den Lastwiderstand R_a benützt. Solche „kontaktlosen" Schalter erhöhen die Betriebssicherheit und werden immer häufiger angewendet. Dabei kommt es aus Preisgründen auf eine möglichst hohe Schaltleistung an. Eine Dimensionierung des Transistors für diesen Verwendungszweck nach der in Abb. 144 gezeichneten Widerstandsgeraden durch Punkt A wäre viel zu reichlich und damit unwirtschaftlich. Im Schaltbetrieb wird der Transistor ja nur an zwei extremen Betriebspunkten beansprucht. Im „ausgeschalteten" Zustand ist $I_C = 0$, U_{CE} könnte nahe bei der maximalen Kollektorspannung liegen, die im angenommenen Beispiel bei

— 29 V liegt (Punkt B) [55]. Im „eingeschalteten" Zustand braucht U_{CE} nur so groß zu sein, daß der maximale Kollektorstrom erreicht wird. Er beträgt — 14,5 mA, U_{CE} kann damit gemäß Kennlinie etwas unter 1 V liegen. Man wird also nun unterhalb dieser Grenzwerte bleiben und die Betriebspunkte für den ein- bzw. ausgeschalteten Zustand bei B und C wählen. Die dazugehörige gestrichelt gezeichnete Widerstandsgerade verläuft nun aber zu einem wesentlichen Teil rechts von der Verlustleistungshyperbel. Dieser Betrieb ist dann zulässig, wenn die Umschaltung von einem zum anderen Betriebspunkt schnell ohne zusätzliche Verzögerungsglieder erfolgt.

Für diese gestrichelt gezeichnete Widerstandsgerade ergibt sich ein Widerstand

$$R_a = \frac{U_{CE}}{I_C} = \frac{29\ \text{V}}{14{,}5\ \text{mA}} = 2\ \text{k}\Omega$$

Die Leistung, die wir bei diesem Lastwiderstand schalten können, beträgt

$$P_R = R_a\, I_C^2 = 2\ \text{k}\Omega\ (14{,}5\ \text{mA})^2 = 420\ \text{mW}.$$

Sie liegt also wesentlich über der zulässigen Verlustleistung des Transistors von 25 mW, bei Dauerbetrieb in Punkt B oder C liegt sie jedoch darunter.

Bei den bisherigen Überlegungen waren die Eingangssignale im Transistor immer Gleichstrom. Sie werden bei den für unsere Aufgaben vorkommenden Schaltungen auch vorwiegend verwendet. Schaltungen für eine Verstärkung der Wechselspannung U_1 (Abb. 145) kommen vor allem dort vor, wo eine reine Gleichstromverstärkung wegen der Beeinflussung des Arbeitspunktes über ein längeres Zeitintervall nicht mehr stabil bleibt.

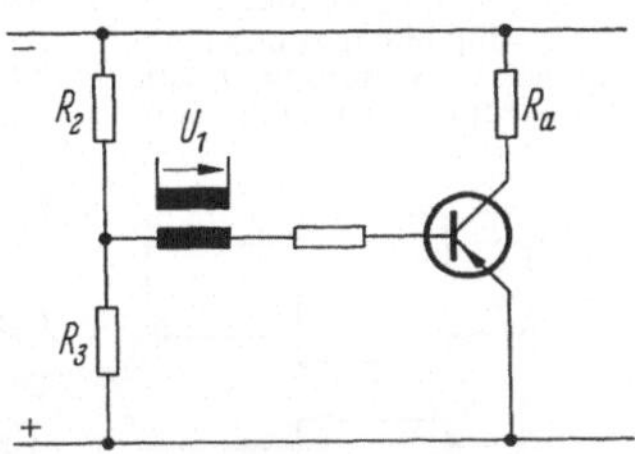

Abb. 145
Transistorverstärker für Wechselspannung mit Spannungsteiler R_2, R_3 zur Einstellung des Arbeitspunktes

Zur numerischen Berechnung betrachtet man den Transistor als Vierpol mit U_e, I_e am Eingang und U_a, I_a am Ausgang. Für die Beschreibung des Transistors ist dann die h-Matrix üblich [8]. Sie lautet (vgl. Abb. 146)

$$U_e = h_{11}\, I_e + h_{12}\, U_a$$
$$I_a = h_{21}\, I_e + h_{22}\, U_a \tag{27}$$

oder abgekürzt

$$\begin{vmatrix} U_e \\ I_a \end{vmatrix} = \begin{vmatrix} h_{11}\ h_{12} \\ h_{21}\ h_{22} \end{vmatrix} \begin{vmatrix} I_e \\ U_a \end{vmatrix}$$

Dabei haben die Parameter folgende Bedeutung (Abb. 147). h_{11} ist der Kurzschluß-Eingangswiderstand (Ω). Es ist also

$$h_{11} = \frac{U_e}{I_e} \quad \text{für} \quad U_a = 0 \tag{28}$$

13 a*

h_{12} ist die Leerlauf-Spannungsrückwirkung. Es ist also

$$h_{12} = \frac{U_e}{U_a} \quad \text{für} \quad I_e = 0 \tag{29}$$

h_{21} ist die Kurzschluß-Vorwärtsstromverstärkung. Für sie gilt

$$h_{21} = \frac{I_a}{I_e} \quad \text{für} \quad U_a = 0 \tag{30}$$

h_{22} ist der Leerlauf-Ausgangsleitwert (mS). Für ihn gilt

$$h_{22} = \frac{I_a}{U_a} \quad \text{für} \quad I_e = 0 \tag{31}$$

Für die handelsüblichen Transistoren werden diese Parameter der h-Matrix angegeben. Man kann daraus ihr Verhalten bei Wechselstrom-

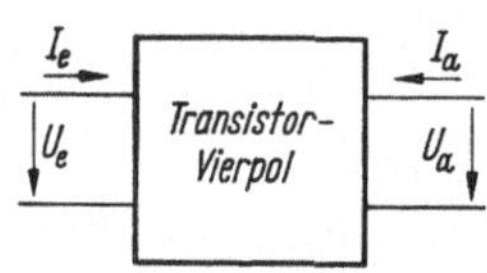

Abb. 146. Der Transistor als Vierpol bei Wechselspannung mittlerer Frequenz

U_e Eingangsspannung; U_a Ausgangsspannung; I_e Eingangsstrom; I_a Ausgangsstrom

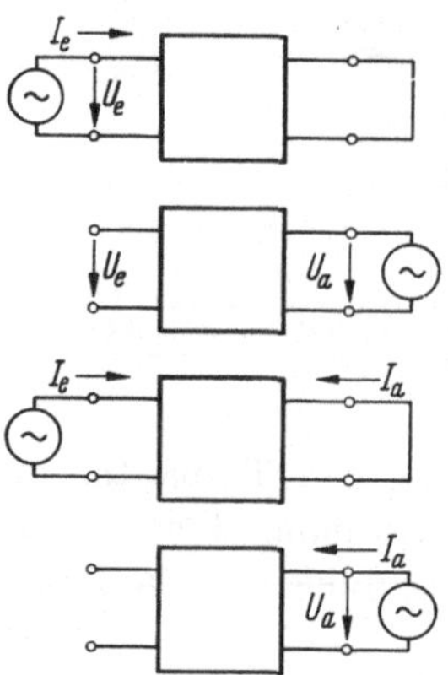

Abb. 147. Schaltungen für die Ermittlung der h-Matrix

übertragung berechnen, wenn die Frequenz nicht größer ist als etwa 100 kHz, was für unsere Betrachtung der Fall sein wird.

Bei anderen viel verwendeten Wechselstrom-Verstärkerschaltungen liegt am Kollektoranschluß kein ohmscher Widerstand, sondern ein Transformator, an dessen Sekundärklemmen das Ausgangssignal ansteht. Die Schaltung hat den Vorteil, daß auch der Ausgang galvanisch vom Netz getrennt ist und schafft darüber hinaus einfache Möglichkeiten optimaler Leistungsankopplung dadurch, daß man sich mit dem Sekundärwiderstand des Transformators an den Eingangswiderstand der nächsten Stufe anpassen kann. Bei der Bemessung der Primärseite muß man auch auf den Transistor Rücksicht nehmen [vgl. Gl. (27)].

d) Thyristoren

So wie bei der Hochvakuumröhre ist auch beim Transistor die Ausgangsleistung begrenzt. Die größten Leistungstransistoren werden zur Zeit mit einer Verlustleistung von maximal 170 W gebaut.

Bei der Suche nach den Möglichkeiten, diese Leistung zu erhöhen, wurden ähnliche Schritte wie in der Röhrentechnik unternommen, als man von der Hochvakuumröhre zum gasgefüllten Thyratron (Stromtor) überging.

Der dabei entstandene Thyristor ist ein vierschichtiges Halbleiterbauelement mit drei Elektroden und hat das in Abb. 148 dargestellte

Schaltungssymbol bekommen. Man will damit andeuten, daß das Bauelement ein von außen steuerbarer Leistungsgleichrichter ist [*56, 57*].

Der grundsätzliche Aufbau des Thyristors ist ähnlich dem eines Transistors. Er hat jedoch vier Halbleiterschichten mit einer *pnpn*-Schichtung, wobei die jeweils äußeren Schichten hoch dotiert, die mittlere *n*-leitende Schicht jedoch schwach (n_s) und die mittlere *p*-leitende Schicht (p_s) mitteldotiert

Abb. 148. Schaltungssymbol für Thyristor
A Anode; *K* Kathode; *S* Steuerelektrode

werden. Die drei Elektroden heißen ähnlich wie bei der Röhre Anode A, Kathode K und Steuerelektrode S. Die Anode ist die hochdotierte *p*-Schicht, und die Steuerelektrode die mitteldotierte p_s-Schicht.

Legen wir an einen so geschichteten Halbleiter nach Abb. 149a ein positives Potential an A und ein negatives Potential an K, so werden sich die in den Schichten vorhandenen Löcher und Elektronen nach den gleichen Überlegungen, die wir beim Transistor angestellt haben, in den pn_s und p_sn-Grenzschichten anreichern, die n_sp_s-Grenzschicht dagegen verarmen. Der n_sp_s-Übergang wird also das Fließen eines Stromes verhindern.

Wird allgemein ein *np*-Übergang mit einer hinreichend hohen Sperrspannung in positiver Richtung beansprucht, so können die Ladungsträger im elektrischen Feld der Sperrschicht so viel Energie aufnehmen, daß sie durch Stoß weitere Ladungsträgerpaare erzeugen und der Strom lawinenartig, ähnlich wie bei einer Gasentladung, anwächst. Dieses Verhalten wird begünstigt, wenn man dem *np*-Übergang eine *p*-Zone vorschaltet. In unserem Beispiel nach Abb. 149a mit positiver Spannung an der Anode, werden in der Sperrschicht n_sp_s, also durch Stoß, zusätzliche Ladungsträger erzeugt. Sie wandern in die *n*-Schichten

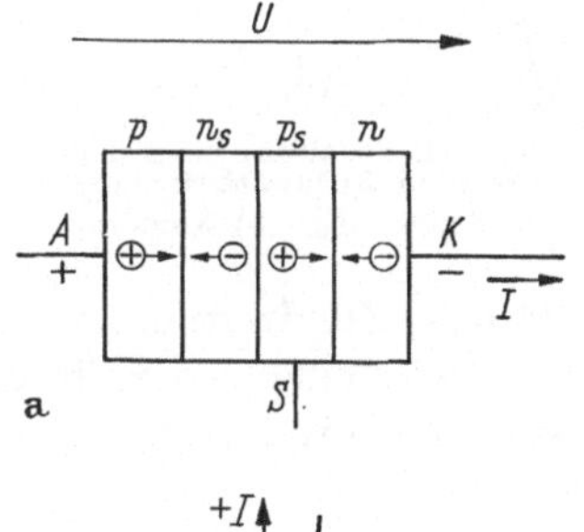

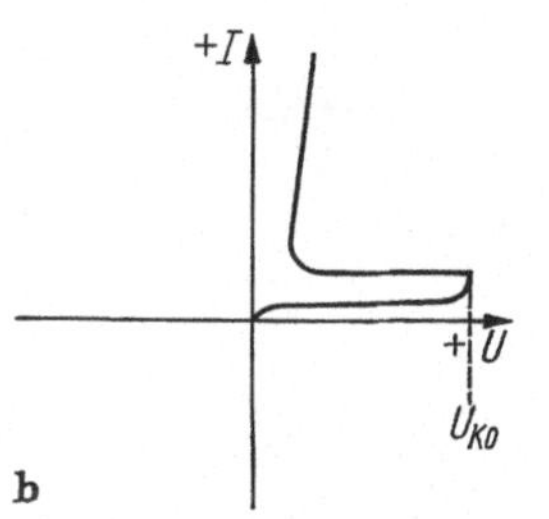

Abb. 149
Schaltung eines Thyristors in Vorwärtsschaltung
a) Schichtung; b) Kennlinie

und senken das höher gelegene Potential weiter ab. Das hat einen verstärkten Strom zur Folge, der dann wiederum durch Stoß zusätzliche Trägerpaare erzeugt und zu einem lawinenartigen Stromanstieg führt. Das ist der eigentliche „Thyristoreffekt".

Erhöht man also bei einer Polarität nach Abb. 149a die Sperrspannung immer mehr, so geht bei einer bestimmten Durchbruchspannung (Nullkippspannung U_{k_0}) der bisherige hohe Wert auf einen sehr niedrigen Wert über, der Strom steigt steil an (Abb. 149b), und wird sich auf einen Wert einstellen, der durch den Lastwiderstand gegeben ist.

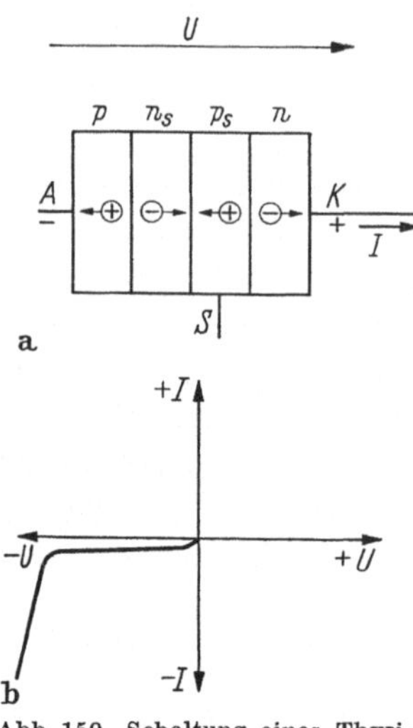

Abb. 150. Schaltung eines Thyristors in Rückwärtsrichtung
a) Schichtung; b) Kennlinie

Sinngemäß werden in der Sperrichtung, also bei der umgekehrten Polarität, die Grenzschichten pn_s und p_sn an Ladungsträgern verarmt sein, dafür wird aber die Grenzschicht n_sp_s an Ladungsträgern angereichert sein. Die beiden Schichten wirken wie zwei in Reihe geschaltete Dioden in Sperrichtung. Den Strom in Abhängigkeit von der Sperrspannung in negativer Richtung zeigt Abb. 150b.

Die Kippspannung U_{k0} kann nun durch einen Strom I_{st} beeinflußt werden, der über die dritte Elektrode (Steuerelektrode) fließt. Je größer der Strom ist, desto kleiner ist die Kippspannung. Dieses Verhalten ist in Abb. 151 dargestellt.

Zweckmäßigerweise aber wird beim Thyristor die Kippspannung nicht durch einen veränderlichen Steuerstrom beeinflußt, sondern der Zündzeitpunkt durch einen Stromimpuls bestimmt. Dadurch wird einerseits eine bessere Reproduzierbarkeit der Werte auch bei den kleinsten und größten Spannungen erreicht und andererseits eine Steuerung

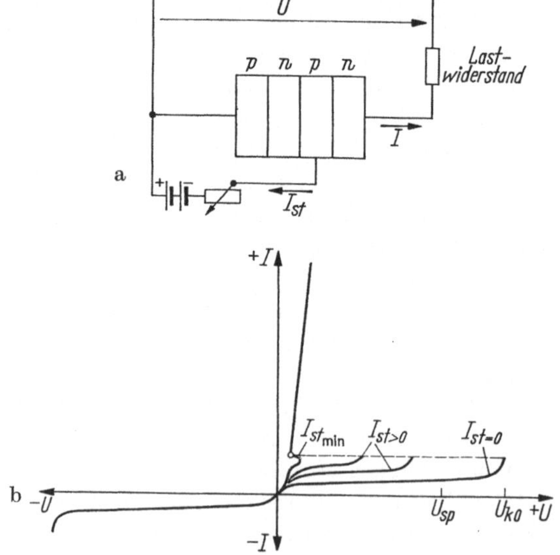

Abb. 151. Schaltung (a) und Stromverlauf (b) für die Zündung eines Thyristors

über volle 180° ermöglicht, d. h., man kann den Mittelwert des Stromes oder der Spannung von einem Maximalwert bis Null steuern.

Durch eine zeitliche Verschiebung des Zündimpulses können also von einer Halbwelle des Wechselstromes mehr oder weniger große Teile durchgelassen werden (Abb. 152).

In der Quecksilberdampf- Stromrichter- und Transduktortechnik bezeichnet man diese Form als Anschnittsteuerung. Dabei erhält man je nach Phasenlage des Steuerimpulses einen verschieden großen Effektiv- bzw. arithmetischen Mittelwert des Stromes.

Abb. 153 zeigt den schematischen Aufbau des Thyristors.

Die Kontaktierung der Siliziumtablette erfolgt durch Hartlötung oder durch sog. „Druckkontakte" lotfrei. Scherkräfte, die infolge der ungleichen Ausdehnungskoeffizienten bei jedem Temperaturgang zwischen der Molybdänscheibe und dem Fassungsboden aus Kupfer auftreten, werden damit abgefangen. Der Thyristor ist dadurch in hohem Maße wechsellastbeständig. Da im Schaltbetrieb oder bei schwankender Belastung an der Halbleitertablette hohe und schroffe Temperaturschwankungen auftreten können, ist diese Wechsellastbeständigkeit mit Rücksicht auf eine geringe Alterung beim Thyristor noch wichtiger als beim ungesteuerten Silizium-Gleichrichter.

Die Schaltzeiten sind abhängig von einer Reihe von Para-

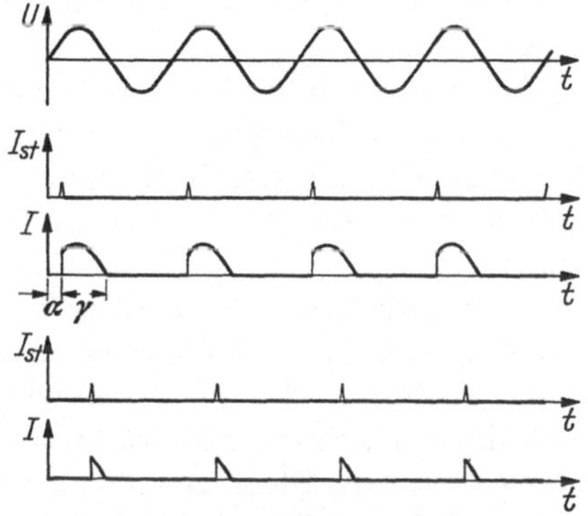

Abb. 152. Stromkurven bei verschiedener Phasenlage des Zündimpulses

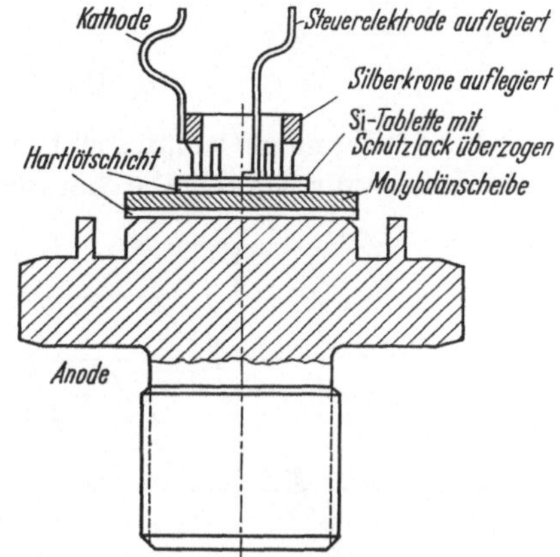

Abb. 153. Thyristor (Bauart Siemens)

metern, wie Tablettentemperatur, Belastungsstrom, Belastungsart, Höhe der Sperrspannung, Größe des Steuerimpulses usw. Die Zeiten variieren entsprechend innerhalb folgender Bereiche:

Einschaltzeit   2 bis 15 μs

Freiwerdezeit (Zeit, während der der Haltestrom unterschritten werden muß, um die Sperrfähigkeit des Thyristors wieder herzustellen)   10 bis 100 μs

Wird ein Stromkreis, bestehend aus einem Thyristor und einem Lastwiderstand R, an eine Wechselspannung U gelegt, sperrt das Stromtor sowohl die positive als auch die negative Halbwelle der Wechselspannung, wenn es nicht durch einen Steuerimpuls während der positiven Halbwelle gezündet wird. In ungezündetem Zustand stellt der Thyristor einen sehr hochohmigen Widerstand dar, so daß praktisch die gesamte Spannung am Thyristor abfällt, im Stromkreis also kein Strom (abgesehen von dem zu vernachlässigenden Sperrstrom des Thyristors) fließen kann.

Wird dagegen das Stromtor gezündet, so wird es innerhalb kürzester Zeit (einige Mikrosekunden) sehr niederohmig. Im Stromkreis kann ein Strom fließen, der durch die Spannung (vermindert um den Spannungsabfall am Thyristor von etwa 1,5 V) und den Lastwiderstand bestimmt wird.

Je nachdem, ob sich der Thyristor nun in gesperrtem oder in gezündetem Zustand befindet, spricht man hier von der Sperrzeit (im Winkelmaß mit Zündwinkel α bezeichnet) und von der Stromflußzeit (Stromflußwinkel γ), wie in Abb. 152 gezeigt. Für den Thyristor kann man die üblichen aus der Stromrichtertechnik bekannten Schaltungen anwenden. Sie werden auf unserem Gebiet im hauptsächlichen bei der Drehzahlregelung von Gleichstrommotoren verwendet und dort (S. 323) näher beschrieben.

e) Hallgenerator

Sehr häufig möchte man nicht nur elektrische, sondern auch magnetische Felder zur Signalgabe heranziehen. Die Ausnützung dieser Möglichkeiten werden entscheidend durch ein neues Halbleiter-Bauelement, den Hallgenerator, beeinflußt [58].

Fließt in einem langgestreckten Plättchen aus stromleitendem Material mit metallischen Elektroden 1 und 2 an den kurzen Kanten nach

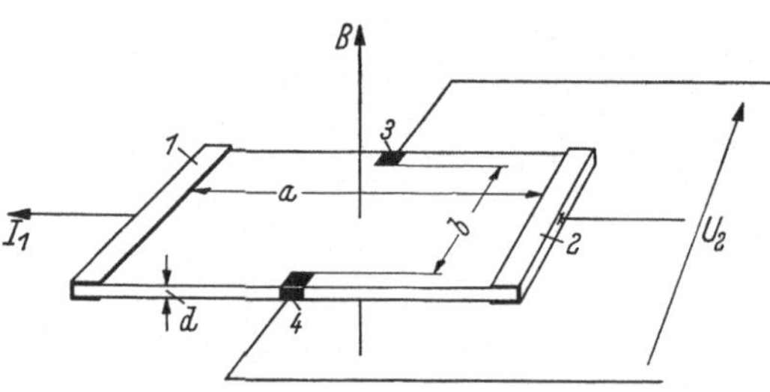

Abb. 154. Prinzipieller Aufbau eines Hallgenerators

Abb. 154 ein Strom I_1, so entwickelt sich in dem Plättchen ein Elektronenstrom. Diese negativ geladenen Elektronen werden, wie beispielsweise bei einem Kathodenstrahloszillographen durch ein Magnetfeld in Richtung B nach den Faradayschen Gesetzen in der Plättchenebene senkrecht zur Stromrichtung abgelenkt, was zu einer ungleichen Potentialverteilung im Plättchen führt. Es entsteht deshalb an den

Elektroden *3* und *4* eine Potentialdifferenz U_2. Sie ist proportional dem Strom I_1, der Induktion B und einer Materialkonstante R_h sowie umgekehrt proportional der Dicke d des Plättchens. Es gilt also

$$U_2 = \frac{R_h}{d} I_1 B \tag{32}$$

Diese als „Halleffekt" schon lange bekannte Erscheinung ist erst dann technisch interessant geworden, als Halbleiter gefunden wurden, deren Materialkonstante R_h (Hallkonstante) gegenüber anderen Werkstoffen ganz wesentlich größer ist. Es sind heute besonders das Indiumantimonid und das Indiumarsenid (auch Indiumarsenidphosphit) als Halbleiter mit einer sehr großen Elektronenbeweglichkeit bekannt. Unter letzterer verstehen wir die mittlere Geschwindigkeit, die den Elektronen in der Halbleiterschicht von der Einheit der magnetischen Feldstärke erteilt wird.

Man hat deshalb Plättchen aus diesen Stoffen zu sogenannten Hallgeneratoren entwickelt, mit denen eine Reihe von technischen Aufgaben gelöst werden konnten. Im allgemeinen haben diese Plättchen eine Dicke von 0,1 mm oder weniger. Zum Schutz gegen mechanische Beanspruchungen ist das elektrische System von einem Mantel aus Sinterkeramik oder Gießharz umgeben. Stört bei der Anwendung solcher Elemente in einem magnetischen Kreis der unvermeidliche Luftspalt, so stehen besondere Hallgeneratoren mit einem ferromagnetischen Mantelmaterial zur Verfügung.

Die Anwendungsmöglichkeiten lassen sich am einfachsten anhand der Gl. (32) ableiten. Daraus sieht man, daß die Hallspannung U_2 proportional dem Produkt aus Induktion B und Signalstrom I_1 ist. Wir haben damit eines der wenigen elektrischen Geräte, die unmittelbar auf ein Produkt elektrischer Größen ansprechen [59].

Ordnet man beispielsweise den Hallgenerator im Luftspalt eines Gleichstrommotors an, so ist er der Induktion B ausgesetzt. Ist jetzt der Steuerstrom I_1 proportional dem Ankerstrom, so ist die Hallspannung ein Maß für das Produkt $I_1 \Phi$, also ein Maß für das Drehmoment.

Hält man in einer Anordnung die Induktion B konstant, so ist die Hallspannung proportional dem Steuerstrom, der auch ein Gleichstrom sein kann. Man bekommt deshalb eine Art Gleichstromwandler, den man nicht nur für die Messung extrem hoher Gleichströme, sondern überall dort einsetzen kann, wo man eine galvanische Trennung von zwei Signalkreisen haben möchte. Der Hallgenerator hat also in Gleichstromkreisen eine ähnliche Funktion, wie der Transformator beim Wechselstrom.

Bei der Automatisierung der Fertigung nützt man sehr häufig die dritte Verwendungsmöglichkeit aus, die sich ergibt, wenn man den

Steuerstrom I_1 konstant hält; man bekommt dann eine Hallspannung, die proportional ist der Induktion B, die das Plättchen beeinflußt [*60, 61, 62*].

Der Nennwert I_{1n} des Steuerstromes ist so definiert, daß das Plättchen eine Übertemperatur von 10 bis 15 °C annimmt. Die Leerlaufhallspannung $U_{20\,n}$ bei Nennwert ist diejenige Hallspannung, die der unbelastete Hallgenerator beim Steuernennstrom I_{1n} und beim Nennwert des Steuerfeldes B_n erzeugt. Abb. 155 zeigt die Abhängigkeit der Hallspannung vom Steuerfeld B für verschiedene Abschlußwiderstände. In Ordinatenrichtung ist die auf die Steuerstromeinheit bezogene Hallspannung aufgetragen. Man sieht daraus, daß man die beste Linearität zwischen dieser normierten Hallspannung und dem Steuerfeld nur bei einem bestimmten Abschlußwiderstand R erreicht.

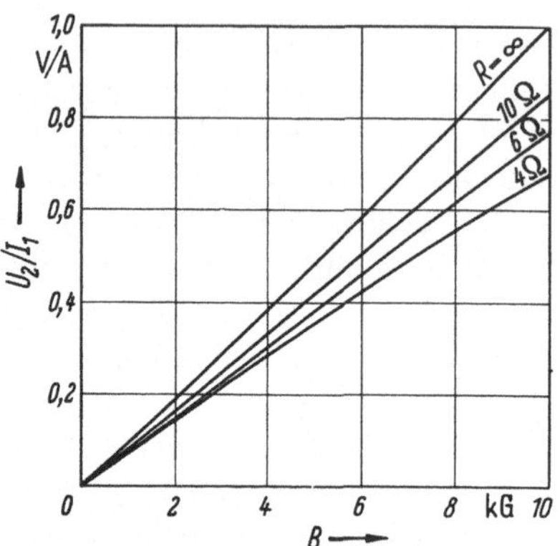

Abb. 155. Normierte Hallspannung in Abhängigkeit des Steuerfeldes
R Lastwiderstände

Die tatsächlichen Abweichungen von dieser linearen Abhängigkeit ergibt gemäß Abb. 156 den Linearitätsfehler ε, der so definiert wird, daß man durch die Hallspannungskurve eine Gerade so hindurchlegt, daß die maximalen Abweichungen oberhalb und unterhalb der Geraden etwa gleich groß sind. Der Anstieg dieser Geraden wird als mittlere Empfindlichkeit bei linearer Anpassung bezeichnet.

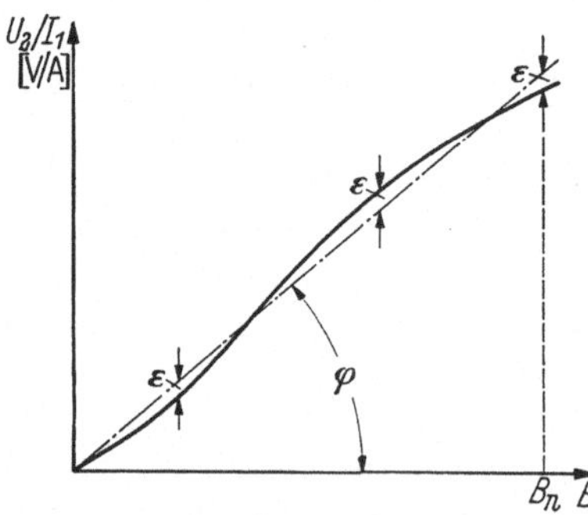

Abb. 156. Kennlinie des Hallgenerators
ε = Linearisierungsfehler

Der steuerseitige Innenwiderstand (R_1) ist der bei offenem Hallkreis gemessene Widerstand zwischen den Steuerstromzuführungen. Auch dieser Widerstand ist magnetfeldabhängig. Der Hersteller gibt im allgemeinen für diesen Widerstand den R_{10}-Wert an, das ist der Widerstand R_1 bei der Induktion $B = 0$; ferner wird als Kurve der Verlauf des auf R_{10} bezogenen steuerseitigen Widerstandes R_1 in Abhängigkeit vom Steuerfeld B (Abb. 157a) angegeben.

Als hallseitiger Innenwiderstand R_2 wird der bei offenem Steuerkreis zwischen den Hallzuführungen gemessene Widerstand bezeichnet. Er ist ebenfalls vom Steuerfeld B abhängig. Den auf den R_{20}-Wert ($B = 0$) bezogenen hallseitigen Innenwiderstand R_2 in Abhängigkeit von B zeigt Abb. 157 b.

Aus fertigungstechnischen Gründen ist es schwierig zu erreichen, daß die Hallelektroden bei $B = 0$ genau auf einer Äquipotentiallinie liegen, deshalb ist der Hallspannung im allgemeinen noch ein kleiner

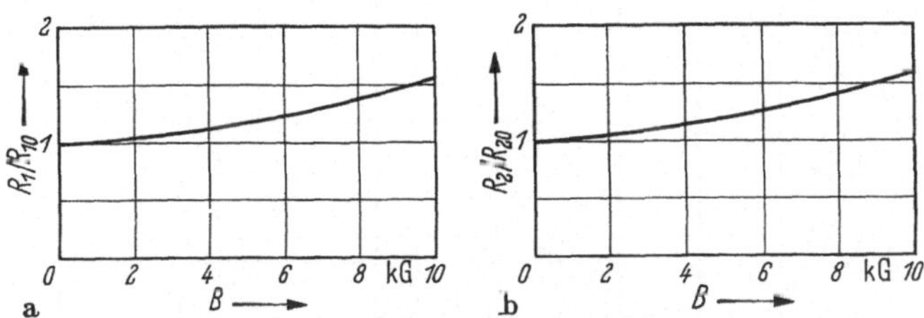

Abb. 157. Kennlinie für den Innenwiderstand
a) Steuerseitiger Innenwiderstand   b) Hallseitiger Innenwiderstand
B Steuerfeld

ohmscher Spannungsanteil — erzeugt durch den Steuerstrom — überlagert. Beim Steuerfeld $B = 0$ steht daher an den Hallelektroden bereits eine kleine Spannung an, die aber nötigenfalls durch äußere Schaltmittel kompensiert werden kann. Den auf die Steuerstromeinheit bezogenen Wert dieser Spannung bezeichnet man als ohmsche Nullkomponente.

f) Fotodioden

Als Fotozelle werden in der Automatisierung nur noch Halbleiter verwendet. Die Wirkung beruht auf der Strahlungsempfindlichkeit des pn-Überganges. Fällt auf einen in Sperrichtung vorgespannten pn-Übergang eine Strahlung, so werden in der Sperrschicht Trägerpaare (Elektronen und Löcher) gebildet. Diese verursachen eine Erhöhung der Sperrspannung, die der einfallenden Strahlungsleistung proportional ist. Eine solche Fotodiode aus Germanium hat eine Empfindlichkeit in der Größenordnung von 30 mA/Lm, wobei man aber beachten muß, daß die wirksame Fläche sehr klein ist, da die Breite der Sperrschicht bei etwa 10^{-2} A° (10^{-12} m) liegt.

Die Kennlinie einer mit Hilfsspannung vorgespannten Fotodiode zeigt Abb. 158 mit der Beleuchtungsstärke E als Parameter. Man braucht aber die Diode nicht unbedingt mit Vorspannung zu betreiben. Schließt man nämlich die Fotodiode über einen Widerstand kurz und bestrahlt die Sperrschicht mit Licht, so werden die fotoelektrisch erzeugten Ladungsträgerpaare durch das elektrische Feld in der Grenzschicht getrennt. Die Löcher werden in die p-Zone, die Elektronen in die n-Zone getrieben. Dieser Strom setzt sich im Außenkreis fort. Die so entstehende

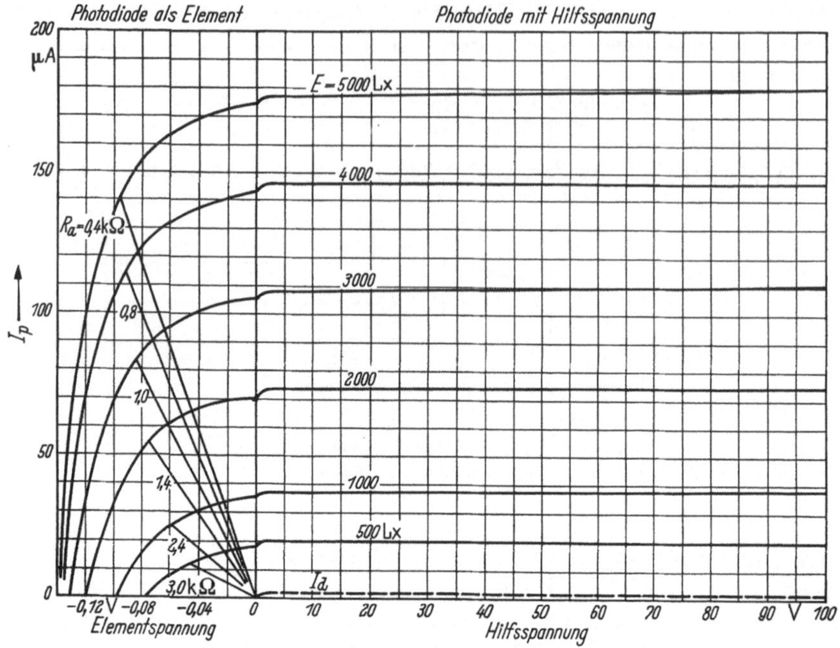

Abb. 158. Kennlinienfeld einer Photodiode TP 50
I_d Dunkelstrom; I_p Photostrom

Kennlinie für die Fotodiode als Element enthält die linke Seite der Abb. 158 mit den Widerstandsgeraden für einige Außenwiderstände R_a.

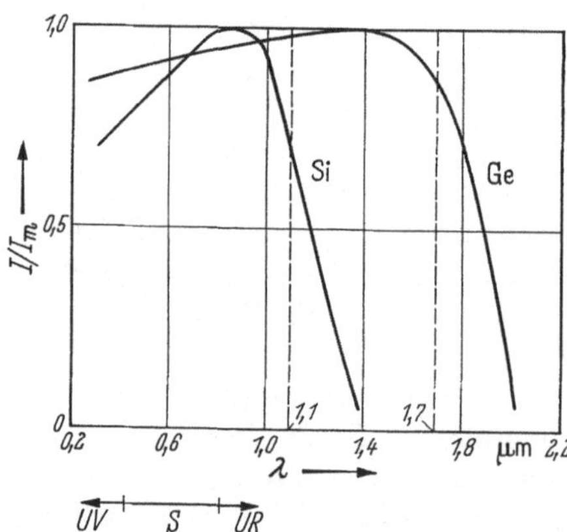

Abb. 159. Spektrale Verteilung der Lichtempfindlichkeit einer Germanium- und Silizium-Photodiode nach [7]

λ Wellenlänge; UV Ultraviolett; UR Ultrarot; S Sehbereich; I/I_m Photoelektrischer Strom I bezogen auf Maximalstrom I_m

Ähnlich arbeiten Fotodioden aus Silizium, die aber meist nicht mit Vorspannung betrieben werden dürfen. Sie sind für höhere Umgebungstemperaturen geeignet, die bis zu 150 °C betragen können.

Die Empfindlichkeit beider Elemente ist naturgemäß von der Wellenlänge des einfallenden Lichtes abhängig. Sie sinkt, wie Abb. 159 an den Beispielen zweier Fotodioden aus Silizium und Germanium zeigt, bei einer bestimmten Wellenlänge, die meist im Infrarotbereich liegt, rasch auf verschwindend kleine Werte. Die Grenzwellenlängen sind gestrichelt eingetragen. Links unter der Abszisse ist der Bereich S des sichtbaren Lichtes angegeben.

5. Magnetverstärker

Neben den bisher behandelten Verstärkereffekten, die im wesentlichen auf dem Verhalten des Elektrons im elektrischen Feld beruhen, ergeben sich weitere Verstärkermöglichkeiten durch Effekte im magnetischen Feld. Es entstanden sogenannte Magnetverstärker (Transduktoren) [63, 64, 65].

Um die Arbeitsweise eines Magnetverstärkers zu erklären, wollen wir einen Stromkreis nach Abb. 160a betrachten. Er besteht aus einer Gleichstromquelle U_s, einem Vorwiderstand R_s und einer Ringkerndrossel mit einem Bandring aus hochwertigem Eisen mit annähernd rechtwinkeliger Hysteresisschleife und hoher Remanenz. Dies ist ein Material, das für Magnetverstärker wegen des

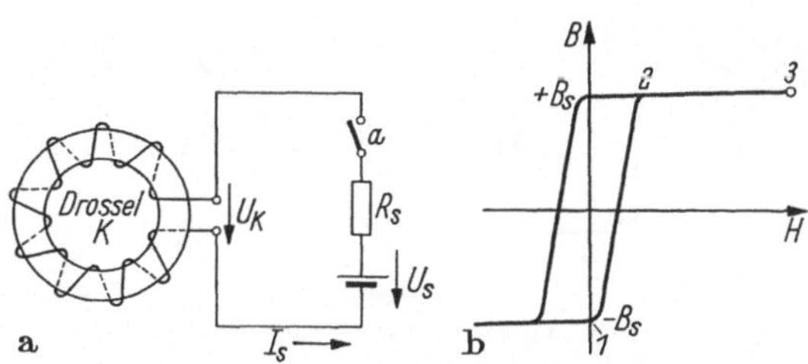

Abb. 160. Drossel im Gleichstromkreis
a) Schaltbild; b) Magnetisierungsschleife

schnellen Überganges in den Sättigungsbereich geeignet ist. Vor dem Schließen des Stromkreises durch den Schalter a liege die Induktion des Kerns im Punkt 1 der Magnetisierungskurve (Abb. 160b), also etwa bei negativer Sättigung $(-B_s)$. Wir verfolgen jetzt den zeitlichen Stromverlauf. Es gilt allgemein

$$U_s = U_k + R_s\,I_s \qquad (33)$$

wenn I_s der Strom in der Drossel und U_k die Spannung an der Drossel ist, für die wir setzen können

$$U_k = -\,w\frac{d\,\Phi}{d\,t} \qquad (34)$$

wobei Φ der Magnetfluß und w die Windungszahl ist.

Der Fluß entsteht durch die Induktion B, die durch die magnetische Feldstärke H in der Drossel entsprechend der Magnetisierungskurve (Abb. 160b) bedingt ist. Die Feldstärke H entsteht durch den Strom I_s nach der Beziehung

$$H = \Lambda\,w\,I_s \qquad (35)$$

wenn w wieder die Windungszahl und Λ den magnetischen Widerstand des Flußweges kennzeichnet.

Der Strom I_s, der im ersten Augenblick nach dem Einschalten fließt, wird also eine Induktion aufbauen, die der bestehenden negativen

14

Sättigung entgegengesetzt gerichtet ist. Die vorhandene Induktion wird demnach zuerst abgebaut, und dann entsteht eine neue positiv gerichtete Induktion, bis in Punkt 2 der Magnetisierungslinie die Sättigung erreicht ist. Beim Ummagnetisieren von Punkt 1 nach 2 entsteht also ein sehr hohes $d\Phi/dt$, das dem Strom eine hohe Spannung entgegensetzt; er wird also sehr klein sein. Ist die Drossel gesättigt, so wird $d\Phi/dt = 0$, sie kann also dem Strom keine Gegenspannung mehr bieten. Er wird

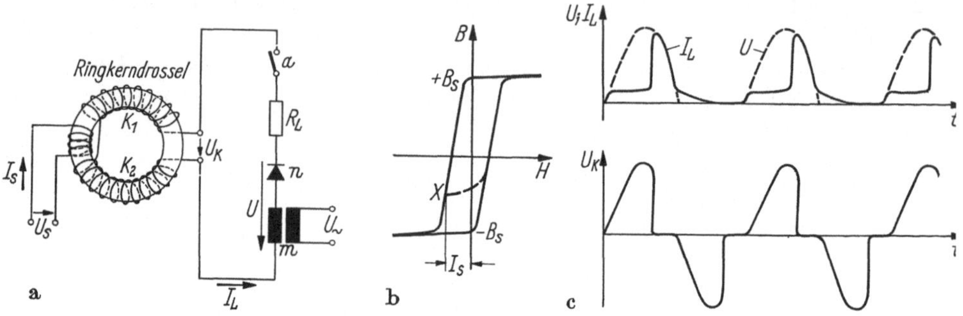

Abb. 161. Drossel im Wechselstromkreis
a) Schaltbild;   b) Magnetisierungsschleife;   c) Spannungsverlauf

wegen des fast rechtwinkligen Verlaufes der Magnetisierungskennlinie sprunghaft auf den Wert U_s/R_s ansteigen, d. h., die ganze Spannung U_s liegt jetzt am Widerstand R_s.

Wir geben nun unserer Ringkerndrossel neben dieser Gleichstromwicklung, die wir als Steuerwicklung bezeichnen wollen, noch eine zweite Wicklung (Arbeitswicklung), durch die gemäß Abb. 161a ein Wechselstrom fließen kann. Er kommt aus einem Transformator m, dessen Sekundärspule in Reihe mit der Arbeitswicklung des Ringkernes, dem Lastwiderstand R_L und einem zusätzlichen Gleichrichter n liegt. Er schneidet also die negativen Halbwellen des Wechselstromes ab, der so groß gewählt sei, daß in einer Halbwelle die Ringkernspule gerade ummagnetisiert werden kann. Durch die Steuerwicklung ist es möglich, den Ausgangspunkt X der Kerninduktion auf einen zwischen $-B_s$ und $+B_s$ frei wählbaren Wert einzustellen (Abb. 161b).

Schließen wir jetzt den Stromkreis durch den Schalter a, so bekommen wir für den Strom I_L nicht wie vorher nur einen einmaligen Vorgang, sondern einen periodischen Verlauf nach Abb. 161c. Auch hier steigt jedesmal der Strom sprunghaft an, wenn die Drossel ummagnetisiert ist, und zwar auf einen Wert, der der gerade vorliegenden Wechselspannung entspricht, mit der er also wieder fällt und am Ende der Halbwelle den Wert Null erreicht. Aus der Halbwelle wird ein mehr oder weniger großes Stück herausgeschnitten. Der Mittelwert dieses Stromes ändert sich also mit dem Verschieben der Anfangsmagnetisierung durch den Strom in der Steuerwicklung. Bei einem Magnetmaterial, das eine sehr steile Magnetisierungskurve ergibt, genügen wenige Amperewindungen (etwa 0,1 A/cm) zur Verschiebung von negativer bis zur positiven Sättigung. Wir können also mit kleiner Steuerleistung eine große Ausgangsleistung beeinflussen und haben daher einen Verstärker vor uns.

In der Praxis stören bei dieser Schaltung der Halbwellenstrom und die vom Lastkreis in den Steuerstromkreis induzierten Spannungen. Man

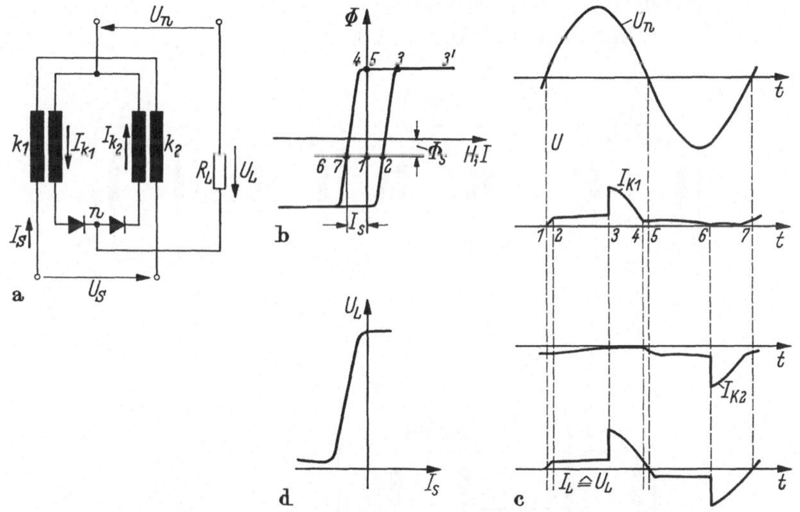

Abb. 162. Arbeitsprinzip des Magnetverstärkers (Transduktor)
a) Schaltbild;   b) Magnetisierungsschleife;   c) Spannungsverlauf;   d) Verstärkerkennlinie
U_L Spannung an der Last; U_S Steuerspannung; I_s Steuerstrom; U_n Netzspannung

verwendet deshalb immer mindestens 2 Drosseln, deren Lastwicklungen parallelgeschaltet sind, während die Steuerwicklungen in Reihe liegen (Abb. 162a). Die vom Lastkreis induzierten Spannungen heben sich dann fast völlig auf.

Die Wirkungsweise ist nach den bisherigen Überlegungen leicht zu verstehen. Durch einen Steuerstrom I_s wird der Arbeitspunkt z. B. auf Punkt 7 in der Magnetisierungskurve festgelegt (Abb. 162b). Während der ersten Halbwelle wird die Drossel k_1 über Punkt 1 und Punkt 2 nach Punkt 3 ummagnetisiert. Im Punkt 3 steigt der Drosselstrom auf den der Spannung entsprechenden Wert 3'. Der Strom folgt dann der Sinuslinie der Netzspannung bis zum Punkt 4, wo die linke obere Ecke der Magnetisierungskurve erreicht ist. Die Rückmagnetisierung der Drossel k_1 ist im Punkt 6 beendet.

Indessen beginnt im Punkt 5 die Ummagnetisierung der Drossel k_2, die auch zum Zeitpunkt 6 beendet ist. Der Laststrom folgt in der zweiten Halbwelle dem Strom der Drossel k_2. Der gesamte Laststrom zeigt sich als teilausgesteuerter Wechselstrom (Abb. 162 c).

Der Mittelwert des Laststromes oder der Lastspannung über dem Steuerstrom aufgetragen, ergibt die Kennlinie des Verstärkers (Abbildung 162 d).

Man bezeichnet eine Einphasen-Selbstsättigungsschaltung mit Wechselstromausgang auch als Antiparallel- oder Doublerschaltung (Abbildung 162 a).

Schaltungen für Gleichstromausgang sind in Abb. 163 zusammengestellt. Die Einphasenschaltung mit Gleichstromausgang (Abb. 163 a)

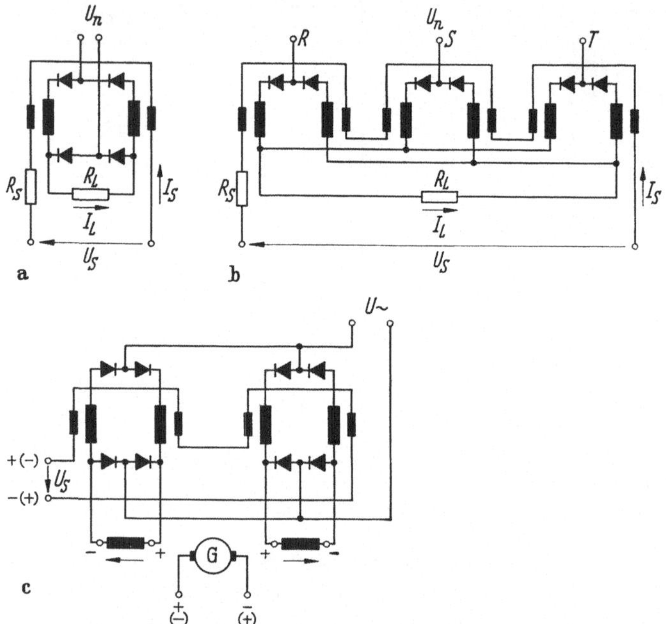

Abb. 163. Verstärkerschaltungen für Gleichstromausgang
a) Einphasen-Brückenschaltung;   b) Drehstrom-Brückenschaltung;   c) Gegentaktschaltung

besteht aus 2 Drosseln und 4 Gleichrichtern in den vier Zweigen. Die Drehstromschaltung mit Gleichstromausgang ist eine Dreiphasenbrückenschaltung. Sie hat gegenüber der Einphasenschaltung den Vorteil der wesentlich geringeren Welligkeit, jedoch ist der Aufwand für Leistungen unter 1 kW verhältnismäßig groß, deshalb werden dafür meistens Einphasenbrückenschaltungen verwendet. Für Sonderaufgaben, wo man kontaktlos die Ausgangsspannung umpolen will, kann man eine Gegentaktschaltung nach Abb. 163 c verwenden.

Allen diesen Schaltungen ist gemeinsam, daß für die Einstellung des Arbeitspunktes nur die Summe der Durchflutungen (Amperewindungen), die alle Steuerwicklungen erzielen, maßgebend ist. Die zum Verschieben der Ausgangsinduktion notwendige Feldstärke kann also ebensogut durch einen starken Strom mit wenigen Windungen, wie auch durch einen schwachen Strom mit entsprechend mehr Windungen erzeugt werden. Sie kann auch, und das ist sehr wichtig, als Summe oder Differenz von Strömen in zwei oder mehreren Steuerwicklungen entstehen. Davon macht man immer dann Gebrauch, wenn mehrere galvanisch getrennte Einflüsse auf den Verstärker wirken sollen.

Bezüglich des dynamischen Verhaltens muß man berücksichtigen, daß jede Änderung eines magnetischen Flusses bekanntlich eine gewisse Zeit erfordert. Die dadurch bedingte Verzögerung setzt sich aus einem von der Flußänderung bedingten veränderlichen Anteil und einem festen Anteil wegen der Halbperioden zusammen. Für die Definition der Gütezahl führt man deswegen noch die Frequenz ein. Wir wollen deshalb beim Magnetverstärker die Güteziffer G_m bezeichnen und setzen

$$G_m = \frac{V}{T f} \tag{36}$$

wobei T wieder die Anlaufzeit und f die Frequenz des verwendeten Wechselstromes ist. Die Güte des Verstärkers hat auch hier für ein bestimmtes Baumuster einen konstanten Wert. Das bedeutet, daß die Verstärkung bei gleicher Anlaufzeit wächst, wenn man die Frequenz erhöht. Dies ist leicht einzusehen, da ja die Leistung der Drossel ebenso wie die des Transformators bei gleichem Typ etwa proportional der Frequenz zunimmt. Die Ausgangsleistung wird größer, während sich die Steuerleistung nicht ändert, da der Fluß derselbe ist. Andererseits kann hiermit bei gleicher Verstärkung die Anlaufzeit umgekehrt proportional der Frequenz abgesetzt werden.

Genügt bei der geforderten Anlaufzeit die Verstärkung einer Stufe nicht mehr, so schaltet man 2 oder mehr Verstärker hintereinander. Es gilt dann mit guter Annäherung, daß die Gesamtverstärkung gleich dem Produkt der Einzelverstärkungen ist, während die Anlaufzeit der ganzen Anordnung nur gleich der Summe der einzelnen Zeiten wird.

Aufbau der Magnetverstärker. Die besten Eigenschaften hat der stoßfugenfrei, aus endlosem Eisenband spiralig aufgewickelte Ringbandkern. Man kann dafür Eisenmaterial (Texturbleche) mit der gewünschten rechteckigen Magnetisierungskennlinie verwenden. Solche Ringbandkerne sind für hochwertige Magnetverstärker viel im Gebrauch. Diesem Vorteil stehen aber gewisse Schwierigkeiten bei der Herstellung der Wicklungen gegenüber. Für kleine Drahtquerschnitte kann man zwar Ringwickelmaschinen verwenden, muß aber dann die Papierzwischenlagen von Hand durchfädeln. Starke Drahtquerschnitte verlangen eine Handwicklung. Man hatte deshalb den Wunsch, rechteckige Schichtkerne zu verwenden, um die dann viel vorteilhaftere normale Wickeltechnik anwenden zu können. Heute verwendet man bei großen Leistungen für Endstufen Drosselkerne aus kaltgewalzten Siliziumblechen im Diagonalschnitt und erreicht annähernd den gleichen Kennlinienverlauf wie bei Bandringkernen. Einige fertige Transduktordrosseln sind in Abb. 164 dargestellt [66].

Mit den Drosseln müssen in den Selbstsättigungsschaltungen Gleichrichterventile zusammenarbeiten. Sie sollen dem Strom in Durchlaß-

Abb. 164. Ausführungsbeispiele von Transduktordrosseln (Bauart Siemens)

richtung möglichst keinen Widerstand entgegensetzen, in der Sperrrichtung aber das Fließen des Stromes verhindern. Diese Forderungen werden vom Trockengleichrichter am besten erfüllt. Es ist deshalb nicht verwunderlich, daß die rasche Entwicklung der Transduktoren mit den Fortschritten auf dem Gebiet der Trockengleichrichter eng verbunden ist.

E. Kontaktlose Baugruppenelemente

Durch die Halbleiterbauelemente ist die Entwicklung der kontaktlosen Signalverarbeitung sehr gefördert worden. Es ging dabei nicht nur um den Ersatz der störanfälligen Verschleißteile, sondern in viel stärkerem Maße darum, bei der Signalverarbeitung die digitale Schaltungstechnik auch dort einzusetzen, wo elektromechanische Schaltgeräte viel zu träge sind, um den geforderten hohen Schaltgeschwindigkeiten gerecht zu werden. Als Beispiel möge die Einführung der Zähltechnik dienen, bei der die Forderung bestand, die Zählimpulse mit einer Schaltfrequenz von 10 kHz und mehr zu verarbeiten. Noch extremere Anforderungen stellt z. B. ein digitaler Rechner.

Als Bauelemente für solche kontaktlose Schaltungen verwendet man aber nicht nur Halbleiter. Magnetverstärker arbeiten ebenso kontaktlos, sind für einen hohen Leistungsdurchsatz oft billiger und können eingesetzt werden, wenn die geringe Arbeitsfrequenz bei deren Anwendung nicht stört (häufig bei Leistungsstufen). Grundsätzlich können für kontaktlose Schaltungen auch Röhren verwendet werden. Sie arbeiten zwar kontaktlos, aber nicht ganz verschleißfrei, weil ihre Glühkathode nur eine beschränkte Lebensdauer hat. Das gleiche gilt auch für die Kaltkathodenröhren. Allgemein wird man alle Möglichkeiten der kapazitiven, induktiven, optischen und anderer physikalischer Beeinflussung zur kontaktlosen Schaltung heranziehen (Kommandogeber).

Es bestand deshalb der Wunsch, für die verschiedenen Arten der Signalverarbeitung die geeignetsten Schaltungen zu entwerfen. Dabei schien es zweckmäßig, fertige Funktionsbausteine zu entwickeln, die in großen Stückzahlen wirtschaftlich gefertigt werden können. Sie erleichtern darüber hinaus die Projektierung, Prüfung, Inbetriebnahme und Wartung der Anlagen. Beispiele für solche Funktionsbausteine zeigen die Abb. 165, 166 und 167 [*67, 68, 69*].

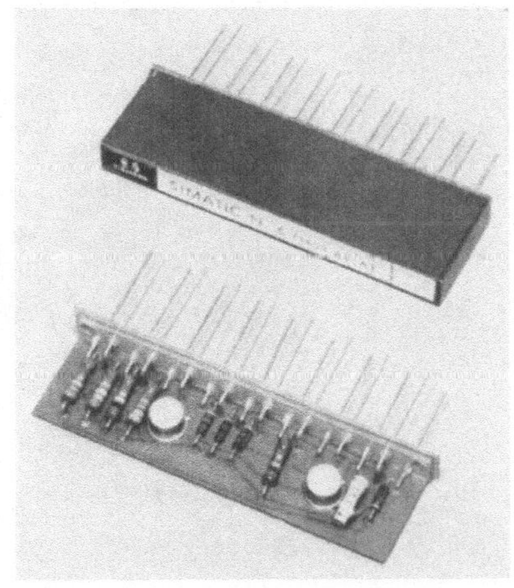

Abb. 165. Bauteile für logische Schaltungen (Bauart Siemens)

Bei der Vielzahl der bereits vorhandenen Bausteinsysteme für kontaktlose Informationsverarbeitung fällt zunächst ihre außerordentliche große Unterschiedlichkeit ins Auge. Die Bausteine unterscheiden sich z. B. in ihrer Baugröße. Es gibt Bausteine, bei denen die Bauelemente einzeln auf gedruckte Schaltungen aufgebracht sind, andere Hersteller wieder schützen die Bauelemente vor äußeren Einflüssen durch Lackieren, Vergießen o. ä.

Trotz dieser Vielfalt der Technik für den Aufbau von Funktionsbausteinen ist bemerkenswert, daß die Grundfunktionen im wesentlichen immer dieselben sind, weil man bei den Bau

Abb. 166. Bausteine Logistat (Bauart AEG)

steinen im Rahmen der Signalverarbeitung auf logische Verknüpfungen aufbaute und daraus die vielen anderen Aufgaben für funktionelle Verknüpfungen, Speicher- und Zählaufgaben ableitete. Bei der Verwendung des Transistors als Bauelement fiel die Verstärkung im be-

sonderen und die Signalumformung von selbst an. Schwieriger war
es, mit kontaktlosen Elementen Aufgaben der Signalverteilung zu lösen.

Abb. 167. Funktionsbausteine (Bauart BBC)

1. Logische Verknüpfungen

Während es bei der Relaistechnik darauf ankommt, ob ein Signalkreis unterbrochen oder geschlossen wird, kommt es beim kontaktlosen
Bauteil darauf an, ob sein Eingang oder Ausgang Potential führt oder
nicht. Man kann nun dieses Steuerpotential einfach
als „Signal" bezeichnen und sagt, dieser Eingang
oder jener Ausgang führt „Signal" oder „Nicht-Signal"
und hat den Wert „1" oder „0".

Die Bildung eines Signalpotentials entsteht z. B.
nach Abb. 168 durch zwei in Reihe geschaltete Widerstände r_1 und r_2. In der Digitaltechnik ändert man
den Widerstand r_1 von etwa Null auf einen gegenüber r_2 sehr großen Widerstand ($r_1 \gg r_2$). Dann liegt
zwischen Ausgang a und M nahezu das Potential

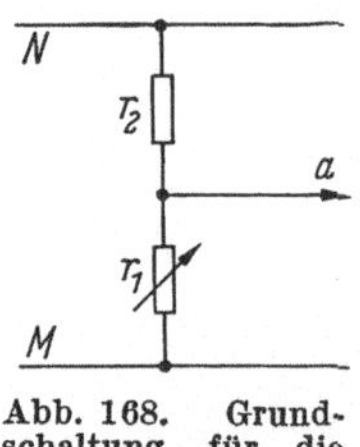

Abb. 168. Grund-
schaltung für die
kontaktlose Signal-
bildung

$N - M$ als Signalspannung an. Sie ist Null, wenn r_1 praktisch Null
ist. r_1 kann auch durch einen Schalter dargestellt sein, der beim Öffnen
einen großen Widerstand im Stromkreis schafft, umgekehrt beim Schließen einen Widerstand nahe Null einhält.

Die logischen Verknüpfungen dieser Signalpotentiale führt man
meistens mit Halbleiterbauelementen durch. Sie werden gelegentlich als
„Gatter" bezeichnet und heißen dann je nach ihrer Verknüpfungs-
aufgabe „Und-Gatter", „Oder-Gatter" oder „Umkehr-Gatter".

Für die „Und-Funktion" dient das in Abb. 169a dargestellte Schaltsymbol. Es bekommt also mehrere Eingangssignale, die durch die „Und"-Bedingung nach der Tabelle in Abb. 169b miteinander verknüpft sein sollen. Das ist also dieselbe Aufgabe wie bei einer Relaisschaltung mit in Reihe geschalteten Befehlskontakten (Abb. 169c). Ein Schaltungsbeispiel mit kontaktlosen Bauelementen zeigt Abb. 169d.

Diese „Und"-Verknüpfung wird auch als Konjunktion bezeichnet. In der logischen Algebra hat man dieser Funktion das Multiplikationszeichen gegeben und setzt

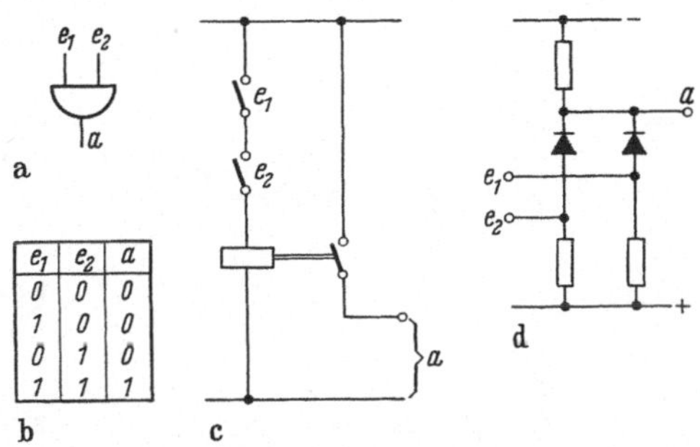

Abb. 169. Die „Und"-Verknüpfung
a) Schaltungssymbol; b) Funktionstafel; c) Schaltung mit Relaiskontakten; d) kontaktlose Schaltung

$$F_a = e_1 \; \& \; e_2 \equiv e_1 \cdot e_2 \tag{37}$$

(gesprochen: F von a gleich e_1 und e_2).

Die Konjunktion ist also eine logische Multiplikation.

Bei der „Oder"-Funktion (Disjunktion oder logische Addition genannt) sollen voneinander unabhängige Voraussetzungen zu einem Er

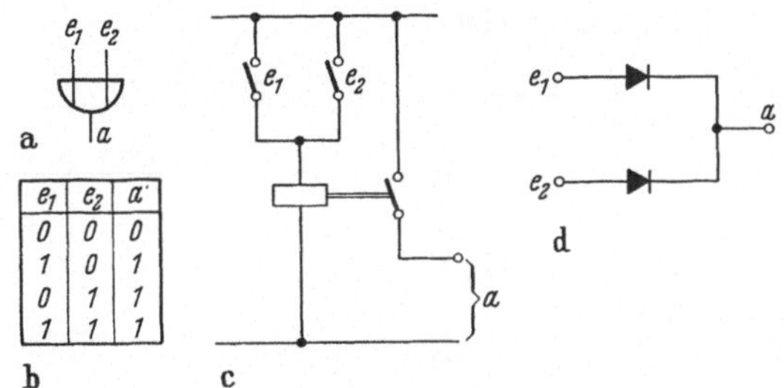

Abb. 170. Die „Oder"-Verknüpfung
a) Schaltungssymbol; b) Funktionstafel; c) Schaltung mit Relaiskontakten; d) kontaktlose Schaltung

gebnis führen. Abb. 170 zeigt die Verhältnisse bei der „Oder"-Verknüpfung. Man erhält den schaltungsalgebraischen Ausdruck

$$F_a = e_1 \vee e_2 \equiv e_1 + e_2 \tag{38}$$

(gesprochen: F von a gleich e_1 oder e_2).

Das „Oder"-Gatter muß also für dieselben Verknüpfungen geeignet sein, die sich in der Relaistechnik bei der Parallelschaltung von Kontakten ergeben.

Eine wichtige Funktion, die „Umkehr"-Funktion, ist in Abb 171 gezeigt. Liegt an der Basis des Transistors „1" Signal, fließt ein großer Kollektorstrom. Wegen des Spannungsabfalles im Kollektorwiderstand bekommt Punkt a ungefähr $+$ Potential. Das Ausgangssignal a ist „0". Die algebraische Schreibweise lautet

$$F_a = \bar{e} \tag{39}$$

(gesprochen: F von a gleich e nicht).

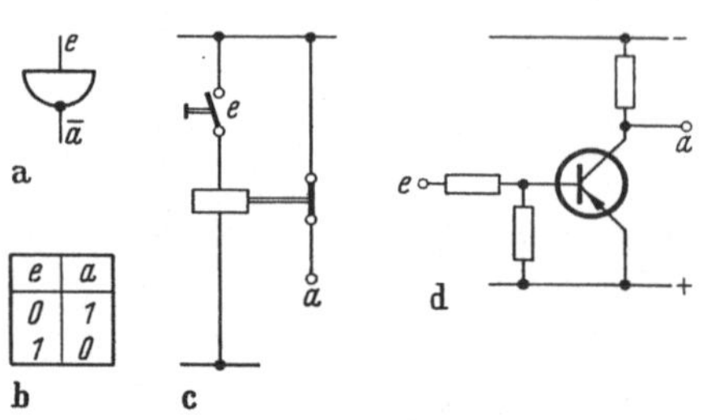

Abb. 171. Signalumkehr
a) Schaltungssymbol; b) Funktionstafel; c) Schaltung mit Relaiskontakten; d) kontaktlose Schaltung

Die Gatter werden räumlich z. B. in einer der in Abb. 165—167 eingangs gezeigten Form zusammengebaut. Sie sind auf einer Grundplatte aufgebaut, die auf der einen Seite die Bauelemente, auf einer oder beiden Seiten die gedruckte Schaltung enthält.

Es gibt auch eine Schaltkreistechnik, bei der die Aufgabe nicht aus der Kombination der 3 Grundfunktionen — Und-Oder-Nicht —, sondern nur mit einem einzigen sogenannten „NOR"-Gatter gelöst wird. NOR

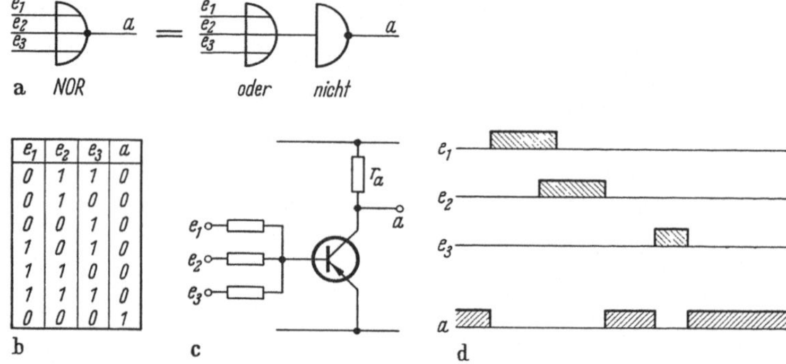

Abb. 172. „NOR"-Verknüpfung
a) Schaltungssymbol; b) Funktionstafel; c) kontaktlose Schaltung; d) Funktionsdiagramm

entstand aus den englischen „not-and-or" (nicht-und-oder) und kennzeichnet die Arbeitsweise dieses in Abb. 172 dargestellten Gatters, das man sich aus der Reihenschaltung von 2 Gattern für Oder und Nicht zusammengesetzt denken muß (Abb. 172a). Den Zeitfunktionsplan zeigt Abb. 172d. Die Schreibweise in der logischen Algebra lautet

$$\bar{F}_a = e_1 \vee e_2 \vee e_3 \equiv e_1 + e_2 + e_3 \tag{40}$$

(gesprochen: F von a nicht, gleich e_1 oder e_2 oder e_3).

Leichter deutbar kann das geschrieben werden

$$F_a = \bar{e}_1 \cdot \bar{e}_2 \cdot \bar{e}_3 \tag{41}$$

Dies ist physikalisch so zu verstehen, daß bei Gl. (40) der Ausgang kein Signal hat, wenn einer der Eingänge Signal gibt. Dasselbe Ergebnis bekommt man nach Gl. (41), weil kein Ausgangssignal entsteht, wenn von einem der Eingänge Signal kommt.

Verwirklicht wird die „NOR"-Funktion durch die in Abb. 172c gezeigte Darstellung. Liegt an den Klemmen e_{1-3} kein Signal, so hat der Ausgang „Signal".

Braucht man für bestimmte Schaltungsaufgaben eine „Und"-Verknüpfung, so muß man diese in der NOR-Technik durch die Kombination von 3 NOR-Elementen nach Abb. 173 herstellen. Bekommt e_1 allein Signal, so hat N_1 am Ausgang kein Signal, also $\bar{a}_1$. Dafür liegt aber am Ausgang von N_2 Signal, weil $\bar{e}_2$ ansteht. Deswegen hat nun N_3 kein Signal ($\bar{a}_3$). Die „Und"-Bedingung ist erst erfüllt, wenn auch am Ausgang von N_2 kein Signal ($\bar{a}_2$) liegt. N_3 hat am Ausgang jetzt Signal, weil beide Eingänge von N_3 kein Signal haben.

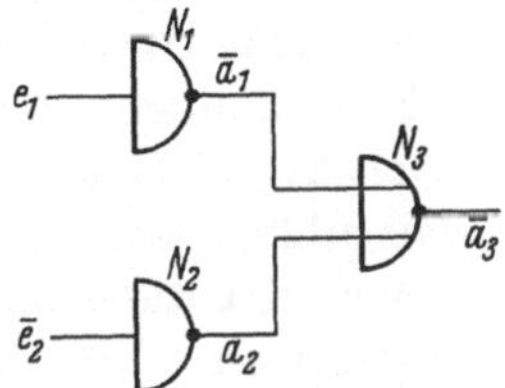
Abb. 173
„Und"-Verknüpfung mit „NOR"-Gattern (NOR-Gatter mit einem Eingang entspricht Umkehrgatter)

Für eine reine „Oder"-Bedingung muß man 2 NOR-Elemente nach Abb. 174 in Reihe schalten. Die Wirkung ist leicht zu übersehen. Falls

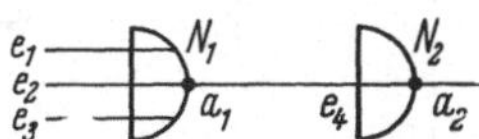
Abb. 174. „Oder"-Verknüpfung mit „NOR"-Gattern

einer der Eingänge e_{1-3} Signal bekommt, liegt am Ausgang von N_1 kein Signal. Deswegen hat dann der Ausgang von N_2 wieder Signal.

Die NOR-Technik hat den Vorteil, daß man für die logischen Verknüpfungen nur ein einziges Bauelement braucht. Gegenüber der Schaltkreistechnik mit getrennten „Und"-,„Oder"-,„Nicht"-Gattern ist der bauliche Aufwand größer, weil man beispielsweise für eine „Und"-Bedingung das eine Mal nur 1 Gatter, das andere Mal 3 Gatter braucht. In vielen Fällen kommen aber die erläuterten „Und"- bzw. „Oder"-Bedingungen nicht völlig isoliert in einer Schaltung vor. Die zusätzlichen (bzw. das zusätzliche) NOR-Bauteile lassen sich meistens für eine weitere Signalverarbeitung mit ausnutzen. Dieser Umstand ist für die NOR-Technik sehr von Nutzen. Deshalb wird diese auch in Systemen angewendet, die von Haus aus kein NOR-System sind.

Das Zusammenschalten der einzelnen Gatter innerhalb der Signalverarbeitung ist weitgehend freizügig. In welchem Umfang der Anschluß weiterer Bauteile an einem Ausgang möglich ist, hängt von den eingebauten Elementen ab. Die zulässige Zahl der sogenannten Belastungen wird von den Herstellern der Steuerungssysteme angegeben. Ist die Anzahl der zu steuernden Eingänge größer als die zulässige, so müssen z. B. zusätzliche „Nicht"-Leistungsstufen verwendet werden, dabei ist die dadurch bedingte Signalumkehr zu berücksichtigen. Am letzten Ausgang der Signalverarbeitung benötigt man meistens noch eine Leistungsstufe, deren Ausgang der Last angepaßt ist.

2. Kontaktlose Änderung des Signals

Bei der kontaktlosen Signalverarbeitung spielen die Möglichkeiten der Signalwandler, die im Abschnitt für Relaisschaltung behandelt wurden, eine noch größere Rolle als in der Relaistechnik. Das hängt damit zusammen, daß gelegentlich schon bei Eingangsimpulsen von äußerst kurzer Dauer, diese in Signale von einer Impulsdauer, wie sie bei Relais üblich ist, umgewandelt werden müssen. Sonst könnte es vorkommen, daß die beim Schließen eines Kontaktes auftretenden Kontaktprellungen als echte Impulse weiterverarbeitet werden und damit zu einer völlig falschen Signalverarbeitung führen würden. Diese Gesichtspunkte hängen mit den Möglichkeiten der ganz schnellen Impulsfolgen zusammen, die mit kontaktlosen Bauteilen ohne weiteres verarbeitet werden können. So hat die kontaktlose Zähltechnik völlig neue Schaltungsmöglichkeiten geschaffen, die für viele technische Anwendungen ausgenützt werden.

Als Grundelemente für diese Aufgaben der Signalumformung kommen mono- oder bistabile Kippstufen in Frage, die hauptsächlich auf Transistorbasis aufgebaut und von Haus aus Zeitglieder sind.

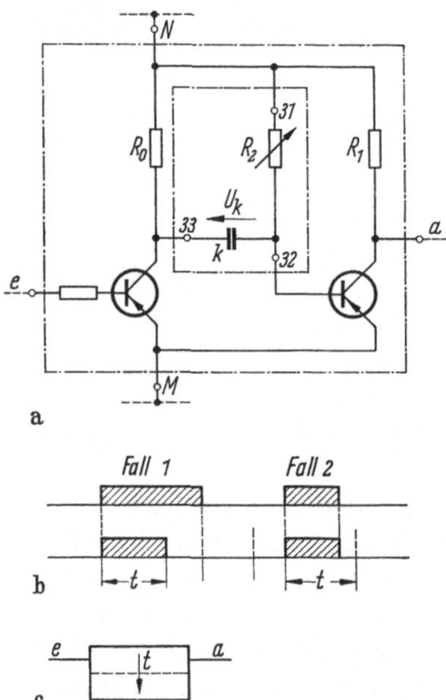

Abb. 175. Monostabile Kippstufe
a) Schaltbild;   b) Zeit-Funktionsplan;   c) Schaltsymbol

a) Monostabile Kippstufen

Diese sind überall dort erforderlich, wo Zeitbedingungen einzuhalten sind. Die Kippstufe ist in Abb. 175 dargestellt. Ein Signal „1" am Eingang e wird gemäß Fall 1 auf die definierte Dauer t begrenzt. Diese Zeitdauer wird im allgemeinen durch von außen anzuschaltende Kondensatoren und Widerstände festgelegt (RC-Zeitglieder). Kürzere Signale (Fall 2) werden nicht verlängert.

In vielen Fällen ist es jedoch wünschenswert, nicht nur ein Signal langer Dauer auf eine definierte Zeit t zu begrenzen, sondern auch in ihrer Dauer kürzere Signale auf die Zeit t zu verlängern. Dies ist mit einer Gegenkopplung des Ausgangssignals auf einen weiteren („Oder"-) Eingang der Kippstufe möglich (Abb. 176a). Auch ganz kurze Impulse können auf diese Weise erfaßt und gedehnt werden.

Oftmals wird wie bei einem Zeitrelais ein um eine bestimmte Zeit t verzögertes Signal benötigt. Diese Funktion kann man wieder mit einem Zeitkipper darstellen, diesmal ergänzt durch zwei NOR-Stufen (Abb. 176b). Es soll nämlich Signal a_3 „1" werden, wenn die Zeit t abgelaufen ($a_1 = $ „0") und das Eingangssignal e noch „1" ist, also

$$a_3 = e \cdot \bar{a}_1 \qquad (42)$$

Dies ist mit der NOR-Stufe, die am Eingang mit a_1 und dem Komplement (der Umkehrung) von e belegt ist, zu verwirklichen.

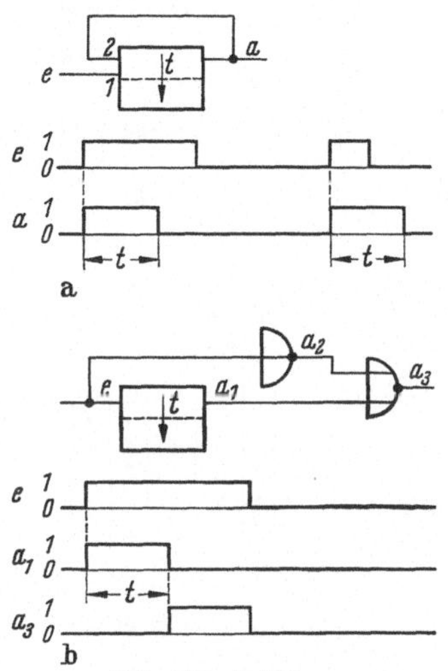

Abb. 176. Zeitkipper
a) mit Rückkopplung; b) mit Signalverzögerung

Ein Pulsgeber läßt sich durch Hintereinanderschalten von 2 Zeitkippern herstellen, deren Ausgangssignale jeweils komplementiert zum Eingang des anderen Zeitkippers gegeben werden (Abb. 177). Legt man an einen freien Eingang der NOR-Stufe ein Signal, so läßt sich damit die Pulsfolge sperren. Das zuletzt bestehende Ausgangssignal a bleibt dann über die Zeit t_1 bestehen, kommt aber nicht wieder.

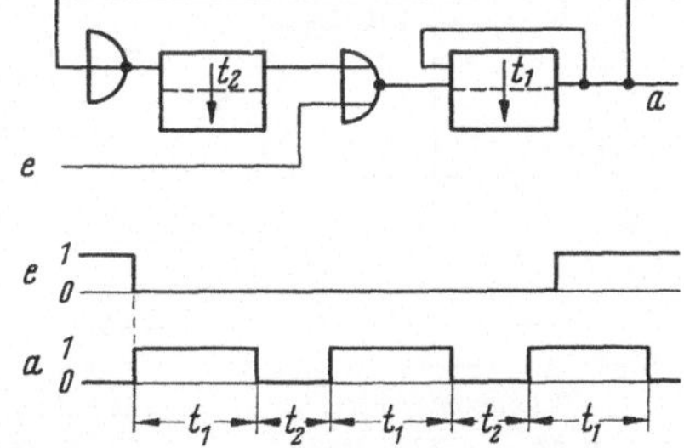

Abb. 177. Pulsgeber mit 2 Zeitgliedern
oben: Schaltsymbol; unten: Funktionsplan

b) Bistabile Kippstufen

Bistabile Kippstufen mit statischer Ansteuerung entstehen durch Zusammenschalten von 2 NOR-Stufen, wie in Abb. 178 dargestellt. Man erhält eine Stufe mit 2 stabilen Lagen, auch „Speicher" oder „Gedächtnis" genannt. Wird z. B. die „Aus"-Taste betätigt, so liegt am Ausgang a_1 „0" und am Ausgang a_0 „1" (Schritt 1). Dieser Zustand bleibt auch nach Öffnen der „Aus"-Taste erhalten (Schritt 2). Durch Betätigen der „Ein"-Taste kehrt sich der Signalzustand an den Ausgängen um

(Schritt 3) und bleibt nach Öffnen der „Ein"-Taste so lange erhalten (Schritt 4), bis die „Aus"-Taste wieder betätigt wird (Schritt 5). Es wird also jeweils das zuletzt gegebene Signal „1" — „Aus" oder „Ein" —

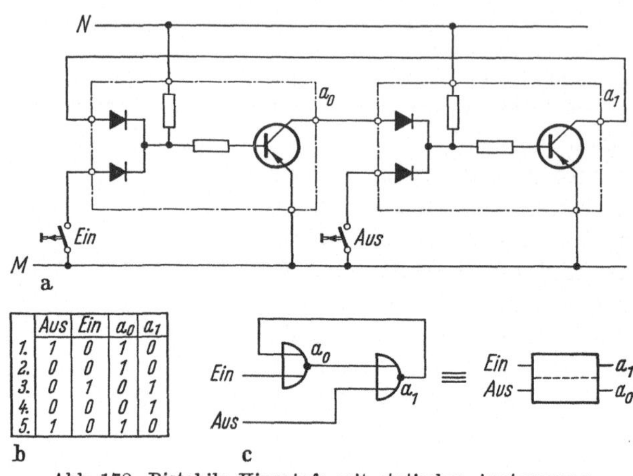

Abb. 178. Bistabile Kippstufe mit statischer Ansteuerung
a) Schaltbild; b) Funktionstabelle; c) Schaltsymbol

gespeichert. Entsprechend den Schritten 2 und 4 in der Abb. 178 bleibt der Signalzustand über die innere Verdrahtung (Rückkopplung) auch ohne äußeres Signal erhalten. Wir haben also einen Speicher vor uns. Er ist aber im Gegensatz zu einem Kernspeicher vom Vorhandensein einer Betriebsspannung abhängig. Wenn sie ausfällt (auch nur kurzzeitig), kann der Speicherinhalt verlorengehen.

Ein Kennzeichen der bisher behandelten Bauteile war die Ansteuerung durch *statische* Signale. Diese Stufen sprechen jeweils bei Erreichen einer bestimmten Amplitude des Eingangssignals an; die Steilheit der Signalflanke ist dabei ohne Belang.

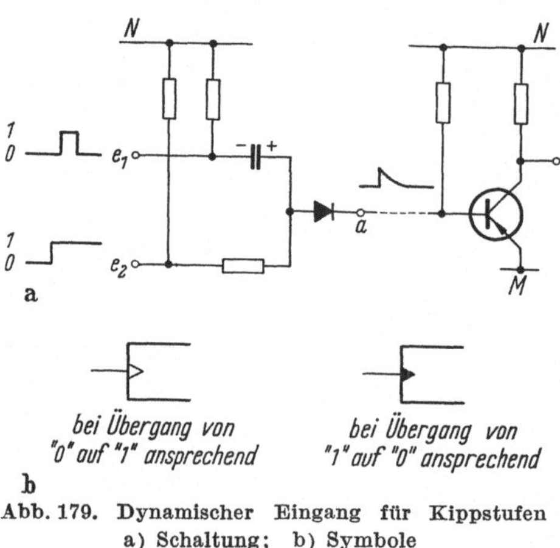

Abb. 179. Dynamischer Eingang für Kippstufen
a) Schaltung; b) Symbole

Bei *dynamischen* Eingängen ist jedoch die Flanke des Signals wirksam; das Ansprechen erfolgt je nach Schaltungsauslegung bei ansteigendem oder abfallendem Signal bei ausreichender Flankensteilheit. Abb. 179 zeigt den Prinzipaufbau eines dynamischen Gatters, das ein

Ansprechsignal bei Signalübergang „0" auf „1" gibt. Wenn am Eingang e_2 1-Signal steht, der Eingang e_1 aber 0-Signal erhält, so kann sich der Kondensator aufladen. Die Polarität der Aufladung ist in Abb. 179a eingezeichnet.

Unser dynamisches Gatter wurde also an dem Eingang e_2 vorbereitet. Wächst nun am Eingang e_1 das von uns angenommene, noch anstehende 0-Signal mit einer Mindestflankensteilheit auf 1-Signal, so erhält der Transistor einer nachgeschalteten aktiven Schaltstufe an seiner Basis einen positiven Schaltimpuls (entspricht kurzzeitigem 1-Signal). War das Gatter nicht vorbereitet, d. h., am Eingang e_2 lag nicht 1-Signal, so

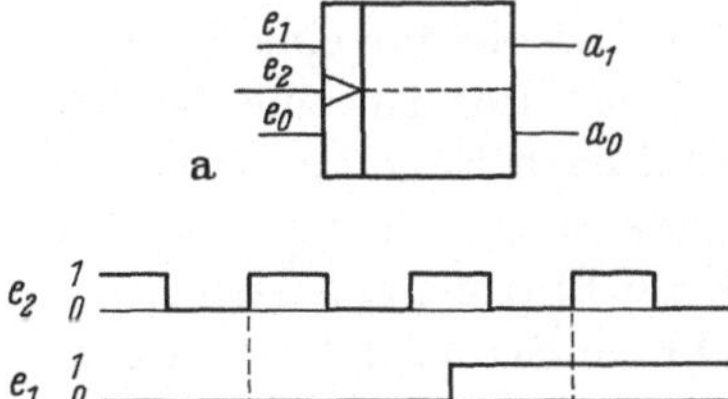

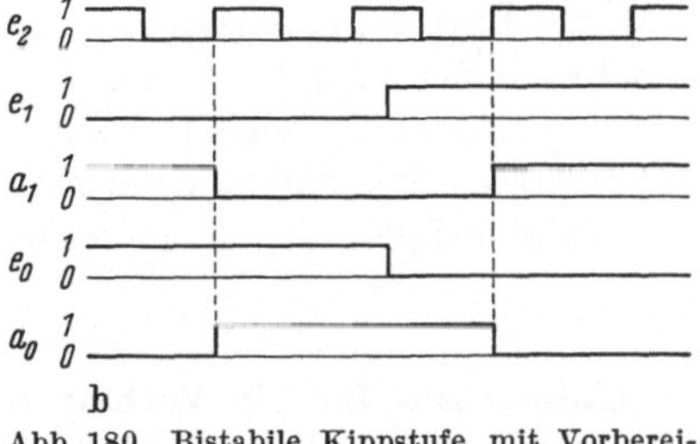

Abb. 180. Bistabile Kippstufe mit Vorbereitungseingängen und gemeinsamer Auslösung
a) Schaltungssymbol; b) Zeitfunktionsplan

konnte sich der Kondensator im Gatter nicht aufladen — es lag auf beiden Anschlüssen des Kondensators 0-Signal. Der Wechsel von 0- auf 1-Signal beim Eingang e_1 kann dann den obengenannten Vorgang auch nicht auslösen. Bezüglich dieses Einganges e_1 legen wir noch Schaltzeichen nach Abb. 179b fest. Wir unterscheiden dabei mit

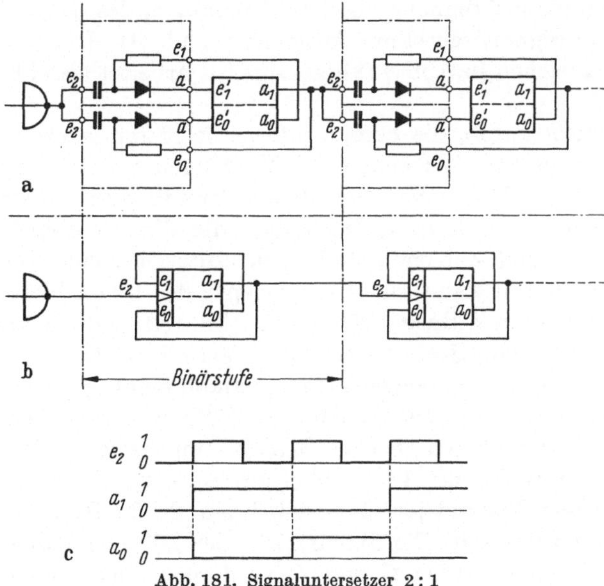

Abb. 181. Signaluntersetzer 2 : 1
a) Schaltbild;   b) Schaltungssymbol;   c) Zeitfunktionsplan

der nicht ausgefüllten bzw. ausgefüllten Spitze, ob die geschilderte Schaltwirkung der nachgeschalteten Stufe mit steigender bzw. fallender Flanke erfolgt.

Ein Beispiel für eine Signalfolge mit 2 Vorbereitungseingängen zeigt Abb. 180. Hier ist eine bistabile Kippstufe mit einem gemeinsamen dynamischen Eingang e_2 und je einem Vorbereitungseingang e_1 bzw. e_0 für jede Seite versehen (sogenanntes Dynamisches-Und-Gatter). Liegt z. B. am Eingang e_0 Signal „1", so erscheint am Ausgang a_0 Signal „1", sobald ein Signal „0" am Eingang e_2 in Signal „1" wechselt. Die Prinzipschaltung einer solchen dynamischen Stufe zeigt Abb. 181 linker Teil, die aus den Schaltungen nach Abb. 178 und 179 entstanden ist und deshalb keiner Erläuterung mehr bedarf.

c) Untersetzer

Untersetzer für ein Verhältnis 2:1 ergeben sich aus der Kombination einer bekannten bistabilen Kippstufe mit 2 dynamischen Und-Gattern, wie Abb. 181 zeigt. Man erkennt die 2 dynamischen Gatter vor den Eingängen e_0' und e_1' der bistabilen Kippstufen. Ihre Vorbereitungseingänge sind gekreuzt an die Ausgänge der bistabilen Kippstufe gelegt. Damit wird stets das dynamische Gatter vorbereitet, welches durch Signalwechsel von 0 nach 1 am Eingang e_2 des dynamischen Gatters die bistabile Kippstufe in die jeweils andere Lage kippt. Betrachtet man jetzt z. B. den Ausgang a_1 der bistabilen Kippstufe, so wird man feststellen, daß für je 2 Signalwechsel am Eingang e_2 des dynamischen Gatters nur ein Signalwechsel am Ausgang a_1 auftritt. Die gesamte Stufe, deren Kurzzeichen in Abb. 178 b gezeigt ist, arbeitet also als ein Untersetzer 2 : 1.

Eine solche Stufe, die bereits intern die hierzu erforderlichen Verbindungen zwischen Ausgängen und Eingängen hat, wird im folgenden als „Binärstufe" bezeichnet. Sie ist der Grundbaustein für den Aufbau von Zählern. Da sich in vielen Fällen die digitale Regeltechnik auf Zählvorgänge und Zahlendarstellungen stützt, sei eine kurze Einführung in die digitale Zähltechnik am Beispiel des Dualzählers gegeben.

Verbindet man 4 Binärstufen nach Abb. 182 a miteinander, so werden die Signale von Stufe zu Stufe im Verhältnis 2:1 untersetzt. Die Ausgänge A, B, C und D zeigen eine Signalkombination entsprechend der Anzahl der Eingangsimpulse nach Abb. 182 b. Während der Ausgang A bei jedem 2. Impuls den gleichen Signalzustand zeigt, z. B. beim 1., 3., 5., 7. usw. Impuls ein „1", erfolgt am Ausgang B der Wechsel zum ursprünglichen Zustand jeweils erst bei dem 2., 6., 10. und 14. Impuls, d. h. nach 4 Impulsen. Ein Signal „1" oder „0" bleibt über 2 Schritte erhalten. Bei den Stufen C und D verdoppelt sich entsprechend der Untersetzung 2:1 zwischen den Stufen jeweils wieder die Zahl der erforderlichen Eingangsimpulse für einen Signalwechsel am Ausgang. Man sieht, daß erst nach dem 16. Schaltschritt wieder der ursprüngliche Zustand hergestellt ist. Jedem Schaltschritt, d. h. jeder Impulszahl bis 16 ist eine eigene Signalkombination $D\,C\,B\,A$ zugeordnet.

Belegt man jetzt noch die Stellen A, B, C und D mit den „Werten" oder „Gewichten" 2^0, 2^1, 2^2 und 2^3, so ergibt sich der jeweilige Dezi-

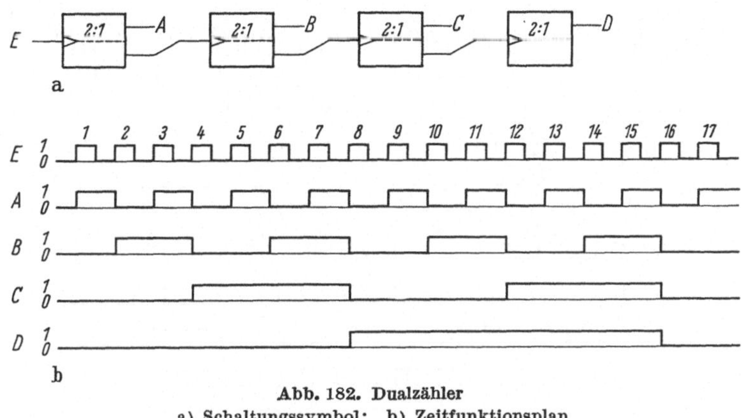

Abb. 182. Dualzähler
a) Schaltungssymbol: b) Zeitfunktionsplan

malwert aus der Quersumme der Stellenwerte, z. B. die Kombination nach dem 11. Impuls 1011 ergibt den Dezimalwert

$$8 + 0 + 2 + 1 = 11$$

Werden an dem Zähler die komplementären Ausgänge abgefragt — in der Tabelle bedeutet das ein Vertauschen von „0" und „1" —, so hat man einen rückwärts zählenden Zähler.

Ein Dualzähler in der gezeigten Art hat leider den Nachteil, daß die parallele Eingabe von dezimalen Zahlen — das Setzen des Zählers — und die Ausgabe, z. B. Anzeige der Ziffern, kompliziert ist. Es ist daher vielfach vorteilhaft, mit einer Einheit zu arbeiten, die nur von 0 bis 9 zählt und dann wieder auf 0 zurückschaltet. Mehrere solche Einheiten werden entsprechend der gewünschten dezimalen Stellenzahl hintereinandergeschaltet [70].

Für eine solche Einheit sind mindestens 4 Binärstufen erforderlich; mit 3 Binärstufen kann nur von 0 bis 7 gezählt werden. Da aber 4 Binärstufen insgesamt 16 Kombinationen ergeben, jedoch nur 10 benötigt werden, sind hieraus 6 Kombinationen zu unterdrücken. Wir haben früher gesehen, daß es ganze Reihen verschiedener dezimaler Codes gibt, die sich darin unterscheiden, welche 6 Kombinationen ausgeschieden werden (S. 111) [71].

Vorteilhaft ist der Aiken-Code, bei dem man die mittleren 6 Kombinationen entsprechend den Schritten 5 bis 10 beim Dualzähler herausschneidet (Abb. 71). Dieser Code wird in der digitalen Regelungstechnik mit Vorteil verwendet; er ist wie der Dualzähler komplementär und wägbar. Ordnet man nämlich den Stellen A, B und C wie im Dual-Code die Gewichte 1, 2 und 4 und der Stelle D das Gewicht 2 zu, so er-

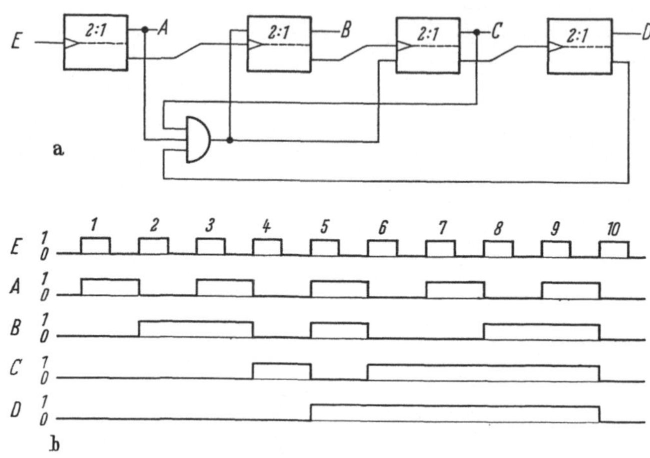

Abb. 183. Dezimalzähler für Aiken-Code

a) Schaltungssymbol;   b) Zeitfunktionsplan

gibt sich die Dezimalziffer wieder aus der Summe der Gewichte der Stellen, z. B. gilt für die Ziffer 6 die Kombination 1100, die Quersumme mit Gewichten ist $2 + 4 + 0 + 0 = 6$.

Schaltungstechnisch läßt sich eine Codierung entsprechend dem Aiken-Zähler mit Hilfe eines „Und“-Gatters verwirklichen (Abb. 183). Sobald die Signalkombination für die Ziffer 5 erreicht ist, hat noch A und C Signal, B und D keines, es erscheint also am Ausgang des „Und“-Gatters Signal „1“. Dieses Signal setzt die Stufe B auf „1“ und C auf „0“. Durch Umschalten von C auf „0“ wird die Stufe D, die bisher „0“ war, auf „1“ gesetzt. Somit ist am Zähler die Kombination 1011, d. h. die Ziffer 5, entsprechend dem Aiken-Code eingestellt. Von da ab zählt der Zähler nach der Funktionsstelle bis zur Ziffer 0 ohne Eingriffe weiter.

Schließt man an den komplementären Ausgang von D eine weitere Zähldekade wie die gezeigte an, so wird mit dieser Einheit die nächsthöhere Stelle der Dezimalzahl gezählt. Jeweils beim Wechsel von 9 auf 0 erfolgt ein Zählimpuls oder Übertrag an den nachgeschalteten Zähler und stellt diesen um eine Einheit weiter.

d) Schieberegister

Dem Schieberegister kommt in der digitalen Regelungstechnik wesentliche Bedeutung zu. Das Schieberegister dient als Parallel-Serien- und Serien-Parallel-Umsetzer [70].

Ein Beispiel für eine Serien-Parallel-Umsetzung stellt das Lesen eines Lochstreifens dar, wenn die Ziffern einer mehrstelligen Zahl der

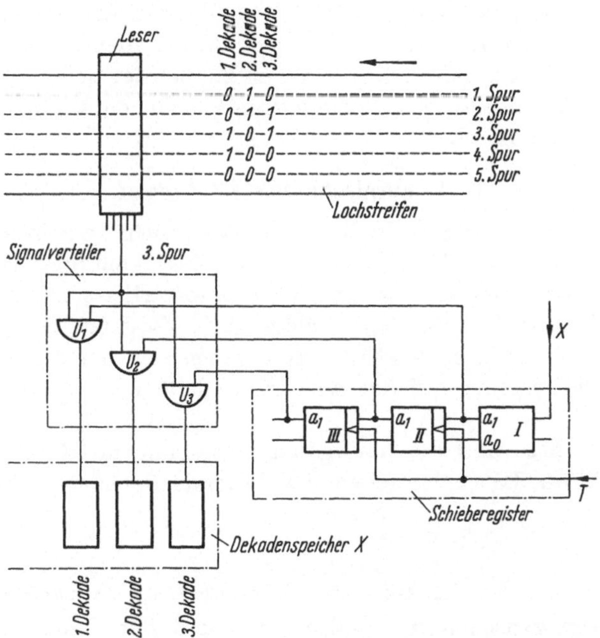

Abb. 184. Ablesen eines Lochstreifens mittels Schieberegister

Reihe nach eingespeichert werden. Nach Abb. 184 enthalten die 5 Spuren des Lochstreifens für 1 bis 3 Dekaden eine dem Code entsprechende Signalfolge 0 und 1. Mit dem Leser wird zuerst die Signalfolge der 1. Dekade, dann diejenige der 2. usw. abgelesen. Wir verfolgen z. B. das Signal der 3. Spur, das in dem Dekadenspeicher in den 3 Dekaden Unterspeichern parallel — gleichzeitig — zur Verfügung stehen soll. Wir brauchen dazu einen Signalverteiler, der aus 3 Und-Gattern U_{1-3} bestehen möge. Beim Lesen der 1. Dekade muß U_1, bei der 2. bzw. 3. U_2 bzw. U_3 durchlässig sein. Für die zusätzlich notwendige logische Verknüpfung dient nun das Schieberegister. Es besteht aus bistabilen Kippstufen, von denen die erste in unserem Beispiel einen statischen, die folgenden dynamische Eingänge haben, die gemeinsam den Schiebetakt T bekommen. Register I (Abb. 184) sei durch das

Signal X so gesetzt, daß es am Ausgang a_1 Signal (1) habe. Die Ausgänge a_1 der Register II und III haben kein Signal. Deshalb ist nur das Und-Gatter U_1 durchlässig, gibt dann der Leser die Signale der 1. Dekade durch und füllt im Dekadenspeicher die zugehörige Dekade. Jetzt kommt ein Leseschritt, er ist gleichzeitig Schiebetakt T. Der Leser liest die 2. Dekade, das Schieberegister hat durch das Schiebetaktsignal bei a_{1II} das Signal 1 bekommen und macht U_2 im Signalverteiler durchlässig. Das Lesesignal kann in den 2. Dekadenspeicher eingegeben werden. Beim nächsten Leseschritt wird so der 3. Dekadenspeicher gefüllt.

Im allgemeinen erhalten die bistabilen Kippstufen neben den Schiebeeingängen und zugehörigen Vorbereitungseingängen weitere Eingänge zum Setzen und Löschen.

3. Algebraische Verknüpfungen

In der Digitaltechnik kommen umfangreiche algebraische Verknüpfungen vor allem beim Rechner vor. Dies ist ein Spezialgebiet, auf das im einzelnen nicht eingegangen werden soll. Hier sollen zum grundsätzlichen Verständnis nur einige elementare Vorgänge behandelt werden. Besonders einfache Verhältnisse ergeben sich bei Anwendung des dualen Zahlensystems, auf das wir uns deshalb zunächst beschränken wollen.

Die einfachste und am häufigsten vorkommende Rechenoperation ist die Addition. Hierbei ergeben sich folgende Rechenvorschriften

$$0 + 0 = 0$$
$$L + 0 = L$$
$$0 + L = L$$
$$L + L = 0 + \text{Übertrag L zur nächsthöheren Stelle.}$$

Man kann zwischen der Halbsumme und der Endsumme unterscheiden. Die Halbsumme entsteht ohne Berücksichtigung der Endüberträge der vorhergehenden Stelle. Bei der Endsumme werden die Überträge der jeweiligen Halbsumme zuaddiert. Der Rechnungsgang ist am besten an einem Beispiel im dualen und dezimalen Zahlenystems zu sehen.

Beispiel: dezimal $A = 5$; $B = 9$

        Summe $S = A + B = 5 + 9 = 14$

Dazu schreiben wir folgende Tabelle

	10^1	10^0
A	0	5
B	0	9
Halbsumme	0	4
Übertrag	1	0
Endsumme	1	4

Dual:

$$A = 5 = 0 \cdot 2^3 + 1 \cdot 2^2 + 0 \cdot 2^1 + 1 \cdot 2^0 = a_4 + a_3 + a_2 + a_1 = 0\text{L}0\text{L}$$

$$B = 9 = 1 \cdot 2^3 + 0 \cdot 2^2 + 0 \cdot 2^1 + 1 \cdot 2^0 = b_4 + b_3 + b_2 + b_1 = \text{L}00\text{L}$$

$$A + B = 14 = 1 \cdot 2^3 + 1 \cdot 2^2 + 1 \cdot 2^1 + 0 \cdot 2^0 = s_4 + s_3 + s_2 + s_1 = \text{LLL}0$$

Dies gibt folgende Tabelle

	2^3	2^2	2^1	2^0
$A = a_4 + a_3 + a_2 + a_1$	0	L	0	L
$B = b_4 + b_3 + b_2 + b_1$	L	0	0	L
Halbsumme	L	L	0	0
Übertrag U_{an}	0	0	L	0
Endsumme c_n	L	L	L	0

Zur Addition benötigen wir für jede Stelle von 2 ein logisches Verknüpfungsglied mit 3 Eingängen a_n, b_n und U_{en} und je einen Ausgang c_n für die Endsumme und U_{an} für den Übertrag. Dieser Übertrag kann als Eingang $U_{e(n+1)}$ für die nächste Stelle dienen.

Die Wertetafel Abb. 185 zeigt die 8 Möglichkeiten der vorstehenden Rechenregeln, Abb. 186 das Schaltbild eines Volladdierers, der mit NOR-Stufen aufgebaut wurde. Zum besseren Verständnis wollen wir die Verknüpfung verfolgen, die bei $a = 1$, $b = 0$, $U_e = 1$ ($\bar{U}_e = 0$) vorliegt. Das Ergebnis ist nach unserer Wertetafel $c = 0$, $U_a = 1 (\bar{U}_a = 0)$.

Da die Werte von a und b unterschiedlich sind, hat weder U_1 noch U_2 Signal, während U_5 jedoch entsprechend dem Eingangsübertrag Signal hat. Die Stufen U_6 und U_8 haben Signal 0, die Endsumme c ist 0; die Stufe U_7, die das inverse Signal für den Übertrag bildet, hat Signal 0, es liegt also ein Übertrag vor.

Eingänge			Ausgänge	
a	b	U_e	c	U_a
0	0	0	0	0
1	0	0	1	0
0	1	0	1	0
1	1	0	0	1
0	0	1	1	0
1	0	1	0	1
0	1	1	0	1
1	1	1	1	1

Abb. 185
Wertetafel für einen dualen Volladdierer

Jeder Volladdierer vermag nur eine Stelle zu addieren. Zur Addition von mehreren Stellen im Dualsystem müssen nun so viele Addierer $A_1 - A_n$ zu einem Paralleladdierer zusammengereiht werden, wie die Zahl Stellen aufweist (Abb. 187).

Die Subtraktion könnte nun unter Anwendung der gleichen Rechenregeln durch Entwurf einer entsprechenden Schaltung durchgeführt werden. Meistens verzichtet man jedoch hierauf und führt die Subtraktion mit Hilfe des Komplementes des Subtrahenden auf eine Addition zurück. Beim Dualsystem verwendet man das Einer-Komplement und erhält die Komplementärzahl durch Vertauschen von 0 und L. Beim Neuner-Komplement werden die Ziffern jeder Stelle zu 9 ergänzt.

Damit gilt allgemein

$$A + \bar{A} = K \qquad \text{wobei } K = 1 \text{ im Dualsystem/Stelle}$$
$$B + \bar{B} = K \qquad \text{wobei } K = 9 \text{ im Dezimalsystem/Stelle}$$
$$A - B = A + (K - B) - K$$
$$= A + \bar{B} - K$$

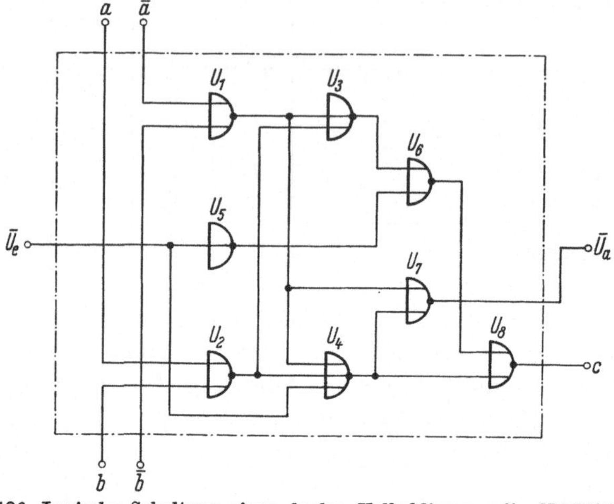

Abb. 186. Logische Schaltung eines dualen Volladdierers mit „NOR"-Stufen

Wir können nun bei der Subtraktion zwei Fälle unterscheiden

α) $A \geqq B$

β) $A < B$

Im Falle α), bei dem das Ergebnis positiv ist, ist der Komplementärwert von B ($\bar{B}$) größer oder gleich A, es tritt daher in der höchsten Stelle

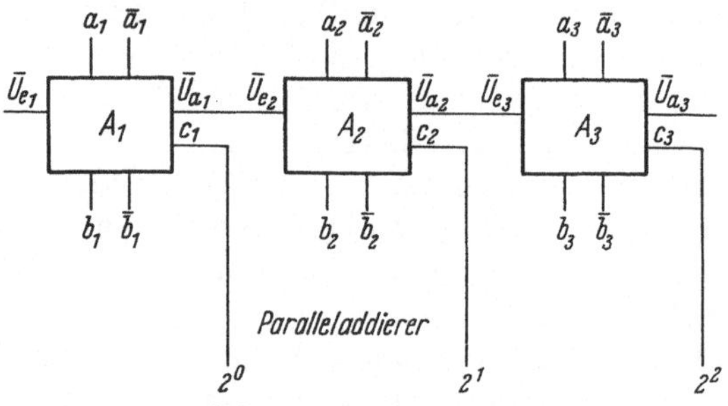

Abb. 187. Paralleladdierer

ein Endübertrag auf, der in seiner Wertigkeit um eine Einheit größer ist als K. Wir dürfen deshalb diesen Endübertrag unberücksichtigt lassen und müssen das Ergebnis um die Einheit 1 vergrößern. Dies ist auf einfache Weise möglich, durch Einführen des Endübertrages U_{an}

als Eingangsübertrag U_{e_1} an der ersten Stelle. Ein Beispiel im dezimalen Zahlensystem soll dies verdeutlichen. Es sei die Differenz zwischen den Zahlen $A = 4\ 5\ 7\ 8$ und $B = 3\ 2\ 5\ 4$ zu bilden.

$$
\begin{aligned}
A \quad - \quad B \quad &= \quad A \quad + \quad \bar{B} \quad - \quad K \\
4\ 5\ 7\ 8 - 3\ 2\ 5\ 4 &= 4\ 5\ 7\ 8 + 6\ 7\ 4\ 5 - 9\ 9\ 9\ 9 \\
&= 1\ 1\ 3\ 2\ 3 - 9\ 9\ 9\ 9 \\
&= 1\ 1\ 3\ 2\ 3 + \quad 1 \quad - 1\ 0\ 0\ 0\ 0 \\
&= \underline{1\ 3\ 2\ 4}
\end{aligned}
$$

Im Fall β) $A < B$ ist der Komplementärwert von B in jedem Fall kleiner als A, es tritt also kein Endübertrag auf. Das Ergebnis liegt, da von ihm der Wert K subtrahiert werden muß, als Komplementwert vor. Bilden wir von dem Komplementärwert des Ergebnisses nochmals das Komplement, entfällt der Wert K und wir haben das gesuchte Ergebnis mit negativen Vorzeichen.

Dies soll wiederum durch ein Zahlenbeispiel verdeutlicht werden. Es sei $A = 4\ 5\ 7\ 8$ und $B = 5\ 2\ 6\ 3$

$$
\begin{aligned}
A \quad - \quad B \quad &= \quad A \quad + \quad \bar{B} \quad - \quad K \\
4\ 5\ 7\ 8 - 5\ 2\ 6\ 3 &= 4\ 5\ 7\ 8 + 4\ 7\ 3\ 6 - 9\ 9\ 9\ 9 \\
&= 9\ 3\ 1\ 4 - 9\ 9\ 9\ 9 \\
&= (9\ 9\ 9\ 9 - 6\ 8\ 5) - 9\ 9\ 9\ 9 \\
&= \underline{-6\ 8\ 5}
\end{aligned}
$$

Zusammenfassend ergibt sich damit für die Differenzbildung mit Hilfe eines Paralleladdierers nachstehende Verknüpfungsanweisung:

	$A \gtreqqless B$	$A < B$
Vorzeichen A	+	+
Vorzeichen B	−	−
Endübertrag U_{an}	L	0
Komplementbildung $c_1 \cdots c_n$	nein	ja
Übertrag auf die 1. Stelle U_{e_1}	ja	nein
Vorzeichen des Ergebnisses	+	−

Schaltungsmäßig muß also zur Bildung des Ergebnisses ein Komplementumschalter eingefügt werden, der abhängig vom Endübertrag gesteuert wird. Abb. 188 zeigt die Gesamtanordnung des Paralleladdierers für die Differenzbildung, bei der die Komplementumschaltung für eine Stelle angedeutet ist.

Normalerweise wird die Zahl A und B bei der technischen Anwendung dieses Rechners nicht im dualen, sondern im dezimalen Zahlensystem vorliegen. Zur Darstellung der 10 Ziffern sind, wie wir bereits gesehen haben (s. S. 111), wenigstens 4 binäre Elemente notwendig. Aus den 16 möglichen Kombinationen werden je nach Wahl des Codes 10 Kombinationen, die Tetraden, den Dezimalziffern 0 bis 9 zugeordnet. Beim Aiken-Code, der sich insbesondere durch die einfache Komplementärwertbildung auszeichnet, die bei dem Rechenvorgang notwendig ist, entsprechen den Dezimalziffern 0 bis 4 die Dualzahlen 0 bis 4 und die Dezimalziffern 5 bis 9 einer jeweils um den Wert 6 größeren Dualzahl. Den 6 Dualzahlen 5 bis 10 — Pseudotetraden — sind keine Dezimalziffern zugeordnet. Ein duales Addierwerk, dem als Summanden Aiken-codierte Tetraden zugeführt werden, wird deshalb bei bestimmten Zahlenwerten Pseudotetraden liefern, die korrigiert werden müssen. So wird ein duales Addierwerk bei den Zahlen 3 und 4 das Ergebnis 7 liefern. Nach dem Aiken-Code muß diese Pseudotetrade in die Binärzahl 13, die der 7 im Dezimalsystem entspricht, umgesetzt werden.

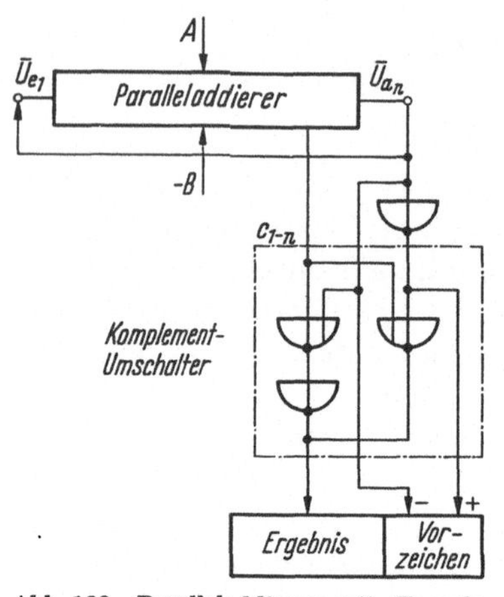

Abb. 188. Paralleladdierer mit Komplementumschalter für Differenzbildung

Die notwendige Korrektur kann beim Aiken-Code allgemeingültig wie nachstehend festgelegt werden:

1. Tritt bei der Addition in der Summe eine Pseudotetrade auf, muß zu der Summe eine duale 6 addiert werden; wenn kein Tetradenübergang auftritt

$$5 \leqq A + B \leqq 10 \qquad \text{Korrektur} + 6$$

mit Eingangsübertragung $U_a: 5 \leqq A + B + U_a \leqq 10$ Korrektur $+ 6$.

2. Tritt in der Summe die Pseudotetrade mit dem Tetradenübertrag auf, muß von der Summe die duale 6 subtrahiert werden.

$$16 + 5 \leqq A + B + U_0 = 16 + 10 \qquad \text{Korrektur} - 6$$

Bei der schaltungsmäßigen Ausführung benötigen wir also für eine Dekade neben den 4 Volladdierern eine Korrektureinrichtung, welche die Korrektur nach den aufgeführten Rechenregeln durchführt und den Dezimalübertrag für die nächste Dekade bildet [72, 73].

F. Die Zuverlässigkeit kontaktloser Bauelemente

Voraussetzung für den funktionssicheren Einsatz von Bauelementen aller Art, insbesondere von kontaktlosen Bauelementen, ist deren Zuverlässigkeit. Dies ist ein Qualitätsmerkmal, gekennzeichnet durch eine

Wahrscheinlichkeitsangabe, daß ein Gerät oder ein Kollektiv von Bauelementen seinen Zweck mit den angegebenen Eigenschaften (Kenndaten) für eine vorgesehene Zeitdauer (Brauchbarkeitsdauer) unter festgelegten Betriebsbedingungen erfüllt. Beim elektrischen Bauelement wollen wir dessen Zuverlässigkeit von seiner Lebensdauer ableiten. Dazu tragen wir nach Abb. 189 diese in ein Koordinatensystem mit 1 als

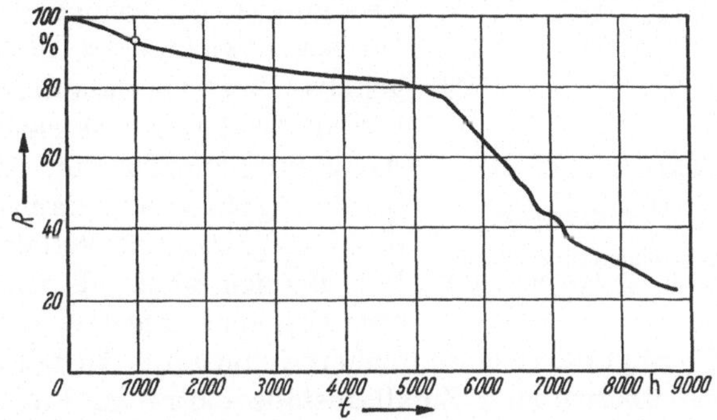

Abb. 189. Entstehung einer Lebensdauerverteilung; Lebensdauer eines Bauelementes R auf Anfangszustand bezogene Zahl der Bauelemente

Abszisse für ein Kollektiv von z. B. 40 Bauelementen so ein, daß in Ordinatenrichtung die Bauelemente ihrer Lebenszeit nach angeordnet sind. Nach beispielsweise 1000 Betriebsstunden sind demnach 5% der Bauelemente ausgefallen. Wir sagen dann, die Überlebenswahrscheinlichkeit $R(\Delta t)$ für 1000 Betriebsstunden beträgt 95%. $R(t)$ ist gleich der Umhüllenden der Lebensdauerverteilung, wenn zur Zeit $t = 0$ der Bestand 100% bzw. 1 beträgt.

Als Ausfallquote p in einem bestimmten Zeitabschnitt $\Delta t = t_2 - t_1$ bezeichnet man das Verhältnis der Ausfallwahrscheinlichkeit

$$F(t, \Delta t) = \frac{R(t) - R(t + \Delta t)}{R(t)} = \frac{\text{Zahl der Ausfälle während des Zeitabschnittes } \Delta t}{\text{Bestand am Anfang des Zeitabschnittes } \Delta t} \tag{44}$$

zum Zeitintervall Δt. Es ist also

$$p = \frac{F(t, \Delta t)}{\Delta t} = \frac{1}{R(t)} \frac{R(t) - R(t + \Delta t)}{\Delta t} \tag{45}$$

Die Ausfallrate $\lambda(t)$ ist der Grenzwert der Ausfallquote für das gegen Null gehende Zeitintervall ($\Delta t \to 0$). Aus Gl. (45) wird dann

$$\lambda = \frac{1}{R(t)} \lim_{\Delta t \to 0} \frac{R(t) - R(t + \Delta t)}{\Delta t} = - \frac{1}{R(t)} \frac{dR(t)}{dt} \tag{46}$$

Für die Bestimmung von λ müssen wir also die Funktion $R(t)$ kennen. Eine in der Praxis häufig vorkommende Lebensdauerverteilung zeigt Abb. 190a. Die Betriebszeit teilt sich hier in 3 Bereiche. Zu Beginn und gegen Ende ist die Ausfallrate höher als im mittleren Bereich. Dies liegt einmal an den Frühausfällen, die nicht nur durch grobe Material- und Fertigungsfehler, sondern beispielsweise bei Neuentwicklungen durch noch ungeklärte Funktionszusammenhänge auftreten. Im letzten Bereich setzen die Abnützungsausfälle ein. Das in eine Steuerung eingesetzte Bauelement sollte dann ausgewechselt werden. Der mittlere Bereich kann als wirtschaftliche Betriebsdauer aufgefaßt werden. Er ist

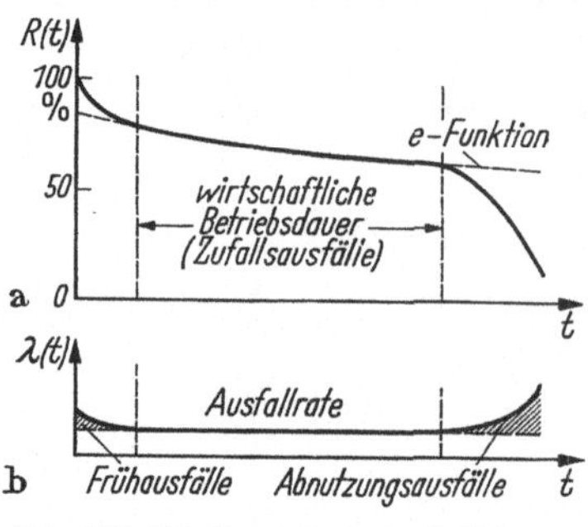

Abb. 190. Häufig vorkommende Lebensdauerverteilung (a) und Ausfallrate (b)

wie Abb. 190b zeigt durch eine annähernd konstante Ausfallrate gekennzeichnet, weil überwiegend Zufallsausfälle eintreten. Für diesen Fall wird aus Gl. (46)

$$\int \lambda \, dt = - \int \frac{d\,R(t)}{R(t)}$$

$$- \lambda t = \ln R(t)$$

$$R(t) = e^{-\lambda t} \tag{47}$$

In der Statistik bezeichnet man als durchschnittliche Lebensdauer T_d diejenige Zeit, in der mit einer Wahrscheinlichkeit von 63% das Bauelement ausgefallen ist. In Abb. 191 ist diese Zeit durch den Schnittpunkt der Tangente am Anfangspunkt der e-Funktion mit der Zeitlinie gekennzeichnet. Diese Definition hat den Charakter einer Zeitkonstanten. Es ist deshalb

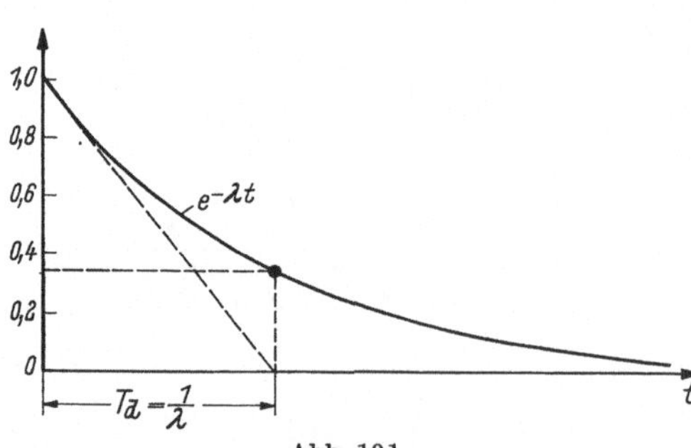

Abb. 191
Ermittlung der durchschnittlichen Lebensdauer T_d

$$T_d = \frac{1}{\lambda} \tag{48}$$

Bei einer Ausfallrate von z. B. $\lambda = 10^{-6}\,h^{-1}$ muß man demnach 10000 Bauelemente 1000 Stunden lang prüfen, um im Mittel 10 Ausfälle, also eine einigermaßen ausreichende Aussagesicherheit zu bekommen.

Die Hersteller bemühen sich, die λ-Werte soweit wie möglich herunterzusetzen und passen die Prüfbedingungen weitgehend den verlangten Betriebsbedingungen an. Besonders sorgfältig beschäftigt man sich mit dem Transistor, dem wohl wichtigsten Bauelement der modernen Elektronik. Zu Beginn der Halbleiterentwicklung glaubte man, die Halbleiterbauelemente hätten keinerlei Abnützung und zeigten deshalb keine Veränderung ihrer Kenndaten, denn bei Röhren war die Hauptausfallursache die Abnahme der Kathodenemission. Leider mußte man aber feststellen, daß auch Transistoren keine unbegrenzte Lebensdauer haben.

Um eine genügend große statistische Sicherheit bei Zuverlässigkeitsangaben von Bauelementen unter normalen Betriebsbedingungen zu erreichen, muß eine große Anzahl von Bauteilen, die als Stichproben der laufenden Fertigung entnommen wurden, eine längere Zeit untersucht werden. Der Aufwand von Bauteilen, Prüfzeit und Prüfgeräten wird bei der laufenden Verbesserung der Zuverlässigkeit immer größer und ist in vielen Fällen wirtschaftlich nicht mehr tragbar. Man benötigt deshalb Methoden zur Zeitraffung. Diese beruhen darauf, daß man die Halbleiterbauteile einer erhöhten thermischen, elektrischen und mechanischen Beanspruchung aussetzt. Es müssen eine Vielzahl von Messungen vorgenommen und verglichen werden. Dies führt dazu, daß man auch auf dem Gebiet der Qualitätserprobung immer mehr zur Automatisierung übergehen muß, um zuverlässige Meßergebnisse in kurzer Zeit vorlegen zu können.

Den Geräteverbraucher interessiert aber nicht die mittlere Lebensdauer eines Bauelementes, sondern die Frage, wie lange ein Gerät aus n Bauteilen fehlerfrei arbeitet. Dazu führt man den Begriff der „mittleren fehlerfreien Betriebsdauer T_m" (MTBF = Mean Time Between Failure) ein und definiert ihn als das Verhältnis der gesamten Betriebszeit aller Geräte des betrachteten Typs zur Anzahl der Fehler.

Diesen besonders bei Neuentwicklungen experimentell schwer zu ermittelnden Wert kann man errechnen, wenn man wiederum eine konstante Ausfallrate für die einzelnen Bauelemente zugrunde legt. Hat in einem Gerät der Ausfall eines einzigen Bauelementes den Ausfall der Anlage zur Folge und beeinflussen sich die Einzelzuverlässigkeiten $R_i(t)$ nicht gegenseitig, gilt für die Überlebenswahrscheinlichkeit die Produktregel. Es ist also

$$R(t) = R_1(t)\, R_2(t) \cdots R_n(t) = \prod_{i=1}^{n} R_i(t) \qquad (49)$$

Handelt es sich um n-gleiche Bauelemente, so wird aus Gl. (49)

$$R(t) = [R_i(t)]^n \qquad (50)$$

Dies ergibt mit Gl. (47) bei konstanter Ausfallrate λ

$$R(t) = (e^{-\lambda t})^n = e^{-\lambda n t} \qquad (51)$$

Die mittlere Ausfallzeit für die Anlage, das ist die mittlere fehlerfreie Betriebszeit, ist dann

$$T_m = \frac{1}{n\,\lambda} \tag{52}$$

Sie wird, wie die gestrichelte Kurve in Abb. 192 zeigt, mit 37% Wahrscheinlichkeit erreicht. Besteht nun das Gerät aus verschiedenen Bau-

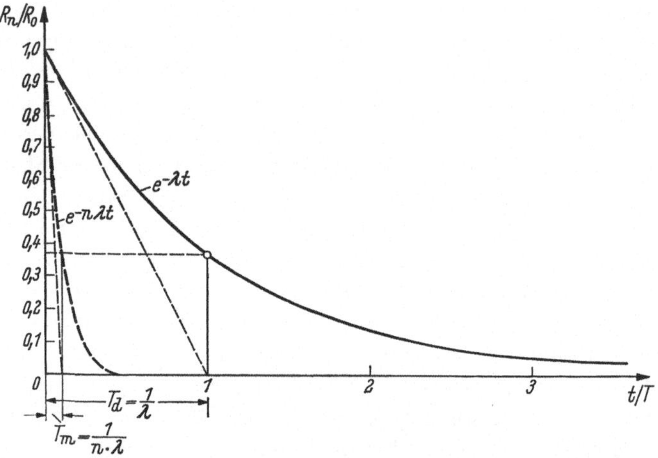

Abb. 192. Zusammenhang der durchschnittlichen Lebensdauer T_d eines Bauelementes mit mittlerer fehlerfreier Betriebszeit T_m eines aus n Bauteilen bestehenden Gerätes (konstante Ausfallrate)

elementen mit verschieden großen Werten für die Ausfallrate λ, so wird die mittlere fehlerfreie Betriebszeit des Gerätes

$$T_m = \frac{1}{(n_1\,\lambda_1 + n_2\,\lambda_2 \cdots + n_n\,\lambda_n)\,t} = \frac{1}{\sum\limits_{i=1}^{n} n_i\,\lambda_i\,t} \tag{53}$$

Für ihre Ermittlung legen wir die in einer Tabelle gemäß Abb. 193 für die verschiedenen Bauelementegruppen deren Zahl und Ausfallraten fest. Nach Gl. (53) ermitteln wir dann den Ausfallbeitrag

$$n_1\,\lambda_1 + n_2\,\lambda_2 + n_3\,\lambda_3 \cdots + n_8\,\lambda_8 = 218,5 \cdot 10^{-5}\,h^{-1}$$

In dem Beispiel ist damit die mittlere fehlerfreie Betriebsdauer

$$T_m = \frac{1}{\sum n\,\lambda\,t} = \frac{10^5}{218,5}\,h = 457^h$$

Will man diese Zeit verbessern, hat es nicht viel Sinn, ein beliebiges Bauelement, z. B. den Stecker, betriebssicherer zu machen. Selbst wenn es mit viel Mühe gelänge, für sie die Ausfallrate auf die Hälfte herabzusetzen, würde T_m nur um etwa 10^h besser werden. Man muß deshalb erst an die Bauelemente mit großem Ausfallbeitrag denken.

Mit den statistischen Betrachtungen ist die Frage der Zuverlässigkeit von Geräten keineswegs vollständig beantwortet. Einen sehr wichtigen Einfluß auf diese haben z. B. noch die Anwendungsbedingungen. Dazu gehören die Belastung der Bauelemente, die Temperaturbedingungen, der Einfluß der Spannung und vieles andere. Einen wichtigen Einfluß hat ferner auch die Redundanz der Schaltung. Dazu gehört z. B. der Doppelkontakt im Relais. Diese Maßnahme ist aber mit Vorsicht anzuwenden. Unter bestimmten Bedingungen können sogar Nachteile entstehen, wie sie z. B. aus der Reihenschaltung von Dioden her bekannt sind. Beim Ausfall eines Reserveteiles merkt man den Redundanzverlust oft gar nicht. Im übrigen ist die Bauelementredundanz auch kostspielig.

Einzelteile			Ausfallrate λ h^{-1}	Ausfallbeitrag $n\,\lambda$ h^{-1}
Art	Nr.	Anzahl n		
Widerstände	1	179	$0,041 \cdot 10^{-5}$	$7,3 \cdot 10^{-5}$
Kondensatoren	2	343	$0,081 \cdot 10^{-5}$	$27,8 \cdot 10^{-5}$
Relais	3	18	$0,560 \cdot 10^{-5}$	$10,1 \cdot 10^{-5}$
Transformatoren und Spulen	4	76	$0,047 \cdot 10^{-5}$	$3,6 \cdot 10^{-5}$
Stecker	5	25	$0,36 \ \cdot 10^{-5}$	$9,0 \cdot 10^{-5}$
Schalter	6	14	$1,20 \ \cdot 10^{-5}$	$16,8 \cdot 10^{-5}$
Röhren	7	26	$5,50 \ \cdot 10^{-5}$	$143,0 \cdot 10^{-5}$
Verschiedenes	8	28	$0,031 \cdot 10^{-5}$	$0,9 \cdot 10^{-5}$
Summe 1—8		709	—	$218,5 \cdot 10^{-5}$

Abb. 193. Zuverlässigkeit eines Bauteile-Kollektives nach [78]

In diesem Zusammenhang muß auch die Möglichkeit der schädlichen Redundanz erwähnt werden, die besonders bei logischen Schaltungen durch Verwendung standardisierter Und-, Oder-, NOR-Gatter entsteht, die aus Gründen der breiten Anwendungsmöglichkeit oft mehr Funktionen erfüllen können als gerade gebraucht werden. Es kann deshalb sinnvoller sein, die Baugruppen genau den Verhältnissen anzupassen und alles Überflüssige wegzulassen.

Bei der Zuverlässigkeit von Steuerungen dürfen wir aber nicht nur an die Störungen denken, die von den einzelnen Bauelementen und ihrem Zusammenbau her kommen. Eine ganz große Bedeutung haben Störungen, die von außen auf die Steuerung einwirken. Dazu werden wir sie nicht nur abschirmen (vgl. S. 132), sondern auch versuchen, die Fähigkeit der Steuerung, Störsignale zu verarbeiten, soweit wie möglich einzuschränken. Deshalb muß man auch an die Bandbreite des Nachrichtenkanales denken. Damit hängt dann die Informationskapazität zusammen, die so hoch wie möglich sein soll. In der Digitaltechnik erfordert der Nachrichtenkanal einen um so breiteren Frequenzbereich, je schneller die Zweierschritte aufeinanderfolgen. Der Kanal muß eine große Bandbreite haben; dies hat einen Einfluß auf seine elektrische Kapazität und Selbstinduktion. Im engen Zusammenhang mit diesen Werten steht dann die Störgröße, der Störabstand. Daraus leitet sich die Gesetzmäßigkeit ab, daß bei der Datenübertragung zum Durchgeben der gleichen Nachrichtenmenge bei großer Bandbreite ein größerer Störabstand erforderlich ist als bei einer Übertragung mit kleinerer Bandbreite, die mehr Störenergie schadlos verträgt [74 bis 79].

G. Leitungsverlegung

Die Bedeutung der Leitungsverlegung im Rahmen der Signalverarbeitung wird oft unterschätzt. Ihre Aufgabe liegt in der permanenten Signalverarbeitung und scheint deshalb besonders leicht lösbar zu sein, weil die Leitungen hinsichtlich der Verlegung auf den ersten Blick keinerlei Einschränkungen bezüglich Anordnung und Führung verlangen und in der festgelegten Lage verschleißfrei verharren. Kritisch erscheint zuerst die Verbindung der Leitungsenden mit den signalverarbeitenden Geräten und etwa erforderlichen Klemmen. Bei diesen Verbindungen treten merkbare Schwächen schon deutlicher in Erscheinung. Schon das notwendige Abisolieren der Leitungsenden mit den häufig verwendeten einfachen Messern führt zu Kerbschnitten im Kupferleiter, der deshalb an dieser Stelle leicht brechen kann, besonders wenn Erschütterungen auftreten. Dies kam besonders bei dem früher üblichen Biegen von Ösen vor, das heute nicht mehr angewendet werden sollte. Bei dem kleiner werdenden Signalpegel muß immer häufiger gelötet werden. Die Vermeidung „kalter" Lötstellen ist ein Hauptproblem geworden und regte zur Verwendung anderer betriebssicherer Verbindungsarten an (z. B. Wickeln, Quetschverbindungen) [80].

Je mehr Leitungen verlegt werden, desto größer werden die Massenkräfte, die von den Erschütterungen und Schwingungen angeregt werden. Sie führen zu Leitungsbrüchen besonders in der Nähe der Leitungsenden. Man bevorzugt an solchen Stellen deshalb vieladrige Litzen anstelle der einadrigen Leiter, muß dann aber auf das Verlöten verzichten, weil die Leitungen an der Stelle, wo das Lot aufhört, besonders leicht brechen. Besondere Sorgfalt verlangen verständlicherweise die beweglichen Leitungen, die am zweckmäßigsten als Gummischlauchleitungen verlegt werden. Metallschläuche brechen leicht und verletzen dann die Isolation der Leiter. Daß die Leitungen gegen mechanische, thermische und alle übrigen technologisch bedingten Eingriffsmöglichkeiten geschützt werden müssen, ist selbstverständlich.

Neben all diesen mit der Betriebssicherheit der verlegten Leitungen zusammenhängenden Fragen gehört zu dem ganzen Problemkomplex noch die Leitungsprojektierung. Wir wollen darunter alle Aufgaben verstehen, die mit der Auswahl der Leitungen, dem Entwurf der Leitungsverlegung, also letzten Endes mit dem Entwurf der ganzen Anlage zusammenhängen, wenn die einzelnen Bauelemente durch andere Überlegungen festgelegt sind. Dafür benötigt man zunächst eine einheitliche Darstellungssymbolik, die wir vorweg behandeln wollen.

1. Schaltpläne

Nach DIN 40719 stellt ein Schaltplan die elektrische Einrichtung durch Schaltzeichen, Schaltkurzzeichen, gegebenenfalls auch durch Bilder oder vereinfachte Konstruktionszeichnungen dar. Er zeigt entweder die Wirkungsweise und den Stromverlauf oder die Leitungsverbindungen der elektrischen Einrichtungen. Falls beide Aufgaben durch einen einzigen Schaltplan nicht erfüllt werden können, gibt es folgende Einzelpläne.

Der *Übersichtsschaltplan* ist die vereinfachte, meist einpolige Darstellung der Schaltung ohne Hilfsleitungen, wobei nur die wesentlichen Teile berücksichtigt werden müssen.

Der *Stromlaufplan* ist die nach Stromwegen aufgelöste Darstellung der Schaltung mit allen Einzelheiten und Leitungen. Die Stromwege sollen möglichst geradlinig und ohne Kreuzung dargestellt werden. Auf die räumliche Lage und den mechanischen Zusammenhang braucht keine Rücksicht genommen zu werden. Klemmen und Lötstellen können in den Stromlaufplan eingetragen werden.

Der *Wirkschaltplan* ist die Darstellung der Schaltung mit allen Einzelheiten und Leitungen. Im Gegensatz zum Stromlaufplan werden die Teile eines jeden Gerätes zusammenhängend gezeichnet. Die räumliche Anordnung der verschiedenen Geräte zueinander braucht nicht berücksichtigt zu werden.

Will man vorwiegend die Leitungsverbindungen darstellen, so kommt man zum *Netzplan*, der für die größeren Netze bestimmt ist und auf Landkarten und Stadtplänen eingetragen werden kann.

Der *Installationsplan* zeigt die Leitungsverlegung einer Licht-, Kraft- oder Fernmeldeanlage. Er wird in der Regel lagerichtig in eine Gebäude- oder Bauzeichnung eingetragen.

Für Steuerungen zeigt der *Leitungsplan* die Leitungen innerhalb eines Gerätes, zwischen Geräten oder zwischen Gerätegruppen einer Anlage.

Der *Bauschaltplan* enthält ebenfalls die Leitungen und Anschlußstellen innerhalb eines Gerätes oder zwischen Geräten einer Gerätegruppe. Im Gegensatz zum Leitungsplan werden die Einzelteile des Gerätes bzw. die Gerätegruppe lagerichtig dargestellt.

Neben allgemeinen Bezeichnungen über die Ortsangabe oder den angeschlossenen Verbraucher sollen die Schaltpläne technische Angaben über die Betriebsmittel erhalten. Dazu wird in DIN 40719 ein einheitliches Bezeichnungssystem vorgeschlagen, für das die nachstehenden Tabellen 3 und 4 Richtlinien geben.

Tabelle 3. *Bezeichnung der Geräte und Anlagen*

Teile der Anlage	Bezeichnung	Beispiele
Geräte	kleiner Buchstabe a bis z gemäß Tabelle 4 mit Ordnungszahl	a2 = zweiter Schalter a c4 = viertes Schütz c
Gruppe	arabische Ziffer 1 usw.	8 = Zelle 8 einer Schaltanlage 2 = Antriebsgruppe 2 einer Arbeitsmaschine oder Anlage
Obergruppe	1 oder 2 Großbuchstaben	KD = Kraftwerk K mit 10kV-Anlage D A = Bandwalzwerk A

Tabelle 4. *Kennbuchstaben der Gerätearten*

Gerätearten	Kennbuchstabe	Beispiele
Schalter	a	Trenner, Lastschalter, Motorschalter, Leistungsschalter, Selbstschalter, Motorschutzschalter, Steuerwalzen
Hilfsschalter	b	Befehlsschalter, Steuerschalter, Tastschalter, Wahlschalter, Meisterschalter, Installationsselbstschalter, Steckvorrichtungen
Schütze	c	Leistungsschütze
Hilfsschütze	d	Hilfsschütze, Hilfs- und Zeitrelais, Hilfsfernschalter
Schutzeinrichtungen	e	Sicherungen, messende Auslöser, Schutzrelais, Buchholzschutz, Wächter, Bremswächter, Fliehkraftschalter, Überspannungsableiter
Meßwandler	f	Meßwandler, Nebenwiderstände und sonstige Geber für Meßgeräte und Relais, wie Thermo- und Widerstandselemente für Temperaturmessung
Meßgeräte	g	Spannungs- und Strommesser, Leistungs- und Leistungsfaktormesser, Drehzahl- und Frequenzmesser, Zähler usw.
Sicht- und Hörmelder	h	Leucht- und Zeigermelder, Zählwerke, Wecker, Hupen, Sirenen
Kondensatoren und Drosselspulen	k	Kondensatoren aller Art, Reaktanz- und Glättungsspulen

Tabelle 4. *Kennbuchstaben der Gerätearten (Fortsetzung)*

Gerätearten	Kenn-buch-stabe	Beispiele
Maschinen und Transformatoren	m	Generatoren, Motoren, Umformer, Transformatoren
Gleichrichter und Batterien	n	Gleich- und Wechselrichter, Akkumulatoren und galvanische Elemente
Röhren und Verstärker	p	Vakuumröhren, gasgefüllte Röhren, Röhrenverstarker, magnetische Verstärker
Widerstände und Schnellregler	r	Vorwiderstände, Schutzwiderstände, Anlaß-, Feld- und Bremswiderstände, Anlasser und Schnellregler
sonstige mechanische Geräte mit elektrischem Antrieb	s	magnetisch oder motorisch betätigte Ventile, Magnetkupplungen, Lasthebemagnete, magnetische Aufspannplatten, Bremslüfter
in sich geschlossene Einrichtungen	u	Kombinationen aus den Geräten a bis s, wie Prüfeinrichtungen, Ladegeräte, Befehls- und Rufanlagen sowie alle Anlageteile, die nicht unter a bis s eingereiht werden können, z. B. Schleifleitungskörper

Das gleiche Normblatt enthält noch Angaben über die Klemmenbezeichnung, die Bezeichnung der Leitungen und Kabel und Erläu-

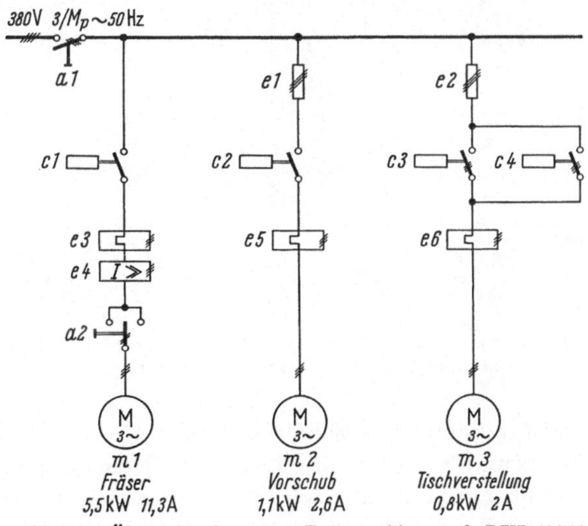

Abb. 194. Übersichtsplan einer Fräsmaschine nach DIN 40719

terungen zu einigen Beispielen. Abb. 194 zeigt den Übersichtsplan einer Fräsmaschine, Abb. 195 den dazugehörigen Stromlaufplan.

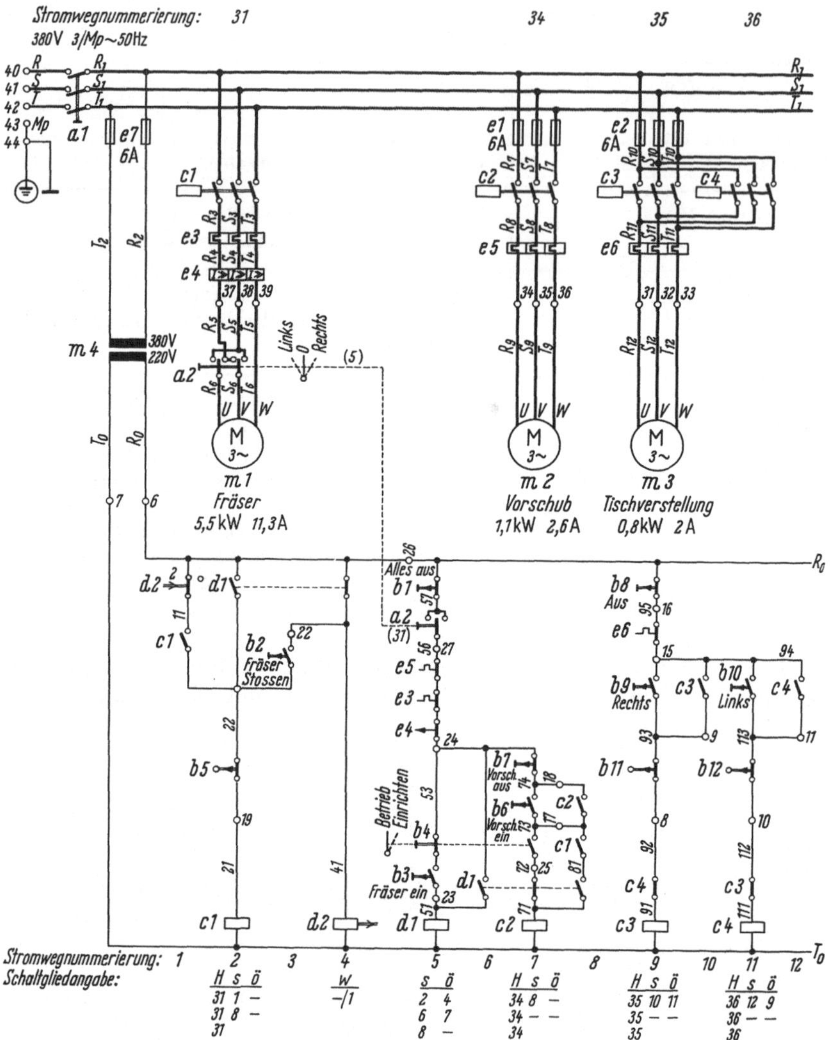

Abb. 195. Stromlaufpläne für die Steuerung einer Fräsmaschine nach DIN 40719
oben: Hauptstromkreis; unten: Steuerstromkreis

Zur Vervollständigung der Schaltungsunterlagen bewährt sich eine Stückliste, die entweder nach dem Einbauort (Bauschaltplan) oder der elektrischen Funktion (Stromlaufplan) geordnet ist. In ihr sind alle Geräte ihres Typs, ihrer Art und Funktion nach aufgeführt. Außerdem enthält sie Hinweise, in welchem der Strompfade des entsprechenden Stromlaufplanes ein bestimmtes Gerät zu finden ist.

Eine vollständige Sammlung über die Schaltzeichennormen enthalten die Normblätter DIN 40700 bis 40719.

2. Der Aufbau von Steuerungen

Die zu einer Steuerung gehörenden Schalt- und sonstigen Geräte lassen sich im Hinblick auf ihre Unterbringung in 4 Gruppen einteilen:

a) Geräte im „Griffbereich", also Schalter und Taster, Befehls- oder Steuergeräte, die von Hand betätigt werden müssen. Sie sind nach Möglichkeit zu „Steuertafeln" zusammengefaßt und sollen so angebracht sein, daß die Verlustzeiten bei der Bedienung möglichst klein gehalten werden. Der Bedienende soll diese Schalter bei der Arbeit bequem erreichen können, ohne in seiner Aufmerksamkeit abgelenkt zu werden und ohne dabei Unfallgefahren ausgesetzt zu sein.

b) Geräte im „Sichtbereich", der sich ganz oder teilweise mit dem „Griffbereich" decken kann. Für die in Betracht kommenden Geräte, hauptsächlich Meldeleuchten und Meßgeräte bzw. aus diesen abgewandelte Stellungsanzeiger u. dgl., gilt auch das zur ersten Gruppe Gesagte, d. h., daß sie sinnfällig in zweckentsprechender Richtung liegen müssen.

c) Geräte im „Funktionsbereich der Maschine". Bei diesen Geräten handelt es sich vornehmlich um Grenz- bzw. Endschalter und -taster, aber auch um Druckschalter, Schwimmerschalter, Thermostate, letzten Endes auch um die Antriebsmotoren und andere Antriebselemente, wie Magnetkupplungen, Zugmagnete, Hydraulikventile usw. Bei ihrer Unterbringung ist man an die Lage bewegter bzw. anderer von der Maschine beeinflußter Teile gebunden.

d) Geräte außerhalb dieser Bereiche, die nur gelegentlich und dann nur in Betriebspausen zugänglich sein müssen. Hierunter fallen z. B. die Luftschütze, Schutz-, Zeit- und Hilfsrelais, also die fernbetätigten Geräte, ferner auch z. B. Geräte für Einstellung besonderer Betriebszustände (einschließlich des Ein- und Ausschaltens bei Beginn und Ende der Arbeitsschicht: Hauptschalter), mit Handantrieb betätigte Schalter, wie Motorschutzschalter, Pacco-Schalter und Kleinsteuerschalter als Motorschalter und Wahlschalter (Programmeinstellung), sowie alles Zubehör an Kleintransformatoren, Kleingleichrichtern, Widerständen, Drosseln und Kondensatoren, Sicherungen und Kleinselbstschaltern, schließlich Reihenklemmen, fallweise auch Vielfachsteckverbindungen für die Bildung von Verzweigungen und Knotenpunkten, sowie für die geordnete Zuführung der Leitungen zu den Geräten der ersten drei Gruppen und zum Netzanschluß. In den meisten Fällen sind diese Geräte in getrennt stehenden Schaltschränken untergebracht. Bei der Auswahl und dem Bau des Schaltschrankes sind jeweils bestimmte Vorschriften zu beachten (z. B. VDE 0113).

Die Schaltteile der vierten Gruppe faßt man zweckmäßig zu besonderen Einheiten zusammen, die innerhalb der Steuerungen die „Steuerungstafeln" bilden, die demnach grundsätzlich zu unterscheiden sind von den „Steuertafeln", auf denen Geräte der ersten beiden Gruppen zusammengefaßt sind.

3. Verdrahtungssysteme

Für die immer größer werdenden Steuerungstafeln, die zweckmäßigerweise in besonderen Schaltschränken untergebracht werden, gibt es verschiedene Verdrahtungssysteme.

Aus Gründen der rationellen Fertigung verzichtet man oft auf die sorgfältig geordnete Verlegung der Leitungen auf Blechplatten, die auch die Geräte tragen, und kommt beispielsweise bei dem in Abb. 196 gezeigten Verdrahtungssystem dazu, daß die Vorderseite der Tafeln für die Aufnahme der Geräte, die Rückseite für die Führung der Schaltverbindungen bestimmt ist.

Die Steuerungstafeln setzen sich aus Bausteinen zusammen, und zwar werden in senkrechter Folge Tragleisten (für die Geräte) und Lochleisten (für die Leitungen) aneinandergereiht. Die Tragleisten sind aus Tafelblech gearbeitet und oben sowie unten mit abgewinkelten Ansätzen zum Aufreihen der entsprechend genuteten Lochleisten versehen. An beiden Seiten werden die Tragleisten mit Rahmenleisten verschraubt, mit denen vereint sie ein festes Gefüge bilden.

Abb. 196
Verdrahtete Steuerungstafel (Bauart Siemens)
oben: Vorderseite; unten: Rückseite

Die Tragleisten tragen die Geräte (Abb. 197). Sie werden in fünf verschiedenen Höhen, jeweils als Vielfaches von 40 mm, hergestellt, also in Höhen von 40 bis 200 mm. In der Breite stehen die Tragleisten bei einer Grundeinteilung von 100 mm in Größen von 300 bis 900 mm zur Verfügung. Alle Tragleisten an einer Tafel haben die gleiche Breite.

Jedes zu montierende Gerät benötigt auf einer Tragleiste eine bestimmte Breite. Diese Breite und die Höhe der jeweils nächsthöheren

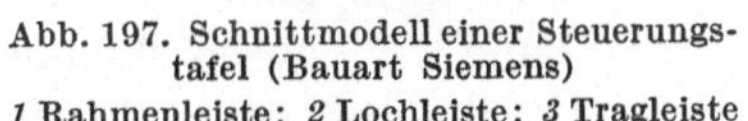

Abb. 197. Schnittmodell einer Steuerungstafel (Bauart Siemens)
1 Rahmenleiste; *2* Lochleiste; *3* Tragleiste

Abb. 198. Kanalverdrahtung einer Steuerungstafel
(Bauart Siemens). Kanäle teilweise geöffnet

Tragleiste ergeben rechteckige Gerätefelder, die durch Ordnung nach der Größe den günstigsten, d. h. kleinsten Raumaufwand ergeben.

Die Lochleisten werden aus Weichgummi einheitlich mit 100 mm Länge und 40 mm Höhe gefertigt und enthalten 2 Reihen mit je 16 konisch vorgeformten Löchern. Die Lochleisten werden zwischen zwei übereinander folgenden Tragleisten aufgereiht. Durch die Pressung des Gummis werden hindurchgesteckte Leitungen sicher festgehalten. Jeder Leiter kann so auf kürzestem Wege von der Anschlußklemme eines Gerätes zum nächstliegenden Durchführungsloch einer Lochleiste geführt werden.

Da die Lochleisten die elektrisch leitenden Gestellteile überragen, ist eine einwandfreie doppelte Isolierung der Leitungen gegen das Gestell erreicht. Ein Festschellen oder Bündeln von Leitungen ist nicht erforderlich.

Anstelle der rückwärtigen Verdrahtung kann man die isolierten Leitungen auch in Kunststoffkanälen verlegen, die Abb. 198 am Beispiel eines Schaltschrankes für eine Werkzeugmaschinensteuerung zeigt. Die auf der Vorderseite angeordneten Leitungskanäle aus Kunststoff (Hart-PVC) bestehen aus einem U-förmigen Unterteil und einem Deckel aus gleichem Material. Die Seitenwände des Unterteiles sind zum Einlegen und zur Halterung mit Löchern oder Schlitzen versehen.

Andere Verdrahtungssysteme verwenden Leitungshalter als Stützpunkte und ermöglichen kurze Montagezeiten von — meistens vorbereiteten — Leitungsbündeln.

4. Gedruckte Schaltungen

Für die Unterbringung kontaktloser Bauelemente sind in den verschiedenen Ländern und bei den wichtigsten Lieferfirmen Bausteinsysteme entstanden, die sich in ihrem Grundaufbau sehr ähneln. Das Kernstück vieler dieser Systementwicklungen ist eine Steckbaugruppe ähnlich Abb. 199. Sie besteht aus einer in den Abmessungen genormten Hartpapierplatte (z. B. 100 × 160 mm) und trägt auf der einen Seite die vorzugsweise als „gedruckte Schaltung" ausgebildeten Verbindungen, auf der anderen Seite die elektrischen Bauelemente. Die Anschlüsse der Bauelemente sind durch Löcher in der Hartpapierplatte geführt und mit der gedruckten Schaltung verlötet. Diese Baugruppe trägt am unteren Ende eine vielpolige Steckerleiste, die in gleicher Weise wie die Bauelemente mit der gedruckten Schaltung verbunden ist. Wir sprechen deshalb von einer Steckbaugruppe.

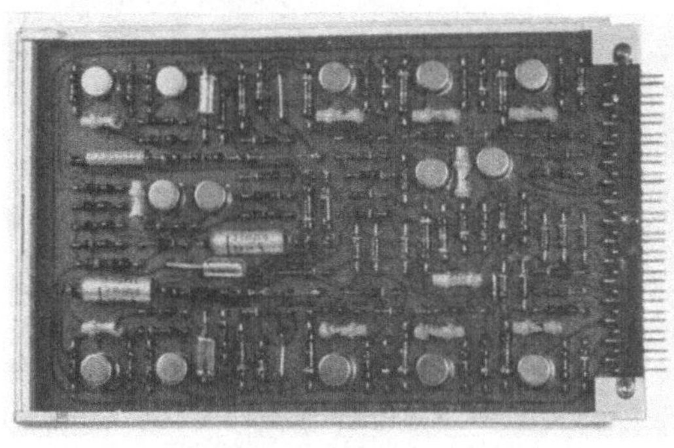

Abb. 199. Steckbaugruppe (Bauart Siemens)

Durch Vergießen — insbesondere der Leiterseite einer Steckbaugruppe — kann man einen Schutz gegen Staub erreichen; eine noch größere Funktionssicherheit erhält man durch Kapselung der Steckbaugruppe.

Die Steckbaueinheiten werden in Chassis eingeschoben, die in geeignete Schaltschränke passen. Es haben sich von der Anwendungsseite her zwei Arten als zweckmäßig erwiesen.

Der *Tiefeinschub* als steckbare Einheit mit rückseitig angebrachten Zwischensteckverbindungen zur Schrankverdrahtung läßt sich leicht auswechseln. Die Steckbaugruppen sind parallel zur Schrankvorderseite angeordnet, staffeln sich also in der Tiefe.

Der *Flachbaurahmen* als fest im Schrank montierte Einheit mit direktem Anschluß der Schrankverdrahtung über Lötösenleisten. Die

Abb. 200. Flachbaurahmen mit Steckbaugruppen (Bauart Siemens)

Steckbaugruppen können bis zu dieser Lötösenleiste verdrahtet und elektrisch geprüft werden. Bei dieser Bauart ist insbesondere die ungehinderte Zugänglichkeit der Steckbaugruppen von vorne vorteilhaft. Beim Flachbaurahmen stehen die Kopfflächen der Steckbaugruppen parallel zur Schrankvorderseite, staffeln sich also von links nach rechts (Abb. 200).

Für die Unterbringung der Chassis kann man dann noch einheitliche Schrankgrößen verwenden, die ebenfalls nach einem Baukastensystem aufgebaut sind.

VI. Der Signalfluß

Wir haben gesehen, wie aus der Information ein Signal geworden ist und haben das Signal so umgeändert, daß es den Energiefluß beeinflussen kann. Mit Hilfe von Meßeinrichtungen können wir feststellen, wie sich diese gewollte Beeinflussung des Energieflusses auswirkt. Der Meßwertumformer gibt dann der Meßgröße wiederum eine Signalform, die mit dem Eingangssignal (Führungssignal) vergleichbar ist. Der Signalfluß geht somit zunächst vom Signalgeber bis zum Ausgang des Meßwertumformers.

Wenn wir diesen Signalflußkreis schließen, also das Signal des Meßwertumformerausganges (Ist-Wert) mit dem Eingangssignal (Soll-Wert) vergleichen, so werden wir feststellen, ob das Eingangssignal im gewünschten Sinne auf den Energiefluß eingewirkt hat und können gegebenenfalls aus der Abweichung geeignete Folgerungen ziehen.

Für die systematische Behandlung derartiger Soll-Ist-Wert vergleichender Einrichtungen benötigen wir zunächst eine einheitliche Darstellungssymbolik. Es entstand der „Signalflußplan" für die graphische Darstellung einerseits und die auf geschlossene Signalflußkreise zugeschnittene Regelungsmathematik andererseits, weil auf diesem Gebiet die funktionsmäßige Beurteilung der rückgekoppelten Systeme oft schwer zu übersehen ist.

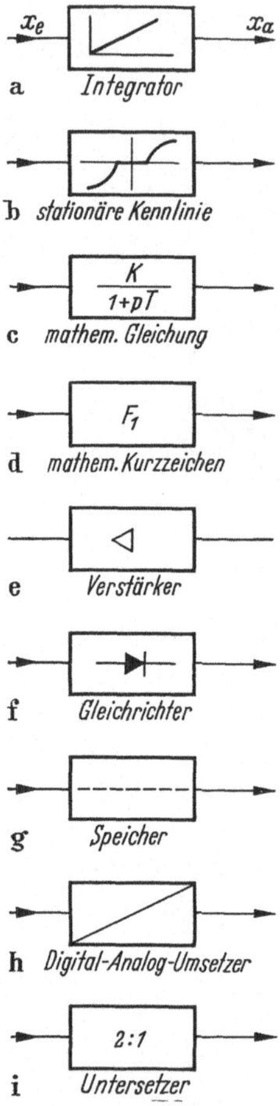

Abb. 201. Einige Beispiele für die Darstellung der Eigenschaften von Übertragungsgliedern

a) Integrator; b) stationäre Kennlinie; c) mathematische Gleichung; d) mathematische Formelzeichen; e) Verstärker; f) Gleichrichter; g) Speicher; h) Signalumsetzer; i) Untersetzer 2 : 1

a   Integrator

b   stationäre Kennlinie

c   mathem. Gleichung

d   mathem. Kurzzeichen

e   Verstärker

f   Gleichrichter

g   Speicher

h   Digital-Analog-Umsetzer

i   Untersetzer

A. Darstellungsarten

1. Der Signalflußplan

Der Signalflußplan besteht aus Symbolen für die Übertragungsglieder, die durch Wirkungs-

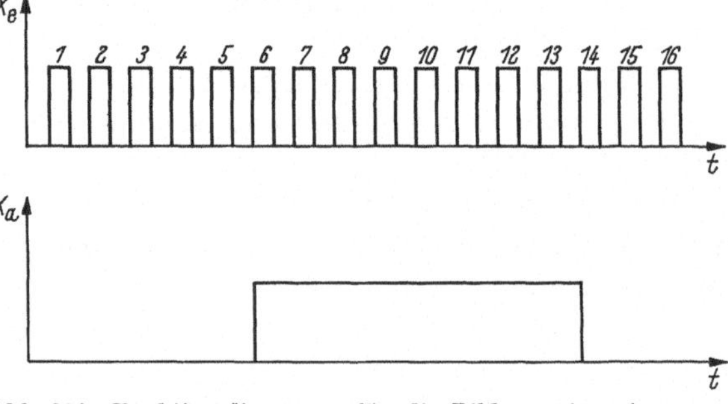

Abb. 202. Funktionsdiagramm für die Bildung eines Ausgangssignales in Abhängigkeit von der Zahl der Eingangsimpulse

linien miteinander verbunden sind. Diese Wirkungslinien haben mit materiellen Verbindungsleitungen an sich nichts zu tun, sie deuten nur an, daß das Ausgangssignal des ersten Übertragungsgliedes als Eingangssignal für das zweite, damit verbundene Übertragungsglied dient.

Als allgemeines Symbol für das Übertragungsglied hat sich das Rechteck (Blockschaltbild) zweckmäßig erwiesen. Die Wirkungslinien kennzeichnen Signaleingang und -ausgang. Durch ein passendes Symbol im Rechteck ist angedeutet, was aus dem Eingangssignal am Ausgang geworden ist. Dazu kann z. B. nach Abb. 201 ein mathematischer Hinweis (a) dienen. Man kann als Symbole ferner auch stationäre Kennlinien (b), mathematische Gleichungen (c) und Formelkurzzeichen (d) wählen.

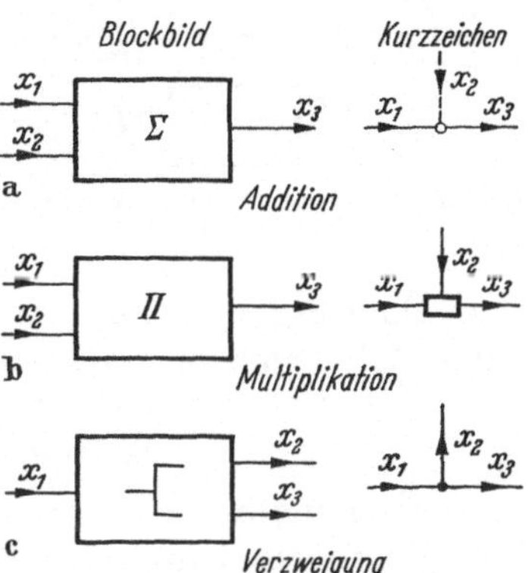

Abb. 203. Übertragungsglieder für Signalverknüpfungen

a) Addition; $x_1 + x_2 = x_3$; b) Multiplikation; $x_1 x_2 = x_3$; c) Verzweigung $x_1 = x_2 = x_3$; (bei Spannungen)

Sehr häufig sind die Übertragungseigenschaften durch Gerätesymbole (e—h) hinreichend genau gekennzeichnet, wenn die Eigenschaften der Geräte genau bekannt und ihre Symbole allgemein eingeführt sind. Beim Signaluntersetzer (i) kann die Zahlenangabe „2 : 1" die Aufgabe schon genügend genau kennzeichnen. Eine Fülle anderer Symbole werden im vorliegenden Buch verwendet.

Reichen diese Symbole nicht aus, so kann auch das Funktionsdiagramm herangezogen werden. Es zeigt in meist zeitlicher Abhängigkeit, wie das Ausgangssignal bei gegebenem Eingangssignal wirkt. Als Beispiel dient Abb. 202 für ein Übertragungsglied, das am Eingang gleichmäßige Zählimpulse bekommt und so wirken soll, daß nach dem 6. Impuls der Ausgang Signal hat, dieses beim 14. Impuls jedoch wieder verschwindet.

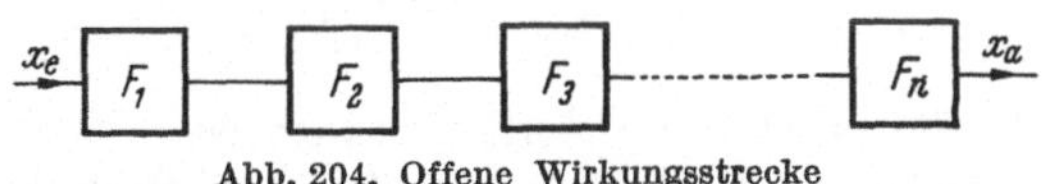

Abb. 204. Offene Wirkungsstrecke

Sehr häufig kommen im Signalfluß Übertragungsglieder vor, die Signalverknüpfungen durchführen sollen, also mehrere Eingangssignale und nur ein Ausgangssignal haben. Man kann diese entweder in Blockschaltbildern mit eingetragenen Verknüpfungsbedingungen darstellen oder dafür besondere Kurzzeichen nach Abb. 203 wählen. Für logische Verknüpfungen wird auf die Schaltsymbole in den früheren Abb. 169 und folgende verwiesen.

Das Zusammenwirken der Übertragungsglieder zeigt der Signalflußplan — auch Blockschaltbild genannt. Abb. 204. zeigt eine offene Wirkungsstrecke. In geschlossenen Wirkungsbahnen kommen neben Reihen- auch Parallelschaltungen vor, wobei nach Abb. 205 die

Eingänge einfach verzweigt, die Ausgänge aber additiv verknüpft sein
können. Abb. 206 stellt eine Schaltung mit umgekehrt wirkender Verzweigung dar. Das verändert oft ganz entscheidend das Verhalten

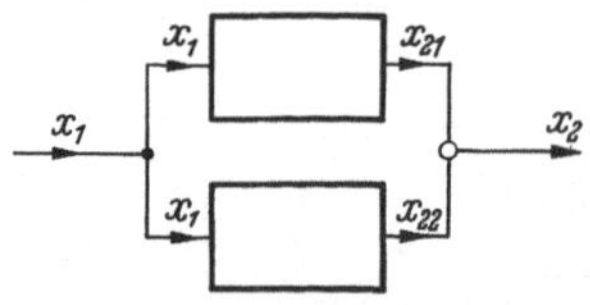

Abb. 205. Geschlossene Wirkungsbahnen; Parallelschaltung

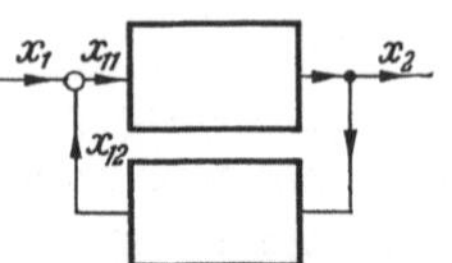

Abb. 206. Geschlossene Wirkungsbahnen; Antiparallelschaltung

eines Übertragungsgliedes. Die neuen Zusammenhänge sind dann oft nur
unter Zuhilfenahme mathematischer Methoden richtig zu übersehen.

2. Mathematische Methoden

Bei den mathematischen Betrachtungen gehen wir von der Differentialgleichung des einzelnen Übertragungsgliedes aus. Als Beispiel wählen
wir ein Übertragungsglied nach Abb. 207. Wir wollen untersuchen,
welchen Verlauf die Spannung U_c am Kondensator hat, wenn am Eingang die Spannung U angelegt wird.

Allgemein gilt

$$U = R\,I + U_c \tag{1}$$

und

$$I = \frac{dQ}{dt} = C\,\frac{dU_c}{dt} \tag{2}$$

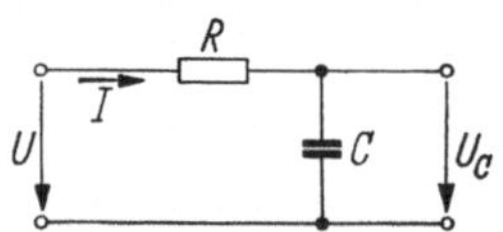

Abb. 207. Schaltung eines
Vierpoles mit kapazitivem
Speicher (Trägheit)

weil definitionsgemäß $C = Q/U_c$ ist.

Aus Gl. (1) wird dann mit Gl. (2)

$$U = U_c + T\,\frac{dU_c}{dt} \tag{3}$$

wobei $R\,C = T$ die elektrische Zeitkonstante ist.

Mit dieser Differentialgleichung (3) ist das Verhalten des Übertragungsgliedes eindeutig beschrieben. Wir setzen jetzt für $U = x_e$ und
$U_c = x_a$ und bekommen aus Gl. (3) den allgemeinen Ausdruck in normierten Werten

$$x_e = x_a + T\,\frac{dx_a}{dt} \tag{4}$$

x_e kann jeden beliebigen Zeitverlauf haben, ohne daß sich am Übertragungsverhalten etwas ändert, wenn wir, wie im Beispiel, lineares
Übertragungsverhalten haben.

Von besonderer technischer Bedeutung ist erstens eine sprunghafte
Änderung der Eingangsgröße und zweitens eine Änderung in Form einer
harmonischen Schwingung, also einer Sinuskurve. Wir bekommen damit
im ersten Fall die Übergangsfunktion, im zweiten Fall den Frequenzgang.

a) Übergangsfunktion

Zur Ermittlung der Übergangsfunktion läßt man zur Zeit $t = 0$ (Abb. 208a) die Eingangsgröße x_e von 0 auf x_{es} springen. Im vorstehenden Beispiel ergibt sich der Verlauf der Ausgangsgröße durch Lösung der Differentialgleichung (4) mit Hilfe des integrierenden Faktors $x_a\, e^{t/T}$. Denn es ist

$$d(x_a e^{t/T}) = e^{t/T}\, dx_a + \frac{1}{T}\, x_a\, e^{t/T}\, dt$$

$$= \frac{1}{T}\, e^{t/T}\, dt \left(T\, \frac{dx_a}{dt} + x_a \right)$$

$$= \frac{x_e}{T}\, e^{t/T}\, dt \tag{5}$$

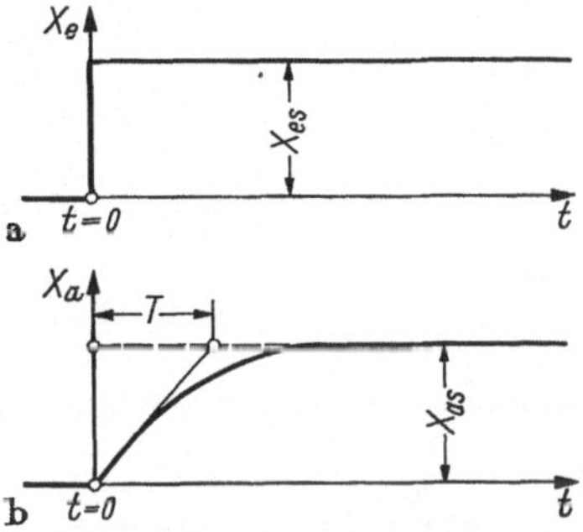

Abb. 208. Sprungfunktion der Eingangsgröße (a); Übergangsfunktion der Ausgangsgröße (Sprungantwort) (b)

Mit dieser Gleichung wird damit für einen Sprung bei $t_1 = 0$ von $x_{e_1} = 0$ auf $x_{e_2} = x_{es}$ und $x_{a_1} = 0$ auf $x_{a_2} = x_a$ bei $t_2 = t$

$$\int\limits_0^{x_a} d(x_a\, e^{t/T}) = \frac{1}{T}\, x_{es} \int\limits_0^t e^{t/T}\, dt \tag{6}$$

$$x_a\, e^{t/T} - 0 = x_{es}\, \frac{T}{T}\, (e^{t/T} - 1)$$

$$x_a = x_{es}(1 - e^{-t/T}) \tag{7}$$

Der Verlauf $x_a\,(t)$ des Ausgangssignals wird als Sprungantwort bezeichnet (Abb. 208b). Der Quotient x_a/x_{es} heißt Übergangsfunktion und wird durch den Ausdruck $1 - e^{-t/T}$ dargestellt. Sprungantwort und Übergangsfunktion werden identisch, wenn die Eingangsgröße um den Wert 1 springt (Einheitssprung). Die Übergangsfunktion ist eine der Geräteanordnung eingeprägte Eigenschaft und beschreibt deren Übertragungsverhalten vollständig, ohne von den zu übertragenden Signalen selbst beeinflußt zu werden, auch wieder vorausgesetzt, daß sich die Geräteanordnung linear verhält. Im stationären Zustand ist $x_{as} = x_{es}$.

Allgemein kann man die Übergangsfunktion durch Lösung der für die Geräteanordnung gültigen Differentialgleichung oder experimentell durch Aufschalten des Einheitssprunges bestimmen.

Das Beispiel der Abb. 207 wird als Übertragungsglied 1. Ordnung bezeichnet, da es durch eine Differentialgleichung 1. Ordnung beschrieben wird, oder als Verzögerungsglied 1. Ordnung, oder anschaulicher als Trägheit. Häufig besteht die Regelstrecke aus mehreren Übertragungsgliedern 1. Ordnung. Sind z. B. zwei Übertragungsglieder mit den Zeitkonstanten T_1 und T_2 in Reihe geschaltet, so gilt mit den Bezeichnungen nach Abb. 209

$$x_e = x_1 + T_1 \frac{dx_1}{dt} \tag{8}$$

und

$$x_1 = x_a + T_2 \frac{dx_a}{dt} \tag{9}$$

Ersetzt man x_1 in Gl. (8) durch Gl. (9), so wird

$$x_e = x_a + T_2 \frac{dx_a}{dt} + T_1 \frac{dx_a}{dt} + T_1 T_2 \frac{d^2 x_a}{dt^2}$$

oder

$$x_e = x_a + (T_1 + T_2) \frac{dx_a}{dt} + T_1 T_2 \frac{d^2 x_a}{dt^2} \tag{10}$$

Eine Strecke mit n solchen linearen Trägheitsgliedern hat damit die allgemeine Differentialgleichung

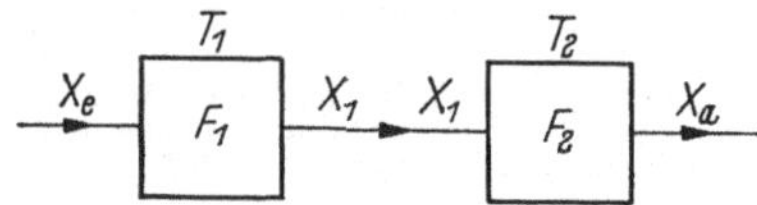

Abb. 209. Blockbild für die Reihenschaltung zweier Übertragungsglieder

$$x_e = a_1 x_a + a_2 \dot{x}_a +$$
$$+ a_3 \ddot{x}_a + \cdots + a_n x_a^{(n-1)} \tag{11^1}$$

Aus diesen Differentialgleichungen können wir nun die Übergangsfunktionen ableiten und setzen für einen Sprung von $x_{e_1} = 0$ auf $x_{e_2} = x_{e\,s}$ zur Zeit $t = 0$ aus Gl. (11)

$$\frac{x_{es}}{a_1} = x_a + \frac{a_2}{a_1} \dot{x}_a + \frac{a_3}{a_1} \ddot{x}_a + \cdots + \frac{a_n}{a_1} x_a^{(n-1)} \tag{12}$$

Mit dem Lösungsansatz

$$x_a - \frac{x_{es}}{a_1} = c\, e^{\lambda t} \tag{13}$$

ergibt sich die charakteristische Gleichung

$$1 + \frac{a_2}{a_1} \lambda + \frac{a_3}{a_1} \lambda^2 + \cdots + \frac{a_n}{a_1} \lambda^{(n-1)} = 0 \tag{14}$$

Durch Wurzelbestimmung erhält man dann

$$x_a = \frac{x_{es}}{a_1} + c_1 e^{\lambda_1 t} + c_2 e^{\lambda_2 t} + \cdots + c_n e^{(\lambda_{n-1} t)} \tag{15}$$

Die dazugehörigen Übergangsfunktionen sind für Glieder 2. und höherer Ordnung in Abb. 210 für den Fall, daß jeweils alle Zeitkonstanten gleich sind und die Summe der Zeitkonstanten konstant ist, zusammengefaßt. Man sieht daraus, daß die Übergangsfunktionen mit steigender Ordnung sich der Funktion eines Laufzeitgliedes nähern.

Dieses Laufzeitglied ist durch die Laufzeit T_L gekennzeichnet, die vom Augenblick der Stellgrößenveränderung vergeht, bis sich die Regelgröße merkbar zu ändern beginnt. Es kann z. B. durch Transportvor-

---

$$^1)\quad \dot{x} = \frac{dx}{dt}; \qquad \ddot{x} = \frac{d^2 x}{dt^2}$$

gänge verursacht worden sein oder von der Meßunempfindlichkeit, z. B. durch Reibung des Meßgerätes, beeinflußt werden. Es gehört zu den nichtlinearen Gliedern der Regelstrecke.

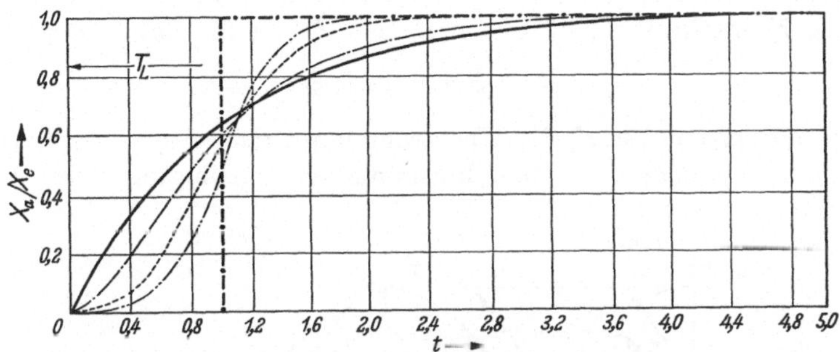

Abb. 210. Übergangsfunktionen für eine Regelstrecke mit mehreren in Reihe geschalteten speicherfähigen Überragungsgliedern

——————	1. Ordnung
— . — . — .	2. Ordnung
— — — —	5. Ordnung
— . . — . . —	10. Ordnung
— — . — — .	Laufzeitverhalten

b) Frequenzgang

Bei der Ermittlung des Frequenzganges ändern wir die Eingangsgröße nach einer Sinusfunktion und beobachten das Verhalten des

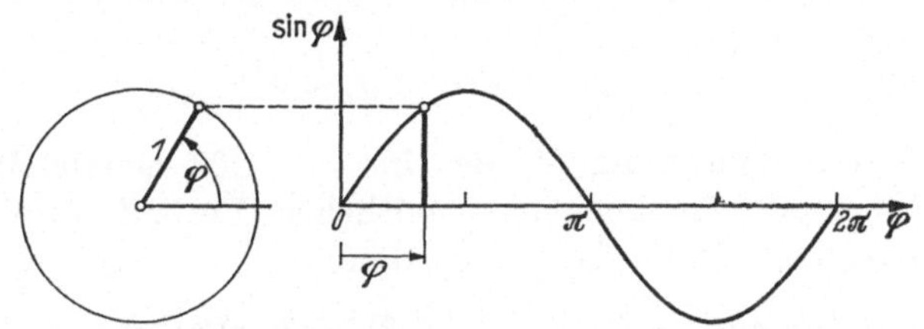

Abb. 211. Darstellung einer harmonischen Schwingung (Wechselstrom)

Ausgangssignals. Bekanntlich nehmen wir dabei an, daß die Sinusfunktion dadurch entsteht, daß der Einheitsvektor 1 um den Winkel φ gedreht auf die Ordinatenachse projiziert wird (Abb. 211).

Nach dem Satz von EULER läßt sich der den Einheitskreis beschreibende Radius in der Gaußschen Zahlenebene aus der Zusammensetzung seiner Real- und Imaginärteile darstellen (Abb. 212)

$$\cos \varphi + j \sin \varphi = e^{j\varphi} \qquad (16)$$

Ist das Argument φ durch die Zeitfunktion $\varphi = \omega t$ ($\omega =$ Kreisfrequenz) gegeben,

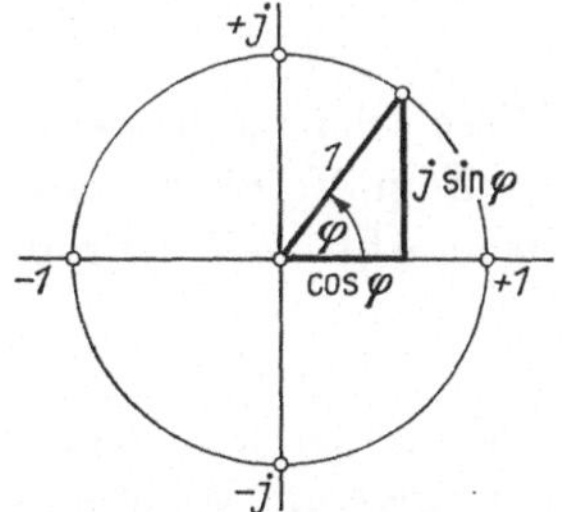

Abb. 212. Einheitskreis in der Gaußschen Zahlenebene

so bedeutet dies, daß der Radius wie der Zeiger der Uhr umläuft, jedoch im entgegengesetzten Sinne. Bei $\omega t = 2\pi$ ist ein Umlauf beendet.

Die Eingangsgröße x_e mit dem zeitlichen Verlauf einer harmonischen Schwingung von der Kreisfrequenz ω, läßt sich in Zeiger- (Vektor-) Darstellung $\vec{x_e}$ anschreiben, in dem man dem Zeiger die Länge $\hat{x}_e$ gibt

$$\vec{x_e} = \hat{x}_e\, e^{j\omega t} = \hat{x}_e\, e^{j\varphi} \tag{17}$$

Die Ausgangsgröße $\vec{x_a}$ des Übertragungsgliedes wird — bei linearem Verhalten — ebenfalls eine harmonische Schwingung der Kreis-

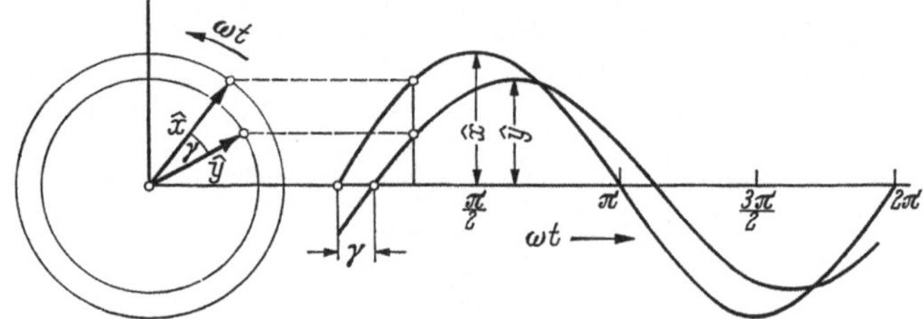

Abb. 213. Vektor- (Zeiger-) Darstellung periodischer Größen
$\hat{x}$ Eingangsamplitude; $\hat{y}$ Ausgangsamplitude; γ Phasenwinkel

frequenz ω sein, jedoch mit anderer Amplitude $\hat{x}_a$ und einer Phasenverschiebung γ gegenüber der Eingangsgröße $\vec{x_e}$ (Abb. 213).

Es ist also

$$\vec{x_a} = \hat{x}_a\, e^{j(\omega t - \gamma)} = \hat{x}_a\, e^{j(\varphi - \gamma)} \tag{18}$$

Die Differentialgleichung (4) des in Abb. 207 behandelten Übertragungsgliedes gilt für beliebigen zeitlichen Verlauf, also auch für periodische Größen. Dafür lautet sie dann

$$\hat{x}_e\, e^{j\omega t} = \hat{x}_a\, e^{j(\omega t - \gamma)} + T\, j\, \omega\, \hat{x}_a\, e^{j(\omega t - \gamma)}$$

oder

$$\hat{x}_e\, e^{j\omega t} = \hat{x}_a\, e^{j(\omega t - \gamma)}(T\, j\, \omega + 1) \tag{19}$$

Setzt man $j\,\omega = p$, so wird dann mit den Gl. (17) und (18)

$$\vec{x_e} = \vec{x_a}(1 + T\, p) \tag{20}$$

Diese Gleichung stellt also dasselbe dar wie Gl. (4).

Zum Vergleich mit den physikalischen Verhältnissen des Vierpoles nach Abb. 207 schreiben wir Gl. (20)

$$x_e = x_a + x_a\, T\, p$$

und stellen fest, daß x_a der Spannungsabfall am Kondensator, $x_a\, \dot{T}\, p$ derjenige am Widerstand R sein muß. Für den letzteren gilt dann

$$R\, I_1 = x_a\, T\, p \tag{21}$$

wenn I_1 der Eingangsstrom beim Ausgangsstrom $I_2 = 0$ ist. Also ist der Spannungsabfall am Kondensator

$$x_a = \frac{R\,I_1}{T\,p}$$

oder mit $T = R\,C$

$$x_a = \frac{I_1}{p\,C} \tag{22}$$

d. h., wir können für den (verlustlosen) kapazitiven Widerstand

$$R_c = \frac{1}{p\,C} \tag{23}$$

setzen und brauchen mit diesem Operator für die Aufstellung der Gl. (3) nicht mehr von der Differentialgleichung auszugehen. Das vereinfacht, wie wir später sehen werden, die Berechnung umfangreicher $R\,C$-Glieder ganz wesentlich.

Wir verstehen nun unter Frequenzgang $F(p)$ eine Funktion, mit der man die Eingangsgröße multiplizieren muß, um die Ausgangsgröße zu erhalten.

Es ist also in unserem Beispiel

$$x_e(p)\,F(p) = x_a(p)$$

also

$$\frac{x_a(p)}{x_e(p)} = F(p) = \frac{1}{1 + T\,p} \tag{24}$$

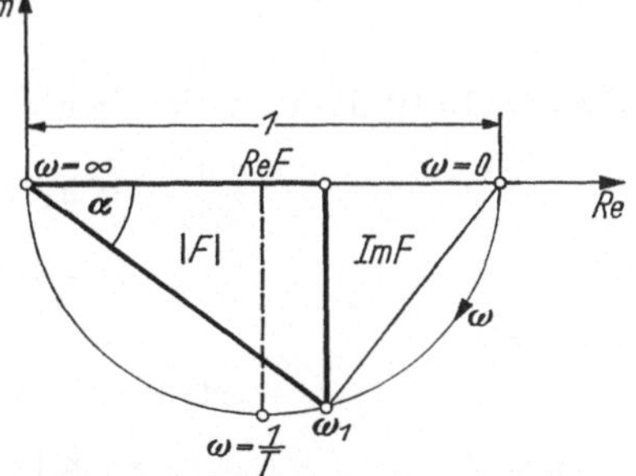

Abb. 214. Ortskurve der Frequenzgänge
Re reelle Achse; *Im* imaginäre Achse;
ReF Realteil des Frequenzganges;
ImF Imaginärteil des Frequenzganges

Diese Funktion — für deren Darstellung nicht der kleine, sondern der große Buchstabe F dient — wird in einer Ortskurve festgehalten, die man beispielsweise für den Frequenzgang des Übertragungsgliedes aus Gl. (24) dadurch ermittelt, daß man jetzt wieder $p = j\,\omega$ setzt und die Realteile $R_e(F)$ und Imaginärteile $I_m(F)$ berechnet (Abb. 214). Es ist

$$F(p) = \frac{1}{1 + p\,T} = \frac{1}{1 + j\,\omega\,T} = \frac{1 - j\,\omega\,T}{1 + \omega^2\,T^2} \tag{25}$$

also

$$R_e(F) = \frac{1}{1 + \omega^2\,T^2} \quad \text{und} \quad I_m(F) = \frac{-\,\omega\,T}{1 + \omega^2\,T^2} \tag{26}$$

Damit wird für

$$\omega = 0; \quad R_e(F) = +\,1; \quad I_m(F) = 0$$

$$\omega = \infty; \quad R_e(F) = 0\,; \quad I_m(F) = 0 \tag{27}$$

Für beliebige Frequenz ω_1 wird der Winkel α

$$\tan\alpha = \frac{I_m(F)}{R_e(F)} = -\omega_1\, T \tag{28}$$

Der im vorliegendem Beispiel als Halbkreis gefundene Verlauf des Funktionswertes heißt Ortskurve (Abb. 215).

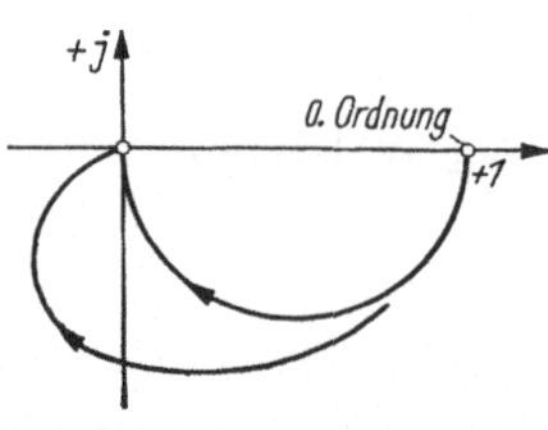

Abb. 215. Ortskurve des Frequenzganges für mehrere in Reihe geschalteter Übertragungsglieder mit Speicherverhalten (Trägheit)

Häufig besteht die Regelstrecke aus mehreren hintereinandergeschalteten Übergangsgliedern 1. Ordnung.

Sind z. B. 2 Übertragungsglieder mit den Zeitkonstanten T_1 und T_2 in Reihe geschaltet, so gilt mit den Bezeichnungen in Abb. 209

$$F_1(p) = \frac{x_1(p)}{x_e(p)}$$

und

$$F_2(p) = \frac{x_a(p)}{x_1(p)} \tag{29}$$

Durch Multiplikation der beiden Gl. (29) wird

$$\frac{x_a(p)}{x_e(p)} = F_1(p)\, F_2(p)$$

$$= \frac{1}{(1 + p\, T_1)\, (1 + p\, T_2)}$$

also

$$x_e(p) = x_a(1 + p\, T_1)\, (1 + p\, T_2)$$

$$= x_a[1 + (T_1 + T_2)\, p + T_1\, T_2\, p^2] \tag{30}$$

Die dazugehörende Ortskurve geht gemäß Abb. 215 durch die beiden unteren Quadranten.

Allgemein gilt für die Reihenschaltung

$$F(p) = F_1(p)\, F_2(p)\, F_3(p) \cdots \tag{31}$$

Für die Parallelschaltung nach Abb. 216 wird sinngemäß

$$F(p) = F_1 + F_2 + F_3 + \cdots \tag{32}$$

Um für einen Regler ein gemischtes Übertragungsverhalten zu bekommen, kann er mit einem Gegenkopplungsfrequenzgang F_2 entsprechend Abb. 217 versehen werden. Bei Zusammenschaltung ergibt

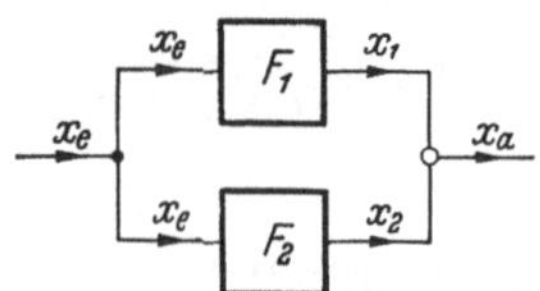

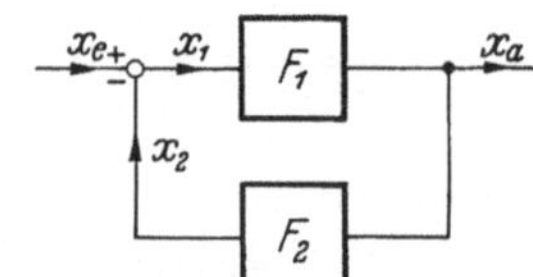

Abb. 216. Blockbild für die Parallelschaltung von Übertragungsgliedern   Abb. 217. Blockbild für die Antiparallelschaltung

sich als Frequenzgang für eine solche Gegenparallelschaltung:

$$F_1 = \frac{x_a}{x_e - F_2\,x_a} \tag{33}$$

$$x_a(1 + F_1\,F_2) = x_e\,F_1$$

$$F(p) = \frac{x_a}{x_e} = \frac{F_1}{1 + F_1\,F_2} = \frac{1}{1/F_1 + F_2} \tag{34}$$

In vielen Fällen können wir die Regelstrecke nach Abb. 204 als die Reihenschaltung von Verzögerungsgliedern 1. Ordnung mit dem Frequenzgang

$$F_\nu(p) = \frac{1}{1 + p\,T_\nu}\;; \qquad \nu = 1 \ldots n \tag{35}$$

auffassen.

Für die gesamte Regelstrecke beträgt der Frequenzgang also

$$F(p) = F_1\,F_2\,F_3 \cdots F_n$$

$$= \frac{1}{\prod\limits_{\nu=1}^{n}(1 + p\,T_\nu)} \tag{36}$$

Kommt noch Laufzeitverhalten hinzu, so müssen wir berücksichtigen, daß zwei Vektoren $\vec{x}_e$ und $\vec{x}_a$, die in gleichen zeitlichen Abständen mit der Frequenz f umlaufen, einen Frequenzgang

$$F(p) = \frac{\hat{x}_a}{\hat{x}_e}\,e^{-j\gamma} \tag{37}$$

haben, wobei $\gamma = \sphericalangle\,\hat{x}_e\,\hat{x}_a$ ist. Dieser Winkel steht mit der Laufzeit T_L eines Laufzeitgliedes im Zusammenhang durch die Gleichung

$$\gamma = T_L\,\omega \tag{38}$$

also ist der Frequenzgang

$$F(p) = e^{-p\,T_L} \tag{39}$$

wenn reines Laufzeitverhalten vorliegt und die Verstärkung $= 1$ ist, also

$$\hat{x}_e = \hat{x}_a \tag{40}$$

Hätte die Regelstrecke nach Gl. (36) noch eine Laufzeit, so würde die Gleichung für den Frequenzgang lauten

$$F(p) = \frac{e^{-p\,T_L}}{\prod\limits_{\nu=1}^{n}(1 + p\,T_\nu)} \tag{41}$$

Diese Darstellung des Vorganges mit dem Frequenzgang entspricht der Darstellung des Übertragungsverhaltens durch die Differentialgleichung, wenn die Eingangsgröße eine Wechselstromgröße oder allgemein eine Wechselgröße ist, die nach dem Sinusgesetz verläuft.

Selbstverständlich gilt die Frequenzdarstellung auch, wenn die Eingangsgröße aus mehreren Wechselströmen (oder Wechselgrößen) mit verschiedenen Frequenzen und Amplituden besteht. Dementsprechend wird sich auch der Ausgang aus mehreren Wechselströmen gleicher Frequenzen, aber verschiedener Amplituden und veränderter Phasen zusammensetzen.

c) Laplace-Transformation

Häufig soll die Übergangsfunktion, also das zeitliche Verhalten der Ausgangsgröße beim Sprung der Eingangsgröße aus dem Frequenzgang abgeleitet werden. Dabei muß das ganze Frequenzspektrum berücksichtigt werden. Der mathematische Ausdruck hierfür ist die Spektralfunktion, die auch als Bildfunktion bezeichnet wird. Wir müssen deshalb die Spektralfunktion in eine Zeitfunktion überleiten können.

Dies ist möglich, weil sich jeder periodische Vorgang durch eine Fourier-Reihe darstellen läßt. Für eine beliebige periodische Funktion $x(t)$ mit der Periode $T_0 = 1/f_0 = 2\pi/\omega_0$ gilt [2,9]

$$x(t) = A_0 + \sum_{n=1}^{\infty} A_n \cos\left(n\,\frac{2\pi}{T_0}\,t\right) + \sum_{n=1}^{\infty} B_n \sin\left(n\,\frac{2\pi}{T_0}\,t\right) \tag{42}$$

Für einen Teilvorgang mit der Winkelgeschwindigkeit $n\,\omega_0$ wird

$$x_n(t) = A_n \cos(n\,\omega_0\,t) + B_n \sin(n\,\omega_0\,t) \tag{43}$$

Der Vorgang hat die Gesamtamplitude $\sqrt{A_n^2 + B_n^2}$ und die Phasenverschiebung

$$\tan\Theta_n = \frac{B_n}{A_n} \tag{44}$$

Abb. 218 zeigt nach einer Darstellung von HÖLZLER [9], wie man sich entsprechend den Zerlegungen

$$\cos\varphi = \frac{1}{2}\,e^{j\varphi} + \frac{1}{2}\,e^{-j\varphi} \tag{45}$$

$$\sin\varphi = \frac{1}{2j}\,e^{j\varphi} - \frac{1}{2j}\,e^{-j\varphi} \tag{46}$$

die Komponenten durch entgegengesetzt umlaufende Zeigerpaare der Länge $\frac{1}{2} A_n$ bzw. $\frac{1}{2} B_n$ erzeugt denken kann. Die Zeiger der Länge $\frac{1}{2} A_n$ starten nach Abb. 218b beide von der positiven reellen Achse und beschreiben in ihrer Summe den geraden oder Cosinus-Anteil des Vorganges $x_n(t)$. Die Zeiger der Länge $\frac{1}{2} B_n$ starten wegen der Division durch $+j$ bzw. $-j$ von der imaginären Achse, und zwar entgegengesetzt gerichtet; ihre Summe beschreibt den ungeraden oder Sinus-Anteil von $x_n(t)$. Es liegt nahe, die beiden Diagramme zu einem einzigen zu vereinen (Abb. 218c). Die beiden mit den positiven Winkelgeschwindigkeiten $+n\omega_0$ umlaufenden Zeiger bilden einen neuen Zeiger c_{+n}, der ebenfalls mit $+n\,\omega_0$ umläuft; die beiden anderen bilden den umgekehrt rotierenden Zeiger c_{-n}. Die Zeiger c_{-n} und c_{+n} liegen stets konjugiert komplex zueinander. In der Summe beschreiben sie auf der reellen

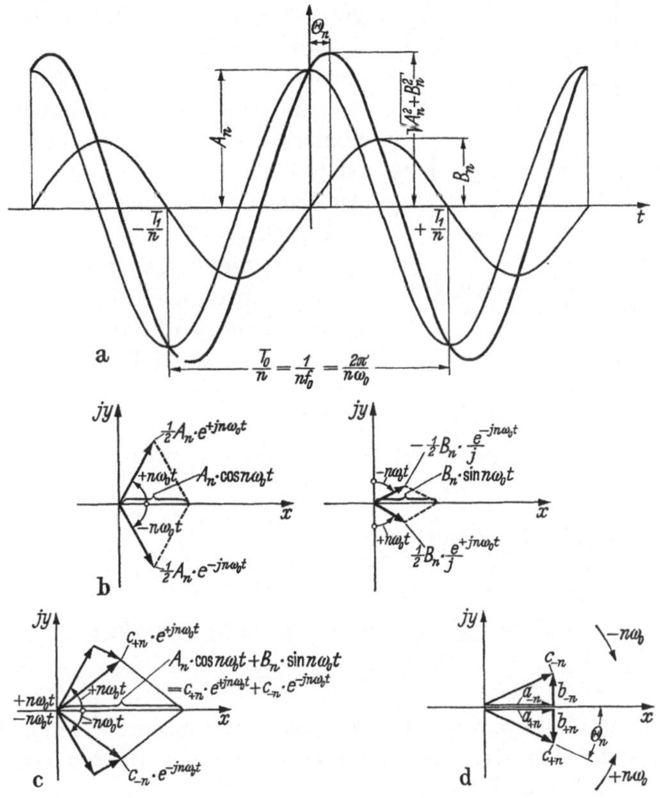

Abb. 218
Darstellung einer Sinusschwingung durch ein konjungiert komplexes Zeigerpaar nach [9]

Achse, wie es sein soll, die Zeitfunktion $x_n\,(t)$ nach Gl. (43). Diese kann demnach auch geschrieben werden

$$x_n(t) = c_{+n}\,e^{+jn\omega_0 t} + c_{-n}\,e^{-jn\omega_0 t} \tag{47}$$

Zwei solche Zeiger $c_n\,e^{+jn\omega_0 t}$, die sich nur durch das Vorzeichen von n unterscheiden, sind jeweils zusammenzunehmen, um die Teilschwingung zu erhalten. Wird ein beliebiger periodischer Zeitvorgang $x\,(t)$ nach dem obigen Gedankengang aus einer Summe von Drehzeigern aufgebaut, so muß gelten

$$x(t) = \sum_{n=-\infty}^{n=+\infty} c_n\,e^{jn\omega_0 t} \tag{48}$$

17*

In Abb. 219 sind einige Zeiger c_n, die mit verschiedenen Winkelgeschwindigkeiten $n\,\omega_0$ rotieren, dargestellt. Will man nun eine bestimmte Komponente erfassen, so braucht man nur das gesamte Diagramm mit $n\,\omega_0$ im umgekehrten Sinn umlaufen lassen. Dann steht die gesuchte Komponente c_n still, während die anderen weiter umlaufen. Multipliziert man deswegen beide Seiten der Gl. (48) mit $e^{-j\,n\,\omega_0 t}\,dt$ und integriert die Ausdrücke über die Grundperiode von $-T_0/2$ bis $+T_0/2$, so ist dieses Integral für die betrachtete stillstehende Komponente gleich $T_0\,c_n$, für alle anderen gleich Null, da der Mittelwert

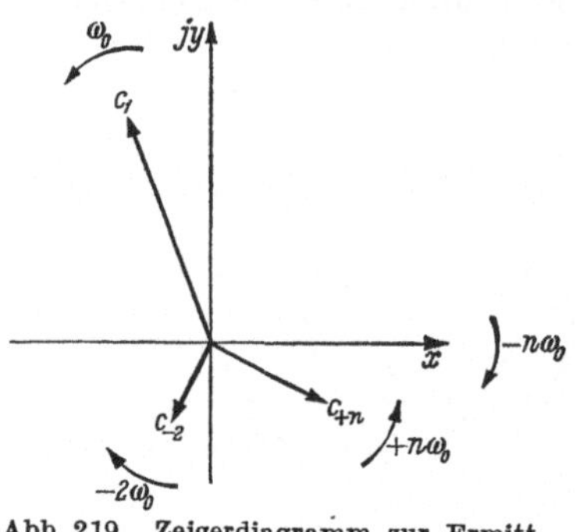

Abb. 219. Zeigerdiagramm zur Ermittlung der Koeffizienten c_n

einer Kreisfunktion über Vielfache ihrer Periode Null ist. Es ist deshalb

$$T_0\,c_n(j\,n\,\omega_0) = \int\limits_{t=-\frac{T_0}{2}}^{+\frac{T_0}{2}} x(t)\,e^{-j\,n\,\omega_0 t}\,dt \tag{49}$$

Dies wird in Gl. (48) eingesetzt

$$x(t) = \sum_{n=-\infty}^{+\infty} \frac{1}{T_0}\,e^{j\,n\,\omega_0 t} \int\limits_{t=-\frac{T_0}{2}}^{+\frac{T_0}{2}} x(t)\,e^{-j\,n\,\omega_0 t}\,dt \tag{50}$$

Ist $x(t)$ nun kein periodischer Vorgang, so kommen wir zum Fourier-Integral, in dem wir dann die Periodendauer über alle Grenzen wachsen lassen. So wird mit $T_0 \to \infty$

$$\omega_0 \to d\omega; \quad \frac{1}{T_0} \to \frac{d\omega}{2\pi}; \quad n\,\omega_0 \to \omega \tag{51}$$

Aus Gl. (50) wird dann

$$x(t) = \frac{1}{2\pi} \int\limits_{\omega=-\infty}^{+\infty} e^{j\omega t} \int\limits_{t=-\infty}^{+\infty} x(t)\,e^{-j\omega t}\,dt\,d\omega \tag{52}$$

Das Integral

$$\int\limits_{-\infty}^{+\infty} x(t)\,e^{-j\omega t}\,dt = c_n(j\,\omega) \tag{53}$$

entspricht dem Frequenzspektrum. Im Gegensatz zu dem Spektrum nach Gl. (49) ist es jedoch ein kontinuierliches Spektrum, während jenes nur für ganzzahliges n, d. h. für diskrete Frequenzen, definiert ist.

Für eine beliebige Zeitfunktion kann dann mit Gl. (52) gesetzt werden

$$x(t) = \frac{1}{2\pi} \int\limits_{-\infty}^{+\infty} c_n(j\,\omega)\, e^{j\,\omega\,t}\, d\omega \qquad (54)$$

Die Erweiterung dieser Fourierschen Integraldarstellung auf eine solche für Funktionen mit komplexem Argument, führt auf das Laplace-Integral. Dazu führt man in die Gl. (52) und (53) eine neue Integrationsvariable

$$p = \delta + j\,\omega \qquad (55)$$

ein.

Deswegen werden die Grenzen des Integrals Gl. (52)

$$\begin{aligned} \text{bei } \omega &= -\infty \text{ zu } p = \delta - j\,\infty \\ \text{bei } \omega &= +\infty \text{ zu } p = \delta + j\,\infty \end{aligned} \qquad (56)$$

Aus Gl. (52) wird dann mit

$$d\omega = \frac{1}{j}\, dp \qquad (57)$$

und $\qquad e^{j\,\omega\,t} = e^{p\,t}\, e^{-\delta\,t} \quad$ und $\quad e^{-j\,\omega\,t} = e^{-p\,t}\, e^{+\delta\,t}$

$$x(t) = \frac{1}{2\pi j} \int\limits_{\delta-j\infty}^{\delta+j\infty} e^{p\,t} \int\limits_{-\infty}^{+\infty} x(t)\, e^{-p\,t}\, dt\, dp \qquad (58)$$

Wie bei Gl. (53) lautet dann die Spektralfunktion

$$x(p) = \int\limits_{-\infty}^{+\infty} x(t)\, e^{-p\,t}\, dt \qquad (59)$$

Damit folgt aus Gl. (58)

$$x(t) = \frac{1}{2\pi j} \int\limits_{\delta-j\infty}^{\delta+j\infty} x(p)\, e^{p\,t}\, dp \qquad (60)$$

Nun schreiben wir für die zweiseitige Transformation der Zeitfunktion in eine Spektralfunktion nach Gl. (59)

$$\mathfrak{L}_{\mathrm{II}}[x(t)] = x(p) = \int\limits_{-\infty}^{+\infty} x(t)\, e^{-p\,t}\, dt \qquad (61)$$

Für die Rücktransformation wird nach Gl. (60)

$$\mathfrak{L}_{\mathrm{II}}^{-1}[x(p)] = x(t) = \frac{1}{2\pi j} \int\limits_{\delta-j\infty}^{\delta+j\infty} x(p)\, e^{p\,t}\, dp \qquad (62)$$

Berücksichtigt man, daß bei Einschaltproblemen für $t < 0$ die Funktion $x(t)$ identisch 0 ist, dann geht die zweiseitige Laplace-Transformation nach Gl. (61) in die einseitige Laplace-Transformation

$$\mathfrak{L}\,[x(t)] = x(p) = \int\limits_0^\infty x(t)\,e^{-pt}\,dt \tag{63}$$

über.

Beispielsweise wird für die Sprungfunktion (Abb. 208)

$$x_e(t) = x_{es} = 1 \tag{64}$$

also mit Gl. (59)

$$x_e(p) = \int\limits_0^\infty 1\,e^{-pt}\,dt = \frac{1}{p} \tag{65}$$

Beim Vergleich mit Gl. (63) und (62) ist demnach

$$\mathfrak{L}\,[1] = \frac{1}{p} \quad \text{oder} \quad \mathfrak{L}^{-1}\left[\frac{1}{p}\right] = 1 \tag{66}$$

Für einen Exponentialimpuls $e^{-\alpha t}$ wird wieder mit Gl. (59)

$$x(p) = \int\limits_0^\infty e^{-\alpha t}\,e^{-pt}\,dt$$

$$= \int\limits_0^\infty e^{-(\alpha+p)t}\,dt = \frac{1}{\alpha+p} \tag{67}$$

also wird

$$\mathfrak{L}\,[e^{-\alpha t}] = \frac{1}{\alpha+p} \tag{68}$$

und

$$\mathfrak{L}^{-1}\left[\frac{1}{\alpha+p}\right] = e^{-\alpha t} \tag{69}$$

Weitere Korrespondenzen zwischen Zeit- und Spektralfunktion sind in Tabellenform verfügbar [17].

Häufig führt man die Berechnung von Regelkreisen mit Frequenzgängen durch, möchte aber beispielsweise bei Drehzahlregelungen zum Schluß die anschaulichere Übergangsfunktion kennen. Man braucht deshalb eine Methode, um aus dem Frequenzgang die Übergangsfunktion abzuleiten. Dazu geht man von dem Frequenzgang

$$F(p) = \frac{x_a(p)}{x_e(p)} \tag{70}$$

aus. Er beschreibt den Zusammenhang zwischen den Frequenz- oder Spektralfunktionen $x_e(p)$ und $x_a(p)$ am Eingang bzw. Ausgang eines Übertragungsgliedes. Die inverse Laplace-Transformation liefert die zugehörigen Zeitfunktionen $x_e(t)$ und $x_a(t)$. Nun ist $x_a(t)$ nur dann die Übergangsfunktion, wenn $x_e(t)$ den Einheitssprung darstellt. Für diesen ist die Laplace-Transformation in Gl. (65) durchgeführt.

Wir können daher schreiben

$$x_a(t) = \mathfrak{L}^{-1}[x_a(p)] = \mathfrak{L}^{-1}[x_e(p)\,F(p)] = \mathfrak{L}^{-1}\left[\frac{F(p)}{p}\right] \qquad (71)$$

Wir erhalten also aus dem Frequenzgang $F(p)$ die Übergangsfunktion $x_a(t)$, indem wir $F(p)$ mit $1/p$ multiplizieren und auf dieses Produkt die inverse Laplace-Transformation anwenden. Um die Sprungantwort zu erhalten, multiplizieren wir statt mit $1/p$ mit x_{es}/p:

$$x_a(p) = \frac{x_{es}}{p}\,F(p) \qquad (72)$$

Wir wollen diesen allgemeinen Weg an einem Beispiel erläutern und nehmen dazu ein Übertragungsglied mit Trägheit, für das wir mit Gl. (24) den Frequenzgang

$$F(p) = \frac{1}{1 + p\,T}$$

abgeleitet haben.

Aus Gl. (72) erhält man dann für die Sprungantwort

$$x_a(p) = \frac{x_{es}}{p\,(1 + p\,T)} = \frac{x_{es}}{T}\,\frac{1}{p\left(p + \dfrac{1}{T}\right)} \qquad (73)$$

und

$$x_a(t) = \mathfrak{L}^{-1}[x_a(p)] = \frac{x_{es}}{T}\,\mathfrak{L}^{-1}\left[\frac{1}{p\left(p + \dfrac{1}{T}\right)}\right] \qquad (74)$$

Ist uns für den Klammerausdruck die Laplace-Korrespondenz nicht bekannt, führen wir eine Partialbruchzerlegung in Gl. (73) durch

$$x_a(p) = \frac{x_{es}}{T}\left(\frac{1}{p}\left|\frac{1}{p + \dfrac{1}{T}}\right|_{p=0} + \frac{1}{p + \dfrac{1}{T}}\left|\frac{1}{p}\right|_{p=-\frac{1}{T}}\right)$$

$$= \frac{x_{es}}{T}\left(\frac{1}{p}\cdot\frac{1}{\dfrac{1}{T}} + \frac{1}{p + \dfrac{1}{T}}\cdot\frac{-1}{\dfrac{1}{T}}\right)$$

Mit der inversen Laplace-Transformation nach Gl. (62) ergibt dies

$$x_a(t) = \mathfrak{L}^{-1}[x_a(p)] = \frac{x_{es}}{T}\left(T\,\mathfrak{L}^{-1}\left[\frac{1}{p}\right] - T\,\mathfrak{L}^{-1}\left[\frac{1}{p + \dfrac{1}{T}}\right]\right) \qquad (75)$$

Man erhält dann mit Gl. (66) und Gl. (69)

$$x_a(t) = x_{es}(1 - e^{-t/T}) \qquad (76)$$

Diese Gleichung ist identisch mit Gl. (7) und zeigt, wie man aus der Spektralfunktion durch die Laplace-Transformation die Übergangsfunktion ableitet.

Der Nutzen der Laplace-Transformation liegt für uns ferner darin, daß man mit ihr lineare Differentialgleichungen in algebraische Gleichungen umwandeln kann. Wir müssen dazu nur wissen, welche Sprungantwort $y(p)$ gehört zu

$$y(t) = \frac{d\,x(t)}{dt} \tag{77}$$

Aus Gl. (59) bilden wir

$$y(p) = \int\limits_0^\infty \frac{d\,x(t)}{dt}\, e^{-pt}\, dt \tag{78}$$

und bekommen durch partielle Integration

$$y(p) = e^{-pt}\, x(t) \Big|_0^\infty + p \int\limits_0^\infty x(t)\, e^{-pt}\, dt = -\,x(0) + p\,x(p) \tag{79}$$

wobei $x(0)$ den Wert von $x(t)$ im Zeitpunkt $t = 0$ darstellt. Dieser Wert ist häufig Null. Aus Gl. (79) wird dann

$$y(p) = p\,x(p) \tag{80}$$

oder durch Laplace-Transformation

$$\mathfrak{L}[y(t)] = \mathfrak{L}\left[\frac{d\,x(t)}{dt}\right] = p\,\mathfrak{L}[x(t)] \tag{81}$$

Mit der genannten Einschränkung gilt die 1. Rechenregel

$$\mathfrak{L}\left[\frac{d^n x(t)}{dt^n}\right] = p^n\,\mathfrak{L}[x(t)] \tag{82}$$

Wenn wir diese Regel beispielsweise für die Differentialgleichung (4) anwenden, so können wir statt

$$x_e(t) = x_a(t) + T\,\frac{d\,x_a(t)}{dt}$$

setzen

$$\mathfrak{L}[x_e(t)] = \mathfrak{L}[x_a(t)] + T\,\mathfrak{L}\left[\frac{d\,x_a(t)}{dt}\right] \tag{83}$$

oder

$$x_e(p) = x_a(p) + T\,p\,x_a(p) = x_a(p)\,(1 + pT) \tag{84}$$

und können damit beispielsweise für den Frequenzgang sofort anschreiben

$$F(p) = \frac{x_a(p)}{x_e(p)} = \frac{1}{1 + p\,T} \tag{85}$$

was mit Gl. (24) auf S. 255 übereinstimmt.

Sinngemäß gilt als 2. Rechenregel

$$\mathfrak{L}\left[\int\limits_0^t x(t)\,dt\right] = \frac{1}{p}\,\mathfrak{L}[x(t)] \tag{86}$$

Wir können so lineare Differentialgleichungen in algebraische Gleichungen umwandeln und aus ihrer viel einfacheren Handhabung Nutzen ziehen.

B. Antriebe für kontinuierliche Prozesse

Bei einem kontinuierlichen Energiefluß wird häufig die Aufgabe gestellt, daß eine physikalische Größe x einer Anlage, z. B. Spannung, Drehzahl usw., durch eine geeignete Beeinflussung der Anlage mit einer physikalischen Größe y einen vorgeschriebenen (konstanten) Wert w annehmen und mit diesem in Übereinstimmung bleiben soll. Zur Lösung wird man zunächst den stationären Verlauf von x als Funktion von y (Eichung) bestimmen und stellt dann den dem Wert w entsprechenden Wert y_k ein. Diese Lösung hat den Nachteil, daß infolge der in der Anlage im allgemeinen enthaltenen Trägheiten der Wert w von x nur zögernd angenommen wird. Außerdem können Störeinflüsse die durch die Eichung erhaltene Zuordnung von x und y ändern.

Man ist deshalb gezwungen, Zusatzschaltungen anzuwenden, die einerseits den Einfluß der Trägheiten mindestens teilweise kompensieren und andererseits den Störeinflüssen entgegenwirken. Diese müssen durch eine Gesetzmäßigkeit erfaßbar sein.

In automatischen Anlagen wird man sich nicht darauf verlassen wollen, daß der verlangte Wert x mit w dauernd übereinstimmt, sondern wird eine Einrichtung fordern, welche die Abweichung $w - x$ mißt und auf Grund dieses Vergleiches den Wert y so ändert, daß $w - x$ möglichst gleich Null wird. Nach DIN 19226, Entwurf Mai 1962, spricht man von einer Regelung, wenn die Beseitigung der Abweichungen fortlaufend erfolgt. Als Regelungen werden auch alle diejenigen Einrichtungen angesehen, bei denen diese Vorgänge unstetig, insbesondere digital ablaufen. Nur muß man auch bei unstetigen Regelvorgängen verlangen, daß nach einer positiven Regelabweichung ein solcher Vorgang erfolgt, der die Regelabweichung verkleinert oder negativ macht.

Häufig gibt der Meßgeber erst nach einer eingestellten endlichen Abweichung Signal, das einen Vorgang in der Richtung einleitet, der die Abweichung verkleinert. Der Istwert pendelt zwischen zwei Grenzen. Ist die Pendelfrequenz sehr hoch, spricht man von einer quasi-stetigen Regelung. Bei unstetigen Regelungen mit langsamer Pendelfrequenz, die deutlich am Prozeß zu erkennen ist, hat sich im täglichen Sprachgebrauch der Name „Steuerung" eingebürgert. Das gilt beispielsweise für „Fühlersteuerungen" (S. 404), die „geregelt" ablaufen. Bei numerischen „Steuerungen" von Werkzeugmaschinen müßte man ebenfalls vielfach von Regelungen sprechen, weil sie Einrichtungen mit geschlossenem Wirkungskreis haben, die einmal aufgetretene Abweichungen innerhalb des Arbeitsvorganges rückgängig machen. Man kann deshalb häufig zwischen Steuerungen und Regelungen gar nicht genau trennen.

Es wird nach einem Vorschlag von OPPELT [11] am besten sein, bei all diesen vergleichenden Einrichtungen die Regelungen als Oberbegriff zu werten. Damit läßt sich wohl am leichtesten auch die sprachliche Schwierigkeit beheben, die mit der deutschen Übersetzung des englischen Wortes „control" zusammenhängt, das eben „Steuerung" heißt, aber auch eine Regelung sein kann, wenn sie mit einem „feed back" ausgerüstet ist, was an sich mit „Rückführung" übersetzt werden müßte, aber als Zeichen der Geschlossenheit des Signalflußkreises zu werten ist. Der Name „Rückführung" bedeutet im Deutschen in der Regelungstechnik, daß im Regler das Ausgangssignal auf den eigenen Eingangskreis zurückgeführt wurde. Um Mißverständnisse zu vermeiden, bezeichnet man diese „Rückführung" häufig als „Gegenkopplung" und wendet den Begriff „Rückführung" in anderem Sinne möglichst gar nicht an.

Im allgemeinen werden die bei den Motoren beschriebenen Anlaß-, Brems- und Stelleinrichtungen auch als „Steuerungen" bezeichnet. Bei diesen ist häufig kein Meßgeber für den Soll-Ist-Vergleich zu erkennen. In Wirklichkeit wurde dieser Vergleich experimentell durch eine Eichung durchgeführt, auf die man sich bei vielen einfachen Antriebsaufgaben eben verläßt. Das ist besonders sinnfällig beim Drehstrommotor, der nach dem „Ein"-Signal durch die gewählte Schützensteuerung auf die Nenndrehzahl hochläuft oder bei „Halt" zum Stillstand kommt. Vielfach wird es genügen, wenn der Bedienungsmann optisch oder akustisch feststellt, daß der Motor „normal" läuft. Der Mensch ist damit als Glied des Signalflusses der für den Soll-Ist-Vergleich erforderliche Meßgeber.

Oft ist bei solchen Stelleinrichtungen der Mensch als Meßgeber für die Funktionskontrolle jedoch nicht zuverlässig genug. Man verwendet deshalb selbsttätige Meßgeber als Überwachungseinrichtung, die den Antrieb zunächst einmal stillsetzen, wenn das Überwachungsgerät eine unzulässig große Abweichung vom Sollwert feststellt. Dazu gehören vor allem die thermischen Einrichtungen zur Temperaturkontrolle der Motoren (Bimetallrelais als Überlastungsschutz). Drehzahlwächter schützen vor Überdrehzahlen oder — was noch gefährlicher sein kann — vor dem Stillstand bei eingeschaltetem Motor.

Bei feinstufigen Drehzahlstelleinrichtungen, beispielsweise bei Gleichstromantrieben, reichen die Sinnesorgane des Menschen erst recht nicht mehr aus. Man nimmt ein Tachometer zu Hilfe und „reguliert" danach den Steller. Je sorgfältiger man dies ausführt, desto kleiner werden die Abweichungen vom Sollwert, auch wenn durch Last- oder andere Störungen die Drehzahl immer wieder abweicht. Aus dem von Menschen betätigten „Steller" wird ein „Regler". Nach DIN 19226, Entwurf, Ausgabe Mai 1962, liegt eine „Handregelung" vor, wenn der Mensch den Signalkreis durch die Übernahme einer Meß- und Stellfunktion schließt.

1. Steuerungen

a) Drehstromantriebe

Bei der Erläuterung des Drehstrommotors haben wir gesehen, daß man bei diesem im wesentlichen nur zwei stationäre Betriebszustände kennt, die man „einstellen" kann: den Betrieb bei Nenndrehzahl und den Stillstand. Beim Einschalten nimmt der Motor einen großen Kurzschlußstrom auf. Die Größe dieses Kurzschlußstromes hängt hauptsächlich vom Läuferwiderstand ab. Man hat deshalb die ersten Motoren als Schleifringläufer gebaut. Damit war es möglich, beim

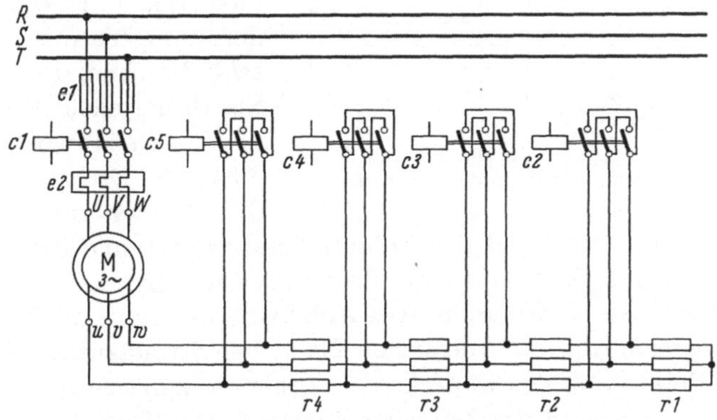

Abb. 220. Schützensteuerung zum Anlassen eines Drehstrommmotors mit Schleifringläufer (Stromlaufplan für Hauptstromkreis)

Anlauf den Läuferwiderstand durch äußere Widerstände zu vergrößern. Diese Widerstände werden dann mit Schaltgeräten der Reihe nach kurzgeschlossen. Heute wird diese Schaltung in der metallverarbeitenden Industrie nur noch bei großen Motoren angewendet, deren Leistung bei etwa 150 bis 200 kW liegt (Abb. 220).

Bei den meisten Industrienetzen sind die Kurzschlußströme kleinerer Motoren zulässig. Man verwendet deshalb als Motoren keine Schleifringläufer, sondern Kurzschlußläufer und benötigt dann zum Einschalten nur ein 3-poliges Schütz. In dieser einfachen Einschaltung liegt der wesentliche Vorteil des Asynchronmotors. Für die Drehrichtungsumkehr muß die Richtung des Drehfeldes durch Vertauschen der Anschlüsse der Wicklungen an 2 Netzphasen geändert werden.

Bei Motoren mit Kurzschlußläufer kann man den Kurzschlußstrom beim Anlauf herabsetzen, wenn man die Wicklungen nach Abb. 221 erst in Stern- und dann in Dreieckschaltung an das Netz anschließt. Diese Anlaufart ergibt für das Anzugsmoment und den Anlaufstrom etwa $^1/_3$ der Werte, die bei direkter Einschaltung auftreten. Sie ist also zweckmäßigerweise dann anzuwenden, wenn entweder ein kleines

Beschleunigungsmoment (Sanftanlauf) gewünscht oder ein niedriger Anlaufstrom verlangt wird. Sie ist nicht angebracht, wenn wegen eines schnellen Anwachsens des Lastmomentes zu früh umgeschaltet werden muß, da dann ein unangenehm hoher Drehmomentstoß auftritt und der Umschaltstrom höher als der Anlaufstrom wird.

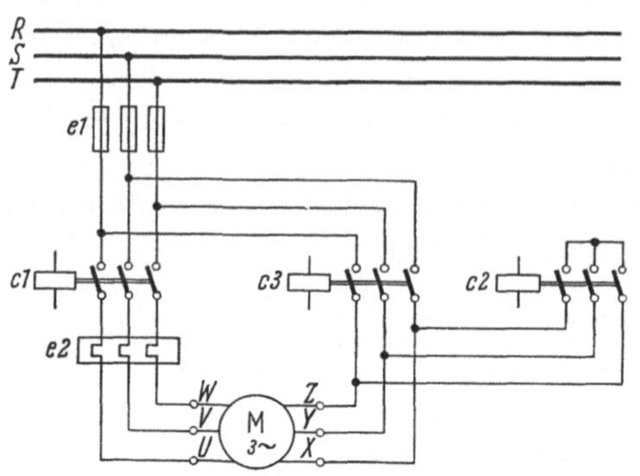

Abb. 221. „Stern-Dreieckschaltung" eines Drehstrommotors (Stromlaufplan für Hauptstromkreis)

Für Sonderfälle läßt sich ein sanfter Anlauf auch mit kleinerem Geräteaufwand in der sogenannten Kurzschlußsanftanlauf (Kusa)-Schaltung nach Abb. 222 erzielen. Dazu wird in einer Phase des Drehstromes durch den Widerstand r die Spannung am Motor während des Anlaufs herabgesetzt und danach durch ein Schütz (c_2) nach Ablauf eines Zeitgliedes überbrückt.

Eine ähnliche Wirkung auf den Anlaßvorgang kann man mit einem Anlaßtrafo nach Abb. 223a erreichen. Nach dem Stromlaufbild Abb. 223b wird bei Betätigung des Dauerkontaktgebers b_1 zunächst das Schütz c_3 und das Zeitrelais d_3 erregt. Der Trafo gibt dann eine Teilspannung an den Motor, weil c_1 anspricht und sich selbst hält. Wenn der Öffner des Zeitrelais das Schütz c_3 abschaltet, wird durch Schließen seines Öffners das Schütz c_2 erregt, das den Trafo überbrückt und den Motor an die volle Netzspannung legt.

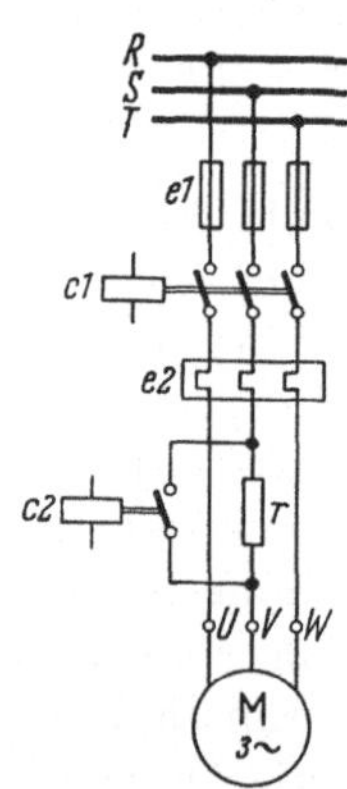

Abb. 222. Kurzschluß-Sanftanlauf (Kusa)-Schaltung für Drehstrommotor (Stromlaufplan für Hauptstromkreis)

Drehzahländerungen. Die Drehzahl des Asynchronmotors hängt nach den früheren Ausführungen von der Größe der synchronen Drehzahl, dem Verlauf der Drehmomentkennlinie und dem Lastmoment ab.

Eine Änderung der Drehzahl innerhalb eines Bereiches ist deshalb praktisch nur durch eine Änderung des Läuferwiderstandes bei Schleifringläufern, oder in begrenztem Maße bei Käfigläufern durch eine Änderung der Speisespannung möglich, wenn ein hinreichend großes Last- oder Reibungsmoment vorhanden ist. Diese Steuerung ist aber wegen der transformatorisch auf den Läuferkreis übertragenen Leistung stets mit Verlusten verknüpft. Der Kennlinienverlauf hängt, wie wir gesehen haben, im wesentlichen von der Größe der Speisespannung und vom Läuferwiderstand, in begrenztem Maße auch vom Ständerwiderstand ab.

Die Änderung der synchronen Drehzahl kommt nur für den Übergang von einem Drehzahlbereich zu einem anderen in Betracht, da man dabei die Speisefrequenz oder die Polpaarzahl ändern muß. Wegen der

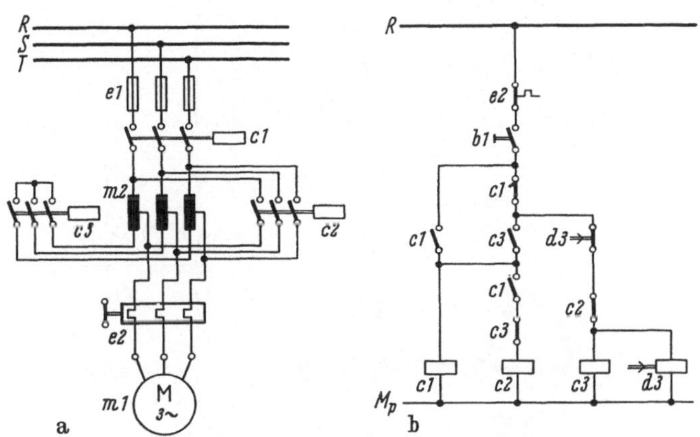

Abb. 223. Anlaßschaltung mit Anlaß-Transformator
a) Hauptstromkreis;   b) Steuerstromkreis

damit verknüpften Umstände und des Aufwandes wendet man im praktischen Betrieb bei der Frequenzumschaltung höchstens zwei Speisefrequenzen an, wobei die eine durch die Netzfrequenz, die zweite durch einen Generator für eine besondere Frequenz gebildet wird. Bei der Polumschaltung nützt man bis zu drei Polpaarzahlen aus. Am einfachsten ist eine Polumschaltung mit 2 getrennten Wicklungen nach Abb. 224a für beispielsweise 1000 oder 1500 U/min. Für jede Wicklung dient dann zum Umschalten ein Schütz (c_1 oder c_2 nach Abb. 224b), bei einer Betätigung entsprechender Taster werden die Schütze erregt. Die Schaltung arbeitet wie die bei der Drehrichtungsumkehr. Nachteilig ist dabei, daß im Motor eine Wicklung immer unbelastet ist. Der Motor ist deshalb schlecht ausgenützt.

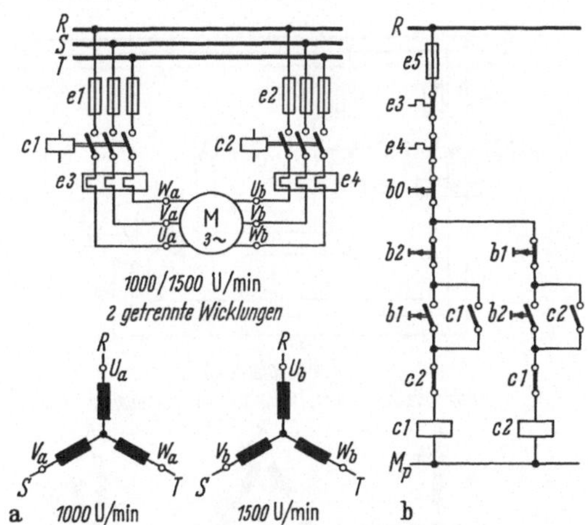

Abb. 224. Polumschaltung mit 2 getrennten Wicklungen
a) Hauptstromkreis;   b) Steuerstromkreis

Für ein Drehzahlverhältnis 1:2 wendet man deshalb häufig die sogenannte Dahlander-Schaltung an, bei der die 6 Wicklungszweige

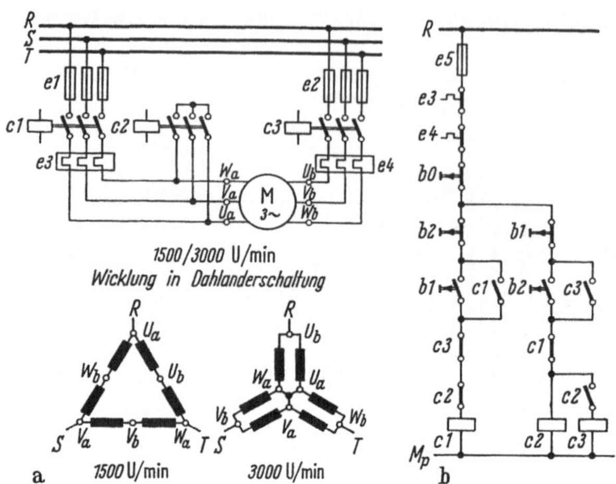

Abb. 225. Polumschaltung für zwei Drehzahlen, Ständerwicklung in Dahlanderschaltung
a) Hauptstromkreis; b) Steuerstromkreis

für die langsame Drehzahl nach Abb. 225a in Dreieck und für die schnelle Drehzahl in Doppelstern geschaltet werden. Für die Drehzahlumschaltung braucht man deshalb nach Abb. 225b für die niedrige Drehzahl das Schütz c_1 und für die hohe Drehzahl die Schütze c_2 und c_3. Auch

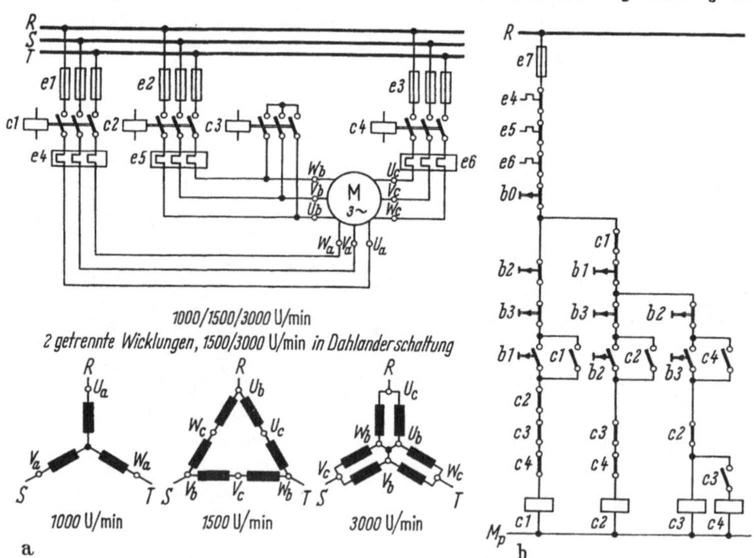

Abb. 226. Polumschaltung für 3 Drehzahlen
a) Hauptstromkreis; b) Steuerstromkreis

diese Steuerung arbeitet ähnlich einer Umkehrschaltung, wobei lediglich nach dem Schalten von c_2 dessen Schließer c_3 erregt.

Eine Kombination der beiden genannten Schaltungen ergibt eine Polumschaltung für 3 Drehzahlen nach Abb. 226a. Der Motor hat also eine getrennte 6polige Wicklung ($U_a\,V_a\,W_a$) und eine umschaltbare Wicklung ($U_b\,V_b\,W_b$ bzw. $U_c\,V_c\,W_c$) für einen 4- bzw. 2-poligen Betrieb. Zum Steuern des Motors in einer Richtung sind nach Abb. 226b insgesamt 4 Schütze erforderlich. Für den Motorschutz verwendet man

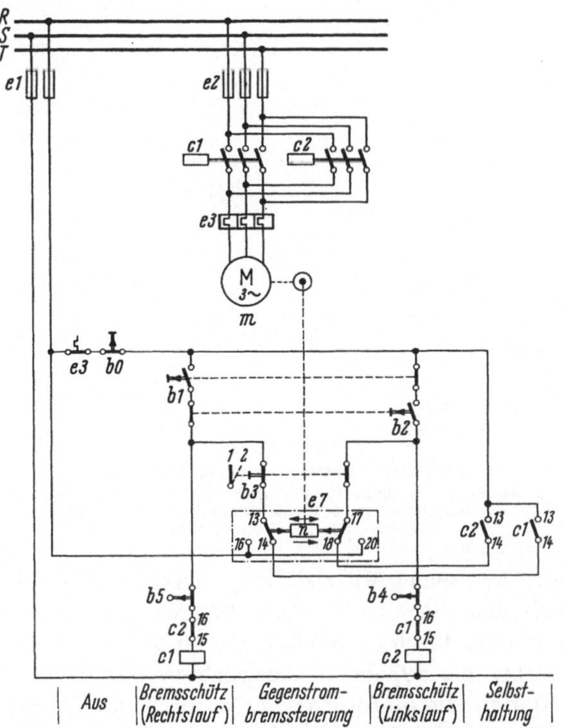

Abb. 227. Stromlaufplan für die Gegenstrombremsung eines Drehstrommotors

zweckmäßigerweise 3 Bimetallrelais, die den Strömen bei den verschiedenen Drehzahlen anzupassen sind. Das Stromlaufbild für die Erregung der Schütze zeigt Abb. 226b, dabei werden die Druckknopfbefehle b_1, b_2, b_3 für die 3 Drehzahlen und b_0 für Halt verwendet. Die Wirkung der Schaltung erklärt sich aus der Kombination der beschriebenen Steuerungen.

Motorbremsung. Leider hat der Asynchronmotor mit seinen einfachen Schaltungsmöglichkeiten den Nachteil, daß eine wirksame Bremsung des Motors ohne zusätzliche Einrichtungen nicht möglich ist.

Die schnellste Bremsung leitet sich aus der Umschaltung des Motors ab, wobei man wie in Abb. 227 durch den „Halt“-Befehl (b_0), das Reversieren einleitet und so rechtzeitig unterbricht, daß der Motor in der anderen Drehrichtung nicht hochläuft.

Man nennt diese Art der Bremsung Gegenstrombremsung. Bei dieser benötigt man aber zusätzlich einen „Bremswächter" (Abb. 228), der den Reversierbefehl rechtzeitig unterbricht. Er besteht aus einem Außenläufer (2) mit kurzgeschlossener Wicklung, der mit der Motorwelle fest gekuppelt ist. Darin dreht sich ein permanenter Magnet (4). Läuft der Motor, so entsteht durch Wirbelströme ein Drehmoment,

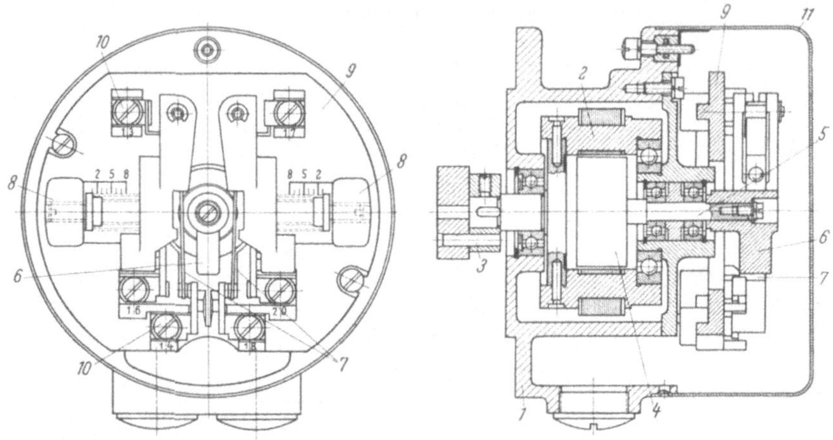

Abb. 228. Bremswächter (Bauart Siemens)
1 Gußgehäuse; *2* Stator (Außenläufer); *3* Kupplung; *4* Dauermagnet (drehbar gelagert); *5* Welle; *6* Nocken; *7* Schaltglieder; *8* Einstellschrauben; *9* Kontaktplatte; *10* Anschlußklemmen; *11* Stahlblechkappe

das den Magnet aus seiner Mittelstellung bewegt und ein Schaltglied (*7*) betätigt. Nach dem Schaltbild (Abb. 227) wird beim Abschalten des Einschaltschützes c_1 durch dessen Öffner und über die noch geschlossene Kontaktstelle (*17* bis *20*) des Bremswächters das Bremsschütz c_2 eingeschaltet. Kommt die Motordrehzahl in die Nähe des Stillstandes, so nimmt das Moment des Bremswächters ab, eine Rückzugfeder öffnet sein Schaltglied, und das Bremsschütz fällt ab.

Für die andere Drehrichtung wird der zweite Befehlskontakt (*13* bis *16*) am Bremswächter die geschilderte Aufgabe übernehmen. Als Beispiel für eine weitere Variante sind noch die Endschalter b_4, b_5 zu erwähnen, die einen Bewegungsablauf selbsttätig begrenzen sollen und deshalb in solchen Bremsschaltungen oft verwendet werden.

Bei der Gegenstrombremsung besteht, besonders bei wechselnden Schwungmassen, immer die Gefahr des Rücklaufes, die bei Werkzeugmaschinen recht lästig ist, weil dann die Werkzeuge leicht brechen können. Man wendet sie deshalb meistens nur da an, wo dadurch kein Schaden entsteht.

Man kann den Rücklauf vermeiden durch Anwendung der Gleichstrombremsung, bei der ein Bremsmoment durch Gleichstromerregung der Ständerwicklung erzeugt wird. Wenn kein Gleichstrom zur Verfügung steht, wird dieser meist mittels eines Gleichrichters über einen

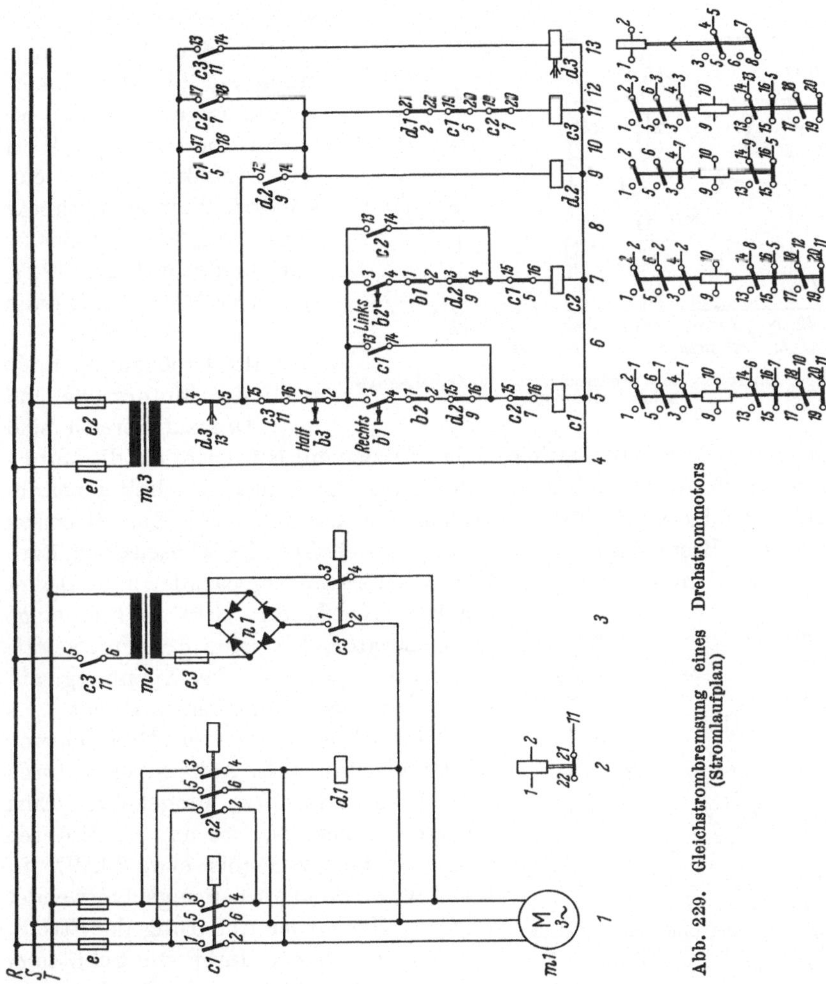

Abb. 229. Gleichstrombremsung eines Drehstrommotors (Stromlaufplan)

Trafo dem Wechselstromnetz entnommen (Abb. 229). Nach Abschalten des Antriebes fällt ein Spannungsrelais d_1 ab, sobald die Wechselspannung im Motor weit genug abgeklungen ist. Das Bremsschütz c_3 schaltet dann den Gleichstrom ein und nach Ablauf der Bremszeit, die durch ein Zeitrelais d_3 überwacht wird, wieder ab.

b) Gleichstromantriebe

Das Anlassen von Gleichstrommotoren, also das selbsttätige Kurzschließen des Anlaßwiderstandes, erfolgt nach Abb. 230 durch ein Anlaßschütz c_2, das beim Ansprechen des Einschaltschützes c_1 noch abgefallen ist. Es überbrückt den Stellerwiderstand r_4, bis die Ankerspannung am Motor bei einem bestimmten Wert das Anlaßschütz c_2 einschaltet. Letzteres schließt den Anlaßwiderstand r_2 kurz und gibt den Steller r_4 frei. Der Motor läuft dann auf die am Steller ein gestellte Drehzahl hoch. Je nach der Motorgröße und dem Drehzahlbereich sind

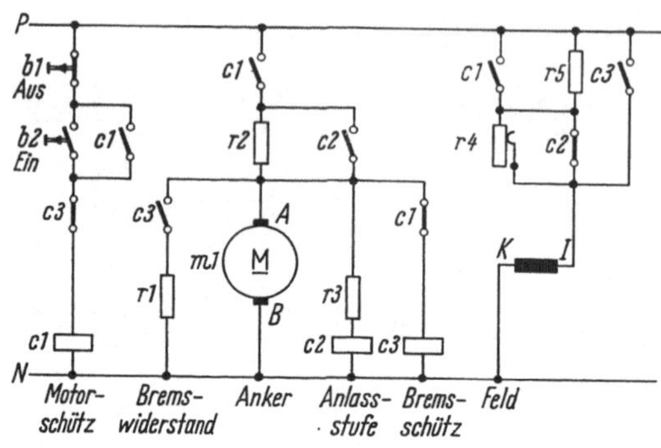

Abb. 230. Anlaß- und Bremsschaltung für Gleichstrom-nebenschlußmotor

ein oder mehrere Anlaßstufen nötig. Werden mit Rücksicht auf die Motorgröße große Anlaßschütze erforderlich, so kann das Einschalten zeitabhängig erfolgen, falls die Schwungmassen konstant sind. Zum Bremsen dient ein Bremsschütz c_3, das beim Abschalten des Einschaltschützes erregt wird und dabei einen Bremswiderstand r_1 parallel zum Anker schaltet. Der Motor wirkt dann so lange als Generator, bis seine Schwungenergie vernichtet ist und die Spannung abklingt, die das Bremsschütz erregt.

Beim Umschalten der Drehrichtung wird die Richtung des Ankerstromes durch zwei Umschaltschütze umgekehrt. Eine direkte Umschaltung ist nur bei Motoren kleinerer Leistung (bis etwa 3 kW) zulässig, wenn Sonderschaltungen verwendet werden. Neben der Änderung der Stromrichtung im Anker durch die Schütze c_1 und c_2 (Abb. 231) wird durch deren

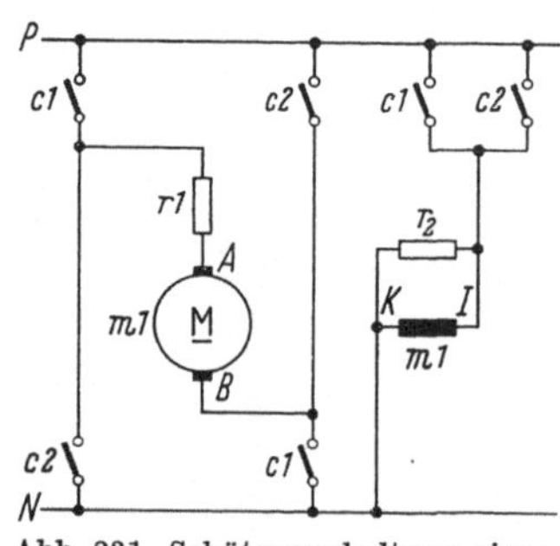

Abb. 231. Schützumschaltung eines (kleinen) Gleichstrommotors für hohe Schalthäufigkeit

Schließer jedesmal das Feld geschaltet. Der den Anlaßstrom auf etwa 5fachen Nennstrom begrenzende Vorwiderstand r_1 bleibt hierbei dauernd eingeschaltet. Wichtig ist, daß der Feldstrom bei der Änderung der Stromrichtung im Anker kurzzeitig unterbrochen wird. Mit dieser Schaltung lassen sich bis zu 1000 Umschaltungen/Stunde erreichen, wenn der Motor mechanisch entsprechend bemessen ist. In allen übrigen

Fällen wird der Motor beim Umschalten zunächst abgeschaltet, dann gebremst und erst nach dem Stillstand wieder in der anderen Drehrichtung angelassen.

Die *Feldschwächung* ist bei hohen Drehzahlen und großer Schalthäufigkeit nachteilig, weil sich damit eine Verkleinerung des Drehmomentes ergibt. Auch sind zum Anlassen und Bremsen umfangreiche

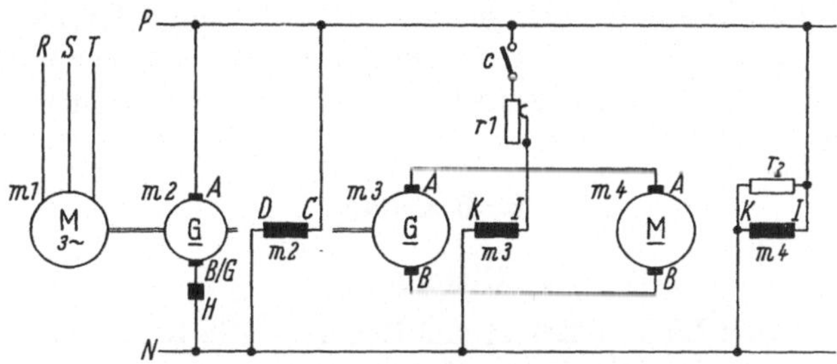

Abb. 232. Grundsätzliche Schaltung eines Leonardantriebes

Schaltgeräte nötig. Sie kann aber bei Hauptantrieben für konstante Leistung zweckmäßig sein. Für Vorschubantriebe mit konstantem Moment wendet man die Ankerspannungssteuerung an. Für die Erzeugung der veränderlichen Ankerspannung und der festen Feldspannung werden Leonard-Sätze verwendet. Nach Abb. 232 treibt der Antriebsmotor m_1 einen Steuergenerator m_3 für den Arbeitsmotor m_4 und die Erregermaschine m_2 für die konstante Erregerspannung an. Die Drehzahländerung eines derartig gespeisten Motors wird durch einen Steller r_1 im Feld des Steuergenerators m_3 vorgenommen.

Das Einschalten erfolgt durch ein Schütz, das bei kleinen Motorleistungen in jeder Stellung des Drehzahlstellers r_1 betätigt werden kann. Bei größeren Lei-

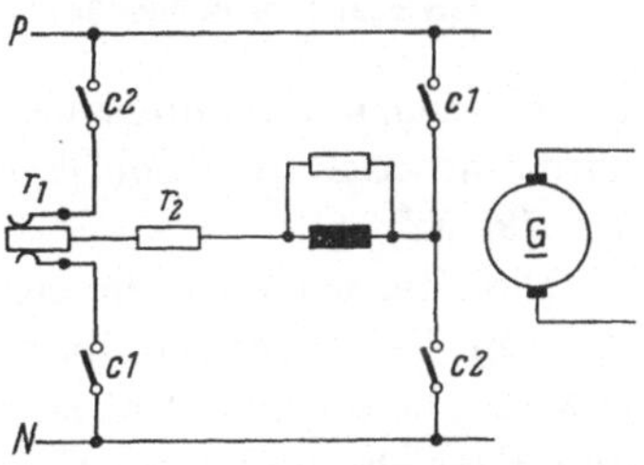

Abb. 233
Schaltung der Erregung des Leonardgenerators für Drehrichtungsumkehr

stungen ist dieses nur möglich, wenn der Motor geeignete Wicklungen für die Dämpfung des Stromstoßes hat. Ist dies nicht der Fall, so darf das Schütz c nur bei größtem Widerstand des Stellers eingelegt werden. Nach Hochlaufen des Motors kann der Steller auf den gewünschten Wert eingestellt werden. Zum Abschalten wird das Schütz c geöffnet. Die Generatorspannung fällt. Der Motor wird Generator und gibt seine Energie in das Drehstromnetz. Diese elektrische Bremse ist sehr wirksam.

Die Umkehr der Drehrichtung wird durch Änderung der Stromrichtung im Feld des Steuergenerators vorgenommen. Bei geeigneter Bemessung der Motorwicklungen können Motoren bei jeder Stellung des Stellers direkt umgeschaltet werden. In der Schaltung nach Abb. 233 kann das Feld des Steuergenerators mit zwei Umschaltschützen c_1 und c_2 durch einen Doppelsteller r_1 so umgeschaltet werden, daß die Drehzahlen in den beiden Drehrichtungen verschieden groß sind (z. B. bei Hobelmaschinen).

Dem Verstellbereich derartiger Stelleinrichtungen sind jedoch durch den belastungsabhängigen Drehzahlabfall sehr enge Grenzen gesetzt, die bei etwa 1 : 6 bis 1 : 10 liegen. Um den immer häufiger vorkommenden höheren Anforderungen gerecht zu werden, verwendet man deshalb Regelungen.

2. Regelung

a) Grundlagen

Nach Entwurf DIN 19226 ist das Regeln — die Regelung — ein Vorgang, bei dem eine physikalische Größe — die zu regelnde Größe (Regelgröße x) — fortlaufend erfaßt und durch Vergleich mit einer anderen Größe (Führungsgröße w) im Sinne einer Angleichung an diese durch die Stellgröße y beeinflußt wird. Nach Abb. 234 wird der Regelkreis durch die Gesamtheit aller Übertragungsglieder gebildet, die an dem geschlossenen Wirkungsablauf der Regelung teilnehmen. Der Regelkreis wird unterteilt in Regelstrecke und Regeleinrichtung (Regler) [*11*, *12*, *13*, *19*, *82*].

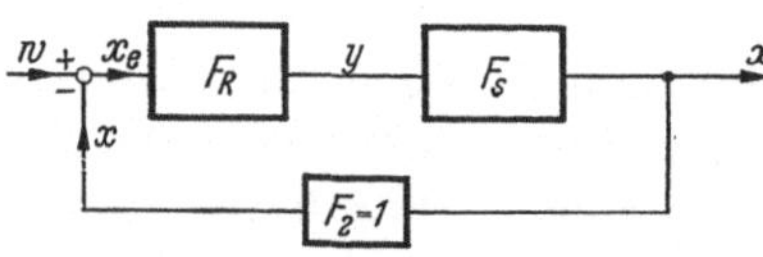

Abb. 234
Grundsätzlicher Aufbau einer Regelung
w Führungsgröße; x Regelgröße; x_e Reglereingang; y Stellgröße

Die Regelstrecke besteht nach den bisherigen Betrachtungen in unseren Verhältnissen im wesentlichen aus Übertragungsgliedern, die mit Trägheiten behaftet sind. Sie mögen gemäß Gl. (36) auf S. 257 und den Bezeichnungen in Abb. 234 einen Frequenzgang

$$\frac{x}{y} = F_s = \frac{V_s}{\Pi(1 + p\,T_r)} = \frac{1}{a_0 + a_1 p + a_2 p^2 + \cdots + a_n p^n} \tag{1}$$

haben, wobei V_s die Verstärkung der Regelstrecke ist.

Wenn wir jetzt fordern, daß im Idealfall die Regelgröße stets mit der Führungsgröße übereinstimmt, gilt zu jedem Zeitpunkt $x = w$. Der gesamte Regelkreis hat dann den Frequenzgang

$$F = \frac{x}{w} = 1 \tag{2}$$

Aus Gl. (1) und (2) läßt sich jetzt der Frequenzgang des Reglers berechnen, weil sich für den Frequenzgang des Regelkreises nach Gl. (34) auf S. 257 bei der Antiparallelschaltung von Übertragungsgliedern ergibt

$$F = \frac{x}{w} = \frac{1}{\dfrac{1}{F_S\,F_R} + 1} \tag{3}$$

wobei für die Schließung des Regelkreises ein Übertragungsglied mit dem Frequenzgang $F_2 = 1$ zu setzen ist und $F_1 = F_S\,F_R$ ist.

Man sieht daraus, daß der Frequenzgang eines idealen Reglers einen solchen Wert haben müßte, daß $1/F_S\,F_R$ einen gegen Null gehenden Wert hätte. Man versucht der Lösung mit einem Frequenzgang

$$\begin{aligned}
F_R &= \frac{y}{x_e} - \frac{b_0 + b_1\,p + b_2\,p^2 + \cdots + b_m\,p^m}{p} \\
&= \frac{b_0}{p} + b_1 + b_2\,p + \cdots + b_m\,p^{m-1}
\end{aligned} \tag{4}$$

nahezukommen, wobei $x_e = w - x$ der Reglereingang ist.
Damit wird mit Gl. (1) und (3)

$$\frac{x}{w} = \frac{1}{1 + (a_0 + a_1\,p + \cdots + a_n\,p^n)\,\dfrac{p}{b_0 + b_1\,p + \cdots + b_m\,p^m}} \tag{5}$$

Die Forderung $\dfrac{x}{w} \approx 1$ läßt sich annähernd mit

$$m = n,\ a_0 = c\,b_0,\ a_1 = c\,b_1 \cdots a_n = c\,b_n$$

erreichen. Dann wird

$$\frac{x}{w} = \frac{1}{1 + c\,p} \tag{6}$$

und mit $c \ll 1$

$$x \approx w$$

Dabei sind konstante Koeffizienten $a_0 \ldots a_n$ vorausgesetzt, die Ordnung n muß endlich und bekannt sein. Nach Gl. (82) auf S. 264 entspricht der Multiplikation mit p im Zeitbereich eine Differentiation nach der Zeit. Die Glieder des Reglerfrequenzganges mit hohen p-Potenzen müssen also durch entsprechend hohe zeitliche Ableitungen der Regelgröße realisiert werden. Bei einer Differentiation werden die höheren Frequenzen bevorzugt, d. h., gegenüber dem im allgemeinen niederfrequenten Nutzsignal werden die Störoberwellen verstärkt. In der Praxis ist bestenfalls das Glied mit p^2 zu verwenden, wenn die Schaltung besonders sorgfältig ausgelegt wird. Im allgemeinen stehen daher zur Realisierung von Reglern nur die Koeffizienten b_0, b_1 und b_2 zur Verfügung.

Wir wollen nun daraus die verschiedenen Reglertypen ableiten. Im einfachsten Fall haben wir den Regler mit dem Frequenzgang

$$F_R = \frac{y}{x_e} = b_1 \tag{7}$$

in dem wir nur den 2. Term der Gl. (4) benützen.

Wir bezeichnen diesen Regler als Proportional (P)-Regler, weil zwischen dem Reglerausgang und -eingang ein proportionaler Zusammenhang besteht. Das Ausgangssignal des Reglers y ist um den Faktor b_1 größer als das Eingangssignal x_e. Wir nennen diesen Faktor

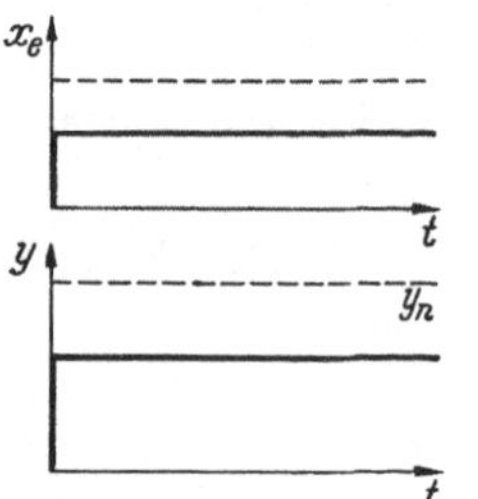

Abb. 235
Übergangsfunktion eines
Reglers mit P-Verhalten

den Verstärkungsfaktor V_R und bekommen mit $b_1 = V_R$ aus Gl. (7) den Frequenzgang für den P-Regler

$$F_R = b_1 = V_R \tag{8}$$

Es ist dann

$$y = b_1 x_e = V_R x_e \tag{9}$$

Gemäß Abb. 235 bewirkt das Eingangssignal x_e einen Wert der Stellgröße y, der unverzögert proportional der Regelabweichung folgt. Infolge dieser starren Beziehung ist eine bleibende Regelabweichung gegeben. Sie ist um so kleiner, je größer V_R ist. Ein höherer Verstärkungsfaktor bedeutet eine hohe „Regelempfindlichkeit".

Der integral wirkende Regler (I-Regler) benutzt den ersten Term der Gl. (4). Man erhält für den Frequenzgang

$$\text{oder mit } b_0 = \frac{V_R}{T_n} \qquad F_R = \frac{y}{x_e} = \frac{b_0}{p} \tag{10}$$

$$F_R = \frac{V_R}{T_n p}$$

Die Differentialgleichung lautet

$$y = b_0 \int x_e \, dt = \frac{V_R}{T_n} \int x_e \, dt \tag{11}$$

oder

$$\dot{y} = b_0 x_e = \frac{V_R x_e}{T_n} \tag{12}$$

Die Größe der Regelabweichung ist der Geschwindigkeit der Stellgrößenänderung proportional. Die Übergangsfunktion für einen Sprung von x_e zeigt Abb. 236.

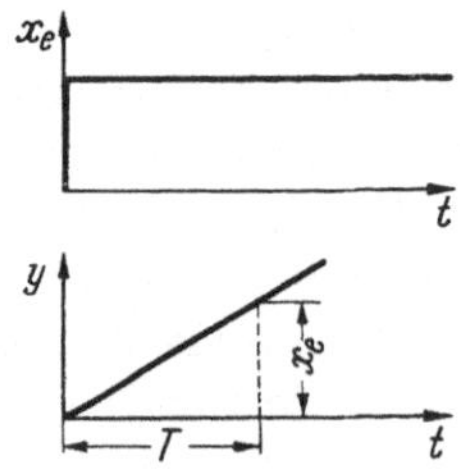

Mit dem I-Regler läßt sich eine hohe Genauigkeit erreichen, da die Stellgröße dem Integral der Regelabweichung proportional ist. Der Fehler geht gegen Null.

Weitere Reglermöglichkeiten ergeben sich aus der Kombination von anderen Termen aus Gl. (4). Dazu gehört der PD-Regler. Er gibt außer seiner P-Wirkung zusätzlich auf das Stellglied einen D-Einfluß (Vorhalt), der dem Differentialquotienten der Regelabweichung nach der Zeit, d. h. ihrer Änderungsgeschwindigkeit proportional ist. Wir benützen für den Frequenzgang

Abb. 236
Übergangsfunktion eines
Reglers mit I-Verhalten

den 2. und 3. Term der Gl. (4) und bekommen

$$F_R = \frac{y}{x_e} = b_1 + b_2\,p = V_R(1 + T_v\,p) \qquad (13)$$

wenn T_v die Vorhaltezeit und V_R der Verstärkungsfaktor ist. Die Vorhaltezeit T_v ist die Zeit, die die Stellgröße bei Annahme einer plötzlich einsetzenden, sich mit konstanter Geschwindigkeit ändernden Regelabweichung benötigt, um auf Grund der P-Wirkung das Intervall zu durchlaufen, das sie auf Grund der Vorhaltewirkung sofort sprunghaft durchläuft. Die Übergangsfunktion für einen Sprung der Regelabweichung zeigt Abb. 237.

Seine Differentialgleichung bekommen wir aus Gl. (13)

$$y = V_R\left(x_e + T_v\frac{dx_e}{dt}\right) \qquad (14)$$

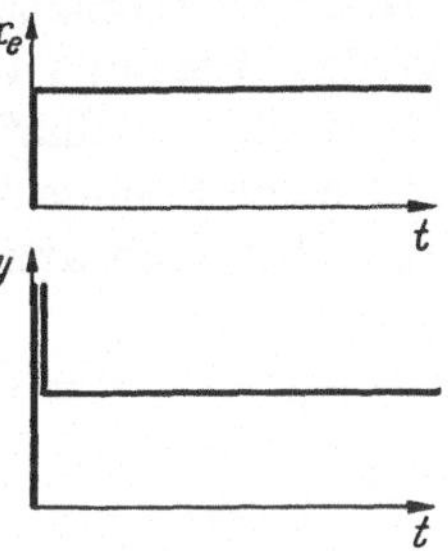

Abb. 237
Übergangsfunktion eines
Reglers mit PD-Verhalten

Im Vergleich mit Gl. (4), S. 250, hat der PD-Regler also einen anderen Frequenzgang als ein Verzögerungsglied der Regelstrecke, obwohl ihre Differentialgleichungen ähnlich sind. Dabei muß man eben berücksichtigen, daß bei den beiden Übertragungsgliedern die Ein- und Ausgänge vertauscht worden sind. Des Vorhaltes wegen ist der PD-Regler gegen Oberwellen empfindlich.

Ein anderer Reglertyp ist der PI-Regler. Er hat integral-proportionales (PI-) Verhalten und arbeitet nach der Frequenzganggleichung

$$F_R = \frac{b_0}{p} + b_1 = V_R\left(1 + \frac{1}{p\,T_n}\right) \qquad (15)$$

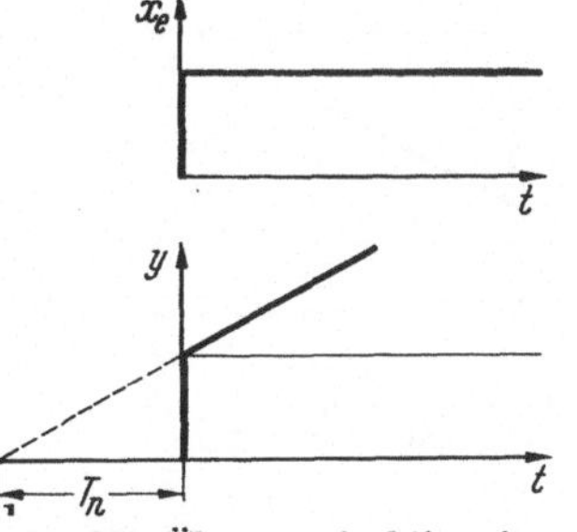

Abb. 238. Übergangsfunktion eines
Reglers mit PI-Verhalten

Aus der Gl. (4) sind demnach die proportional und integral wirkenden Glieder herausgegriffen. T_n ist die Nachstellzeit. Das ist die Zeit, die verstreicht, bis das Stellglied allein auf Grund der I-Wirkung die Stellung erreicht hat, die sich auf Grund der P-Wirkung zum Zeitpunkt $t = 0$ sprunghaft eingestellt hat.

Der Regler verstellt also bei sprunghafter Änderung der Regelabweichung sofort gemäß seinem P-Anteil die Stellgröße, verstellt sie darüber hinaus entsprechend seinem I-Anteil weiter so lange, bis keine bleibende Regelabweichung mehr besteht. Er wirkt also zu Beginn des Regelvorganges wie ein P-Regler, am Schluß wie ein reiner I-Regler. Seine Übergangsfunktion für einen Sprung der Regelabweichung zeigt Abb. 238.

Der *PI*-Regler ist überall dort sinnvoll, wo es auf eine hohe Regelgenauigkeit ankommt. Es ist allerdings zu beachten, daß beim Zusammenwirken eines *PI*-Reglers mit einer integralen Regelstrecke, wie dies beispielsweise bei Wegregelungen der Fall ist, ein Überschwingen nicht vermieden werden kann. Das Überschwingen kann im allgemeinen bei spanenden Werkzeugmaschinen, die weggeregelt sind, nicht zugelassen werden. Dies gilt auch für Regler mit unterlagerten Regelschleifen. Er ist jedoch vorteilhaft, bei Regelstrecken mit *einer* großen Zeitkonstante T_1 und einer Summe kleiner Zeitkonstanten T_ν. Die Differentialgleichung bekommt man aus dem Frequenzgang Gl. (15)

$$y = b_0 \int x_e \, dt + b_1 \, x_e = \frac{V_R}{T_n} \int x_e \, dt + V_R \, x_e \qquad (16)$$

oder

$$\frac{dy}{dt} = V_R \left[\frac{x_e}{T_n} + \frac{dx_e}{dt} \right] \qquad (17)$$

Der *PID*-Regler hat Proportional-Integral-Differential- (*PID*-) Verhalten. Er gibt außer seiner *PI*-Wirkung zusätzlich auf das Stellglied einen *D*-Einfluß (Vorhalt), der dem Differentialquotienten der Regelabweichung nach der Zeit, d. h. ihrer Änderungsgeschwindigkeit, proportional ist. Seine Empfindlichkeit gegen Oberwellen ist zu beachten. Seine Gleichung für den Frequenzgang ergibt sich wieder aus Gl. (4) zu

$$F_R = \frac{1}{p} \left(b_0 + b_1 \, p + b_2 \, p^2 \right) \qquad (18)$$

oder sinngemäß mit den oben definierten Konstanten

$$F_R = \frac{y}{x_e} = \frac{V_R}{p \, T_n} \left(1 + T_n \, p + T_n \, T_v \, p^2 \right) \qquad (19)$$

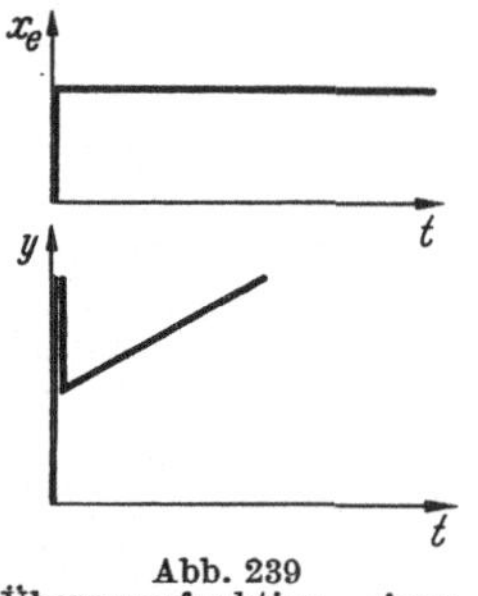

Abb. 239
Übergangsfunktion eines
Reglers mit *PID*-Verhalten

Der Regler mit *PID*-Verhalten wird in der Antriebstechnik bei Regelstrecken mit zwei (oder mehr) maßgebenden Trägheiten häufig verwendet. Es lassen sich kürzere Anregelzeiten und Ausregelzeiten erreichen, als es mit einem *P I*-Regler möglich ist.

Seine Differentialgleichung ergibt sich aus Gl. (19)

$$y = V_R \left[\frac{1}{T_n} \int x_e \, dt + x_e + T_v \frac{dx_e}{dt} \right] \qquad (20)$$

Die Übergangsfunktion des Reglers zeigt Abb. 239.

Wir müssen uns jetzt überlegen, wie die in den Gleichungen für das Regelverhalten festgelegten Eigenschaften der Regler zu realisieren sind.

Gehen wir beispielsweise vom *PI*-Regler aus und schreiben seinen Frequenzgang nach Gl. (15) in folgender Form

$$F_R = V_R(1 + p\,T_n)\,\frac{1}{p\,T_n} \qquad (21)$$
$$= F_1\,F_2\,F_3$$

so können wir für den Regler ein Blockschaltbild (Abb. 240) auf Grund der Regel für die Reihenschaltung von Blöcken nach Gl. (31) auf S. 256 angeben. Wir benötigen also 3 Bauelemente:

einen Verstärker V_R, je ein Bauglied mit den Frequenzgängen $(1 + p\,T_n)$ und $1/p\,T_n$.

Das eine ist, beispielsweise im Vergleich mit Gl. (24) auf S. 255, eine reziproke Trägheit mit der Zeitkonstanten T_n. Das Glied $1/p\,T_n$ stellt einen Integrator dar, der also den Ausgangswert des Mittelgliedes zu integrieren hat. Bei der Bemessung der elektrischen Bauelemente der Glieder F_2 und F_3 würde man bei dieser Anordnung feststellen, daß sie für das verstärkte Regelsignal auch für ein verhältnismäßig hohes Leistungsniveau auszulegen sind. Man würde deshalb kleinere Bauelemente bekommen, wenn man den Verstärker an das Ende des Gliedes setzt. Das hat jedoch wieder den Nachteil, daß dann die Eingangsglieder das niedrige Leistungsniveau zu sehr belasten, denn sie sind inaktive Glieder, die kleine, aber doch nicht unberücksichtigt zu lassende Verluste bringen. Man wendet deshalb bei solchen Reglern das Prinzip der Gegenkopplung an und schaltet zum Verstärker in Antiparallelschaltung ein Rückführglied.

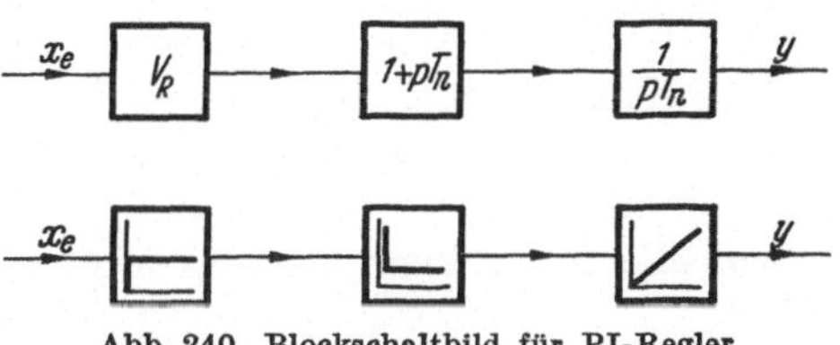

Abb. 240. Blockschaltbild für PI-Regler

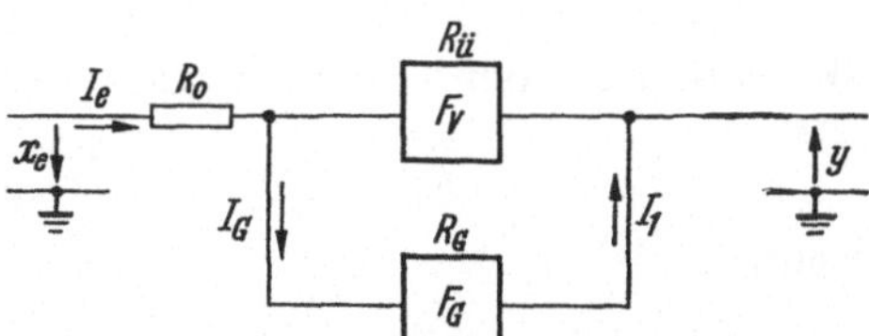

Abb. 241. Realisierung eines Reglers mit Verstärker (F_V) und Gegenkopplung (F_G)

Nimmt man in Abb. 241 x_e und y als Spannungen an, so soll gemäß Definition der Gegenkopplung [Gl. (33), S. 257] bei zunehmendem y die Spannung (x) am Eingang des Verstärkers F_V abnehmen. Ist $R_{\ddot{u}}$ der Übertragungswiderstand des Verstärkers und R_0 der Eingangswiderstand der Schaltung, so muß für die Ströme gelten

$$(I_e - I_G)\,R_{\ddot{u}} = y \qquad (22)$$

Damit für I_G die verlangte Stromrichtung zustande kommt, kann das Rückführglied an den komplementären Ausgang des Verstärkers angeschlossen werden. In Abb. 241 hat deshalb der Spannungspfeil für y die umgekehrte Richtung wie für x_e. (y als Stellgröße hat dagegen die gleiche Richtung wie x_e).

Wir wollen den wichtigen Fall $R_{\ddot{u}} \to \infty$ untersuchen. Dann wird der Eingangsstrom des Verstärkers und damit auch seine Eingangsspannung

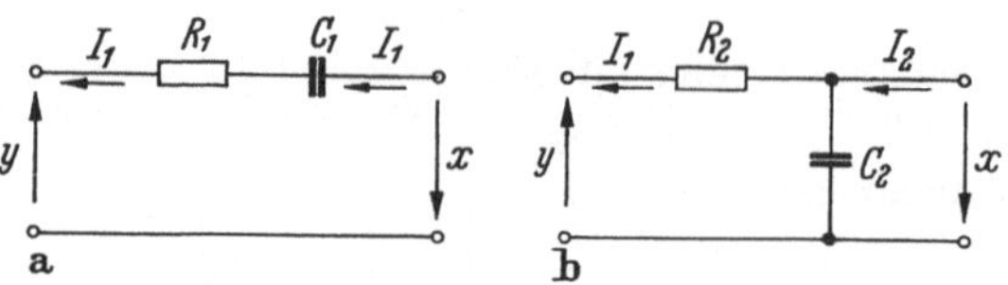

Abb. 242. RC-Glieder für die Gegenkopplung
a) Nachgebeglied; b) Verzögerungsglied

vernachlässigbar klein, und es folgt mit $x_e = R_0 I_e$

$$\frac{x_e}{R_0} = I_G \tag{23}$$

Wir erhalten den Frequenzgang des gegengekoppelten Verstärkers

$$F_R = \frac{y}{x_e} = \frac{y}{I_G} \frac{I_G}{x_e} = \frac{y}{I_G} \frac{1}{R_0} = \frac{R_G}{R_0} \tag{24}$$

wenn

$$R_G = \frac{y}{I_G}$$

der komplexe Widerstand der Gegenkopplung ist.

Als Gegenkopplung wollen wir zuerst ein Nachgebeglied (Abb. 242 a) betrachten. Es hat die Eingangsspannung y und ist am Ausgang entsprechend der Verstärkereingangsspannung $x \approx 0$ kurzgeschlossen.

Man erhält

$$R_G = R_1 + \frac{1}{p\,C_1} \tag{25}$$

und mit $R_1 C_1 = T_n$ als Zeitkonstante des Nachgebegliedes aus Gl. (24)

$$F_R = \frac{R_G}{R_0} = \frac{1 + p\,T_n}{p\,T_n} \frac{R_1}{R_0} \tag{26}$$

Bezeichnen wir jetzt das Verhältnis $R_1/R_0 = V_R$ als den Verstärkungsfaktor, so gilt

$$F_R = V_R \frac{1 + p\,T_n}{p\,T_n} = V_R \left(1 + \frac{1}{p\,T_n}\right) \tag{27}$$

Dies ist dieselbe Gleichung, die wir für den PI-Regler abgeleitet haben, Gl. (15). Wir bekommen aus dem Blockschaltbild nach Abb. 241 und der Formel für die Antiparallelschaltung [Gl. (34), S. 257]

$$F_R = \frac{1}{\dfrac{1}{F_V} + F_G}$$

hierbei ist $1/F_V \approx 0$ wegen $R_{\ddot{u}} \to \infty$ also

$$F_R \approx \frac{1}{F_G} \tag{28}$$

Damit hat die Gegenkopplung also gemäß Gl. (27) den Frequenzgang

$$F_G \approx \frac{x_e}{y} = \frac{p\,T_n}{V_R}\left(\frac{1}{1 + p\,T_n}\right) \tag{29}$$

Nach Gl. (27) kann das Blockschaltbild (Abb. 243) gezeichnet werden. Die Gegenführung besteht aus den 2 Gliedern F_1 und F_2.

Das Glied F_1 mit dem Frequenzgang $p\,T_n/V_R$ ist ein differenzierendes Glied. F_2 stellt [vgl. Gl. (24), S. 255] eine Trägheit mit dem Frequenzgang $1/(1 + p\,T_n)$ dar.

Wir haben früher gesehen, daß die Übergangsfunktion eines Trägheitsgliedes mit dem Frequenzgang $1/(1 + p\,T_n)$ durch die Gleichung

$$x = 1 - e^{-t/T_n}$$

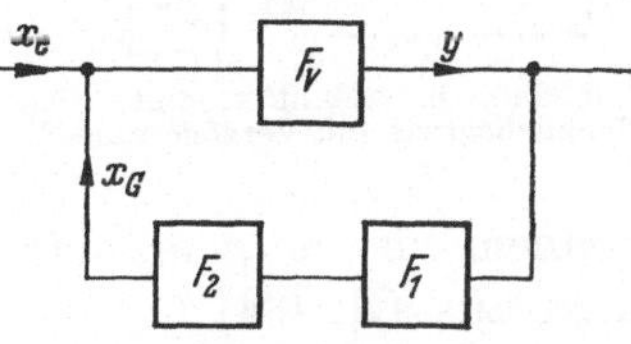

Abb. 243
Blockschaltbild eines *PI*-Reglers mit gegengekoppeltem Verstärker

gekennzeichnet ist. Die Gegenkopplung x_G ist durch den Differentialquotienten dieses Trägheitsgliedes multipliziert mit dem Faktor T_n/V_R also durch

$$x_G = \frac{T_n}{V_R}\,\frac{dx}{dt} = \frac{1}{V_R}\,e^{-\frac{t}{T_n}} \tag{30}$$

gekennzeichnet.

Die Übergangsfunktion der nachgebenden Gegenkopplung zeigt Abb. 244 bei einem Sprungübergang von y und offenem Kreis. Diese Kurve zeigt das Verhalten des Reglers von der Gegenkopplung her gesehen.

Eine weitere Reglertype muß sich aus der Kombination eines Nachgebegliedes mit einem Verzögerungsglied (Abb. 242) ergeben. Die Beschaltung des Verstärkers dabei zeigt Abb. 245. Auch für diesen Regler wollen wir über den komplexen Widerstand der Gegenkopplung den Frequenzgang bestimmen.

Für $R_{\ddot{u}} \to \infty$, also vernachlässigbarer Eingangsspannung x gelten die beiden Gleichungen

$$y = R_2\,I_1 + R_1\,I_G + \frac{I_G}{p\,C_1} \tag{31}$$

und

$$\dot{y} = R_2\,I_1 + \frac{I_1 - I_G}{p\,C_2} \tag{32}$$

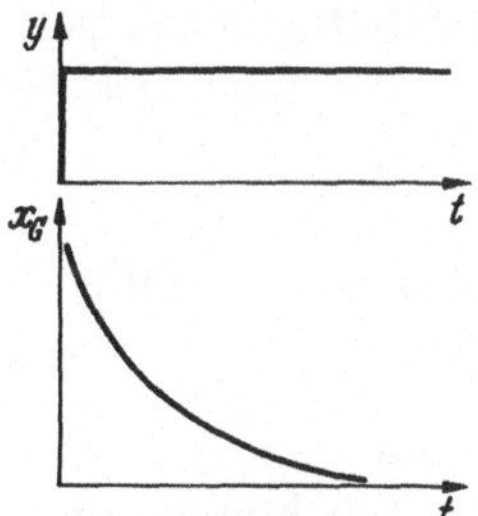

Abb. 244
Übergangsfunktion einer nachgebenden Gegenkopplung des Reglers

Durch Gleichsetzen der beiden rechten Seiten bekommt man

$$I_1 = I_G \, p \, C_2 \left(R_1 + \frac{1}{p \, C_1} + \frac{1}{p \, C_2} \right) \tag{33}$$

Setzt man diesen Wert von I_1 in die Gl. (31) ein, so wird nach einigem Umrechnen mit $R_1 \, C_1 = T_n$ und $R_2 \, C_2 = T_v$

$$\frac{y}{I_G} = [1 + p \, (T_n + T_v + C_1 \, R_2) + p^2 \, T_n \, T_v] \frac{1}{p \, C_1} \tag{34}$$

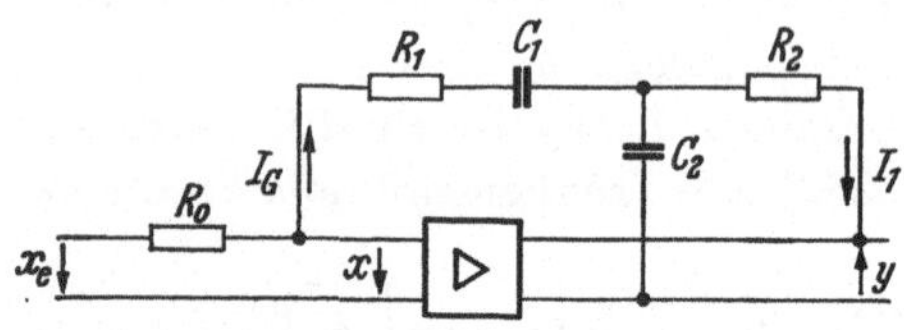

Abb. 245. Kombination einer Gegenkopplung aus Nachgebeglied und Verzögerungsglied nach Abb. 242

Wir wollen die RC-Glieder allgemein durch Abstufung der Kapazitäten entkoppeln und wählen:

$$C_2 \gg C_1 \tag{35}$$

Sind die Entkoppelungsbedingungen hinreichend erfüllt, können wir die gemischte Zeitkonstante $R_2 \, C_1$ vernachlässigen. Dann wird aus Gl. (34)

$$\frac{y}{I_G} \approx \frac{1}{p \, C_1} (1 + p \, T_n)(1 + p \, T_v) \tag{38}$$

und der Frequenzgang des Reglers lautet unter den oben eingeführten Einschränkungen nach Gl. (24)

$$F_R = \frac{y}{I_G} \frac{1}{R_0}$$
$$\approx \frac{1}{p \, R_0 \, C_1} (1 + p \, T_n)(1 + p \, T_v) \tag{39}$$

Setzen wir jetzt $R_1/R_0 \approx V_R$, weil $R_2 \ll R_1$, so wird aus Gl. (39)

$$F_R \approx \frac{V_R}{p \, T_n} (1 + p \, T_n)(1 + p \, T_v) \tag{40}$$

Diese Gleichung ist ähnlich der Gl. (19). Wir haben es also mit einem PID-Regler zu tun.

Für die Rückführung können wir gemäß Gl. (28) bei $R_{\ddot{u}} \to \infty$

$$F_G = \frac{1}{F_R}$$

also mit Gl. (40)

$$F_G \approx p \, \frac{T_n}{V_R} \frac{1}{1 + p \, T_n} \frac{1}{1 + p \, T_v} \tag{41}$$

setzen.

Wir können uns damit den PID-Regler nach Abb. 246 als einen Verstärker V denken, der eine Rückführung mit 3 Funktionsgliedern besitzt.

Wir sehen, daß in der Rückführung die 2 Glieder $p\,T_n/V_R$ und $1/(1 + p\,T_n)$ genauso wirken wie die nachgebende Rückführung bei dem *PI*-Regler. Diese nachgebende Rückführung ist durch eine weitere Trägheit $1/(1 + p\,T_v)$ verzögert. Wir sprechen also von einer „verzögert nachgebenden" Rückführung.

Für die Ableitung der Übergangsfunktion dieser Rückfüh-
rung gehen wir wieder von der Übergangsfunktion der Trägheit aus. Für eine Trägheit erster Ordnung verläuft die Übergangs-
funktion nach Abb. 247a, für

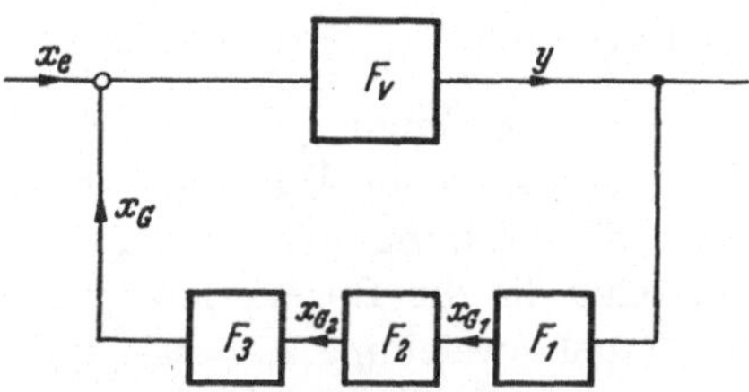

Abb. 246. Blockschaltbild eines Reglers (*PID*)
mit der Gegenkopplung nach Abb. 245

eine solche 2. Ordnung verläuft sie nach Abb. 247b. Die Kurve müs-
sen wir wegen des Gliedes $p\,T_n/V_R$ differenzieren und bekommen dann für die „verzögert nachgebende" Rückführung die Übergangsfunktion nach Abb. 247c.

Die Darstellung des Reglers im Blockschaltbild wollen wir aus zwei Gründen festhalten. Einmal werden wir bei der Betrachtung der

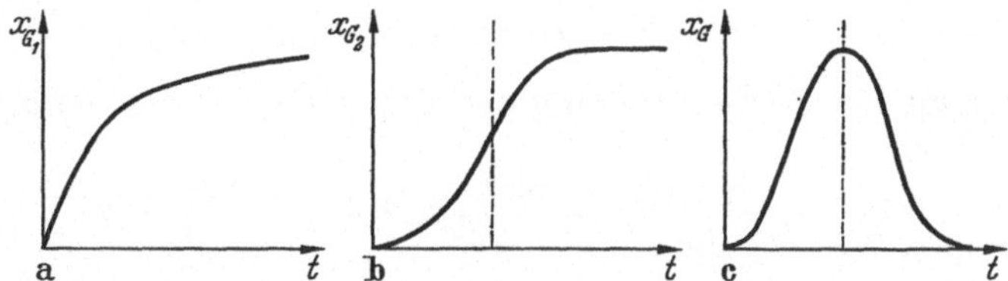

Abb. 247. Übergangsfunktion für den PID-Regler nach Abb. 246 für einen Sprung von y

Reglereigenschaften im Rechengerät (Analog-Rechner) auf dieser Darstellung sehr einfach aufbauen können, wenn wir bei schwierigen Betriebsverhältnissen eine optimale Reglereinstellung suchen. Anderer-
seits gibt uns diese Darstellung noch einen sehr wichtigen Hinweis für die gerätemäßige Auslegung des Reglers.

b) Regelverlauf

Zur Beurteilung des Regelverlaufes interessiert die Frage, wieweit es dem Regler gelungen ist, die Regelabweichung vom Sollwert möglichst klein zu halten. Zur Beantwortung müssen wir die simultane Diffe-
rentialgleichung für den geschlossenen Regelkreis aufstellen, die sowohl der Differentialgleichung der Regelstrecke, als auch der des Reglers genügen muß. Nehmen wir z. B. eine Regelstrecke nach Gl. (1), S. 276, und einem Regler nach Gl. (4), S. 277, mit $m < n - 1$, so gelten folgende

Differentialgleichungen

$$\text{Regelstrecke:} \quad y = a_0\,x + a_1\,\dot{x} + a_2\,\ddot{x} + \cdots + a_{n-1}\,x^{(n-1)}$$

$$\text{Regler:} \quad \dot{y} = b_0\,x_e + b_1\,\dot{x}_e + b_2\,\ddot{x}_e + \cdots + b_m\,x_e^{(m)}$$

$$\text{Regelkreis:} \quad x_e = w - x \tag{42}$$

Die letzte Bedingung für die Schließung eines Regelkreises beinhaltet die stabilisierende Wirkung der Regelung in dem Sinne, daß nach einer Abweichung der Regelgröße vom Sollwert weg eine Stellgröße entsteht, die die Regelgröße zum Sollwert zurückführt. Definiert man die Regelabweichung $x_w = x - w$, dann ist der Reglereingang $x_e = -x_w = w - x$, wie Gl. (42).

Differenziert man die erste Gleichung und setzt x_e und seinen Differentialquotienten aus der Bedingung $x_e = w - x$ in die zweite ein, so ergibt sich eine neue Differentialgleichung

$$w = x + \frac{a_0 + b_1}{b_0}\,\dot{x} + \frac{a_1 + b_2}{b_0}\,\ddot{x} + \cdots + \frac{a_{m-1} + b_m}{b_0}\,x^{(m)} +$$

$$+ \frac{a_m}{b_0}\,x^{(m+1)} + \cdots + \frac{a_{n-1}}{b_0}\,x^{(n)} \tag{43}$$

Zu deren Lösung setzt man für einen Sprung w_s der Führungsgröße

$$x - w_s = c\,e^{\lambda t} \tag{44}$$

und bekommt für die Bestimmung der Exponenten λ die charakteristische Gleichung

$$0 = 1 + \frac{a_0 + b_1}{b_0}\,\lambda + \frac{a_1 + b_2}{b_0}\,\lambda^2 + \cdots + \frac{a_{n-1}}{b_0}\,\lambda^n \tag{45}$$

Sind die Wurzeln dieser Gleichung bekannt, so lautet die Lösung der Differentialgleichung

$$x = w_s + c_1\,e^{\lambda_1 t} + c_2\,e^{\lambda_2 t} + \cdots \tag{46}$$

Die Konstanten $c_{1\ldots n}$ bestimmt man noch aus den Grenzbedingungen und kann damit die Funktion $x = f(t)$ angeben.

Ihr Verlauf kennzeichnet das Regelverhalten nach der Zeit. Die Kurve der Gl. (46) stellt eine Summe von e-Funktionen dar, denen auch sinusförmige Schwingungen überlagert sein können, wenn einige Wurzeln von λ komplex sind. Die Regelung verläuft stabil, wenn die e-Funktionen negative Exponenten und die komplexen Wurzeln negative Realteile aufweisen. Sie ist unstabil bei positiven Exponenten.

Da unstabile Regelungen völlig unbrauchbar sind, muß man zuerst das Stabilitätskriterium untersuchen.

Leider ist die exakte mathematische Lösung der Gl. (45) nicht immer möglich, so daß die Beurteilung der Stabilität nach den genannten Überlegungen nur bedingt möglich ist. Für diese Fälle ist das Stabilitätskriterium von Hurwitz sehr nützlich, das von der charakteristischen Gl. (45) ausgeht, die leicht aufgestellt werden kann. Hat die charakteristische Gleichung die allgemeine Form

$$0 = a_n\,\lambda^n + a_{n-1}\,\lambda^{n-1} + \cdots + a_3\,\lambda^3 + a_2\,\lambda^2 + a_1\,\lambda + a_0 \qquad (47)$$

so lautet das Kriterium: Sämtliche Koeffizienten a von λ und die nachfolgend aufgeführten Determinanten Δ_{n-1} bis Δ_2 müssen positiv sein. Beim Anschreiben der Determinanten geht man von der in der linken Ecke beginnenden Diagonalen aus. Koeffizienten mit einem Index, die sich nach dem Schema negativ ergeben oder größer als n ausfallen würden, sind gleich Null zu setzen.

$$\Delta_2 = \begin{vmatrix} a_{n-1} & a_{n-3} \\ a_n & a_{n-2} \end{vmatrix} \;;\quad \Delta_3 = \begin{vmatrix} a_{n-1} & a_{n-3} & a_{n-5} \\ a_n & a_{n-2} & a_{n-4} \\ a_{n+1} & a_{n-1} & a_{n-3} \end{vmatrix}$$

$$\Delta_4 = \begin{vmatrix} a_{n-1} & a_{n-3} & a_{n-5} & a_{n-7} \\ a_n & a_{n-2} & a_{n-4} & a_{n-6} \\ a_{n+1} & a_{n-1} & a_{n-3} & a_{n-5} \\ a_{n+2} & a_n & a_{n-2} & a_{n-4} \end{vmatrix} \;;\qquad \Delta_{n-1} = \cdots$$

Beispiel: Zu einer Differentialgleichung 4. Grades $(n = 4)$ lauten die Determinanten Δ_2 bis $\Delta_{4-1} = \Delta_3$

$$\Delta_2 = \begin{vmatrix} a_3 & a_1 \\ a_4 & a_2 \end{vmatrix} = a_3 \cdot a_2 - a_4 \cdot a_1 > 0$$

$$\Delta_3 = \begin{vmatrix} a_3 & a_1 & 0 \\ a_4 & a_2 & a_0 \\ 0 & a_3 & a_1 \end{vmatrix} = a_1(a_3\,a_2 - a_4\,a_1) - a_3{}^2\,a_0 > 0$$

Dieses Kriterium ist für Regelungen, die in der Antriebstechnik vorkommen, meistens am leichtesten anwendbar.

Ist für die Regelung nicht die Differentialgleichung, sondern der Frequenzgang bekannt, so bezeichnen wir nach Abb. 234 mit F_0 den Frequenzgang des aufgeschnittenen Regelkreises. Es ist also

$$F_0 = \frac{x}{x_e} = F_R\,F_S \qquad (48)$$

wenn F_R der Frequenzgang des Reglers und F_s der der Regelstrecke ist. Zum Schließen des Regelkreises gehört bekanntlich die Bedingung

$$x_e = w - x \qquad (49)$$

Wir denken uns dabei in die Rückführstrecke ein Übertragungsglied mit dem Frequenzgang $F_2 = 1$, weil der Eingang gleich dem Ausgang ist und bekommen dann für diese Antiparallelschaltung für den Frequenzgang des geschlossenen Regelkreises nach Gl. (3)

$$F = \frac{x}{w} = \frac{1}{\dfrac{1}{F_0} + F_2} = \frac{1}{\dfrac{1}{F_0} + 1} = \frac{F_0}{1 + F_0} \qquad (50)$$

Nyquist hat für die Ortskurve des Frequenzganges ein Stabilitätskriterium angegeben, das wir hier nur in seinen einfachen Folgerungen

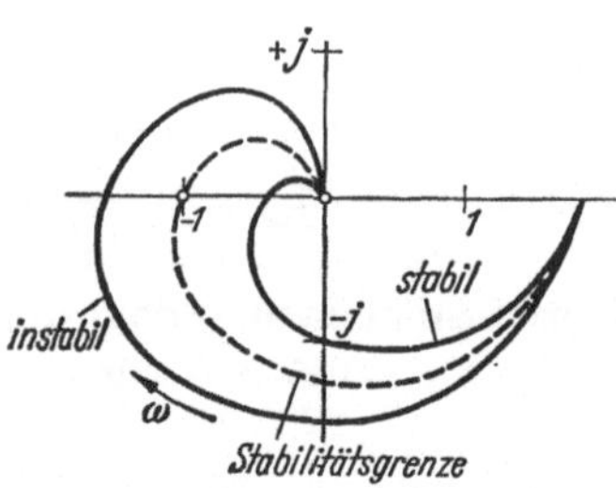

Abb. 248. Verschiedene Ortskurven des Frequenzganges (Nyquist-Diagramm)

betrachten wollen. Er weist an Hand der Ortskurve des offenen Regelkreises nach, ob der geschlossene Regelkreis stabil arbeitet oder nicht. Wird nämlich die Ortskurve des offenen Regelkreises im Sinne wachsender Frequenzen durchlaufen, so ist der Vorgang stabil, wenn gemäß Abb. 248 der Punkt — 1 immer links zu liegen kommt. Trifft die Ortskurve den Punkt —1, so liegt der Grenzfall der Stabilität vor (gestrichelte Kurve in Abb. 248).

Das ist physikalisch leicht einzusehen: Hat die Ausgangsgröße des Übertragungssystems die gleiche Amplitude wie die Eingangsgröße und eine Phasenverschiebung von 180°, so hält sich die Schwingung gerade von allein aufrecht, da die gegengekoppelte Regelschaltung eine Phasenumkehr bedingt und beide Schwingungen dann nicht nur in der Amplitude, sondern auch in der Phase gleich sind.

Hat man nun festgestellt, daß die Regelung stabil arbeitet, so interessiert der Regelablauf.

Die dynamischen Eigenschaften werden üblicherweise aus dem zeitlichen Verlauf der Regelgröße bei einer Änderung der Führungsgröße (w) oder der Störgröße (z) abgeleitet. Man bezeichnet auch hier diesen zeitlichen Verlauf der Regelgröße bzw. deren Abweichung von einem stationären Wert als *Übergangsfunktion*, wenn der Sollwert oder die Stellgröße im Zeitpunkt 0 sprunghaft um den Wert 1 geändert wird.

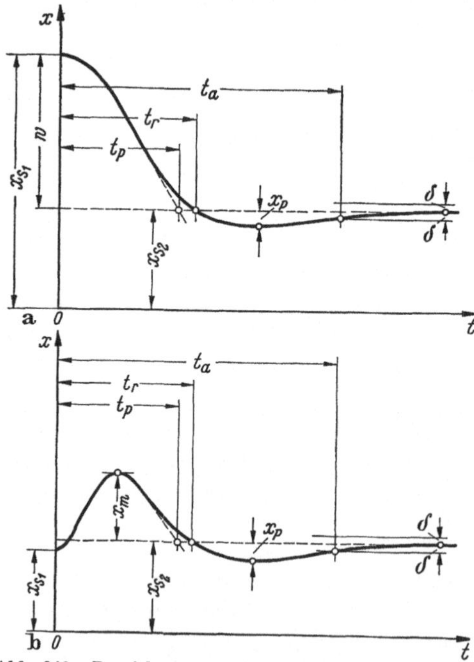

Abb. 249. Bezeichnungen der wichtigsten Begriffe beim Regelablauf

a) für einen Sollwertsprung; b) für Störgrößensprung
x_p Pendelweite; t_p Anpeilzeit; t_r Anregelzeit; t_a Ausregelzeit (dazu Toleranz $δ$); x_m Überschwingweite; x_{s_1} stationärer Wert vor der Störung; x_{s_2} dgl. nachher

Die Übergangsfunktion gibt ein sehr anschauliches Bild für das Verhalten der Regelung. Man kann diese Übergangsfunktion für eine Reihe von veränderlichen Parametern aufstellen, um daraus den Einfluß dieser Parameter auf das Regelverhalten zu ersehen. Zu diesen Parametern gehören z. B. die Verstärkung des Reglers und seine Eigenschaften, die meistens durch die Gegenkopplungen gekennzeichnet sind. Dazu können auch Projektierungsvarianten gehören, also beispielsweise die Verstärkerart, die hauptsächlich durch ihr Zeitverhalten von Einfluß ist. Dies alles sind Möglichkeiten, die zu einer optimalen Auslegung der Regelung führen.

Die für diese Beurteilung üblichen Begriffe sind in Abb. 249a für einen Sprung der Führungsgröße w und in Abb. 249b für einen Störgrößensprung dargestellt, wobei eine Übergangsfunktion angenommen wird, die zu einer stabilen Regelung führt.

c) Optimierungsverfahren

Mit den bisher gewonnenen Beziehungen sind wir in der Lage, unter den von uns getroffenen Annahmen den Regelverlauf bei Auftreten einer Störung zu beschreiben. Wir wollen nun eine Aussage über die Güte einer Regelung bekommen. Diese kann nach sehr unterschiedlichen Gesichtspunkten beurteilt werden. Es erscheint zweckmäßig, die Güte der Regelung nach ihrem dynamischen Verhalten zu werten, wobei allerdings der jeweilige technologische Prozeß bestimmte Randbedingungen stellt, die eingehalten werden müssen. Man kann unterscheiden zwischen einer Bemessungsoptimierung, wenn der Aufbau des Regelkreises vorgegeben ist und die günstigste Bemessung der Regelmittel gesucht ist, und einer Strukturoptimierung, wenn außer der Bemessung die Art und Anordnung der Regelmittel, d. h. die Struktur des Regelkreises zu bestimmen ist. Die Strukturoptimierung wird nur in Sonderfällen möglich sein, da die Struktur, wie beispielsweise die Wahl des Verstärkers, der Regelart u. ä., durch wirtschaftliche und technische Überlegungen meist vorgegeben ist und hier nicht zuletzt auch die Erfahrung eine Rolle spielt.

Bei der Bemessungsoptimierung geht man davon aus, jeweils den ganzen Verlauf des Übergangsverhaltens eines Regelkreises zu beschreiben, da die Ermittlung des Regelverlaufes und die notwendige Wurzelbestimmung der charakteristischen Gleichung meistens recht zeitraubend ist. Es sind nun mehrere Optimierungsverfahren bekannt, die es auf mehr oder weniger einfache Weise gestatten, die Parameter, wie Verstärkung, Nachschaltzeit, Vorhaltezeit, so zu wählen, daß der Regelverlauf unter den gegebenen Definitionen für die Regelgüte optimal ist. Als wichtigste Verfahren seien genannt:

1. Lineares Optimum: Die lineare Fehlerfläche um den neuen Sollwert wird ein Minimum, sämtliche Wurzeln sind reell. Die Übergangs-

funktion hat einen stark gedämpften Verlauf, es tritt kein Überschwingen auf.

2. Quadratisches Optimum: Die quadratische Regelfläche soll ein Minimum werden. Die Übergangsfunktion hat im allgemeinen einen schwach gedämpften Verlauf.

3. Betragsoptimum: Der Betrag des Frequenzganges bei einer Sollwertstörung soll über einen möglichst weiten Frequenzbereich, beginnend bei $\omega = 0$ gleich eins werden. Es ergibt sich eine gegenüber dem linearen Optimum kleinere Anregelzeit in Verbindung mit einer kleinen Überschwingweite von etwa 5% [83].

4. Symmetrisches Optimum: Der Frequenzgang des offenen Regelkreises und des geschlossenen Regelkreises sind spiegelungsinvariant d. h., sie haben gewisse Symmetrieeigenschaften. Es handelt sich um ein Betragsoptimum höherer Ordnung. Es wird angewendet, wenn Regler und Regelstrecke Integralverhalten haben. Ein Sollwertsprung ergibt eine verhältnismäßig große Überschwingweite, die jedoch durch ein Glättungsglied großer Zeitkonstante stark reduzierbar ist. Bei einer Laststörung ergeben sich besonders günstige Verhältnisse.

Für die einzelnen Optimierungsverfahren wurden nun Dimensionierungsvorschriften für die jeweiligen Regelstrecken und Reglerarten aufgestellt. Sie lassen eine schnelle Festlegung der Einstellgrößen zu, ohne daß viel Rechenarbeit geleistet werden muß. In Tab. 5 sind die Vorschriften des Betragsoptimums für die wichtigsten Strecken zusammengefaßt. Die Anwendung dieser vereinfachten Beziehungen erweist sich nicht nur bei der Projektierung als vorteilhaft, sondern auch bei der Inbetriebnahme, ein Punkt, dem große Beachtung zu schenken ist, da der Rechnung im allgemeinen nur näherungsweise Angaben bei der Projektierung zur Verfügung stehen, die bei der Inbetriebnahme schnell und einfach modifiziert werden müssen.

Eine noch weitergehende mathematische Behandlung — wozu beispielsweise das im anglo-amerikanischen Schrifttum öfters vorkommende Bode-Diagramm gehört — erscheint zum Verständnis der später behandelten Regelbeispiele nicht erforderlich und macht im übrigen insbesondere bei Werkzeugmaschinen einige Schwierigkeiten, weil im Regelkreis häufig neben der Laufzeit weitere nicht lineare Übertragungsglieder vorkommen. Allgemein versteht man darunter Glieder im Regelkreis, bei denen der Zusammenhang zwischen Eingangs- und Ausgangsgröße durch nicht lineare Differentialgleichungen beschrieben wird.

Bei Drehzahlregelungen denken wir dabei weniger an strukturelle Nichtlinearitäten, bei denen die Ausgangsgröße beispielsweise einer Potenz der Eingangsgröße proportional ist, oder an Glieder, bei denen die Ausgangsgröße proportional dem Produkt zweier Eingangsgrößen ist. Wir denken hauptsächlich an eine größere Gruppe von Nicht-

Tabelle 5 nach [13]. *Wahl des Reglertyps und seiner Einstellung zu verschiedenen Regelstrecken. Charakterisierung der Regelstrecke: T Zeitkonstanten, T_L Summenlaufzeit, V_S Verstärkung der Regelstrecke, V_R desg. des Reglers ($\gg$ bedeutet Abstufung um den Faktor $\geqq 5$).*

Nr.	Charakter der Regelstrecke	Regler		Optimale Einstellvorschrift für 5% Überpendeln	Anregelzeit (4,72 ersetzt durch 5)
		Typ	Reziproker Rückführfrequenzgang $1/F_R \approx F_B$		
1	$T_1; T_2; V_S$	P	$\dfrac{1}{V_R}$ bleibende Regelabweichung $= 2 T_1 T_2/(T_1 + T_2)^2$	$V_R = \dfrac{1}{2 V_S}\left(\dfrac{T_1}{T_2} + \dfrac{T_2}{T_1}\right)$	$5 T_1 T_2/(T_1 + T_2)$
2	$T_1, T_2 \ldots T_{(n)}; T_L; V_S$	I	$\dfrac{p T_n}{V_R}$	$\dfrac{T_n}{V_R} = 2 V_S[(\Sigma_{\nu=1}^{n} T_\nu) + T_L]$	$5[(\Sigma_{\nu=1}^{n} T_\nu) + T_L]$
3	$T_1, T_2 \ldots T_{(n)}; T_L; V_S$ $T_1 \gg (\Sigma_{\nu=2}^{n} T_\nu) + T_L$	PI	$\dfrac{p T_n}{V_R(1 + p T_n)}$	$T_n = T_1$ $T_1 = 2 V_S[(\Sigma_{\nu=2}^{n} T_\nu) - T_L]$	$5[(\Sigma_{\nu=2}^{n} T_\nu) + T_L]$
4	$T_1, T_2 \ldots T_{(n)}; T_L; V_S$ $T_1 \geqq T_2 \gg (\Sigma_{\nu=3}^{n} T_\nu) + T_L$	PID	$\dfrac{p T_n}{V_R(1 + p T_n)(1 + p T_v)}$	$T_n = T_1; T_V = T_2$ $\dfrac{T_n}{V_R} = 2 V_S[(\Sigma_{\nu=3}^{n} T_\nu) + T_L]$	$5[(\Sigma_{\nu=3}^{n} T_\nu) + T_L]$
5	$T_0; T_1; T_2 \ldots T_{(n)}; T_L$	P	$\dfrac{1}{V_R}$	$V_R = \dfrac{T_0}{2[(\Sigma_{\nu=1}^{n} T_\nu) + T_L]}$	$5[(\Sigma_{\nu=1}^{n} T_\nu) + T_L]$
6	$T_0; T_1; T_2 \ldots T_{(n)}; T_L$ $T_1 \gg (\Sigma_{\nu=2}^{n} T_\nu) + T_L$	PD	$\dfrac{1}{V_R(1 + p T_v)}$	$T_V = T_1$ $V_R = \dfrac{T_0}{2[(\Sigma_{\nu=2}^{n} T_\nu) + T_L]}$	$5[(\Sigma_{\nu=2}^{n} T_\nu) + T_L]$

linearitäten, die durch die Möglichkeit der Angabe von zeitabhängigen
stationären Kennlinien gekennzeichnet ist. Beispiele von solchen Kennlinien, die in Form einer nur stückweisen analytischen oder unstetigen
Funktion gegeben sind, zeigt Abb. 250.

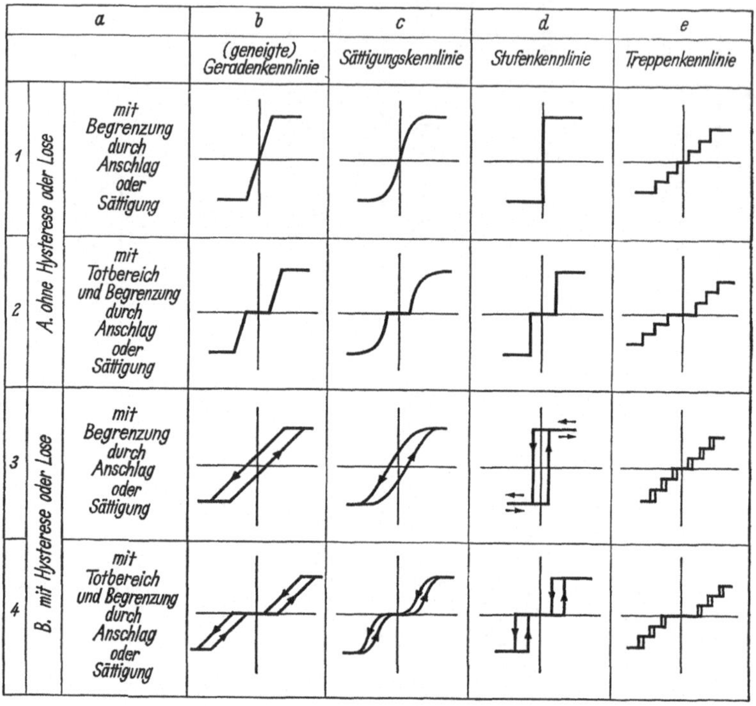

		a	*b* (geneigte) Geradenkennlinie	*c* Sättigungskennlinie	*d* Stufenkennlinie	*e* Treppenkennlinie
A. ohne Hysterese oder Lose	1	mit Begrenzung durch Anschlag oder Sättigung				
	2	mit Totbereich und Begrenzung durch Anschlag oder Sättigung				
B. mit Hysterese oder Lose	3	mit Begrenzung durch Anschlag oder Sättigung				
	4	mit Totbereich und Begrenzung durch Anschlag oder Sättigung				

Abb. 250. Verschiedene Formen von Nichtlinearitäten im Regelkreis nach [*13*]

Solche Kennlinien kommen in Regelkreisen von Antrieben in der
Metallverarbeitung verhältnismäßig häufig vor.

3. Drehzahlregelungen

Grundsätzlich sind Drehzahlregelungen bei allen Motoren möglich,
deren Drehzahl sich stetig verändern läßt. Aus wirtschaftlichen Gründen
scheiden aber meistens alle diejenigen Motoren aus, bei denen eine
solche stetige Drehzahländerung mit größeren Energieverlusten verbunden ist oder die eine ungünstige Drehzahl-Drehmoment-Kennlinie
haben.

Ungünstig sind auch Drehzahlverstelleinrichtungen, die mit mechanischen Mitteln arbeiten. Dazu gehört z. B. die Bürstenverstellung von
Drehstrom-Nebenschlußmotoren. Die erforderliche motorische Ver-

stelleinrichtung ist mit mechanischen Trägheiten behaftet. Es ist deshalb verständlich, daß für Regelaufgaben im allgemeinen Gleichstrom-Nebenschlußmotoren verwendet werden.

a) Regelstrecke 2. Ordnung

Zunächst wollen wir von einer Regelstrecke ausgehen, die sich durch eine Differentialgleichung 2. Ordnung ausdrücken läßt. Das hat den Vorteil, daß damit sich alle für den Regelverlauf wichtigen Größen

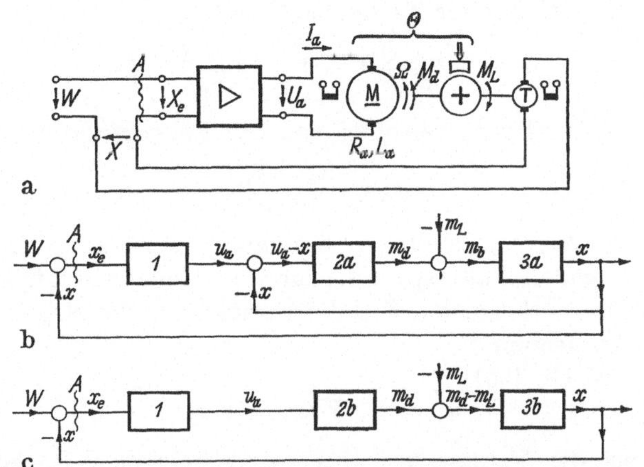

Abb. 251. Drehzahlregelung eines konstant erregten Gleichstrommotors
a) Geräteschaltplan; b) Blockschaltplan; c) vereinfachter Blockschaltplan

mathematisch recht exakt ableiten lassen und so die für die Beurteilung der Regelgüte wichtigen Parameter sich leicht überschauen lassen.

α) **Schaltung.** Wir wählen dazu gemäß Abb. 251 einen fremderregten Gleichstrommotor mit einem Ankerwiderstand R_a und einer Anker-induktivität L_a. Sein Ankerstrom I_a entsteht durch die Spannung U_a. Seine Winkelgeschwindigkeit sei Ω, das Trägheitsmoment der bewegten Masse sei Θ; er werde mit dem Lastmoment M_L abgebremst. Eine Tachomaschine liefert eine der Winkelgeschwindigkeit Ω (Drehzahl n) proportionale Ausgangsspannung X, die wir mit der Führungsgröße vergleichen. Die Abweichung

$$X_e = W - X \tag{51}$$

führen wir einem trägheitslosen Verstärker als Eingangsgröße zu. Ist seine Verstärkung V_R, so ist seine Ausgangsgröße

$$U_a = V_R X_e \tag{52}$$

die zur Speisung des Gleichstrommotors dient, wodurch dann der Signalkreis geschlossen ist.

Zur Normierung dieser Beziehungen gehen wir wieder vom Beharrungszustand aus und setzen

$$U_{as} = V_R\,X_{es} \tag{53}$$

Für die Abweichung vom stationären Betriebszustand gilt dann

$$U_a - U_{as} = V_R\,X_e - V_R\,X_{es} \tag{54}$$

Dann wird diese Abweichung auf den Bezugswert U_{an} bezogen.
Damit wird aus Gl. (54), bei Erweiterung der rechten Seite mit X_{0n}, der Leerlaufnennspannung der Tachomaschine,

$$u_a = \frac{U_a - U_{as}}{U_{an}} = V_R\,\frac{X_e - X_{es}}{X_{0n}}\,\frac{X_{0n}}{U_{an}} \tag{55}$$

Normiert gilt für die Abweichung von der Führungsgröße

$$x_e = \frac{X_e - X_{es}}{X_{0n}} \tag{56}$$

Der Ausdruck X_{0n}/U_{an} stellt die Spannungsverstärkung zwischen der am Motor liegenden Ankerspannung und der Tachomaschinenspannung dar. Dies ist im vorliegenden Fall die Verstärkung der Regelstrecke, die wir mit V_S bezeichnen.

Damit wird Gl. (55)

$$u_a = V_R\,V_s\,x_e = V\,x_e \tag{57}$$

V ist hierbei die Verstärkung des aufgeschnittenen Regelkreises — Kreisverstärkung.

Ähnlich verfahren wir beim Schließen des Regelkreises (Vergleich mit der Führungsgröße). Hier gilt für die Eingangsspannung des Verstärkers

$$X_e = W - X \tag{58}$$

wenn W die (konstante) Sollspannung ist (Führungsgröße).

Für den stationären Zustand, von dem man ausgeht, möge gelten

$$X_{es} = W_s - X_s \tag{59}$$

und für die Abweichung von diesem bekommt man

$$X_e - X_{es} = (W - W_s) - (X - X_s) \tag{60}$$

die auf den Bezugswert X_{0n} bezogen wird

$$\frac{X_e - X_{es}}{X_{0n}} = \frac{W - W_s}{X_{0n}} - \frac{X - X_s}{X_{0n}} \tag{61}$$

Setzt man nun zur Normierung

$$w = \frac{W - W_s}{X_{0n}}$$

$$x = \frac{X - X_s}{X_{0n}} = \frac{\Omega - \Omega_s}{\Omega_{0n}} = \omega \tag{62}$$

wird aus Gl. (58)

$$x_e = w - x \tag{63}$$

Die Wirkungsweise dieser Anordnung können wir am besten aus dem Signalflußplan beurteilen.

β) **Signalflußplan.** Bei dem Entwurf des Signalflußplanes gehen wir davon aus, daß wir später die funktionellen Auswirkungen erkennen wollen, wenn wir die Führungsgröße — in der Regel sprungartig — ändern. Andererseits wollen wir auch wissen, wie sich der Antrieb bei einer Änderung der Störgröße verhält, als die im allgemeinen das Lastmoment M_L anzusehen ist. Wir müssen deshalb den Motor in zwei Übertragungsglieder aufspalten, von denen das eine sein elektrisches Verhalten, insbesondere bei Änderung der Eingangsspannung, beschreibt, während das andere die mechanischen Verhältnisse kennzeichnet, aus denen wir dann die Auswirkung einer Laständerung beurteilen können.

Mit Gl. (43), die wir auf S. 73 abgeleitet haben, bekommen wir für das elektrische Verhalten des Motors mit $i_a = m_d$ aus Gl. (53), S. 73, und $\omega = x$ aus Gl. (62)

$$u_a - x = m_d + T_a \frac{d m_d}{d t} \tag{64}$$

Im Vergleich mit beispielsweise Gl. (4) auf S. 250 kennzeichnet diese Differentialgleichung ein Trägheitsglied mit der Zeitkonstante T_a, der Eingangsgröße $u_a - x$ und der Ausgangsgröße m_d.

Die mechanischen Verhältnisse des Motors sind durch Gl. (48) auf S. 73 gegeben. Sie lautet mit $\omega = x$ aus Gl. (62)

$$m_b = m_d - m_L = T_{mk} \frac{dx}{dt} \tag{65}$$

Wir ergänzen diese beiden Übertragungsglieder noch durch ein Verstärkerglied

$$u_a = V x_e \tag{66}$$

Dieses ist ein Proportionalglied mit dem Eingang x_e und dem Ausgang u_a.

Dann bekommen wir einen Signalflußplan nach Abb. 251b, der also noch drei algebraische Verknüpfungspunkte bekommt, in denen wir $w - x$, $u_a - x$ und $m_d - m_L$ bilden. Für die beiden ersteren Differenzbildungen holen wir x aus dem Ausgang der Regelstrecke und kommen damit zu zwei geschlossenen Regelkreisen. Die dritte Differenz entsteht durch die von außen kommende Störgröße m_L.

Wir bekommen für den gezeichneten Signalfluß aus Gl. (66), (64), (65) die Systemgleichungen

$$\text{Block 1: } u_a = V x_e$$

$$\text{Block 2: } u_a - x = m_d + T_a \frac{d m_d}{d t}$$

$$\text{Block 3: } m_d - m_L = T_{mk} \frac{dx}{dt}$$

Setzen wir m_d aus Gl. (65) in Gl. (64) ein, so wird

$$u_a = x + T_{mk}\frac{dx}{dt} + T_a T_{mk}\frac{d^2x}{dt^2} + m_L + T_a\frac{dm_L}{dt} \qquad (67)$$

und mit u_a aus Gl. (66) und x_e aus Gl. (63) für die Schließung des Regelkreises an Punkt A

$$w = \left(1 + \frac{1}{V}\right)x + \frac{1}{V}\left[T_{mk}\frac{dx}{dt} + T_a T_{mk}\frac{d^2x}{dt^2} + m_L + T_a\frac{dm_L}{dt}\right] \qquad (68)$$

Bevor wir daraus das Drehzahlverhalten ableiten, wollen wir eine bei motorischen Antrieben übliche Vereinfachung des Blockschaltbildes durchführen. Dazu fügen wir auf der rechten Seite der Gl. (67) zu $T_{mk}\frac{dx}{dt}$ noch $T_a\frac{dx}{dt}$ hinzu und erhalten die erweiterte Differentialgleichung

$$u_a = x + (T_a + T_{mk})\frac{dx}{dt} + T_a T_{mk}\frac{d^2x}{dt^2} + m_L + T_a\frac{dm_L}{dt} \qquad (69)$$

Diese Erweiterung ist immer dann zulässig, wenn $T_a \ll T_{mk}$ ist. Das trifft in vielen Fällen zu.

Die letzte Differentialgleichung (69) läßt sich nun in folgende 2 Differentialgleichungen 1. Ordnung aufspalten

$$u_a = m_d + T_a\frac{dm_d}{dt} \qquad (70)$$

$$m_d - m_L = x + T_{mk}\frac{dx}{dt} \qquad (71)$$

was sich leicht beweisen läßt, wenn man m_d aus der zweiten Gleichung in die erste einsetzt.

Diese beiden Gleichungen kennzeichnen nun die Übertragungsglieder 2 und 3 in dem vereinfachten Signalflußplan nach Abb. 251c. Gegenüber Abb. 251b hat sich beim ersten das Eingangssignal geändert. Der Trägheitscharakter ist geblieben. Beim zweiten Glied ist das Eingangssignal gleich geblieben, es hat den Charakter einer Trägheit erhalten.

Diese Vereinfachung ist für die Durchrechnung unseres Beispieles an sich belanglos. Bei schwierigen Antriebsaufgaben ist es jedoch sehr angenehm, wenn alle Glieder der Regelstrecke gleichen Charakter haben. Hinzu kommt noch, daß eine evtl. notwendige Gegenkopplung leichter zu überblicken ist. Wir wollen deshalb für die weiteren Betrachtungen von Gl. (69) ausgehen und bekommen dann als Differentialgleichung für den gesamten Vorgang ähnlich wie bei Gl. (68)

$$w = \left(1 + \frac{1}{V}\right)x + \frac{1}{V}\left[(T_a + T_{mk})\frac{dx}{dt} + T_a T_{mk}\frac{d^2x}{dt^2} + m_L + T_a\frac{dm_L}{dt}\right]$$
$$(72)$$

Mit dieser Gleichung ist der Regelvorgang vollständig beschrieben.

γ) **Stationärer Betrieb.** Für alle Überlegungen ist es zunächst einmal wichtig zu wissen, welchen Wert x annimmt, wenn die Störung ausgeregelt ist, also der neue Beharrungszustand wieder eingetreten ist. Hier sind alle Differentialquotienten gleich Null. Die Gl. (72) geht dabei über in

$$x = w\,\frac{V}{1+V} - m_L\,\frac{1}{1+V} \tag{73}$$

Nach einen Sollwertsprung ist nach Erreichen des neuen Beharrungszustandes im Leerlauf bei

$$x_0 = w\,\frac{V}{1+V} \tag{74}$$

x_0 ist die Abweichung der Regelgröße im Leerlauf. Die Regelgröße x erreicht den Sollwert w bis auf den Faktor $V/(1+V)$. Bei Belastung wird bei $w = 0$

$$x = -\,m_L\cdot\frac{1}{1+V} \tag{75}$$

Der Ausdruck $1/(1+V)$ heißt Regelfaktor. Die Laststörung wirkt sich gegenüber dem ungeregelten Zustand nur in ihrem Wert, multipliziert mit dem Regelfaktor, aus.

Ruft z. B. eine Belastung ohne Regelung eine P-Abweichung von 30% = 0,3 hervor, so ist die P-Abweichung bei Regelung bei $V = 100$ nur $0,3 \cdot 1/101 = 0,003$, entsprechend 0,3%.

δ) **Dynamischer Regelablauf.** Wir wollen nun wissen, wie sich bei Auftreten einer Störung die Regelgröße zeitlich ändert, bis sie den neuen Beharrungswert erreicht hat.

Sollwertsprung. Betrachtet wird für den Leerlauf, also $m_L = 0$, eine auf den Beharrungszustand folgende sprunghafte Änderung von $w = 0$ auf $w = w_s$.
Aus Gl. (72) wird dann

$$w_s = x\left(\frac{1}{V}+1\right) + \frac{1}{V}\left[(T_{mk}+T_a)\frac{dx}{dt} + T_{mk}T_a\frac{d^2x}{dt^2}\right] \tag{76}$$

Wir wollen jetzt auch die Zeit normieren und setzen

$$\tau = \frac{t}{T} \quad \text{und} \quad \frac{d\tau}{dt} = \frac{1}{T} \tag{77}$$

Hierbei ist T eine Bezugszeit, die von dem jeweiligen Regelkreis abhängt. Daraus wird

$$\frac{dx}{dt} = \frac{dx}{d\tau}\frac{d\tau}{dt} = \frac{1}{T}\frac{dx}{d\tau} \tag{78}$$

und entsprechend

$$\frac{d^2x}{dt^2} = \frac{1}{T^2}\frac{d^2x}{d\tau^2}$$

Mit Gl. (77) und (78) wird aus Gl. (76)

$$w_s = x\left(\frac{1}{V} + 1\right) + \frac{1}{V}\left[\frac{T_{mk} + T_a}{T}\frac{dx}{d\tau} + \frac{T_{mk}T_a}{T^2}\frac{d^2x}{d\tau^2}\right]$$

$$w_s\frac{V}{1+V} = x + \frac{1}{T(1+V)}(T_{mk} + T_a)\frac{dx}{d\tau} + \frac{T_{mk}T_a}{T^2(1+V)}\frac{d^2x}{d\tau^2} \tag{79}$$

Setzt man nun

und

also

$$\left.\begin{aligned}\sqrt{\frac{T_{mk}T_a}{1+V}} &= T\\[2mm](T_{mk} + T_a)\frac{1}{T(1+V)} &= 2D\\[2mm]D &= \frac{1}{2}\frac{T_{mk} + T_a}{\sqrt{T_{mk}T_a(1+V)}}\end{aligned}\right\} \tag{80}$$

dann wird aus Gl. (79)

$$w_s\frac{V}{1+V} = x + 2D\frac{dx}{d\tau} + \frac{d^2x}{d\tau^2} \tag{81}$$

Die allgemeine Lösung hat die Form

also

$$x = w_s\frac{1}{1 + \dfrac{1}{V}} + \sum c\,e^{\lambda\tau}$$

$$\frac{dx}{d\tau} = c\,\lambda\,e^{\lambda\tau}; \qquad \frac{d^2x}{d\tau^2} = c\,\lambda^2\,e^{\lambda\tau} \tag{82}$$

so mit Gl. (81)

$$0 = c\,e^{\lambda\tau}(1 + 2D\lambda + \lambda^2)$$

Daraus folgt die charakteristische Gleichung

$$0 = 1 + 2D\lambda + \lambda^2 \tag{83}$$

Ihre Wurzeln sind

$$\lambda_{1,2} = -D \pm \sqrt{D^2 - 1} \tag{84}$$

Die Lösung lautet dann

$$x = w_s\frac{1}{1 + \dfrac{1}{V}} + c_1\,e^{\lambda_1\tau} + c_2\,e^{\lambda_2\tau} \tag{85}$$

Für die Konstanten c_1 und c_2 gelten für $\tau = 0$ die Anfangsbedingungen

$$x = 0 \quad \text{und} \quad \frac{dx}{d\tau} = 0$$

Die Ableitung dx/dt zur Zeit $t = 0$ ist 0, da sich die im Motor gespeicherte elektrische und mechanische Energie nicht sprunghaft ändern kann.

Daraus wird dann

$$0 = w_s \frac{1}{1 + \dfrac{1}{V}} + c_1 + c_2$$

$$0 = c_1 \lambda_1 + c_2 \lambda_2$$

also

$$c_2 = - \frac{c_1 \lambda_1}{\lambda_2}$$

$$0 = w_s \frac{1}{1 + \dfrac{1}{V}} + c_1 \left(1 - \frac{\lambda_1}{\lambda_2}\right)$$

(86)

Daraus wird

$$c_1 = w_s \frac{1}{1 + \dfrac{1}{V}} \frac{\lambda_2}{\lambda_1 - \lambda_2}$$

und

(87)

$$c_2 = - w_s \frac{1}{1 + \dfrac{1}{V}} \frac{\lambda_1}{\lambda_1 - \lambda_2}$$

Mit den Gl. (84) und (85) wird dann

$$\frac{x}{\dfrac{1}{1 + \dfrac{1}{V}} w_s} = 1 - \frac{D + \sqrt{D^2 - 1}}{2\sqrt{D^2 - 1}} e^{-(D - \sqrt{D^2 - 1})\tau} +$$

$$+ \frac{D - \sqrt{D^2 - 1}}{2\sqrt{D^2 - 1}} e^{-(D + \sqrt{D^2 - 1})\tau}$$

(88)

für $D < 1$ wird $D^2 - 1$ negativ, damit werden die Wurzeln nach Gl. (88) konjugiert komplex. Nach den Eulerschen Formeln wird dann in Gl. (85)

$$c_1 e^{\lambda_1 \tau} + c_2 e^{\lambda_2 \tau} = c_1 e^{-D\tau} e^{j\sqrt{1 - D^2}\tau} + c_2 e^{-D\tau} e^{-j\sqrt{1 - D^2}\tau}$$

$$= c_1 e^{-D\tau} \left(\cos \sqrt{1 - D^2}\tau + j\sin \sqrt{1 - D^2}\tau\right) +$$

$$+ c_2 e^{-D\tau} \left(\cos \sqrt{1 - D^2}\tau - j\sin \sqrt{1 - D^2}\tau\right)$$

$$= e^{-D\tau} \left[(c_1 + c_2) \cos \sqrt{1 - D^2}\tau + j(c_1 - c_2)\sin \sqrt{1 - D^2}\tau\right]$$

(89)

Nun wird aus Gl. (87) und Gl. (84)

$$c_1 + c_2 = - w_s \frac{1}{1 + \dfrac{1}{V}}$$

(90)

$$j(c_1 - c_2) = - w_s \frac{1}{1 + \dfrac{1}{V}} \frac{D}{\sqrt{1 - D^2}}$$

Es wird dann durch Einsetzen von Gl. (90) in Gl. (89) aus Gl. (88)

$$\frac{x}{w_s\dfrac{1}{1+\dfrac{1}{V}}} = 1 - e^{-D\tau}\left(\cos\sqrt{1-D^2}\,\tau + \frac{D}{\sqrt{1-D^2}}\sin\sqrt{1-D^2}\,\tau\right) \qquad (91)$$

Aus den Gl. (88) bzw. (91) lassen sich nun die Übergangsfunktionen des Regelkreises für die verschiedenen Werte von D errechnen. Die Kurven sind für einige Werte von D in Abb. 252 dargestellt. Man sieht den Einfluß dieses Faktors auf die Dämpfung des Regelvorganges. Man bezeichnet deshalb D als Dämpfungsgrad.

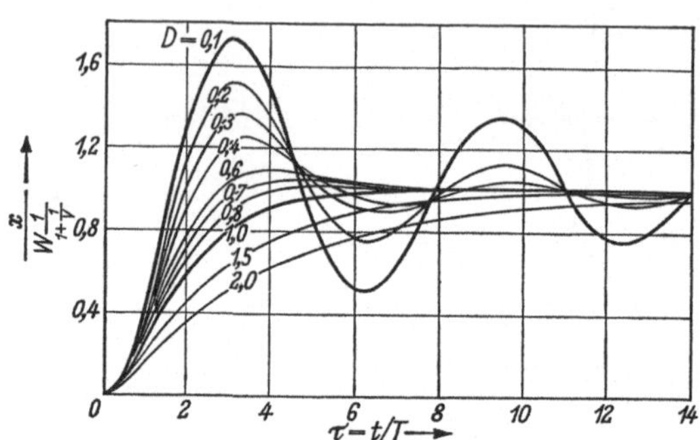

Abb. 252. Regelverlauf für Sollwertsprung einer Einrichtung nach Abb. 251 für Dämpfung $D = 0{,}1$ bis $2{,}0$

Regleranpassung. Je nach den technologischen Anforderungen kann man für den gewünschten Regelfall ein geeignetes D wählen. Für $D > 1$ schwingt die Regelung aperiodisch in den neuen Sollwert. Möchte man kürzere Anregelzeiten haben, so wählt man $D < 1$, bekommt aber dafür ein Überschwingen, das gerade bei Werkzeugmaschinen gefährlich sein kann, weil u. U. die Werkzeuge sehr empfindlich gegen Geschwindigkeitsschwankungen sind.

Hat man sich nun auf ein zulässiges D festgelegt, so kann man aus den abgeleiteten Formeln die notwendige Verstärkung berechnen, also den Verstärker dimensionieren.

Für einen Antrieb mit einer mechanischen Zeitkonstante $T_{mk} = 200$ ms und einer Ankerzeitkonstante $T_a = 4$ ms berechnen wir für beispielsweise $D = 0{,}707$ die Verstärkung V aus der letzten Gl. (80)

$$4D^2 = \frac{(T_{mk} + T_a)^2}{T_{mk}\,T_a\,(1+V)}$$

$$V = \frac{(T_{mk} + T_a)^2}{4D^2\,T_{mk}\,T_a} - 1 = 25$$

Die Zeit T in Sekunden wird nach der oberen Gl. (80)

$$T = \sqrt{\frac{T_{mk}\,T_a}{1+V}} = 0{,}0055\ \text{s}$$

Nach den aus Abb. 252 entnommenen Werten ist dabei die Anregelzeit $t_r = 3{,}3\,T = 18{,}3$ ms und die Pendelweite $x_p = 4{,}3\%$

Aus der Übergangsfunktion kann man darüber hinaus auch Folgerungen für das stabile oder unstabile Verhalten des Regelkreises ziehen.

In den Formeln der Gl. (88) und Gl. (91) kommt dies darin zum Ausdruck, daß die e-Funktion negative Exponenten hat. Wir haben es dann immer mit aperiodischen Vorgängen oder gedämpften Schwingungen zu tun, die zu brauchbaren Betriebseigenschaften führen. Unbrauchbar wären aber ungedämpfte Schwingungen, der Antrieb würde pendeln, d., h. er käme bei einem einmaligen Anstoß nicht mehr zur Ruhe. Solche Vorgänge entstünden für $D = 0$. Ebenso unbrauchbar wären die Verhältnisse, wenn $D < 0$ wird. Dann würde sich der Regelvorgang nach Gl. (91) in Schwingungen vollziehen, deren Amplituden nach einer e-Funktion anwachsen. Der Antrieb wäre unstabil, was wir aber in unserem Beispiel nicht zu befürchten brauchen, weil D immer größer als Null ist.

Wir können also die Stabilität aus der Übergangsfunktion mit D als Parameter sicher überblicken und haben damit den besten Einblick in das Regelverhalten des Motors bekommen.

Störwertsprung. Wir wollen einen Störwertsprung m_{Ls} von m_{L1} nach m_{L2} zur Zeit $t = 0$ untersuchen und gehen von Gl. (72) aus, in der wir $m_L = m_{Ls}$ und $dm_L/dt = 0$ setzen können. Es gilt $w = 0$, da wir keine Sollwertänderung vornehmen.

Damit wird aus Gl. (72) auf S. 296

$$0 = x\left(1 + \frac{1}{V}\right) + \frac{1}{V}\left(T_{mk} + T_a\right)\frac{dx}{dt} + \frac{1}{V}T_{mk}T_a\frac{d^2x}{dt^2} + \frac{m_{Ls}}{V} \qquad (92)$$

oder durch Multiplikation mit $V/(1 + V)$

$$-m_{Ls}\frac{1}{1+V} = x + \frac{1}{1+V}\left[\left(T_{mk} + T_a\right)\frac{dx}{dt} + T_{mk}T_a\frac{d^2x}{dt^2}\right] \qquad (93)$$

Wir wollen auch diese Gleichung nach der Zeit normieren und erhalten mit den Ansätzen in den Gl. (77) und (78) und den Abkürzungen nach der Gl. (80)

$$-m_{Ls}\frac{1}{1+V} = x + 2D\frac{dx}{d\tau} + \frac{d^2x}{d\tau^2} \qquad (94)$$

Für die allgemeine Lösung können wir in Anlehnung an die Lösung der Gl. (85) sofort schreiben

$$x = -m_{Ls}\frac{1}{1+V} + c_1\,e_2{}^{\lambda_1\tau} + c_2\,e^{\lambda_2\tau} \qquad (95)$$

Für die Bestimmung der Konstanten c_1 und c_2 gelten für $\tau = 0$ wieder die Anfangsbedingungen

$$x = 0 \quad \text{und} \quad \frac{dx}{d\tau} = 0$$

Damit wird in Anlehnung an den Rechnungsgang nach Gl. (87) und (88)

$$c_1 = \frac{1}{1 + V}\, m_{Ls}\, \frac{\lambda_2}{\lambda_2 - \lambda_1}$$
$$c_2 = -\frac{1}{1 + V}\, m_{Ls}\, \frac{\lambda_1}{\lambda_2 - \lambda_1} \tag{96}$$

Die für die Bestimmung von λ_1 und λ_2 notwendige charakteristische Gleichung ist dieselbe wie Gl. (83). Wir können für λ_1 und λ_2 die dort erhaltenen Werte einsetzen und können damit für die Lösung der Gleichung angeben für $D > 1$

$$x = \frac{1}{1 + V}\, m_{Ls}\left[-1 - \frac{-D - \sqrt{D^2 - 1}}{2\sqrt{D^2 - 1}}\, e^{-(D - \sqrt{D^2 - 1})\tau} + \right.$$
$$\left. + \frac{-D + \sqrt{D^2 - 1}}{2\sqrt{D^2 - 1}}\, e^{-(D + \sqrt{D^2 - 1})\tau} \right] \tag{97}$$

Für $D < 1$ wird $D^2 - 1$ negativ; wir erhalten entsprechend der Ableitung auf S. 299

$$x = \frac{1}{1 + V}\, m_{Ls}\left[-1 + e^{-D\tau}\left(\cos\sqrt{1 - D^2}\,\tau + \frac{D}{\sqrt{1 - D^2}}\sin\sqrt{1 - D^2}\,\tau \right) \right] \tag{98}$$

Wir wollen annehmen, daß wir die Regelung nach der Optimierung beim Sollwertsprung mit $D = \tfrac{1}{2}\sqrt{2}$ eingestellt haben. Dann erhält man für Gl. (98)

$$\frac{x}{\dfrac{1}{1 + V}\, m_{Ls}} = e^{-0,707\,\tau}(\cos 0,707\,\tau + \sin 0,707\,\tau) - 1$$

Die Kurve ist in Abb. 253 dargestellt.

Mit denselben Zeitkonstanten des Antriebes wie bei dem Beispiel mit Sollwertsprung, also $T = 5,5$ ms und derselben Verstärkung

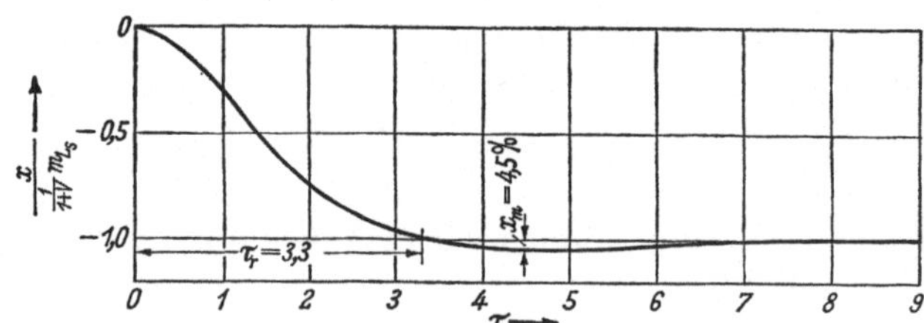

Abb. 253. Regelverlauf für Störwertsprung

bekommen wir eine Überschwingweite $x_m \approx 4,5\%$ und eine Anregelzeit $t_r = \tau_r\, T = 18,2$ ms.

Zur Beurteilung der Wirkung wäre noch darauf hinzuweisen, daß der einzusetzende Störwert von z. B. $m_{Ls} = 0,05$ etwa dem Störwert entspricht, wenn der Antrieb von Leerlauf auf 60% der Nennlast plötzlich belastet wird, was z. B. bei einer Werkzeugmaschine beim Eintritt des Werkzeuges in den Schnitt stattfindet. Dieser Wert von $m_{Ls} = 0{,}05$ bedeutet, daß das Kurzschlußmoment bei etwa 12fachem Nennmoment liegt, weil dann gilt

$$m_{Ls} = \frac{0{,}6\,(M_d - 0)}{12\,M_d} = 0{,}05$$

b) Regelstrecke höherer Ordnung

Im vorhergehenden Beispiel haben wir für die Speisung des Motors einen trägheitslosen Verstärker zugrunde gelegt. Häufig werden jedoch

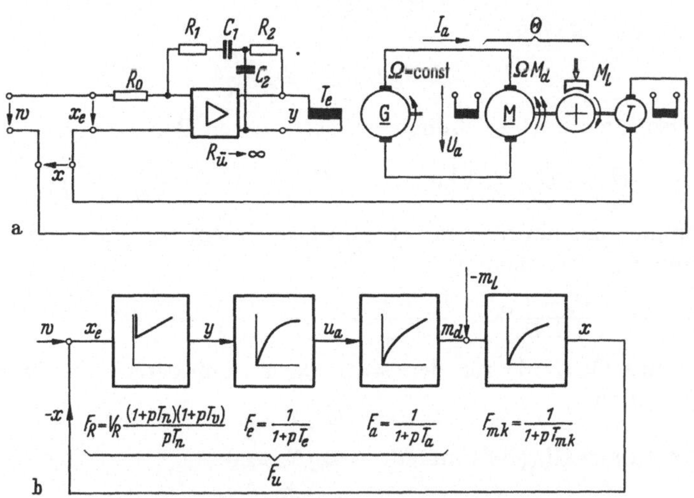

Abb. 254. Drehzahlregelung eines Leonardsatzes
a) Geräteschaltplan; b) Blockschaltplan

aus wirtschaftlichen Gründen andere Einrichtungen für die Erzeugung einer veränderlichen Ankerspannung eingesetzt. Durch die hinzukommenden Trägheiten der Speisequelle kann das Verhalten der Regelstrecke nicht durch eine Differentialgleichung 2. Ordnung beschrieben werden.

Wie man solche Regelanordnungen durchrechnet, soll an einem Beispiel eines Leonardantriebes gezeigt werden. Er besteht nach Abb. 254 aus einem Gleichstrommotor M, dessen Anker von einem Leonardumformer gespeist wird. Dieser besteht aus einem nicht eingezeichneten Antriebsmotor, der meistens als Asynchronmotor an das Drehstromnetz angeschlossen ist, und einem Generator G zur Erzeugung der veränderlichen Ankerspannung des Motors. Vom Regelverstärker wird unmittelbar der Erregerfluß des Generators geändert und damit eine veränderliche Ankerspannung erzeugt.

Um das Drehzahlverhalten eines solchen Antriebes mathematisch zu beschreiben, untersuchen wir zunächst, wie sich die Ankerspannung U_a des Motors durch die Erregung des Generators ändern läßt. Nehmen wir an, wir befinden uns im linearen bzw. linearisierten Teil der Magnetisierungslinie, so ist die Spannung U_a des Generators dem Magnetfluß und dieser wiederum dem Erregerstrom I_e proportional. Hat die Erregerspule die Induktivität L_e und den Widerstand R_e, so gilt für eine Erregerspannung U_e

$$U_e = R_e I_e + L_e \frac{dI_e}{dt} \tag{99}$$

Wir haben ferner angenommen, daß

$$I_e = k U_a \tag{100}$$

also wird aus Gl. (99)

$$U_e = k R_e U_a + k L_e \frac{dU_a}{dt} \tag{101}$$

Es ist also für die Abweichung vom stationären Betrieb (Index s)

$$U_e - U_{es} = k \left[R_e (U_a - U_{as}) + L_e \frac{d(U_a - U_{as})}{dt} \right] \tag{102}$$

Wir kommen zur normierten Schreibweise, indem wir uns auf die Nennspannung U_{an} beziehen

$$\frac{U_e - U_{es}}{k R_e U_{an}} = \frac{U_a - U_{as}}{U_{an}} + \frac{L_e}{R_e} \frac{d}{dt} \left(\frac{U_a - U_{as}}{U_{an}} \right) \tag{103}$$

Nun ist aus Gl. (101) für den stationären Nennbetrieb, bei dem also $dU_a/dt = 0$ ist

$$U_{en} = k R_e U_{an} \tag{104}$$

Damit wird aus Gl. (103) mit $T_e = L_e/R_e$ und

$$\frac{U_e - U_{es}}{U_{en}} = u_e \quad \text{und} \quad \frac{U_a - U_{as}}{U_{an}} = u_a$$

$$u_e = u_a + T_e \frac{du_a}{dt} \tag{105}$$

Der Steuergenerator kann also als ein Übertragungsglied mit Trägheit aufgefaßt werden, das durch den Frequenzgang

$$F_e = \frac{u_a(p)}{u_e(p)} = \frac{1}{1 + p T_e} \tag{106}$$

gekennzeichnet ist.

Wir nehmen nun an, daß

$$T_{mk} \gtreqless T_e \gg T_a \tag{107}$$

und wählen für die Optimierung nach Tab. 5, Zeile 4, einen *PID*-Regler, für den nach Gl. (40) auf S. 284 die Gleichung für den Frequenzgang

$$F_R = V_R \frac{(1 + p T_n)(1 + p T_v)}{p T_n}$$

lautet.

Damit liegen alle Eigenschaften der Übertragungsglieder fest. Wir können das Signalflußbild zeichnen und werden dazu, gemäß der früher getroffenen Vereinbarung, den Antriebsmotor als zwei in Reihe geschaltete Trägheiten auffassen, für die wir auf S. 296 die Differentialgleichungen abgeleitet haben, aus denen folgende Frequenzganggleichungen entstehen:

Übertragungsglied	Differentialgleichung	Frequenzgang
elektrischer Motorteil	$u_a = m_d + T_a \dfrac{d m_d}{d t}$	$F_a = \dfrac{1}{1 + p\, T_a}$
mechanischer Motorteil	$m_d - m_L = x + T_{mk} \dfrac{d x}{d t}$	$F_{mk} = \dfrac{1}{1 + p\, T_{mk}}$

Für die weiteren Rechnungen könnten wir wie im vorigen Beispiel die Differentialgleichung aufstellen und müßten dann die charakteristische Gleichung lösen. Um zu zeigen, daß auch bei solchen Antriebsaufgaben die Frequenzgangrechnung schnell zum Ziel führt, wollen wir das Beispiel auf dieser Basis durchrechnen. Bezeichnen wir mit F_u den Frequenzgang des elektrischen Teiles, so kann man aus dem Blockschaltbild Abb. 254 b ablesen

$$F_u = \frac{m_d}{w - x} \tag{108}$$

Für den mechanischen Teil gilt

$$F_{mk} = \frac{x}{m_d - m_L} \tag{109}$$

Setzt man m_d aus Gl. (108) in Gl. (109) ein, so wird

$$x = F_{mk}\, F_u\, (w - x) - F_{mk}\, m_L$$
$$x + F_{mk}\, F_u\, x = F_{mk}\, F_u\, w - F_{mk}\, m_L \tag{110}$$

$$x = w \frac{1}{1 + \dfrac{1}{F_u F_{mk}}} - m_L \frac{\dfrac{1}{F_u}}{1 + \dfrac{1}{F_u F_{mk}}} \tag{111}$$

Für die im elektrischen Teil in Reihe geschalteten Glieder gilt

$$F_u = F_R\, F_e\, F_a\, V_s \tag{112}$$

wenn V_s die Verstärkung der Regelstrecke ist.

Damit erhalten wir die vollständige Gleichung für den geschlossenen Kreis

$$x = \frac{w}{1 + \dfrac{1}{F_R F_e F_a F_{mk} V_s}} - m_L \frac{\dfrac{1}{F_a F_e F_R V_s}}{1 + \dfrac{1}{F_a F_e F_R F_{mk} V_s}} \tag{113}$$

Wir wollen jetzt wiederum einen *Sollwertsprung* untersuchen, bei dem $m_L = 0$ sei. Für sie ist dann der Frequenzgang des geschlossenen Regelkreises

$$\frac{x}{w} = \frac{1}{1 + \dfrac{1}{F_R F_e F_a F_{mk} V_s}} \tag{114}$$

oder mit den Frequenzgängen der einzelnen Glieder

$$\frac{x}{w} = \frac{1}{1 + \dfrac{p\, T_n(1 + p\, T_e)\,(1 + p\, T_a)\,(1 + p\, T_{mk})}{V_s\, V_R(1 + p\, T_n)\,(1 + p\, T_v)}} \tag{115}$$

Für die Optimierung des Regelablaufes wählen wir nach Tab. 5 für die Gegenkopplung des Reglers $T_n = T_{mk}$ und $T_v = T_e$. Dann wird aus Gl. (115) mit $V = V_s V_R$

$$\frac{x}{w} = \frac{1}{1 + \dfrac{T_{mk}}{V} p\,(1 + p\, T_a)} = \frac{1}{1 + \dfrac{T_{mk}}{V} p + \dfrac{T_{mk} T_a}{V} p^2} \tag{116}$$

Wir wollen wiederum diese Gl. (116) mit $\tau = t/T$ so auf die Zeit normieren, daß der Koeffizient von p^2 gleich 1 wird. Wir setzen deshalb

$$q = p \sqrt{\frac{T_{mk} T_a}{V}} = p\, T \tag{117}$$

Dann wird aus Gl. (116)

$$\frac{x}{w} = \frac{1}{1 + \dfrac{T_{mk}}{\sqrt{V\, T_{mk} T_a}}\, q + q^2} \tag{118}$$

$$= \frac{1}{1 + 2D\,q + q^2} \tag{119}$$

wenn also gilt

$$D = \frac{T_{mk}}{2\sqrt{V\, T_{mk} T_a}} \tag{120}$$

Aus Gl. (119) wird

$$\frac{x}{w} = \frac{1}{(q - q_1)\,(q - q_2)} \tag{121}$$

wenn q_{1-2} die Wurzeln des Nenners von Gl. (119) sind. Also ist

$$q_1 = -D + \sqrt{D^2 - 1} \quad \text{und} \quad q_2 = -D - \sqrt{D^2 - 1} \tag{122}$$

Wir wollen nun aus der Frequenzganggleichung (121) die Übergangsfunktion für den Sprung der Führungsgröße von $w = 0$ bis $w = w_s$ ermitteln und bekommen dafür in Anlehnung an S. 263 durch Multiplikation mit $1/q$ die Spektralfunktion

$$x(q) = \frac{w_s}{q} \frac{1}{(q - q_1)\,(q - q_2)} \tag{123}$$

Durch Partialbruchzerlegung ergibt sich

$$\frac{x(q)}{w_s} = \frac{1}{q} \left| \frac{1}{(q-q_1)(q-q_2)} \right|_{q=0} + \frac{1}{q-q_1} \left| \frac{1}{q(q-q_2)} \right|_{q=q_1} + \frac{1}{q-q_2} \left| \frac{1}{q(q-q_1)} \right|_{q=q_2}$$

$$= \frac{1}{q} \frac{1}{q_1 q_2} + \frac{1}{q-q_1} \frac{1}{q_1(q_1-q_2)} + \frac{1}{q-q_2} \frac{1}{q_2(q_2-q_1)}$$

$$= c_1 \frac{1}{q} + c_2 \frac{1}{q-q_1} + c_3 \frac{1}{q-q_2} \tag{124}$$

Hierin ist also

$$c_1 = \frac{1}{q_1 q_2}, \qquad c_2 = \frac{1}{q_1(q_1-q_2)}, \qquad c_3 = \frac{1}{q_2(q_2-q_1)} \tag{125}$$

Zur Überführung der Spektralfunktion $x(q)$ in die Zeitfunktion $x(\tau)$ benutzen wir nach Gl. (62) auf S. 261 die inverse Laplacetransformation und erhalten aus Gl. (124)

$$\frac{x(\tau)}{w_s} = \mathfrak{L}^{-1}\left[\frac{x(q)}{w_s}\right]$$

$$= c_1 \mathfrak{L}^{-1}\left[\frac{1}{q}\right] + c_2 \mathfrak{L}^{-1}\left[\frac{1}{q-q_1}\right] + c_3 \mathfrak{L}^{-1}\left[\frac{1}{q-q_2}\right] \tag{126}$$

Bei der Rücktransformation ist gemäß Gl. (66) und (69) (S. 262)

$$\mathfrak{L}^{-1}\left[\frac{1}{q}\right] = 1 \quad \text{und} \quad \mathfrak{L}^{-1}\left[\frac{1}{q-q_{1\ldots2}}\right] = e^{q_{1\ldots2}\tau} \tag{127}$$

Damit bekommt man aus Gl. (125)

$$\frac{x(\tau)}{w_s} = c_1 + c_2 e^{q_1\tau} + c_3 e^{q_2\tau} \tag{128}$$

Ist beispielsweise q_1 und q_2 konjugiert komplex, also nach Gl. (122)

$$q_1 = -D + j\sqrt{1-D^2} \quad \text{und} \quad q_2 = -D - j\sqrt{1-D^2}$$

so geht Gl. (128) mit den Eulerschen Formeln (vgl. S. 299) und mit

$$c_1 = 1; \quad c_2 + c_3 = -1 \quad \text{und} \quad c_2 - c_3 = j\frac{D}{\sqrt{1-D^2}}$$

aus Gl. (125) über in

$$\frac{x}{w_s} = 1 - e^{-D\tau}\left(\cos\sqrt{1-D^2}\,\tau + \frac{D}{\sqrt{1-D^2}}\sin\sqrt{1-D^2}\,\tau\right) \tag{129}$$

Diese Gleichung unterscheidet sich von Gl. (91) nur durch den Faktor $1/(1+1/V)$. Abgesehen von diesem geringfügigen Unterschied hat also bei einem Sollwertsprung der vom Leonardgenerator und *PID*-Regler gespeiste Motor dasselbe dynamische Verhalten wie der von einem Verstärker mit *P*-Regler gespeiste Motor. Es ist uns deshalb gelungen, mit dem *PID*-Regler die Trägheit der Erregung des Leonardsatzes zu kompensieren und die *P*-Abweichung auf Null zu bringen.

Wählen wir nun für den Leonardantrieb dieselben Werte von T_{mk} $= 200$ ms und $T_a = 4$ ms, so wird bei der Dämpfung $D = \frac{1}{2}\sqrt{2}$ aus Gl. (120)

$$\frac{T_{mk}^2}{4\,V\,T_{mk}\,T_a} = \frac{1}{2}$$

also brauchen wir eine Verstärkung

$$V = \frac{T_{mk}}{2\,T_a} = 25 \qquad (130)$$

Das ist übrigens die gleiche Einstellvorschrift, die wir aus Tab. 5 hätten sofort entnehmen können. Danach wird die Anregelzeit $t_r = 4{,}72 \cdot 4$ ms ≈ 19 ms. Wir bekommen dann einen Regelverlauf, für den Abb. 252 sinngemäß gültig ist.

Wir können die wichtigsten Werte aber auch sehr einfach rechnen. So ergibt sich die Anregelzeit für $x/w_s = 1$ in Gl. (129). Weil an diesem Punkt $e^{-D\tau} \neq 0$ sein muß, ist

$$\cos\sqrt{1 - D^2}\,\tau_r + \frac{D}{\sqrt{1 - D^2}} \sin\sqrt{1 - D^2}\,\tau_r = 0 \qquad (131)$$

also mit $D = \frac{1}{2}\sqrt{2}$, somit $\sqrt{1 - D^2} = D$

$$\tan D\,\tau_r = -1$$

$$\tau_r = \frac{3\pi}{4}\,\frac{1}{D} = 3{,}33$$

Also ist mit $T = 5{,}65$ ms nach Gl. (117)

$$t_r = \tau_r\,T = 18{,}8 \text{ ms}$$

Die Pendelweite ist

$$\frac{x_p}{w_s} = \frac{x_{\max}}{w_s} - 1 \qquad (132)$$

Wir bekommen $\left(\text{mit } D = \frac{1}{2}\sqrt{2}\right) x_{\max}$ aus

$$\frac{d\left(\dfrac{x}{w_s}\right)}{d\tau} = D\,e^{-D\tau}(\cos D\,\tau + \sin D\,\tau) + D\,e^{-D\tau}(\sin D\,\tau - \cos D\,\tau) = 0$$

oder $\qquad\qquad\qquad 0 = 2\sin D\,\tau_p$

Da τ_p nicht bei 0 liegt, ist die zeitlich nächste Lösung bei π, also

$$\tau_p = \frac{\pi}{D} = \pi\,\sqrt{2}$$

oder

$$t_p = T\,\pi\,\sqrt{2} = 25 \text{ ms}$$

Setzt man τ_p in Gl. (129) ein, so wird mit Gl. (132)

$$\frac{x_p}{w_s} = 1 - e^{-\frac{D\pi}{D}}\,(\cos\pi + \sin\pi) - 1 = e^{-\pi}$$

also

$$\frac{x_p}{w_s} = 0{,}043 = 4{,}3\% \ .$$

Den *Störverlauf* bekommen wir aus Gl. (113) mit $w = 0$, also

$$\frac{x}{m_L} = - \frac{\dfrac{1}{F_e F_a F_R V_s}}{1 + \dfrac{1}{F_e F_a F_R F_{mk} V_s}} \tag{133}$$

Das gibt mit den gleichen Frequenzgängen der einzelnen Glieder wie vorher und $T_n = T_{mk}; \quad T_v = T_e; \quad V = V_R \cdot V_s$

$$\frac{x}{m_L} = - \frac{\dfrac{p\,T_{mk}(1 + p\,T_a)}{V(1 + p\,T_{mk})}}{\dfrac{V + p\,T_{mk}(1 + p\,T_a)}{V}} \tag{134}$$

Setzen wir wiederum für die Optimierung nach Gl. (130) $V = T_{mk}/2\,T_a$, so wird aus Gl. (134)

$$\frac{x}{m_L} = - \frac{p\,T_a\left(p + \dfrac{1}{T_a}\right)}{\left(p + \dfrac{1}{T_{mk}}\right)\left(\dfrac{T_{mk}}{2\,T_a} + p\,T_{mk} + p^2\,T_{mk}\,T_a\right)}$$

$$= - \frac{p\,T_a\left(p + \dfrac{1}{T_a}\right)}{\left(p + \dfrac{1}{T_{mk}}\right)(p - p_1)(p - p_2)\,T_{mk}\,T_a} \tag{135}$$

wobei

$$p_1 = - \frac{1}{2\,T_a} + j\,\frac{1}{2\,T_a} \quad \text{und} \quad p_2 = - \frac{1}{2\,T_a} - j\,\frac{1}{2\,T_a} \tag{136}$$

die Wurzeln des quadratischen Nennerpolynoms sind.

Zur Ableitung der Übergangsfunktion für den Sprung des Störwertes von $m_L = 0$ bis $m_L = m_{Ls}$ multiplizieren wir wiederum Gl. (135) mit $1/p$ und bekommen

$$\frac{x(p)}{m_{Ls}} = -\,T_a\left(p + \frac{1}{T_a}\right)\frac{1}{p + \dfrac{1}{T_{mk}}}\,\frac{\dfrac{1}{T_{mk}\,T_a}}{(p - p_1)(p - p_2)} = -\,F_1\,F_2\,F_3 \tag{137}$$

Der Faktor $F_3 = \dfrac{\dfrac{1}{T_{mk}\,T_a}}{[(p - p_1)(p - p_2)]}$ stellt ein Übertragungsglied mit einer Trägheit 2. Ordnung [vgl. Gl. (30) auf S. 256] dar, das nach Gl. (136) die Zeitkonstante $2\,T_a$ hat. Ist $T_{mk} \gg T_a$, so können wir dieses Glied vernachlässigen, wenn es uns nicht sosehr auf den Sprungaugenblick, sondern mehr auf den zeitlichen Verlauf der gesamten Störbeseitigung ankommt. Wir können dann $F_3 = 1$ setzen und erhalten aus Gl. (137)

$$\frac{x(p)}{m_{Ls}} = -\frac{T_a\left(p + \frac{1}{T_a}\right)}{p + \frac{1}{T_{mk}}} = -\frac{1}{p + \frac{1}{T_{mk}}} - p\,\frac{T_a}{p + \frac{1}{T_{mk}}} \qquad (138)$$

Zur Überführung der Spektralfunktion $x(p)$ in die Zeitfunktion $x(t)$ benutzen wir wiederum nach Gl. (62) auf S. 261 die inverse Laplacetransformation

$$\frac{x(t)}{m_{Ls}} = \mathfrak{L}^{-1}\left[\frac{x(p)}{m_{Ls}}\right] = -\,\mathfrak{L}^{-1}\left[\frac{1}{p + \frac{1}{T_{mk}}}\right] - \mathfrak{L}^{-1}\left[p\,\frac{T_a}{p + \frac{1}{T_{mk}}}\right] \qquad (139)$$

Das gibt bei der Rücktransformation mit den auf S. 262 genannten Gl. (66) und (69) sowie Gl. (77) und (80) auf S. 264

$$\frac{x(t)}{m_{Ls}} = -e^{-\frac{t}{T_{mk}}} - T_a\,\frac{d\left(e^{-\frac{t}{T_{mk}}}\right)}{dt} = -e^{-\frac{t}{T_{mk}}}\left(1 - \frac{T_a}{T_{mk}}\right) \qquad (140)$$

Bei einem Sprung der Störgröße fällt bei dem Antrieb die Drehzahl ganz schnell, weil $T_a \ll T_{mk}$, auf etwa m_{Ls} ab. Der Regler nimmt diese Drehzahlabweichung nach einer e-Funktion mit den Exponenten $1/T_{mk}$, also verhältnismäßig langsam, dafür aber ganz, zurück.

Im Vergleich mit dem Gleichstrommotor mit P-Verstärker verhält sich der Leonardantrieb mit PID-Regler hinsichtlich des Sollwertsprunges völlig gleich, bei Störwertsprung nimmt der Leonardantrieb den Drehzahlabfall auf m_{Ls} verhältnismäßig langsam auf Null zurück. Wenn es bei einem Antrieb, beispielsweise einer Schwerwerkzeugmaschine, weniger auf ein gutes dynamisches Verhalten bei einem Sollwertstoß, sondern mehr auf gute Regeleigenschaften bei Laständerungen ankommt, wird man die Regelung anders optimieren und kann dann einen Laststoß schneller ausregeln, muß aber eine Verschlechterung bei einer Sollwertänderung in Kauf nehmen (vgl. Ziffer 4, S. 290).

c) Absolutes Regelverhalten

Jetzt müssen wir uns daran erinnern, daß die Drehzahlen in normierten Werten gerechnet sind, die sehr übersichtliche mathematische Formeln ergeben, aber doch für die anschauliche Beurteilung besonders anfänglich einige Schwierigkeiten machen. Wir wollen deshalb die dynamischen Verhältnisse des gerechneten Antriebes in absoluten Drehzahlen angeben. Als Beispiel wählen wir einen Sollwertsprung von z. B. $W_{s_1} = 1000$ U/min auf $W_{s_2} = 1200$ U/min, also der stationären Drehzahl $X_{s_1} = 1000$ U/min zur Zeit $t = 0$ für den Gleichstromantrieb mit

PID-Regler (Abb. 254). Dann wird aus Gl. (129) mit Gl. (62)

$$\frac{x}{w_s} = 1 - e^{-D\tau}\left(\cos\sqrt{1-D^2}\,\tau + \frac{D}{\sqrt{1-D^2}}\sin\sqrt{1-D^2}\,\tau\right) = \frac{X - X_{s_1}}{W_{s_2} - W_{s_1}}$$

oder mit $W_{s_1} = X_{s_1}$

$$X = (W_{s_2} - W_{s_1}) + X_{s_1} -$$

$$- (W_{s_2} - W_{s_1})\,e^{-D\tau}\left(\cos\sqrt{1-D^2}\,\tau + \frac{D}{\sqrt{1-D^2}}\sin\sqrt{1-D^2}\,\tau\right)$$

$$= W_{s_2} - (W_{s_2} - W_{s_1})\,e^{-D\tau}\left(\cos\sqrt{1-D^2}\,\tau + \frac{D}{\sqrt{1-D^2}}\sin\sqrt{1-D^2}\,\tau\right)$$

$$\tag{141}$$

Zur Zeit $\tau = 0$ ist also

$$X_0 = W_{s_2} - W_{s_2} + W_{s_1} = W_{s_1} = X_{s_1}$$

und zur Zeit $\tau = \infty$

$$X_\infty = W_{s_2}$$

Für diesen Sollwertsprung zeigt Abb. 255 den Regelablauf, wobei auch τ auf t nach Gl. (117) umgerechnet ist.

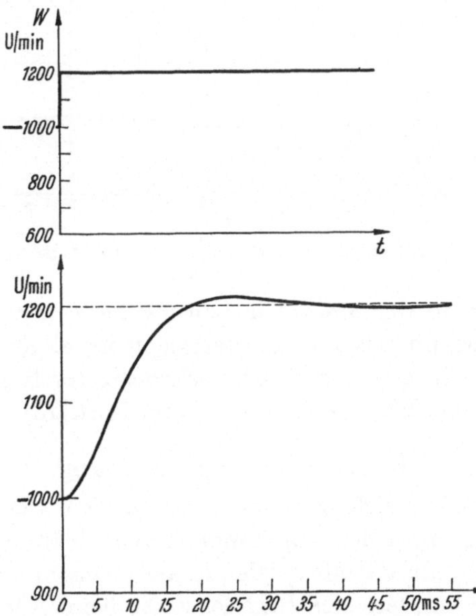

Abb. 255. Regelverlauf für Sollwertsprung von einer Einrichtung nach Abb. 254

Sinngemäß wollen wir die absoluten Werte für einen Sprung der Störgröße von $I = 0$ bis $I = 0{,}6\,I_n$ für den Antrieb mit *P*-Regler nach

Abb. 253 ermitteln. Hier bekommen wir nach Gl. (98) für $\tau = \infty$

$$x_\infty = -\frac{1}{1+V}\,m_{Ls} \qquad\qquad (142)$$

und für $V = 25$ und $m_{Ls} = 0,05$ und $X_{s1} = 1000\ \text{U/min}$ bei $X_{on} = 1500\ \text{U/min}$

$$x_\infty = \frac{-1 \cdot 0,05}{1 + 25} = -0,00192$$

also wird mit Gl. (62)

$$X_\infty = X_{s_1} - 0,00192 \cdot 1500\ \text{U/min} = 997,12\ \text{U/min}$$

Den Regelablauf für diese Verhältnisse zeigt Abb. 256.

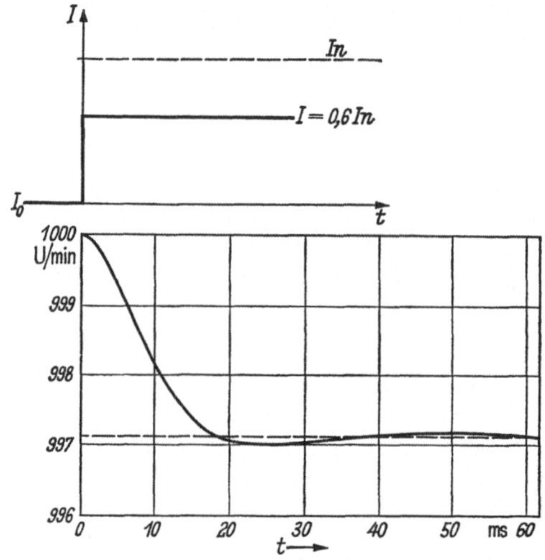

Abb. 256. Regelverlauf für einen Störwertsprung eines Antriebes nach Abb. 251

Bei Antrieben in der Metallbearbeitung kann mit den behandelten Methoden den technologischen Forderungen im allgemeinen Rechnung getragen werden. Wegen der Lösung schwierigerer Regelprobleme wird deshalb auf die einschlägige Literatur verwiesen[13].

d) Störwertaufschaltung

Alle Störungen, gleich welcher Art, werden sich auch bei einer Drehzahlregelung zunächst in einer Drehzahländerung bemerkbar machen. Eine besondere Rolle spielen in der mechanischen Fertigung die Laststörungen. So ändert sich beispielsweise beim Eintritt eines Werkzeuges in den Schnitt das Moment plötzlich vom Leerlauf auf Vollast. Die Drehzahlabweichung tritt infolge der vorhandenen Schwungmassen verzögert auf, und wird um so größer sein, je langsamer die Regelung arbeitet. Das kann beispielsweise bei Hartmetallwerkzeugen sehr gefährlich werden, weil sie bei zu großen Drehzahländerungen ausbrechen. Man sucht deshalb nach Lösungen, bei einer auftretenden Störung nicht erst einzugreifen, wenn eine Abweichung der Regelgröße auftritt, also die Motordrehzahl gefallen ist, und benutzt dazu eine Störwertaufschaltung. Diese hat ihren Namen daher, daß man dem Stellwert vorübergehend oder dauernd einen Wert aufschaltet, der von der Größe der Störung bestimmt ist.

Bei gesteuerten Nebenschlußmotoren zeigte sich schon sehr früh die Notwendigkeit, eine Störwertaufschaltung vorzunehmen. Sie ist dem Stellwert so zugeordnet, daß die aufgeschaltete Störwertgröße die durch die Störung bedingte Abweichung des Istwertes vom Sollwert verkleinert.

Eine schon lange bekannte Lösung dieser Aufgabe wird mit der Hilfsreihenschlußwicklung am Gleichstromnebenschlußmotor erreicht. Sie wird bekanntlich so geschaltet, daß der volle Ankerstrom durch die Reihenschlußwicklung fließt. Es entsteht damit ein vom Ankerstrom abhängiger zusätzlicher Erregerfluß, den man nun so wirken lassen kann, daß der Haupterregerfluß verstärkt wird. Man spricht dann von einer Kompoundierung.

Die hier geschilderte, nicht immer befriedigende Störwertaufschaltung beim Motor kann auf einfache, wenig aufwendige Weise auch auf das den Motor speisende Gerät übertragen werden. Hierzu wird beispielsweise der den Ankerkreis des Motors speisende Verstärker ohne zusätzliche Geräte als Regler verwendet. Beim Magnetverstärker besteht z. B. der Wunsch, seine Trägheit durch die Störwertaufschaltung nicht voll zur Wirkung kommen zu lassen. Durch die Störgröße wird hierbei die Sollwerteinstellung beeinflußt, so daß ohne äußere Änderung der Stellwerteinstellung bei einer Lastzunahme ein höherer Sollwert und bei einer Lastverminderung ein niedriger Sollwert vorgetäuscht wird. Schaltungsbeispiele enthalten die später beschriebenen Antriebe mit Magnetverstärkern und Verstärkermaschinen (S. 314). Dabei werden nicht nur Störwertaufschaltungen, die ein dem Strom proportionales Verhalten zeigen, sondern wegen der bei Werkzeugmaschinen oft gewünschten schnellen Beseitigung von Drehzahlschwankungen durch Laststöße beim Ein- oder Austritt des Werkzeuges auch noch eine Störwertaufschaltung, die proportional dI/dt wirkt, verwendet. Bei Antrieben mit hin- und hergehendem Arbeitsspiel, wie beispielsweise bei Hobelmaschinen, kann man darüber hinaus nicht nur die Last, sondern auch die Ankerspannung als Störwert aufschalten.

e) Verstärkerschaltungen

Für die zweckmäßige Auslegung einer Drehzahlregeleinrichtung bleibt jetzt noch die Wahl eines passenden Verstärkers. Wir wollen dazu von dem bereits behandelten Leonardantrieb ausgehen, denn der Leonardgenerator kann grundsätzlich auch als Verstärker im Rahmen der Regelstrecke angesehen werden.

α) Maschinenverstärker. Sehen wir beim Leonardgenerator den Verstärkungsfaktor als das Verhältnis der Ankereingangsleistung des Motors zur Erregerleistung des Generators an, so hängt der Verstärkerfaktor, wie wir gesehen haben, im wesentlichen von der Magnetisierungskurve und den Abmessungen des Generators und seiner Erregung ab. Für einen Gleichstromgenerator von 78 kW bei 1465 U/min zeigt Abb. 257 eine Verstärkerkennlinie. Im mittleren Teil der Kurve ($P_e = 200$ W) erreicht man also einen Verstärkereffekt $V = 230$.

Den zeitlichen Verlauf der Ausgangsspannung U_a bei einer sprunghaften Änderung der Erregerspannung haben wir mit Gl. (107, S. 102) bereits für ein anderes Beispiel angegeben. Demnach ist

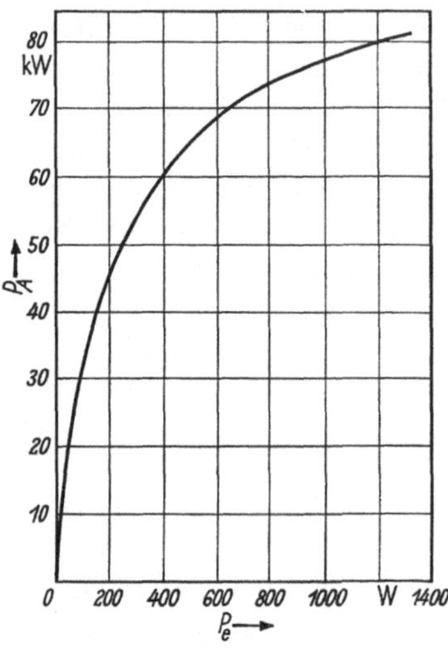

Abb. 257
Verstärkerkennlinie eines Gleichstromgenerators 78 kW (1465 U/min)

$$\frac{U_a}{U_{an}} = 1 - e^{-\frac{t}{T_e}} \tag{143}$$

wobei T_e die Erregerzeitkonstante ist und

$$T_e = \frac{L_e}{R_e} \tag{144}$$

wenn L_e die Induktivität des magnetischen Erregerkreises des Generators und R_e der Widerstand im Erregerkreis ist. Wir können danach die Zeitkonstante verkürzen, wenn wir die Wicklung über einen Vorwiderstand anschließen. Dies führt bei gleichem Erregerstrom zu einer größeren Erregerspannung. Wir sprechen dann von einer Schnellerregung, von der bei Antrieben, die häufig geschaltet werden, oft Gebrauch gemacht wird, um die unproduktiven Schaltzeiten zu verkürzen. Das ist beispielsweise bei Hobelantrieben besonders wichtig, bei denen es nicht nur auf kurze Umsteuerzeiten, sondern auch auf kurze Überlaufwege ankommt. Eine Schaltung für die Erregung eines solchen Antriebs für 2 Drehrichtungen mit Schnellerregung durch Widerstand r_2 zeigte Abb. 233 (S. 275). Wie schon erwähnt, muß wegen der Schnellerregung die Erregerspannung erhöht werden. Damit werden auch die Feldsteller größer, sie sind an der Maschine schwer unterzubringen und erzeugen viel Verlustwärme, die nicht nur vom Energiestandpunkt, sondern auch für die Werkzeugmaschine wegen der Beeinflussung der Genauigkeit lästig ist.

Für Leonardantriebe mit Leistungen von 100 kW und darüber dienen besondere Verstärkermaschinen mit höheren Verstärkungsziffern als normale Erregermaschinen. Sie werden für Leistungen von 1 bis etwa 100 kW gebaut, haben eine Leistungsverstärkung von 10000 bis 50000. Die Erregerzeitkonstante liegt bei 50 bis 500 ms. Bei einem gegebenen Maschinenmodell besteht ein Zusammenhang zwischen der Leistungsverstärkung und der Zeitkonstante. Man kann also die Zeitkonstante verkleinern, wenn man sich mit einer kleineren Leistungsverstärkung begnügt, beispielsweise durch Vorschalten eines Widerstandes im Erregerkreis. Um nun eine Aussage über eine Verstärkermaschine machen zu können, wurde der Gütefaktor eingeführt:

$$G = \frac{V}{T} \quad [\text{s}^{-1}] \tag{145}$$

Dieser Gütefaktor liegt bei Verstärkermaschinen bei 10000 bis 100000 [s^{-1}].

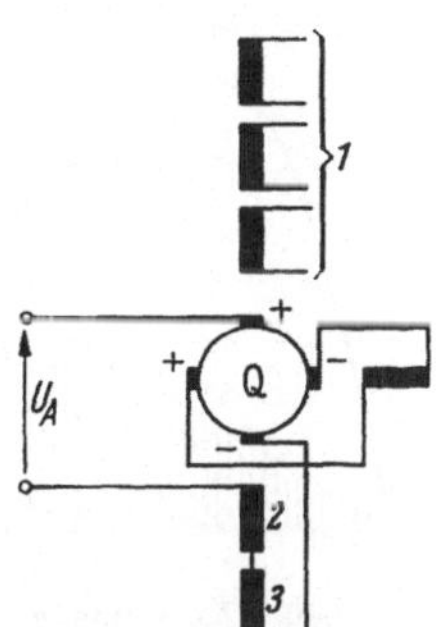

Abb. 258. Schaltbild der Amplidyne

1 Steuerwicklungen; 2 Wendepolwicklung; 3 Kompensationswicklung; U_a Ausgangsspannung

Die Amplidyne (Abb. 258) ist ein Gleichstromgenerator, jedoch mit 2 Bürstenpaaren. Ein Bürstenpaar ist über eine Wendepolwicklung und gegebenenfalls über eine Reihenschlußwicklung kurzgeschlossen. Dieser „Querkreis" wird von den Steuerwicklungen erregt und liefert seinerseits die Erregung für den Ausgangskreis, der über das andere Bürstenpaar den Verbraucherwiderstand speist. Die Maschine arbeitet im magnetisch ungesättigten Bereich. Die Pole und Ständerjoche werden aus Blechen aufgebaut, damit die magnetische Trägheit gering wird [84, 85].

Die Rapidyne entsteht nach Abb. 259 aus einer Kaskadenschaltung von 2 Gleichstromgeneratoren, von denen der eine (E) die Erregung für die andere (A) liefert. Die Anker der beiden Maschinen sitzen auf der gleichen Welle. Die beiden Ständer sind in einem gemeinsamen Gehäuse untergebracht. Läufer und Ständer einschließlich Joch sind zur Vermeidung von Wirbelströmen vollständig lamelliert [86].

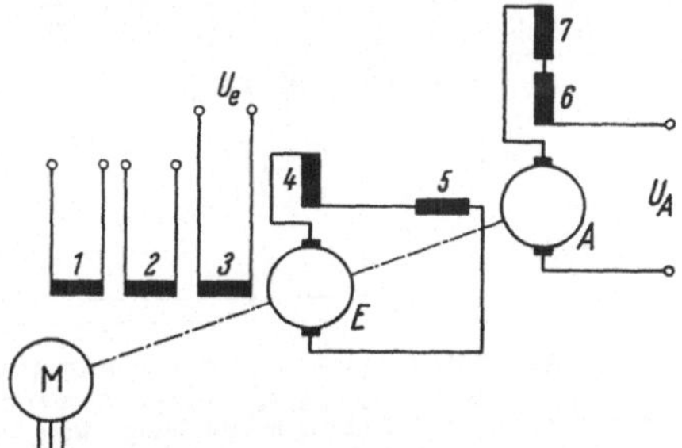

Abb. 259. Schaltbild der Rapidyne nach [86]
M Antriebsmotor; A Anker des Ausgangskreises; E Anker des Eingangskreises; 1, 2, 3 Steuerwicklungen; 4 Wendepolwicklung des Eingangskreises; 5 Erregerwicklung des Ausgangskreises; 6 Wendepolwicklung; 7 Kompensationswicklung des Ausgangskreises; U_a Ausgangsspannung

Bei der Auslegung der Verstärkermaschinen muß man etwas anders vorgehen als bei einer Maschine, die nur für die Abgabe von elektrischer Leistung bestimmt ist. Bei letzterer bestimmt im wesentlichen die zulässige Belastung die Leistung der Maschine, während bei der Verstärkermaschine der Gütefaktor im Vordergrund steht.

Der Gütefaktor bei einer bestimmten Leistung ergibt sich aus den gewählten elektrischen und magnetischen Beanspruchungen und der Maschinenart. Deshalb besteht zwischen Leistung und Gütezahl ein Zusammenhang, der in Abb. 260 für eine bestimmte (einstufige) Maschinengröße dargestellt ist. Man sieht daraus, daß die Maschine je nach der elektrischen und magnetischen Beanspruchung einen Größtwert der Gütezahl erreichen kann. Die hierbei abgegebene Leistung ist aber keineswegs die größtmögliche, die man aus dieser Maschine mit Rücksicht auf eine zulässige Wicklungstemperatur und Kommutierung herausholen könnte. Die

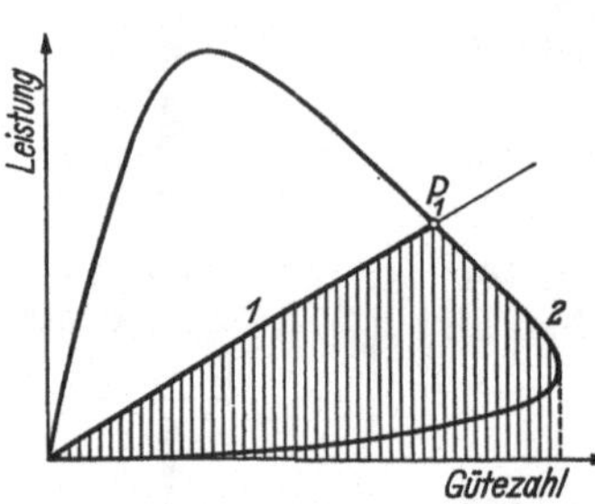

Abb. 260. Zusammenhang zwischen Leistung und Gütezahl bei einer einstufigen Verstärkermaschine nach [86]

größte Leistung tritt also bei einer anderen elektrischen und magnetischen Beanspruchung auf als der größte Gütefaktor.

Als Beispiel für die Schaltung von Verstärkermaschinen zeigt Abb. 261 einen Leonardsatz, bei dem in den Anfängen dieser Verstärker-

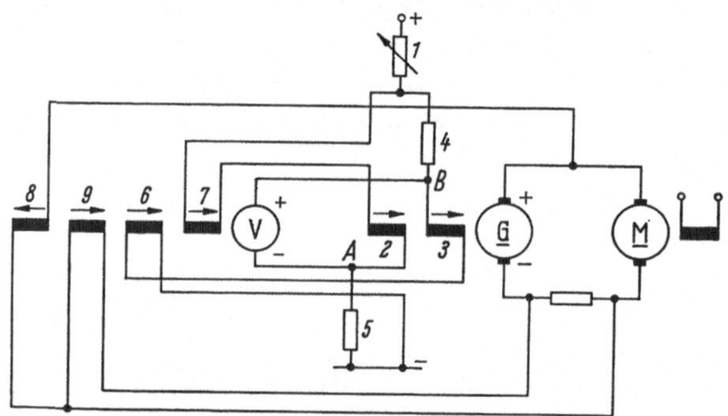

Abb. 261. Schaltung eines Leonardsatzes mit einstufiger Verstärkermaschine
M Antriebsmotor; *G* Leonardgenerator; *V* Verstärkermaschine; *1* Steller; *2, 3* Erregerspulen; *4, 5* Widerstände; *6, 7* stellgliedabhängige Erregung der Verstärkermaschine; *8* Gegenerregung; *9* stromabhängige Erregung

technik die Verstärkermaschinen lediglich für den Ausgleich der dynamischen Verhältnisse eingesetzt wurden, während der stationäre Betrieb mit Drehzahlstellern in üblicher Weise eingestellt wurde. Dafür wird ein Widerstand *1* als Steller im Feldkreis des Steuergenerators verwendet. Die Feldspulen *2* und *3* sind in einer Brückenschaltung in Verbindung mit 2 Widerständen *4* und *5* angeordnet. Damit ist es möglich, in die Brückenpunkte A und B eine Regelspannung einzuführen. Die hierfür erforderliche Regeleinrichtung braucht also nur für die kleine Leistung bemessen zu sein, die für die Korrektur der Drehzahlabweichung nötig ist.

Die diese Regelspannung erzeugende Hilfserregermaschine hat mehrere Erregerspulen, die Flüsse in verschiedenen Richtungen aufbauen. Der eine Erregerfluß hängt von der Haupterregung (Wicklungen 6 und 7), also der Stellung des Drehzahlstellers, ab. Eine Gegenerregung (Wicklung 8) ist proportional der Spannung des Steuergenerators.

Im Leerlauf sollen sich die beiden Flüsse aufheben, es wird also den Brückenpunkten keine zusätzliche Spannung zugeführt. Bei Belastung fällt die Spannung am Steuergenerator ab. Der damit zusammenhängende Fluß wird kleiner und kann den „Soll"-Fluß nicht mehr ganz kompensieren. Es entsteht in der Hilfserregermaschine eine Spannung, die für die Haupterregung eine zusätzliche Spannung gibt und wie ein P-Regler wirkt. Sie kann mit einer Störgrößenaufschaltung versehen werden. Im gezeichneten Beispiel erhält die Hilfs-

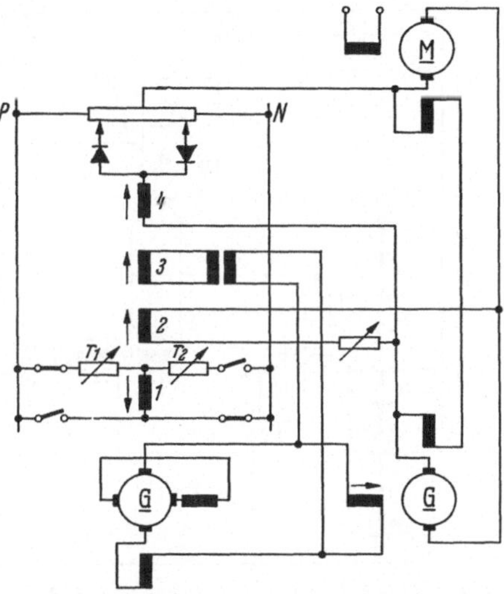

Abb. 262. Schaltung eines Leonardsatzes durch Querfeldmaschine (Amplidyne) nach [85]

M Antriebsmotor der Arbeitsmaschine; G rechts Leonardgenerator; G links Amplidyne; r_1, r_2 Drehzahlsteller; r_3 Strombegrenzung durch Sollwertschwelle

erregermaschine eine dritte Erregung (Wicklung 9), die an eine dem Strom (Belastung) des Hauptgenerators proportionale Spannung gelegt wird.

Diese Schaltung zeigt schon die heute üblichen grundsätzlichen Merkmale der Verstärkertechnik. Nachteilig ist der geringe Verstärkungsgrad der Maschine. Vorteilhafter sind deswegen Querfeldmaschinen (Amplidyne). Bei der verhältnismäßig großen Leistung der Verstärkermaschine kann nach Abb. 262 auf die Brückenschaltung verzichtet werden. Die Erregerwicklung 1 der Amplidyne erzeugt das umkehrbare Grundsteuerfeld. Es sind dann nur kleine Drehzahlsteller erforderlich, die griffbereit am Bedienungsstand untergebracht werden können. Die von der Spannung des Hauptgenerators abhängige Gegenerregung bildet, so wie im vorigen Beispiel, die Voraussetzung für eine P-Regelung der Generatorspannung. Die Wicklung 3 liegt transformatorisch an der

Feldspannung des Steuergenerators und verstärkt den Einfluß der Gegenerregung während des Schaltvorganges, bei dem Spannungsänderungen
in der Haupterregung auftreten. Eine weitere Wicklung *4* wirkt ebenfalls
in Richtung der Gegenerregung. Ihr Erregerstrom hängt von der Ankerspannung und einem Justierwiderstand ab [*85*].

Für die gleiche Aufgabe dient die Schaltung Abb. 263 für die beschriebene 2stufige Verstärkermaschine Rapidyne. Über einen Steller r und

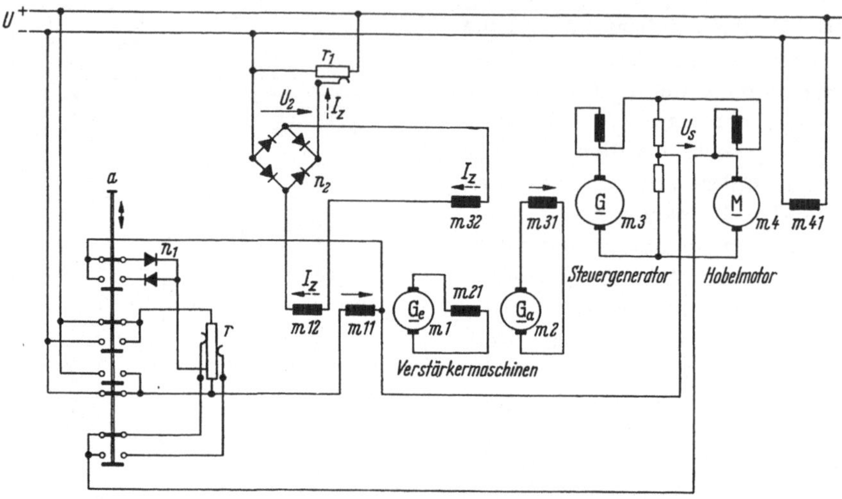

Abb. 263
Schaltung eines Leonardsatzes mit Regelung durch zweistufige Verstärkermaschinen (Rapidyne)
M Gleichstromantriebsmotor; *G* Leonardgenerator; G_a, G_e Verstärkermaschine

einen Umschalter a wird die Wicklung m_{11}, des Verstärkereinganges
erregt, indem die Soll-Spannung mit der Spannung U_s verglichen
wird. Beim Umschalten ist U_s zunächst Null. Es fließt also ein viel zu
hoher Erregerstrom, der mit zunehmendem Anlauf fällt, weil U_s wächst.
Wir haben hier die Ankerspannung als Istwert aufgeschaltet, die auch
bei Laständerungen wirksam ist, weil dann beispielsweise bei einer Lastzunahme U_s fällt, also die Erregung steigt und die Ankerspannung wieder
größer wird. Die zwei Gleichrichter n_1 sollen die Spannung an der Erregerwicklung m_{11} auf ein bestimmtes Maß begrenzen. Das ist bei Beginn
des Umsteuervorganges notwendig, weil sich dann die Sollspannung und
die drehzahlabhängige Spannung U_s addieren. Die Verstärkermaschine
wäre voll gesättigt, so daß dann die Gegendurchflutung m_{12} in ihrer
Eingangserregung praktisch wirkungslos bliebe. Man will mit dieser
Gegendurchflutung das Umsteuern sanfter machen und die Kommu-
tierungsbeanspruchung des Generators herabsetzen und benutzt dazu
eine Gleichrichterbrücke n_2, die über den Steller mit einer Spannung U_2

versorgt wird. Beim Überschreiten einer Feldänderungsgeschwindigkeit übersteigt die in der Zusatzwicklung m_{32} des Generators induzierte Spannung die Spannung U_2 am Spannungsteiler, so daß ein Strom in den beiden Feldwicklungen fließen kann. Dadurch wird die Spannung der Verstärkermaschine zurückgesetzt. Sie vermindert die Feldänderungsgeschwindigkeit des Generators und sorgt für das verlangte weichere Umsteuern.

β) **Magnetverstärker.** Nur selten werden in der mechanischen Fertigung so hohe Erregerleistungen benötigt, für welche die beschriebenen Maschinenverstärker gebraucht werden. Für kleinere Erregerleistungen haben sich Magnetverstärker (vgl. S. 209) eingeführt, die den großen Vorteil haben, daß sie aus ruhenden Geräten bestehen, also keinem mechanischen Verschleiß unterliegen [65, 87, 88].

Als Beispiel hierfür zeigt Abb. 264 den Aufbau einer einfachen Schaltung. Der Sollwert für die Drehzahl wird an einem mit konstanter Spannung gespeisten Steller r_3 abgegriffen. Auch hier

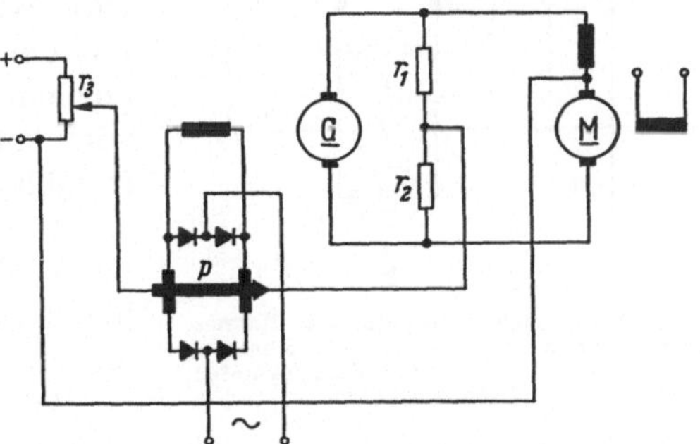

Abb. 264

Schaltung eines Leonardsatzes mit Magnetverstärker
M Gleichstromantriebsmotor; G Leonardgenerator;
r_3 Steller; p Magnetverstärker

kann man auf eine Drehzahlmessung verzichten und die Istspannung — als Maß für die Drehzahl — einer Brückenschaltung entnehmen. Diese Brückenschaltung läßt sich außerdem leistungsmäßig unmittelbar an den Magnetverstärker anpassen, während bei Verwendung eines Drehzahlmessers im allgemeinen ein Vorverstärker erforderlich ist.

Man entnimmt also die Istspannung dem Diagonalzweig einer Brückenschaltung, die aus den Widerständen r_1 und r_2 sowie dem Wendepolwiderstand und dem Ankerwiderstand des Motors gebildet wird. Ist die Brücke abgeglichen, dann stellt die Diagonalspannung im stationären Zustand und bei konstantem Erregerfluß eine der Drehzahl des Motors verhältnisgleiche Größe dar. Die Differenzspannung zwischen Soll- und Istwert hat einen Strom in der Steuerwicklung des Magnetverstärkers zur Folge, der diesen so weit aussteuert, daß die Motordrehzahl durch die Ankerspannung des Generators dem Sollwert folgt. Da es sich um eine proportionale Regelung handelt, bleibt auch im stationären Zustand ein Unterschied zwischen Soll- und Istwert bestehen. Ein genügend großer Verstärkungsfaktor des Magnetverstärkers und dessen Aussteuerung nur im linearen Teil der Kennlinie sorgt aber dafür, daß der Unterschied klein

bleibt und die Drehzahl in jedem Betriebspunkt nur um wenige Prozent
vom eingestellten Leerlaufwert abfällt.

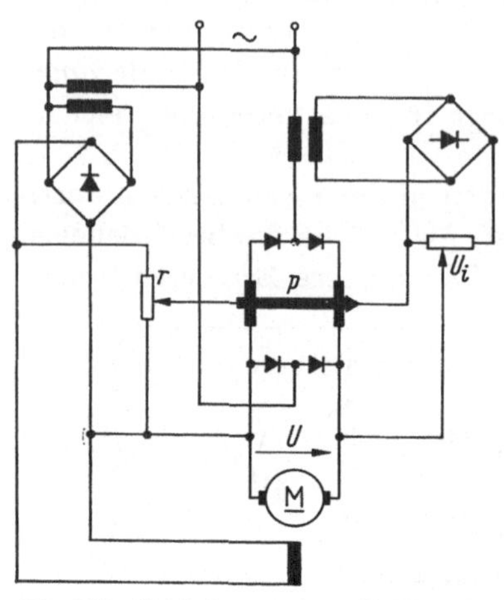

Abb. 265. Gleichstrommotor mit Magnetverstärker p und Störwertaufschaltung
einer Laständerung durch Transformator;
r Drehzahlsteller

Beim nächsten Schritt wurde für
kleine Antriebe (bis etwa 3 kW) auf
den Steuergenerator ganz verzichtet
und der Gleichstrommotor über den
Magnetverstärker an das Wechselstromnetz angeschlossen (Abb. 265).
Gleichrichter versorgen auch das Motorfeld. Für die Drehzahlregelung
wird die Spannung am Sollwertgeber r
mit der Spannung U am Motor verglichen. Als Störwertaufschaltung
wird zu der Sollwertspannung eine
lastabhängige Spannung U_i in Reihe
geschaltet, die über einen Lasttrafo
und Gleichrichter erzeugt wird. Auch
hier wird also die Gegenspannung des
Motors nachgebildet.

Bei Antrieben für größere Leistungen ist es zweckmäßig, an Stelle
der Einphasen-Grätzschaltung eine dreiphasige Schaltung zu wählen
(Abb. 266). Es sind also drei Magnetverstärker p_{1-3} erforderlich. Da
der Verstärkungsgrad der Magnetverstärker begrenzt ist, würden sie

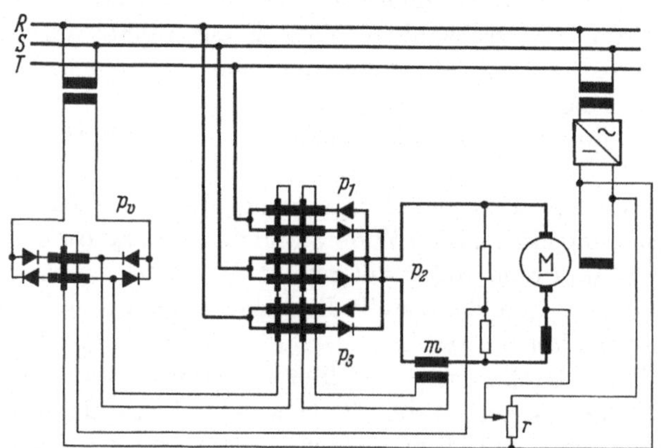

Abb. 266. Gleichstrommotor mit aus dem Drehstromnetz gespeisten Magnetverstärker
M Antriebsmotor; $p1, 2, 3$ Magnetverstärker für Ankerkreis; p_v Vorverstärker für Erregung;
r_1 Steller; m Stromwandler für Störwertaufschaltung

eine Eingangsleistung erfordern, die normalerweise den Meßumformer
zu sehr belastet. Man verwendet deshalb einen Vorverstärker p_v für

die eigentliche Drehzahlregelung. Für die Drehzahlwahl dient wieder ein Sollwertgeber r, dessen Spannung mit der erzeugten Motorgegenspannung verglichen wird. Sie werden an einem Spannungsteiler und an der Hilfsreihenschlußwicklung abgegriffen. Die Eingangsspannung am Vorverstärker ist also der Differenzspannung zwischen Sollspannung

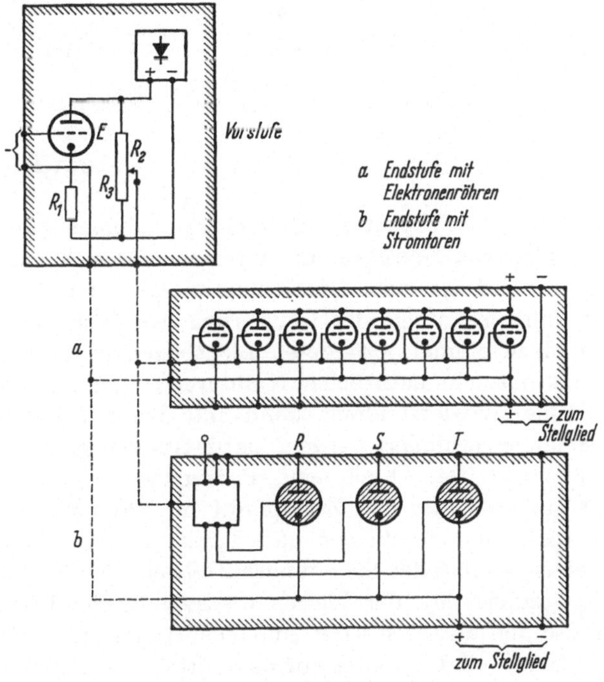

Abb. 267. Röhrenregler nach [15]
a) Endstufe mit parallelgeschalteten Röhren;   b) Endstufe mit Stromtoren

und Motorgegenspannung proportional. Zur Stabilisierung erhält der Hauptverstärker eine Störwertaufschaltung, deren Größe dem ersten Differentialquotienten des Laststromes proportional ist. Dazu dient der Stromwandler m.

γ) **Röhrenverstärker.** Wegen seiner Feinfühligkeit, seiner extrem geringen Trägheit und seiner in der Antriebstechnik oft vernachlässigbaren Totzeit, hat der Röhrenverstärker auch bei der Leistungsverstärkung Beachtung gefunden. Man verwendet nach Abb. 267 meistens zweistufige Schaltungen, von denen die erste Stufe mit Hochvakuumröhren die notwendige Verstärkung und durch leicht veränderbare Rückführungen das verlangte zeitliche Verhalten erzeugt, während die Endstufe zur Leistungsverstärkung dient. Diese Endstufe kann je nach

Aufgabe aus parallelgeschalteten Vakuumröhren (*a*) oder leistungsstärkeren Stromtoren (*b*) bestehen, die in Abb. 267b in dreiphasiger Schaltung dargestellt sind. Abb. 268 zeigt für die Röhre der Vorstufe

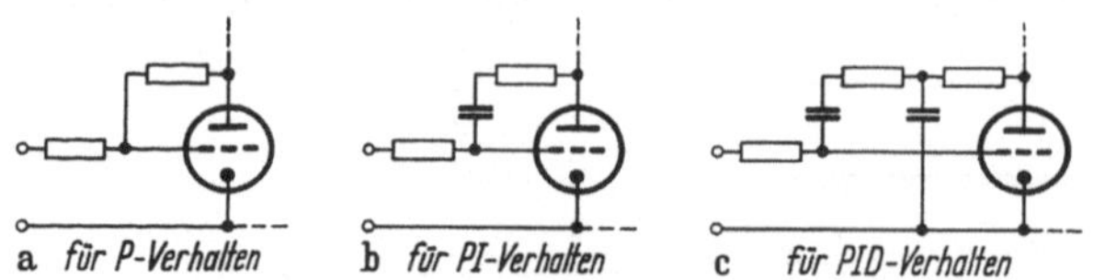

Abb. 268. Gegenkopplungen bei Röhrenreglern
a) P-Verhalten; b) PI-Verhalten; c) PID-Verhalten

Gegenkopplungen zum Erzielen eines geeigneten *P*- bzw. *PI*- oder *PID*-Verhaltens.

δ) **Thyratron.** Das Thyratron (Stromtor) hat einen ähnlichen Aufbau wie die Hochvakuumröhre. Es unterscheidet sich von ihr durch eine Füllung mit Edelgas oder Quecksilberdampf. Auch die Verstärkerwirkung ist ähnlich. Infolge der Ionisierung des Gases kann aber das Steuergitter einen einmal gezündeten Lichtbogen nicht mehr löschen. Dieser erlischt erst beim natürlichen Nulldurchgang der Anodenwechselspannung. Eine Wiederzündung kann mit einer negativen Gitterspannung so lange verhindert werden, bis die Anodenspannung die Zündspannung überschreitet. Durch eine Phasenverschiebung der Gitterspannung kann man also den Zündpunkt im Rahmen der Halbwelle der Anodenspannung verschieben und damit aus der Halbwelle Teile herausschneiden, so daß der Spannungsmittelwert sich je nach Lage des Zündpunktes ändert. Mit der Phasenverschiebung der Gitterspannung kann man also den Mittelwert der Anodenspannung in weiten Grenzen steuern. Einfacher sind Impulse auf das Gitter mit Hilfe eines Gittersteuersatzes.

Nachteilig ist bei den Röhren der Verschleiß in der Glühkathode und die mechanische Empfindlichkeit.

ε) **Quecksilberdampf-Gleichrichter.** Im Hg-Dampf-Gleichrichter wird dieser Verschleiß vermieden. Seinen grundsätzlichen Aufbau und die Wirkungsweise der Gittersteuerung zeigt Abb. 269. Anstelle der bisherigen Glühkathoden tritt ein Hg-Sumpf *1*. Zwischen Anode *2* und Kathode *1* liegt das Gitter *3*. Für die Einleitung der Zündung dient eine besondere Zündelektrode *4*, die den Erregerlichtbogen *5* bildet. Die Anodenspannung liefert der Netztransformator. Für die Glättung des Anodenstromes dient die Drossel *7*. Die Last liegt an der Spannung U_g. Die Steuereinrichtung *8* für das Gitter enthält die Geräte für die Sperrspannung und den Zündeinsatz. Eine Gleichspannungsquelle *10* sorgt für die Zündung des Erregerlichtbogens. Die Wirkung des Gitters ist ähnlich wie beim Stromtor.

Die Schaltungsanordnung, die die Gitterspannung erzeugt, wird auch als Steuersatz bezeichnet. Der jedem Gitter zugeordnete Steuersatz bringt die Eingangswechselspannung in die gewünschte Impulsform, wobei sich seine Phasenlage zur Gleichrichtertransformatorspannung verändern läßt. Der Impuls wird dem der Anode zugeordneten Gitter zugeführt. Um eine zeitliche Streuung des Zündvorganges zu verhindern, sind Zündimpulse mit möglichst senkrechter Anstiegsflanke am günstigsten.

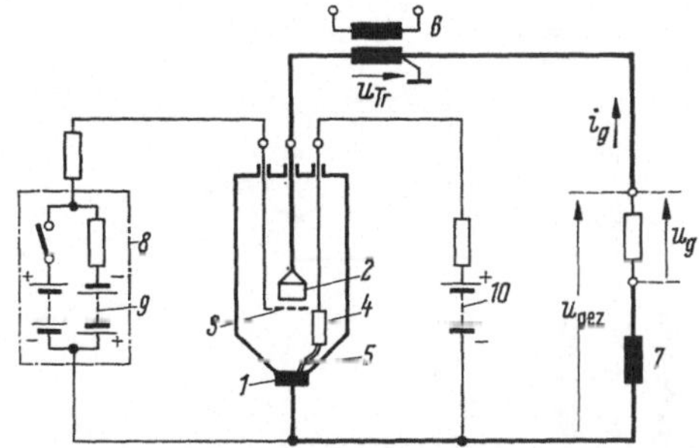

Abb. 269. Grundsätzliche Schaltung und Wirkungsweise eines Hg-Dampf-Stromrichters

1 Kathode; *2* Anode; *3* Gitter; *4* Zündelektrode; *5* Erregerlichtbogen; *6* Stromrichtertransformator; *7* Glättungsdrossel; *8* Steuereinrichtung; *9* Sperrspannung; *10* Erregerspannung

Auf die eingehende Behandlung spezieller Antriebsschaltungen wollen wir verzichten, weil für die in unserem Arbeitsgebiet vorkommenden Leistungen bis zu einigen hundert kW immer mehr der Thyristor verwendet wird.

ζ) **Thyristor.** Die Wirkungsweise des Thyristors ist bereits im Rahmen der Verstärker (S. 200) beschrieben worden. Bei den Schaltungen von Gleichstrommotoren benützt man die bei Hg-Dampfgleichrichtern verwendete Mittelpunktschaltung selten und zieht die Brückenschaltung vor. Sie hat den Vorteil, daß Parallel- und Reihenschaltungen von Thyristoren leicht durchzuführen sind. Man kann sich den verschiedenen Motorleistungen mit einigen wenigen Thyristortypen leicht anpassen.

Aus der Vielzahl der denkbaren Brückenschaltungen wollen wir nur die wichtigsten herausgreifen und gehen dabei von der „halbgesteuerten" Vollweggleichrichtung nach Abb. 270a aus. Der Motor m_1 erhält seine Energie über den Transformator m_2. Während der positiven Halbwelle der Trafospannung fließt der Motorstrom I in Pfeilrichtung, weil die Gleichrichter n_1 und p_2 durchlassen. Während der negativen Halbwellen sind n_3 und p_4 durchlässig. Die Richtung für I ändert sich nicht. In beiden Fällen sind entweder die Gleichrichter n_1 und p_2 oder n_3 und p_4 in Reihe geschaltet. Zur Änderung der Gleichspannung genügt es deshalb, jeweils nur einen Gleichrichter (p_2 und p_4) als Thyristor auszuführen und diesen so zu „zünden", daß die gewünschte Spannungsbeeinflussung zustande kommt.

In bekannter Weise kann die Welligkeit des entstandenen Gleichstromes verbessert werden, indem gemäß Abb. 270b anstelle des Wechselstromanschlusses ein Drehstromanschluß vorgesehen wird. Dazu sind 3 Gleichrichter n_{1-3} und 3 Stromtore p_{4-6} erforderlich.

Beide Schaltungen eignen sich nur für eine Energierichtung, weil eine Umkehrung der Stromrichtung nicht möglich ist. Ist diese zum generatorischen Bremsen oder zur Drehrichtungsumkehr erforderlich, so müssen nach Abb. 270c die Thyristoren in Antiparallelschaltung in den Brückenzweigen angeordnet sein. Die Thyristoren p_{1-6} dienen dann für die eine Energierichtung ($I\rightarrow$), die Thyristoren p'_{1-6} für die andere ($I\leftarrow$). Im Gegensatz zu den vorherigen Schaltungen kommt man mit halbgesteuerten Brücken nicht mehr aus. Alle Gleichrichter müssen steuerbar, also Thyristoren sein.

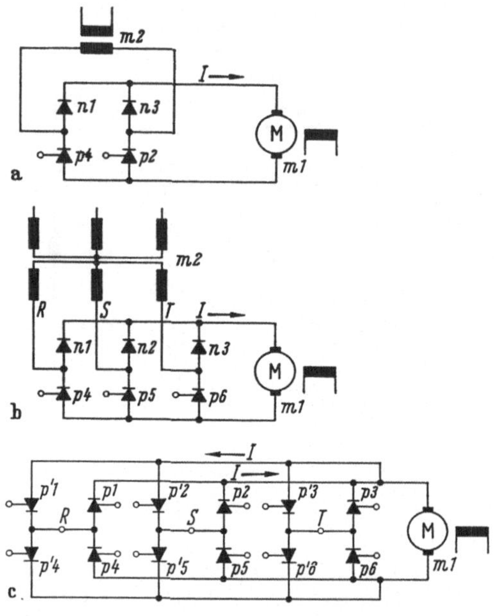

Abb. 270. Schaltungsbeispiele von Thyristoren für Gleichstrommaschinen

a) halbgesteuerte Vollweggleichrichtung für eine Drehrichtung und Wechselstrom; b) wie a, jedoch für Drehstrom; c) Vollweggleichrichtung und Antiparallelschaltung für beide Drehrichtungen und Drehstrom

Ein Beispiel für die Thyristorsteuerung einer solch vollgesteuerten Drehstrombrückenschaltung für beide Energierichtungen zeigt Abb. 271. Die Stromtore p_{1-6} werden von einem Impulssteuergerät *1*, die Stromtore p'_{1-6} von einem Gerät *2* „gezündet". Das Zündsignal erhalten

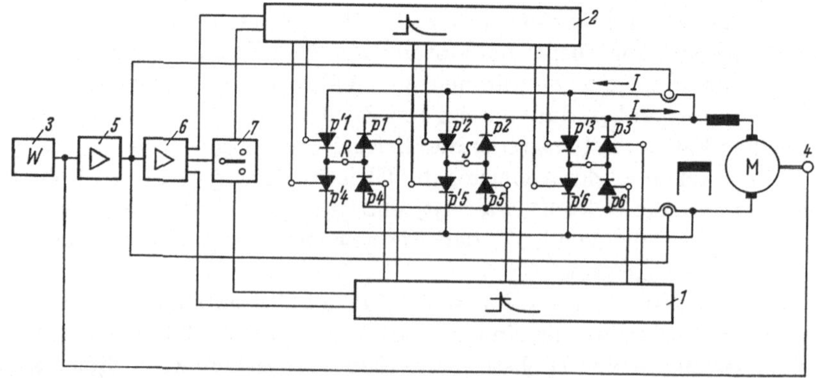

Abb. 271. Schaltung eines drehzahlgeregelten Thyristorantriebes gemäß Abb. 270c, nach [87]

diese Geräte beispielsweise durch eine Drehzahlregeleinrichtung, die stromrichtungsabhängig arbeitet. In üblicher Weise bekommt die Regelung ihr Führungssignal vom Eingang *3*, das mit der Tachometerspannung *4* verglichen wird. Die Regelabweichung wird im Übertragungsglied *5* verstärkt. Dieses liefert den Sollwert für einen Stromregelkreis, bei dem über Gleichstromwandler die Brückenströme erfaßt werden, die der Ausgangsspannung von *5* entgegenwirken. Die Differenz steuert dann den Verstärker *6*, von dessen Ausgangsgröße nicht nur der Zündzeitpunkt der Geräte *1* und *2* abhängig ist, sondern auch noch ein Übertragungsglied *7* so beeinflußt wird, daß es jeweils nur das Impulssteuergerät *1* oder *2* freigibt und damit je nach der gewünschten Stromrichtung die eine oder die andere Thyristorbrücke wirken läßt. Bei der Umschaltung muß

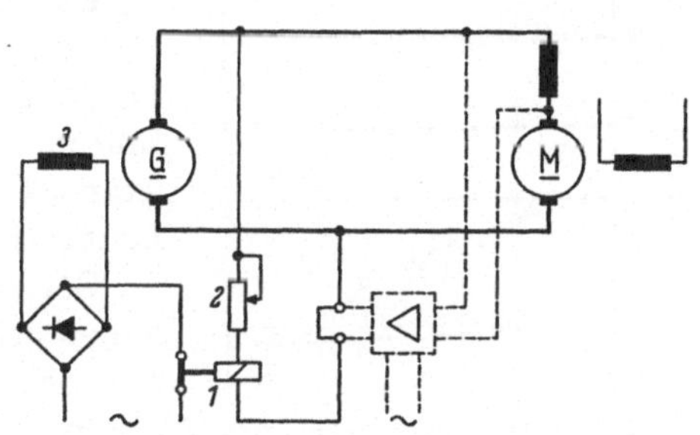

Abb. 272. Relais-Zweipunktverstärker im Leonardkreis eines Gleichstromantriebes

1 Zweipunktrelais; *2* Steller; *3* Erregerwicklung vom Leonardgenerator *G*

dafür gesorgt sein, daß die abgelöste Gruppe mit Sicherheit stromlos geworden ist, wenn die neue die Stromführung übernimmt, um einen Kurzschluß zu vermeiden.

Da der Aufwand an Stromrichtern bei derartigen Antiparallelschaltungen verhältnismäßig groß ist, führt man die Drehrichtungsumkehr in bekannter Weise mit Umschaltern im Ankerkreis aus oder schaltet die Erregung des Motors um. Dadurch entstehen leider Totzeiten.

η) Zweipunktverstärker. Im stationären Betrieb springt die Ausgangsgröße des Zweipunktverstärkers in einem bestimmten konstanten Taktverhältnis zwischen beiden möglichen Werten hin und her.

Ein Beispiel für die Anwendung eines solchen Verstärkers bei Werkzeugmaschinen zeigt die Schaltung nach Abb. 272. In einem Leonardkreis wird das Feld des Generators über ein Relais *1* ein- und ausgeschaltet. Die Ansprechspannung hängt von der Spannung im Leonardkreis und dem Widerstand des Sollwertgebers *2* ab. Der Relaiskontakt öffnet, sobald die eingestellte Spannung erreicht ist und fällt wieder ab, wenn die Spannung zurückgeht. Das Relais schaltet ein und aus und regelt so in schnellem Rhythmus die Generatorspannung. Interessant ist dabei, daß der Relaiskontakt im Wechselstromkreis des Gleichrichters liegt. Dies führt bekanntlich zu einer wirksamen Funkenlöschung, so daß mit geeignetem Kontaktmaterial trotz der hohen Schalthäufigkeit eine lange Kontaktlebensdauer erreicht wird.

Auch bei dieser Regelanordnung kann, wie bereits beschrieben, eine Störwertaufschaltung vorgenommen werden. Hierzu wird, wie in Abb .272 gestrichelt angedeutet, eine dem Ankerstrom proportionale Spannung an der Hilfsreihenschlußwicklung abgegriffen, mit einem kleinen Magnetverstärker verstärkt und in den Meßkreis eingeblendet. Abb. 273 zeigt die hierdurch erreichte gute Drehzahlkonstanz bei Änderung des Drehmomentes.

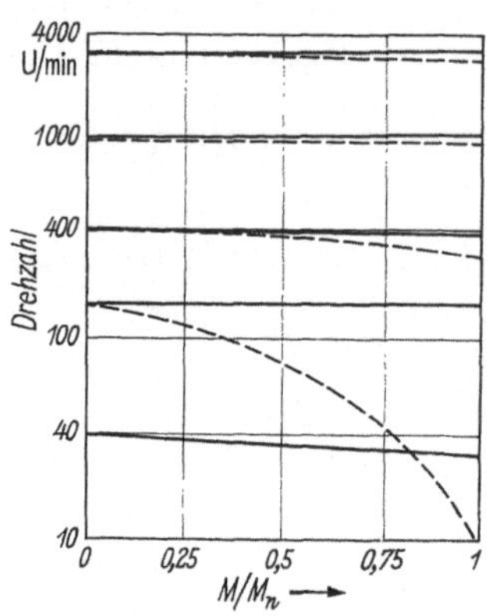

Abb. 273. Drehzahlkennlinie eines Antriebes nach Abb. 272
– – – – gesteuert
—————— mit Zweipunktregler

Es ist leicht einzusehen, daß diese Technik der Zweipunktregelung in Zukunft zu einem noch breiteren Einsatz führen wird, nachdem es mit Hilfe von Transistoren gelang, die Schaltvorgänge kontaktlos durchzuführen.

Bei der Behandlung des Transistors haben wir gesehen, daß es mit Hilfe des als Schalttransistor betriebenen Transistors möglich ist, einen Gleichstromverstärker zu bauen, der gegenüber einem kontinuierlich arbeitenden Verstärker bei gleichem Aufwand an Bauelementen ein höheres Ausgangsleistungsniveau und demgemäß eine höhere Leistungsverstärkung hat. Diese Tatsache wird im Zweipunkttransistorverstärker ausgenützt. Entsprechende Rückführungen öffnen den Verstärker periodisch voll und schließen ihn wieder. Dadurch, daß das Verhältnis der Stromführungszeit t_D zur Pausenzeit t_{sp} verändert werden kann,

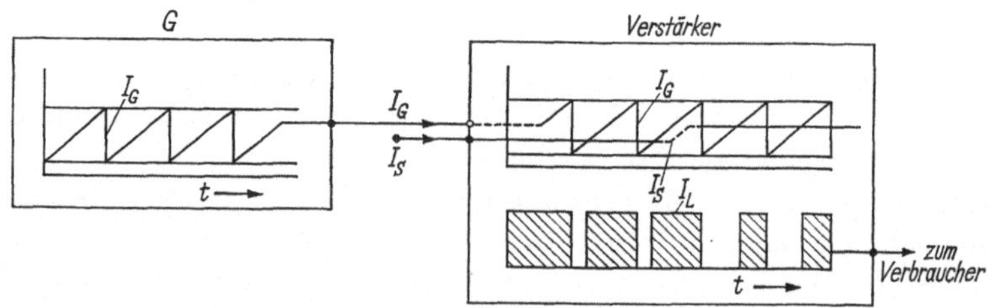

Abb. 274. Kontaktlose Leistungssteuerung durch Verändern des Verhältnisses Stromführungszeit zur Pausenzeit unter Verwendung eines Hilfsstromes I_G aus „Sägezahngenerator" G

wird bei konstanter Periodendauer t die angesteuerte Leistung proportional dem Wert t_D/t, wenn man die Umschaltzeit vernachlässigt. Damit stellt sich die Aufgabe den Wert t_D/t der Eingangsgröße, also beispielsweise dem zugeführten Steuerstrom, verhältnisgleich zu machen.

Diese Aufgabe kann, wie in Abb. 274 angedeutet, mit Hilfe eines Hilfssteuerstromes I_G gelöst werden. Dieser Strom I_G eines besonderen

Wechselstromgenerators, der einen sägezahnförmigen Verlauf hat, wird dem Eingang des Verstärkers gemeinsam mit dem Steuerstrom I_s zugeführt. Durch den Hilfssteuerstrom wird Zeit $t = t_D + t_{sp}$ konstant gehalten, während der Steuerstrom I_s das Verhältnis von t_D zu t_{sp} bestimmt. Ist $I_g - I_s > I$, so ist der Verstärker voll geöffnet; bei $I_g - I_s < I$ ist der Verstärker geschlossen. I ist der Grenzstrom, bei dem der Schalttransistor auf volle Aussteuerung springt. Durch Verändern des Steuerstromes I_s können damit die Zeitabschnitte t_D bzw. t_{sp} in ihrem Größenverhältnis zueinander verändert werden, während $t = t_D + t_{sp}$ konstant ist.

Es gibt zahlreiche Möglichkeiten, dieses Grundprinzip zu realisieren. Dabei ist es nicht nötig, sich auf eine konstante Impulsfrequenz und auf Gleichspannung zu beschränken.

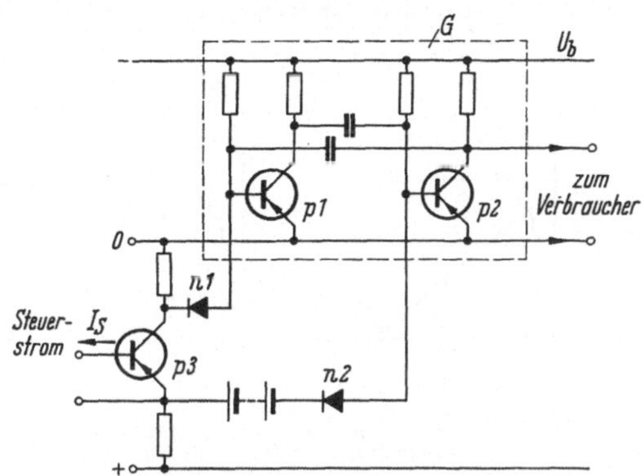

Abb. 275. Grundschaltung eines Gleichstrom-Transistorverstärkers mit gegengekoppelter Verstärkerstufe

Schließlich ist es nicht einmal notwendig, einen besonderen Generator zu verwenden. Die Verstärkerstufe kann durch eine Rückkopplung selbst zum Generator werden. Abb. 275 läßt das Prinzip eines solchen Verstärkers erkennen. Der eingerahmte Teil G stellt dabei einen Verstärker dar, der durch die Rückkopplung über die Kondensatoren als Generator arbeitet und eine Rechteckspannung bestimmter konstanter Frequenz abgibt (astabiler Kipper). Ist der Generator symmetrisch ausgelegt, dann ist das Taktverhältnis $1:1$.

Dieses Verhältnis läßt sich in weiten Grenzen durch den Steuertransistor p_3 ändern. Es geschieht dadurch, daß die Entladezeiten der Kopplungskondensatoren über die Dioden n_1 und n_2 gegensinnig verändert werden. Auf diese Weise ist es möglich, einen kontinuierlichen Gleichstrom I_s, der der Basis des Transistors p_3 zugeführt wird, in Stromimpulse veränderlicher Länge umzuformen.

Während der Zeit t_{sp} ist der Ausgangstransistor gesperrt. Sein Strom ist I_{sp}, die Spannung an ihm $U_{sp} \approx U_0$ und seine Verlustleistung $I_{sp} U_{sp}$, also klein.

Der Übergang von „Sperren" zu „Durchlaß" erfolgt in der Umschaltzeit t_s, die von der Steilheit der Basisstromimpulse bzw. den physikalischen Eigenschaften des Transistors abhängt. Der Arbeitspunkt wandert hier, wie wir früher gesehen haben (S. 198 ff.), durch das unzulässige Gebiet, so daß die Verlustleistung jetzt kurzzeitig hohe Werte annimmt.

Während der folgenden Zeit t_D ist der Transistor durchlässig, die Verluste betragen $I_D U_D$, wobei jetzt I_D aber groß und U_D klein gegenüber dem Sperrfall ist. Danach folgt der Übergang von Durchlaß auf Sperren. Für ihn wurde dieselbe Umschaltzeit t_s angenommen. Dann beginnt wieder die Sperrzeit t_{sp}, und der Schaltzyklus ist beendet.

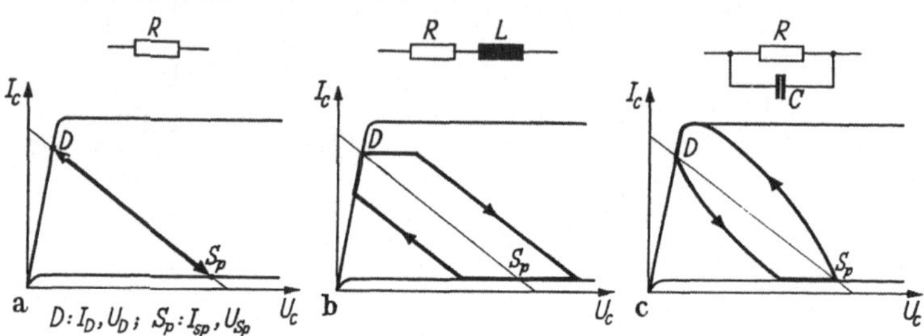

Abb. 276. Wege der Arbeitspunkte im Kennlinienfeld eines Transistors beim Umschalten ohmscher (a), induktiver (b) und kapazitiver (c) Last nach [55]

Bei der Berechnung der Belastung des Transistors beim periodischen Schalten muß man noch beachten, daß nach Abb. 276 der Weg verschieden sein kann, auf dem der Arbeitspunkt von D nach S_p und umgekehrt gelangt. Bei ohmscher Belastung rutscht der Arbeitspunkt längs der Arbeitsgeraden von D nach S_p und zurück. Bei ohmscher, induktiver und kapazitiver Last (Abb. 276b und c) wandert der Arbeitspunkt weit in das Gebiet hoher Verlustleistungen hinein. Damit der Transistor thermisch nicht zerstört wird, wenn er auf eine Induktivität arbeitet, muß er so geschützt werden, daß der Arbeitspunkt nicht zu lange durch das Gebiet hoher Verlustleistung wandert [55].

Dem Transistor-Zweipunktverstärker kann durch entsprechend beschaltete Gegenkopplungen sowohl PI- als auch PID-Verhalten gegeben werden. Man wird jedoch im allgemeinen die Rückführbeschaltung von der für das Schwingen notwendigen Schaltung trennen, da die Veränderung der Rückführbeschaltung nicht ohne Einfluß auf das Schwingverhalten ist (nicht entkoppelt).

Oft dient der derartig beschaltete Transistor-Zweipunktverstärker als Vorverstärker für einen Magnetverstärker, da es wegen der im Magnetverstärker auftretenden Oberwellen schwierig ist, dem Magnetverstärker ein sauberes PID-Verhalten zu geben. In der Anordnung Transistor-Zweipunktverstärker und Magnetverstärker ist der Transistor-Zweipunktverstärker der eigentliche Regler mit dem entsprechenden eingestellten Verhalten (PID, PI) und der Magnetverstärker ein reiner Leistungsverstärker, der das verhältnismäßig niedrige Leistungsniveau des Transistorreglerausganges auf das benötigte Leistungsniveau am Antrieb verstärkt.

f) Drehmomentregelung mit drehzahlabhängiger Führungsgröße

Insbesondere bei Großwerkzeugmaschinen werden an die Betriebseigenschaften der drehzahlgeregelten Antriebe immer höhere Anforderungen gestellt. Man verlangt nicht nur eine große Drehzahlkonstanz bei Lastschwankungen, sondern erwartet auch, daß die damit verbundene Spannungsbeeinflussung der Maschine keine großen und harten

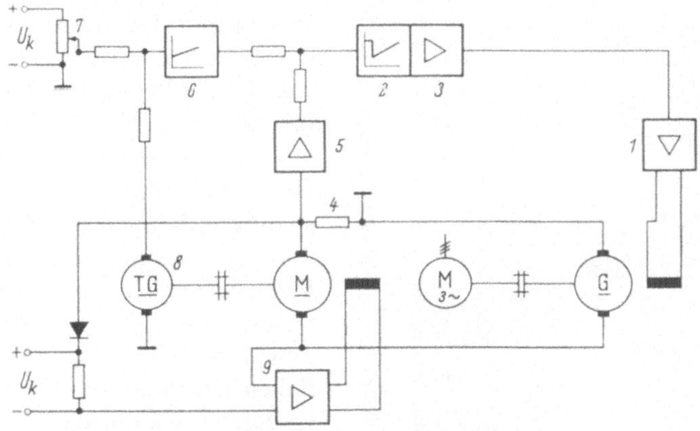

Abb. 277. Regelung eines Gleichstrommotors M im Leonardkreis (M_3, G) durch Stromregler mit drehzahlabhängiger Führungsgröße

1 Magnetverstärker für Generatorerregung; *2* Stromregler; *3* Zweipunktverstärker; *4* Nebenwiderstand; *5* Signalverstärker; *6* Drehzahlregler; *7* Führungsgröße; *8* Tachogenerator; *9* Magnetverstärker für Motorfeld; U_k konstante Vergleichsspannung

Änderungen des Drehmomentes ergibt, damit die schweren Werkstücke im aufgespannten Zustand ihre Lage nicht ändern.

Mit Hilfe der Transistortechnik wurden Ankerstromregelungen mit drehzahlgeregelter Führungsgröße entwickelt. Die Blockschaltung eines solchen Antriebes, der beispielsweise für eine Karusselldrehbank dient, zeigt Abb. 277. Der Antriebsmotor M wird vom Generator G eines Leonardsatzes gespeist, den der Drehstrommotor antreibt. Die Feldenergie für den Generator kommt von einem Magnetverstärker *1* mit Silizium-Gleichrichtern, auf den ein Stromregler *2* mit Zweipunktverstärker *3* wirkt, der seinen Istwert von dem Nebenwiderstand *4* im Ankerkreis über einen Verstärker *5* erhält.

Die Führungsgröße für die Stromregelung gibt ein Drehzahlregler *6*. Der Sollwert wird an einem Widerstand abgegriffen, der von einer Vergleichsspannung U_k gespeist wird. Die Istspannung liefert ein Tachogenerator *8*. Das Motorfeld speist ein Magnetverstärker *9*. Dieser

ist von der Ankerspannung in der Art abhängig, daß eine Feldschwächung
erst dann eintritt, wenn die Ankerspannung einen einstellbaren Wert
überschritten hat.

Dem Stromregler wurde ein *PID*-Verhalten gegeben, so daß sich
zwei große Zeitkonstanten, die Erregerzeitkonstante des Leonardgenerators und die Zeitkonstante des Magnetverstärkers, kompen-
sieren lassen. Die Anregelzeit ist damit nur noch durch die Summe aus der Ankerzeitkonstante und den Glättungszeit-
konstanten bestimmt; sie wird deshalb recht klein. Im übergeordneten Drehzahlregelkreis ist im wesentlichen die Schwung-
massen-Zeitkonstante wirksam. Die Zeitkonstante ist im Anker-
spannungsbereich der Maschinen konstant, ändert sich jedoch im Feldschwächbereich mit dem Quadrat der Feldschwächung. Da sich jedoch gleichzeitig mit der Feldschwächung die Verstärkung im Regelkreis umgekehrt proportional mit dem Fluß ändert, geht in das Gleichungssystem des geschlossenen Regelkreises die Feldschwächung nur linear ein. Die Übergangsfunktion hat im Ankerspannungsbereich integra-
les Verhalten, da bei einem Soll-
wertsprung der Ankerstrom und damit auch das Beschleunigungs-

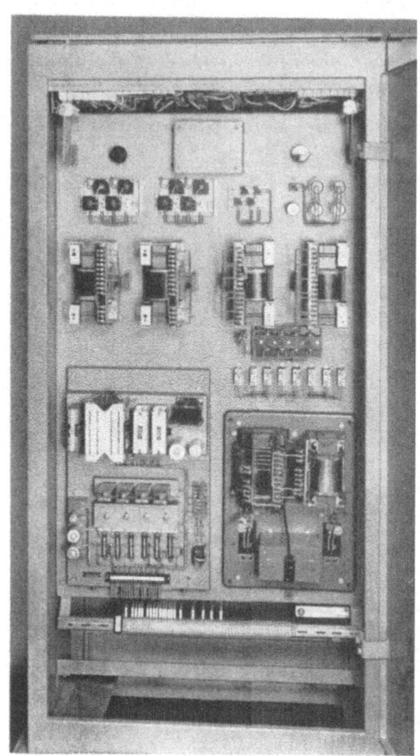

Abb. 278
Reglerfeld eines Schaltschrankes für den Antrieb einer Karuselldrehbank nach Abb. 277

moment konstant bleiben. Der Drehzahlregler kann als Proportional-
regler, bei höheren Anforderungen hinsichtlich der zulässigen statischen
Regelabweichung, als Proportional-Integral-Regler beschaltet werden.

Der Feldschwächkreis, der beim Überschreiten der Grenzspannung
wirksam wird, hat ein proportionales Verhalten. Er ist mit dem Stromregelkreis vermascht. Eine gegenseitige Beeinflussung ist durch die
wesentlich kleinere Anregelzeit des Stromreglers nicht zu erwarten.

Abb. 278 zeigt die Anordnung der Regler im Schaltschrank. Unten
links ist die Transistor-Regeleinrichtung mit den zugehörigen Justier-
widerständen zu sehen, rechts daneben der magnetische Spannungs-

konstanthalter und darüber sind die 4 Drosseln der beiden Magnetverstärker für Generator- und Motorfeldspeisung angeordnet. Oben links befinden sich die beiden Silizium-Gleichrichtersätze für die beiden Magnetverstärker.

g) Gemischte Regelung und Steuerung

Bei gekoppelten Antrieben, wie z. B. elektrischen Wellen, Nachlaufeinrichtungen, kann es nützlich sein, die Drehzahl durch die Ankerspannung so zu regeln, daß durch Feldschwächung der Motorerregung die Grunddrehzahl gesteuert werden kann. Das ist z. B. nötig, wenn an einer großen Spitzendrehbank die Vorschubgröße abhängig von der Drehzahl des Hauptantriebes so gesteuert werden soll, daß das Drehzahlverhältnis zwischen Vorschubmotor und Hauptmotor bei gleicher Erregung konstant bleibt. Dazu wird der Leonardgenerator für die Vorschubmotoren vom Hauptmotor angetrieben und die Spannung des Generators mit der Drehzahl des Hauptmotors als Führungsgröße geregelt. Für den Übergang von Schrupp- auf Schlichtbetrieb soll dieses Verhältnis aber einstellbar sein. Dazu kann dann eine Änderung der Erregung des Motors dienen.

In Sonderfällen kann man auch den Wunsch haben, daß bei der Ankerspannungsregelung die Regeleinrichtung selbst besonders billig ist und der Nachteil der Stellglieder in Kauf genommen werden kann. Es gibt auch Fälle, bei denen an die Betriebssicherheit solch hohe Anforderungen gestellt werden, daß man bei der Erprobung eines neuen Reglerbauelementes schrittweise vorgehen muß und auf die konventionelle Drehzahlsteuerung nicht ganz verzichten möchte.

h) Das Regelmodell

Um Zeit zu sparen, ist es vorteilhaft, bei der mathematischen Behandlung von Regelaufgaben elektronische Rechner zu verwenden. Die Genauigkeit des Rechners kann bei einigen Prozent liegen, da die Kenngrößen der Regelstrecke normalerweise mit erträglichem Aufwand nicht genauer bestimmt werden können. Man wird deshalb einem Analogrechner für die Lösung dieser Aufgabe den Vorzug geben. Er ist preisgünstiger und liefert das Ergebnis in analoger Form, das sich mit Schreibern aufzeichnen läßt. Um die Programmierung zu vereinfachen und sich der Projektierung von Regelanlagen weitgehend anzupassen, wurden spezielle Analogrechner, sogenannte Regelmodelle, entwickelt [45, 90].

Das Regelmodell lehnt sich in seinem Aufbau an die Darstellung des Regelkreises durch einen Signalflußplan an. Es umfaßt eine Reihe gleichartiger Baueinheiten, mit denen das statische und dynamische

21 a*

Verhalten eines Regelkreisgliedes so nachgebildet wird, wie es im Signalflußplan in Erscheinung tritt.

Die Baueinheiten (Abb. 279) arbeiten mit einem Transistorverstärker. Dies ermöglicht durch die geringe Leistungsaufnahme desselben einen gedrängten Aufbau des Gerätes. Eingebaute Widerstände und Kapazitäten lassen sich mit Stufenschaltern in je 2 Dekaden einstellen. Der Widerstandsschalter links dient zur Einstellung der Verstärkung, der Kapazitätsschalter rechts zur Einstellung einer Zeitgröße. Zum Nachbilden eines Regelkreisgliedes kann der Baueinheit ein entsprechender Funktionsstecker (Mitte) gemäß der Übergangsfunktion dieses Gliedes zugeordnet werden. Je nach Ausbildung des gewählten Funktionssteckers ist es deshalb möglich, die in

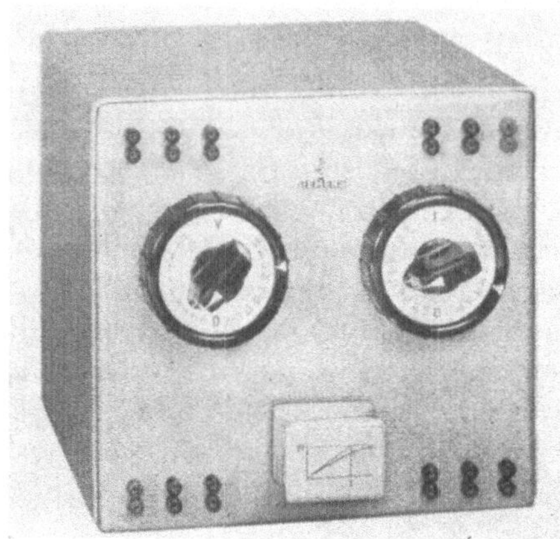

Abb. 279. Transistorbaueinheit für ein Regelmodell

Abb. 280 gezeigten Übergangsfunktionen wahlweise nachzubilden. Die Schaltung des Regelkreisgliedes „Trägheit" gemäß Abb. 280a ist in Abb. 281 gezeigt. Sie ist vollsymmetrisch aufgebaut, um eine hohe

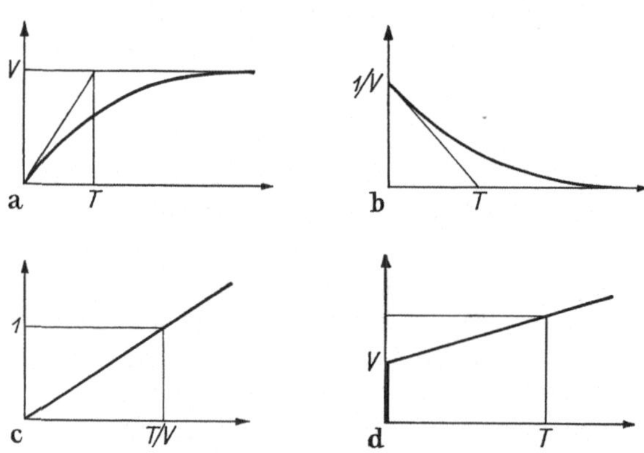

Abb. 280. Verschiedene Kennlinien von Baueinheiten
a) Trägheit; b) Nachgebeglied; c) Integrator; d) PI-Regler

Sicherheit gegen eingestreute Störungen zu haben. Außerdem läßt sich so jede Ausgangsgröße auch mit umgekehrtem Vorzeichen darstellen.

Abb. 282 zeigt das gesamte Regelmodell. Die Baueinheiten werden so wie im Blockschaltplan vorgegeben mit Funktionssteckern versehen und die entsprechenden Kennwerte eingestellt. Entsprechend den im Blockschaltplan gezeichneten Wirkungspfaden werden die Verbindungen unter Beachtung etwaiger Vorzeichenumkehr hergestellt. So läßt sich auch im Aufbau der Signalfluß deutlich erkennen. Mittels eines Zusatzgerätes können einstellbare Spannungen bei auftretenden Sollwert- und Lastsprüngen zu- bzw. abgeschaltet werden. Zur Anzeige der zeitlichen Vorgänge ist in den Tisch ein Schnellschreiber eingebaut, der die interessie-

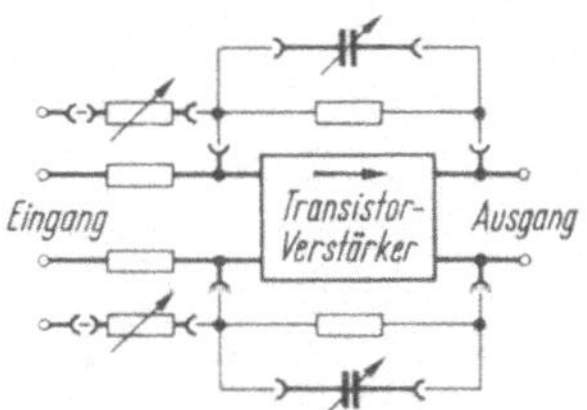

Abb. 281. Schaltung für das Bauelement „Trägheit"

rende zeitlich veränderliche Größe auf Wachspapier aufzeichnet. Zur Markierung des Beginns eines Vorganges kann ein kleiner Impuls zugeschaltet werden.

Zum Vergleich sind die Übergangsfunktionen der auf S. 293. gerechneten Beispiele auf dem Regelmodell aufgenommen. Abb. 283

Abb. 282. Regelmodell (Bauart Siemens)

zeigt den Signalfluß und den Regelverlauf bei Speisung eines Gleichstrommotors mit einem trägheitslosen Verstärker und Regelung mittels eines P-Reglers, Abb. 284 mit Leonardsatz und Regelung mittels eines PID-Reglers. In beiden Fällen wurde die Dämpfung $1/\sqrt{2}$ (Betragsoptimum) gewählt.

Neben der hier gezeigten reinen Bemessungsoptimierung, d. h. Auslegung der Rückführung des Reglers entsprechend einem vorliegenden

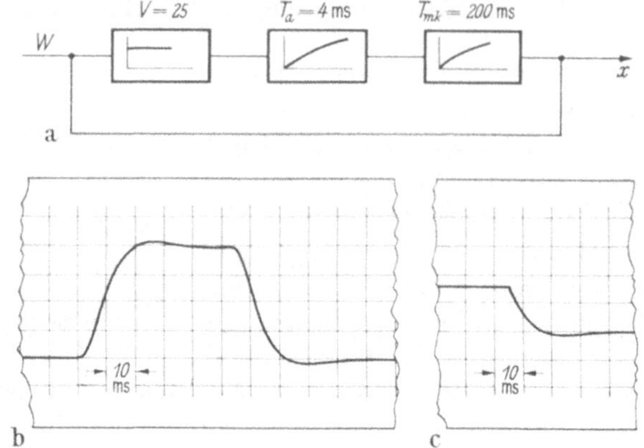

Abb. 283. Blockbild (a) und Regelverlauf (b) bei Sollwertstoß für das Antriebsbeispiel gemäß Abb. 251; c Störwertstoß

Regelkonzept, lassen sich infolge der einfachen und schnellen Handhabung des Gerätes auch Untersuchungen über die Strukturoptimierung bei einer vorgegebenen Regelstrecke mit Erfolg durchführen. So lassen

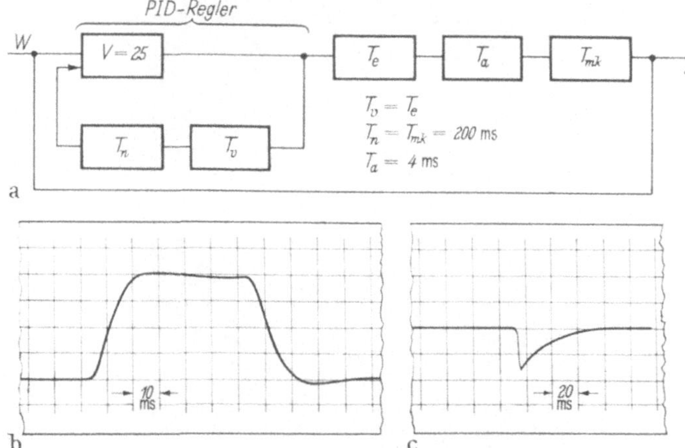

Abb. 284. Blockbild (a) und Regelverlauf (b) bei Sollwertstoß für das Antriebsbeispiel gemäß Abb. 254; c Störwertstoß

sich auch unter Berücksichtigung spezieller technologischer Forderungen optimale Schaltungen gewinnen.

i) Drehzahlmeßgeber

Am besten geeignet als Meßwertumformer für die Drehzahl ist die Tachometermaschine, die als Gleich- oder Wechselstrommaschine Verwendung findet.

Die Gleichstrom-Tachometermaschine ist ein fremderregter oder mit einem Permanentmagneten erregter Gleichstromgenerator. Sie erzeugt eine der Drehzahl proportionale Gleichspannung. Durch eine geeignete Auslegung der Ankerwicklung und eines Kollektors mit großer Lamellenzahl wird dafür gesorgt, daß der auf eine gute Regelung störend wirkende Oberwellengehalt möglichst klein gehalten wird. Eine weitgehende Ummantelung mit ferromagnetischem Material verhindert den Einfluß von Fremdfeldern. Der Bürstenübergangswiderstand muß durch eine entsprechende Paarung von Bürste und Kollektor klein gehalten werden. Die Gleichstrom-Tachometermaschine ist insbesondere dann von Vorteil, wenn die Drehrichtungsumkehr mit erfaßt werden muß, da sie die Drehzahl nach Größe und Richtung zu messen vermag.

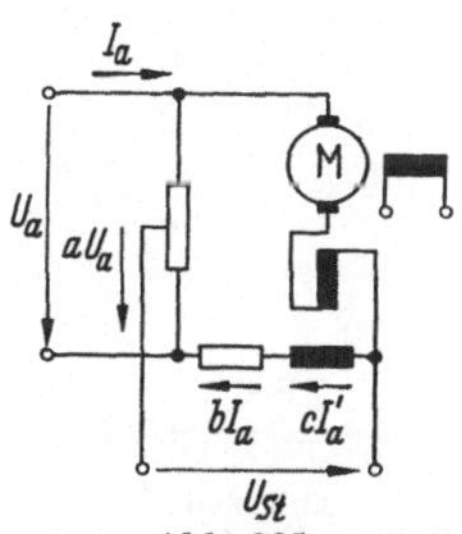

Abb. 285
Widerstandsanordnung für drehzahlabhängigen Spannungsabgriff

Wechselstrom-Tachometermaschinen werden zur Verringerung des Oberwellengehaltes mit einer größeren Polzahl (z. B. 60 Pole) ausgeführt, wenn man auf eine genaue Regelung Wert legt. Sie sind mit Permanentmagneten erregt und werden mit ein- oder mehrphasigem Ausgang ausgelegt. Zur Gleichrichtung ist eine Ein- oder Mehrphasenbrückenschaltung mit nachfolgendem Glättungsglied nachgeschaltet. Die Zeitkonstante des Glättungsgliedes wird so bemessen, daß bei der niedrigst vorkommenden Drehzahl der Oberwellengehalt noch ohne störenden Einfluß auf die Regelung bleibt. Sie kann bei vorgegebener Drehzahl um so kleiner gehalten werden, je höher die Polzahl ist. Man wird die Wechselstrom-Tachometermaschinen überall dort mit Erfolg einsetzen, wo infolge der höheren Drehzahl oder aus Wartungsgründen ein Wegfall der Bürsten und des Kommutators von Vorteil ist.

Leider verteuern bei kleinen Antrieben die Tachometermaschinen die Anlage sehr. Auch ihre Anbringung ist oft schwierig. Man verwendet deshalb als Ersatzgröße für die Drehzahl die Ankerspannung und wandelt diese durch Widerstandsanordnungen so um, daß die Stellspannung U_{St} der inneren Spannung des Motors, also auch der Drehzahl, proportional ist, solange keine Feldänderung eintritt, was bei der immer mehr zur Anwendung kommenden Ankerspannungsregelung der Fall ist.

Eine Widerstandsanordnung nach Abb. 285 wird diesen Anforderungen gerecht und wird bei kleinen Antrieben für Werkzeugmaschinen viel verwendet.

Für diese Anordnung gilt

$$U_{St} = a\,U_a - b\,I_a - c\,\frac{dI_a}{dt} \tag{146}$$

dabei setzt man $b/a = R_a$ und $c/a = L_a$, damit ist wie gewünscht

$$U_{St} = a\left(U_a - R_a I_a - L_a \frac{dI_a}{dt}\right)$$

$$= a\,k\,\Phi\,\Omega$$

$$\approx K\,\Omega \tag{147}$$

Neben diesen analogen Meßmethoden kann man auch digitale Meßverfahren anwenden, denn die Anzahl der Umdrehungen ist das Zeitintegral der Drehzahl. Es handelt sich dabei um einen Zählvorgang, der durch ein mechanisches oder elektrisches Zählwerk ausgeführt wird und bei Erreichen einer vorgeschriebenen Zahl eine Wirkung auf die folgenden Übertragungsglieder auslöst. Für diese Zählaufgabe ergab sich mit Hilfe der früher behandelten Hallgeneratoren (S. 204) eine recht interessante Lösung, bei der ein kräftiges Ausgangssignal erzielt wurde.

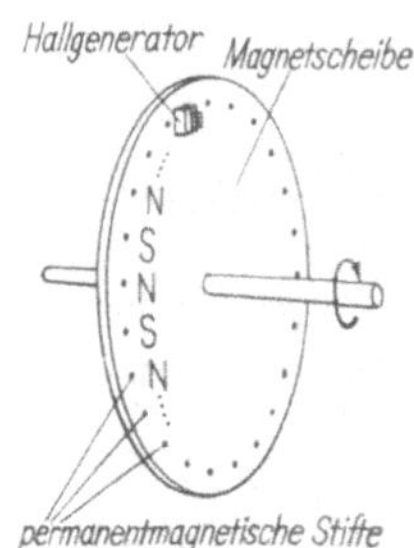

Abb. 286
Prinzip der digitalen
Drehwinkelerfassung

Eine fest auf der Welle sitzende Scheibe aus unmagnetischem Material trägt in z. B. axialgerichteten, äquidistanten Bohrungen längs ihres Umfangs kleine Permanentmagnete ($l = 6$ mm, $d = 2$ mm) mit abwechselnder Magnetisierungsrichtung. Vor der Magnetscheibe ist raumfest ein Ferrit-Hallgenerator angebracht (Abb. 286), so daß die Bewegungsrichtung der Magnete senkrecht zur Halbleiteroberfläche steht. Beim Vorbeidrehen der Magnetscheibe am Hallgenerator im Abstand $a \approx 0,5$ mm entsteht eine wechselnde Hallspannung mit einer Amplitude von etwa 200 mV, die für Magnetabstände zwischen 3 und 8 mm annähernd sinusförmig mit dem Drehwinkel verläuft. Die Anzahl der Nulldurchgänge dieser Hallspannung ist gleich der Anzahl der am Hallgenerator vorbeibewegten Magnete und damit proportional dem Drehwinkel der Welle. Ein nachgeschalteter Kippverstärker wechselt seine Ausgangsspannung so oft wie die Hallspannung ihr Vorzeichen. Diese Anzahl der Spannungswechsel kann elektronisch erfaßt werden und ist dem Drehwinkel der Welle proportional.

Abb. 287. Digitaler Drehgeber mit Hallgenerator (Bauart Siemens)

Abb. 287 läßt die technische Ausführung eines solchen digitalen Drehgebers erkennen. Dieses Gerät kann z. B. für digitale Wegregelungen und -steuerungen verwendet werden, ferner zur Kontrolle der Gleichheit des Drehwinkels zweier Wellen (digitale Gleichlaufregelung) oder der Gleichheit des Drehwinkelverhältnisses, schließlich zusammen mit geeigneten elektronischen Mitteln auch als Drehzahlgeber.

C. Wegabhängige Prozesse

Bei den behandelten Antrieben wurde die Energie in der am Wellenstumpf vorliegenden rotatorischen Form ausgenutzt. Dies gilt z. B. für den Werkzeugantrieb einer Fräsmaschine. Bei Antrieben dieser Art kam es im wesentlichen auf die Einhaltung der Drehzahl an.

Darüber hinaus wird die Energie jedoch auch translatorisch gebraucht. Dann muß nach dem Wellenstumpf noch ein integrierendes Antriebselement, das z. B. aus Spindel und Mutter besteht, angeordnet sein. Hier kommt es nicht auf die Drehzahl, sondern auf den Weg, d. h. das Integral $s = \int n\, dt$ an; dabei ist s der in der Zeit t bei der Drehzahl n zurückgelegte Weg. Für derartige translatorische Bewegungen werden Steuerungen benötigt, die zu einem beliebigen Zeitpunkt einen auf ein bestimmtes Ziel gerichteten Vorgang einleiten und diesen beenden können, sobald das Ziel erreicht ist. Sie gehören nach dem Entwurf von DIN 19226, Mai 1962, zu den „Steuerungen mit Abschaltkreis". Bei unserer Betrachtung wollen wir zunächst nur an eine Wegmessung denken, also als Ziel einen Punkt anstreben, der durch eine Bewegung in einer Richtung erreicht werden kann.

Beispiele für diese Aufgabe gibt es in der mechanischen Fertigung außerordentlich viele. Fast alle Maschinen haben ein oder mehrere bewegliche Maschinenteile, die je nach der Konstruktion oder dem Fertigungsprozeß um einen bestimmten Weg verstellt werden müssen. Dabei kommt es darauf an, in welcher Zeit dieser Punkt erreicht wird und welche Toleranz vom Ist-Punkt nach dem Halten vorliegen darf. Meist wird noch die zusätzliche Bedingung gestellt, daß für die Bewegung eine maximale Geschwindigkeit nicht überschritten werden oder eine gleichmäßige Geschwindigkeit vorhanden sein soll, die u. U. weder beim Beschleunigen noch beim Bremsen harte Beschleunigungsstöße in das Getriebe geben darf. Den größten Einfluß auf die Wahl der Steuerungsart hat in den meisten Fällen die Genauigkeit mit der das Ziel erreicht wird. Bei der Verstelleinrichtung eines Fabriktores kann man Abweichungen von einigen cm zulassen, dagegen muß die Zustelleinrichtung für den Support einer Schleifmaschine in einem Toleranzbereich von einigen μm abgeschaltet werden. Dabei spielen die mit dem Antrieb gekoppelten Schwungmassen eine untergeordnete Rolle, während sie beispielsweise bei einem großen Hobelmaschinenantrieb von entscheidender Bedeutung sind, wenn man den mit 80 m/min bewegten schweren Tisch auf einige mm genau zum Stillstand bringen muß.

1. Der Signalfluß

Zur Lösung der angedeuteten Aufgaben muß man die zweckmäßigsten Übertragungsglieder auf Grund der Kenntnis der bekannten Möglichkeiten auswählen und so miteinander verbinden, daß ein Signalfluß

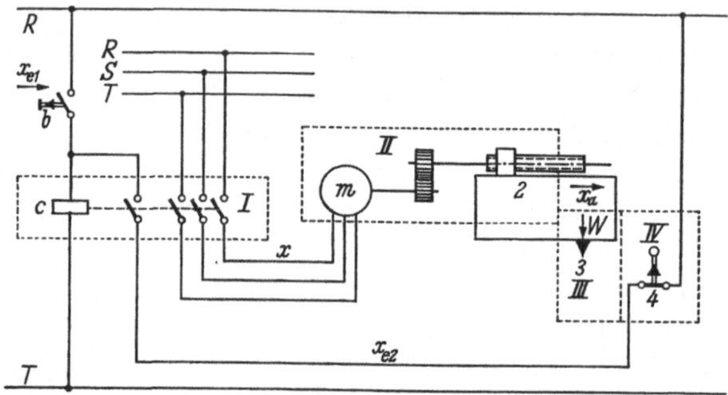

Abb. 288. Schaltbild eines Abschaltkreises für die Tischbewegung einer Werkzeugmaschine
I Speicher; *II* Motor mit Integrator; *III* Führungsgröße; *IV* Grenzlagenschalter

entsteht, der den gestellten Aufgaben Rechnung trägt. Dazu entwerfen wir einen Signalflußplan. Dabei gehen wir anhand eines einfachen Beispieles vom üblichen Schaltplan aus, sollten aber später in der Lage sein, auf diesen Schritt zu verzichten und sogleich den Signalflußplan entwerfen zu können.

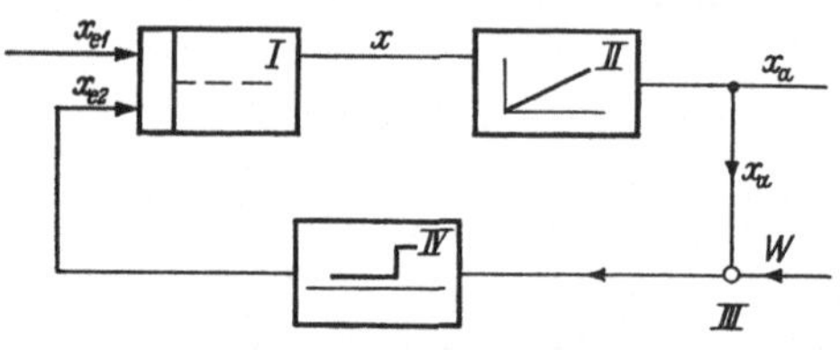

Abb. 289. Signalflußplan nach DIN 19226 für die Schaltung gemäß Abb. 288

Nach Abb. 288 soll der Tisch *2* einer Werkzeugmaschine durch einen Motor *m* verschoben werden, bis er durch Anstoß eines Nockens *3* an einen Grenzlagenschalter *4* stillgesetzt wird. Den Einschaltbefehl (x_{e1}) gibt ein Drucktastersignal. Es betätigt ein Schütz *c*, das sich über seinen Arbeitskontakt selbst hält und den Motor so lange einschaltet, bis der Selbsthaltekreis vom Endtaster *4* unterbrochen wird.

Den dazugehörigen Signalflußplan zeigt Abb. 289. In dem Übertragungsglied *I* entsteht aus dem Kurzzeitimpuls x_{e_1} des Drucktasters ein Dauersignal x, bis es durch das Signal x_{e_2} vom Übertragungsglied *IV* (Endtaster) gelöscht wird. Das Übertragungsglied *I* ist also ein Speicher. Dann brauchen wir noch ein Übertragungsglied *II*, das als Integrator wirkt und das Signal x in x_a nach dem Gesetz

$$x_a = \int x\,dt \tag{1}$$

verwandelt, weil x bei einem Drehstrommotor der Drehzahl n des Motors analog ist und der vom Tisch zurückgelegte Weg s durch die Beziehung

$$k\,n = \frac{d\,s}{d\,t} \tag{2}$$

gegeben ist, wobei k ein konstanter Faktor ist, der die Getriebeübersetzungen berücksichtigt. Deshalb ist

$$s = k \int n\,dt \tag{3}$$

also entspricht das Ausgangssignal x_a des Integrators II dem Weg s. Er wird in einem 3. Übertragungsglied, dem Vergleicher III — einem Grenzlagenschalter — mit der Führungsgröße W verglichen, die in unserem Beispiel als Sollwert mit dem Nocken 3 eingestellt wird. Bei $x_a = W$ gibt III das Löschsignal x_{e_2}, so daß Speicher I das Ausgangssignal $x = 0$ gibt und II stillsetzt.

Diese Darstellung hat den Vorteil, daß wir für die Lösung einer gestellten Aufgabe nur noch den 3 Übertragungsgliedern I, II, IV unsere Aufmerksamkeit schenken müssen.

2. Der integrierende Antrieb

Die Beurteilung des integrierenden Antriebsgliedes erfolgt am besten nach dem Weg-Zeit-Diagramm (Abb. 290), das wir in Abb. 289 als Symbol für den Integrator im Block II gewählt haben. Die gestrichelte Nullpunktgerade ergibt den zurückgelegten Weg s als Funktion der Zeit t bei einem idealen Antrieb mit konstanter Drehzahl n, deren Größe durch den Neigungswinkel der Nullpunktgeraden gekennzeichnet ist.

In Wirklichkeit haben die Motoren endliche Anlauf- und Bremszeiten, die Getriebe und die Führungen Unstetigkeiten durch Lose. Beim Umschalten des Motors ver-

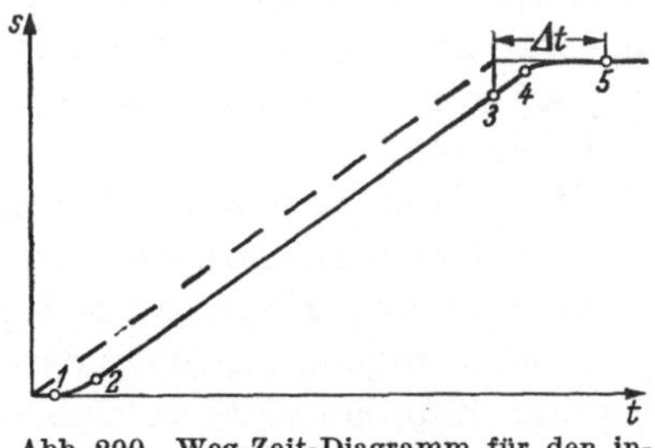

Abb. 290. Weg-Zeit-Diagramm für den integrierenden Antrieb

geht für die Überwindung dieser Lose eine Zeit bis zum Punkt 1, erst dann beschleunigt sich der Tisch bis zum Punkt 2. Von dort wächst s mit der Zeit stetig bis zum Punkt 3, wenn $x = 0$ wird. Dann bewegt sich der Tisch mit der alten Geschwindigkeit bis zum Punkt 4, weil im Getriebe erst die Lose überwunden werden muß, bis die Bremswirkung

22*

erfolgt und der Antrieb im Punkt *5* steht. Die Gesamtzeit für den Vorgang ist um Δt größer als beim idealen Fall.

Bei einer rationellen Fertigung wird man immer bestrebt sein, die Verlustzeit Δt möglichst klein zu halten. Aus Abb. 290 sieht man, daß die Verlustzeit vernachlässigt werden kann, wenn die Betriebszeit (von Punkt *2* bis *3*) wesentlich größer als die Anlauf- und Bremszeit des Motors ist. Es wird deshalb immer wichtig sein, diese Anlauf- und Bremszeiten möglichst klein zu halten.

Besonders wichtig sind Ersparnisse in der Anlauf- und Bremszeit bei kurzen Wegen und großen Schwungmassen, sei es durch große

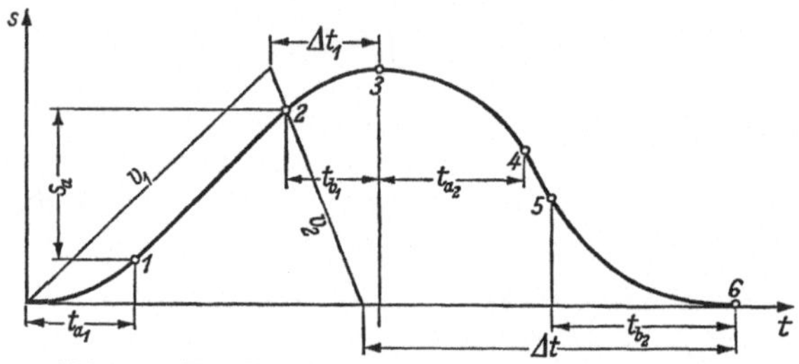

Abb. 291. Weg-Zeit-Diagramm für den Umkehrantrieb

Massen oder große Geschwindigkeiten. Solche Verhältnisse liegen z. B. bei Hobelmaschinen vor, bei denen für den Arbeitshub nach Abb. 291 eine maximale (Schnitt-) Geschwindigkeit v_1 vorgeschrieben ist. Bis diese erreicht ist, vergeht die Zeit t_{a_1} (Punkt *1*). Nach Durchlaufen des Arbeitsweges s_a (Punkt *2*) muß der Antrieb den Tisch abbremsen, der nach der Zeit t_{b_1} im Punkt *3* zum Stillstand kommt. Der Rücklauf erfolgt über die Punkte *4* und *5* bis zum Punkt *6* ($s = 0$), wobei von Punkt *4* bis *5* die maximal zulässige Drehzahl erreicht wurde. Die Zeitverlängerung für den Hin- und Rücklauf infolge der Anlauf- und Bremszeiten ist jetzt so wesentlich geworden, daß man alles tun muß, um diese Zeit zu verkürzen.

Die besten Ergebnisse zeigen Antriebe mit Gleichstrommotoren. Sie werden über Leonardgeneratoren gespeist, die eine besondere Schnellerregung benötigen. Diese hat eigentlich zwei Erregungen, die eine ist die Haupterregung y_e, die andere die Stoßerregung y_s. Abb. 292 zeigt das Signalflußbild einer derartigen Schaltung. Es ist ähnlich aufgebaut wie Abb. 289, hat jedoch für den Befehlseingang 2 Speicher I_V und I_R für den Vor- und Rücklauf und 2 Steller für die Führungsgröße W_V bzw. W_R. Das nächste Übertragungsglied stellt den Leonardgenerator dar. Die eine Erregung y_e kommt von der Führungsgröße, die andere y_s hängt von der Ankerspannung u_a und der Erregung y_e ab. Es soll kein Signal y_s entstehen, wenn $u_a = y_e$ ist, d. h. der Antrieb seine eingestellte Drehzahl erreicht hat. Die Wirksamkeit von y_s können wir durch einen Verstärker V beeinflussen und bekommen dann

$$y_s = V(y_e - u_a) \tag{4}$$

Nach den grundsätzlichen Erläuterungen im Zusammenhang mit Gl. (106) auf S. 304 können wir für das Haupt- und Steuerfeld die Frequenz-

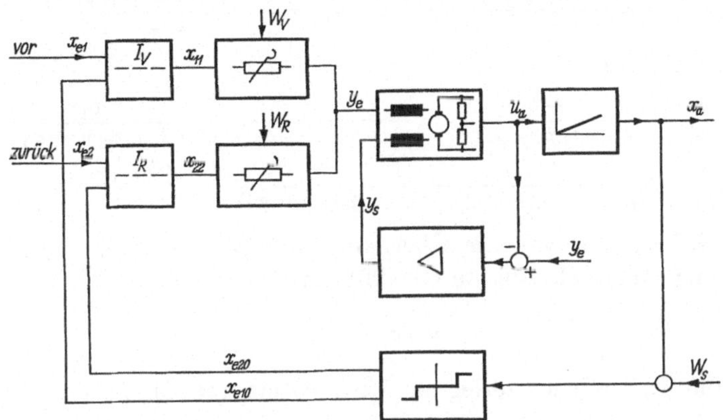

Abb. 292. Signalflußplan für eine Umkehrschaltung

ganggleichungen setzen

$$y_e(p) = u_e(p)\,[1 + p\,T_e] \tag{5}$$

und

$$y_s(p) = u_s(p)\,[1 + p\,T_s] \tag{6}$$

wenn T_e und T_s die Zeitkonstanten der Erregerfelder und u_e und u_s die zugehörigen Spannungen sind.

Dann soll y_s feldverstärkend wirken; es ist also

$$u_a(p) = u_e(p) + u_s(p) \tag{7}$$

Aus diesen 4 Gleichungen können wir nun den Zusammenhang von y_e und u_a ableiten und können daraus für einen Stellsprung von beispielsweise $y_e = 0$ bis $y_e = y_{es}$ die Übergangsfunktion $u_a(t) = f(t)$ ermitteln. Aus Gl. (7) wird mit (5) und (6)

$$u_a = y_e \frac{1}{1 + p\,T_e} + y_s \frac{1}{1 + p\,T_s} \tag{8}$$

Mit y_s aus Gl. (4) ergibt dies

$$u_a = y_e \frac{1}{1 + p\,T_e} + (y_e\,V - u_a\,V) \frac{1}{1 + p\,T_s}$$

$$u_a \left[1 + V \frac{1}{1 + p\,T_s} \right] = y_e \left[\frac{1}{1 + p\,T_e} + V \frac{1}{1 + p\,T_s} \right]$$

$$\frac{u_a}{y_e} = \frac{1 + p\,\dfrac{T_s + V\,T_e}{1 + V}}{1 + p\,\dfrac{T_s + T_e(1 + V)}{1 + V} + p^2 \dfrac{T_s\,T_e}{1 + V}} \tag{9}$$

Mit

$$b_1 = \frac{T_s + V\,T_e}{1 + V}\,; \qquad a_1 = \frac{T_s + T_e(1 + V)}{1 + V}\,; \qquad a_2 = \frac{T_s\,T_e}{1 + V} \qquad (10)$$

und den Wurzeln des Nennerpolynoms

$$p_1 = \frac{-a_1 + \sqrt{a_1^2 - 4\,a_2}}{2\,a_2}\,; \qquad p_2 = \frac{-a_1 - \sqrt{a_1^2 - 4\,a_2}}{2\,a_2} \qquad (11)$$

wird aus Gl. (9)

$$\frac{u_a(p)}{y_e(p)} = \frac{1 + b_1\,p}{1 + a_1\,p + a_2\,p^2} = \frac{1}{1 + a_1\,p + a_2\,p^2} + \frac{b_1\,p}{1 + a_1\,p + a_2\,p^2}$$

$$a_2\,\frac{u_a(p)}{y_e(p)} = \frac{1}{(p - p_1)\,(p - p_2)} + \frac{b_1\,p}{(p - p_1)\,(p - p_2)} \qquad (12)$$

Daraus bekommen wir die Übergangsfunktion für $y_e(t) = y_{es}$, einen Stellsprung, in Anlehnung an Gl. (72) auf S. 263 mit

$$y_e(p) = \frac{y_{es}}{p} \qquad (13)$$

Durch die Partialbruchzerlegung wird damit aus Gl. (12)

$$a_2\,\frac{u_a(p)}{y_{es}} = \frac{1}{p\,(p - p_1)\,(p - p_2)} + \frac{b_1\,p}{p\,(p - p_1)\,(p - p_2)} =$$

$$= \frac{1}{p}\left|\frac{1}{(p - p_1)\,(p - p_2)}\right|_{p=0} + \frac{1}{p - p_1}\left|\frac{1}{p\,(p - p_2)}\right|_{p=p_1} +$$

$$+ \frac{1}{p - p_2}\left|\frac{1}{p\,(p - p_1)}\right|_{p=p_2} + \frac{1}{p - p_1}\left|\frac{b_1}{p - p_2}\right|_{p=p_1} +$$

$$+ \frac{1}{p - p_2}\left|\frac{b_1}{p - p_1}\right|_{p=p_2}$$

$$= \frac{1}{p}\,\frac{1}{p_1 p_2} + \frac{1}{p - p_1}\,\frac{1}{p_1^2 - p_1 p_2} + \frac{1}{p - p_2}\,\frac{1}{p_2^2 - p_1 p_2} +$$

$$+ \frac{1}{p - p_1}\,\frac{b_1}{p_1 - p_2} + \frac{1}{p - p_2}\,\frac{b_1}{p_2 - p_1} \qquad (14)$$

Mit der inversen Laplace-Transformation [Gl. (66) auf S. 262] wird dann

$$\frac{u_a(t)}{y_{es}} = \frac{\mathfrak{L}^{-1}[u_a(p)]}{y_{es}} = \frac{1}{a_2\,p_1 p_2}\,\mathfrak{L}^{-1}\left[\frac{1}{p}\right] + \frac{1 + b_1 p_1}{a_2\,p_1(p_1 - p_2)}\,\mathfrak{L}^{-1}\left[\frac{1}{p - p_1}\right] +$$

$$+ \frac{1 + b_1 p_2}{a_2\,p_2(p_2 - p_1)}\,\mathfrak{L}^{-1}\left[\frac{1}{p - p_2}\right] \qquad (15)$$

Nach den Gl. (66) bis (69) auf S. 262 korrespondieren

$$\mathfrak{L}^{-1}\left[\frac{1}{p}\right] \quad \text{mit} \quad 1$$

$$\mathfrak{L}^{-1}\left[\frac{1}{p - p_1}\right] \quad \text{mit} \quad e^{p_1 t}$$

Also wird, da nach Gl. (12) $a_2\,p_1\,p_2 = 1$

$$\frac{u_a(t)}{y_{es}} = 1 + c_1\,e^{p_1 t} + c_2\,e^{p_2 t} \tag{16}$$

wobei sich c_{1-2} durch Vergleich von Gl. (15) und (16) ergeben.

Das ist also eine Gleichung, die ähnlichen Charakter hat wie z. B. Gl. (88) auf S. 299. Wenn man z. B. das Überschwingen vermeiden will, dann darf p_1 und p_2 nicht konjugiert komplex werden. Die Grenzbedingungen sind aus dem Wurzelglied zu entnehmen, das Null werden muß. In Gl. (11) wird dann $a_1^2 = 4a_2$ oder mit den Werten aus Gl. (10)

$$\frac{[T_s + T_e(1 + V)]^2}{(1 + V)^2} = 4\,\frac{T_s\,T_e}{1 + V} \tag{17}$$

Daraus wird

$$T_s^2 - 2\,T_s\,T_e(1 + V) + T_e^2(1 + V)^2 = 0$$

also

$$T_s - T_e(1 + V) = 0$$

Die Grenzbedingung für das Einsetzen von Schwingungen ist also

$$T_s = T_e(1 + V) \tag{18}$$

Schaltungsbeispiele für die so erforderlichen Störwertaufschaltungen enthalten die Abb. 262 und 263. Wie in diesen Beispielen gezeigt ist, begnügt man sich nicht mit der Störwertaufschaltung der Drehzahlabweichung allein, sondern benützt häufig noch den Ankerstrom zur Korrektur des Drehzahlabfalles bei Lastveränderungen. Hier kommt es allerdings weniger auf das dynamische Verhalten an. Man begnügt sich deshalb meist, diese Einstellungen für die Störwertaufschaltung nach statischen Gesichtspunkten vorzunehmen, die aus dem stationären Betrieb des Motors abzuleiten sind.

3. Der Grenzlagenschalter

Grundsätzlich ist der Grenzlagenschalter ein Übertragungsglied nach Abb. 289, das zum Löschen des Speichers I dient. Eine Funktion kommt vom zurückgelegten Weg x_a des integrierenden Antriebes, das andere Signal ergibt die Führungsgröße w, wobei im allgemeinen beim Signalvergleich der Speicher gelöscht, also Ausgangssignal x_{e_2} gegeben werden soll.

a) Mechanischer Signalvergleich

Der mechanische Signalvergleich, wozu dann auch das Setzen der Führungsgröße auf mechanische Wege gehört, wird sehr oft durchgeführt. Das am häufigsten angewendete Mittel hierfür ist der Nocken, der auf dem beweglichen Maschinenteil zur Festsetzung der Führungsgröße verschoben werden kann. Die Länge der Führungsgröße ist dann durch den Abstand der Nocken zum Grenzlagenschalter gegeben.

α) **Mechanische Endschalter.** Die bekannteste Lösung dieser Aufgabe führt zum Endtaster (z. B. Abb. 105) mit seinen vielen Abwandlungen, die wir im Zusammenhang mit den Schaltgeräten bereits beschrieben haben (S. 155). Bei geöffnetem Kontakt ist der Widerstand unendlich, bei geschlossenem etwa Null.

In dem Bestreben, derartige Geräte auch kontaktlos und möglichst auch berührungslos zu bekommen, sind im Endtaster die mechanischen Kontakte durch elektrisch wirkende Geräte ersetzt worden. Dabei bietet z. B. der Hallgenerator interessante Möglichkeiten.

β) **Berührungslose Signalgeber.** In der einfachsten Form kann man durch geeignete Anordnungen von Permanentmagneten weg- oder drehwinkelabhängige Magnetfelder auf *Hallgeneratoren* wirken lassen und damit elektrische Spannungen erzeugen, die sich für Steuer- und Regelzwecke

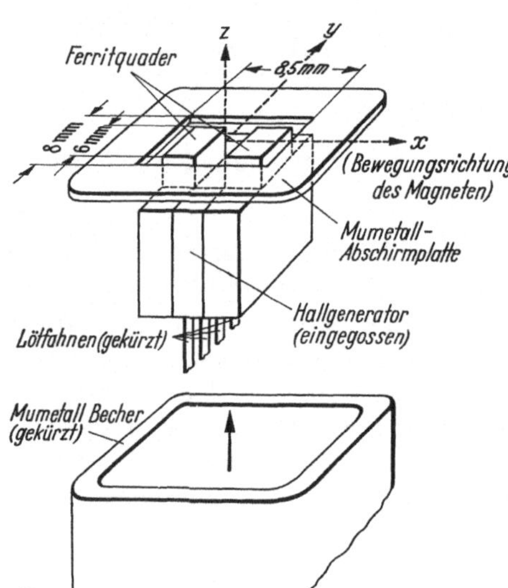

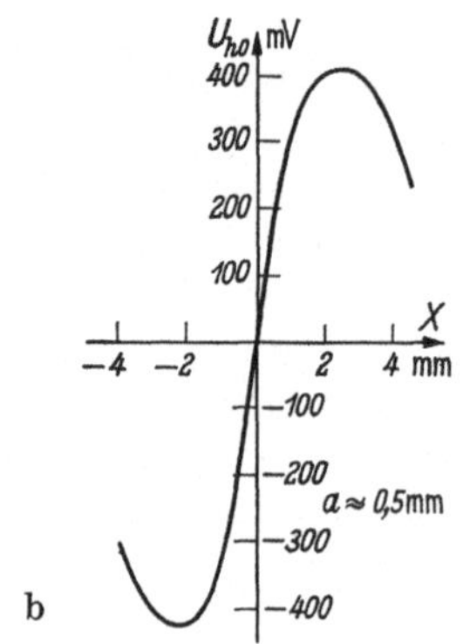

Abb. 293. Hallgenerator als Grenzlagenschalter
a) Aufbau; b) Kennlinie

auswerten lassen. Das Verfahren ist kontaktlos und unabhängig von der Relativgeschwindigkeit zwischen dem Hallgenerator und den Permanentmagneten und bietet daher zur Lösung vieler Aufgaben wesentliche Vorteile [*62*].

Dazu wurden spezielle Ferrit-Hallgeneratoren entwickelt. Die Abb. 293a zeigt den inneren Aufbau und Abb. 293b die Kennlinie von solchen Ferrit-Hallgeneratoren. Sie enthalten ein System aus Indiumantimonid mit einer Schichtdicke von etwa 5 μm, ihr Hallwiderstand ist etwa 25 Ω. Die Nullkomponente, d. h. die beim Magnetfeld Null an den Hallelektroden noch vorhandene Spannung (kleiner als 10 mV), kann durch einen geeignet bemessenen Widerstand zwischen einer Hallelektrode und einer Steuerelektrode kompensiert werden. Der Temperaturgang der Steuerelektrode beträgt etwa 0,2 mV/°C [58, 61].

Die bei den folgenden Anwendungen benutzten Magnete bestehen aus gesintertem Bariumeisenoxyd. Die Remanenzinduktion des Materials beträgt etwa 2000 G, die Koerzitivkraft 1600 bis 2000 Oe. Für die hier beschriebenen Anordnungen werden z. B. zylinderförmige Magnete mit Durchmessern von z. B. $D = 2$ mm und einer Länge von $L = 6$ mm verwendet. Sie sind parallel zu ihrer Achse magnetisiert und haben eine Stirnflächeninduktion von etwa 1000 G. Diese sinkt etwas ab bei höheren Temperaturen; der Abfall bleibt kleiner als 10% für Temperaturen bis 70 °C.

Bewegt man eine Reihe von Permanentmagneten an dem Hallgenerator in x-Richtung vorbei, wobei die Magnetisierungsrichtung an einer Stelle der Magnetreihe gewechselt werde, so erhält man in Abhängigkeit vom Weg x der Magnetreihe eine Hallspannung, die zunächst negativ ist, anschließend mit großer Steilheit durch Null geht und positiv wird (Abb. 293b). Mit Magneten von $L = 6$ mm und $D = 2$ mm bei einem Magnetabstand von $d = 3$ mm und einem Stirnflächenabstand zwischen Hallgenerator und Magnetreihe von $a \approx 0,5$ mm, ergibt sich eine Hallspannung von etwa 300 mV und an der Stelle des Nulldurchganges der Hallspannung eine Steilheit von ungefähr 200 mV/mm. Diese große Steilheit ist vor allem auf die geringe Breite (1,5 mm) des Ferritstegs zurückzuführen.

Durch Aneinanderreihen mehrerer Magnetgruppen geeigneter Längen mit wechselnder Magnetisierungsrichtung auf einer Geraden oder auf einem Kreis erhält man eine Spannung, die an den Stellen, an denen die Magnetisierungsrichtung der Magnete ihr Vorzeichen wechselt, in die andere Polarität übergeht. Man hat damit einen kontaktlosen, von der Geschwindigkeit unabhängigen Signalgeber, wenn man die stetigen Signale in Rechteckimpulse umformt. Beide Eigenschaften sind ein wesentlicher Vorzug gegenüber einem Schalter mit Nocken.

Die durch eine Magnetreihe mit Abschnitten gleichsinniger und von Abschnitt zu Abschnitt wechselnder Magnetisierung gegebene Orts- oder Winkeleinstellung läßt sich auch durch die Schaltspannung erfassen, die an einem mit weichmagnetischen Fangblechen versehenen Hallgenerator entsteht. Abb. 294 zeigt eine entsprechende Anordnung. Der von den Magneten abgegebene Fluß wird durch die weichmagnetischen Fangbleche über den Hallgenerator geleitet. Mit einer solchen Reihe von Magneten ($L = 6$ mm, $D = 2$ mm, $d = 3$ mm) und den in Abb. 294 eingetragenen Maßen der Fangbleche erhält man eine Schaltspannung von ± 450 mV und eine Änderungssteilheit im Nullpunkt von etwa 250 mV/mm. Abb. 295 zeigt ein Beispiel für den Spannungsverlauf eines solchen Gebers. Die von der Hallspannung mit

einem Kippverstärker abgeleitete Rechteckspannung ist ebenfalls eingezeichnet [*61*].

Durch das Vorzeichen der Hallspannung kann man unterscheiden, ob
der Magnet im Bereich $x > 0$ oder im Bereich $x < 0$ seines Weges steht.

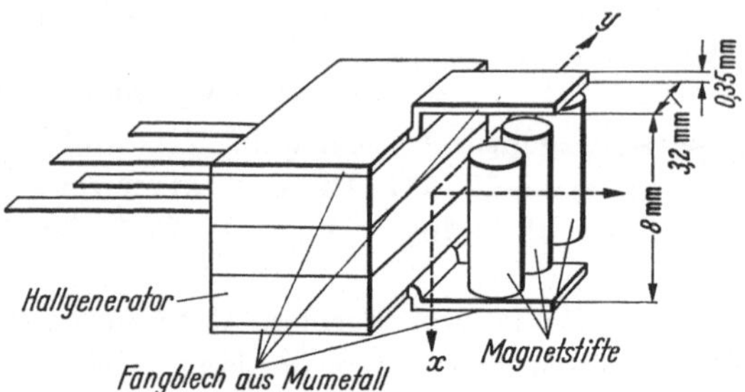

Abb. 294. Hallgenerator mit Fangblechen, zwischen denen Magnete hindurchbewegt werden

Dies ist allerdings nur möglich, solange der Magnet dem Hallgenerator
nahe ist, d. h. für $|x| \leq 10$ mm. Wenn sich der Magnet in größerer Ent-
fernung vom Hallgenerator befindet, ist die Hallspannung nahezu Null
und eine Unterscheidung ausgeschlossen. Falls die Hallspannung durch
einen bistabilen Kippverstärker zu einer Schaltspannung umgeformt

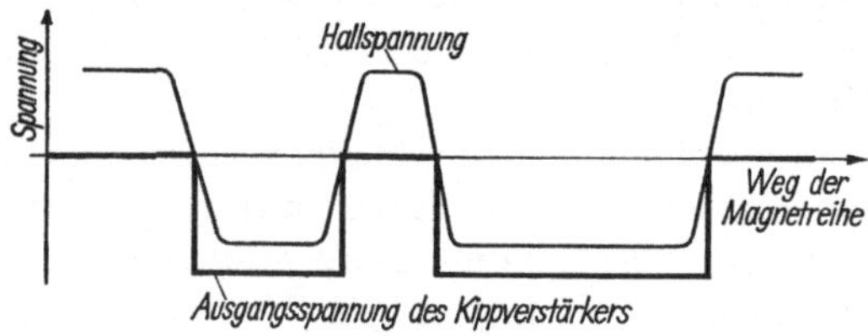

Abb. 295. Spannungsverlauf bei einem Schalter nach Abb. 294

wird, ist durch das Vorzeichen der Ausgangsspannung des Kippverstärkers der Bereich festgelegt, in dem der Magnet steht. Diese durch den
Kippverstärker festgehaltene Information geht aber bei einem Ausfall
der Versorgungsspannung verloren.

Durch eine kleine, äußerlich nicht erkennbare Änderung im Aufbau
des Hallgenerators läßt sich nun erreichen, daß die Hallspannung längs
des Magnetweges nach dem Durchlaufen des Schaltsignales nicht mehr
auf Null sinkt. Man braucht dazu nur den (nicht gezeichneten) Ferritsteg
des Hallgenerators in Abb. 293a aus Ferrit mit hoher Koerzitivkraft herzustellen [*61*].

Oftmals ist es nicht möglich, das bewegte Gut zur Signalgabe mit
einem Dauermagneten auszurüsten. In Fertigungsstraßen und auf Fließ-
bändern soll das Signal durch die geförderten Teile (Blechtafeln, Schienen, Karosserien usw.) selbst gegeben werden. Da diese Teile meistens

aus Eisen bestehen, benötigt man einen Signalgeber, der auf die Annäherung von ferromagnetischem Werkstoff anspricht.

Die Wirkungsweise eines solchen Signalgebers beruht auf dem in Abb. 296 angedeuteten Prinzip. Das magnetische Streufeld zweier

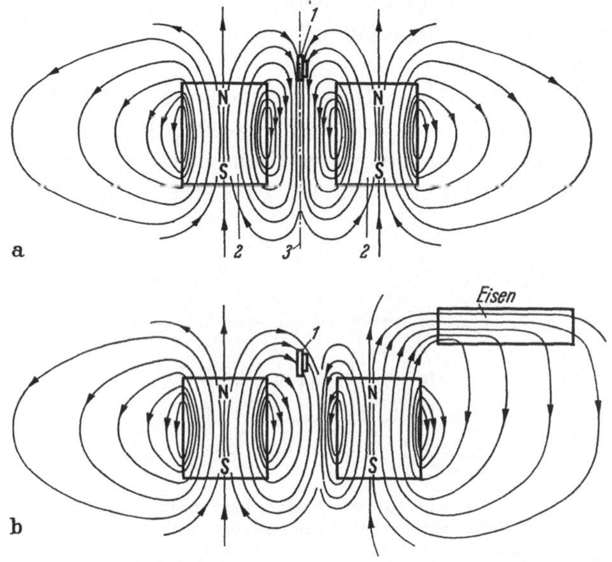

Abb. 296. Grundsätzliche Wirkungsweise des eisenempfindlichen Signalgebers
a) ungestörter Feldlinienverlauf;   b) Feldlinienverlauf bei Annäherung eines Fe-Teiles

parallel angeordneter Dauermagneten mit gleicher Magnetisierungsrichtung hat eine Symmetrieebene, die nicht von magnetischen Feldlinien durchsetzt wird (Abb. 296a). Bringt man in diese Symmetrieebene einen mit konstanten Steuerstrom erregten Hallgenerator 1, so ist die Hallspannung Null. Bei Annäherung eines Eisenteiles wird das von den beiden parallelgerichteten Dauermagneten ausgehende Streufeld unsymmetrisch beeinflußt (Abb. 296b). Dadurch wird das aufrechterhaltene Gleichgewicht in der Symmetrieebene gestört und der Hallgenerator in der einen oder anderen Richtung von einem Teil des magnetischen Streuflusses durchsetzt. Die Ausgangsspannung ist der magnetischen Induktion, die auf den Hallgenerator einwirkt, proportional und wird zur Signalgabe benutzt [60].

Abb. 297 zeigt den schematischen Aufbau eines nach dem beschriebenen Prinzip arbeitenden Signalgebers. Die beiden Dauermagnete sind auf einer weichmagnetischen Eisenplatte aufgebaut. Durch die Montageplatte aus Eisen wird der Signalgeber gegen am Einbauort vorhandene Eisenteile, welche die Feldsymmetrie stören könnten, von unten abgeschirmt. Außerdem trägt die Eisenplatte zur Steigerung der Empfind-

lichkeit des Signalgebers bei. Um eine möglichst große Bündelwirkung für
den magnetischen Fluß und damit eine hohe Ansprechempfindlichkeit zu
erreichen, befindet sich der Hallgenerator im Luftspalt zweier Weicheisenstücke, in der magnetischen Symmetrieebene der Anordnung. Die
Weicheisenpolschuhe verjüngen sich zum Hallgenerator hin. Damit
wird der magnetische Nebenschluß zwischen den Weicheisenstücken
klein gehalten.

Die Halbleiterschicht des Hallgenerators ist zwischen zwei kleinen
Ferritplatten eingebettet. Damit wird erreicht, daß der effektive Luftspalt der Weicheisenanordnung praktisch gleich der Dicke der Halbleiterschicht ist. Die Halbleiterschicht des Ferrit-Hallgenerators besteht

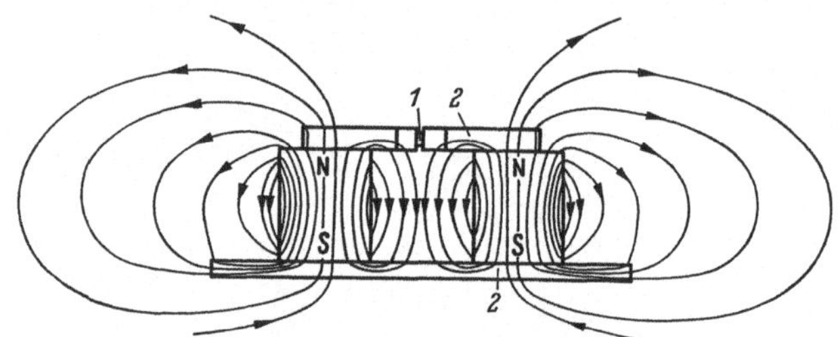

Abb. 297. Aufbau eines Signalgebers nach Abb. 296
1 Hallgenerator;   2 weichmagnetischer Werkstoff

aus Indiumantimonid mit einer Elektronenbeweglichkeit von etwa
$70\,000\ \text{cm}^2/\text{Vs}$. Der steuer- und hallseitige Innenwiderstand des Hallgenerators beträgt etwa $20\ \Omega$. Im eingebauten Zustand kann dieser Hallgenerator mit einem maximal zulässigen Steuerstrom von etwa $400\ \text{mA}$
betrieben werden. Der Temperaturgang der Ausgangsspannung beträgt
bei Erregung mit einem konstanten Steuerstrom etwa $-1{,}4\%/°\text{C}$. Wird
dagegen der Hallgenerator mit einer konstanten Steuerspannung erregt,
so kann mit einem Temperaturgang der Ausgangsspannung von weniger
als $-0{,}2\%/°\text{C}$ gerechnet werden.

Entsprechend dem Aufbau sind für den eisenempfindlichen Signalgeber verschiedene Betätigungsarten möglich, und zwar kann man
2 Grundtypen unterscheiden. Das Eisenteil kann im Zuge des Bewegungsablaufes entweder beide Magnetpole nacheinander oder nur einen Magnetpol überstreichen. Im ersten Fall steht die Bewegungsrichtung senkrecht
auf der Ebene des Hallgenerators, und die Signalspannung ist durch
einen oder mehrere Vorzeichenwechsel gekennzeichnet. Im zweiten Fall
verläuft dagegen die Bewegungsrichtung parallel zur Ebene des Hallgenerators; die Signalspannung ist entweder nur positiv oder nur negativ.

Da der beschriebene, berührungslos arbeitende Signalgeber keine
bewegten Teile enthält, kann er in einem unmagnetischen Gehäuse mit

Kunstharz vergossen werden. Der Signalgeber wird damit zu einem robusten und stoßfesten Bauteil.

Für eine andere Art von kontaktlosen Signalgebern werden *Schwingkreise*, die in einer selbsterregenden Schaltung mit Hochfrequenz betrieben werden, verwendet. In einer Schaltung nach Abb. 298 besteht in dem Übertrager m_1 zwischen den Spulen *1, 2* und *5, 6* eine feste Kopplung. Der Kollektorstrom des Transistors p_1 ist deshalb auf den Basisstrom zurückgekoppelt und regt eine hochfrequente Schwingung an, deren Frequenz durch die Kapazität k_1 und die Induktivität der Spule *1, 2* bestimmt wird. Dieser hochfrequente Wechselstrom wird über die Spule *3, 4* nach

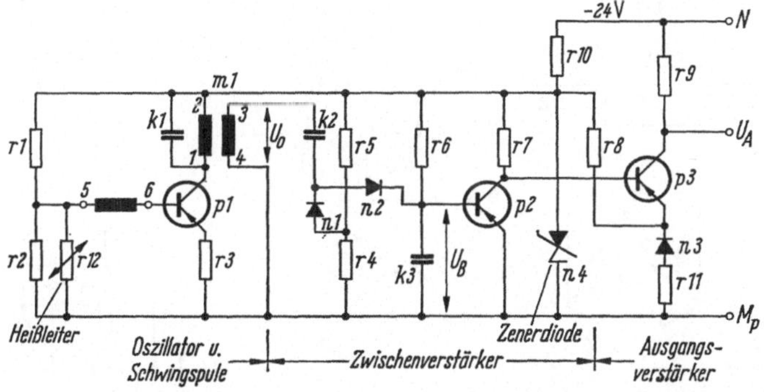

Abb. 298. Schaltung eines kontakt- und berührungslosen Signalgebers mit Schwingkreis.

einer Halbwellen-Gleichrichtung auf die Basis von p_2 geführt und durch den Kondensator k_3 geglättet. Die dadurch entstehende positive Spannung wirkt dem negativen Potential des Spannungsteilers r_4 entgegen und erzeugt an der Basis von p_2 ein Potential, das etwa bei Null liegt. Dadurch hat der Ausgang U_A auch kein Signal.

Wird jetzt an den Oszillatorspulen ein Metallplättchen vorbeigeführt, so entstehen in ihm Wirbelströme, die den Oszillator so stark dämpfen, daß die Selbsterregung aussetzt. An der Basis von p_2 steht jetzt über r_6 Signal an festgelegtem negativem Potential und erzeugt in bekannter Weise Signal am Ausgang U_A, das z. B. als Löschsignal für einen eingeleiteten Vorgang dienen kann.

Die Betätigungsabstände können je nach Größe des Befehlsgebers bis maximal 30 mm eingestellt werden. Sie sind materialabhängig.

b) Elektrische Ferneinstellung der Führungsgröße

Bei der Automatisierung ist die mechanische Einstellung der Führungsgröße recht lästig. Man hat keine Möglichkeit der Ferneinstellung und muß das Programmieren unmittelbar an der Maschine vornehmen, was immer teuer ist, weil während dieser Einrichtezeit der ganze Prozeß steht.

α) **Resistive Geber.** Will man zur elektrischen Ferneinstellung der Führungsgröße kommen, so muß gemäß Abb. 299a die Meßgröße X in einem Meßwertumformer in eine dem Weg proportionale elektrische Spannung U_x verwandelt werden. Diese Spannung U_x vergleicht man jetzt mit einer der Führungsgröße W proportionale Spannung U_w. Dazu schaltet man (Abb. 299) bei Gleichspannungen einfach die Widerstände, an denen die Spannungen U_x und U_w entstehen, gegeneinander und bekommt dann aus der Differenz die Spannung $U_{(w-x)}$, die man jetzt einem

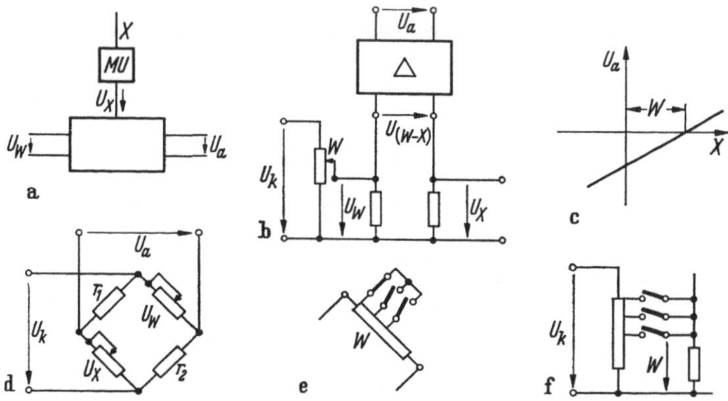

Abb. 299. Verschiedene Schaltungen von Meßgebern

Verstärker zuführen kann, dessen Ausgangsspannung gleich U_a ist. Die Kennlinie der Einrichtung ist dann (innerhalb eines bestimmten Bereiches) eine Gerade (Abb. 299c).

Allerdings benötigt man für die Einrichtung eine sehr konstante Vergleichsspannung U_k, sonst arbeitet die Einrichtung fehlerhaft. Als Spannungsquelle für U_k dienen dann Spannungskonstanthalter, bei denen die gleichgerichtete Wechselspannung beispielsweise durch Zenerdioden auf konstanten Wert gehalten wird.

Oft möchte man auch Wechselstromwiderstände von Kondensatoren und Induktivitäten zur Messung heranziehen und kommt deshalb beim Signalvergleich zu Brückenschaltungen nach Abb. 299d, bei denen die beiden Vergleichsspannungen U_x und U_w im gegenüberliegenden Brückenzweig liegen und mit festen Widerständen r_1 und r_2 verglichen werden. Die Ausgangsspannung U_a entsteht an der Brückendiagonale. Bei dieser Schaltung werden an die Konstanz von U_x keine hohen Anforderungen gestellt. Die Schaltung erlaubt ebenfalls eine digitale Eingabe der Führungsgröße (Abb. 299e, f).

Für diese Brückenschaltungen eignen sich alle resistiven Meßverfahren. Dazu gehört zunächst die Verwendung von Potentiometern. Diese ergeben eine stetige und zumindest feinstufige Widerstandsänderung.

Sie werden vorwiegend als Drehpotentiometer ausgebildet. Bei dem Feindrahtpotentiometer kommt es besonders auf die sorgfältige Ausbildung des Schleifers an, der meistens aus einer Edelmetallegierung besteht und neben großer Steifigkeit eine gleichmäßige Kontaktkraft und kleinen Übergangswiderstand aufweisen soll. Erwünscht ist ferner wenig Masse, wenn hohe Abgriffsfrequenzen verlangt werden. Der Schleifer und der Wicklungsdraht sollen verschleißfest sein. Daneben muß noch mit einen verschleißarmen Schleifring mit hohem Leitwert gerechnet werden können. Wichtig ist auch die mechanische Lagerung.

Verschleißärmer sind kontaktlose Geräte, bei denen die Widerstandsänderung nicht durch eine Wegabgriffsänderung, sondern durch eine mechanische Beanspruchung des Widerstandswerkstoffes stattfindet. Von den Widerständen, die auf solche Beanspruchungen ansprechen, sind für unsere Aufgaben die Dehnungsmeßstreifen und die Piezoquarzgeber am wichtigsten.

Unter einem Dehnungsmeßstreifen verstehen wir ein drahtgewickeltes Element, das seinen Widerstandswert proportional seiner Längenänderung, also seiner Dehnung, ändert. Das Widerstandselement ist zum Schutz gegen äußere Einflüsse in eine Trägerfolie aus Phenol oder Acrylharz eingebettet, die auch zum gleichmäßigen Verteilen der Kräfte auf den Meßstreifen dienen soll.

Der Meßstreifen wird mittels eines Zement- oder Klebestoffes in möglichst innige Berührung mit dem Meßobjekt gebracht, das sich durch eine Weg- bzw. Kraftänderung am Maschinenteil ausdehnt oder zusammenzieht [91]. Neben Widerstandswandlern gibt es auch Widerstandsfolien, neuerdings kommen auch Halbleiterdehnungsmeßstreifen zur Anwendung. Der Dehnungsmeßstreifen dient primär zur Wegmessung.

Auch beim piezo-elektrischen Effekt entstehen Ausdehnungen bzw. Pressungen. Dann verschiebt sich in gewissen Kristallen, z. B. im Quarz, die elektrische Ladung, so daß durch aufgebrachte Elektroden die Veränderung des Potentialgefälles abgenommen werden kann. Den inversen Piezo-Effekt kennen wir von der Ultraschallerzeugung her, bei der sich der Kristall durch Aufbringung elektrischer Ladungen dehnt oder zusammenzieht (piezo-elastischer Effekt).

β) **Kapazitive Geber.** Kapazitive Meßwertgeber formen den Weg in eine Kapazitätsänderung um. Es gibt Aufnehmer für rotatorische und translatorische Wegänderungen.

Bekanntlich ist die Kapazität C einer Anordnung nach Abb. 300

$$C = \varepsilon \frac{A}{s} = \frac{Q}{U} \tag{19}$$

wenn ε die Dielektrizitätskonstante, A die Fläche und s der Abstand der Platten ist; Q ist die Ladung und U die Spannung.

Eine mechanische Kapazitätsänderung ergibt sich also durch Änderung von A und s. Dazu gibt es viele Möglichkeiten. Abb. 300a zeigt einen Plattenkondensator, bei dem $C = f(s)$ ist, weil sich mit s die Fläche ändert.

Bei einer Anordnung nach Abb. 300b ist $C = f(1/s)$. Bei anderen Kondensatoren steht $C = f(s^2)$ in quadratischer Abhängigkeit vom

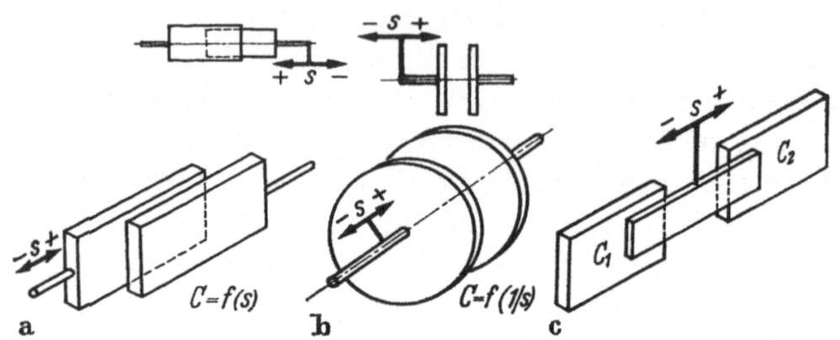

Abb. 300. Verschiedene Anordnungen von Kondensatoren als Weggeber

$$\text{a) } C = f(s); \quad \text{b) } C = f\left(\frac{1}{s}\right)$$

Weg s. Auch eine Abhängigkeit in Form trigonometrischer Funktionen ist denkbar.

Bei der Bemessung solcher Kapazitätsgeber kommt es zunächst auf den Kapazitätsbereich an. Darunter wird der obere und untere Grenzwert der Kapazität im linearen oder gesetzmäßigen Bereich verstanden. Der aus Kapazitätsbereich und Meßbereich entstehende Faktor ist der sogenannte Empfindlichkeitsfaktor (z. B. 20 pF/μm). Als Auflösungsvermögen definiert man das kleinste Inkrement des Meßwertes, welches noch eine meßbare Änderung am Ausgang gibt.

Kapazitive Meßgeber sind sehr empfindlich, leider auch auf Umwelteinflüsse. Die Zuleitungen müssen deshalb sorgfältig abgeschirmt sein. Die Brückenschaltungen werden meistens mit hochfrequenten Wechselspannungen betrieben. Bei der Auswertung kann man einmal direkt die Kapazität messen oder kann indirekt ein RC-Glied betreiben, für welches der kapazitive Meßgeber ein frequenzbestimmendes Glied ist und bekommt so die Frequenzänderung als Maß für die Meßwertänderung [92].

γ) **Induktive Geber.** Bei Anordnungen, die mit Wechselstrom erregt werden, ist der magnetische Fluß vom Luftspalt abhängig. Man mißt deshalb zweckmäßigerweise die Induktivität der Spule und benutzt dazu Brückenschaltungen. Als Beispiel zeigt Abb. 301 den äußeren Aufbau der nach dem induktiven Verfahren arbeitenden „Eltas"-Meßlehre. Sie besteht aus einem Meßstativ mit Meßkopf, in den das induktive System und das Meßgerät mit den notwendigen elektrischen Geräten eingebaut sind.

Die Anordnung arbeitet nach dem Prinzip einer Wechselstrombrücke,
die über einen Transformator und eine Stromregelröhre (Eisen-Wasser-
stoff-Widerstand) aus dem Netz gespeist wird. Wenn die Eisenzunge in der
Mitte zwischen den beiden Spulen liegt, ist die Induktivität der beiden
Spulen gleich. Die Meßbrücke ist abgeglichen. Im Meßzweig fließt kein
Strom. Der Zeiger des Anzeigeinstrumentes steht auf Null. Wird die
Eisenzunge durch den Tastbolzen aus der Mittellage gebracht, so fließt

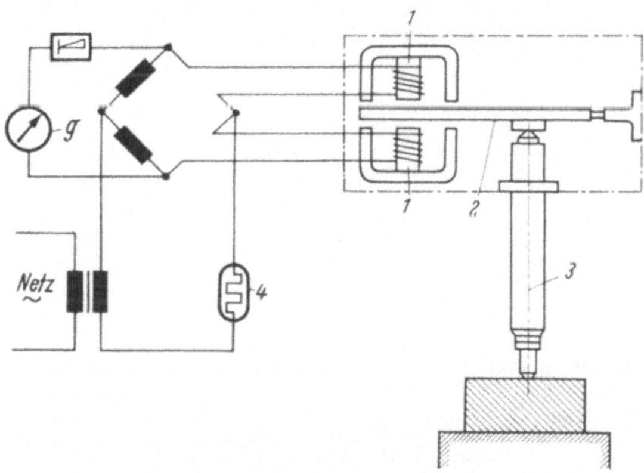

Abb. 301. Induktiver Meßgeber (Eltas-Lehre)
1 Spulen; *2* Anker; *3* Taster; *4* Eisenwasserstoffwiderstand

ein der Auslenkung proportionaler Strom, der phasenabhängig gleichgerichtet den Betrag und die Richtung der Meßabweichung des Meß-
objektes angibt. Der Meßbereich der „Eltas"-Lehre umfaßt $\pm\,12,5\,\mu\mathrm{m}$
im empfindlichen Bereich und kann durch Umschalten verdoppelt werden. Die Ausgangsspannung liegt ohne Verstärker bei $10^{-2}\,\mathrm{V}$ und ist
proportional der Abweichung des Tastbolzens.

Der Vorteil der magnetischen und kapazitiven Meßverfahren liegt
hauptsächlich darin, daß die Ausgangsgröße durch die Verwendung von
Wechselspannung ohne Drift leicht verstärkt und deshalb die Messung
auch bei kleinen Längenänderungen, also für hohe Genauigkeitsan-
srüche, verwendet werden kann. Vorteilhaft ist, daß die Messung kontaktlos erfolgt. Der Verschleiß ist klein, extrem hohe Schalthäufigkeiten sind
zulässig. Wichtig ist gelegentlich noch die Möglichkeit der berührungslosen Meßwertumformung, die vor allem für den Hallgenerator zutrifft.

Der Nachteil all dieser Verfahren ist aber, daß die Meßwertumformung
nur auf einem verhältnismäßig kleinen Wegbereich möglich ist. Eine
echte elektrische Führungseingabe liegt also nur bei der Feinmessung
vor, wenn z. B. bei einer Schleifmaschine der Durchmesser des Werkstückes auf Toleranzen, die im μm-Bereich liegen, abgetastet wird. Die
Schaltung einer derartigen Einrichtung zeigt Abb. 302. Die induktiven

Widerstände *2* und *4* werden durch Luftspaltänderungen verstellt, und zwar der eine vom Werkstück her und der andere von einer Stellschraube zur Nullpunkteinstellung (Sollwert). Damit nimmt man den Abgleich auf die Führungsgröße im groben vor. Die Meßspannung der von einem

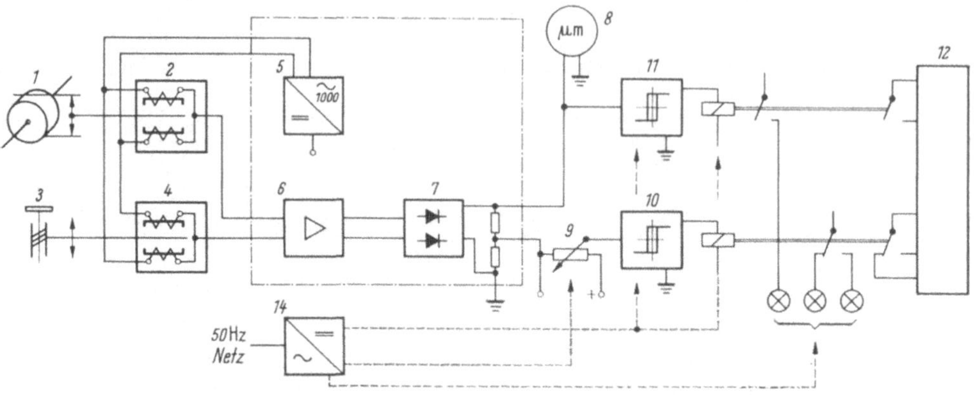

Abb. 302. Schaltplan einer Meßeinrichtung für Schleifmaschine

1 Werkstück mit Meßkopf; *2* Induktiver Meßgeber; *3* Stellschraube; *4* Führungsgeber; *5* Oszillator; *6* Verstärker; *7* Gleichrichter; *8* Voltmeter (in μm geeicht); *9* Einstellung der Vorabschaltung; *10* Kippverstärker der Vorabschaltung; *11* Kippverstärker der Endabschaltung; *12* Maschinenschaltschrank

1 kHz-Generator gespeisten Brückenschaltung wird verstärkt und gleichgerichtet und hat dann eine gerade Kennlinie im ausgenutzten Bereich. Mit Hilfe des Spannungsteilers *9* kann man jetzt für die Vorabschaltung eine „Fein"-Führungsgröße abgreifen und die mit der Meßspannung verglichene Spannungsabweichung einem Kippverstärker zuführen, der ein Relais betätigt, das der Maschine ein Vorsignal gibt, mit dem man beispielsweise die Schleifscheibenzustellung verkleinert, um dann beim Nullpunkt der Meßspannung die Maschine ganz abzuschalten. Ein Anzeigegerät *8*, das die Meßspannung mißt, kann innerhalb eines Bereiches von 60 μm Übermaß und 20 μm Untermaß direkt in μm geeicht werden.

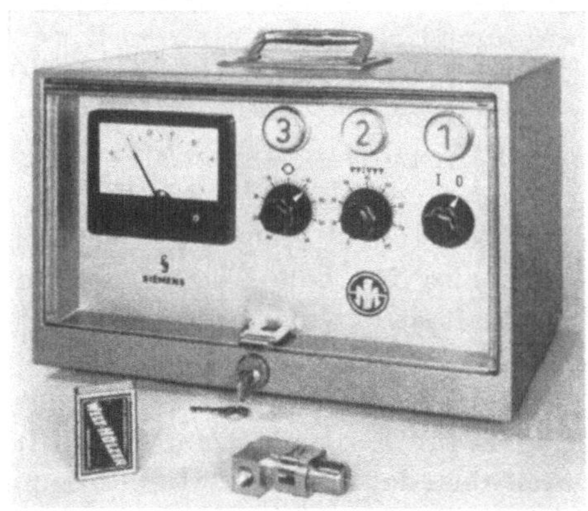

Abb. 303. Steuergerät (Bauart Schaudt-Siemens) für eine Meßeinrichtung nach Abb. 302

Den äußeren Aufbau eines derartigen Gerätes zeigt Abb. 303 mit dem Meßgerät, den Stellknöpfen für die Führungsgröße und den davorliegenden Meßkopf. Die grobe Eingabe der Führungsgröße muß also bei allen erwähnten Verfahren durch einen mechanischen Wegvergleich vorgenommen werden.

c) Elektrische Wahl der Führungsgröße

Will man die gesamte Weginformation auf elektrischem Wege eingeben, so muß man an Meßmethoden denken, die das Abtasten eines Maßstabes erlauben. Dabei werden recht verschiedene Ansprüche an die Genauigkeit gestellt. Sie reichen von der Größenordnung von cm bei groben Transporteinrichtungen bis zum μm beim Feinbohrwerk und umfassen die Messung von Längen von etwa 100 m herab bis zu Wegen von nur einigen mm. An die Einrichtung werden deshalb sehr verschiedene Anforderungen gestellt. Man kann diese Maßstäbe ganz wesentlich vereinfachen, wenn man die linearen Längen zunächst in Winkelgrößen umformt, also mit rotatorischen Maßstäben mißt. Das liegt deshalb bei vielen Maschinen schon nahe, weil die linearen Bewegungen aus rotatorischen Antrieben kommen. Man mißt dann die Drehwinkel des Antriebes und muß nur ein passendes Getriebe dazwischenschalten. Mit Hilfe von Zahnstangen und Ritzeln läßt sich die Umformung durchführen, wenn kein rotatorischer Antrieb vorliegt oder er zu ungenau ist. Die Hauptfehlerquellen liegen bei solchen Anordnungen auf der mechanischen Seite. Die für die Messung herangezogenen Getriebe müssen spielfrei sein, haben deshalb meistens vorgespannte Zahnräder, damit sie auch immer an den Zahnflanken aufliegen und die Lose vermieden wird. Bei drehmomentbehafteten Übertragungselementen muß man die elastische Verdrehung beachten.

Wir müssen sowohl bei linearer Messung, als auch bei Drehwinkelmessung zwischen einer absoluten und einer relativen Messung unterscheiden. Unter der absoluten Messung verstehen wir die Zuordnung der Lage eines Punktes zu einem festen unveränderlichen Ort, während bei der relativen Messung eine Wegdifferenz meistens zu dem vorher gemessenen Punkt gemeint ist (Kettenmaß).

Wir können absolute und relative Wege sowohl analog als auch digital messen. Bei der analogen Messung wollen wir eine dem Meßweg proportionale oder durch andere stetige Funktionen erfaßbare physikalische Größe erzeugen, d. h., jedem Punkt der Strecke wird ein Signal mit einem genau definierten Inhalt zugeordnet. Bei der digital-relativen Messung ist die Meßstrecke in kleine Einheiten unterteilt (quantisiert), und zu jeder Einheit gehört ein definiertes Signal. Für die digitale Messung kommen hauptsächlich incrementale Zählverfahren mit optischen oder magnetischen Systemen in Frage. Für die absolute digitale Messung braucht man kodierte Maßstäbe. Das wichtigste Bauelement für die analoge Längenmessung ist der Drehmelder [93].

α) Drehmelder. Transformatorische Verhältnisse in Verbindung mit der Lage des Magnetfeldes im Raum kennzeichnen den Drehmelder. Mit ihm entstand zur Fernübertragung eines mechanischen Winkelwertes durch eine elektrische Anordnung die „elektrische Welle" (vgl. S. 52). Man kann die beiden elektrischen Maschinen der elektrischen Welle als Drehmelder (engl. „synchro") bezeichnen und muß dann zur elektrischen Welle „Momentdrehmelder" sagen. Daneben gibt es noch „Steuerdrehmelder" und „Funktionsdrehmelder", die beide

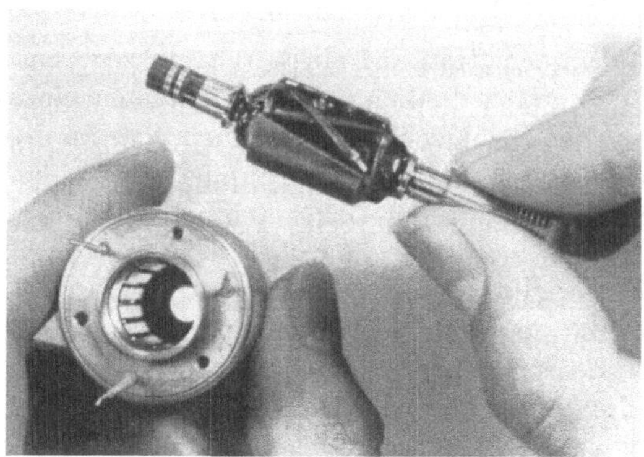

Abb. 304
Einzelteile eines Drehmelders (Bauart Kearfott-Siemens)

zur reinen Signalverarbeitung dienen und wegen ihrer häufigen Anwendung etwas eingehender behandelt werden [94].

Die hier verwendeten *Steuerdrehmelder* ermöglichen es, wie beim Momentdrehmelder, mechanische Winkelwerte in elektrische Werte und umgekehrt umzusetzen. Die Drehmelder (Abb. 304) bestehen deshalb aus

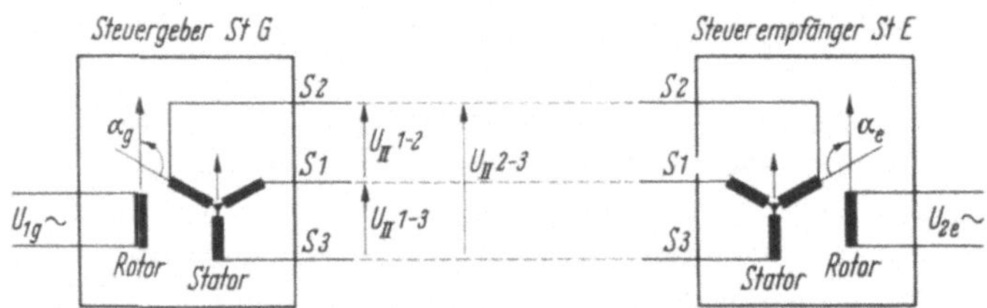

Abb. 305. Schaltung eines Steuerdrehmelders

einem Gehäuse, in dem der Stator mit Wicklung angeordnet ist, und einem Rotor mit Wicklung, Stromzuführung und Lagerungselementen.

Im allgemeinen haben wir eine zwei- oder dreiphasige Statorwicklung, die in den Nuten des Statorblechpaketes liegt. Die Rotorwicklung liegt — je nach Verwendungszweck — entweder in mehreren Nuten des Trommelrotors oder in den beiden Nuten eines Doppel-T-Rotors.

Die Schaltung eines Steuerdrehmelders zeigt Abb. 305, bei dem die 3 Statorwicklungen um 120° räumlich gegeneinander versetzt sind. Eine Nachlaufsteuerung besteht aus 2 Drehmeldern. Man bezeichnet bei dieser den einen Drehmelder als „Steuergeber" *StG* und den anderen als

„Steuerempfänger" *StE*. Wird der Steuergeber mit Wechselstrom erregt, dessen Frequenz zwischen 50 Hz und 10 kHz liegt, so entsteht an den Klemmen der Ständerwicklung nach Abb. 306 eine vom Verdrehungs-

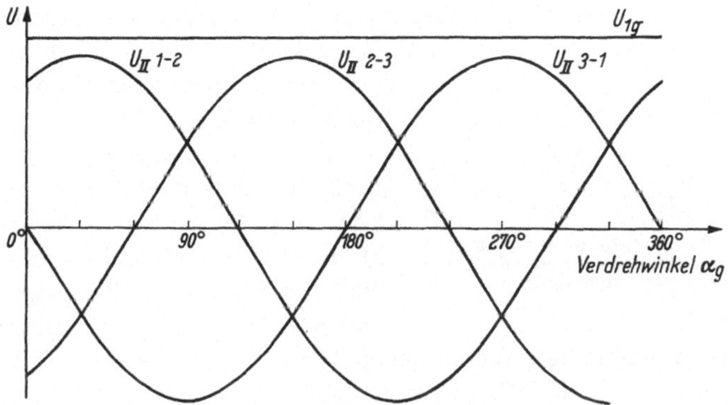

Abb. 306
Leerlaufspannungen am Drehmelder in Abhängigkeit vom Verdrehungswinkel α an Geberseite

winkel α_g abhängige Spannung, von der in der Abbildung nur die Hüllkurve der Amplitudenwerte angegeben sind. In Wirklichkeit ändern sie sich zeitlich mit der Erregerfrequenz. Der Steuerempfänger berücksichtigt die Abweichung seiner Rotorstellung von derjenigen des Gebers

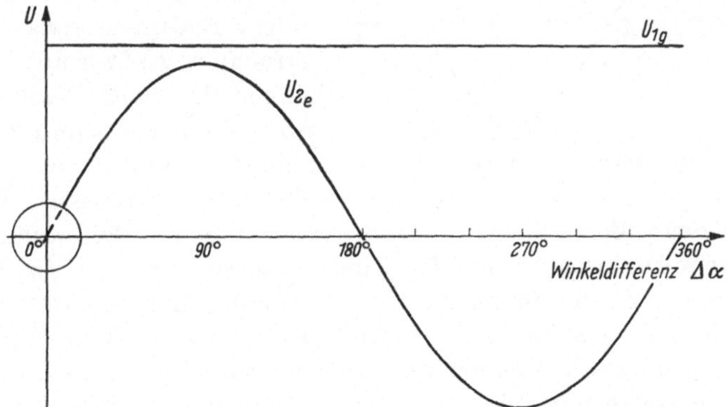

Abb. 307. Leerlaufspannung wie Abb. 306, jedoch Empfängerseite

und liefert eine Ausgangsteuerspannung U_2 (Empfängerseite), die in Abb. 307 als Amplitude in Abhängigkeit der Winkeldifferenz $\Delta \alpha$ dargestellt ist. Für die Spannung gilt die Beziehung

$$U_{2e} = U_{1g}\, \ddot{u} \cos(\Delta \alpha) \tag{20}$$

wobei $\ddot{u}$ ein Übertragungsfaktor und

$$\Delta \alpha = \alpha_g - \alpha_e \tag{21}$$

ist.

Diese drehwinkelabhängigen Wechselspannungen können wir für viele Steuerzwecke nicht gebrauchen. Wir müssen ein Signal haben, das nur vom Drehwinkel und nicht von der Netzfrequenz abhängt. Dazu dient die Gleichrichtung.

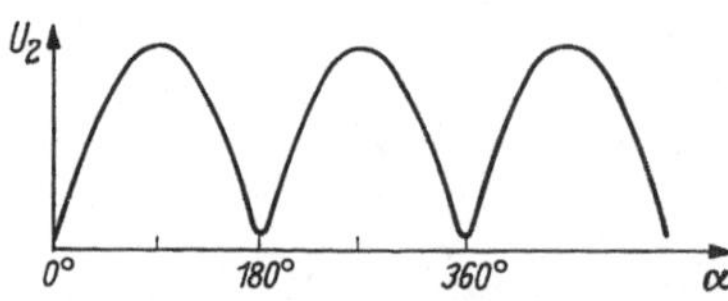

Abb. 308. Gleichgerichtete Spannung am Ausgang des Drehmelders als Funktion vom Verdrehungswinkel α

Wird die Spannung U_{2e} gleichgerichtet, so entsteht eine Abhängigkeit von $U_2 = f(\alpha)$ nach Abb. 308. Man sieht daraus, daß bei $\alpha = 0$, 180, 360° die Spannung wegen Spannungsverlusten nicht ganz gleich Null wird. Die tatsächlichen Werte liegen für viele praktischen Fälle ausreichend genau bei Null. Für große Ansprüche an die Nullempfindlichkeit wendet man keine normale, sondern eine phasenabhängige Gleichrichtung an. Im Gegensatz zur normalen Gleichrichtung ändert sich bei der phasenabhängigen Gleichrichtung die Amplitude der so gleichgerichteten (demodulierten) Ausgangsspannung U_d in Abhängigkeit vom Ver

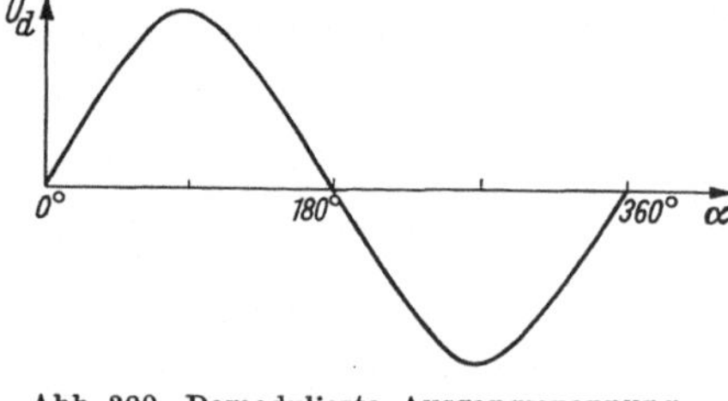

Abb. 309. Demodulierte Ausgangsspannung

drehungswinkel α nach einer Sinuslinie (Abb. 309).

Für das Verständnis dieser Schaltung müssen wir die Spannungsverhältnisse etwas genauer betrachten, weil wir mit einer Abhängigkeit vom Verdrehungswinkel α einerseits und der Netzfrequenz, also der Zeit, andererseits rechnen müssen. Wir betrachten dazu die Verhältnisse in der Nähe von $\alpha = 180°$ und nehmen an, daß ein Drehmelder mit der Eingangsspannung $U_{1g} = f(t)$ bei dem Winkel $\alpha = 180°$ die Spannung $U_{2e} = 0$ abgibt. Bei $\alpha = 160°$ verläuft U_{2e} nach Kurve 310a und bei 200° nach Kurve 310b. Die Spannung U_{2e160} unterscheidet sich von der Spannung U_{2e200} nicht durch die Amplitude, sondern durch eine andere Phasenlage, die durch das Drehmeldersystem entstanden ist und als eine Art „Umpolung bei $\alpha = 180°$" gedacht werden kann. Die unteren Kurven U_d zeigen die so entstandene Umkehr der Polarität.

Bei der phasenabhängigen Gleichrichtung nach Abb. 311, die ähnlich wie ein Ringmodulator wirkt, wird die Spannung U_2 dem Eingang 1 bis 2 über einen Verstärker p_1 einem Eingangsübertrager m_2 zugeführt. An dem Ausgang 1, 3 des Demodulators entsteht eine gleich gerichtete Spannung. Für $\alpha > 180°$ entstehen Ausgangsspannungen mit umgekehrter Polarität.

Am Demodulatorausgang erhalten wir dann durch die Kondensatoren k_1 und k_2 eine geglättete Gleichspannung mit positivem und mit nega-

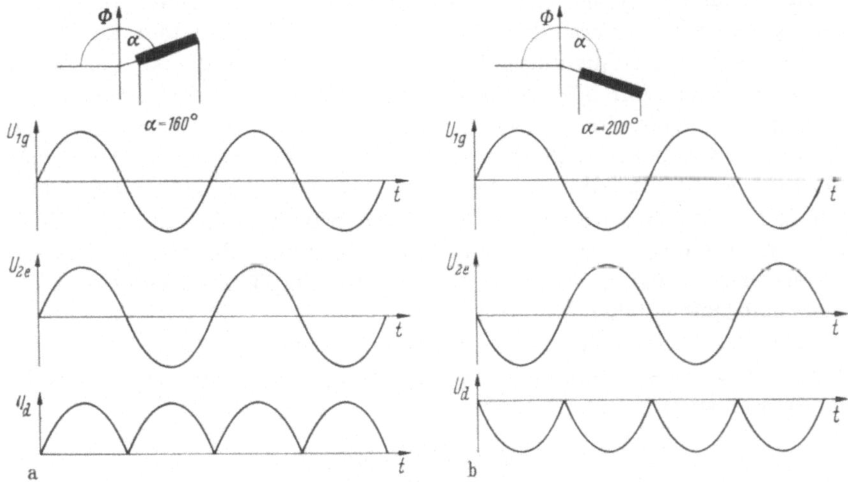

Abb. 310. Phasenabhängige Gleichrichtung der Ausgangsspannung des Drehmelders
a) für einen Verdrehungswinkel von $\alpha \approx 160°$; b) für $\alpha \approx 200°$

tivem Vorzeichen. Diese Gleichspannung führen wir einem Kippverstärker zu und bekommen damit Signale, die nicht nur die Größe, sondern auch die Richtung der Abweichung anzeigen. Das nützen wir für den Verstellantrieb aus, der von diesem Signal gesteuert werden soll.

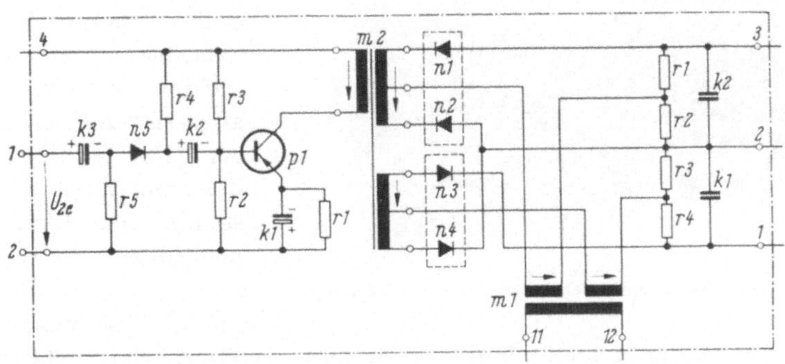

Abb. 311. Schaltung eines Demodulators für phasenabhängige Gleichrichtung

Mit einer solchen Spannung können wir nun die Aufgabe lösen, den Tisch einer Werkzeugmaschine um einen vorher gewählten Weg zu verschieben. Dazu verbindet man die Empfängerdrehmelder über ein Getriebe fest mit dem Maschinentisch, bildet also den Weg s des Tisches als Funktion von α_e ab. Den Verstellsollweg stellt man als Winkel α_g an einem Geberdrehmelder ein.

In der Ausgangsposition ist dann $\alpha_e = \alpha_g$, die Spannung U_{2e} ist Null. Verdreht man jetzt den Geber um den gewünschten Winkel $+\Delta\alpha$, der dem gewünschten Verstellweg entsprechen soll, so entsteht am Empfängerausgang die Spannung $U_{2e} = f(\Delta\alpha)$. Jetzt muß man den Tisch so lange in der vom Demodulator angegebenen Verstellrichtung (z. B. $+\Delta\alpha$) verschieben, bis U_{2e} wieder Null wird. Dann ist der Tisch um den Betrag verschoben, der der Einstellung $\Delta\alpha$ entspricht, sofern $\Delta\alpha$ kleiner als $180°$ gewählt wurde. Bei $\Delta\alpha > 180°$ wäre der Nulldurchgang schon bei $180°$ möglich gewesen, und der Tisch wäre viel zu früh zum Stillstand gekommen. Daraus ergibt sich die Bedingung, daß der gewünschte Verstellweg höchstens einer Verdrehung des Empfängerdrehmelders um maximal $180°$ entsprechen darf.

Hat der Drehmelder ein Auflösungsvermögen von $10' = \tfrac{1}{6}°$, so verhält sich also die Abbildungsgenauigkeit x eines Weges von beispielsweise 4 m wie

$$\frac{x}{4000\,\mathrm{mm}} = \frac{1/6°}{180°}$$

also wird

$$x = \frac{4000\,\mathrm{mm} \cdot 1°}{180° \cdot 6} = 3{,}7\,\mathrm{mm}$$

Reicht diese Genauigkeit nicht aus, so nehmen wir, wie wir es z. B. von der Uhr her gewohnt sind, um größere Ablesegenauigkeiten durch Stunden-, Minuten- und Sekundenzeiger zu bekommen, sowohl für den Istwert als auch für den Sollwert mehrere — meistens bis zu drei — Drehmelder mit dekadisch abgestuften Übersetzungen. Der Grobdrehmelder muß nach wie vor so mit dem Werkzeugmaschinentisch verbunden sein, daß die gesamte Tischverstellung

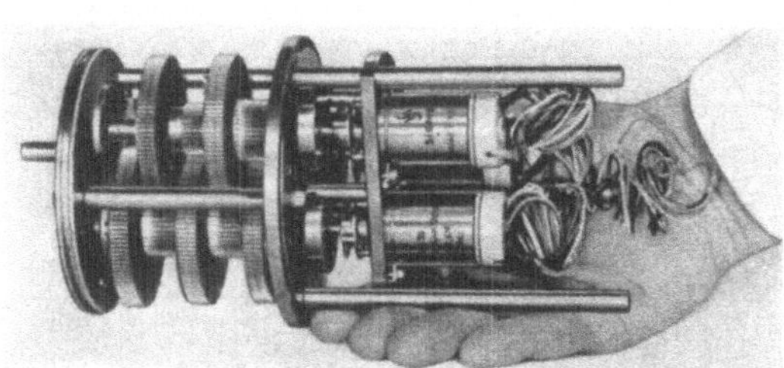

Abb. 312
Wegmeßgetriebe mit Drehmeldern (Bauart Froriep)

den Drehmelder um eine halbe Umdrehung verstellt. Der nachgeschaltete Drehmelder (Mittelsystem) dreht sich bei diesem Weg z. B. 10mal so schnell, der dritte Drehmelder (Feinsystem) bei einer weiteren Übersetzung von $1:10$ dann 100mal so schnell. Das Beispiel eines Meßgetriebes zeigt Abb. 312. Der Abschaltpunkt ist in diesem Fall dann erreicht, wenn alle drei Drehmeldersysteme die Fehlerspannung 0 melden (Abb. 313). Beim Verstellen gehen die Signalspannungen der Mittel- und Feinsysteme mehrfach durch Null. Diese Nullaussagen werden für die Auswertung jedoch so lange unterdrückt, bis die Fehlerspannung des jeweils übergeordneten Systems einen vorbestimmten Wert in der Nähe von „0" unterschritten hat. Diese Schwelle wird man so festlegen, daß die Führungsübergabe an das nächstfeinere System etwa dann erfolgt, wenn dessen Fehlerspannung das letzte Mal ihr Maximum erreicht hat.

Lineare Drehmelder. Bei den geforderten hohen Genauigkeiten werden an die Getriebe der Drehmelder sehr große Ansprüche bezüglich

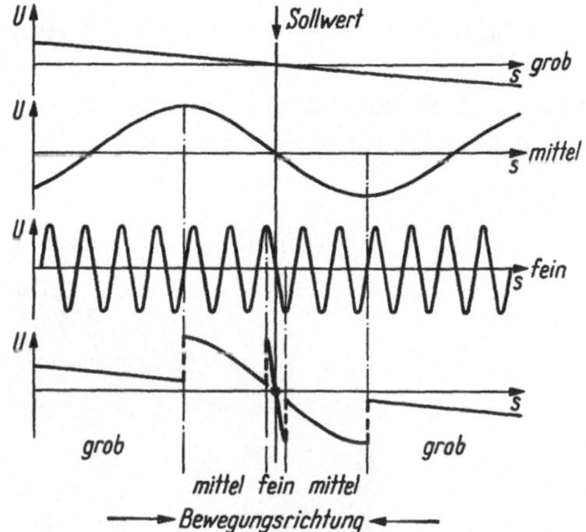

Abb. 313
Umschaltung der Meßsysteme bei Drehmelderkette

der Spielfreiheit und Teilungsfehler gestellt. Derartige Getriebe sind teuer und empfindlich. Hinzukommt, daß bei rotierenden Meßsystemen alle Meßfehler eingehen, die zwischen Meßwelle und linearer Tischbewegung liegen. Normale Vorschubspindeln und -muttern sind für Genauigkeitsansprüche, die bei 10 μm liegen, schon nicht mehr brauchbar. Sie müssen gehärtet sein, spielfrei und mit wenig Reibung arbeiten (Kugelumlaufmuttern). Man wird deshalb bei hohen Genauigkeitsanforderungen vorteilhaft lineare Maßstäbe verwenden, die fest mit dem Tisch verbunden sind und berührungslos abgetastet werden.

Zu diesem Zweck hat Farrand einen linearen Maßstab (Inductosyn) entwickelt, der elektrisch genauso wie ein Drehmelder arbeitet, also eine einphasige Läuferwicklung und zwei räumlich um 90° versetzte Ständerwicklungen hat (Abb. 314). Die dem Läufer entsprechende Wicklung heißt „Maßstab" (scale). Sie ist mit einer Polteilung von z. B. 2 mm auf einer Grundplatte von 250 mm Länge aufgebracht. Es können auch mehrere Teilmaßstäbe aneinandergereiht werden. Der dem Ständer entsprechende „Reiter" (slider) trägt die beiden räumlich um 90° versetzten Wicklungen für die Sollwerteingabe und wird meistens mit dem festen Teil der Werkzeugmaschine verbunden. Bei der Anbringung des Maßstabes ist auf staubdichte Abdeckung und Reinigungsmöglichkeit Rücksicht zu nehmen.

Die Bauteile des Inductosynsystems bestehen aus Metall, haben also annähernd den gleichen Ausdehnungskoeffizienten wie die Maschinenteile. Der Längsfehler eines Teilmaßstabes mit 250 mm Länge ist $\leq \pm 2,5\,\mu$m. Bei der Zusammensetzung mehrerer Teilmaßstäbe kann der Gesamtfehler — richtige Justierung vorausgesetzt — als etwa gleich groß angenommen werden.

Digitale Informationseingabe. Anstelle der analogen Eingabe der Weginformationen mittels Drehmeldern möchte man wegen der einfacheren Programmierbarkeit eine digitale Informationseingabe haben. Sie ist in der Genauigkeit völlig unabhängig von der Zahl der Dekaden, ist

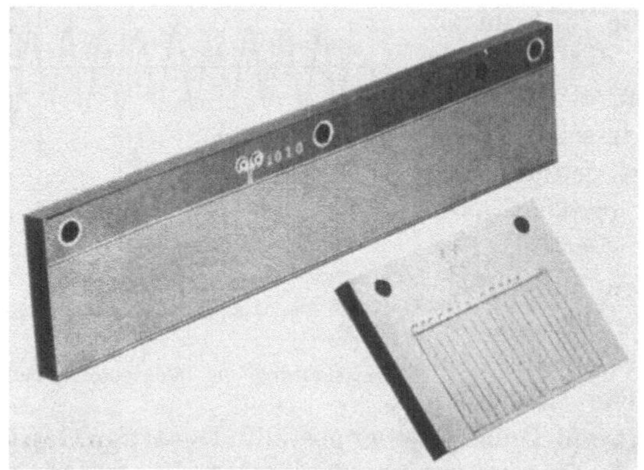

Abb. 314. Linearer Drehmelder (Bauart Inductosyn)

leicht lesbar und kann mit den bekannten Mitteln der Lochkarten- und Lochstreifentechnik ohne Schwierigkeiten auch selbsttätig erfolgen.

Soll jedoch die Analogtechnik bei der Istwerterfassung beibehalten werden, so muß man der digitalen Sollwerteingabe einen Digital-Analogwandler nachschalten. Er besteht aus einem System von Transformatoren.

Zum besseren Verständnis der Wirkungsweise sind im linken Teil der Abb. 315 die Verhältnisse bei der analogen Informationseingabe nochmals dargestellt. Der Solldrehmelder wird mit der Wechselspannung U gespeist und sei gegenüber dem Istdrehmelder um den Winkel α verdreht. Dieser Winkel ist das Sollmaß. Es entstehen an den Wicklungsenden A, B bzw. a, b des Solldrehmelders die Spannungen $U\cos\alpha$ bzw. $U\sin\alpha$. Diese Wicklungsenden des Solldrehmelders seien mit den gleichbezeichneten Wicklungsenden des Istdrehmelders so verbunden, daß bei gleicher Läuferstellung der beiden Drehmelder, also bei $\alpha_{\text{Soll}} = \alpha_{\text{Ist}}$, die Fehlerspannung U_F am Istdrehmelder gleich Null ist.

Bei der digitalen Sollwerteingabe will man nun dem Winkel digitale Werte zuordnen. Dazu wollen wir annehmen, daß der Drehmelder mit der Maschine so verbunden ist, daß eine Umdrehung genau 1000 mm

Tischweg entspricht. Will man diesen Weg in Stufen zu 1 mm programmieren, braucht man dazu einen Sollwertgeber mit 3 Dekaden.

Für die Eingabe der ersten Dekade (Hunderter) wird ein Programmiertrafo an Stelle des Solldrehmelders an die Eingangsspannung U angeschlossen. Dieser Trafo besitzt zwei Sekundärwicklungen, die schalt-

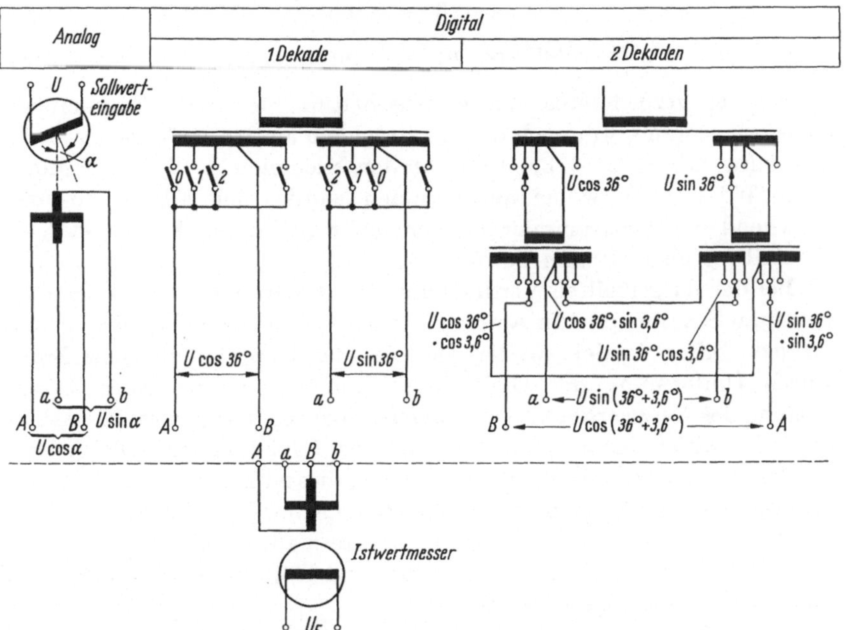

Abb. 315. Digital-Analog-Umsetzer mit Transformatoren

bare Anzapfungen 0, 1, 2 haben. Dabei entspricht „1" also 0,1 Umdrehung oder 36° bzw. 100 mm Tischweg.

Die Wicklungen sind nun so ausgelegt, daß sie bei dieser Stellung „1" die Spannungen $U \sin 36°$ bzw. $U \cos 36°$ abgegeben. Das ist also das gleiche wie bei einer Analogeingabe des Sollwertes durch den Drehmelder.

Für 2 Dekaden werden nach der rechts daneben gezeichneten Trafoanordnung zwei weitere Transformatoren benötigt, die so gewickelt sind, daß sie sekundär in der Anzapfstellung „1" eine Spannung $U \sin 3,6$ bzw. $U \cos 3,6°$ abgeben. Da sie primär an die Spannung $U \cos 36°$ bzw. $U \sin 36°$ gelegt werden, ergeben sich für die Ziffer 1 beim rechten Trafo die Ausgangsspannungen $U \sin 36° \sin 3,6°$ bzw. $U \sin 36° \cos 3,6$ beim linken sind es die Spannungen $U \cos 36° \sin 3,6°$ bzw. $U \cos 36° \cos 3,6°$.

Bekanntlich gilt allgemein:

$$A \sin(\alpha + \beta) = A \sin\alpha \cos\beta + A \cos\alpha \sin\beta \tag{25}$$

$$A \cos(\alpha + \beta) = A \cos\alpha \cos\beta - A \sin\alpha \sin\beta \tag{26}$$

Setzen wir für α und β die Programmiereinheit der beiden Dekaden mit $\alpha = 36°$ und $\beta = 3{,}6°$ ein, so erhalten wir aus Gl. (25) und (26)

$$U \sin(36° + 3{,}6°) =$$

$$U \sin 36° \cos 3{,}6° + U \cos 36° \sin 3{,}6$$

$$U \cos(36° + 3{,}6°) =$$

$$U \cos 36° \cos 3{,}6° - U \sin 36° \sin 3{,}6° \tag{27}$$

Bei der gezeichneten Zusammenschaltung der drei Programmiertransformatoren ergibt sich daher tatsächlich an den Klemmen a, b, die Spannung $U \sin(36° + 3{,}6°)$ und an den Klemmen A, B die Spannung $U \cos(36° + 3{,}6°)$, wobei angenommen wurde, daß alle Trafos entsprechend der Programmierung der Ziffer „1" angeschaltet sind, der Verstellweg also 110 mm beträgt.

Bei der dargestellten Verdrahtung der Programmiertrafos benötigt man zum Schalten der Anzapfungen in der ersten Dekade zwei Kontakte für jede Ziffer, in der zweiten Dekade vier Kontakte für jede Ziffer. Durch Umformung der Gleichungen kommt man zu einer Vereinfachung des Netzwerkes und zu einer Einsparung von je zwei Kontakten bei jeder Ziffer der zweiten und weiteren Dekade. Beide Gleichungen werden durch den gleichen Faktor geteilt; dies ist zulässig, da für die der programmierten Position entsprechende Lage des Spannungsvektors nur das Verhältnis der beiden Spannungswerte maßgebend ist.

Wir dividieren die Gleichungen (25) und (26) durch den Faktor $\cos\beta$ und erhalten mit $A/\cos\beta = A'$:

$$A' \sin(\alpha + \beta) = A \sin\alpha + A \cos\alpha \tan\beta \tag{28}$$

$$A' \cos(\alpha + \beta) = A \cos\alpha - A \sin\alpha \tan\beta \tag{29}$$

Danach müssen die Programmiertrafos für die zweite Dekade (entsprechend den Werten β) nunmehr nach einer Tangensfunktion gestufte Anzapfungen haben und aus den jeweils angeschalteten Sekundäranzapfungen des Programmiertrafos für die erste Dekade gespeist werden.

Die Erweiterung des Netzwerkes für die Programmierung der dritten Dekade läßt sich aus Gleichung (28) und (29) ableiten, wenn wir darin den neu hinzukommenden Winkelwert mit γ bezeichnen und zunächst $(\alpha + \beta) = \sigma$ setzen:

$$A'' \sin(\sigma + \gamma) = A' \sin\sigma + A' \cos\sigma \tan\gamma \tag{30}$$

$$A'' \cos(\sigma + \gamma) = A' \cos\sigma - A' \sin\sigma \tan\gamma \tag{31}$$

wobei
$$A'' = \frac{A'}{\cos\gamma} = \frac{A}{\cos\beta \cos\gamma}$$

Ersetzt man nun in Gl. (30) und (31) die ersten Summanden auf der rechten Seite nach Voraussetzung durch die Aussagen der Gleichung (28) und (29), so ergibt sich:

$$A'' \sin(\alpha + \beta + \gamma) = A \sin\alpha + A \cos\alpha \tan\beta + A' \cos(\alpha + \beta) \tan\gamma \quad (32)$$

$$A'' \cos(\alpha + \beta + \gamma) = A \cos\alpha - A \sin\alpha \tan\beta - A' \sin(\alpha + \beta) \tan\gamma \quad (33)$$

Nach dem früher Gesagten ist der Sollwert dann erreicht, wenn die Fehlerspannung des Meßsystems den Wert 0 hat. Die Amplitude dieser Spannung hat dabei auf die Lage des Schaltpunktes keinen Einfluß. Zur Vereinfachung des Programmiernetzwerkes können wir unter dieser Voraussetzung für die Faktoren A, A' und A'' der zuvor abgeleiteten Gleichungen die Netzspannung U einsetzen.

Ist im vorangestellten Beispiel die Position 111 mm zu programmieren, so ist $\alpha = 36°$, $\beta = 3,6°$ und $\gamma = 0,36°$ einzusetzen:

$$U \sin 39,96° = U \sin 36° + U \cos 36° \tan 3,6° + U \cos 39,6° \tan 0,36°$$

$$U \cos 39,96° = U \cos 36° - U \sin 36° \tan 3,6° - U \sin 39,6° \tan 0,36°$$

Das Netzwerk aus drei Programmiertrafos nach Abb. 315 stellt diese Gleichungen dar, wobei zum Schalten der Trafoanzapfungen in jeder Dekade nur zwei Kontakte benötigt werden (in der Abbildung Pfeile).

Hat man mehr als zwei Dekaden zu programmieren, benötigt man wegen der verlangten Genauigkeit eine Drehmelderkette. Die verschiedenen Drehmelder werden hierbei nur von bestimmten Dekaden programmiert. Die Übergabe z. B. vom Grobmelder zum Feinmelder muß sicher vor sich gehen. Deswegen wählt man das Übersetzungsverhältnis zwischen den Drehmeldern meist mit 1 : 10. Dann kann die Streuung des Übergabefehlers bei $\alpha = 180°/10 = 18°$ liegen. Bei einem Übersetzungsverhältnis von 1 : 100 dürfte diese Streuung nur noch $\alpha = 180°/100 = 1,8°$ betragen, was elektrisch noch lösbar wäre, aber an die mechanische Übersetzung hohe Anforderungen stellt.

Für die Erläuterung dieser Übergabeschaltung gehen wir von Abb. 313 und dem in Abb. 311 beschriebenen Demodulator aus. Für den Grob- und Fein-

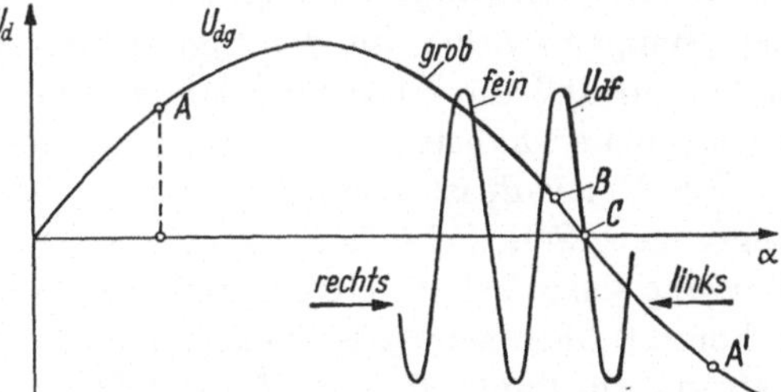

Abb. 316. Verlauf der demodulierten Drehmelderspannung beim Umschalten der Meßsysteme

drehmelder steht von je einem Demodulator ein positives oder negatives (demoduliertes) Gleichspannungssignal zur Verfügung. Das Signal soll negativ sein, wenn gemäß $U_{dg} = f(\alpha)$ Abb. 316 der Tisch in der Ausgangslage auf Punkt A stehen möge und der Vorgang sich nach rechts auf den Abschaltpunkt C zubewegen soll.

Die Spannung U_{dg} vom Grobmelder wird im Kippverstärker Abb. 317 über die Transistoren p_1 oder p_2 verstärkt. Durch den gemeinsamen

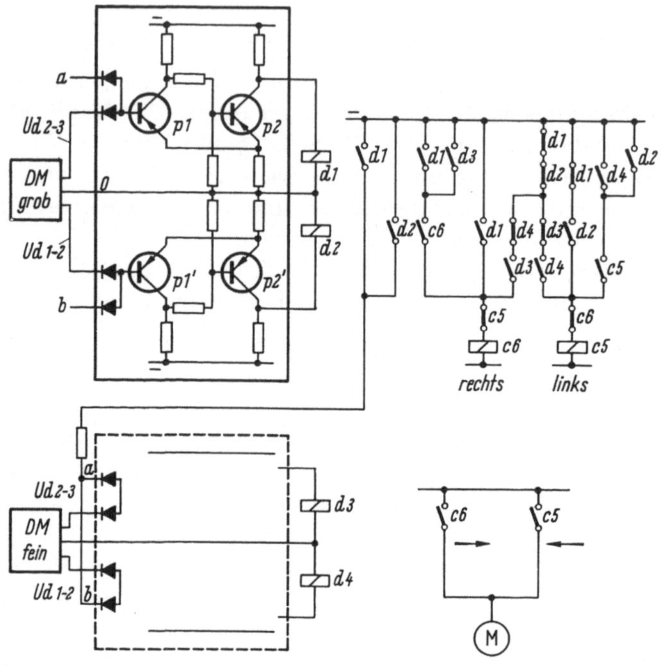

Abb. 317

Schaltung des Kippverstärkers und Stromlaufplan für die Schaltung des Antriebsmotors

Emitterwiderstand hat die Schaltung ein Kippverhalten. Durch den Kollektorstrom von p_2 wird das Relais d_1 erregt. Sein Arbeitskontakt gibt dem Kippverstärker für das Signal vom Feindrehmelder ein Schleppsignal, so daß die Ausgangsrelais d_3 und d_4 dieses Verstärkers immer angesprochen haben, wenn d_1 oder d_2 noch nicht abgefallen ist.

Das Relais d_1 ist also in der Ausgangslage der Bewegung (Punkt A) angezogen. Sein Schließer erregt das Schütz c_6 des Antriebes M, der Vorgang soll dabei nach rechts in Bewegung gesetzt werden. Das Schütz c_6 bekommt über seinen Schließer und die Kontakte d_1 und d_3 Selbsthaltung. Im Punkt B ist die für die Übergabe eingestellte Spannung U_{dg} erreicht. Das Relais d_1 fällt ab. Das Schütz c_6 bleibt aber eingeschaltet, bis auch d_3 vom Feindrehmeldersystem abfällt und damit der Motor M stillgesetzt wird.

Sinngemäß wäre der Antrieb in der anderen Richtung (links) betätigt worden, wenn die Bewegung am Punkt A' begonnen hätte. Über die

Relais d_2 und d_4 wäre dann das Schütz c_5 betätigt bzw. gehalten worden.

Für den Fall, daß die Ausgangslage nahe bei Punkt C ist, kann c_5 und c_6 auch direkt von d_3 und d_4 eingeschaltet werden, sofern d_1 und d_2 abgefallen sind, weil das Grobsystem dann für das Führungssignal eine zu geringe Spannung hat.

Haben wir unsere Istwert-Drehmelderkette fest mit dem Antriebssystem (Spindel oder Zahnstange mit Ritzel) verbunden, so bleibt der

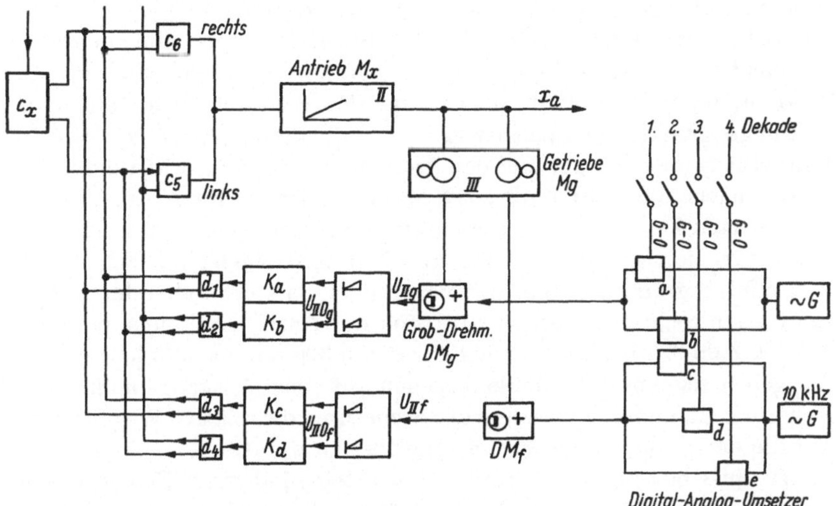

Abb. 318. Signalflußplan für einen Abschaltkreis mit digitaler Eingabe und analogem Meßsystem durch Drehmelderkette

einmal durch das Ankuppeln festgelegte Bezugspunkt für immer bestehen. Das durch die Programmierung festgelegte Maß bezieht sich deshalb immer auf diesen Punkt.

Das vollständige Signalflußbild für die beschriebene analoge Wegmessung mit digitaler Informationseingabe zeigt Abb. 318 in vereinfachter Darstellung, so wie es für einen Überblick über das funktionelle Zusammenwirken notwendig ist. Wir gehen dabei vom Signalflußbild einer Steuerung mit Abschaltkreis nach Abb. 289 aus und haben den Antrieb für Lauf in beiden Drehrichtungen durch die beiden Signalspeicher c_5 und c_6 (Schütze) ergänzt. Vom Ausgangspunkt A (Abb. 316) soll jetzt der integrierende Antrieb (M_x) um einen Weg x verschoben werden, der dekadisch beispielsweise durch die Handeingabe vorgewählt wurde. Die Digital-Analog-Umsetzer (a—e) für Grob- (DM_g) und Feindrehmelder (DM_f) geben dann über die vom Antrieb über Meßgetriebe (M_g) betätigten Drehmelder das Signal U_{IIg} für den Grob- und U_{IIf} für den Feindrehmelder. In den folgenden Demodulatoren entsteht dann das Signal U_{IIDg} für den Grobdrehmelder und soll den Kippverstärker (K_a) aussteuern, wenn der Ausgangspunkt A eine Bewegung nach rechts erfordert, um zum programmierten Punkt C zu kommen. Bei umgekehrter Richtung betätigt das Signal den Kippverstärker K_b. Dadurch werden nun, je nach der Ausgangsstellung, die Relais d_1 und d_3 bzw. d_2 und d_4 angezogen sein und schalten über den einen Signalausgang entweder das Schütz c_6 für Rechtslauf oder c_5 für Linkslauf ein. Wenn man jetzt mit einem Hauptschütz c_x den Antrieb beispielsweise durch einen Druckknopfbefehl einschaltet, läuft er das gewählte Ziel entsprechend der Richtungsausscheidung des Grobdrehmelders an, der auch den Feindrehmelder zunächst mitschleppt. Erst wenn, wie früher beschrieben, das Relais d_1 (oder d_2) abfällt, übernimmt der Feindrehmelder allein das Führungssignal für den Speicher c_6 (oder c_5) so lange, bis $U_{IIDf} = 0$ ist, dann fällt c_6 (oder c_5) ab, und der Antrieb kommt zum Stillstand.

Der nächste Schritt muß jetzt programmiert werden. Aus der programmierten Zahl leitet der Demodulator des gröbsten Drehmelders ein Signal für die richtige Richtung ab. War z. B. zuerst ein Schritt von 1237 mm programmiert und war verabredet, daß sich dabei der Antrieb von 0 nach rechts bewegt, so wird sich der Antrieb bei einer programmierten Zahl 937 beim nächsten Schritt um 300 mm nach links bewegen. Wir geben also absolute Masse, bezogen auf einen Ausgangspunkt in die Steuerung ein und überlassen es der Steuerung, die relative Wegänderung *und* die dazu notwendige Richtung selbst zu ermitteln.

β) Optische Systeme. Optische Meßsysteme haben an Bedeutung gewonnen, seit es möglich ist, durch die Fotozellen Lichtenergie in elektrische Energie umzuwandeln, um damit durch die Änderung des Lichtstromes elektrische Signale zu erzeugen [*95, 96*].

Bei der Längenmessung mit Fotozellen muß man zwischen Grob- und Feinmessung unterscheiden.

Bei der *Grobmessung* verwendet man die Lichtschranke, bei der ein meist fest im Raum stehender Lichtstrahl durch die messende Bewegung eines lichtundurchlässigen Körpers unterbrochen wird. Solche Lichtschranken werden zum Zählen von Stückgütern, zur Sicherung gegen unbefugtes Zugreifen z. B. bei Pressen während des Preßvorganges, als berührungslose Endschalter bei Transporteinrichtungen von Gütern mit empfindlicher Oberfläche und anderes mehr verwendet.

Soll eine solche Lichtschranke, wie z. B. bei den erwähnten Pressen, eine möglichst große Fläche sichern, kommt man zum sogenannten Lichtvorhang. Bei ihm wird nach Abb. 319 durch eine Lampe ein Lichtstrahl mittels der Linse auf den Brennpunkt M eines Parabolspiegels konzentriert. Durch die Rotation eines Spiegelrades *1* im Brennpunkt wird durch den Parabolspiegel *2* dieser Lichtstrahl in einen parallel verlaufenden Fahrstrahl verwandelt, der mit der Frequenz des Spiegelrades zwischen der oberen und unteren Kante des Parabolspiegels schnell hin und her pendelt. Durch den Rückstrahler *6*, der aus Prismen besteht,

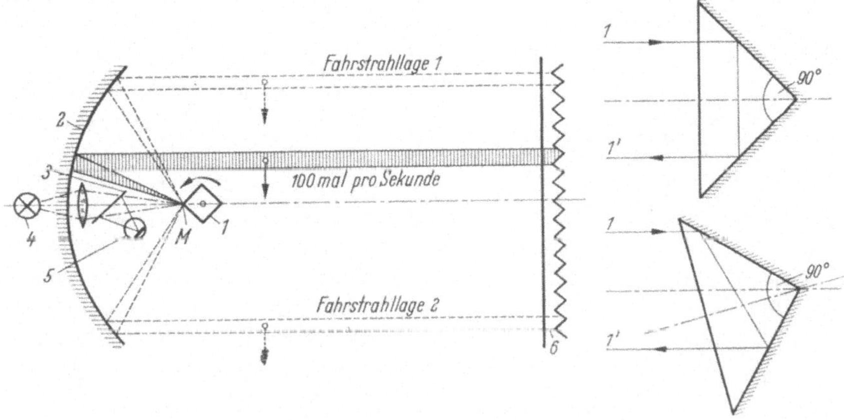

Abb. 319. Aufbau einer Lichtschranke (Bauart Sick)
1 Spiegelrad; *2* Parabolspiegel; *3* halbdurchlässiger Spiegel; *4* Lampe; *5* Fotozelle; *6* Rückstrahler

wird dieser Fahrstrahl wieder in paralleler Verschiebung zurückgeworfen und fällt über den Parabolspiegel und den halbdurchlässigen Spiegel *3* auf die Fotozelle *5*.

Bei der *Feinmessung*, insbesondere der Wegmessung, benutzt man nach Abb. 320 entweder Rastermaßstäbe oder codierte Maßstäbe. Bei dem codierten Maßstab wird jede Spur von einer an der Meßstelle angeordneten Fotozelle abgetastet, die entweder Signal oder kein Signal gibt, je nachdem ob die Spur hell oder dunkel ist. Beim Verschieben des Maßstabes (oder aller Fotozellen) ist die Signalkombination nach jedem durch die Spur 0 gegebenen Meßschritt (Increment) anders. Sobald sie mit einer ganz bestimmten als Sollwert vorgegebenen Signalkombination übereinstimmt, ist der Meßpunkt erreicht. Diese Koinzidenzschaltung erfolgt z. B. durch ein „Und-Gatter" mit kontaktlosen logischen Schaltelementen. Die Messung und der dazugehörige Soll-Ist-Vergleich läßt sich in sehr übersichtlicher Weise mit kontaktlosen Schaltgeräten durchführen. Man muß jetzt

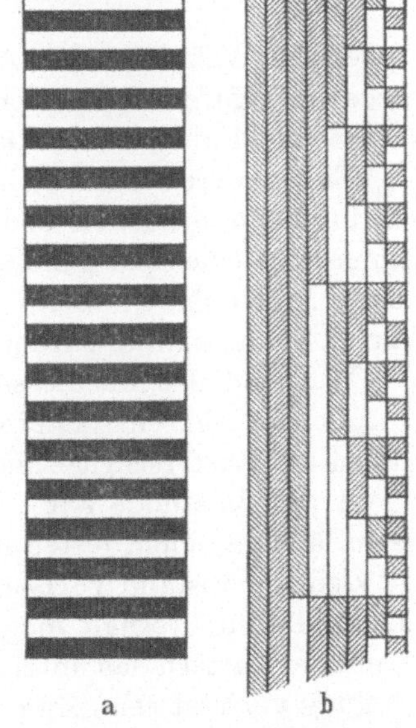

a   b

Abb. 320. Digitale Maßstäbe
a) Rastermaßstab; b) codierter Maßstab

nur darauf achten, daß bei jeder Signaländerung in der Spur 0 etwa notwendige Signaländerungen in anderen Spuren auch wirklich gleichzeitig erfolgen, sonst treten Falschmessungen auf. Man ordnet deshalb die Fotozellen auf den einzelnen Spuren beispielsweise nach Abb. 321a an. Meldet z. B. die Fotozelle in der Reihe A eine 0, so wird von den beiden Fotozellen in der Reihe B die rechte als maßgeblich erachtet und zum Ausgang weitergeschaltet. Meldet A jedoch „1", so ist von Fotozellen in der Reihe B die linke maßgebend. Da diese Fotozellen gegen diejenigen in Reihe A um eine halbe Teilung versetzt sind, können niemals beide Fühler gleichzeitig auf einer Grenzlinie stehen. Sinngemäß werden die übrigen Fotozellen geschaltet. Man spricht entsprechend der räumlichen Anordnung der Fotozellen von einer V-Abtastung. Eine solche logische Schaltung für diese Auswahl ist in Abb. 321b wieder-

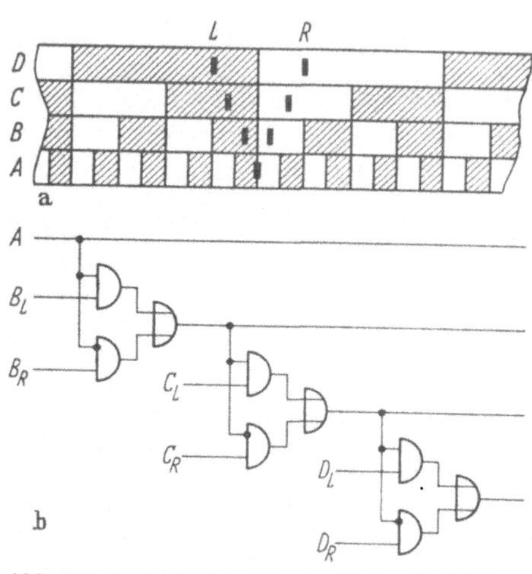

Abb. 321. Ablesevorgang eines codierten Maßstabes a) Anordnung der Fotozellen (L und R); b) logische Verknüpfungen der Signale

gegeben. Während der Ausgangswert von A unverändert wiedergegeben wird, wird von der Fotozelle B_L und B_R nur eine je nach dem Wert von A ausgewählt. Dasselbe gilt für die Fotozelle C usf.

Eine andere Möglichkeit, diese Schwierigkeiten zu umgehen, besteht darin, einen speziellen Code zu verwenden, bei dem für jeden Schritt immer nur eine Spur geändert wird, die übrigen jedoch erhalten bleiben. Diese Eigenschaft haben die sogenannten reflektierten Code, die schon auf S. 111 erwähnt wurden.

Während also mit diesen codierten Maßstäben eine absolute Messung möglich ist, führen Rastermaßstäbe zu relativen Meßmethoden, in dem dabei die Rasterschritte incremental gezählt werden.

Als Meßmethode kann man Raster entweder optisch abbilden oder man läßt an einem festen langen Raster ein kurzes bewegliches Raster in kleinem Abstand vorbeigleiten und richtet durch beide ein paralleles Licht. Dadurch erhält man eine bessere Lichtausbeute. Nach Abb. 324 kann bei Rastern das untere Gitter gegen das obere Gitter um eine halbe Teilung versetzt sein. Zwei Fotodioden bestimmen die durch die Gitter oben und unten hindurchtretende Lichtmenge, so daß sich bei der Bewegung des einen oder anderen Rasters an den Fotodioden Ausgangsspannungen ergeben, die um 90° gegeneinander versetzt sind. Aus der Phasenlage dieser Spannungen kann auf die Bewegungsrichtung geschlossen werden. Die in Abb. 322 gezeigte Linear-Abtasteinrichtung kann bis zu 100 Impulsen/mm bei einer Genauigkeit von 10 μm auf 1 m Länge ausgeführt werden [14].

Als feinste optische Teilung werden heute 10 oder 20 μm ausgeführt. Eine weitere Unterteilung erscheint, selbst wenn dies technisch möglich ist, nicht sinnvoll, da dann bereits sehr enge Toleranzen eingehalten werden müssen,

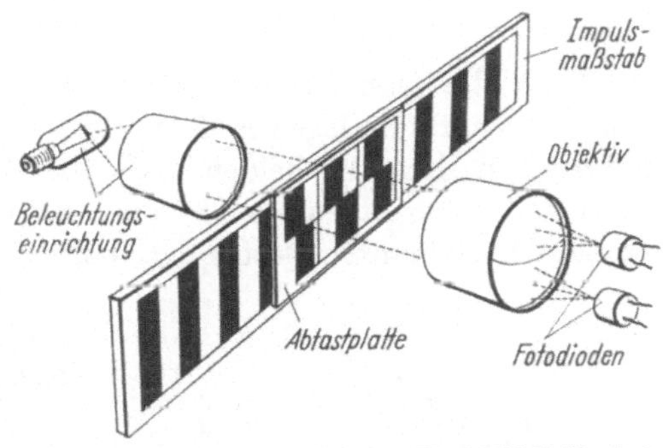

Abb. 322. Ablesung mit Raster (Werkbild Heidenhain)

andernfalls wären zusätzliche Fehler auf Grund der Lichtbeugung zu erwarten. Es besteht jedoch die Möglichkeit, durch Verwendung von 4 Fotozellen in Verbindung mit einer entsprechenden Auswertelogik die Pulszahl zu verdoppeln oder zu vervielfachen.

Vorteilhaft ist es bei der Strichgitterabtastung, den beweglichen Maßstab um einen kleinen Winkel α gegen den festen Maßstab gemäß

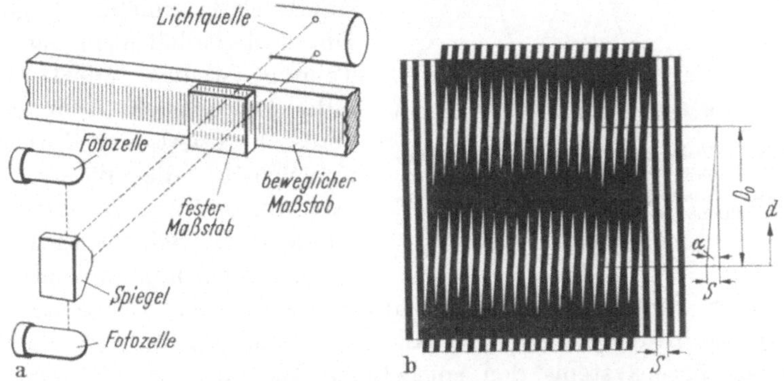

Abb. 323. Interpolation mit Strichgitterabtastung durch Versetzen des festen Maßstabes gegen den beweglichen um den Winkel α nach [97]
a) schematischer Aufbau; b) Bild des Maßstabes

Abb. 323 zu verdrehen. Dann entsteht nach Abb. 323 b ein Lichtbild, dessen obere und untere Helligkeit sich periodisch ändert. Der Abstand zweier Maxima entspricht dabei einer Verschiebung des Strichgitters um eine Teilung. Offensichtlich erhält man die große Lichtausbeute, wenn die Gitterkonstante bzw. der Strichabstand s zwei Strichbreiten ausmacht. Als Kennwerte bezeichnet man den Abstand zweier

Lichtmaxima mit D_0 und den Neigungswinkel mit α. Beide Kennwerte sind mit dem Strichabstand durch die Beziehung

$$D_0 = \frac{s}{\tan\alpha} \tag{34}$$

verknüpft, die man für die Berechnung der Flächenverteilung nach Abb. 323b zugrunde legen muß. In der Praxis läßt sich D_0 nicht beliebig groß machen, denn die beiden Maßstäbe lassen sich nicht so starr bewegen, daß Änderungen des Winkels α ausgeschlossen sind. Dann ergibt sich aus der genannten Beziehung, daß bei schon sehr kleinem Winkel α schon sehr geringe Verkantungen genügen, um eine nicht erfolgte Relativbewegung vorzutäuschen.

Eine interessante Lösung zeigt Abb. 324, bei der mit einem groben Raster durch Interpolation eine feine Auflösung erreicht wird. Ein spiegelnder Metallmaßstab ist mit einer Strichteilung von 0,25 mm versehen und mit dem Maschinenschlitten fest verbunden. Strichdicke und Strichabstand sind annähernd gleich. Durch die verhältnismäßig grobe Teilung ist das Lineal relativ billig herzustellen. Vor diesem Maßstab rotiert eine durchsichtige Scheibe, die mit einer Spirale von 0,25 mm Steigung versehen ist. Die Scheibe wird durch einen Synchronmotor mit einer

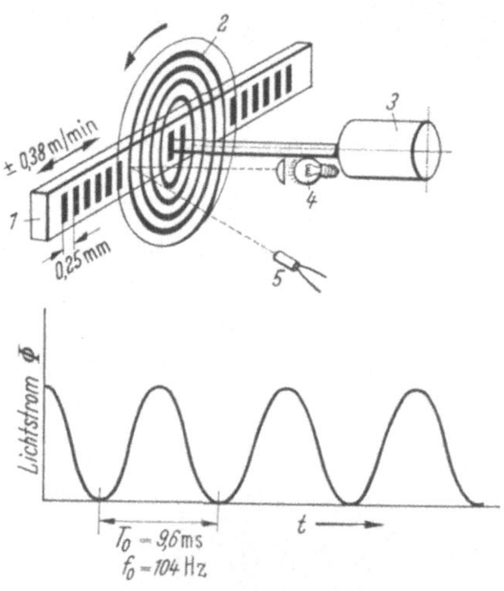

Abb. 324. Prinzip eines digitalen Meßsystems mit analoger Interpolation nach [14]
1 polierter Metallmaßstab; 2 durchsichtige rotierende Scheibe; 3 Synchronmotor; 4 Auflicht; 5 Fotozelle

konstanten Drehzahl und Drehrichtung angetrieben. Beleuchtet man nun im Auflichtverfahren mit Hilfe einer Lichtquelle und eines geeigneten Linsensystems den spiegelnden Maßstab, so tritt an einer Fotozelle eine Änderung des Lichtstromes, etwa nach einem Sinusgesetz, auf. Je nach der Bewegung mit dem Maschinenschlitten tritt nun folgendes ein:

Steht der Maschinenschlitten still, so tritt die Lichtschwankung mit einer Frequenz auf, die letzten Endes von der Drehzahl n_0 des Synchronmotors abhängt. Bewegt sich der Tisch nach links, wird die Frequenz f kleiner, bewegt er sich nach rechts, wird die Frequenz f größer als die Bezugsfrequenz f bei stehendem Tisch. Damit kann man die Bewegungsrichtung und die Bewegungsgeschwindigkeit erfassen.

Jeder Nulldurchgang (oder Maximalwert) der Differenzfrequenz $(f_0 - f)$ bedeutet ein zurückgelegtes, digitales Wegelement von $\Delta s = 0,25$ mm. Die Zählung dieser Wegelemente ergibt ein Grobmaß für den zurückgelegten Weg. Durch den sinusförmigen Verlauf des Lichtstromes besteht aber weiterhin die Möglichkeit, die Grobteilung von 0,25 mm weiter zu unterteilen. Der Phasenwinkel ist ein genaues Maß für die Schlittenstellung 360° el = 0,25 mm Weg. Damit hat man grundsätzlich die Möglichkeit, die Schlittenstellung auf etwa 0,01 mm genau zu erfassen.

Optische Systeme können auch für die Nachführung entlang einer Linie auf einer Zeichnung, die als Vorlage für die Bewegung eines Maschinenteiles dient, verwendet werden.

Zur fortlaufenden Führung entlang der Strichkante oder Strichmitte wird bei einer späteren Beschreibung (S. 417) einer solchen fotoelektrischen Nachfahreinrichtung gezeigt, daß es steuerungsmäßig sehr vorteilhaft ist, wenn der reflektierte Lichtstrom kurz vor der Fotodiode durch einen Schwingspiegel in raschem Wechsel abgelenkt wird.

4. Der Nachlauf (v-s-Diagramm)

Einen wichtigen Einfluß auf das dynamische Verhalten der Anlage haben die Verzögerungszeiten der Antriebselemente. Während der Verzögerungszeit, die von der Befehlsgabe des Grenzlagenschalters bis zum Löschen des Schalters vergeht, läuft der Antrieb mit der alten Geschwindigkeit weiter und leitet erst dann den Bremsvorgang ein.

Wenn man damit rechnen könnte, daß diese Verzögerungszeit immer konstant ist, wäre der Grenzlagenschalter nur um den während der Verzögerungszeit zurückgelegten Weg vorab zu schalten. Die Verzögerungszeit hätte dann keinen Nachteil für die Steuerung. Wir müssen aber einerseits berücksichtigen, daß bei vielen Antrieben die Nenngeschwindigkeit, mit der der Antrieb bis zum Abschaltpunkt fährt, einstellbar ist. Man müßte dann auch die Vorabschaltung einstellbar machen. Andererseits haben wir bei der Beurteilung der in Frage kommenden Schütze gesehen, daß ihre Verzögerungszeit für das Abfallen Streuungen aufweist. Sie rühren bei Wechselstromerregung von den verschiedenen Augenblickerregungen im Zeitpunkt des Schaltens her. Bei hohen Ansprüchen an die Konstanz der Abfallverzögerung wird man deshalb Gleichstromerregung wählen, muß aber auch da noch mit gewissen Streuungen rechnen, die beispielsweise von der Reibung abhängen.

Es sind deshalb trägheitslose Speicherglieder vorzuziehen, die aber nicht immer eingesetzt werden können, weil sie besonders bei Drehstrommotoren recht teuer sind. In dieser Hinsicht sind z. B. Magnetkupplungen als Antriebselemente zweckmäßiger, weil die Abschaltung der Gleichstrom-Magneterregung mit Leistungstransistoren wirtschaftlich vertretbar sein kann.

Für die Beurteilung des dynamischen Verhaltens des gesamten Abschaltkreises dient das v-s-Diagramm (Abb. 325). Bis zum Punkt s_1 auf dem Weg s läuft der Antrieb mit der Nenngeschwindigkeit v_n. Dann gibt der Grenzlagenschalter Signal, das im Speicher verzögert an den Antrieb weitergeht, so daß dieser bis zum Punkt s_2 mit unveränderter Geschwindigkeit weiterläuft. Jetzt setzt der Bremsvorgang ein, so daß der Antrieb bei s_3 stehenbleibt.

Wie wir gesehen haben, streut die Verzögerungszeit der Schalter. Der tatsächliche Punkt s_2 liegt also innerhalb eines Bereiches S_2. Ebenso müssen wir damit rechnen, daß die Bremskraft streut. Bei konstantem S_2

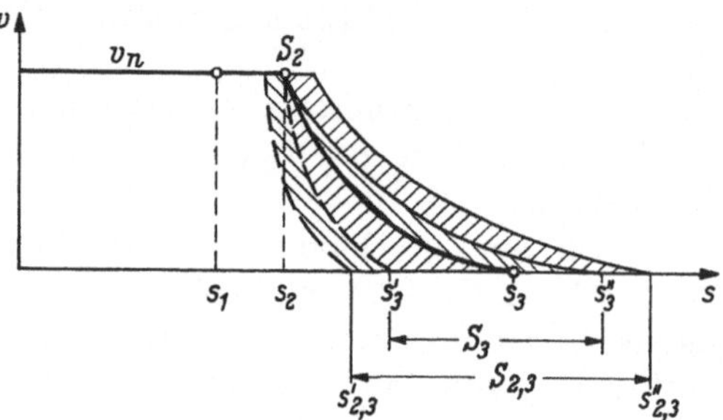

Abb. 325. v-s-Diagramm mit Streubereich für den Fall eines fehlerlosen Grenzlagenschalters (Einfahrtoleranz)

liegen die Punkte s_3 in einem Bereich S_3, der durch die Punkte s'_3 und s''_3 begrenzt ist. Der Streubereich für den Speicher und den Antrieb ist dann durch die Strecke $S_{2,\,3}$ gekennzeichnet.

Für die Beurteilung des gesamten Streubereiches müssen wir jetzt noch berücksichtigen, in welchem Bereich sich der Abschaltpunkt s_1 des Grenzlagenschalters sich verschieben kann. Dazu müssen wir den Systemfehler der Meßeinrichtung, insbesondere das Auflösungsvermögen des Meßsystems, kennen. Auf diese Werte ist deshalb bei der Beschreibung der einzelnen Systeme besonders hingewiesen worden. Bei hohen Verstellgeschwindigkeiten (Eilgang) ist es naheliegend, auf einen bestimmten Punkt mit gestuften Geschwindigkeiten einzufahren.

D. Folgesteuerungen

Läßt sich das Arbeitsziel nicht mit einem einzigen Vorgang erreichen, so sind mehrere Vorgänge gleichzeitig oder in einer bestimmten Reihenfolge unter Einhaltung von Zwischenzielen erforderlich. Wir wollen dann von Folgesteuerungen sprechen, die anschließend mit all ihren verschiedenen Verkettungsproblemen behandelt werden sollen.

In der einfachsten Form werden mehrere Steuerungsabläufe so aneinandergereiht, daß beim Stillsetzen des ersten der zweite eingeschaltet wird, dieser dann beim Abschalten den dritten einleitet usw. Wir wollen diese Art als einfache Folgesteuerung mit festem Programm bezeichnen. Im Gegensatz dazu gibt es auch mehrfache Folgesteuerungen, bei denen bei jedem einzelnen Schritt gleichzeitig mehrere Prozesse wirksam sind. Das Signal für den Abschaltkreis kann entweder aus dem ablaufenden Prozeß oder einem anderen mit dem Prozeß gekoppelten Vorgang hergeleitet werden. Eine sehr große Bedeutung haben dann noch Folgesteuerungen, die nicht mit festem, sondern flexiblem Programm betrieben werden. Dazu gehören Programmwähler, die zu den verschiedenen Programmierverfahren fuhren.

1. Funktionsdiagramme

Bevor man an den Entwurf solcher Schaltungen denken kann, muß die von dem Arbeitsprozeß kommende technologische Aufgabe bekannt sein. Zum reibungslosen Zusammenwirken von dem Konstrukteur der Maschine einerseits und dem Betriebsmann andererseits, braucht der Elektriker unmißverständliche Unterlagen für die Steuerung, die in der Wirkungskette zwischen Konstruktion und Fertigung wesentliche Aufgaben zu übernehmen hat.

Für die Darstellung von Funktionsfolgen von Arbeitsmaschinen und Fertigungsanlagen gibt es deshalb allgemeinverständliche und übersichtliche Diagramme. Die zeichnerische und möglichst textlose Darstellung der Funktionsfolgen zeigt das Zusammenspiel der einzelnen Baueinheiten und Bauglieder einer Arbeitsmaschine oder Fertigungsanlage. Die Diagramme sind international leicht lesbar, die Sinnbilder und Darstellungsgrundsätze sollten deshalb auf den beteiligten Gebieten (z. B. Maschinenbau, Elektrotechnik, Hydraulik) in allen Fällen gleich sein.

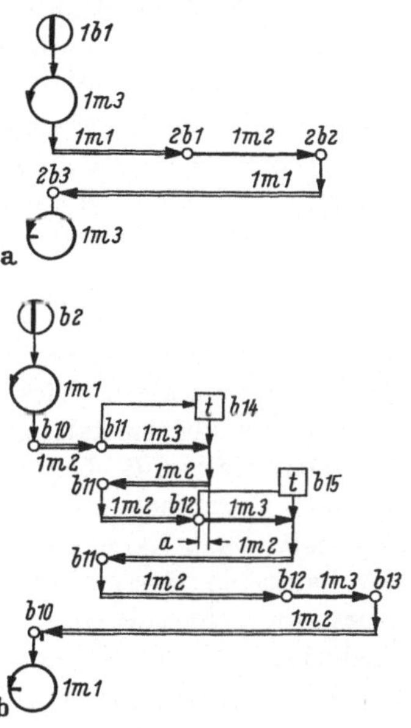
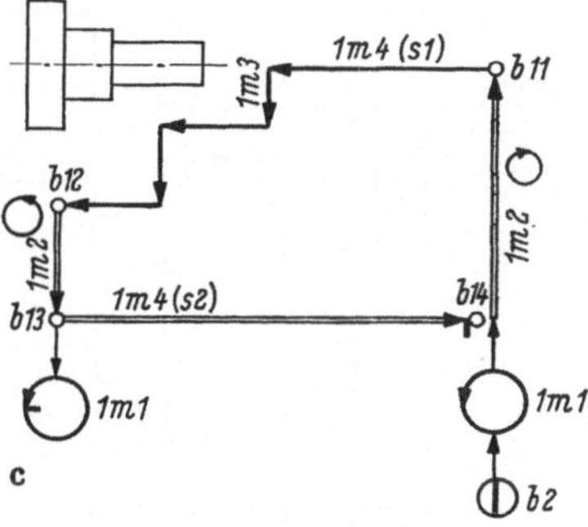

Abb. 326
Wegdiagramm für die Funktionsfolge einer Werkzeugmaschine nach VDI 3260
a) Fräsmaschine; b) Bohreinheit; c) Kopierdrehbank

Dazu sind im VDI-Blatt 3260 Richtlinien zusammengestellt, die als Grundlage für diese einheitliche Darstellung gelten sollen. Hier sind zunächst die Begriffe nach DIN 19226 definiert. Ferner werden in Anlehnung an den Entwurf DIN 55003 Sinnbilder für die Maschinenfunktionen und ihre Bewegungen angegeben und daraus die Art der Funktionsdiagramme abgeleitet. Man unterscheidet bei den Bewegungsdiagrammen zwischen Wegdiagramm und Wegschrittdiagramm, In den Wegschrittdiagrammen werden die Zustände der Bauglieder über den Schritten aufgetragen. Für Sonderfälle können die Zustände der Bauelemente auch über Zeiten aufgetragen werden (Zeitdiagramm).

Als Beispiel zeigt Abb. 326 einige Funktionsfolgen mit den zugehörigen Wegdiagrammen und kurzen Erklärungen. Wegen weiterer Einzelheiten wird auf das bereits genannte VDI-Blatt 3260 verwiesen.

2. Drehzahlwahl bei Folgesteuerungen

Für viele Arbeitsprozesse ist es nötig, eine Drehzahl während des Prozesses zu verändern. Diese Veränderung kann entweder feinstufig notwendig sein oder sie kann auch in groben Stufen erfolgen. Feinstufige Änderungen sind z. B. beim Plandrehen nötig, wenn ein Werkstück mit großem Durchmesser beispielsweise von außen nach innen abgedreht werden soll. Dazu kann man mit der Zustellung des Supportes einen Steller betätigen, dessen Widerstandsänderung die gewünschte Drehzahlverstellung hervorruft.

Nicht immer hat man feinstufig einstellbare Antriebe zur Verfügung, man muß deshalb die Drehzahl in großen Stufen ändern. Bei der Automatisierung der Fertigung ergibt sich dann die Aufgabe, diese Drehzahlsprünge selbsttätig einzuleiten.

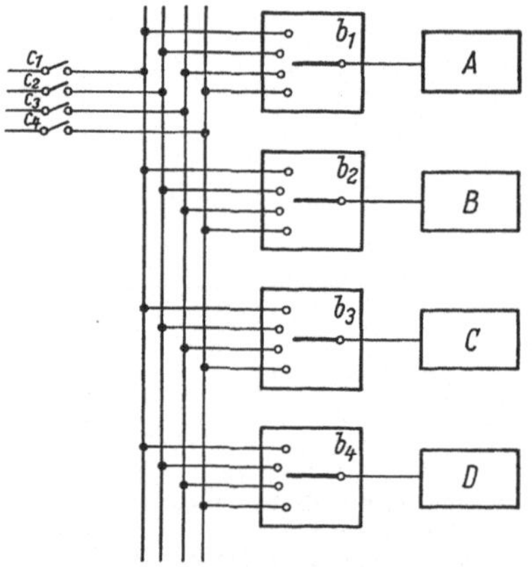

a) Drehzahlwähler

Da diese Prozesse sich nun nach einem einmal festgelegten Rhythmus immer wiederholen, braucht man dazu Signalspeicher für die zum Fortschalten nötigen Signalverzweigungen. Das können, wie Abb. 327 zeigt, z. B. einfache Wahlschalter b_{1-4} sein, mit denen die Antriebselemente A, B, C, D für die verschiedenen Drehzahlen an eine Signalsammelschiene angeschlossen werden. Die Antriebselemente (Übertragungsglieder) können z. B. Schütze

Abb. 327. Blockschaltbild einer Folgesteuerung mit Drehzahlwähler
c_{1-4} Folgeschalter; A bis D Antriebsglieder; b_{1-4} Drehzahlwähler

sein, die einen polumschaltbaren Motor auf die verschiedenen Drehzahlen schalten. Es kann sich aber auch um Magnetkupplungen handeln, die in einem Getriebe eingebaut sind. Die Sammelschienen werden dann schrittweise durch die Schalter c_{1-4} eingeschaltet, so daß bei jedem

Schritt eine andere Schiene Signal führt. Je nach der Stellung des Wahlschalters kann damit jedes Übertragungsglied $A-D$ an eine andere Sammelschiene angeschlossen werden, so daß sich die Reihenfolge der Drehzahlen beliebig variieren läßt.

Die technische Ausführung des Wahlschalters kann verschieden sein. In der beschriebenen Abb. 327 sind die Wähler als einpolige Schalter mit mehreren Schaltstellungen gezeichnet. Nach Abbildung 328a können sie aber auch Mehrfachschalter sein, bei denen jeder Schalter einzeln betätigt werden kann. Recht vorteilhaft beim Einrichten sind Wähler in Form von Steckverbindungen nach Abb. 328b. Diese Steckverbindungen können Einzelstecker sein, die dann vom Einrichter in die zu wählenden Buchsen gesteckt werden müssen. Man kann auch Mehrfachstecker verwenden

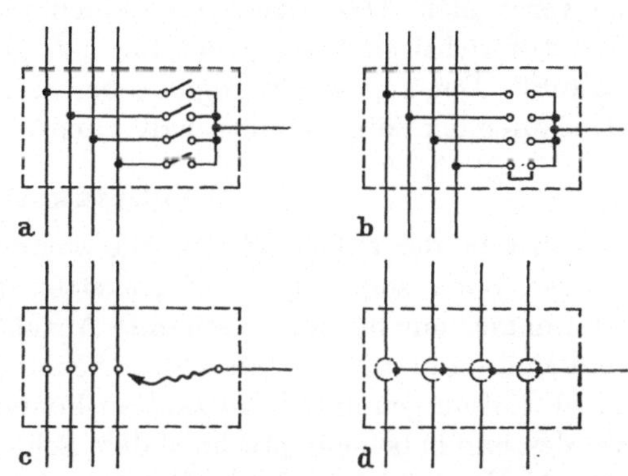

Abb. 328. Ausführungsmöglichkeiten eines Drehzahlwählers nach Abb. 327

a) unabhängige Einzelschalter; b) Steckverbindung; c) Kabelstecker; d) Kreuzschienenverteiler

und hat dann mehrere sinnvoll bezeichnete Stecker, bei denen jeweils nur ein Programm fest eingelötet ist. Eine andere Wahlmöglichkeit ist die Schnurverbindung mit einem Stecker und mehreren Buchsen nach Abb. 328c. Sie hat den Vorteil, daß über die Buchsenplatte eine Lochkarte gelegt werden kann, welche nur an denjenigen Stellen Löcher hat, wo die Stecker in die Buchsen gesteckt werden sollen. Die beweglichen Leitungen können jedoch auch nachteilig sein, da sie bei häufigem Gebrauch brechen können. Diesen Nachteil vermeiden Kreuzschienenverteiler, die nach Abb. 328d aufgebaut sind. Sie haben zwei senkrecht zueinanderstehende Sammelschienensysteme, die jeweils mit den geteilten Buchsen so verbunden sind, daß ein eingeführter Stecker eine Verbindung zweier senkrecht aufeinanderstehender Schienen herbeiführt.

Es gibt verschiedene Möglichkeiten für die sequentielle Signalgabe durch die Schalter c_{1-4}. Für jeden Schritt der Signalfolge hat man einen eigenen Signalgeber, der Signal gibt, wenn der Prozeß den mit dem Meßgeber verglichenen Wert erreicht hat.

b) Schrittschaltwerke

Es gibt aber auch Prozesse, bei denen bei immer gleichem Signal der Schritt eingeleitet werden soll. Dazu verwendet man dann zweckmäßigerweise ein Schrittschaltwerk, das z. B. eine Bauform aus der Fernmeldetechnik sein kann. Es wird mittels eines Magneten bei jedem Signalimpuls um einen Schritt weitergeschaltet und damit die nächste Sammelschiene an Spannung gelegt.

Nicht immer aber wird man mit einem einzigen Signalgeber auskommen, obwohl man bestrebt sein wird, möglichst wenige Signalgeber zu verwenden. Dazu kann man einen weiteren Wählerarm einsetzen, der den richtigen Signalgeber für den gerade auszuführenden Schritt anwählt. Der angewählte Signalgeber beendigt durch seine Impulsgabe den laufenden Vorgang und schaltet den Wähler auf den nächsten Schritt.

c) Schützketten

Anstelle der Schrittschaltwerke wendet man bei derartigen Schaltungen auch sogenannte Schützketten an, denn Schrittschaltwerke sind immer nur für eine bestimmte Anzahl von Schritten zu bekommen und sind dann mit der tatsächlich benötigten Zahl von Schritten meist nicht voll ausgenützt. Schützketten können jeder Schrittzahl angepaßt werden und haben entsprechend dem Schützaufbau auch eine genügende Anzahl Kontakte für die in Frage kommenden Schaltleistungen.

Eine Schützkette entsteht durch Aneinanderreihen mehrerer Schütze in einer bestimmten Schaltung, wozu grundsätzlich jedes Schütz ebenso geeignet ist wie jedes Relais (Relaisketten in der Fernsprechtechnik). Man wendet für die Erregung wieder das Sammelschienenprinzip an und sieht eine Sammelschiene für die geraden und die andere für die ungeraden Schritte vor. Der Signaluntersetzer muß dann so geschaltet sein, daß er einmal die „gerade", das anderemal die „ungerade" Sammelschiene anschließt.

Schützketten mit normalen Schützen haben jedoch den Nachteil, daß alle Schütze bei einem Spannungseinbruch im Netz abfallen. In einem solchen Fall kann aber nur ein sehr genau informiertes Personal den Folgeprozeß wieder in Gang bringen, weil Schütztakt und Arbeitstakt zusammenpassen müssen. Deshalb werden solche Schützketten mit einem „Gedächtnis" versehen, so daß die Kette auch nach einem Spannungseinbruch ihren augenblicklichen Schaltzustand beibehält und die Wiedereinschaltung mit dem normalen Betriebsdruckknopf erfolgen kann. Die Gedächtnisfunktion erreicht man am einfachsten mit Remanenzschützen (vgl. S. 151). Durch die unterschiedliche Erregung zum Ein- bzw. Ausschalten der Schütze ergeben sich dann insgesamt 4 Sammelschienen (Abb. 329). Für die interne Kettenschaltung wird von jedem Schütz ein Kontakt zur Vorbereitung des nächstfolgenden Schrittes, ein weiterer zum Abschalten des vorigen Schrittschützes sowie zum Schalten des Untersetzers und ein dritter zum Abtrennen der Spule von der gemeinsamen Löschleitung benötigt. Es bleiben dann noch genügend Kontakte für die Anwahl des Fortschaltsignales und für das Einschalten von Antriebs- und Stellelementen frei, wobei z. B. Kupplungen und Ventile ohne weiteres direkt geschaltet werden können [49].

Durch zusätzliche Schaltungsmaßnahmen läßt sich die in ihrer Grundschaltung stets gleiche Remanenzschützkette unterschiedlichen,

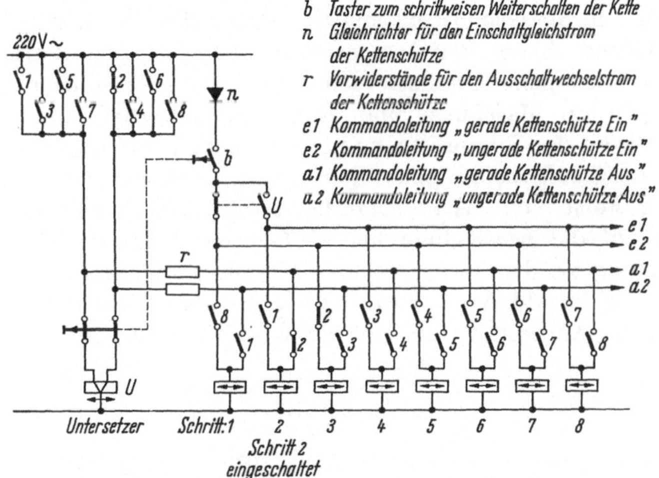

Abb. 329. Grundschaltung einer Remanenzschützkette (Schritt 2 eingeschaltet)

auf die einzelnen Anlagen abgestimmten Zyklusbedingungen anpassen. Die Kette kann z. B. für eine oder zwei Fortschaltrichtungen aufgebaut werden; in der Schaltung besteht für diese beiden Fälle der einzige Unterschied darin, daß bei einer Fortschaltrichtung jeder Schaltschritt nur vom davorliegenden Schritt angewählt wird, während im Falle der wechselnden Fortschaltrichtung jeder Schaltschritt von beiden Seiten ansteuerbar ist, so daß die Kette wahlweise schrittweise vorwärts oder rückwärts geschaltet werden kann. Ohne jeden gerätemäßigen Zusatzaufwand ist ein umlaufender Betrieb der Kette möglich; hierbei folgt also — wie beim umlaufenden Schrittschaltwerk — auf den letzten Schaltschritt unmittelbar wieder der erste. Es ist aber auch leicht möglich, die bei unterschiedlichen Programmabläufen meist unterschiedliche Schrittzahl vorzuwählen und von diesem jeweils vorgewählten letzten Schritt unmittelbar auf den ersten Schritt zurückzuschalten. Dabei verläuft auch diese Zurückschaltung von beliebigem Schritt wie die normale Schrittumschaltung; sie ist in ihrer Dauer also nur durch die Schützschaltzeiten bestimmt.

Für *Einrichtezwecke* bietet sich ein Einzelschrittbetrieb mit besonderem Quittierkommando derart an, daß die Antriebs- und Stellelemente nach dem Erreichen der jeweils angewählten Schaltbedingungen zwar sofort abgeschaltet werden, das Umschalten auf den nächsten Schaltschritt jedoch erst dann erfolgt, wenn eine besondere Quittiertaste betätigt wird. Auf diese Weise kann jeder Schaltschritt für sich mehrmals wiederholt werden, z. B. so lange, bis der zum Fortschalten festgelegte Endtaster richtig justiert ist. Auch für diese Betriebsweise sind im Steuerwerk keine zusätzlichen Geräte erforderlich, da die Quittiertaste unmittelbar in die Grundschaltung der Kette einbezogen wird.

Auf Grund dieser Wandlungsmöglichkeiten in der Betriebsweise kann die Remanenzschützkette leicht den unterschiedlichen Zyklusbedingungen an Maschinen und Einrichtungen aller Art angepaßt werden. Die einzige Voraussetzung für den Einsatz ist lediglich, daß sich die Steuerungsaufgabe auf einen Zyklus mit gleichbleibender oder auch wählbarer Folge von Schaltzuständen zurückführen läßt. Gerade im Hinblick auf die Anwendung bei vielfältigen Aufgabenstellungen ist diese Schützkette dem Schrittschaltwerk durch die Freizügigkeit hinsichtlich der Anzahl und Anwahl der Schaltschritte und hinsichtlich der leichten Anpassung an die verschiedensten Zyklusbedingungen überlegen.

d) Meßgeber

Der Impuls für einen Schaltvorgang kann von irgendeiner Prozeßgröße abgeleitet werden. Man braucht deshalb für diese Automatisierung erst einmal ein meist *selbsttätiges* Signal, das sowohl von den Zustandsgrößen als auch von den Stoffgrößen des Prozesses herkommen kann.

Zur Beurteilung der Bedeutung dieser Meßgeber muß darauf hingewiesen werden, daß ja auch der Mensch bei der Steuerung der Prozesse seine Informationen nicht nur über „codierte" Informationen bezieht, die er mit Hilfe der Sprache und Schrift bekommt. Ihm dienen auch Informationen aus dem physikalischen Informationsraum. Verfärbt sich z. B. das Werkzeug in ganz bestimmter Weise, so weiß er, daß es zu heiß geworden ist. Er verringert beispielsweise die Schnittgeschwindigkeit. Oder wenn ein Motor durchgeht, so hört er das am Geräusch. Er handelt aber nicht nur bei Gefahr, sondern immer dann, wenn er den tatsächlichen Betriebszustand (Istwert) mit dem gewünschten Sollzustand (Sollwert) vergleicht. Dazu gehört z. B. die Bewegung eines Maschinenteiles von einem Ort zum anderen. Das Auge stellt durch Ortsvergleich fest, daß die Bewegung aufhören darf. Der Mensch benutzt so seine Sinnesorgane als „Meßgeber", formt durch sein Denkvermögen den Meßwert und gibt mit Hilfe seiner Muskeln ein Signal.

Die Sinnesorgane können als Meßgerät viel zu unempfindlich oder zu träge sein. Der Mensch ermüdet, manche immer wiederkehrende

Aufgaben liegen vom soziologischen Standpunkt unter der Würde des Menschen oder fügen ihm gesundheitliche Schäden zu.

Man ist deshalb bestrebt, diese aus dem physikalischen Raum kommenden Informationen durch Meßvorgänge, selbsttätig in Signale zu verwandeln, also den Vorgang ohne den Menschen ablaufen zu lassen.

Messen wird man Zustandsgrößen, Stoffgrößen, Wärme und verfahrenstechnische Größen. Die drei letzteren werden, abgesehen von Temperatur, Druck, elektrischen, magnetischen, akustischen und optischen Größen, in der mechanischen Fertigung verhältnismäßig selten vorkommen. Wir wollen deshalb auf eine ausführliche Darstellung derselben verzichten. Eine recht vollständige Zusammenstellung enthält z. B. [13]. Unter den Zustandsgrößen interessieren am meisten die mechanischen.

Kraft. Mit Kraftmeßdosen lassen sich sowohl statische als auch dynamische Kräfte unter rauhen Betriebsbedingungen praktisch weglos messen.

Bei der magnetoelastischen Kraftmeßdose (Abb. 330a) wird ein Permalloykörper, in dem eine Spule eingebettet ist, einem Druck ausgesetzt. Dadurch ändert sich die Permeabilität dieses

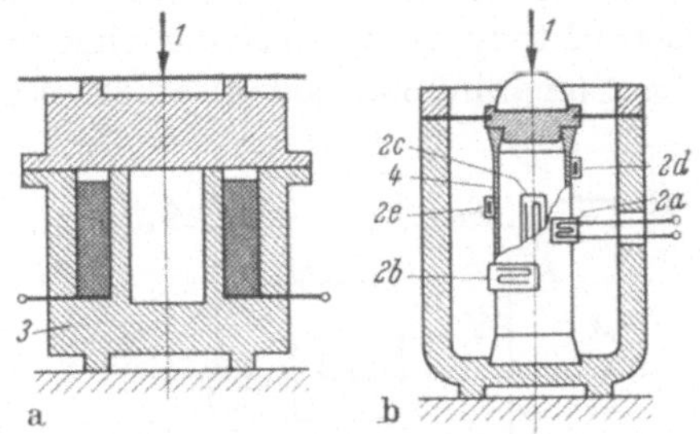

Abb. 330. Meßgeber für Kraft
a) magnetoelastisch; b) Dehnungsmeßstreifen
1 Kraftrichtung; *2a–e* Dehnungsmeßstreifen; *3* magnetoelastischer Wirkkörper, *4* elastischer Hohlzylinder

ferromagnetischen Werkstoffes und damit der Scheinwiderstand der Spule, der in einer Differenzschaltung mit einer Nachbildung verglichen wird.

Kraftmeßdosen mit Dehnungsstreifen (Abb. 330b) haben auf einem dünnwandigen Hohlzylinder Dehnungsstreifen waagerecht und senkrecht aufgeklebt; diese sind zu einer Brücke zusammengeschaltet. Durch die Belastung der Dose treten geringe Längenänderungen des Hohlzylinders auf und werden auf die Dehnungsstreifen übertragen. Die Widerstände der waagerechten Streifen werden größer, die der senkrechten kleiner, so daß die Ausgangsspannung der Brücke der auf den Zylinder wirkenden Kraft direkt proportional ist.

Drehmoment. Das von einer Welle übertragene Drehmoment kann durch Messung ihres Torsionswinkels erfaßt werden. Man kann aber auch die Schubspannungen in der Stahlwelle durch Erfassen der magnetischen Eigenschaften, z. B. meßbar mit Transduktoren oder mit Hallsonden, heranziehen.

Drehzahl. Die Geber für die Drehzahlen haben wir bei den Regelantrieben bereits beschrieben (vgl. S. 334).

Beschleunigung. Eine Masse übt bei Beschleunigung eine Kraft aus, die z. B. nach dem Prinzip der Widerstandsänderung bei Dehnung oder Stauchung in einem Brückenkreis erfaßt wird.

Weggeber. Zum Schluß wären noch für diese Folgeschaltungen die Weggeber in Betracht zu ziehen, die wir ausführlich bereits in den einzelnen Steuerungen mit wegabhängigem Abschaltkreis behandelt haben und die bei den folgenden wegabhängigen Folgesteuerungen von besonderer Bedeutung sind.

3. Wegabhängige Folgesteuerungen

Auch bei diesen Steuerungen wollen wir für die grundsätzliche Betrachtung, so wie bei der einzelnen wegabhängigen Steuerung, von dem Signalflußbild nach Abb. 289 ausgehen und reihen nun mehrere solche Steuerungen mit Abschaltkreis aneinander (Abb. 331). Das Signal x_{eA}, das beispielsweise von einem Druckknopf kommen kann, leitet den Vorgang ein. Im Speicher I (Schütz) wird es in ein Dauersignal x_A umgeformt und setzt das integrierende Antriebselement II in Gang. Es entsteht das mit der Zeit wachsende Signal x_{aA}, das dem zurückgelegten Weg analog sein möge. Stimmt dieser Weg x_{aA} beim Vergleich im Glied III mit der Führungsgröße W_A überein, gibt das Übertragungsglied IV (Endschalter) Signal x'_{eA} unterbricht durch den Speicher I das Signal x_A und gibt ein Fortschaltsignal $x'_{aA} = x_{eB}$ an den Antrieb B, in dem sich im ähnlichen Kreisverlauf das Fortschaltsignal x'_{aB}

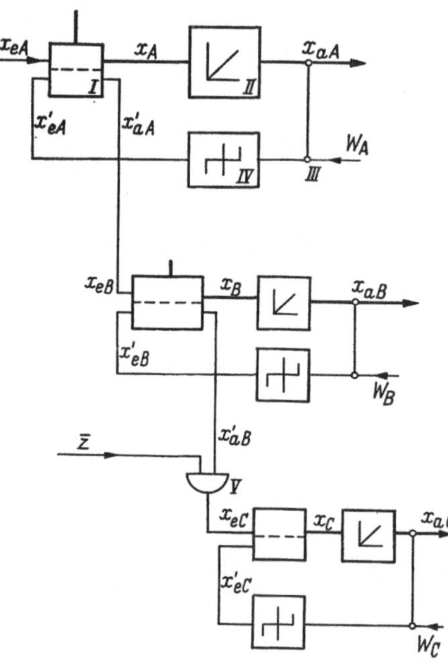

Abb. 331
Signalflußbild für eine einfache Folgeschaltung

bildet, das diesmal aber den Antrieb C nicht unmittelbar einschaltet, sondern erst dann, wenn eine Verknüpfungsbedingung im Übertragungsglied V erfüllt ist. Diese möge so lauten, daß der Fortschaltimpuls nur gegeben werden kann, wenn ein Störsignal Z nicht vorliegt. Dieses Signal x_{eC} schaltet dann den Antrieb C ein, dessen Schlußsignal x'_{eC} den Vorgang beendet.

Zum besseren Verständnis dieser Darstellungsart wollen wir nochmals das Stromlaufbild eines solchen Vorganges dem Signalflußbild gegenüberstellen und wählen dazu einen stark vereinfachten Fortschaltprozeß an einer Fräsmaschine, bei der beispielsweise die Vorschubbewegungen zuerst einwärts, dann in der Längsrichtung, anschließend auswärts und zum Schluß wieder in der Längsrichtung gesteuert werden. Erhält der Quervorschubmotor zwei Schütze c_1 und c_2 (Abb. 332) für beide Drehrichtungen, der Längsvorschubmotor ein

Schütz c_3 für eine Drehrichtung, so erfolgt die Schaltung mittels der drei Endtaster b_1 bis b_3. Wird kein Endtaster betätigt, spricht das Schütz c_1 nach dem Einschalten durch den Schalter a an. Durch den Endschalter b_1 wird der Längsvorschub ein- und der Quervorschub einwärts abgeschaltet. Sinngemäß werden die Endtaster b_2 und b_3 betätigt; sie leiten der Reihe nach den Quervorschub auswärts

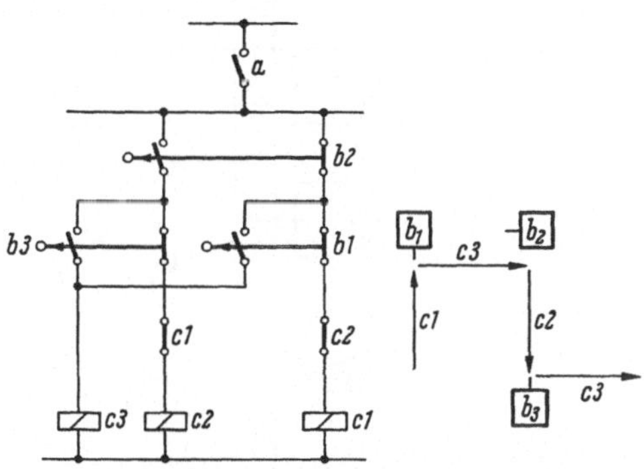

Abb. 332. Stromlaufplan für eine Folgeschaltung einer Fräsmaschine

$c_{1,2}$ Schütze für den Quervorschub; c_3 Schütz für den Längsvorschub; b_{1-3} Endtaster

und den Längsvorschub ein. Nach beendetem Arbeitsvorgang kann die Maschine durch Betätigung des Schalters a stillgesetzt werden.

Häufig sind besonders für die Ausgangssignale x'_a noch zusätzlich Speicher oder Signalumformer nötig, weil das Übertragungsglied (IV) im Laufe des Prozesses mehrmals ansprechen kann. Das Einordnen von weiteren Übertragungsgliedern in diese Signalstrecke bedeutet grundsätzlich nichts Neues. Man braucht hierfür nur die Verhältnisse für die Signalverarbeitung zu übertragen, die im Kapitel III behandelt sind.

a) Programmwähler

Oft besteht bei Folgeschaltungen die Forderung, daß die Reihenfolge der einzelnen Antriebe in beliebiger Weise geändert werden soll. Man kann dazu von dem Signalflußplan Abb. 331 ausgehen und das Signal vom Ausgang des Übertragungsgliedes I auf einen Wahlschalter führen, um es dann wahlweise auf die verschiedenen Eingänge der Übertragungsglieder der anderen Antriebe zu schalten.

Dazu benützt man aus Gründen der Übersichtlichkeit am besten ein Signalsammelschienensystem für die Ein- und Ausgänge der Übertragungsglieder $A-C$ (Abb. 333). Mit diesen Sammelschienen werden neue Übertragungsglieder V_{1-6}, die den Charakter von Wahlschaltern haben, verbunden. Das erste, den Vorgang einleitende Signal x_e geht auf das Übertragungsglied V_1 und kann damit wahlweise auf die Übertragungsglieder A, B und C geschaltet werden.

Die Fortschaltausgangssignale x'_a der Speicher gehen über die Ausgangssammelschienen auf die Übertragungsglieder (Wähler) V_2 und V_4, deren Ausgänge das Signal zu den Wählern V_3 und V_5 führen, die das Signal wieder auf die Eingangssammelschienen zurückbringen.

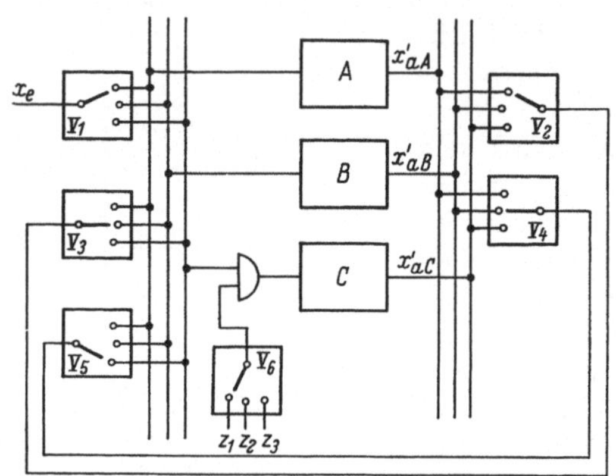

Abb. 333. Signalflußplan einer Folgesteuerung mit Folgewähler
A, B, C Antriebe; V_{1-6} Folgewähler (Wahlschalter)

In der gezeichneten Stellung der Wähler V verläuft der Prozeß in der vorherigen Reihenfolge A, B, C. Je nach der Stellung der einzelnen Wähler läßt sich diese Reihenfolge beliebig ändern. Eine Schwierigkeit können bei diesen Schaltern noch die Verknüpfungsbedingungen mit einer Störgröße Z für Antrieb C bringen. Wenn diese Störgröße von der gewählten Reihenfolge abhängt, kann für die Störsignale Z_{1-3} noch ein Wahlschalter V_6 nötig sein.

b) Schrittschaltwerke

Es ist leicht einzusehen, daß Schaltungen mit den beschriebenen Wahlschaltern schnell unübersichtlich und aufwendig werden, wenn die Anzahl der zu schaltenden Antriebe und die Anzahl der Schritte größer wird. Es kann dann vorkommen, daß beispielsweise beim 12. Schritt der gleiche Antrieb wieder in Tätigkeit treten muß, der beim 7. Schritt schon gewählt war. Für solche Wiederholungen, die recht häufig vorkommen, müßte man Sondermaßnahmen ergreifen. Man geht deshalb meist in derartigen Fällen mit umfangreichen Folgeschritten auf Schaltungen mit Schrittschaltwerken über und bekommt nach Abb. 334 ein neues Übertragungsglied VI. Es besteht beispielsweise aus einem Wählerrelais. Im Gegensatz zum bisher angenommenen Eingangssignal durch

Druckknopf hat das Schrittschaltwerk schon Speicherfunktionen und speichert das Eingangssignal so lange, bis der Vorgang abgewickelt ist. Dann schaltet es auf den zweiten Eingang, der dann wieder Dauersignal hat. Man braucht deshalb im Antrieb dem Übertragungsglied keine Speicherfunktionen mehr zu geben und kann dafür einen reinen Ver-

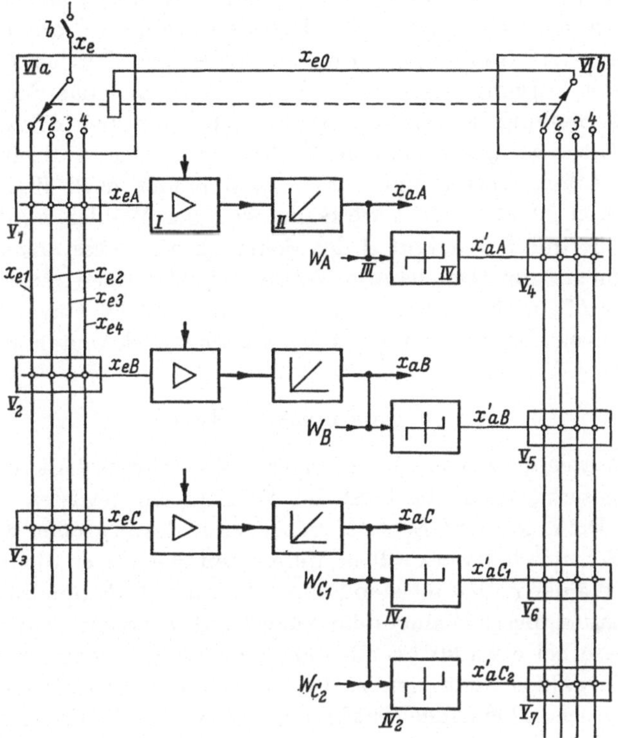

Abb. 334. Signalflußbild einer Folgeschaltung mit Wählerrelais und Kreuzschienenverteiler

stärker nehmen, der natürlich auch die Form eines Schützes haben kann. Das Signalflußbild ist nun ähnlich aufgebaut wie das vorherige. Als Wähler wird der Kreuzschienenverteiler nach Abb. 328d verwendet.

Der Vorgang wird durch das Dauersignal x_e vom Schalter b eingeleitet. Am Anfang stehen beide Arme des Schrittschaltwerkes auf der Stellung 1. Dann bekommt die erste Eingangssammelschiene Signal und gibt dieses über den Kreuzschienenverteiler V_{1-3} beispielsweise als Signal x_{eA} an Antrieb A weiter, der nach Prozeßablauf das Ausgangssignal x'_{aA} an die andere Signalsammelschiene weitergibt. Damit dieses Signal zum Fortschaltimpuls x_{eo} wird, muß der Wähler V_4 entsprechend gestöpselt sein und, wie verabredet, der zweite (rechte) Arm des Schrittschaltwerkes auf 1 stehen. Durch den Fortschaltimpuls x_{eo}

schaltet das Schrittschaltwerk auf Stellung *2*, unterbricht damit die Signalleitung für den Antrieb A und gibt das Eingangssignal auf die Sammelschiene x_{e_2}, von der aus dann, beispielsweise durch den Wähler V_3, das Signal an den Antrieb C weitergeht. Ist durch den Prozeßablauf $x_{ac} = W_{c_1}$ geworden, gibt das Übertragungsglied IV_1 das Ausgangssignal x'_{ac_1}, so daß bei richtig gestöpseltem Wähler V_6 über Stellung *2* das Schrittschaltwerk wieder das Fortschaltsignal x_{e_0} erhält und die Wählerarme auf Stellung *3* springen. Dabei sei Antrieb B gewählt, bei dem der Vorgang dann wie bisher abläuft und das Schrittschaltwerk auf Stellung *4* schaltet. Dann bekommt beispielsweise über Sammelschiene x_{e_4} und Vorwähler V_3 nochmal der Antrieb C Signal und gibt sofort wieder Signal x'_{ac_1}, weil immer noch $W_{c_1} = x_{ac}$ ist. Dieses Signal ist aber nicht wirksam, weil der Wähler V_6 das Signal nicht an die durch Kontakt *4* des Schrittschaltwerkes angeschlossene Sammelschiene gibt. Das besorgt Wähler V_7, der einen zweiten Signalvergleicher IV_2 wirksam werden läßt, welcher erst bei einem Führungswert W_{c_2} anspricht und dann das Schrittschaltwerk weiter (oder auf *1*) schaltet.

c) Lochstreifenleser

Der Anwendung von Steuerungen mit Schrittschaltwerken sind Grenzen gesetzt, wenn die Zahl der Schritte ein gewisses Maß überschreitet. Denn je mehr Schritte nötig sind, desto größer wird einerseits das Schrittschaltwerk selbst, andererseits benötigen die dazu erforderlichen Wähler in den meisten Fällen ebenso viele Sammelschienen wie Schritte. Auch dieses Wahlsystem wächst mit der Schrittzahl erheblich. Liegen diese bei etwa 30 bis 50 und mehr, so geht man andere Wege.

Das Vorwahlelement dazu ist der Lochstreifen, den wir als Informationsträger schon kennengelernt haben (vgl. S. 113). Da der Lochstreifenleser den Lochstreifen von Zeile zu Zeile schrittweise weiterschaltet, lag es nahe, diesem Lochstreifenleser die Funktion des Schrittschaltwerkes zu übertragen und als Wähler im bisherigen Sinne den Lochstreifen selbst zu benützen.

Eine sehr einfache Steuerung dieser Art zeigt Abb. 335, bei der im Vergleich mit Abb. 334 die Antriebskreise grundsätzlich gleich aufgebaut sind. Für jeden Antrieb kommt das Eingangssignal $x_{e,A,B,C}$ und geht das Ausgangssignal $x'_{a,A,B,C}$ über das Übertragungsglied V, das beispielsweise ein Relais sein kann. Es erhält sein Eingangssignal $x_{e_1,2}\cdots$ direkt vom Lochstreifenleser. Der Lochstreifen dazu sei ein 5-Spur-Streifen und soll Signal x_{e_1} geben, wenn Spur *1* gelocht ist. Sinngemäß gibt Spur *2* das Signal x_{e_2} usw.

Wird nun der Lochstreifen von links nach rechts bewegt, so wird zuerst die rechte Zeile gelesen, also Signal x_{e_4} gegeben. Das Übertragungsglied V_{A_1} spricht an und leitet den Prozeß A ein. Wenn er beendet ist, gibt der Meßgeber das Ausgangssignal, das über den Relaiskontakt V_{A_2} zum Fortschaltsignal x_{e_0} wird und den Leser um einen Schritt weiterschaltet, so daß das Signal 4 aufhört und den Prozeß A abschaltet.

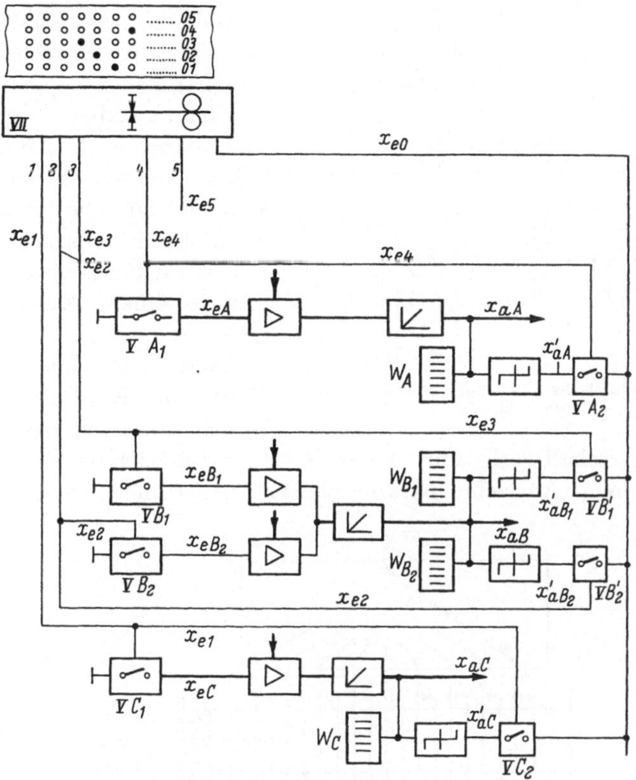

Abb. 335. Signalflußbild einer Folgesteuerung mit Lochstreifenleser

Beim nächsten Schritt wird dann nach dem gezeichneten Beispiel Signal x_{e_1} gegeben, das den Prozeß C ablaufen läßt.

Beim Antrieb B haben wir Umkehrbetrieb angenommen und brauchen dann für jede Drehrichtung eigene Übertragungsglieder V und natürlich auch eigene Meßgeber.

Das angeführte Beispiel soll zunächst die prinzipielle Funktion des Lochstreifenlesers zeigen.

d) Folgeschaltungen von Mehrfachprozessen

Bei vielen Folgesteuerungen verlangt der Prozeß bei jedem Schritt das Schalten mehrerer Antriebe. Das kommt insbesondere bei vielen

Werkzeugmaschinen vor, bei denen z. B. für jeden Schritt die Vorschubgröße, Vorschubrichtung und die Spindeldrehzahl zu schalten sind. Die Vorgänge laufen dann so lange, bis durch den Meßgeber die vorgegebene Vorschublänge erreicht ist und der Vorgang abgeschaltet werden kann.

Grundsätzlich verwendet man dann nach Abb. 336 für jeden Antrieb einen eigenen Wähler und schaltet dann alle parallel. In unserem Beispiel haben wir 3 Schrittschaltwerke mit je einem Kreuzschienenverteiler.

Man kann eine erhebliche Zahl von Kontakten sparen, wenn man nach Abb. 337 nur ein Schrittschaltwerk und mehrere Kreuzschienenverteiler für die verschiedenen Antriebe parallelschaltet. Allerdings entstehen dann

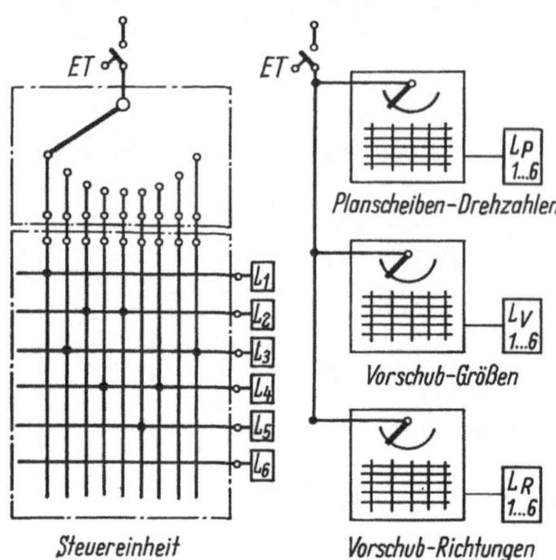

Abb. 336. Schrittschaltwerk mit parallelgeschalteten Wählern

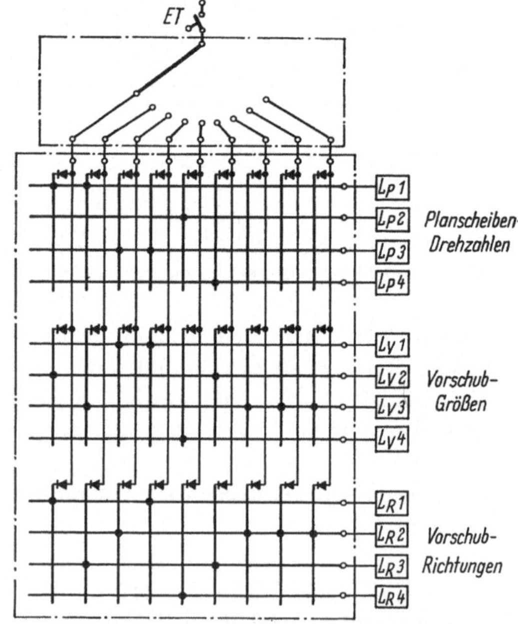

Abb. 337
Schrittschaltwerk mit parallelgeschalteten Kreuzschienenverteilern und Diodenentkopplung

Rückströme, weil bei jedem Schritt mehrere Antriebe geschaltet werden, von denen der eine oder andere wieder bei einem späteren Schritt an der Reihe ist. Wenn in der gezeigten Schaltung diese Rückströme nicht durch Dioden verhindert wären, würde z. B. beim Schritt 3 außer den Antrieben L_{R_2}, L_{V_1} und L_{P_3} über die Sammelschiene L_{V_1} die 4. Anwahlschiene Spannung bekommen, was die Diode verhindert.

Herstellungsvorteile kann ein Kreuzschienenverteiler nach Abb. 338 haben, bei dem Diodenstecker verwendet werden. Die senkrechten Schienen sind dann nicht unterbrochen.

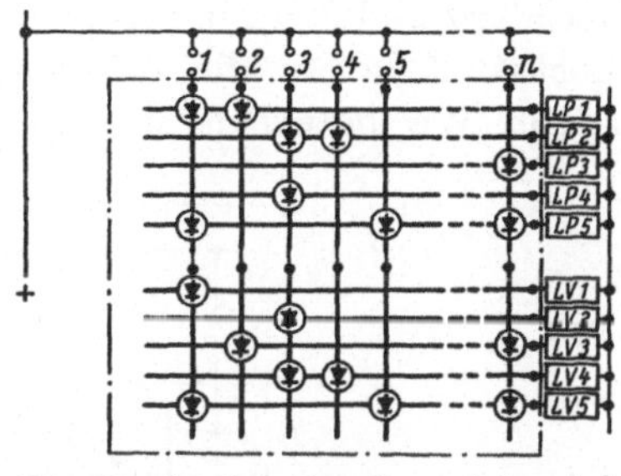

Abb. 338. Schützkette mit parallelgeschaltetem Kreuzschienenverteiler und Diodensteckern

e) Mechanische Wahl der Führungsgröße

Wie wir anfangs bereits andeuteten, hat die Verwendung von Lochstreifenlesern als Schrittschaltwerke nur dann Sinn, wenn viele Schritte vorkommen. Es muß dann aber auch der Meßgeber für einen mehrfachen Prozeßablauf eines Antriebes geeignet sein, d. h., er muß eine Einrichtung haben, die mehrere Führungsgrößen der Reihe nach vorschreibt.

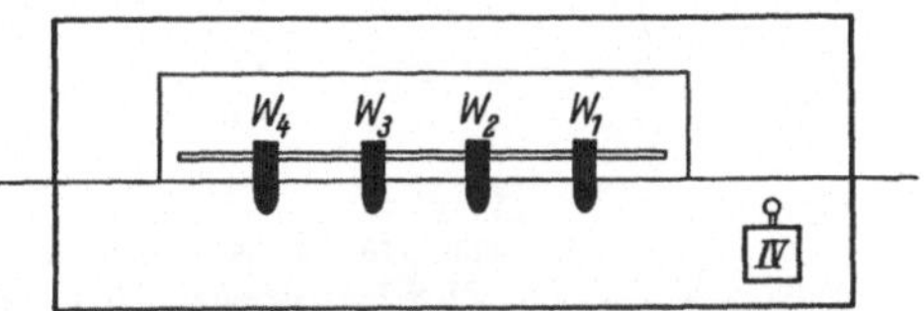

Abb. 339. Nockenleiste mit Endtaster

Dies ist z. B. mit einer Nockenleiste für Endschalterbetätigung nach Abb. 339 möglich. Der erste Prozeßablauf wird durch einen der Nocken W_1 beendet, wenn dieser den Endschalter IV betätigt. Für den zweiten und folgenden Prozeß dienen weitere Nocken $W_{2,\,3,\,4}$, die jedesmal nach einem durch den Nockenabstand gekennzeichneten Weg Ausgangssignal geben.

f) Numerische Wahl der Führungsgröße

Bei Folgesteuerungen für vielseitige Aufgaben wird man nicht nur bei jedem Schritt mehrere Antriebe schalten müssen, sondern wird auch einen Weg finden müssen, anstelle der mechanischen Weginformationen mit Nockenleiste, die wir vorstehend beschrieben haben, die Weginformationen als numerische Angaben über den Lochstreifen in die Steuerung einzugeben [*94, 98, 99*].

Für diese vielseitigen Aufgaben reicht nun eine so einfache *Lochstreifensteuerung*, die in den erwähnten Abb. 336—338 beschrieben ist, nicht mehr aus. Wir müssen für jeden Schritt viel mehr Informationen haben und diese in Signale umsetzen. Dazu werden die Informationen in den Lochstreifen nach einem gewählten Code eingegeben; die dabei entstehenden Signale müssen nach dem Lesen des Lochstreifens wieder decodiert und dann in Speichern aufgehoben werden, weil eine Zeile des Lochstreifens für alle Informationen des ganzen Schrittes nicht ausreicht. Wir brauchen mehrere Zeilen, einen sogenannten „Satz", und

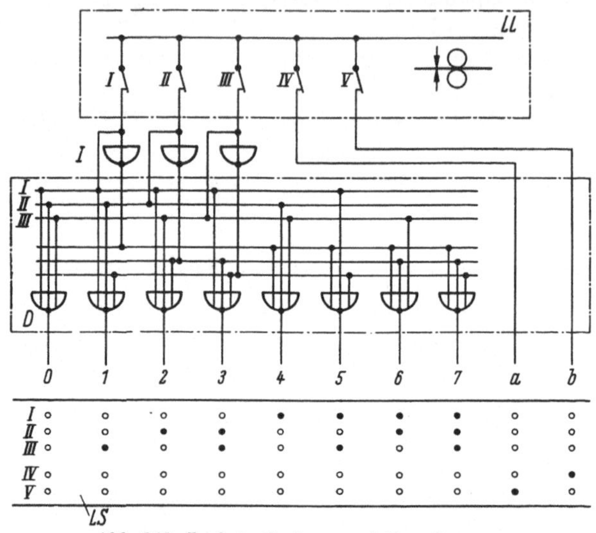

Abb. 340. Lochstreifenleser und Decodierung
LS Lochstreifen; LL Lochstreifenleser

benötigen außerdem noch einen Signalverteiler, der die decodierten Signale der Zeile vom Lochstreifen in die vorher festgelegten Speicher gibt.

Die vollständige Schaltung wollen wir schrittweise erläutern und gehen dabei von Abb. 340 aus. Es werde ein 5 Spur-Lochstreifen verwendet, und es seien beispielsweise für jeden Schritt 10 Signale erforderlich, von denen 2 Signale a und b uncodiert aus der IV. und V. Spur des Lochstreifens LS entnommen werden sollen. Für 8 Signale 0 bis 7 stehen uns also nur die 3 Spuren I bis III zur Verfügung. Um daraus 8 Signale machen zu können, müssen wir für den Lochstreifen, wie Abb. 340 (unten) zeigt, einen Code vereinbaren. Danach soll z. B. das Signal 0 gegeben werden, wenn alle 3 Gruppen kein Signal geben. Das Signal 1 gibt die Spur III, und so geht es, wie aus der Abbildung leicht ersichtlich ist, weiter, bis das Signal 7 durch je 1 Signal aus den Spuren I–III gegeben wird. Diesen verabredeten Signalcode müssen wir nun einem neuen Übertragungsglied — dem Decoder D — zuführen. Er besteht in unserem Fall aus 8 NOR-Stufen und einem ebenfalls mit NOR-Stufen aufgebauten Invertierer I für die Umkehrung der Eingangssignale. Entsprechend der vorgeschriebenen Kombinationen werden, wie leicht zu verfolgen ist, die Ausgangssignale 0 bis 7 gebildet. Wir haben damit die maximal erreichbare Signalzahl aus diesen 3 Spuren herausgeholt, denn bei der Signalmöglichkeit 0 und 1 geben 3 Spuren insgesamt $2^3 = 8$ Möglichkeiten, wobei aber Signal Null auf allen 3 Spuren aus Sicherheitsgründen nicht zu gebrauchen ist. Die Redundanz dieses Codes ist damit gleich 0 und läßt keinen Fehler erkennen, der aus irgendeinem Grunde entstanden ist. Wir können deshalb solche Codes nur dann zulassen, wenn dies keine gefährlichen Folgen hat.

Wie leicht zu überblicken ist, kann man aus dem 5 Spur-Lochstreifen noch mehr Kombinationen bekommen, wenn man auch 3 aus 5, 4 aus 5 und gar 5 aus 5 Signalkombinationen zuläßt. Die Prüfbarkeit solcher Code haben wir früher bereits erläutert und auf die Vereinheitlichung der zu wählenden Codes hingewiesen (S. 114). In den diesbezüglichen Richtlinien ist auch der 8 Spur-Code 8 B enthalten, den wir für die weiteren Betrachtungen zugrunde legen wollen, weil er am meisten verwendet wird. Bei der Adressenschreibweise wollen wir nun neben den Ziffern auch Adressen auswerten. Dies kann in der gleichen Form wie bei den Ziffern mit NOR-Stufen erfolgen.

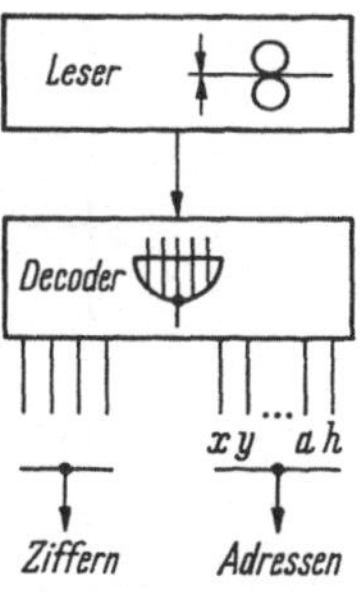

Abb. 341
Vereinfachte Darstellung des Signalflusses nach Abb. 340

Die alpha-codierten Signale benutzen wir nun für die Verteilung der Ziffernsignale und wollen erläutern, wie eine auf dem Lochstreifen festgehaltene Information von z. B. „$x\,367$" weiterverarbeitet wird. Die Information möge bedeuten, daß sich die Maschine in x-Richtung 367 mm bewegen soll. Für die weiteren Betrachtungen stellen wir Abb. 340 vereinfacht gemäß Abb. 341 dar.

Als neues Übertragungselement brauchen wir jetzt einen *Speicher*, der durch das Signal x angewählt wird und dann die Ziffern 367 so speichert, wie sie vom Lochstreifen der Reihe nach eingegeben werden. Neu ist ferner bei einer solchen Einrichtung, daß das Fortschaltkommando für den Lochstreifenleser während des Einlesevorganges jetzt nicht mehr vom Prozeß her kommt, sondern vom Speicher, der jedesmal Fortschaltsignal gibt, wenn eine Zeile eingespeichert ist. Der Gesamtspeicher wird ferner zweckmäßigerweise so in mehrere Speicher aufgeteilt, daß jeder eine Ziffer, also eine Dekade enthält. Das gibt dann im Aufbau übersichtliche Baugruppenelemente, sogenannte Dekadenspeicher.

Nach Abb. 342 besitzt ein solcher Dekadenspeicher zunächst einen Speicher für die Wegadresse AS, der in unserem Beispiel beim Signal x

aus dem Decoder anspricht. Gibt nachfolgend die Lesesteuerung
Speichertakt, wird der Speicher AS in die Ein-Lage gesetzt. Dadurch
fällt das Sperrsignal an dem NOR-Gatter *1* weg, so daß dieses bei
einem nachfolgenden Speichertakt ein Ausgangssignal abgibt.

Entsprechend der festgelegten Syntax müssen nach der Adresse
3 Ziffern folgen. Diese stehen an dem Schieberegister der 1. Dekade DS_1
an den Ausgangsleitungen A, B, C, D des Decoders an (tetradisch codierte

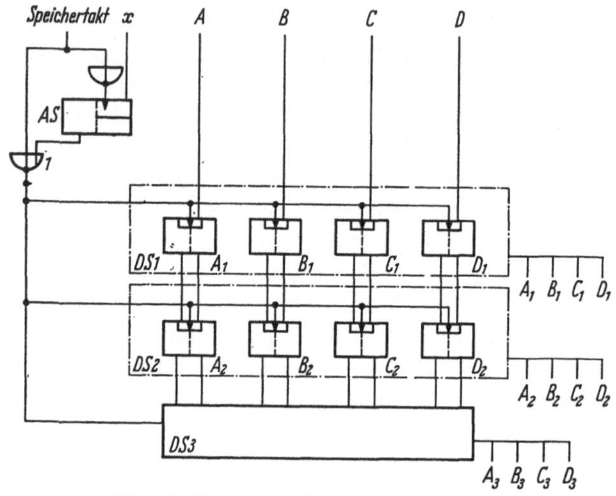

Abb. 342. Dekadenspeicher als Schieberegister

Ziffern). Ein nachfolgender Speichertakt übernimmt die anstehende
1. Ziffer in den Speicher *1*. Bei Fortschalten des Lochstreifens um
1 Schritt steht an dem Eingang die neue Ziffer an; sie wird wiederum
durch einen Speichertakt in den Speicher DS_1 übernommen und die
im Speicher DS_1 stehende Zahl in den Speicher DS_2 übertragen. In der
gleichen Form erfolgt dann die Abspeicherung der 3. Ziffer.

Offengelassen haben wir noch, wie der Fortschaltmechanismus des
Lesers arbeitet. Das zeigt Abb. 343. Aufgabe der Lesersteuerung ist
es, den Weitertransport des Lochstreifens in einem festen Zeitraster
durchzuführen und die Abspeicherung der vom Lochstreifen kommenden
Signale in den Speichern vorzunehmen. Die Wirkungsweise ist folgende:
Bei Kommando „Leser-Start" wird das Gedächtnis *1* in die Ein-Lage
gesetzt. Dadurch erhält die Kippstufe *3* über das NOR-Gatter *2* Ein-
schaltsignal. Der Vorschubmagnet VM wird an Spannung gelegt und
der Lochstreifen um 1 Teilung weitertransportiert. Um einen Ab-
brand an den Kontakten während des Transportes zu vermeiden,
wird gleichzeitig mit dem Erregen des Vorschubmagneten die Lese-
spannung durch das NOR-Gatter *4* während der Transportzeit gesperrt.

Nach beispielsweise 20 ms ist der Zeitkipper *3* abgelaufen, sein Ausgangssignal verschwindet, so daß der Zeitkipper *6* über die NOR-Stufe *5* freigegeben wird. Gleichzeitig läuft der Zeitkipper *7* an, der, um Störungen durch Prellerscheinungen zu vermeiden, den Abspeichertakt für die am Decoderausgang stehenden Zeichen verzögert. Der Abspeichertakt wird gebildet, wenn der Zeitkipper *6* eingeschaltet und dadurch die NOR-Stufe *8* kein Ausgangssignal hat und wenn außerdem nach Ablauf

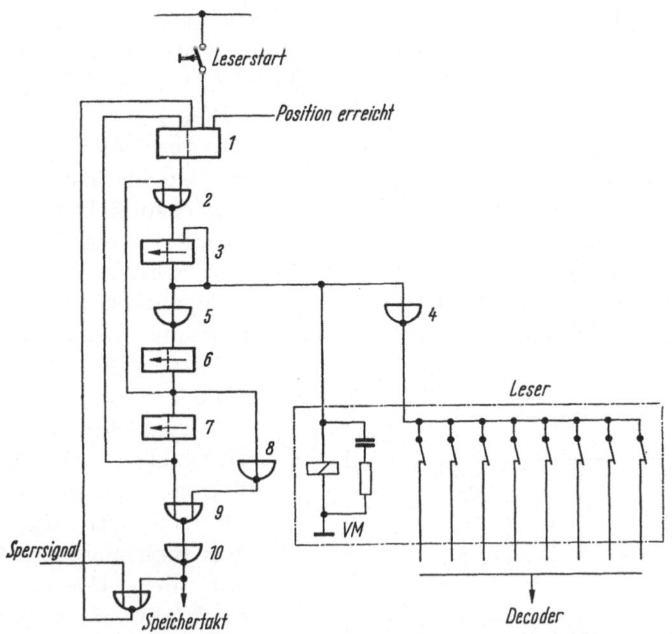

Abb. 343. Schaltung des Fortschaltmechanismus eines Lesers

des Zeitkippers *7* auch dessen Ausgangssignal verschwunden ist. Dadurch entsteht am Ausgang des NOR-Gatters *9* Signal, das in dem NOR-Gatter *10* invertiert wird.

Bei dem letzten NOR-Gatter ist ein Eingang für ein Sperrsignal angedeutet. Hier kann beispielsweise bei Vorhandensein einer Syntaxprüfung oder bei Satzende ein Abspeicherbefehl und ein Weiterlesen durch das Nichtwiedereinschalten des Gedächtnisses *1* verhindert werden. Das Wiedereinschalten erfolgt dann erst, wenn beispielsweise die abgespeicherte Position erreicht und dadurch von dem Meßsystem der Fortschaltbefehl gegeben wird.

Der Einfachheit halber wurde darauf verzichtet, den Signalgeber für Leserstart zu verriegeln. Er ist normalerweise nur wirksam, solange noch kein automatisches Programm läuft.

Für die weiteren Betrachtungen wollen wir von diesen Schaltungseinzelheiten absehen und das vereinfachte Signalflußbild erläutern, das der bis jetzt erläuterten Schaltung entspricht.

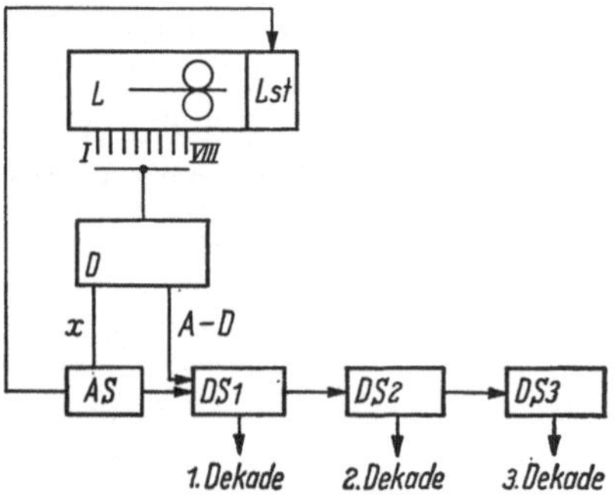

In Abb. 344 stellt L den Leser mit der Lesersteuerung LSt dar. Die Lesersignale I bis VIII gehen an den Decoder D, der die Signale als Schaltsignal x und Ziffernsignal A bis D, wie bereits beschrieben, an den Speicher AS bzw. $DS_{1, 2, 3}$ gibt. Die Schaltung zeigt also vereinfacht dasselbe wie die Abb. 340 bis 343.

Der nächste Schritt führt nun zur Signalverteilung für zwei aufeinanderfolgende „Signalsätze", die für zwei Schritte eines Arbeitsprozesses nötig sind Der Prozeß möge die Aufgabe haben, den Werkzeugträger (Bohrspindel) einer Werkzeugmaschine in x-Richtung um 367 mm mit der Geschwindigkeit $h = 62$ mm/min bei der Spindeldrehzahl a 7 zu verschieben. Wenn dieser Verschiebevorgang beendet ist, soll sich der Bohrer in z-Richtung um 417 mm mit der Geschwindigkeit $h = 20$ mm/min auf das Werkstück zu bewegen und dabei das Loch mit der Drehzahl a 21 bohren. Für den Lochstreifen lautet dann die Programmiervorschrift

$$x\,367 \quad h\,62 \quad a\,7 \;=\;$$
$$z\,417 \quad h\,20 \quad a\,21 \;=\;$$

wobei das $=$-Zeichen Satzende bedeuten soll.

Das Signalflußbild für diese Aufgabe zeigt Abb. 345. Der Aufbau der Schaltung ist aus Abb. 344 abgeleitet. Die aneinandergezeichneten

Abb. 344. Signalflußbild für die Schaltungen nach Abb. 340 bis 342

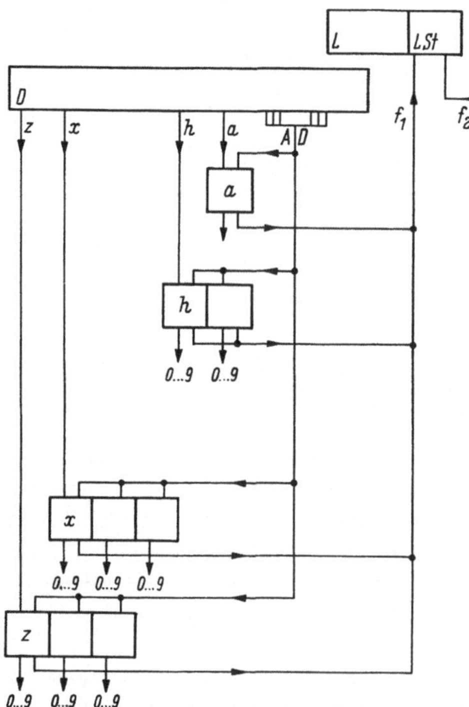

Abb. 345. Signalfluß für die Verarbeitung einer numerischen Programmiervorschrift

Dekadenspeicher, die Code-Umsetzer für Ziffernausgabe *0* bis *9* enthalten mögen, bedeuten nur, daß diese sich durch festverlegte Leitungen zwangsläufig der Reihe nach füllen. Neu ist in der Programmierung das =-Zeichen für das Satzende. Es wird jetzt abgewartet, bis der Prozeß, den dieser Programmsatz beschreibt, auch tatsächlich abgelaufen ist, d. h., nach dem =-Zeichen muß das Fortschaltsignal f_1 vom Prozeß kommen, wenn, wie wir es beispielsweise in Abb. 331 ff. erläutert haben, der Soll-Ist-Vergleich der Wegmessung durchgeführt ist.

Zum Schluß wollen wir noch den vollständigen Signalfluß erläutern, der auch den Soll-Ist-Vergleich für die Wegmessung beinhaltet. Wir wollen dabei beispielsweise an die Aufgabe denken, auf einer Drehbank abgesetzte Werkstücke selbsttätig zu bearbeiten. Dazu soll gemäß Signalflußplan (Abb. 346) der Werkstückantrieb ein polumschaltbarer Drehstrommotor M_w sein, der für 3 Drehzahlen gebaut ist. Er treibt ein Getriebe G_w an, das Magnetkupplungen enthält, die das Schalten von 8 verschiedenen Übersetzungen zulassen. Das Werkzeug muß durch eine wegabhängige Steuerung in x- und y-Richtung verfahren werden. Beide Male dienen als Antrieb Drehstrommotoren M_x bzw. M_y die, über Schütze c_5 und c_6, in beiden Drehrichtungen geschaltet werden. In der x-Richtung möge der Motor auf ein Getriebe G_x arbeiten, das ebenfalls mit Magnetkupplungen ausgerüstet ist und beispielsweise 20 verschiedene austreibende Drehzahlen haben soll. Sowohl für die x- wie für die y-Richtung sind Weginformationen in z. B. 4 Dekaden nötig. Die Wegmessung soll mit Drehmeldern vorgenommen werden, die nach Abb. 318 geschaltet sind, also über ein Meßgetriebe MG_x bzw. MG_y an je einen Grob- und Feindrehmelder DM_{xg} bzw. DM_{xf} angeschlossen werden. Als Informationsträger diene ein 8 Spur-Lochstreifen.

Beim ersten Schritt soll eine Bewegung in x-Richtung und 3478 mm bei der Geschwindigkeitsstufe $h = 16$ vorgenommen werden. Beim Werkstückantrieb soll der Motor mit der Drehzahl 2 und das Getriebe mit der Drehzahlstufe 7 arbeiten. Die Programmierung im Lochstreifen lautet

$$x\,3478 \quad h\,16 \quad a\,27 =$$

Durch die Handbedienung über einen Befehlsdruckknopf erhält der Leser Signal f_a und liest die erste Zeile, die nach der Decodierung das Signal x an den Dekadenspeicher DKS_x gibt, der damit in früher beschriebener Weise aufnahmebereit wird und durch das Signal f_1 den Leser weiterschaltet, bis das Schieberegister mit den Ziffern 3478 gefüllt ist und in den Digital-Analog-Umsetzern DAx_{1-5} der Reihe nach die Kontakte für 3478 schließt. Damit stellt sich am Ausgang der Grob- und Feindrehmelder DM_{xg} und DM_{xf} die Spannung U_{xg} bzw. U_{xf} ein, die über den Demodulator D_{xg} bzw. D_{xf} und Kippverstärker K_{xg}

bzw. K_{xf}, dasjenige Relais $d_1 - d_4$ erregt, das die erforderliche Vor-
schulrichtung wählt, um das Ziel 3478 zu erreichen. Das möge dazu

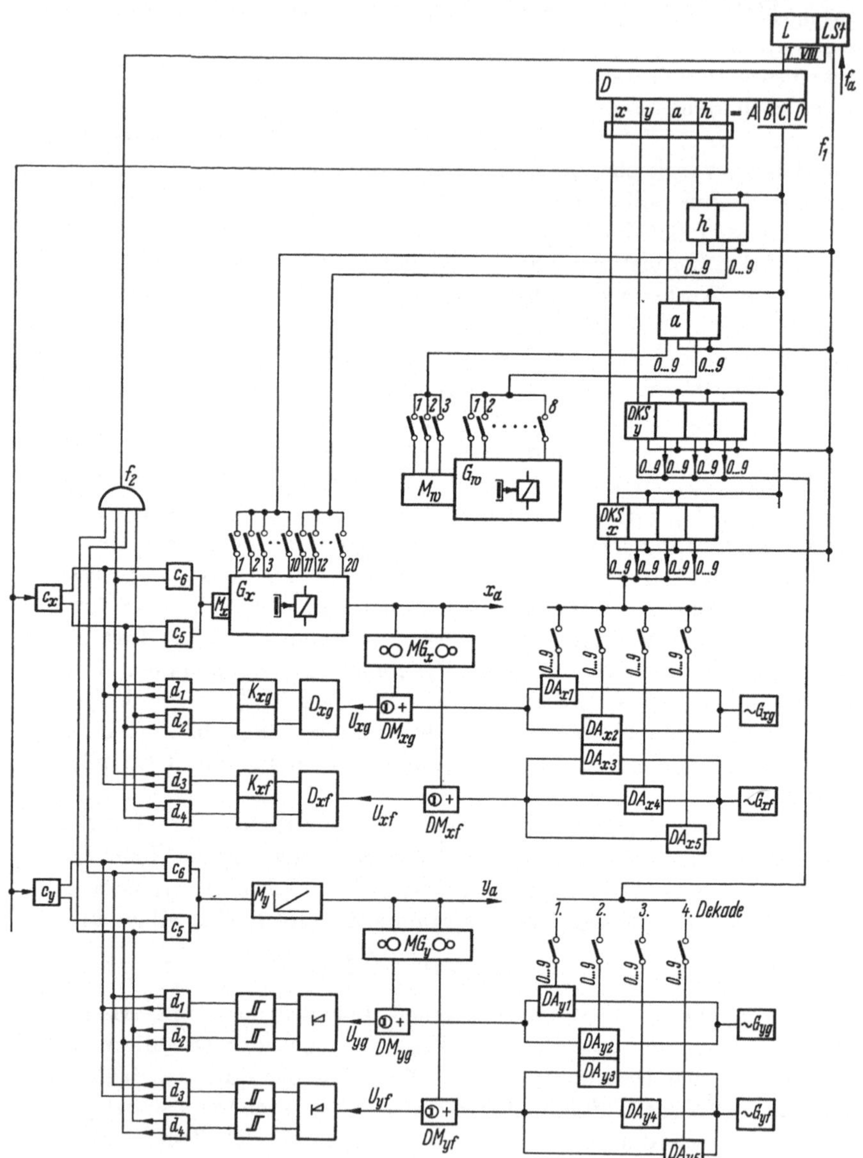

Abb. 346. Signalflußplan für eine numerisch gesteuerte Werkzeugmaschine

führen, daß c_6 geschlossen wird. Vorläufig bewegt sich aber noch nichts,
weil das Hauptschütz c_x noch offen ist.

Sinngemäß werden in die Speicher h und a mit 16 bzw. 24 gefüllt. Die Signale rücken im Getriebe G_x die gewünschten Magnetkupplungen ein und schalten beim Werkstückantrieb z. B. die mittlere Motordrehzahl und die 7. Getriebestufe. Zuletzt liest der Leser das Zeichen $=$ und beendet den Lesevorgang, gibt dadurch gleichzeitig Signal, durch das alle Hauptschütze c_x bzw. c_y erregt werden und der Antrieb x sich z. B. nach links in Bewegung setzt, weil c_6 durch die Meßeinrichtung bereits eingeschaltet wurde.

Kommt nun der Antrieb x in die Nähe der positionierten Lage, wird zunächst das Ausgangsrelais d am Grobdrehmelder abfallen, so

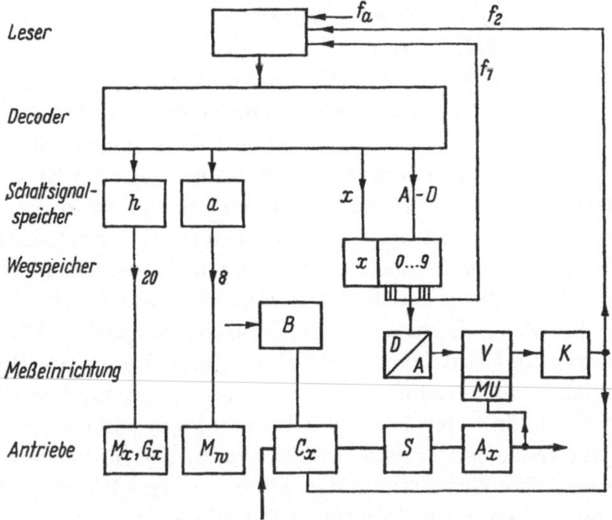

Abb. 347. Vereinfachter Signalflußplan (Blockschaltbild) für die numerische Steuerung nach Abb. 346 und einer „Hand"-Steuerung B

daß der Feindrehmelder allein wirksam wird und bei $U_{xf} = 0$ das Schütz c_6 entregt, so daß der Antrieb zum Stehen kommt. Damit sind bei diesem Antrieb wieder alle Relais abgefallen und geben in der gezeichneten Schaltung über eine „Oder"-Verknüpfung das Signal f_2 zum Fortschalten des Lesers, und der zweite programmierte Satz wird in gleicher Weise wie der erste verarbeitet.

Für grundsätzliche Betrachtungen ist es zweckmäßig, den Signalflußplan nach Abb. 346 dadurch zu vereinfachen, daß man die Funktionen der einzelnen Übertragungsglieder in neue Übertragungsglieder zusammenfaßt, die dann als Gruppenfunktionsglieder anzusprechen sind.

Einen solchen Signalflußplan zeigt Abb. 347. Er unterscheidet sich im Prinzip von demjenigen nach Abb. 346 nur dadurch, daß lediglich der Wegmeßkreis für eine (x) Koordinate gezeichnet ist, weil derjenige für die y-Koordinate genauso aufgebaut ist. Im Vergleich der beiden Abbildungen entsprechen sich die Übertragungsglieder für Leser und Decoder vollkommen. Die Symbole für die Schaltinformationen h und a zeigen im neuen Schaltbild immer noch im Signalausgang die Ziffern 20 bzw. 8, mit denen angegeben ist, wie viele Schaltmöglichkeiten vorhanden sind. Auch in den Antriebssymbolen M_x, G_x und M_w sind keine Details mehr enthalten. Diese kann man beschreiben oder deswegen auf frühere Darstellungen verweisen. Die grundsätzlichen Probleme liegen sowieso meist im Meßkreis, dessen Wegspeicher demjenigen des ausführlichen Signalflußplanes entspricht. Im neuen Signalflußplan ist der Digital-Analog-Wandler (D/A) nur einmal gezeichnet. Er gibt sein Ausgangssignal als Sollwert dem Vergleicher V, der den Istwert vom Meßwertumformer MU bekommt. In unserem Beispiel mit dem Drehmelder als Meßglied findet die Meßwertumformung und der Soll-Ist-Vergleich im Drehmelder selbst statt. Die beiden Symbole V und MU sind deshalb als ein Übertragungsglied mit Trennungslinie dargestellt. Die im Vergleicher entstandene Fehlerspannung geht als Eingangssignal zum Kippverstärker K. Dessen „Nullsignal" setzt nun in beschriebener Weise den Antrieb x still und gibt gleichzeitig das Fortschaltsignal f_2 für das Lesen des nächsten Satzes, wenn der Soll-Wert erreicht ist.

In dieser Darstellung heben sich 6 verschiedene Übertragungsglieder als wesentlich heraus: Leser, Decoder, Schaltsignalspeicher, Wegspeicher, Meßeinrichtung und Antriebe. Diese Darstellung ist für die Beurteilung des Wesentlichen unersetzlich, sollte aber nur angewendet werden, wenn sichergestellt ist, daß der Leser die Darstellungssymbolik kennt. Dazu kann man entweder so vorgehen wie wir, d. h. wie in den vorstehenden Betrachtungen, die Entstehung der Übertragungsglieder systematisch erläutern, oder man muß Darstellungssymbole standardisieren, deren Funktionen dann als bekannt vorausgesetzt werden können [19].

Meßsysteme. Am Beispiel der zuletzt beschriebenen Abb. 347 wollen wir nun die bei numerischen Steuerungen wichtigste Einrichtung, das Meßsystem, unter Hinweis auf frühere Einzeldarstellungen, grundsätzlich betrachten.

Der bisherigen Darstellung liegt das analoge Meßsystem zugrunde (vgl. S. 356). Bei Anwendung eines digital incrementalen Meßsystems wird der Weg des sich bewegenden Maschinenteiles in gleiche Wegabschnitte — Incremente — unterteilt. Der bei einer Bewegung sich stetig ändernde zurückgelegte Weg läßt sich auf diese Weise quantisieren (Analog-Digital-Umsetzung).

Die Größe des Incrementes wird entsprechend der gewünschten Genauigkeit gewählt. Während bei einer analogen Messung die Meßgenauigkeit der jeweiligen Maschinenlage durch das Auflösungsvermögen des Meßsystems bestimmt wird, kann ein digitales Meßsystem im

Bereich eines Incrementes keine Aussage machen. Das Auflösungsvermögen ist also durch die Größe des Incrementes bestimmt.

Als Weggeber, die jeweils bei Durchlaufen eines Wegincrementes einen Puls abgeben, lassen sich fotoelektrische, elektromechanische oder rein elektrische Geber verwenden (s. S. 369). Für die Bildung der Pulse stehen Glasmaßstäbe mit Strichgittern oder rotatorische Geber zur Verfügung, bei denen ein Winkelelement einem bestimmten zurückgelegten Weg entspricht.

Kettenmaße. Bei einem incrementalen Meßsystem wird von einem beliebigen Punkt ausgehend der Wegzuwachs gemessen. Es ergeben sich deshalb besonders einfache Wegmeßeinrichtungen bei Eingabe von Kettenmaßen. Den Signalfluß für eine solche Einrichtung zeigt Abb. 348, die sich von Abb. 347 nur durch das Meßsystem unterscheidet.

Die vom Leser kommende Information wird

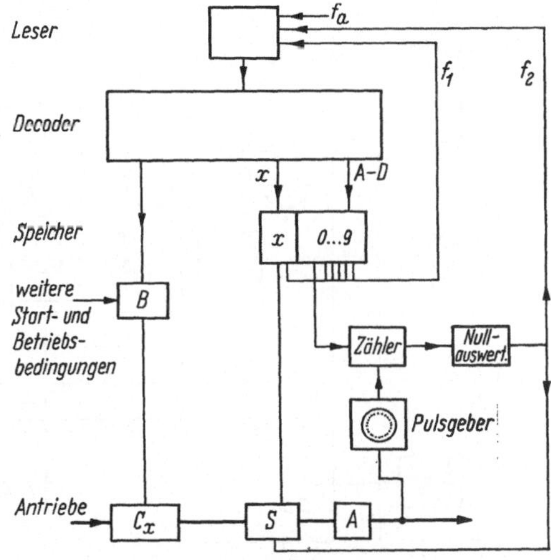

Abb. 348
Grundsätzlicher Aufbau einer numerischen Steuerung mit digital-incrementalem Meßkreis für Kettenmaße

von dem Decoder in Ziffern und Zeichen (Adressen) getrennt. Nach Speicherung der Positionsadresse und des Vorzeichens für die Bewegungsrichtung setzt der dem Decoder nachgeschaltete Signalverteiler die nachfolgenden Ziffern, mit der größten Dekade beginnend, in einen Zähler ein. Nach erfolgtem Startkommando werden die vom Pulsgeber kommenden Pulse in den Zähler eingeleitet. Bei Erreichen der Abweichung 0 wird der Antrieb stillgesetzt und die neue Position durch Start des Lesers eingelesen. Hierbei läßt sich ein einfaches Abzählverfahren anwenden. Vom Startpunkt ausgehend werden dabei die Pulse in einen Zähler so lange aufsummiert, bis der Zählerstand mit dem Sollwert koinzident ist. Einfachere Schaltungen ergeben sich, wenn man das Kettenmaß in den Zähler einsetzt und von dem Sollwert ausgehend auf 0 zurückzählt. Hierbei ist es dann lediglich notwendig, den Wert 0 des Zählers auszuwerten.

In Anlehnung an die Ausführungen auf S. 226 zeigt Abb. 349 den Aufbau einer Rückwärtszähldekade, bei der im Gegensatz zum früher beschriebenen Vorwärtszähler die komplementären Ausgänge der Binärstufen zur Nullauswertung verwendet werden. Der im Schaltbild angedeutete Signalverteiler hat die Aufgabe, die von dem Decoder in Serie ankommenden Ziffern in der richtigen Folge auf die einzelnen Dekaden, d. h. die erste Ziffer in die höchste, die zweite Ziffer in die zweithöchste usw. zu verteilen. Die Signalverteilerstufe $u_{5,\,6}$ wird zweckmäßigerweise als Schieberegister (s. S. 227) aufgebaut. Bei der

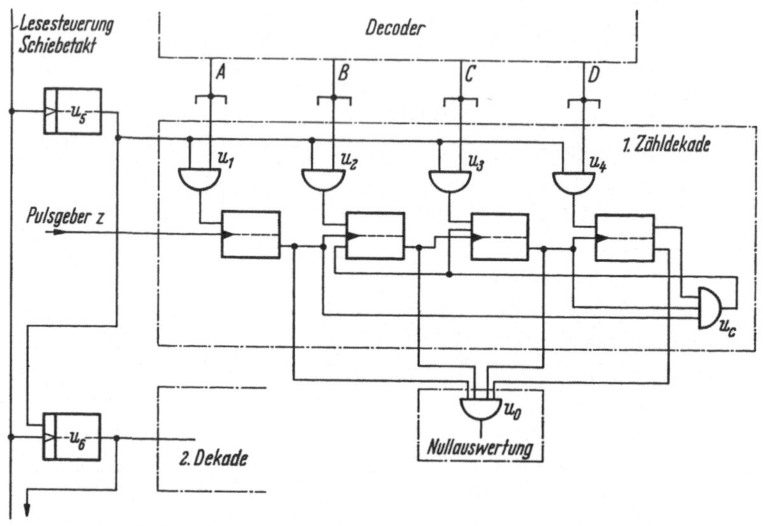

Abb. 349. Zähldekade für Rückwärtszähler im Aiken-Code mit Setzeingang und Signalverteilung mit Schieberegister

ersten Schieberegisterstufe liegt an dem Vorbereitungseingang die Wegadresse. Beim nächsten Leseschritt wird durch Signal auf den Auslöseeingang der Schieberregisterstufen die erste Registerstufe in die Ein-Lage gebracht. Die Und-Gatter u_{1-4}, die als statische oder dynamische Gatter aufgebaut sein können, werden angesteuert und geben damit das vom Decoder anstehende Ziffernsignal für die höchste Dekade frei, die Dekade wird gesetzt. Beim nächsten Leseschritt wird die zweite Stufe des Registers in Ein-Lage gebracht und damit die zweite Ziffer in die zweithöchste Dekade eingesetzt. Dieser Vorgang setzt sich bis zur letzten Stelle fort. Der Zähler ist in tetradischer Form nach dem Aiken-Code aufgebaut. Es muß deshalb mit Hilfe einer Stufe beim Übergang von der 5 auf die 4 ein Umsetzen des Zählerstandes (Codewerfen) mit dem Und-Gatter u_c vorgenommen werden. Sämtliche 0-Ausgänge sind mit der 0-Auswertstufe u_0 verbunden. Geben sämtliche Dekaden das Signal 0 ab, ist die neue Position erreicht.

Dieses einfache Abzählverfahren, bei dem die Pulse, die von dem Pulsgeber kommen, unmittelbar dem Rückwärtszähler zugeleitet werden,

ist nur dann anwendbar, wenn sichergestellt ist, daß keine Zählimpulse
verlorengehen und während und zwischen den einzelnen Positionier-
vorgängen keine Schwingungen in dem Pulsgeber, die zu zusätzlichen Impulsen führen können, auftreten. In diesem Falle würden Fehlzählungen
zustande kommen, da die Einrichtung nicht in der Lage ist festzustellen,
ob die gebildeten Pulse einen Zuwachs in der gewünschten oder in der
falschen Richtung darstellen. Außerdem muß sichergestellt sein, daß
beim Einfahren in die Posi-
tion die Streuung des Halte-
punktes kleiner als ein Weg-
increment ist. Ist dies nicht
der Fall, könnten sich die
auftretenden Fehler aufsum-
mieren. Man wird deshalb
neben dem eigentlichen Abschaltpunkt noch Vorab-
schaltpunkte auswerten, die
eine Reduzierung der Ein-
fahrgeschwindigkeit und damit ein genaues Einfahren
in die Position bewirken.

Bezugsmaße. Die Ziffern
der Sollposition werden
durch den Signalverteiler in
die einzelnen Dekaden eines

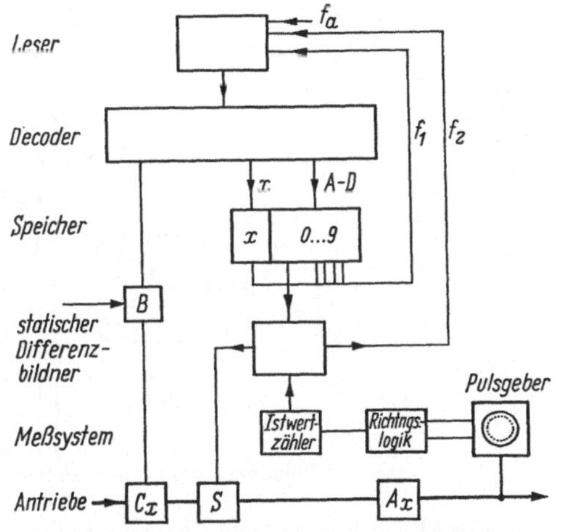

Abb. 350. Grundsätzlicher Aufbau einer digitalen numerischen Steuerung mit Bezugsmaßeingabe

aus bi-stabilen Kippern aufgebauten dekadischen Speichers eingesetzt.
Der statische Differenzbildner vergleicht in jedem Zeitaugenblick den
Zählerstand des Istwertzählers, in dem die Wegincremente vorzeichen-
richtig aufsummiert werden und bildet die Wegdifferenz in digitaler
Form (Abb. 350). Bei Erreichen der Abweichung 0 wird der Antrieb
stillgesetzt und die neue Wegposition eingelesen. Damit der Istwert-
wähler zu jedem Zeitpunkt ein richtiges Abbild der Wegposition ist,
müssen die von dem Pulsgeber kommenden Wegincremente mit Hilfe
einer Richtungslogik als positive oder negative Incremente erkannt
werden.

Als Pulsgeber P werde nach Abb. 351 eine magnetisierte Scheibe, die
mit Hallgeneratoren abgetastet wird, verwendet. Es sind 2 Abtastköpfe P_1 und P_2 angebracht, die so angeordnet sind, daß sie um 90°
elektrisch gegeneinander verschoben sind. Damit ergeben sich die
in Abb. 352 gezeigten Spannungsverläufe P_1 und P_2 für die Signalspannungen. Das Vorzeichen der Bewegungsrichtung läßt sich nun aus
dem Signalwechsel bestimmen. Zur Erläuterung werde der Übergang
von der Stellung α_1 in die Stellung α_2 betrachtet. Die bistabilen Kipper M_1

und M_2 (Abb. 351) seien in der Stellung α_1 in Ein-Lage. Beim Übergang von α_1 auf α_2 bleibt der bi-stabile Kipper M_2 in der Ein-Lage, während

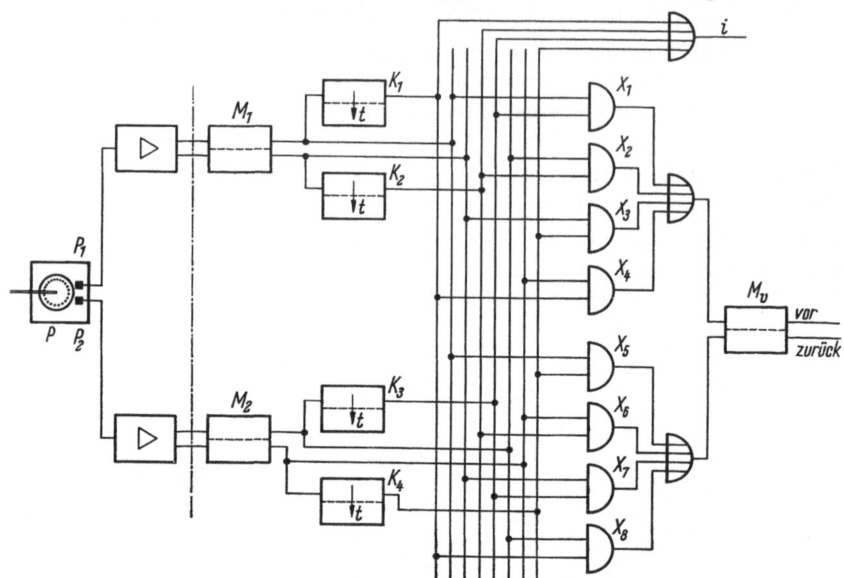

Abb. 351. Blockschaltbild eines Pulsgenerators mit Richtungslogik

der bistabile Kipper M_1 in die 0-Lage übergeht. Dadurch wird der Kipper K_2 zum Ansprechen gebracht. Das Und-Gatter X_2 gibt Signal und

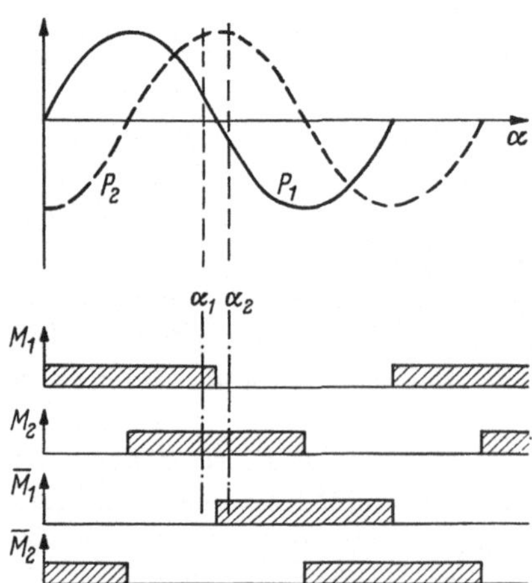

Abb. 352. Spannungsverlauf an Abtastkopf P_1 und P_2 nach Abb. 351

setzt den bistabilen Kipper M_v über ein Oder-Gatter in die Lage „Bewegungsrichtung vorwärts". Gleichzeitig wird über ein Oder-Gatter ein Zählimpuls i gebildet. Schwingungen um den vorgenannten Schaltpunkt, d. h. der Übergang von α_1 auf α_2 und α_2 auf α_1, haben jeweils einen vorzeichenrichtigen Puls zur Folge, so daß sich eine Fehlzählung in dem Istwertzähler nicht ergibt.

Ein Paralleladdierer hat die Aufgabe, in jeder Dekade die digitale Differenz zwischen Soll- und Istwert zu ermitteln. Für den Fall, daß der Istwert größer als der Sollwert in einer Dekade ist, muß ein Übertrag um eine Einheit in die nächsthöhere Dekade vorgenommen werden. Am Ausgang des Paralleladdierers steht zu jedem Zeitpunkt die Differenz zwischen Soll- und Istwert an. Es tritt eine endliche Rechenzeit auf, die dadurch zustande kommt, daß die Zähler nach Eintreffen von Zählimpulsen eine endliche Zeit benötigen, ihre neue Lage einzunehmen. Eine weitere Zeitspanne ist erforderlich, die logischen Verknüpfungen, die zur Differenzbildung führen, auszuführen.

Den Aufbau des Paralleladdierers als statischen Differenzbildner haben wir bereits auf den Seiten 228 ff. behandelt. Der Istwert wird dem Addierer zur Differenzbildung als Komplementärwert angeboten, wie dies in Abb. 188 dargestellt ist. Wir erhalten bei dieser Anordnung neben dem Betrag der Differenz zwischen dem Soll- und Istwert auch das Vorzeichen. Da-

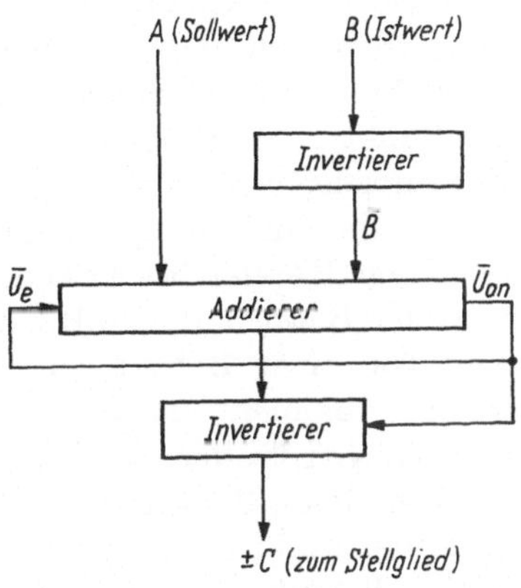

Abb. 353. Blockschaltbild eines statischen Differenzbildners

mit läßt sich für den in Abb. 353 dargestellten statischen Differenzbildner das Blockschaltbild aus den Abb. 186 bis 188 zusammenstellen [*100* bis *106*].

E. Bahnsteuerungen

Bei der Betrachtung der Meßsteuerungen und Folgesteuerungen haben wir stillschweigend angenommen, daß es — bei lageabhängigen Zielen — gleichgültig ist, auf welchem Weg das End- oder Zwischenziel erreicht wurde. Ist zum Erreichen des Zieles aber ein bestimmter Weg, eine beliebige Bahn vorgeschrieben, so sprechen wir von Bahnsteuerungen.

An sich gehört zu dem „beliebigen" Weg auch die Bewegung in Koordinatenrichtung. Fährt man beispielsweise gemäß Abb. 354 von Punkt P_1 nach Punkt P_2 und verfügt dazu über 2 Antriebe, die in x- und y-

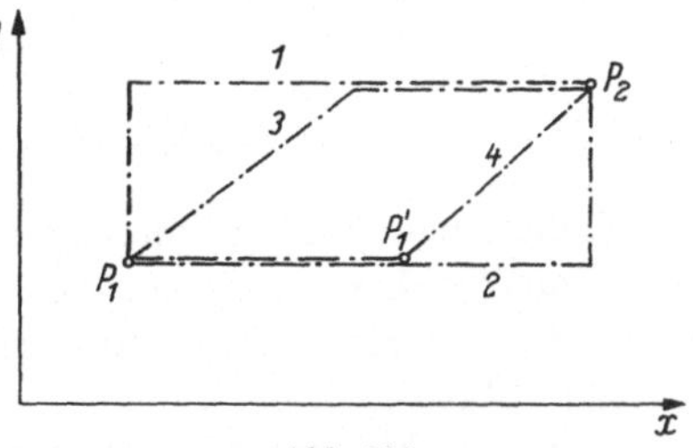

Abb. 354
4 Bahnen für die Bewegung von P_1 nach P_2

Richtung den Maschinentisch (oder das Werkzeug) mit der Geschwindigkeit v_x bzw. v_y bewegen, so gibt es dazu mehrere Möglichkeiten, die in der Abbildung dargestellt sind. Man kann also beispielsweise auf dem Weg *1* zuerst in y-Richtung allein, dann in x-Richtung allein fahren.

Umgekehrt ist die Reihenfolge auf dem Weg *2*. Beim Weg *3* werden zuerst beide Antriebe so lange eingeschaltet, bis die y-Koordinate von P_2 erreicht ist, dann ist nur noch der Antrieb in x-Richtung eingeschaltet. Denkbar wäre auch noch ein Weg *4*, bei dem zuerst der Antrieb in x-Richtung arbeitet und dann in einen Punkt P'_1 der Antrieb in y-Richtung dazugeschaltet wird. Ist dabei allerdings der Punkt P'_1 falsch gewählt, wird der Punkt P_2 nicht genau erreicht. Man wird deshalb auf diese Möglichkeit zumeist verzichten.

Die geschilderten Bewegungsarten lassen sich bei den im vorhergehenden Kapitel beschriebenen Steuerungen ausführen. Erfolgt während der Bewegung eine Bearbeitung, wie z. B. beim Fräsen, so könnte man von einer Bahnsteuerung sprechen, bei der allerdings nur ganz wenige „Bahnen" möglich sind. Für die so eingeschränkten „Bahn"-Steuerungen ist der Name „Strecken"-Steuerungen gewählt worden.

Von den „Punktsteuerungen" unterscheiden sich diese Streckensteuerungen in elektrischer Hinsicht gar nicht. Hinsichtlich der Genauigkeit muß man aber beachten, daß die durch die Zerspanung auftretenden Kräfte den Weg wegen der elastischen Verformung und des Verschleißes von Werkzeugen beeinflussen werden.

Im folgenden wollen wir uns aber mit denjenigen Bahnsteuerungen beschäftigen, die eine Führung auf einer beliebig geformten Bahn ermöglichen. Diese Bahnsteuerungen wollen wir nach der Art ihrer Informationseingabe unterscheiden. Dazu gibt es wieder die zwei grundsätzlich verschiedenen Möglichkeiten der digitalen oder analogen Informationseingabe. Als digitale Informationsträger kommen Lochstreifen oder Magnetbänder in Betracht; analoge Informationen liefern hauptsächlich Modelle bzw. Schablonen oder Zeichnungen [*14, 107*].

1. Fühlersteuerungen

a) Aufbau und Wirkungsweise

Elektrische Fühlersteuerungen dienen der maßgerechten Steuerung der Vorschubbewegung an Werkzeugmaschinen mit Hilfe eines „Fühlers", der ein Modell (dreidimensional) oder eine Schablone (zweidimensional) abtastet.

Das wesentliche solcher Fühlersteuerungen besteht darin, daß Fühlkraft und Schnittkraft völlig unabhängig voneinander sind. Die Fühlkraft kann also erheblich kleiner sein als die Schnittkraft, da keine kraftschlüssige Verbindung zwischen Fühler und Werkstück besteht. Es findet vielmehr durch die elektrische Fühlersteuerung eine Kraftverstärkung statt, die theoretisch jeden beliebigen Wert annehmen kann.

Solche Steuerungen werden bei allen Arten von Werkzeugmaschinen angewendet. Grundsätzlich sollte mit dem Fühler das Werkstück abgetastet werden, damit alle bei der Bearbeitung entstehenden Fehler, einschließlich des Werkzeugverschleißes, berücksichtigt werden.

Im allgemeinen wird aber eine mittelbare Messung durchgeführt. Fühler und Werkzeug werden fest miteinander verbunden. Der Fühler tastet ein Muster (Schablone, Modell) ab, das seinerseits fest mit dem Werkstück verbunden ist. Bei der Bearbeitung bewegen sich je nach Auslegung der Werkzeugmaschine Fühler und Werkzeug oder Modell und Werkstück.

Es gibt auch Maschinen, bei denen sich Fühler und Werkzeug bzw. Modell und Werkstück gleichzeitig bzw. entsprechend den Vorschubrichtungen abwechselnd bewegen. Abgesehen von Fehlern durch den Werkzeugverschleiß und dem verschiedenen Temperaturgang von Werkstück und Muster entsteht das Werkstück als naturgetreue Nachbildung des Musters im Maßstab 1 : 1.

Verlangt die Kinematik des Nachformens eine Änderung dieses Maßstabes, so werden die sich bewegenden Teile — Fühler und Werkzeug bzw. Muster und Werkstück — mechanisch nicht mehr starr miteinander verbunden, sondern über Getriebe, so daß die Geschwindigkeitsverhältnisse der gewünschten Maßstabänderung entsprechen. Darüber hinaus ist es möglich, nach einem Muster ein spiegelbildliches Werkstück anzufertigen, wenn die Bewegungsrichtung des Werkzeuges gegenüber der des Fühlers in einer Achse umgedreht wird.

Ist das zu bearbeitende Werkstück so groß, daß Muster und Werkstück nicht auf einer Maschine Platz haben, werden Fühler und Modell (Muster) auf der einen und Werkzeug und Werkstück getrennt auf einer zweiten Maschine untergebracht. Zweckmäßigerweise wird dann der Gleichlauf beider Maschinen mit elektrischen Gleichlaufeinrichtungen hergestellt. Abb. 355 zeigt als Beispiel einer solchen Einrichtung eine Leitmaschine mit Fühler und Modell (links) und die Folgemaschine mit Werkzeug und Werkstück (rechts). Es wird angenommen, daß von einem Modell ein maßstäblich vergrößertes Werkstück angefertigt werden soll. Mit a_1, a_2, und a_3 sind die Geber der drei elektrischen Gleichlaufeinrichtungen (entsprechend den 3 Bewegungsrichtungen) an der Leitmaschine bezeichnet, die über einstellbare Meßgetriebe (für Wahl des gewünschten Übersetzungsverhältnisses) von den Spindeln angetrieben werden. b_1, b_2 und b_3 kennzeichnen die entsprechenden Empfänger an der Folgemaschine, die ebenfalls über Meßgetriebe mit den Arbeitsspindeln verbunden sind. Die Antriebe selbst sind nicht dargestellt. Soll von einem Modell ein spiegelbildliches Werkstück hergestellt werden, dann muß lediglich die elektrische Welle einer Bewegungsachse umgepolt werden.

Abb. 356 stellt den Signalflußplan einer solchen Fühlersteuerung dar. Er enthält 2 Regelkreise:

1. Die Wegregelung ist die eigentliche „Fühlersteuerung", bestehend aus dem Fühler und der Regelung. Sie wertet die Fühlerkommandos aus,

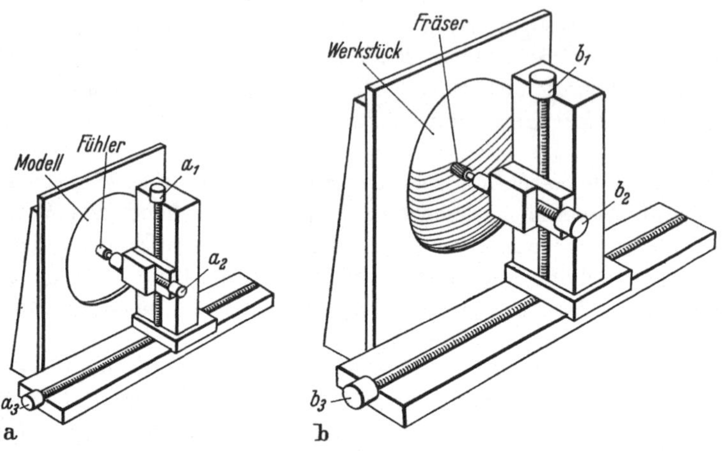

Abb. 355
Leit- und Folgemaschine für das Fräsen großer Werkstücke nach verkleinertem Modell
a) Leitmaschine (Modellmaschine);　b) Folgemaschine (Arbeitsmaschine)

speichert die Steuerbefehle und gibt sie an die Antriebe für die 3 Bewegungsrichtungen weiter.

2. Die Nachlaufregelung besteht aus 3 Gebern (a_{1-3}) der drei elektrischen Wellen an der Leitmaschine, den drei dazugehörigen

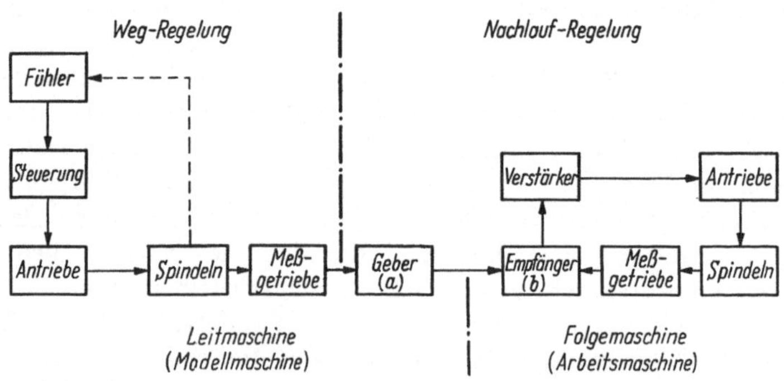

Abb. 356. Signalflußplan einer Fühlersteuerung für eine Maschinengruppe nach Abb. 355

Empfängern (b_{1-3}) an der Folgemaschine und der nachfolgenden Auswertung und Verstärkung der Ausgangssignale dieser Empfänger. Die verstärkten Ausgangssignale wirken dann auf die Antriebe der 3 Bewegungsachsen der Folgemaschine.

Mit einer solchen Einrichtung lassen sich auch andere Aufgaben lösen, z. B. kann eine Leitmaschine mit mehreren Folgemaschinen gekoppelt werden. Werden zwei Folgemaschinen verwendet, von denen die eine ein spiegelbildliches Werkstück anfertigt, so können in einem Arbeitsgang paarweise Werkstücke, wie z. B. Preßwerkzeuge für eine linke und eine rechte Wagentür, hergestellt werden.

Es ist grundsätzlich möglich, daß der Fühler ein analoges Signal gibt, welches kontinuierlich die Antriebe der 3 Bewegungsrichtungen der Leitmaschine steuert. Entsprechend dem analogen Signal aus den Empfängern der elektrischen Wellen werden auch die Antriebe der Arbeitsmaschine kontinuierlich geregelt. Der Fühler kann jedoch auch, soweit er mit elektrischen Kontakten ausgerüstet ist, diskontinuierliche Signale geben, die durch Schalten von Elektrokupplungen schrittweise Bewegungen von Leit- und Folgemaschine hervorrufen.

In jedem Falle ist es wichtig, daß Geber und Empfänger der elektrischen Wellen spielfrei angetrieben werden. Da nur sehr kleine Momente übertragen werden müssen, ist dies mit der Verwendung von Meßgetrieben zu verwirklichen. Damit die Geber tatsächlich synchron mit der Bewegung der einzelnen Maschinenteile laufen, ist es erforderlich, daß die Arbeitsspindeln ebenfalls spielfrei arbeiten. Gegebenenfalls ist der Einbau besonderer Präzisionsspindeln zum Antrieb der Geber erforderlich. Die Meßgetriebe können auch über Präzisionszahnstange und Ritzel angetrieben werden [*108*].

b) Bearbeitungsarten

Ganz allgemein können je nach den technologischen Forderungen die das Werkstück bestimmenden Vorschubbewegungen in einer oder mehreren Richtungen erfolgen.

Beim Drehen, Hobeln oder Fräsen wird das Werkzeug durch Verändern zweier, meist senkrecht zueinander stehender Vorschubbewegungen entlang einer ebenen Kurve geführt (zweidimensionale Bearbeitung) (Abb. 357). Verläuft diese Kurve beliebig im Raum, so ist eine dritte Vorschubbewegung erforderlich, so daß es zu einer dreidimensionalen Bearbeitung kommt.

Werkstücke mit Bearbeitungsflächen in 3 Dimensionen werden meist auf Kopierfräsmaschinen in der Betriebsart „Zeilenfräsen" (Fühlvorschub axial) hergestellt. In einzelnen Abschnitten, den „Zeilen", wird zweidimensional kopiert, der Zeilenschritt erfaßt die

Abb. 357
Bearbeitung eines Werkstückes nach dem „Umrißfräsverfahren"

3. Dimension (Abb. 358). Die Achsen von Fräser und Fühler liegen in der Kopierebene. Nach jeder Zeile wird die Vorschubrichtung reversiert, vorher wird senkrecht zu der Kopierebene um einen gewissen Betrag zugestellt

(Zeilenschritt). Das Maß dieser Zustellung wird weg- oder auch zeitabhängig gegeben. Die Umschaltpunkte werden im allgemeinen durch Begrenzungsendtaster festgelegt. Wenn während der Bearbeitung die Nocken dieser Taster nicht verstellt werden, ergibt sich für die bearbeitete Fläche ein Rechteck (Abb. 359a). Meist aber hat das Werkstück nicht diese Form, es entstehen beachtliche Totzeiten dadurch, daß Flächen überfahren werden müssen, deren Bearbeitung nicht erforderlich ist. Wenn die gezeichnete Kontur des Werkstückes gleichzeitig eine Höhenschichtlinie in axialer Richtung darstellt, dann kann das Umschaltkommando auch abhängig von der axialen Lage des Kopierschlittens gegeben werden, die Leerwege entfallen (Abb. 359b). Eine andere, universellere Möglichkeit besteht darin, daß das Modell entlang der Begrenzungslinie durch eine Metallfarbe oder einen blanken Draht leitend gemacht wird. Dieser Leiter ist über ein Relais mit der Fühlerspannung verbunden, der Fühlfinger selbst liegt am Gegenpol der Kleinspannungsquelle. Wird diese Begrenzungslinie erreicht, zieht das Relais an und leitet den Zeilenschritt und die Reversierung des Leitvorschubes ein.

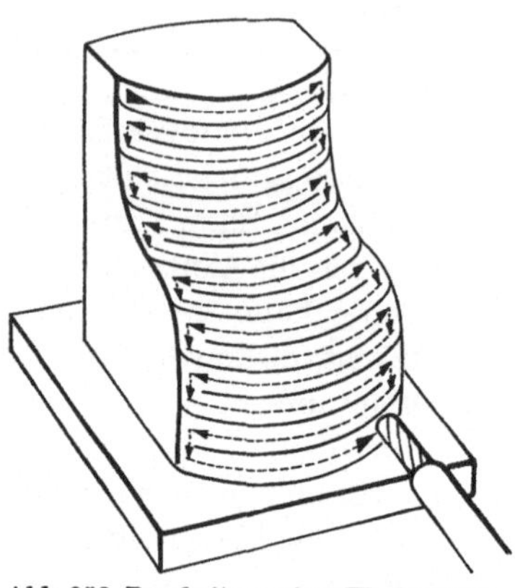

Abb. 358. Bearbeitung eines Werkstückes nach dem „Zeilen“-Fräsverfahren

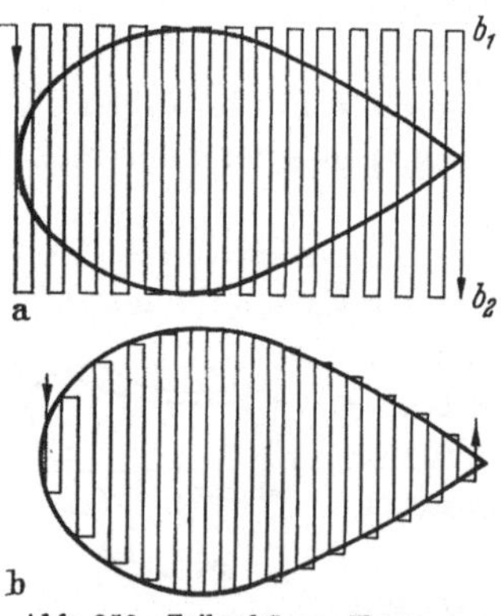

Abb. 359. Zeilenfräsen, Kommandos für Zeilenschritt
a) durch 2 Begrenzungsendtaster *b 1, b 2*; b) durch 1 Endtaster in axialer Richtung oder durch elektrisch leitende Begrenzungslinie

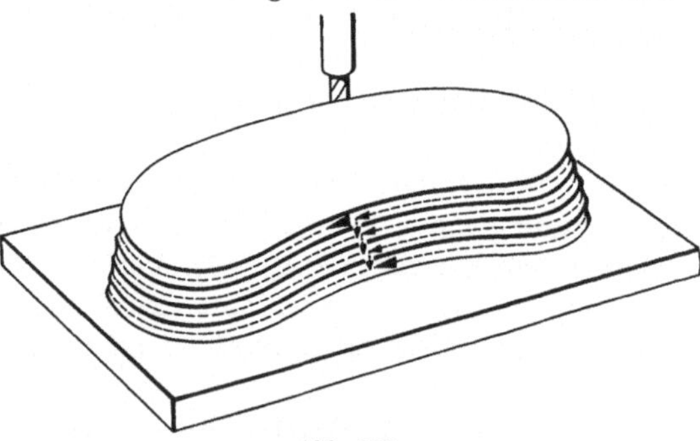

Abb. 360
Bearbeitung eines Werkstückes nach dem „Höhenlinienverfahren“ (Umrißfräsen)

Eine andere Möglichkeit der Bearbeitung von Werkstücken mit dreidimensionaler Oberfläche besteht darin, daß man die Kopierebene senkrecht zu den Achsen von Fräser und Fühler legt, in Betriebsart

„Umrißfräsen" arbeitet und die Zustellung nach jedem Umlauf in einer Höhenschichtlinie in axialer Richtung vornimmt (Abb. 360). Da für die Herstellung beliebig geformter Flächen die eine oder andere Bearbeitungsart am zweckmäßigsten ist, wird man die Werkzeugmaschinen für solche vielgestaltigen Arbeiten für die verschiedenen Arbeitsverfahren umschaltbar ausführen.

c) Schaltungsarten

Trotz dieser vielen Betriebsarten ist es möglich, bei zweidimensionaler Bearbeitung die Fühlersteuerung selbst nach einer einheitlichen Grundkonzeption auszuführen. Diese ist bei der Bearbeitung von beliebig geformten Kurven durch das Stabilitätskriterium der Vorschubbewegung bestimmt, welches verlangt, daß einer Bewegung auf das Werkstück zu stets eine solche vom Werkstück weg folgt oder umgekehrt. Aus

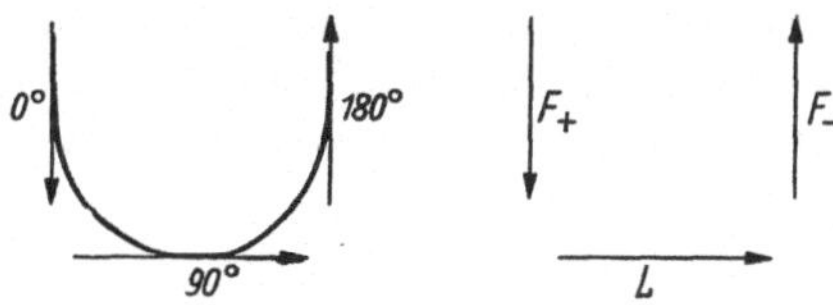

Abb. 361
Wirkungsrichtungen von Leit- und Fühlvorschub
F_+, F_- Fühlvorschub; L Leitvorschub

dieser Stabilitätsforderung ergibt sich für die Fühlersteuerung von Werkzeugmaschinen, deren Vorschubbewegungen senkrecht zueinander erfolgen, eine Bewegung mit einer zulässigen Änderung der Kurventangente um maximal 180° (Abb. 361). Bei der Bearbeitung derartiger Kurven wird dem einen Vorschub eine Bewegung von 0° bzw. 180° Kurvenneigung, dem anderen Vorschub eine von 90° Kurvenneigung zugeordnet. Der erstere wird mit „Fühlvorschub" bezeichnet, und zwar „einwärts" (F_+) bei einer Richtung von 0° und „auswärts" (F_-) bei einer Richtung von 180°. Der andere Vorschub heißt „Leitvorschub" (L) und hat eine Richtung von 90°. Die Richtungen des Fühlvorschubes werden vom Fühler gesteuert; die Richtung des Leitvorschubes muß vorgewählt werden und darf während des ganzen Bearbeitungsabschnittes nicht geändert werden.

Die einfachsten elektrischen Schaltungen für eine derartige Bearbeitung ergeben sich durch Verwendung eines Kontaktfühlers für intermittierende Vorschubbewegungen. Diese werden, wie bereits erwähnt, häufig durch schnellschaltende Kupplungen im Vorschubgetriebe betätigt. Für die Steuerung des Fühlvorschubes wird z. B. ein Kontaktfühler nach Abb. 362 verwendet. Die Fühlerspindel 1 wird in einer kugeligen Lagerung 2 geführt und wirkt über eine Kugelpfanne 3 auf den Kontakthebel 5. Jeder beliebige Druck auf die Fühlspindel bringt eine Drehung des Kontakthebels 5, der auf diese Weise den Kontakt b_1 öffnet und bei zunehmendem Druck Kontakt b_2 schließt. Bei weiterem Druck dreht sich auch Kontakthebel 8, der nach einem einstellbaren Weg Kontakt b_3 öffnet. Auf diese Weise werden die 3 Kontakte, abhängig vom Weg der Fühlerspindel, nacheinandergeschaltet

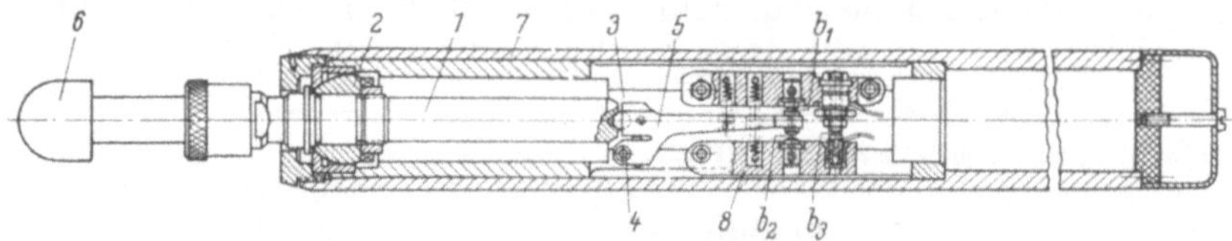

Abb. 362. Schnitt durch einen Kontaktfühler (Bauart Heyligenstaedt)
1 Fühlerspindel; *2* Kugelgelenk; *3* Kugelpfanne; *4* Drehpunkt des Kontakthebels; *5, 8* Kontakthebel; *6* Fühlfinger, Form entsprechend Werkzeug; *7* Schaft; b_1, b_2, b_3 Kontakte

und lösen dadurch die Vorschubbewegungen aus (4 Richtungen, Abb. 363). Die Kontakte schalten über Hilfsrelais die Elektromagnet-

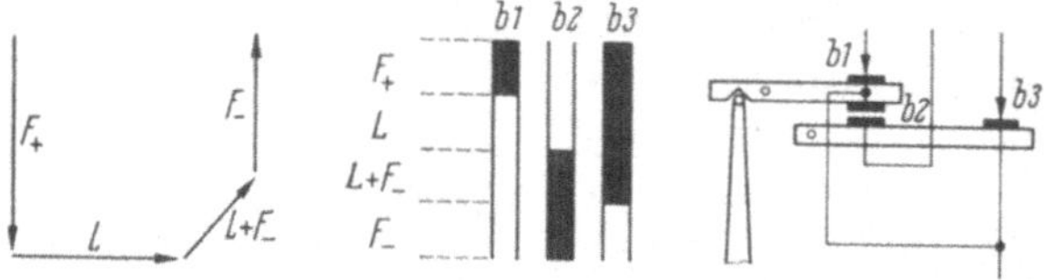

Abb. 363. Richtungsfolge der Vorschubbewegungen bei Verwendung eines Fühlers mit 4 Bewegungsrichtungen
F_+, F_- Fühlvorschub; L Leitvorschub

kupplungen (Abb. 364). Unter Berücksichtigung der Kontaktwege ergibt sich bei dem geschilderten Verfahren der in Abb. 365 gezeigte

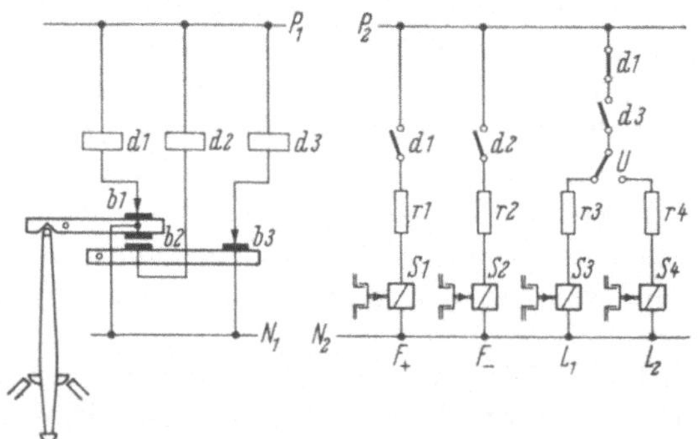

Abb. 364. Grundschaltung einer Fühlersteuerung mit Elektromagnetkupplungen
b 1, 2, 3 Fühlerkontakte; *d 1, 2, 3* Hilfsrelais; *s 1, 2, 3, 4* Elektromagnetkupplungen; *U* Umschalter für Leitvorschub; *r 1, 2, 3, 4* Vorwiderstände für Schnellerregung der Kupplungen; F_+, F_- Fühlvorschub; L_1, L_2 Leitvorschub

Weg des Fühlers und des Fräsers, dabei muß man noch beachten, daß der das Modell abtastende Fühlfinger und das Werkzeug die gleiche Form haben.

Neben dem beschriebenen Fühler werden auch solche verwendet, bei denen sich 2 Kontaktträger aufeinander abwälzen, wobei 3 Kontakte mit

Überlappung nacheinander geschlossen werden (Abb. 366). Jedem Kontakt wird eine Bewegungsrichtung zugeordnet (F_+, L, F_-) und, soweit es die Kontaktleistung erlaubt, die Kupplungen direkt geschaltet. In diesem Fall müssen wegen der schleichenden Kontaktgabe am Fühler höhere Anforderungen an die Funkenlöschung der nachgeschalteten Kupplungen gestellt werden als bei der Zwischenschaltung von Relais, wie in der Schaltung nach Abb. 364.

Der zuletzt beschriebene Fühler und der Fühler nach Abb. 362 ermöglichen bei Anbringung eines zusätzlichen Kontaktes b_2, der etwas nachfedert und daher später als b_1 öffnet, 5 Vorschubrichtungen (Abb. 367). Bei diesen beiden Fühlerarten ist die Gesamtauslenkung naturgemäß größer als bei einem Fühler mit nur 4 oder gar 3 Richtungen.

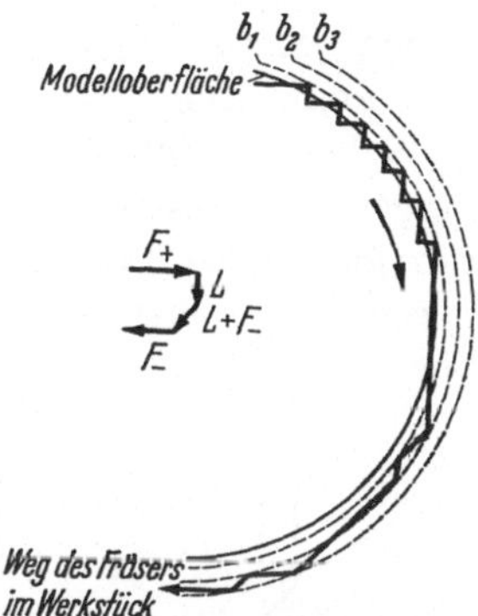

Abb. 365. Abweichung des Werkzeugweges vom Fühlerweg durch Auslenkung des Fühlers

F_+, F_- Fühlvorschub; L Leitvorschub; b 1, 2, 3 Funktionsgrenzen der Fühlerkontakte

Die Genauigkeit und das Fräsbild des zu bearbeitenden Werkstückes hängen von den Nachformeigenschaften der Maschine, d. h. im wesentlichen von der Nachformgenauigkeit der Fühlersteuerung und dem Nachlauf der Vorschubantriebe ab (also von dynamischen Eigenschaften der Maschine).

Der Nachlauf ist der Weg, den das Werkzeug noch zurücklegt, nachdem der Fühler den Abschaltbefehl für die Vorschubbewegung gegeben hat. Das Fräsbild wird in der Hauptsache von den entstehenden „Bearbei-

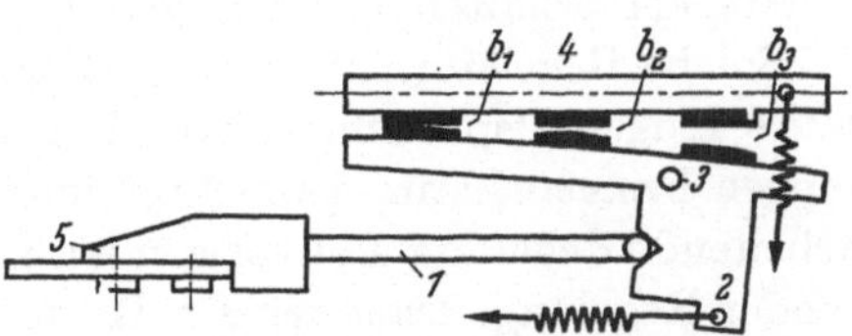

Abb. 366. Grundsätzlicher Aufbau eines Kontaktfühlers nach dem Abwälzverfahren (Bauart Heid)

1 Fühlerspindel; 2 Schaltstückhebel; 3 Drehpunkt des Schaltstückhebels 2, 4 Schaltstückplatte; 5 Fühlfinger, Form entsprechend Werkzeug

tungstreppen" beeinflußt. Diese werden um so kleiner, je kleiner der Nachlauf ist. Auch die Nachfahrgenauigkeit wird letzten Endes vom Nachlauf bestimmt. Der Nachfahrfehler (s. Abb. 365) wird um so kleiner, je geringer der Kontaktabstand am Fühler ist. Der minimale Kontaktabstand ist aber durch das stabile Arbeiten der Fühlersteuerung gegeben. Ist der Nachlauf größer als der dem gewählten Kontaktabstand entsprechende Weg, kann durch die zu große Fühlerauslenkung nicht einwandfrei auf den nächsten, dem Kurvenverlauf entsprechenden Schritt umgeschaltet werden: folglich pendelt der Antrieb [*109, 110*].

Letztlich hängt auch die Bearbeitungszeit des gesamten Werkstückes vom Nachlauf ab; denn je geringer der Nachlauf ist, desto größer kann, bei gegebenem Kontaktabstand am Fühler, die Vorschubgeschwindigkeit gewählt werden. Einen kleinen Nachlauf erhält man durch kleine Schwungmassen im Schaltgetriebe (kleine Kupplungen, langsame Drehzahlen), Kupplungen mit Schnellerregung und schnell schaltende Relais oder kontaktlose Einrichtungen.

Neben der Nachlaufgröße kann auch die Wahl der Vorschubrichtungen von wesentlichem Einfluß auf die Nachformeigenschaften sein. Der günstigste Fall ist, wenn die Vorschubkomponenten so geregelt werden, daß ihre resultierende Bewegung jeweils der Tangente der

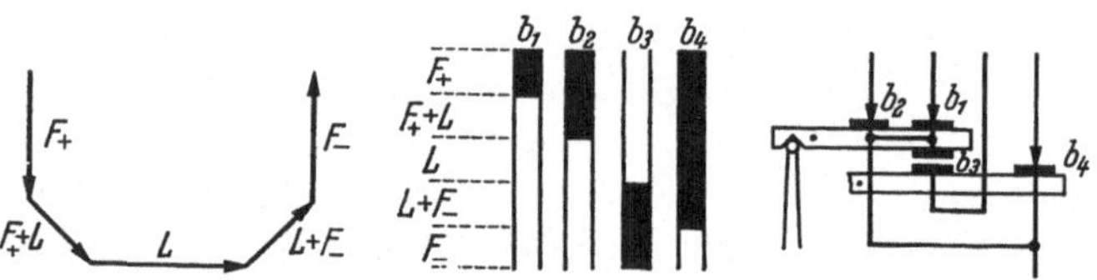

Abb. 367. Richtungsfolge der Vorschubbewegungen bei Verwendung von Fühlern mit 5 Bewegungsrichtungen

F_+, F_- Fühlvorschub; L Leitvorschub; b 1, 2, 3, 4 Fühlerkontakte; b 2, 4 Fühlerkontakt nachfedernd

gewünschten Kurve entspricht. Hierzu werden kontinuierliche Fühler gebraucht, die meist induktiv arbeiten, schnell wirkende Verstärker und Gleichstromregelmotoren mit kleiner mechanischer Zeitkonstante. Die Verstärker erhalten Gegenkopplung mit PD-Verhalten.

Solche Regeleinrichtungen verlangen spielfreie Vorschubantriebe, die teure Kugelrollspindeln erforderlich machen. Da aber jede Lose Pendelungen bringen kann, verzichtet man meist auf eine rein kontinuierlich arbeitende Regelung und verwendet Kombinationen mit aussetzend arbeitender Regelung. Dazu wird z. B. ein Kontaktfühler verwendet, und die beiden Vorschubkomponenten werden in ihrer Geschwindigkeit so gesteuert, daß sich eine in ihrer Richtung geregelte resultierende Vorschubbewegung ergibt. Wird die Geschwindigkeit des einen Vorschubes sinusförmig, die des anderen Vorschubes gleichzeitig cosinusförmig verändert, so ist die resultierende Vorschubgeschwindigkeit konstant. Als Sollwertgeber für diese Aufgabe kann z. B. ein Drehmelder in Ausführung als Funktionsgeber mit einem Sinus- und einem Cosinusausgang verwendet werden (Abb. 368). Wird nun vom Fühler der Leitvorschub allein (z. B. waagerecht) eingeschaltet, so wird der Sollwertgeber so verstellt, daß die Leitvorschubgeschwindigkeit ansteigt (evtl. bis zum Maximalwert); wird nur der Fühlvorschub (im Beispiel also senkrecht) eingeschaltet, so steigt dessen Geschwindigkeit. Das Wegdiagramm einer derartigen Fühlersteuerung zeigt Abb. 369. Im 1. Abschnitt ist zuerst nur der Leitvorschub eingeschaltet, dessen Geschwindigkeit bis zum Maximalwert ansteigt. Wird bei dieser Bewegung die Fühlerauslenkung kleiner, entsteht durch

Einschalten des Fühlvorschubes (F_+) eine resultierende Vorschubbewegung. Im 2. Abschnitt wird wegen der geringen Steilheit dieser Resultierenden die Fühlerauslenkung noch kleiner, bis schließlich der Fühler

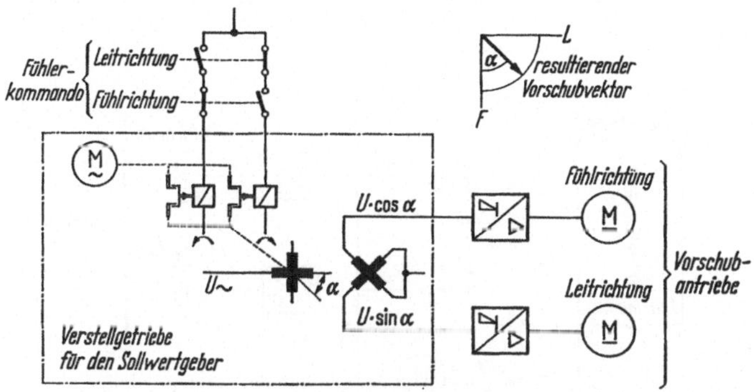

Abb. 368. Grundschaltung für Fühlersteuerung mit konstanter Vorschubgeschwindigkeit

vom Modell wegfährt. Nun wird der Leitvorschub abgeschaltet, so daß nur der Fühlvorschub wirkt. Während dieser Zeit läuft der Fühler wieder auf das Modell zu. Hierbei erhöht sich die Geschwindigkeit des Fühlvorschubes, während sich die des Leitvorschubes vermindert, so daß die

resultierende Vorschubrichtung steiler wird. Dieses Spiel wiederholt sich im ganzen 2. Abschnitt, bis sich die Neigung der Resultierenden der Kurvenneigung angepaßt hat. Ändert sich diese dann wieder und wird beispielsweise flacher (Abschnitt 3), so wird der Fühlvorschub abgeschaltet, der Leitvorschub allein bleibt wirksam. Seine Geschwindigkeit wird hierbei erhöht, die des Fühlvorschubes vermindert. Die Auslenkung des Fühlers geht zurück, und der Fühlvorschub wird wieder zugeschaltet. Dieses Arbeitsspiel wiederholt sich, bis sich die resultierende Vorschubbewegung der Kurvenneigung wieder angepaßt hat. Sinngemäß wird eine Kurve bearbeitet, die in der entgegengesetzten Richtung des Fühlvorschubes (F_-) verläuft. Bei richtiger Einstellung der Verstellgeschwindigkeit des Sollwertgebers wird die Kurve mit einer minimalen Anzahl von Schaltungen kopiert. Es lassen sich damit beachtliche Kürzungen

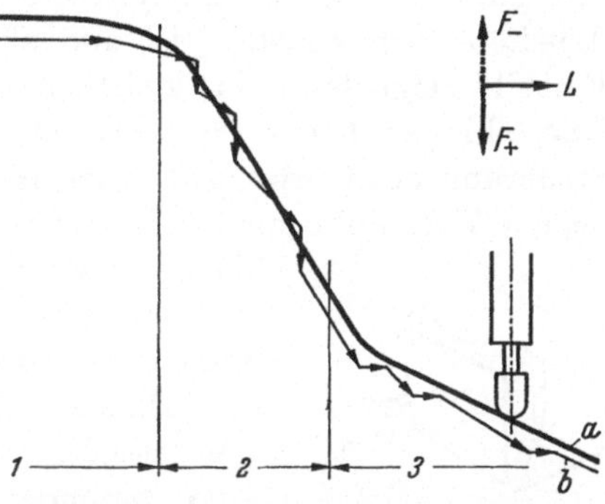

Abb. 369. Wegdiagramm bei einer Fühlersteuerung mit konstanter Vorschubgeschwindigkeit
F_+, F_- Fühlvorschub; L Leitvorschub; a Weg der Fühlerspitze an der Modelloberfläche; b Weg des Fräsers im Werkstück; 1, 2, 3 Bearbeitungsabschnitte

der gesamten Arbeitszeit erreichen. Werden allerdings längere Strecken mit konstanter Neigung bearbeitet, so kommt eine Korrektur der evtl. wenig vom Kurvenverlauf abweichenden resultierenden Vorschubbewegung nur selten vor. Es ergeben sich wenige Schaltungen, die das

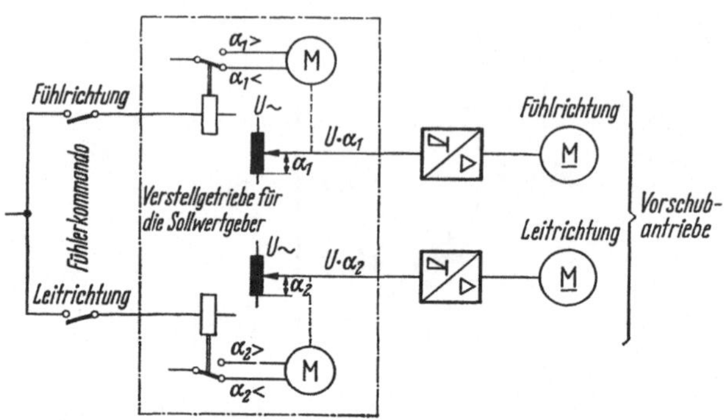

Abb. 370. Grundschaltung für Fühlersteuerung mit gleichmäßiger Schaltfolge

Fräsbild durch gut sichtbare Markierungen sehr beeinträchtigen können, was beim Schruppen aber nicht nachteilig ist.

Beim Schlichten ist es daher zweckmäßig, die resultierende Vorschubbewegung so zu regeln, daß die Schalthäufigkeit über den ganzen Arbeitsbereich konstant ist und einen optimalen Wert annimmt. Das Fräsbild zeigt dann eine gleichmäßige Oberflächenrauhigkeit, die durch Überschleifen leicht zu beseitigen ist. Das Prinzip einer derartigen Steuerung zeigt Abb. 370. Hierbei werden die Geschwindigkeiten der beiden Vorschübe unabhängig voneinander verändert. Und zwar wird die Geschwindigkeit des eingeschalteten Vorschubes während seiner Einschaltdauer schneller und während seiner Ausschaltzeit langsamer.

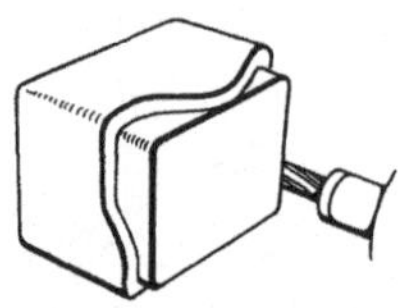

Abb. 371. Bearbeitung eines Werkstückes nach dem ,,Umrißfräsverfahren'' mit gleichzeitiger axialer Wegregelung (dritte Dimension)

Will man mit den beschriebenen Fühlersteuerungen geschlossene Kurven bearbeiten (Umrisse), so sind besondere Maßnahmen erforderlich. Dazu werden die vorhandenen Kontaktfühler verwendet und Fühl- und Leitvorschub elektrisch so umgeschaltet, daß die Stabilität des Nachfahrens gewährleistet ist. Dabei erfolgte diese ,,Quadrantenumschaltung'' zunächst von Hand, heute meist automatisch durch die normalen Fühlerkontakte, oder durch 4 zusätzliche Fühlerkontakte, von denen je nach radialer Auslenkrichtung einer geschlossen ist. Mit den beschriebenen Fühlern können nur solche Umrisse bearbeitet werden, deren Ebene senkrecht zur axialen Bewegungsrichtung des Fühlers liegt.

Sollen Werkstücke mit Umrissen, die nicht in einer Ebene liegen, bearbeitet werden (z. B. Abb. 371), so wird ein zweiter Fühler gebraucht, der nur die 3. Dimension steuert. Beide Fühlersysteme können auch in einem Fühler untergebracht werden, die mechanische Ausführung ist jedoch kompliziert, außerdem können damit nur axiale Steigungen bis zu etwa 30° bearbeitet werden. Eine andere Möglichkeit, beim Umrißfräsen die 3. Dimension zu steuern, besteht darin, daß man das Modell elektrisch leitend macht, evtl. nur dort, wo die Umrißkontur verläuft. Mit dem normalen Kontaktsystem werden die Kommandos für die Umrißebene gegeben. Die axiale Bewegung wird so gesteuert, daß ständig eine leitende Verbindung über die Fühlerspitze zum Modell besteht. Damit lassen sich bei geeigneter Wahl der Vorschubgeschwindigkeit auch Steigungen bis nahezu 90° bewältigen.

Sondermaschinen, die z. B. nur Umrisse bearbeiten sollen, erhalten zweckmäßigerweise nur eine lineare Vorschubbewegung, während die zweite — meist der Leitvorschub — als Drehbewegung gewählt wird.

2. Fotoelektrisches Nachfahren von Zeichnungen

a) Technologische Forderungen

Bei ebenen Kurven erfolgt die Anfertigung der Schablone meistens nach einer Zeichnung. Es trat deshalb verständlicherweise die Frage auf, ob es nicht rationeller wäre, auf die Anfertigung der Schablone ganz zu verzichten und mit einer fotoelektrischen Einrichtung die Zeichnung direkt nachzufahren. Es sind immer wieder Versuche gemacht worden, solche Einrichtungen bei Werkzeugmaschinen anzuwenden. Zu praktischen Erfolgen ist es aber bisher nicht gekommen. Das mag daran liegen, daß die Genauigkeit, die mit solchen Einrichtungen erzielt wurde, nicht ausreichte, und zwar deshalb, weil die Formgenauigkeit der Zeichnung den Ansprüchen nicht genügte. Denn schon die Strichstärke der Zeichnung ist im Vergleich mit der erforderlichen Nachformgenauigkeit zu groß. Man kann sich zwar auf eine Strichmitten- oder Strichkantenabtastung festlegen, läuft dann aber immer noch Gefahr, daß das Papier sich durch Temperatur und Witterungseinflüsse, insbesondere Feuchtigkeit, dehnt oder zusammenzieht und bekommt dadurch wieder Fehler in der Kurvenform.

Viel günstiger liegen die technologischen Verhältnisse beim Brennschneiden. Die Ansprüche an die Genauigkeit sind dabei nicht so hoch. Die Anfertigung der oft großen Schablone ist teuer, ihre Aufbewahrung aufwendig. Steuerungen von Brennschneidemaschinen, die nach Zeichnungen arbeiten, werden deshalb häufig eingesetzt.

Grundsätzlich sollen solche Maschinen für jede Koordinate einen eigenen Antrieb erhalten. Diese Antriebe müssen so geregelt werden, daß erstens die vektorielle Summe ihrer Geschwindigkeiten die gewünschte Bewegungsrichtung ergibt und zweitens die resultierende Geschwindigkeit unabhängig von der Richtung konstant bleibt. Man muß deshalb zunächst die gewünschte Bewegungsrichtung durch eine elektrische Größe darstellen und diese in die beiden Richtungskomponenten zerlegen. Diese sind dann die Führungsgrößen für die Regelantriebe der beiden Koordinaten. Will man dabei gute Nachführeigenschaften erzielen, ist der Aufwand an elektrischen Einrichtungen nicht unerheblich.

Bei kleinen und mittleren Brennschneidemaschinen wird als Vorschubeinrichtung neben dem Magnetroller (dies ist eine motorisch angetriebene permanentmagnetische Rolle, die entlang einer Blechschablone läuft), fast ausschließlich der Reibantrieb verwendet. Mit ihm läßt sich jede beliebige Vorschubrichtung nach Größe und Vorzeichen auf rein mechanische Weise in die beiden Koordinaten zur Bewegung des Wagens bzw. des Auslegers zerlegen. Die Vorschubgeschwindigkeit bleibt dabei unabhängig von der Bewegungsrichtung konstant. Als Antrieb kann jeder normale drehzahlsteuerbare Motor verwendet werden. Er muß nur in der Lage sein, eine eingestellte Geschwindigkeit unabhängig von den evtl. unterschiedlichen Reibungsverhältnissen in den beiden Koordinatenrichtungen auf einige Prozent konstant zu halten.

Bei Richtungsänderungen treten neben den Reibungskräften zusätzliche Kräfte zur Beschleunigung oder Verzögerung der Massen auf. Der Reibantrieb muß auch hierbei in der Lage sein, eine kraftschlüssige Verbindung zwischen dem feststehenden und beweglichen Maschinenteil aufrechtzuerhalten. Sonst treten Nachformfehler und beim Einsatz von Nachführregelungen zusätzlich instabile Verhältnisse (Pendelungen) auf. Durch eine geeignete Materialpaarung zwischen Reibrad und Walze, günstige Formgebung und Wahl des Anpreßdruckes sowie Kleinhalten der zu bewegenden Massen, läßt sich dies bis zu Auslegeweiten von etwa 2,5 m sicher beherrschen.

b) Nachführregeleinrichtung

Der Reibradantrieb, auf den sich die folgende Betrachtung beschränken soll, muß dabei so geführt werden, daß seine Vorschubrichtung jeweils tangential zu dem Linienzug auf der Zeichnung verläuft. Bei Handbedienung der Maschine läßt sich das Führen dadurch erleichtern, daß ein Lichtkreuz von einem mit dem beweglichen Teil der Maschine fest verbundenen optischen System auf die Zeichnung projiziert wird. Das Reibrad wird nun so gelenkt, daß der Mittelpunkt des Lichtkreuzes sich jeweils auf der Linie bewegt. Die Anforderungen an die Aufmerksamkeit des Bedienungsmannes sind dabei trotzdem sehr hoch. Es hat deshalb nicht an Versuchen gefehlt, dieses Nachführen zu automatisieren.

Im folgenden wird ein Nachführgerät beschrieben, das bei Verwendung einer Zeichnung eine Abtastung der Strichmitte vornimmt, eine Einstellung der Schnittfugenbreite zuläßt und auch die Möglichkeit bietet, eine Kantenabtastung (Schwarz-Weiß-Abtastung) durchzuführen, was insbesondere bei Reparaturarbeiten interessant sein kann.

Die Nachführregeleinrichtung besteht aus einem Abtastkopf, der das optische Bild eines Zeichnungsabsschnittes in ein elektrisches Signal umsetzt. Dieses wird in Beziehung gebracht zu der jeweiligen Stellung der Maschine und daraus ein Stellsignal für den Schwenkmotor gebildet, der den Kopf um dessen Achse zu drehen vermag. Der Abtastkopf ist mechanisch über Zahnräder mit dem um seine Achse drehbaren Reibrad verbunden, so daß die Mittellinie des optischen Systems und die Vorschubrichtung einander parallel sind.

c) Optik

Abb. 372 zeigt den Strahlengang des Abtastsystems, das von dem erfaßten optischen Bild ein elektrisches Signal bilden soll. Der jeweils abzutastende Linienzug muß hierbei ausreichend beleuchtet sein. Die Beleuchtungseinrichtung (*1*) ist deshalb organisch mit in den Kopf eingebaut. In den Strahlengang, der durch Kondensor-, Sammellinsen und Spiegel gebildet wird, ist eine Maske eingeblendet. Diese begrenzt den auf der Zeichnung entstehenden Lichtfleck in Form eines Pfeiles. So läßt sich bereits im Stillstand die Bewegungsrichtung und während der Fahrt die Lage des Abtastpunktes feststellen. Dies erleichtert das Einfahren beim Anschnitt und die Kontrolle. Ein Ausschnitt dieser beleuchteten Fläche wird durch Reflexion des auffallenden Lichtes im Maßstab 1:1 abgebildet. In der Bildebene befindet sich auf der Mittellinie des optischen Systems ein Fotoelement (*4*), das eine der Leuchtdichte proportionale Spannung abgibt. In den Strahlengang des reflektierten Lichtes ist ein Spiegel (*2*) eingeschaltet, der durch ein elektromagnetisches System (*3*) in oszillierende Bewegung versetzt wird. Der abgebildete Strich führt dadurch eine sinusförmige Schwingung aus. Die Amplitude der Schwingung ist so gewählt, daß auch bei der maximal auftretenden dynamischen Abweichung das

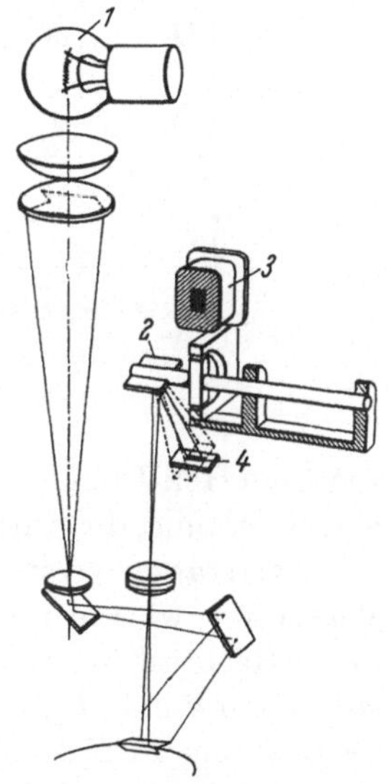

Abb. 372. Strahlengang des Optischen Systems der Nachführeinrichtung (Bauart Siemens)

1 Lampe; *2* Spiegel; *3* Magnet; *4* Fotozelle

Strichabbild das Fotoelement mit Sicherheit zweimal in jeder Schwingungsperiode überstreicht.

Jedes Fremdlicht, wie die Raumbeleuchtung und das Sonnenlicht, das auf die Zeichnung fällt, unterstützt durch Erhöhung der Leuchtdichte die eingebaute Beleuchtung und hat auf die Abtastung keinen störenden Einfluß. Es ist deshalb möglich, den Abtastkopf so weit weg von der Zeichnung anzuordnen, daß die Beobachtung des Abtastpunktes gut möglich ist. Gleichzeitig wird dadurch die Tiefenschärfe so groß, daß Durchbiegungen des Zeichnungsträgers nicht nachteilig sind.

d) Der Signalfluß

In Abb. 373 ist die Signalverarbeitung wiedergegeben. Zum leichteren Verständnis wurde der abgebildete Strich als feststehend und für das Fotoelement die zeitlich sinusförmige Bewegung dargestellt. Jedesmal,

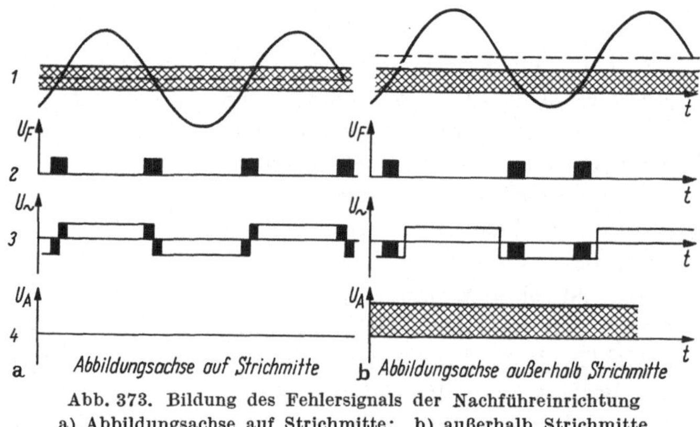

Abb. 373. Bildung des Fehlersignals der Nachführeinrichtung
a) Abbildungsachse auf Strichmitte;   b) außerhalb Strichmitte

wenn ein Hell-Dunkel-Übergang stattfindet, entsteht in dem Fotoelement eine Spannung, die durch einen nachgeschalteten mehrstufigen Wechselstromverstärker verstärkt wird. Die Ausgangsspannung hinter einem der Verstärker wird bei Überschreiten einer eingestellten Spannungshöhe in ein Rechtecksignal mit konstanter Zeitfläche umgesetzt. Diese so entstehenden Pulse (*2a*) werden zu der das Magnetsystem erregenden Wechselspannung in Beziehung gesetzt, d. h. phasenabhängig demoduliert. Die weitere Verarbeitung derselben erfolgt quasianalog, weshalb zur weiteren Verarbeitung Rechtecksignale beibehalten werden. Der Betrag der Spannungs-Zeit-Fläche in *2* wird mit den jeweiligen Vorzeichen der Wechselspannung versehen (*3a*). Fällt die Mittellinie des optischen Systems mit der Strichmitte des Linienzuges zusammen, so heben sich die positiven und negativen Flächen in einer Periode auf, wie der linke Bildteil (a) zeigt (*4a*). Im rechten Bildteil (b) liegt dagegen die Mittellinie außerhalb; die Pulse sind unsymmetrisch zu den Nulldurchgängen, so daß die negativen Spannungs-Zeit-Flächen überwiegen. Der Schwenkmotor erhält einen Stellbefehl (*4b*).

Als Schwenkmotor ist ein Gleichstrommotor vorgesehen (Abb. 374 c), der durch eine entsprechende konstruktive und elektrische Auslegung eine sehr kleine Hochlaufzeitkonstante hat. Er wird von einem Leonard-

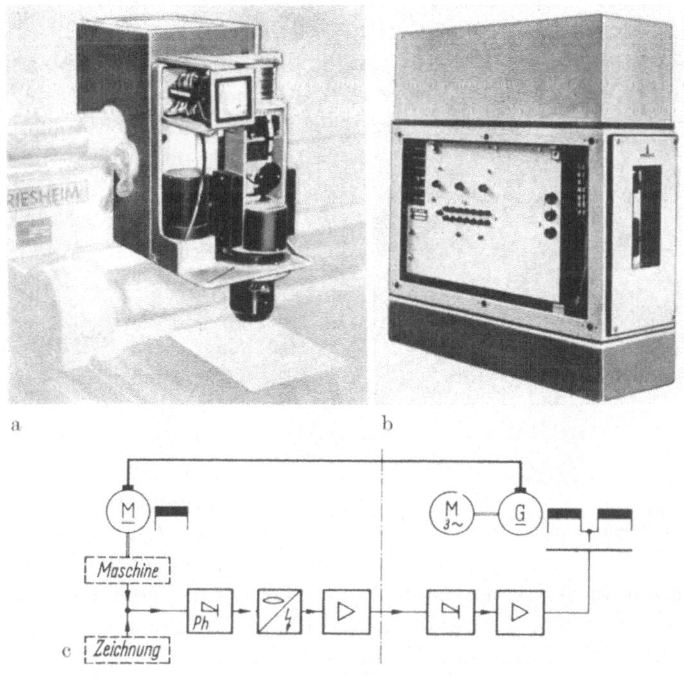

Abb. 374. Nachführeinrichtung
a) Ansicht des Abtastkopfes;   b) Ansicht der Steuerung;   c) Regelkreis

umformer gespeist, so daß auch ein generatorisches Bremsen zum schnelleren Stillsetzen möglich ist. Die in Abb. 373 (*3b*) dargestellten Pulse werden nach Leistungsverstärkung unmittelbar auf das Feld des Leonardgenerators gegeben. Die Feldwicklung ist in 2 Spulen aufgeteilt, wobei die eine mit den positiven, die andere mit umgekehrtem Wicklungssinn mit den negativen Pulsen gespeist wird. Die Durchflutung besitzt deshalb eine überlagerte Wechseldurchflutung, die zu einem schnellen Einsetzen der Korrekturbewegung beiträgt.

Die Winkelgeschwindigkeit, mit der der Abtastkopf auf die abzutastende Linie zugedreht wird, ist eine Funktion der jeweiligen Abweichung. Um ein stabiles regeldynamisches Verhalten zu bekommen, muß der Abtastpunkt in bezug auf die Drehachse voreilend sein. Der

hierdurch bedingte dämpfende Einfluß wird um so günstiger, je größer
die Voreilung gewählt wird. Andererseits beeinflußt diese die Nachführgenauigkeit, da beim Durchlaufen einer Kurve sich der Brenner auf
der Schlepplinie (Traktrix) bewegt. Bei einer universellen Vorhalt-
einstellung für den gesamten Geschwindigkeitsbereich muß deshalb ein
Kompromiß zwischen Nachführgenauigkeit und Regelgüte geschlossen
werden.

e) Strich-Kanten-Abtastung

Anhand der Abb. 373 wurde gezeigt, daß der Vergleichspuls immer
dann gebildet wird, wenn ein Schwarz-Weiß-Übergang erfolgt. Die Strichstärke und ein evtl. ungleicher Kontrast bei den einzelnen Zeichnungen

Abb. 375. Brennschneidmaschine mit fotoelektrischer
Nachführeinrichtung (Bauart Knappsack)

ist deshalb auf die Ab-
tastgenauigkeit ohne Ein-
fluß. Durch geeignete
elektrische Maßnahmen
besteht nun die Möglich-
keit, einen Puls sowohl
bei dem Schwarz-Weiß-
wie auch Weiß-Schwarz-
Übergang zu bilden. So
kann man mit der glei-
chen Einrichtung auch
Kantenabtastung vorneh-
men. Legt man die Ab-
bildungsachse auf die
Kante, kann diese getreu nachgefahren werden, wobei wiederum ein
unterschiedlicher Kontrast keinen Einfluß auf die Abtastgenauigkeit hat.

Eine Brennschneidmaschine, die mit der beschriebenen Nachführregeleinrichtung arbeitet, zeigt Abb. 375.

3. Numerische Bahnsteuerungen

Im allgemeinen entsteht die Zeichnung für eine nachzufahrende
Kurve auf Grund von geometrischen und numerischen Informationen. Es
liegt deshalb nahe, bei selbsttätigen Nachführsteuerungen auch auf die
im vorhergehenden Beispiel erläuterte Zeichnungsabtastung zu verzichten, die ganzen Informationen also unmittelbar numerisch vor-
zugeben. Dadurch kann auch die Herstellung einer speziell für die Abtastung hergestellten Zeichnung vermieden werden. Außerdem besteht die
Möglichkeit, eine höhere Genauigkeit als bei der Strichabtastung zu
erreichen.

Wir können bei unseren Überlegungen von den im Abschnitt D
beschriebenen numerischen Positioniereinrichtungen ausgehen. Legen wir

die einzelnen Punkte der „Punkt zu Punkt"-Steuerung dicht zusammen, so entsteht eine quasistetige Bahn. Die Werkzeugbahn hängt nun bei diesem Vorgang wesentlich von den Eigenschaften der Maschine und dem Antriebssystem ab. Werden die Bahnpunkte z. B. in den beiden Koordinaten nacheinander angefahren, entsteht die in Abb. 376a gezeigte Treppenkurve. Ist ein Verfahren in 2 Koordinaten mit gleicher Geschwindigkeit möglich, kommt ein Fahren unter 45° dazu oder können auch die Bahngeschwindigkeiten für die einzelnen Koordinaten vorgegeben werden, so entsteht die in Abb. 376b gezeigte Kurve. Die letzte Lösung wird die beste Annäherung an die gewünschte Bahnkurve ergeben. Durch die Massenträgheit der Maschine werden in Wirklichkeit

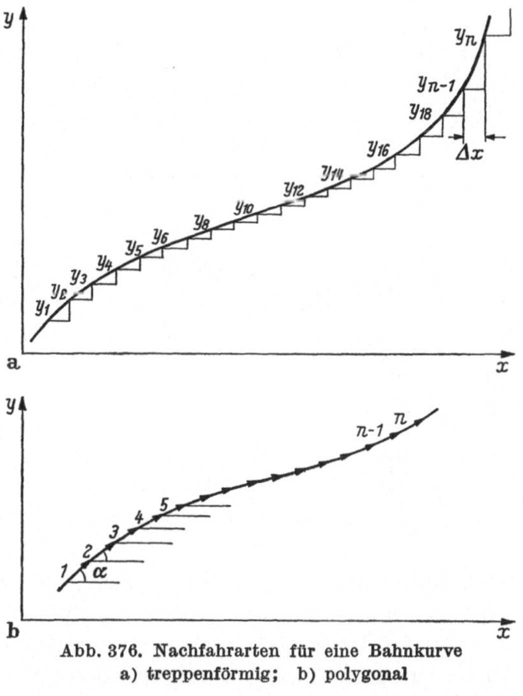

Abb. 376. Nachfahrarten für eine Bahnkurve
a) treppenförmig; b) polygonal

die gezeichneten Unstetigkeitsstellen verschliffen, so daß sich etwas günstigere Verhältnisse ergeben.

Bei Festlegung der einzelnen Bahnpunkte werden wir je nach den Genauigkeitsforderungen ein Toleranzband festlegen, in dem sich die Verbindungslinien der einzelnen Punkte bewegen müssen. Nehmen wir an, daß eine Abweichung von 10 μm zugelassen werden kann, so müßte im ungünstigsten Fall auch die Punktfolge mit einem Abstand von dieser Größe gewählt werden. Die Informationsmenge hat unter dieser Voraussetzung bei einer Vorschubgeschwindigkeit von beispielsweise 600 mm/min einen Wert von $600 \cdot 100/60 = 1000$ Positionsangaben/s. Auch wenn im Mittel die Informationsmenge kleiner sein kann, zeigt diese Abschätzung schon die Problematik einer solchen Lösung. Der angenommene Vorschub von 600 mm/min kann bei der Bearbeitung von Leichtmetall leicht erreicht werden; bei Stahl liegt die Vorschubgeschwindigkeit bei etwa 200 mm/min, so daß sich dann auch die Informationsmenge entsprechend verringert.

Unabhängig von wirtschaftlichen Überlegungen über die Informationsbildung ist die Zahl der Positionsangaben/s auch noch von der Grenzfrequenz des signalverarbeitenden Teiles der Steuerung abhängig. Wir sehen damit, daß die erstrebenswerte Genauigkeit und die Vorschubgeschwindigkeit eng miteinander zusammenhängen. Der Vorschubgeschwindigkeit sind auch noch durch die dynamischen Eigenschaften des Antriebssystems Grenzen gesetzt. Soll z. B. gemäß Abb. 377 von Punkt 11 bis 12 eine unstetige Stelle genau nachgefahren werden, so muß der Antrieb x im Punkt 11 von der vorher erforderlichen Geschwindigkeit auf nahezu 0 abgebremst werden. Dazu ist eine endliche Zeit von z. B. 20 ms erforderlich, in der der Antrieb über Punkt 11 entsprechend der abnehmenden Geschwindigkeit hinausläuft. Betrug z. B. $v = 240$ mm/min $= 4$ mm/s, so wird der Antrieb bei 20 ms Bremszeit bei linearer Abnahme der Geschwindigkeit

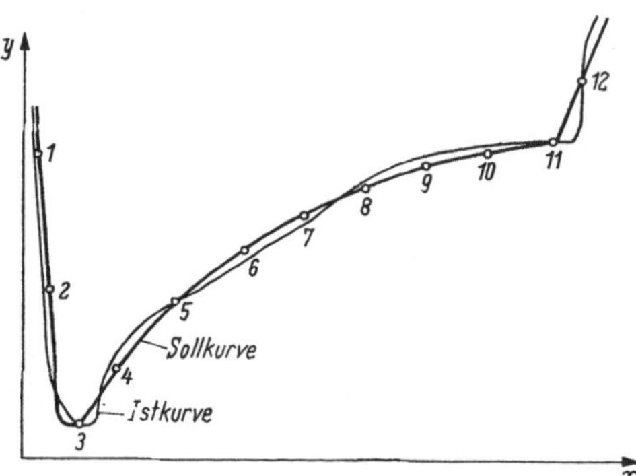

Abb. 377. Entstehung von Nachformfehlern

noch 40 μm nachlaufen. Die geforderte Nachfahrgenauigkeit von 10 μm wird also an dieser Ecke weit überschritten. Während man bei Fühlersteuerungen bei solchen kurvenformabhängigen Fehlern keine wirksamen Mittel hat, kann man bei numerischen Steuerungen dadurch eingreifen, daß man durch eine rechtzeitige Schaltinformation die Vorschubgeschwindigkeit in unserem Beispiel etwa auf den 4. Teil in diesem kurzen Kurvenabschnitt herabsetzt.

a) Interpolator

Die angestellten Überlegungen zeigen, daß die Programmierung einer solchen Punktfolge mit den Mitteln, die bei der Positionierung angewendet werden, nicht möglich ist. Die Informationsmenge ist hier um einige Größenordnungen höher. Es muß deshalb ein Rechner für diese Aufgabe eingesetzt werden, der anhand vorgegebener Stützpunkte und evtl. geometrischer Angaben die Zwischenpunkte errechnet, eine Interpolation durchführt.

Als Interpolator lassen sich sowohl analoge wie auch digitale Rechner einsetzen. Der digitale Interpolator arbeitet mit gleichbleibender Genauigkeit, unabhängig von der Länge der zu interpolierenden Kurve, während die Genauigkeit des analogen Rechners von dem Abstand der Stützpunkte abhängt. Der digitale Interpolator wird aus diesem Grunde vorwiegend verwendet. Die Betrachtungen beschränken sich im folgenden auf diesen [*111, 14*].

Zur punktweisen Berechnung der Interpolationskurven sind im wesentlichen zwei Verfahren bekannt, die treppenförmige Nachbildung mit gleichen Zuwachsraten und die polygonale Nachbildung.

α) **Treppenförmige Nachbildung.** Die treppenförmige Nachbildung oder direkte Funktionsberechnung geht von dem Grundgedanken aus, durch Änderung des Wertes einer Koordinate um eine Einheit das Gleichungssystem $F(x, y) = 0$ zu stören und dann durch Korrektur des Wertes der anderen Koordinate ebenfalls in Einheitsschritten dafür zu sorgen, daß die Gleichung wieder erfüllt ist. Dann erfolgt wieder ein Schritt in der ursprünglichen

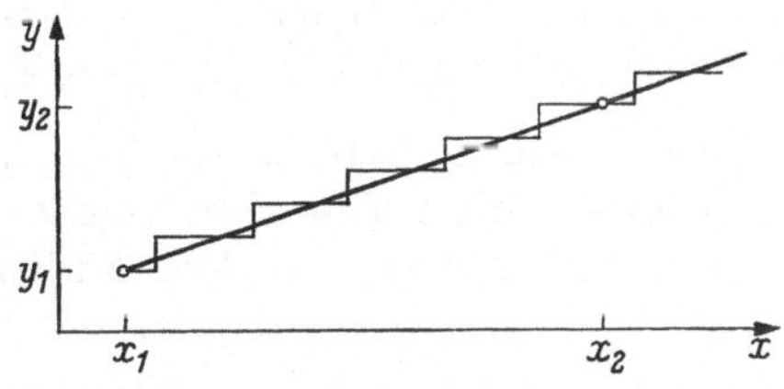

Abb. 378
Treppenförmige Interpolation einer Geraden

Koordinate. Der Ablauf wird am Beispiel der Interpolation einer Geraden entsprechend Abb. 378 erläutert.

Die Geradengleichung ist

$$\frac{y - y_1}{x - x_1} = \frac{y_2 - y_1}{x_2 - x_1} \tag{1}$$

mit der Anfangsbedingung x_1, y_1 und der Steigung

$$\frac{y_2 - y_1}{x_2 - x_1} \tag{2}$$

oder

$$(x - x_1)(y_2 - y_1) = (y - y_1)(x_2 - x_1)$$

Wird nun z. B. ein Schritt um eine Einheit in x-Richtung gemacht, dann ist das Gleichungssystem um den Wert ε gestört.

$$(x + 1 - x_1)(y_2 - y_1) - (y - y_1)(x_2 - x_1) - \underbrace{(y_2 - y_1)}_{\varepsilon} = 0 \tag{3}$$

Entsprechend gilt für einen Schritt in y-Richtung

$$(x - x_1)(y_2 - y_1) - (y + 1 - y_1)(x_2 - x_1) + \underbrace{(x_2 - x_1)}_{\varepsilon} = 0 \tag{4}$$

Daraus ergibt sich: Bei $\varepsilon > 0$ ist ein Schritt in x-Richtung, bei $\varepsilon < 0$ ein Schritt in y-Richtung zu machen. Bei $\varepsilon = 0$ ist zunächst freigestellt, in welcher Koordinate ein Schritt erfolgt, festgelegt werde z. B. ein Schritt in x-Richtung.

Für einen Interpolator, der diese Bedingungen erfüllt, brauchen wir gemäß Abb. 379 zunächst zwei Speicher S_x und S_y. Sie geben an die Antriebe den Lage-Sollwert. Ferner benötigen wir einen Addierer A_1,

der im gezeichneten Fall dem Sollwert S_y einen Schritt (1) zuaddiert
und den neuen Wert dem Speicher S_y wieder zuführt. Dann macht der
Antrieb y einen Schritt.

Um einen Schritt in x-Richtung zu machen, müssen die Schalter K_1
und K_2 umgelegt werden. Das besorgt ein Steuerwerk, das nach folgendem Schema die Schalter $K_{1,2,3}$ betätigt.

ε	K_1	K_2	K_3	A_2
-0	nach S_y	von S_y	von S_{Dx}	$-$
$+/0$	nach S_x	von S_x	von S_{Dy}	$+$

Nach dem Signalfluß auf dem unteren Bild bekommt das Steuer-
werk ein $\pm$ -Signal von dem Speicher S_E. Er erhält den jeweiligen Wert ε
nach Gl. (3) und (4) aus dem Addierer A_2, in dem zum Wert von S_E

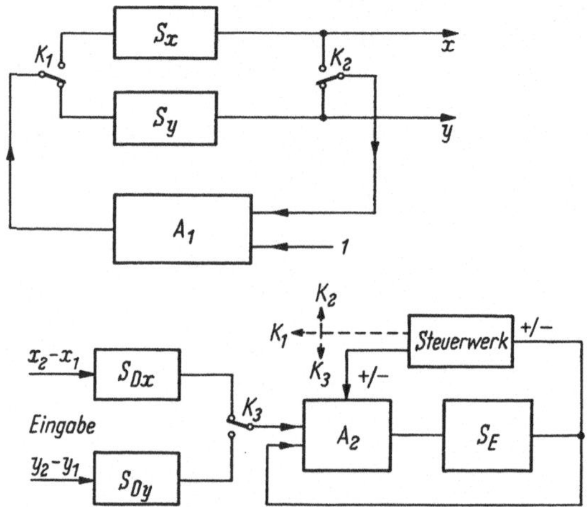

Abb. 379. Signalflußplan für treppenförmige Nachbildung (direkte Funktionsberechnung)

je nach der Stellung des Schalters K_3 der in die Speicher S_{Dx} bzw. S_{Dy}
eingespeicherte Wert $x_2 - x_1$ bzw. $y_2 - y_1$ entsprechend dem $\pm$ -Signal
aus dem Steuerwerk zuaddiert oder abgezogen wird. Wichtig ist, daß
die Rechenzeit des Steuerwerkes und die Taktzeit für das Schritt-
signal „1" aufeinander abgestimmt sind. Das Zusammenwirken beider
Signalkreise kommt durch die gleichzeitige Bewegung der Schalter $K_{1,2}$
und K_3 zustande.

Anstelle einer Einheit, die zu x bzw. y mit A_1 zuaddiert wird, kann
auch ein Vielfaches treten, um die Geschwindigkeit zu erhöhen; die Abweichung wird dabei jedoch entsprechend größer.

Der Vorteil der direkten Funktionsberechnung ist, daß die Abweichung maximal eine Einheit werden kann. Ungünstig ist die von der
jeweiligen Neigung abhängige Bahngeschwindigkeit im Bereich zwischen

1 und $\sqrt{2}$ bei konstanter Taktfrequenz. Es müssen deshalb Maßnahmen innerhalb des Interpolators getroffen werden, um dies zu korrigieren.

β) **Polygonale Nachbildung.** Bei der polygonalen Nachbildung geht man davon aus, daß die verschiedenen Koordinaten der Bahnkurve über einen Parameter untereinander verkoppelt sind. Die Verkoppelung ist meist in Form von Differentialgleichungen gegeben, denn die genaue Nachbildung entsteht dann, wenn die Geschwindigkeiten der Vorschubbewegungen in x- und y-Richtung im geforderten funktionellen Zusammenhang stehen. Dann ist die resultierende Vorschubbewegung eine Tangente zur Kurvenneigung.

Nach Abb. 376b gelangt man von Punkt *1* nach Punkt *2*, wenn

$$\frac{v_y}{v_x} = \frac{y_2 - y_1}{x_2 - x_1} = \frac{\Delta y_1}{\Delta x_2} = \tan \alpha \tag{5}$$

Rücken die Punkte beliebig nahe zusammen, muß

$$\frac{v_y}{v_x} = \frac{dy}{dx} = y' \tag{6}$$

werden.

Bei digitalen Interpolatoren ist es zweckmäßig, die Gleichung der Bahnkurve

$$F_{(x,\,y)} = 0 \tag{7}$$

umzuformen, weil wie oben für jede Koordinate die Wege als Funktion eines Parameters (z. B. Zeit) verlangt werden.

$$\begin{aligned} y &= f_1(\tau) \\ x &= f_2(\tau) \end{aligned} \tag{8}$$

Für die Umformung wird Gl. (7) differenziert

$$dF = \frac{\partial F}{\partial x}\,\frac{dx}{d\tau} + \frac{\partial F}{\partial y}\,\frac{dy}{d\tau} = 0 \tag{9}$$

Daraus folgt dann

$$\frac{\dfrac{dy}{d\tau}}{\dfrac{dx}{d\tau}} = -\,\frac{\dfrac{\partial F}{\partial x}}{\dfrac{\partial F}{\partial y}} \tag{10}$$

Mit

$$\begin{aligned} \dot{y} &= \frac{dy}{d\tau}; \quad F_x' = \frac{\partial F}{\partial x} \\ \dot{x} &= \frac{dx}{d\tau}; \quad F_y' = \frac{\partial F}{\partial y} \end{aligned} \tag{11}$$

wird

$$\frac{\dot{y}}{\dot{x}} = -\,\frac{F_x'}{F_y'} \tag{12}$$

was auch in Form

$$v_y = \dot{y} = -k\,F'_x$$

$$v_x = \dot{x} = k\,F'_y \tag{13}$$

geschrieben werden kann, wobei k ein gemeinsamer Faktor ist.

Als Beispiel wollen wir einen Kegelschnitt mit der allgemeinen Formel

$$F_{(x,\,y)} \equiv a\,x^2 + 2b\,x\,y + c\,y^2 + 2d\,x + 2e\,y + f = 0 \tag{14}$$

nachbilden. Die Umwandlung in der parametrischen Formel nach Gl. (13) ergibt

$$\dot{y} = -k(2a\,x + 2b\,y + 2d)$$
$$\dot{x} = k(2c\,y + 2b\,x + 2e) \tag{15}$$

k ist dabei ein zur gewünschten Geschwindigkeit wählbarer Faktor. Der Interpolator, der nach diesem Schema aufgebaut ist, also 6 Integratoren hat, kann die nötigen Sollwerte für die Bewegung des Maschinenteiles entlang jeder beliebigen Kurve zweiter Ordnung erzeugen.

Zuerst müssen in die Integratoren die Anfangsdaten eingegeben werden. Da die Koeffizienten wie auch die Koordinaten des Anfangspunktes bekannt und aus den Gl. (15) auch die Anfangswerte für y und x bestimmt sind, sind damit die Anfangsbedingungen für alle Integratoren gegeben. Es sind dann noch Speicher für die Koordinaten x_e, y_e des Endpunktes (oder auch für die gewünschte Zahl der Integrationsschritte dt) notwendig, damit die Interpolation an der gewünschten Stelle beendet werden kann. Der Übersichtlichkeit halber werden diese im folgenden weggelassen.

Die $d\tau$-Impulse werden in einem Pulsgenerator erzeugt, so daß sich die Geschwindigkeit, mit der die Bahn durchlaufen wird, linear mit der Pulsfrequenz ändert. Es läßt sich zeigen, daß andererseits durch den Faktor k eine Änderung der Bahngeschwindigkeit (bei unveränderten Pulsfrequenz) hervorgerufen wird. Daher ist es zweckmäßig, k gleich 1 zu setzen und die Geschwindigkeit allein durch die Pulsfrequenz einzustellen. Nicht immer entsteht bei festem Takt keine konstante Bahngeschwindigkeit; soll sie doch konstant gemacht werden, muß der Faktor k laufend verändert werden. Dies ist vom Takt her (z. B. durch

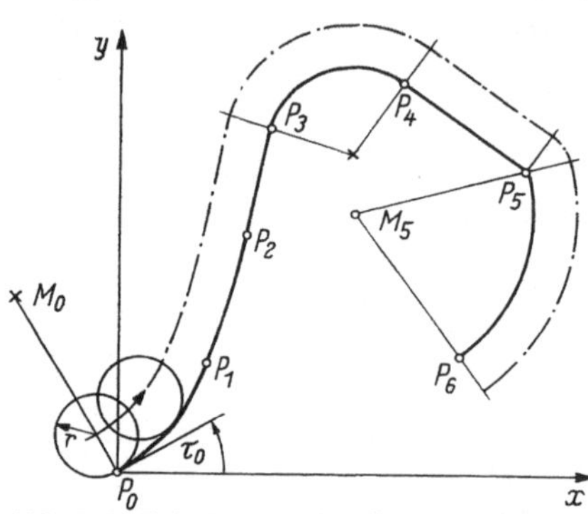

Abb. 380. Beispiel für eine lineare und zirkulare Nachbildung einer Bahnkurve

$P_0\,P_1$; $P_1\,P_2$; $P_3\,P_4$ Kreisbogen mit Tangentenanschluß; $P_2\,P_3$; $P_4\,P_5$ Gerade mit Tangentenanschluß; $P_5\,P_6$ Kreisbogen ohne Tangentenanschluß

analoge Regelung) viel leichter zu erreichen, als wenn k in den Integratoren (digital) berücksichtigt ist.

Der Rechenaufwand wird wesentlich geringer, wenn man sich bei der Interpolation auf die Nachbildung der gegebenen Kurve durch Kreis

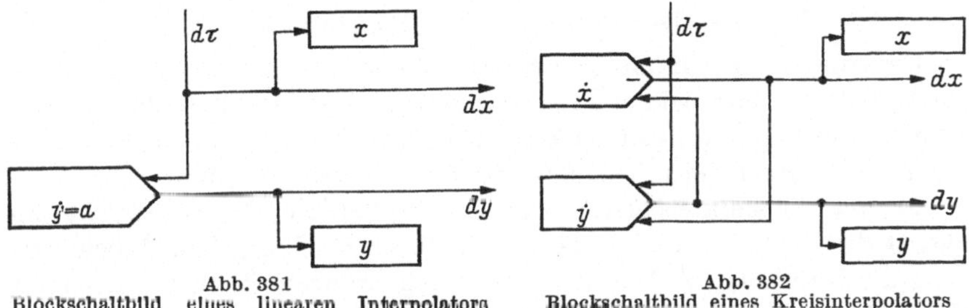

Abb. 381
Blockschaltbild eines linearen Interpolators

Abb. 382
Blockschaltbild eines Kreisinterpolators

und Gerade nach Abb. 380 beschränkt. Man spricht dann von der zirkularen und linearen Interpolation.

Für die lineare Interpolation brauchen wir nach Abb. 381 nur einen Integrator, weil aus

$$F_{(x, y)} \equiv y - a\,x - b = 0 \tag{16}$$

sich nach Gl. (13) ergibt mit $k = 1$,

$$\dot{y} = +a \qquad \text{und} \quad \dot{x} = +1$$

oder
$$y = \int a\,d\tau \quad \text{und} \quad x = \tau \tag{17}$$

Für die zirkulare Interpolation ergibt sich aus der Gleichung des Kreises

$$F_{(x, y)} \equiv (x - a)^2 + (y - b)^2 - R^2 = 0 \tag{18}$$

mit Gl. (13) und $k = \tfrac{1}{2}$.

$$\dot{y} = -(x - a) \qquad \text{und} \quad \dot{x} = (y - b)$$

oder
$$y = \int (x - a)\,d\tau \quad \text{und} \quad x = \int (y - b)\,d\tau \tag{19}$$

Dazu genügen nach Abb. 382 zwei Integratoren.

Andere Interpolationsarten enthält das umfangreiche Schrifttum [14, 112, 113].

b) Der Vorschubantrieb

Man könnte daran denken, für den Vorschubantrieb der Maschine die bei den Fühlersteuerungen häufig verwendeten Schaltkupplungen einzusetzen. Diese würden dann jedesmal, wenn ein Inkrement in einer Richtung durchfahren werden soll, eine Schaltung machen. Wollen wir $^1/_{100}$ mm als kleinste Einheit für den Vorschub, so ergeben sich jedoch so hohe Schalthäufigkeiten, daß die Kupplungen nicht in der Lage sind, entsprechend zu folgen. Man muß deshalb eine stetige Regelung nehmen. Sie ist zwar teuerer, bringt aber mit der polygonalen Interpolation eine höhere Genauigkeit. Auf diesen Vorteil wird man schon deswegen nicht verzichten wollen, weil der hohe Kostenaufwand für die numerische Bahnsteuerung auch echte Vorteile bringen muß.

c) Der Aufbau der Steuerung

Der Aufbau einer numerischen Bahnsteuerung hängt davon ab, ob die Interpolation schon bei der Programmierung oder innerhalb der numerischen Steuerung durchgeführt wird. Man spricht dann von einer numerischen Bahnsteuerung mit Außen- oder Inneninterpolator.

α) **Der Außeninterpolator.** Für den Außeninterpolator spricht zunächst die Tatsache, daß es unwirtschaftlich ist, bei jedem Arbeitsvorgang die Interpolation jedesmal neu durchzuführen. Es würde doch zur Herstellung einer Serie von gleichen Werkstücken genügen, nur einmal bei der Programmierung zu interpolieren. In der Arbeitsvorbereitung oder im Rechenzentrum steht dann ein Rechner, der auf Grund der Angaben, die ähnlich wie bei Abb. 380 für ein Werkstück vorliegen, den Signaleingang für die numerisch gesteuerte Werkzeugmaschine herstellt.

Der dazu nötige Informationsträger kann allerdings kein Lochstreifen mehr sein, weil, wie wir gesehen haben, die Informationsmenge zu groß ist. Man braucht deshalb Magnetbänder, die wesentlich mehr Informationen speichern können (S. 119).

β) **Der Inneninterpolator.** In Betrieben, die mit einer einzigen Bahnsteuerung auskommen, kann auch ein Inneninterpolator sinnvoll sein. Er ist in die numerische Steuerung der Werkzeugmaschine eingebaut. Man ist unabhängig von einem vielleicht an einem ganz anderen Ort aufgestellten Rechner und braucht bei nur geringfügigen Programmänderungen nicht auf das neu programmierte Magnetband zu warten. Das kann insbesondere dann lästig sein, wenn man während der Bearbeitung beispielsweise das Werkzeug wechselt und damit wegen eines anderen Fräserdurchmessers einen neuen Fräsermittelpunktsweg braucht. Beim Inneninterpolator ändern sich die Informationseingaben deswegen nicht. Im Interpolator muß nur der neue Fräsradius eingegeben werden. Als Vorteil des Inneninterpolators möge auch noch der Lochstreifen angesehen werden, der jetzt wieder für die Informationseingabe genügt und gegenüber Werkstatteinflüssen nicht so empfindlich ist wie das Magnetband.

d) Die Programmsprache

Bei den bisherigen Betrachtungen haben wir uns auf „zweidimensionale" Kurven, also solche die in einer Ebene liegen, beschränkt. Hier ist die Programmierung noch verhältnismäßig übersichtlich und kann noch mit konventionellen Mitteln durchgeführt werden. Selbstverständlich können die numerischen Bahnsteuerungen auch für die „dreidimensionale" Bearbeitung eingerichtet werden, damit hier die Oberflächen von räumlichen Gebilden genauso entstehen können, wie bei den Fühlersteuerungen, die ein Modell abtasten.

Die Berechnung des Fräsermittelpunktsweges ist hier wesentlich schwieriger, denn der Berührungspunkt von Werkzeug und Werkstück liegt nicht nur in der Bearbeitungsebene. Man muß jetzt berücksichtigen, daß der Fingerfräser beispielsweise eine zylindrische Form mit kugeliger Spitze hat. Für die Berechnung dieses Weges aus den Angaben der Zeichnung, der Toleranz und den geometrischen und technologischen Daten des Werkzeuges benützt man deswegen wiederum Rechner. Dazu wurde schon frühzeitig die Bedeutung eines Programmiersystems erkannt. Das wesentlich Neue eines solchen Systems ist, daß alle Anweisungen in sprachlicher Form, einer sogenannten Programmiersprache, gemacht werden. Diese sehr sinnfällige Form der Anweisungen vermindert die Fehlermöglichkeiten beim Programmieren [*114*].

F. Prozeßgekoppelte Steuerungen

Bei den bisherigen Steuerungen war man bestrebt, die Programmierung möglichst nicht zeitgebunden durchzuführen. Das „Einrichten" der Maschine, also diejenige Arbeit, die noch zeitgebunden war, weil sie vor dem Produktionsbeginn durchgeführt werden muß, sollte auf die Mindestzeit beschränkt werden. Die eigentliche Programmierarbeit wurde deshalb räumlich von der Werkstatt getrennt in das Büro verlegt. Man kann diese Art der Arbeitsvorbereitung als statische Programmierung bezeichnen und muß damit auch die Frage aufwerfen, ob es nicht Fälle gibt, wo eine dynamische Programmierung, die auf die Dynamik des Fertigungsablaufes Rücksicht nimmt, zweckmäßig ist.

1. Fertigung von Fließgut

Dies kann z. B. bei einer kontinuierlichen Fließfertigung der Fall sein. So müssen beispielsweise in einer Drahtziehanlage die Ziehgeschwindigkeiten nach jedem Ziehvorgang verändert werden, weil der Draht dünner wird, die gleiche Materialmenge eine größere Länge hat und deshalb auch schneller transportiert werden muß, damit Stauungen und Dehnungen vermieden werden.

Empfindliche Regeleinrichtungen, wie z. B. Tänzerwalzen, die in der Faserstoffindustrie für die Führungsgröße benutzt werden, sind hier im allgemeinen nicht erforderlich. Gewisse Schwankungen im Drahtzug sind zulässig. Man wendet deshalb meistens Drehzahlsteuerungen an und benützt Motoren mit weichen Drehmomentkennlinien, wie Drehstrommotoren mit Schleifringläufer oder Gleichstrommotoren mit Hilfsreihenschlußwicklung. Letztere haben den Vorteil, daß mit ihnen

leicht sanfte Anlaufverhältnisse geschaffen werden können, so daß beim
Einziehen Drahtbrüche vermieden werden.

Ähnlich liegen die Verhältnisse bei Spulapparaten.

2. Fertigung von Stückgut

Bei Stückgutfertigungen sind prozeßgekoppelte Programmier-
möglichkeiten an sich seltener, aber dort, wo sie möglich sind, oft auch
recht wirtschaftlich. Als Programmierspeicher können zunächst handbetätigte Speicher in Frage kommen. Vorteilhafter sind solche, bei
denen die Speicherung mit elektrischen Signalen, also ferngesteuert und
zuletzt selbsttätig, möglich ist. Einige Beispiele sollen dies erläutern.

a) Elektromechanische Speicher

Die Entwicklungsrichtung im Kraftmaschinenbau ist gekennzeichnet durch das Streben nach immer günstigerem Leistungsgewicht, dem
Verhältnis der abgegebenen Leistung zum Gewicht der Maschine.
Dies wird durch den Leichtbau und den Übergang zu höheren Drehzahlen
erreicht. Jede Zusatzbean-
spruchung der rotierenden
Teile, wie etwa der Kurbelwelle, und der feststehenden Teile, z. B. der Lager,
muß vermieden werden.
Bei schnellaufenden Teilen
gilt dies vor allem für die
Unwucht.

Die Unwucht wird nor-
malerweise auf einer Aus-
wuchtmaschine nach ihrer

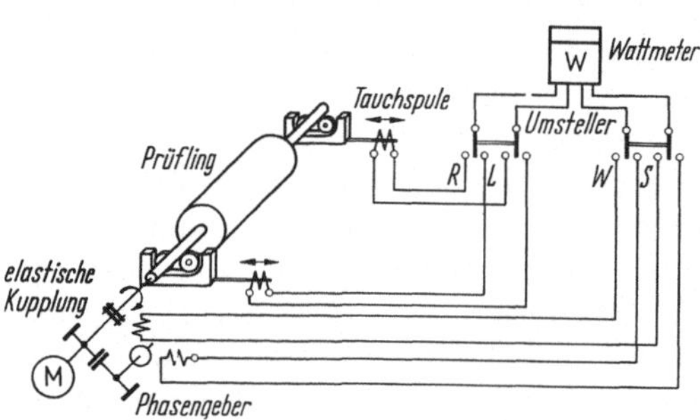

Abb. 383. Prinzip des Meßvorganges beim Auswuchten

Größe und Lage gemessen und auf einer getrennt aufgestellten Bohrmaschine beseitigt. Der Meßvorgang auf elektrischem Weg beruht
auf folgendem Prinzip (Abb. 383):

Der Prüfling läuft mit Wuchtdrehzahl um und liegt in 2 Lagern.
Jeweils eines der Lager ist festgestellt, das andere schwingt frei in hori-
zontaler Richtung senkrecht zur Drehachse. Ein mit der Antriebswelle
gekuppelter Phasengeber erzeugt 2 um $90°$ phasenverschobene sinusförmige Bezugsspannungen. Die umlaufende Unwucht ruft in dem freien
Lager eine auf die Senkrechte zur Drehachse projizierte sinusförmige
Schwingung hervor, die durch eine der Tauchspulen ebenfalls in eine
Spannung umgeformt wird. Mit einem Wattmeter werden die Produkte
der jeweiligen Bezugsspannung mit der Tauchspulenspannung gebildet.
Aus der vektoriellen Addition dieser beiden Werte läßt sich die Lage
und Größe der Unwucht ermitteln.

Zur Steigerung der Wirtschaftlichkeit bei der Serienfertigung wurden nun die 2 Arbeitsgänge des Messens und der Materialabtragung

Abb. 384. Bohrwuchtwerk (Bauart Schenck)

in einer Maschine kombiniert und somit die Möglichkeit geschaffen, den ganzen Auswuchtvorgang zu automatisieren.

In Abb. 384 sehen wir das Bohrwuchtwerk. Die Kurbelwelle wird in die Schwinglager eingelegt, mit dem Antrieb gekuppelt und auf die Wuchtdrehzahl hochgefahren. Die Meßwerte des rechten und linken Lagers werden am Wattmeter abgelesen und durch Kommandogabe am Tabulator nach Größe und Vorzeichen auf den jeder Meßebene zugeordneten Speicher gegeben. Abb. 385 zeigt den Aufbau des Eingabegerätes. Zur Kontrolle wird an einem Fenster jedes Speichers der Meßwert angezeigt. Nach Beendigung des Meßvorganges übernimmt ein Greifer die Kurbelwelle und setzt sie in die Festspannvorrichtung unter den beiden Bohrwerken ein. Während

Abb. 385. Aufbau des Eingabegerätes (Bauart Siemens)

an einer neu eingelegten Welle bereits wieder ein Meßvorgang folgt, wird an der eingespannten Welle eine der Unwucht proportionale Menge Material ausgebohrt. Die hierfür notwendige Eindringtiefe wird dadurch festgelegt, daß nach dem Aufsetzen des Bohrers auf das Werkstück pro Wegeinheit ein Impuls auf den zugehörigen Speicher gegeben wird. Der Vorschub erfolgt so lange, bis der Speicher in seine Nullstellung gelaufen ist. Hier wird der Vorschub ab- und der Eilrücklauf für das Bohrwerk eingeschaltet. Das absolute Maß der Wegeinheit ist abhängig von dem Bohrquerschnitt und dem Abstand des Bohrloches von der Drehachse. Der gleiche Vorgang wiederholt sich nochmals nach dem automatischen Weiterdrehen der Welle um 90° [115].

b) Speicher mit Hallgeneratoren

Bei den Bestrebungen nach einer Erhöhung der Betriebssicherheit und Beschleunigung der Taktzeit war man darauf bedacht, mechanische Speicher durch kontaktlose Speicher zu ersetzen.

Bei der immer größer werdenden Vielfalt der zu fertigenden Werkstücke werden an die selbsttätigen Steuerungen der Transporteinrichtungen immer höhere Forderungen gestellt. Als Beispiel für eine solche Steuerungsaufgabe möge eine Förderanlage in einer Automobilfabrik dienen, die die ungeprüften Motoren zu den Einlauf- und Bremsprüfständen transportiert. Sie müssen dann die passenden Getriebe erhalten und kommen zuletzt in das Abruflager.

Der Weg, den die Motoren zurücklegen müssen, hängt jeweils von deren augenblicklichem Zustand ab und wird ferner von dem Ergebnis der darauffolgenden Arbeitsgänge (z. B. Bremsprüfung) bestimmt.

Werden verschiedenartige Werkstücke über die gleiche Anlage befördert, so besteht grundsätzlich die Möglichkeit, diese Verschiedenartigkeit selbst zur Steuerung der Wegverzweigungen heranzuziehen. In vielen Fällen sind jedoch die Unterscheidungsmerkmale nicht zur Steuerung von selbsttätig arbeitenden Abtasteinrichtungen geeignet; im Hinblick auf eine universelle Anwendungsmöglichkeit wird man daher für die Aufnahme der Weginformation vielfach eine besondere Markierungseinrichtung vorsehen, die am Beförderungsmittel, also z. B. am Gehänge, angeordnet ist.

Das Merkmal über den augenblicklichen Zustand des Werkstückes ist meist kurzlebiger Natur und bestimmt die als nächste anzusteuernde Bearbeitungs- und Behandlungsstation. Da Werkstücke gleicher Type bei unterschiedlichem Zustand (z. B. nach dem Prüfergebnis) äußerlich im allgemeinen gleich sind, können derartige Informationen nur in einem speziellen Kennzeichenspeicher mitgegeben werden [116].

Als einstellbare Informationsträger an Gehängen sind z. B. klappbare Nocken und in ihrer Kombination schaltbare Kontaktschienen seit langem bekannt. Diese Systeme arbeiten jedoch nicht ohne Verschleiß und können deshalb insbesondere bei höherer Fördergeschwindigkeit und größerem Fördervolumen zu Schwierigkeiten beim Abfragen der eingestellten Weg- oder Typeninformationen führen.

Für diese Art der Kennzeichnung bieten magnetische Wahlschalter und Abtastköpfe mit Hallgeneratoren Vorteile. Sie können nach Abb. 386 leicht an robuste Transportanlagen angebaut werden. Die magnetischen Schalter haben 10 Schaltstellungen und werden, wie die bekannten Nockenschalter, von Hand betätigt. Die entsprechend den Schaltstellungen unterschiedliche magnetische Wirkung der Wahlschalter auf die Abfrageeinrichtung wird dadurch erreicht, daß von den im Wahlschalter eingebauten Dauermagneten bestimmte Kombinationen je nach Schalterstellung abgedeckt bzw. über Öffnungen nach außen zur Wirkung gebracht werden. Die Codierung ist so gewählt, daß die 10 möglichen Informationen durch 3 Dauermagnetpaare — 3 magnetischen Spuren entsprechend — dargestellt werden; zum Abfragen der

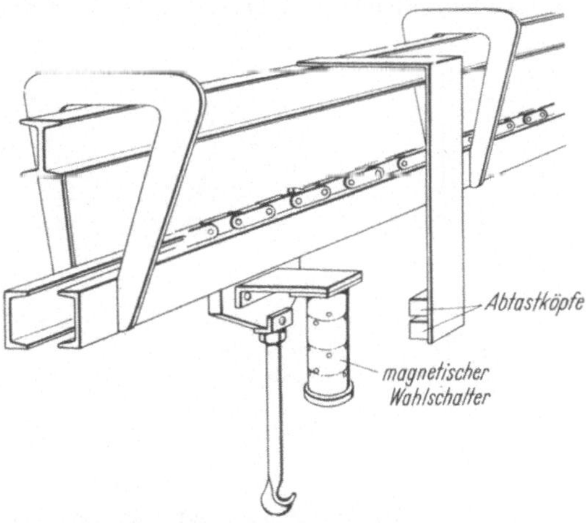

Abb. 386. Magnetischer Wahlschalter und Hallgenerator-Abtastköpfe an einem Transportband

10 Informationen wird daher eine Abfrageeinrichtung mit 3 Hallgeneratoren benötigt, deren Arbeitsweise wir bereits kennengelernt haben (s. S. 204).

Anstelle der handbetätigten Einstellung des magnetischen Wahlschalters kann man in einem weiteren Entwicklungsschritt die Zielmarkierung des Gehänges ferngesteuert durchführen. Dazu werden als Informationsträger am Gehänge nach Abb. 387 magnetisierbare Metallplatten angeordnet, die die gewünschte Kennzeichnung in mehreren magnetischen Spuren aufnehmen können. Auf jeder Spur werden nur 2 Signalzustände (ja oder nein) übertragen und bei größerem Informationsvolumen in geeigneter Form verschlüsselt. Das Polen der Magnetspuren erfolgt berührungslos beim Vorbeilaufen des Gehänges an einer ortsfesten Beschriftungsstation, die mit umschaltbaren Elektromagneten ausgerüstet ist. Die Informationsabgabe erfolgt wiederum an einer ortsfesten Station, die mit Hallgeneratoren ausgerüstet ist, die auf den vorgegebenen Magnetfluß ansprechen.

Eine noch größere Flexibilität ergibt sich dadurch, daß man das Prinzip der mitlaufenden Speicherung zwar beibehält, die Speicher-

einrichtung aber nicht nur vom geförderten Teil, sondern auch von der
Fördereinrichtung loslöst. Diese Überlegungen führen zu einer an jeder
beliebigen Stelle markierbaren Nachbildung des Förderers, die an einer
zentralen Stelle eigens zum Zwecke der Zielspeicherung aufgestellt
wird und die synchron mit der Förderbewegung umläuft. Statt der
Aufgabe- und Abgabestellen im Zuge der Verkettungsanlage sind an
den entsprechenden Punkten der Nachbildung die Zielmarkierungs- und
Abfrageeinrichtungen anzuordnen, wobei eine maßstäbliche Verkleinerung bei Einbau einer entsprechenden Untersetzung ohne Schwierigkeiten

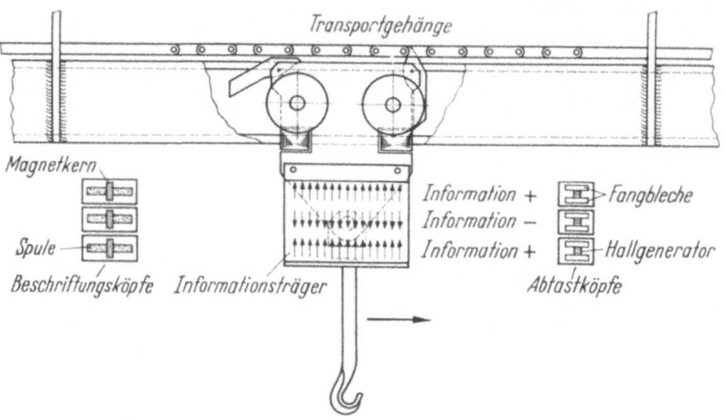

Abb. 387. Ferngesteuerte Zielmarkierung eines Gehänges

möglich ist. Eine solche Lösung für die Zielspeicherung ist nur an die
Voraussetzung gebunden, daß die Teile ihre Lage zum Förderer von der
jeweiligen Aufgabestelle bis zur Ausschleusung, also für die gesamte
Dauer der notwendigen Zielspeicherung, beibehalten, denn der Synchron-
lauf der Markierungseinrichtung kann ja nicht mit jedem einzelnen
geförderten Teil, sondern nur mit der Verkettungseinrichtung als
Ganzes, z. B. über deren Antrieb, hergestellt werden. Diese Voraussetzung ist bei Anlagen mit bestimmten Förderplätzen, z. B. mit Mit-
nehmern, Werkstückträgern o. ä., von vornherein erfüllt. Aber auch die
Verkettungseinrichtungen, bei denen die Teilmitnahme grundsätzlich
an jedem beliebigen Punkt erfolgen kann, sind — auch aus anderen
Gründen — vielfach so ausgeführt, daß eine Lageverschiebung zwischen
Förderer und gefördertem Teil für die Dauer des Transportes ausgeschlossen ist.

Das Zielkennzeichen muß nach jedem Durchlauf eines Teiles von
der Aufgabestelle zur angewählten Abgabestelle löschbar sein; der
Informationsträger soll beliebig oft verwendbar und — gerade im Hinblick auf die vorerwähnten Anlagen ohne festgelegte Förderplätze — an
jeder beliebigen Stelle zur Aufnahme von Zielsignalen geeignet sein.

Für diese Bedingungen bieten sich umlaufende magnetisierbare Bänder an, die auf einem synchron mit der Verkettungsanlage umlaufenden Radkörper aufgebracht sind. An der Anlage sind dann, abgesehen von den Übertragungselementen für den Gleichlaufantrieb des Zielspeichers, keinerlei elektrische oder mechanische Einrichtungen erforderlich, so daß die Zielspeichereinrichtung unabhängig von der Art der Förderanlage verwendet werden kann. Da der Informationsträger an jeder beliebigen Stelle Kennzeichen aufnehmen kann, ist dieses System besonders auch für Verkettungsanlagen ohne festgelegte Förderplätze (d. h. ohne Mitnehmer, Gehänge o. ä.) geeignet [117].

Abb. 388 zeigt den grundsätzlichen Aufbau der magnetischen Kreise im Zusammenwirken der Beschriftungs- und Abfrageköpfe mit dem Informationsträger.

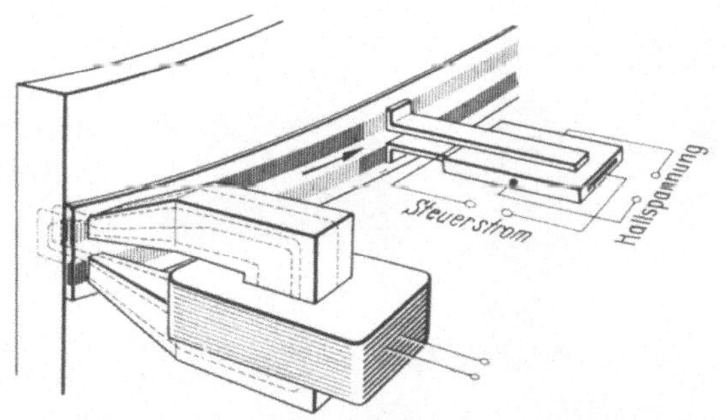

Abb. 388. Grundsätzlicher Aufbau eines magnetischen Informationsträgers mit Beschriftungs- und Abfragekopf (hinten)

Das statische Abfragen des Informationsträgers ermöglicht einen sehr einfachen und unempfindlichen Aufbau der Signalauswert- und Verstärkereinrichtung an den Abfragestellen. Um diesen Vorzug voll ausnutzen zu können, werden für die Zielangaben nur zwei magnetische Zustände der Informationsträger ausgewertet: plus-magnetisiert und minus-magnetisiert. Bei dem Magnetisierungsverfahren steht das Zielsignal an der Abfragestelle unverändert in der vollen Länge an, in der es bei der Aufgabe des Teiles in den Informationsträger eingegeben wurde. Dieses Dauersignal ist für die Funktionssicherheit der Anlage beim Anfahren — besonders nach Spannungsabschaltungen — außerordentlich wertvoll und ermöglicht erhebliche Vereinfachungen in der Schaltung für die zu steuernden Antriebselemente.

Weiterhin wird durch diese Art der Magnetisierung ein sehr scharfer Signalübergang von plus nach minus und umgekehrt bewirkt, so daß die Schaltgenauigkeit der Zielaussagen in der Größenordnung des Luftspaltes unter den Beschriftungs- und Abfrageköpfen (0,05 bis 0,10 mm) liegt. Damit kann trotz berührungsfreier Abfragung ein sehr hoher Verkleinerungsmaßstab zwischen dem mechanischen Teil der Anlage und dessen Abbildung für die Zielspeicherung angewendet werden.

Da an jeder Folie nur zwei magnetische Zustände als Ja- bzw. Nein-Aussage ausgewertet werden, hängt die Anzahl der Folien auf dem

umlaufenden Rad von der Anzahl der Wegverzweigungen in der Verkettungsanlage ab. Sind viele Abgabestellen vorhanden, so wird mit
Rücksicht auf die Radhöhe eine Zielverschlüsselung vorgenommen;
dabei ist es im Hinblick auf die Gesamtkosten zweckmäßig, die Anzahl
der Abfrageelemente möglichst klein zu halten. So wird man jede
Abgabestelle durch Signal auf zwei Spuren ansprechen, wenn die Anzahl
der benötigten Zielkennzeichen etwa zwischen 10 und 60 liegt; hierzu
werden dann 5 bis 12 Spuren benötigt. Sind weniger oder wesentlich

mehr Abgabestellen vorhanden,
so muß die günstigste Art der Informationseingabe für den Einzelfall festgelegt werden.

Am Umfang des Zielspeicherrades werden für die Informationseingabe und -abfragung Aufsprech- und Abfrageköpfe (Abbildung 389) so angeordnet, daß
ihre Positionen den Aufgabe- und
Abgabestellen an der Verkettungsanlage unter Berücksichtigung der maßstäblichen Verkleinerung zum Zielspeicher entsprechen. Der Belegungsplan der
Köpfe ergibt sich aus den geforderten Verkettungswegen und
der gewählten Zielverschlüsselung.

Als Beispiel zeigt Abb. 390

Abb. 389. Anordnung der Justierschlitten mit
den Beschriftungs- und Abfrageköpfen am Umfang der Speichertrommel (Bauart Siemens)

schematisch eine Umsetzanlage
für Karosserien in einer Kraftfahrzeugfabrik. Im linken Bereich
werden Lackstraßen sowie Reparatur- und Abstellplätze bedient und im
rechten Bereich die fertigen Karosserien an vier Stapelbänder weitergegeben. Im Zuge der beiden gegenläufigen Kettenpaare A und B ist vor
jedem Förderband eine Hebebühne angeordnet, mit der die Karosserien
auf die Umsetzketten gesetzt und von diesen abgehoben werden. Auf
der Hebebühne befinden sich Laufrollen mit eigenem Antrieb, die nach
dem Anheben der Bühne zum Überschieben der Karosserien von oder
zu den Bändern dienen. Einige Bühnen können zufördernd und abfördernd wirken. An die Umsetzanlage sind insgesamt 12 Förderbänder
angeschlossen; es ergeben sich 43 mögliche Umsetzwege, die durch die
Kombination der eingetragenen Richtungspfeile gekennzeichnet sind.
An jedem zufördernden Band (I bis III, VI bis VIII) befindet sich ein

Kommandostand, an dem die Empfangsstation für die nächste auf dem Band ankommende Karosserie durch Druckknopfbetätigung gewählt wird. Der ganze Umsetzvorgang läuft dann vollständig selbsttätig ab, wobei nicht nur die hieran unmittelbar beteiligten Hebebühnen des zufördernden und des abfördernden Bandes, sondern auch alle

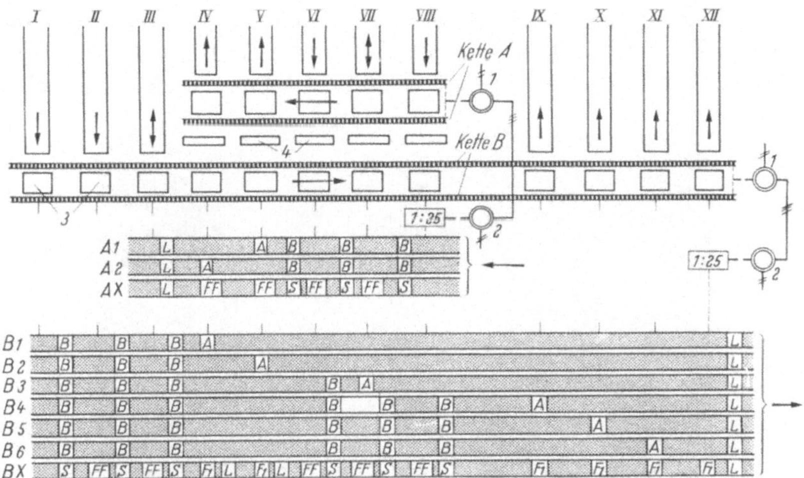

Abb. 390. Förder- und Zielspeicherschema für eine Karosserieumsetzanlage
1 Stellungsgeber; *2* Stellungsempfänger; *3* Hebebühne; *4* Rollenböcke; *I* bis *XII* Förderbänder

Verriegelungsfunktionen auf dem Wege des umzusetzenden Teiles von zentralen Zielspeichern gesteuert werden.

Zur Lösung dieser Zielspeicher- und Steueraufgaben wurden zwei magnetische Speicher angeordnet, die über je eine elektrische Gleichlaufrichtung mit den Umsetzketten verbunden sind. In Abb. 390 sind die von den Radkörpern abgewickelten Informationsträger mit den Aufsprech- und Abfrageköpfen entsprechend der räumlichen Zuordnung zu den Ketten A und B unter dem Umsetzschema dargestellt. Zur Zielkennzeichnung dienen die Spuren A_1 und A_2 sowie B_1 bis B_6; eine Verschlüsselung dieser Kennzeichen ist bei der geringen Anzahl von Abgabestellen nicht erforderlich.

Die ebenfalls angedeuteten AX- und BX-Bänder werden jeweils beim Aufgeben einer Karosserie vom zugehörigen Aufsprechkopf mit einem Sperrsignal versehen, dessen Länge der Karosseriebreite unter Berücksichtigung des Verkleinerungsmaßstabes entspricht. Der Magnetisierungszustand dieser Spuren gibt Aufschluß über die jeweilige Belegung der Umsetzketten, da die Sperrsignale auf den Speichern synchron mit den Karosserien weiterwandern. Diese Signale können sämtliche bei den Umsetzvorgängen zu erfüllenden Abhängigkeiten und Verriege-

lungen steuern, so daß die hierfür sonst an solchen Anlagen notwendigen
Endtaster, Lichtschranken und sonstigen Befehlsgeber entfallen. Die
Betriebssicherheit der Gesamtanordnung wird dadurch außerordentlich
erhöht.

Die Sperrsignale steuern das Aufgeben der Karosserien im Sinne
einer maximalen Ausnutzung der Umsetzkapazität der Ketten. Ist
ein Umsetzvorgang durch Anwahl der Empfangsstation eingeleitet,
so wird zunächst durch Abfragen der Sperrsignale festgestellt, ob bzw.
wann auf der Kette eine genügend breite Lücke zum Einschieben der

Abb. 391. Gesamtansicht der Steuerung einer Karosserieumsetzanlage (Bauart Siemens)

neuen Karosserie frei ist. Erst dann beginnt der Ablauf der Bühnen-
steuerung, und die Karosserie wird auf die Kette übergeschoben. Erreicht
inzwischen eine auf der Kette nachfolgende Karosserie den Bereich
der nun hochstehenden Bühne, so muß die Kette bis zur Beendigung
des bereits freigegebenen Aufgabevorganges stillgesetzt werden. Diese
Verriegelung, die in gleicher Weise für jede zu- und abfördernde Bühne
vorhanden ist, wird wiederum ohne Befehlsgeber an den Ketten über
die Sperrsignale der Spuren AX und BX gesteuert. Besonders deutlich
wird der Vorteil dieser Steuerungsweise, wenn man die Verriegelungs-
bedingungen im Bereich der Bänder IV bis VIII betrachtet. Beim Aufgeben einer Karosserie von den Bändern VI bis VIII auf die Kette B
muß auf der Kette A eine Lücke zum Durchfahren der neu aufzugebenden
Karosserie und auf der Kette B eine Lücke zum Ablegen sein. Ebenso
muß zum Abgeben einer Karosserie von der Kette B auf die Bänder
IV, V oder VII zuerst eine Lücke zum Überqueren der Kette A abgefragt
werden. Das Sperrsignal auf der Belegungsspur wird durch einen besonderen Löschkopf unmittelbar an der Abgabestelle aufgehoben, wenn

der auf der Kette frei werdende Platz durch nachfolgende Aufgabebänder nochmals ausgenutzt werden könnte; andernfalls werden die Sperrsignale — wie auch alle Zielsignale — durch gemeinsame Löschköpfe hinter der letzten Abfragestelle gelöscht. Die Steuerschränke für eine solche Anlage zeigt Abb. 391.

G. Simulativ gekoppelte Steuerungen

Nicht immer wird es möglich sein, bei solchen prozeßgesteuerten Anlagen vom Prozeß selbst her ausreichende Signale zu bekommen. Besonders schwierig ist dies bei Prozeßwiederholungen, von denen man erwartet, daß sie möglichst alle gleich ausfallen. Man kann sich dann durch Simulatoren helfen, die den Prozeß durch ein mathematisches oder empirisches Modell nachbilden.

Um bei den vorhergehenden Beispielen aus der Automobilfertigung zu bleiben, so ist es z. B. naheliegend, den zu prüfenden Motor in ein Fahrzeug einzubauen und ihn beim Befahren von Gebirgsstrecken und Autobahnabschnitten sowie in Stadtfahrten zu erproben. Ein solcher Versuch läßt gültige Aussagen darüber zu, wie groß unter den wirklichen Fahrbedingungen z. B. der Verschleiß des Motors und der Kraftstoff- und Ölverbrauch sind. Dieses Prüfverfahren hat aber den Nachteil, daß Umweltbedingungen, wie Witterung, Straßenzustand, Verkehrsdichte und Verhaltensweise des Fahrers, das Ergebnis beeinflussen. Ein Vergleich zweier Testfahrten ist somit nur bedingt möglich. Man strebt daher an, diese Erprobung weitgehend auf den Prüfstand zu verlegen. Dies setzt eine möglichst getreue Nachbildung der bei einer Straßenfahrt vorliegenden Verhältnisse unter Wahrung des zeitlichen Verlaufes der wesentlichen Betriebsgrößen voraus. Beim Verbrennungsmotor sind es die Drehzahl, das Drehmoment bzw. der Unterdruck in der Ansaugleitung, die Öl- und Wassertemperatur, beim Schalt- und Hinterachsgetriebe oder beim Drehmomentwandler die Drehzahl, das übertragbare Moment und die Öltemperatur, bei der Fahrzeugbremse die Drehzahl, das Drehmoment und die Temperatur der Bremstrommel.

Eine annähernd stetige Veränderung der Regelgrößen erfordert einen Programmträger, dessen Zugriffszeit sehr klein ist, so daß man eine zeitlich dichte Folge von Sollwerten erhalten kann. Das Magnetband bietet durch seine hohe Speicherdichte in mehreren parallelen Kanälen und den praktisch kontinuierlichen Informationsfluß die notwendigen Voraussetzungen hierfür. Die einzelnen Meßwerte werden bei einer Versuchsfahrt auf das Band geschrieben und dort gespeichert (Abb. 392). In der Sollwertwiedergabe ist deshalb die volle Dynamik des vorausgegangenen Fahrversuches enthalten. Es ist allerdings zu beachten, daß kurzzeitige Drehzahl- oder Momentspitzen durch die sehr unterschiedlichen Schwungmassen im Wagen und auf dem Prüfstand sowie durch die Trägheit der Regelkreise gedämpft werden.

Um einfache, robuste und leichte Magnetbandgeräte verwenden zu können, bei denen keine besonderen Anforderungen an die Linearität und Phasentreue der Verstärker gestellt werden, wurde eine Pulsaufzeichnung gewählt. Hierzu müssen die analogen Gebersignale in proportionale Pulsfrequenzen umgeformt werden.

Die Genauigkeit der Programmregelung wird, außer von der Meßwerterfassung und -umformung, von der Gleichlaufgenauigkeit des Magnetbandgerätes beeinflußt. Sie liegt bei einfachen, tragbaren Aufnahmeeinrichtungen im Bereich von wenigen Promille. Die Programmierung mit Magnetband ist deshalb immer dann interessant, wenn es nicht so sehr auf die Genauigkeit, sondern die Annäherung an den wirklichen Fahrversuch ankommt. Außerdem bietet sich mit dieser Anordnung auf einfache Weise die Möglichkeit, ein idealisiertes Programm auf seine Brauchbarkeit hin zu prüfen.

Abb. 392. Magnetbandaufnahmegerät im Versuchswagen

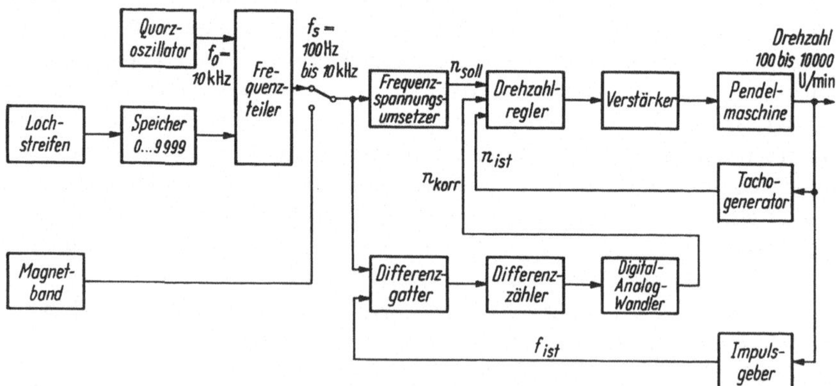

Abb. 393. Digitale Programmregelung für eine Pendelmaschine (Drehzahlkanal)

Abb. 393 zeigt das Blockschaltbild des Drehzahlkanals, wobei auch eine zusätzliche stetige Programmierung durch Lochstreifen vorgesehen ist. Dabei wird der dekadisch verschlüsselte Sollwert dem Zwischenspeicher zugeführt. Der Bereich des Speichers beträgt 9999 Einheiten, eine Einheit entspricht dabei einer Umdrehung je Minute. Aus einem quarzgesteuerten Frequenzteiler auf Zählbasis wird eine Sollpulsfolge gebildet, die als Sollfrequenz f_S für den Drehzahlgeber dient. Ist die Quarzbezugsfrequenz $f_0 = 10$ kHz und die gespeicherte Solldrehzahl 7823 U/min, dann liefert der Frequenzteiler 7823 Pulse je Sekunde.

Da die Sollpulsfolge durch Unterdrücken einzelner Perioden der Bezugsfrequenz entsteht, ergeben sich nicht immer äquidistante Pulsfolgen. In vielen Fällen treten periodische Pulsgruppen auf, deren Periode von der Bezugsfrequenz und dem Sollwert abhängt. Der Grad der Ungleichförmigkeit läßt sich durch einen zweckmäßigen Entwurf der Teilerschaltung klein halten. Im günstigsten Fall führt z. B. eine ungerade Ziffer in der vierten Stelle der Sollzahl zu einer Ungleichförmigkeit der Sollpulsfolge von etwa $0,1^0/_{00}$ der maximalen Frequenz, d. h., zu einer Solldrehzahlschwankung von etwa $0,1^0/_{00}$ mit einer Frequenz von 1 Hz. Die den höheren Dekaden des Teilers entnommenen Pulsfolgen weisen, jeweils für sich betrachtet, eine entsprechend höhere Frequenz der periodischen Störung auf. Ihre Auswirkung auf die Regelung kann daher vernachlässigt werden.

Die Sollpulsfolge wird zunächst in einem Frequenz-Spannungs-Umsetzer in eine proportionale Spannung umgesetzt, die als Sollwert für die normale analoge Drehzahlregelung dient. Dies hat den Vorteil hoher dynamischer Güte bei geringem gerätetechnischem Aufwand. Der Umsetzer besteht aus einer Pulsformerstufe, die je Sollpuls einen Einheitspuls bestimmter Spannungs-Zeit-Fläche erzeugt, sowie einer Schaltung zur Mittelung der entstehenden Pulsserie. Die Umsetzung ist während der erforderlichen Zeit mit einem Fehler von etwa $\pm 0,5\%$ behaftet.

Die vom Frequenzteiler oder Magnetband kommende Sollpulsfolge wird außerdem in einem Differenzgatter mit der vom Wechselstromtachometer oder einem Pulsgeber bezogenen Istfrequenz verglichen. Aus den nicht korrelierten Soll- und Istpulsserien werden positive und negative Differenzpulse gebildet und einem Differenzzähler zugeführt. Sein Stand wird ausgewertet und über einen Digital-Analog-Wandler in Form eines kleines Korrekturwertes in den analogen Drehzahlregler eingespeist. Der digitale Zusatzregler verhält sich damit wie ein integraler Drehzahlregler.

Der Digitalregler als Zusatzgerät zum Analogregler hat gegenüber einem rein digital arbeitenden Regler folgende wesentliche Vorteile:

Da dem Digitalregler nur die Ausregelung verhältnismäßig langsamer Vorgänge obliegt, kann eine niedere Pulsfrequenz (maximal etwa 10 kHz) verwendet werden. Dies führt zu schmalbandigen Übertragungsleitungen und geringer Störanfälligkeit. Der Aufwand ist geringer, da die Funktion einfacher ist und der Stellbereich des digitalen nur den Fehlerbereich des analogen Reglers zu überdecken braucht. Sollte der Digitalregler einmal gestört sein, so wird automatisch ein analoger Betrieb aufrechterhalten.

Bei dynamischer Programmierung mit Magnetband wird während des Fahrversuches die Ersatzgröße für das Drehmoment unmittelbar aufgezeichnet und auf den Prüfstand als Führungsgröße eingegeben. Neben der Unterdruckmessung kommen hierfür die direkte Torsionsmessung an der Motorwelle oder eine Drosselklappenstellungsmessung in Betracht. In den ersten beiden Fällen sind analoge Meßgeber mit einer der Meßgröße proportionalen Ausganggleichspannung verwendbar, die in eine Pulsfolge umgesetzt werden kann. Bei der Drosselklappenstellungsmessung könnte sie auch mit einem digitalen Geber unmittelbar als Zahl gewonnen werden.

Um unabhängig von örtlichen Fehlern des Magnetbandes zu sein, werden die Sollwerte als Pulsfolgefrequenzen auf dem Magnetband gespeichert. Liegen auch die Istwerte für das Moment und die Temperatur in Form von Pulsfrequenzen vor, so kann, wie bei der Drehzahlregelung, das Verfahren des digitalen Frequenzvergleiches angewendet werden.

Zur Erfassung der Istwerte für Öl- und Wassertemperatur bedarf es eines analogen Temperaturfühlers, der die Genauigkeit auf etwa 1% des Bereiches begrenzt. Dies ist für den praktischen Bedarf ausreichend. Da sich bei den Temperaturen die Soll- und Istwerte nur langsam ändern, besteht bei dynamischen Versuchen die Möglichkeit der Mehrfachausnutzung von Magnetbandkanälen [118].

Schrifttum

Bücher

[1] SCHWERD, F.: Spanende Werkzeugmaschinen. Berlin/Göttingen/Heidelberg: Springer 1956.

[2] KÜPFMÜLLER, K.: Einführung in die theoretische Elektrotechnik, 7. Auflage. Berlin/Göttingen/Heidelberg: Springer 1962.

[3] RÜDENBERG, R.: Elektrische Schaltvorgänge in geschlossenen Stromkreisen von Starkstromanlagen, 4. Auflage. Berlin/Göttingen/Heidelberg: Springer 1953.

[4] RZIHA, E. v.: Starkstromtechnik, Band II, 8. Auflage. Berlin: W. Ernst & Sohn 1960.

[5] FRANKEN, H.: Schütze und Schützensteuerungen. Berlin/Göttingen/Heidelberg: Springer 1959.

[6] HEBEL, M., u. W. VOLLMEYER: Das Fernmelderelais, 2. Auflage. München: R. Oldenbourg 1961.

[7] DOSSE, J.: Der Transistor, 3. Auflage. München: R. Oldenbourg 1959.

[8] KAMMERLOHER, J.: Transistoren, 2. Auflage. Prien: C. F. Wintersche Verlagshandlung 1960.

[9] HÖLZLER, E., u. H. HOLZWARTH: Theorie und Technik der Pulsmodulation. Berlin/Göttingen/Heidelberg: Springer 1957.

[10] VDI/VDE-Fachgruppe Regelungstechnik: Digitale Signalverarbeitung in der Regelungstechnik. Berlin: VDE-Verlag 1962.

[11] OPPELT, W.: Kleines Handbuch technischer Regelvorgänge, 3. Auflage. Weinheim/Bergstraße: Verlag Chemie 1960.

[12] LEONHARD, A.: Die selbsttätige Regelung, 3. Auflage. Berlin/Göttingen/Heidelberg: Springer 1962.

[13] BLEISTEINER, G., u. W. v. MANGOLD: Handbuch der Regelungstechnik. Berlin/Göttingen/Heidelberg: Springer 1961.

[14] SIMON, W.: Die numerische Steuerung von Werkzeugmaschinen. München: Carl Hanser-Verlag 1963.

[15] Formel- und Tabellenbuch für Starkstrom-Ingenieure, 2. Auflage. Erlangen: Siemens-Schuckertwerke AG. 1960.

[16] UNGRUH, F.: Die Stabilität elektrischer Ausgleichswellen bei Speisung mit Drehstrom, Wechselstrom und Gleichstrom. Diss. TH Hannover 1959.

[17] DOETSCH, G.: Tabellen zur Laplace-Transformation und Anleitung zum Gebrauch. Berlin/Göttingen/Heidelberg: Springer 1947.

Zeitschriften

[18] VOLK, P.: Entwicklung der elektrischen Ausrüstung von Werkzeugmaschinen. ETZ Ausg. B (1953), H. 4, 98—102.

[19] GERECKE, E.: Graphische Symbole der Automatik. IFAC-Informations-Bull. (1960) H. 6, 11—35.

[20] MOLL, H. H.: In der Rationalisierung nachziehen. Der Volkswirt (1964), Beilage H. 16, 13—15.

[21] VOLK, P.: Automatisierung mechanischer Produktionsprozesse. ETZ Ausg. A (1962) H. 26, 893—900.

[22] ULKE, R., Energetische Grundlagen für das Schalten von Drehstrommotoren. Siemens-Z. (1951) H. 3, 161—166.

[23] BERND, R., u. E. WÜSTLING: Schwingungsarme Drehstrommotoren für Werkzeugmaschinen. ETZ Ausg. A (1957) H. 18, 661—667.

[24] EISELE, F., u. R. SCHWAIGHOFER: Untersuchungen an Elektromotoren als Störquellen von Werkzeugmaschinen. Maschinenmarkt (1959) H. 45, 27—30.

[25] DRAGON, A.: Drehstromantriebe für die Automatisierung von Werkzeugmaschinen. Das Industrieblatt (1963) H. 8, 511—516.

[26] GUNSSER, O.: Das Positionieren an Werkzeugmaschinen. Industrie-Anzeiger (1960) H. 98, 1686—1690.

[27] UNGRUH, F.: Pendelungen elektrischer Wellen und Maßnahmen zu ihrer Unterdrückung. Siemens-Z. (1960) H. 7, 437—444.

[28] MAIER, A.: Kupplungen für Kraftfahrzeuggetriebe. ATZ (1958) H. 12, 327—331.

[29] STRAUB, H.: Elektromagnetische Lamellenkupplungen — Erfahrungen bei ihrer Verwendung in Stufen- und Vorschubgetrieben. VDI-Tagungsheft 2 (1953) 89—96.

[30] WIEDMANN, L.: Elektromagnetische Kupplungen — Ausführungsformen und Grundlagen für ihre Verwendung. TZ für praktische Metallbearbeitung (1962) H. 7, 387—391.

[31] BAUMANN, W.: Konstruktionsmerkmale und Auswahl von schleifringlosen Elektromagnet-Lamellenkupplungen. Werkstatt und Betrieb (1958) H. 5, 233—242.

[32] STÜBCHEN, W.: Elektromagnetisch betätigte Kupplungen in Werkzeugmaschinen. VDI-Z. (1958) H. 33, 1588—1594.

[33] STÜBNER, K., u. W. RÜGGEN: Elektromagnetische Kupplungen in Regelungs- und Steueranlagen. Das Industrieblatt (1961), H. 12, 797—803.

[34] SCHENK, O.: Stromdurchgang durch Wälzlager. Der Maschinenschaden (1953) H. 11/12, 131—135.

[35] THOMSEN, T.: Elektromagnetische Lamellenkupplungen. Werkstatt und Betrieb (1961), H. 6, 319—326.

[36] EVERHARTZ, H.: Programmiereinrichtung für numerische Werkzeugmaschinensteuerungen. AEG-Mitt. (1964) H. 5/6, 394—398.

[37] PIEKENBRINK, R.: Automatische Koordinatensteuerungen für Werkzeugmaschinen. Industrie-Anzeiger (1962) H. 89, 2115—2124.

[38] BREER, W.: Programmierung numerisch gesteuerter Werkzeugmaschinen. Elektrische Ausrüstung (1963) H. 5, S. 147—153.

[39] PETZOLD, D.: Lochstreifenkode für numerische Werkzeugmaschinensteuerungen. AEG-Mitt. (1961) H. 5/6, 226—234.

[40] MAIER, H. A.: Aufzeichnungsverfahren der Magnetbandgeräte für die Meßtechnik, 1. Teil. Elektronik (1963) H. 10, 289—294.

[41] MAIER, H. A.: Aufzeichnungsverfahren der Magnetbandgeräte für die Meßtechnik, 2. Teil. Elektronik (1963) H. 12, 372—374.

[42] BROSSMER, H.: Magnetbandsysteme für Meßwerterfassung und -wiedergabe. Regelungstechn. Praxis (1963) H. 3, 108—112.

[43] MUNCKE, A.: Ein Magnetkernspeicher zur Erweiterung der BBC-Elektronik. BBC-Nachr. (1963) H. 4/5, 221—225.

[44] GOSSLAU, K.: Der Magnetkernspeicher, ein Schnellspeicher in Nachrichtenverarbeitungs-Systemen, sein Aufbau und seine Arbeitsweise. Regelungstechnik (1958), H. 9, 315—319.

[45] Kielgas, H.: Elektronische Analogrechner. BBC-Nachr. (1961) H. 6, 361 — 370.

[46] Starke, L.: Die Störspannungsunterdrückung in Systemen für Meßwert- und Datenverarbeitung. Elektronik (1962) H. 3, 87—89.

[47] Mikeska, H.: Neue Technik in Niederspannungs-Schaltgeräten. Siemens-Z. (1954) H. 3/4, 98—103.

[48] Wagner, L.: Remanenz-Schütze. Elektrotechnik und Maschinenbau (1958) H. 17, 481—485.

[49] Häusler, H.: Systematik im Aufbau von Folgesteuerungen durch Einsatz von Remanenz-Schützketten. Bull. SEV (1962) H. 18, 825—829.

[50] Dzieyk, B.: Mikroschalter und ihre Anwendungen in der Automatisierung. Automatik (1959) H. 3, 65—67.

[51] Kissel, H.: Das Kammrelais P (Haftrelais). Siemens-Z. (1963) H. 4, 329 und 330.

[52] Tischer, M.: Die Kaltkatode — eine neue Katode für Elektronenröhren. Funk-Technik (1962) H. 19, 640 und 641.

[53] Faust, W.: Gesteuerte Silizium-Stromrichter. BBC-Nachr. (1961) H. 11/12, 670—674.

[54] Gerlach, A.: Die Zenerdiode. Bull. SEV (1962) H. 25, 1228—1237.

[55] Sichling, G., u. E. Rohloff: Der Schalttransistor. Siemens-Z. (1957) H. 10/11, 497—501.

[56] Hamerak, K.: Steuerbare Siliziumzellen — ihre Wirkungsweise und Anwendung. Automatik (1963) H. 2, 59—63.

[57] Friedberg, H.: Gesteuerte Siliziumgleichrichter — Neue Bauelemente der Starkstromtechnik. Elektrotechnik und Maschinenbau (1963) H. 8, 177 bis 179.

[58] Kuhrt, F.: Eigenschaften der Hallgeneratoren. Siemens-Z. (1954) H. 8, 370—376.

[59] Eggers, R.: Mischung und Auswahl von Signalen. VDI-Ber. (1961) H. 54, 93—101.

[60] Lippmann, H. J.: Kontaktloser Signalgeber mit berührungsloser Betätigung durch Eisenteile. ETZ Ausg. A (1962) H. 11, 367—372.

[61] Brunner, J.: Ferrit-Hallgeneratoren und kleine Permanentmagnete als kontaktlose Geber für die Steuerung und Regelung von Bewegungsvorgängen. Siemens-Z. (1962) H. 7, 521—527.

[62] Engel, W., F. Kuhrt u. H. J. Lippmann: Ein neues Prinzip zur kontaktlosen Signalgabe. ETZ Ausg. A (1960) H. 9, 323—327.

[63] Kafka, W.: Der Magnetverstärker. Siemens-Z. (1953) H. 2, 62—73.

[64] Wetzger, J.: Wirkungsweise und Anwendung des Magnetverstärkers. Der Ingenieur (1958) H. 6, E 21—E 26.

[65] Stengel, H. v.: Wirkungsweise und Anwendungen des Magnetverstärkers. Techn. Rundschau (1957) Nr. 30.

[66] Rolf, E., u. H. Dietz: Neuzeitliche Kernwerkstoffe und Kernbauformen für magnetische Verstärker. — Zabel, R.: Neue Magnetverstärker-Bauelemente. Siemens-Z. (1956) H. 2, 73—91.

[67] Stahl, K., M. Syrbe, H. Lisner u. G. Hanke: Grundlagen und Aufbau der BBC-Elektronik. BBC-Nachr. (1960) H. 5, 208—219.

[68] Stopp, A.: Normalkonstruktionen der BBC-Elektronik, eines einheitlichen Geräteprogramms für elektronische Steuerungen und Regelungen. BBC-Nachr. (1960) H. 5, 199—207.

[69] Kürner, H., J. Piening u. G. Sinn: SIMATIC N, ein niederfrequentes Schaltkreissystem mit Siliziumhalbleitern. Siemens-Z. (1964) H. 11, 795—800.

[70] Heckmann, H., u. W. Hinsch: Transistorzähler und -Schieberegister. BBC-Nachr. (1963) H. 4/5, 215—221.

[71] Kussl, V.: Datenverarbeitung und Feinwerktechnik. Feinwerktechnik (1963) H. 2, 37—45.

[72] Taeger, W.: Elektronische Meß- und Zähleinrichtungen. Das Industrieblatt (1963) H. 1, 25—30.

[73] Koch, M.: Elektrische und Elektronische Zähleinrichtungen. Wichtige Hilfsmittel der Automatisierung. Automatik (1961) H. 9, 343—347.

[74] Ruhmkorf, H.: Zuverlässigkeit in der Nachrichtentechnik. Die elektrische Ausrüstung (1963) H. 4, 115—122.

[75] Norz, A.: Fehlermöglichkeiten und Fehlerschutz bei der Datenübertragung. ETZ Ausg. A (1963) H. 16, 533—539.

[76] Masing, W.: Die Zuverlässigkeit elektronisch gesteuerter maschineller Anlagen. ETZ Ausg. B (1964) H. 10, 269—273.

[77] Mahler, R.: Das Problem der Zuverlässigkeit in der Elektronik. Automatik (1964) H. 4, 117—121.

[78] Fründt, H. J.: Betriebssicherheit elektronischer Geräte. ETZ Ausg. A (1960) H. 9, 338—341.

[79] Ackmann, W., u. A. Deixler: Die Zuverlässigkeit elektronischer Bauelemente. ETZ Ausg. B (1964) H. 6, 129—133.

[80] Wagenseil, G. O.: Lötlos gewickelte Drahtverbindungen. Die elektrische Ausrüstung (1964) H. 4, 132—134.

[81] Weber, W.: Realisierung von Frequenzkennlinien mit nichtidealen elektrischen Verstärkerelementen. AEG-Mitt. (1962) H. 11/12, 493—497.

[82] Krochmann, E.: Darstellung von Regelkreisen in Block- und Strukturbildern. AEG-Mitt. (1959) H. 1, 46—56.

[83] Kessler, C.: Über die Vorausberechnung optimal abgestimmter Regelkreise, Teil I—III. Regelungstechnik. Teil I (1954) H. 12, 274—281. Teil II (1955) H. 1, 16—22. Teil III (1955) H. 2, 40—49.

[84] Sequenz, H.: Verstärkermaschinen (Amplidyne, Magnicon, Rototrol). Elektrotechnik und Maschinenbau (1952) H. 17, 375—381.

[85] Vafiadis, G.: Die Elektrotechnik an Werkzeugmaschinen. Progressus (1954) H. 4, 66—73.

[86] Nechleba, F.: Die Rapidyne, ein moderner Maschinenverstärker. ETZ (1956) H. 11, 326—329.

[87] Kümmel, F., u. H. Reichmann: Die neuen AEG-Semiduktorantriebe. AEG-Mitt. (1962), H. 3/4, 103—106.

[88] Wattenberg, H., u. H. Winkler: Transduktorantriebe. AEG-Mitt. (1961) H. 11/12, 446—457.

[89] Bielefeld, K. H.: Steuerungs- und Regelungssystem LOGIDYN. AEG-Mitt. (1962) H. 1/2, 14—19.

[90] Anke, K. C. Kessler u. D. Ströle: Das Regelmodell. Siemens-Z. (1957) H. 10/11, 512—516.

[91] Müller, R. K.: Halbleiterdehnmeßstreifen. Elektronik (1963) H. 2, 37—40.

[92] Rio Versari, W.: Meßwert-Wandler, Teil I—III, VI. Automatik (1962). Teil I: H. 5, 177—183. Teil II: H. 6, 221—225. Teil III: H. 8, 303—309. Teil VI: H. 11, 415—419.

[93] Räntsch, K.: Überblick über Wegmeßsysteme für die numerische Steuerung von Werkzeugmaschinen. Maschinenmarkt (1964) H. 63, 19—23.

[94] Eberle, M., u. G. Waibel: Ein analog-absolutes Lagemeßsystem für die numerische Steuerung von Werkzeugmaschinen. Siemens-Zeitschrift (1964) H. 9, 669—672.

[95] Trötscher, O.: Das Multiprismat — ein neuartiges lineares Wegmeßsystem. Industrie-Anzeiger (1964) H. 74, 1547—1549.

[96] MASSBERG, W., u. V. MEYRINGER: Untersuchung des Multiprismats an einer Werkzeugmaschine. Industrie-Anzeiger (1964) H. 74, 1549—1552.

[97] OPITZ, H., H. UHRMEISTER, K. JÜSTEL u. H. BÜRKLIN: Über Weggeber für automatisch gesteuerte Arbeitsmaschinen. Forschungsberichte des Landes Nordrhein-Westfalen (1960) Nr. 811, Köln u. Opladen: Westdeutscher Verlag.

[98] GEYER, W., u. S. WALLER: SINUMERIK — ein Steuerungssystem für die numerische Steuerung von Werkzeugmaschinen. Siemens-Z. (1964) H. 9, 663—668.

[99] FEIST, W.: Rationalisierung durch numerische Steuerungen für Werkzeugmaschinen. Siemens-Z. (1961) H. 8, 567—574.

[100] BREWER, R. C.: Die Wirtschaftlichkeit numerischer Steuerungen. Ingenieur Digest (1963) H. 9, 47—57.

[101] TULLY, H.: Erfahrungen beim praktischen Einsatz von numerisch gesteuerten Werkzeugmaschinen. Maschinenmarkt (1964) H. 53, 19—28.

[102] SIMON, W.: Werkzeugmaschinensteuerungen — Theorie und Praxis einiger Weiterentwicklungen. Werkstatt und Betrieb (1959) H. 11, 793—803.

[103] CORDES, H., u. H. RITSCHERLE: Numerische Punktsteuerung für Werkzeugmaschinen. BBC-Nachr. (1963) H. 4/5, 286—291.

[104] HEROLD, H. H.: Numerische Steuerungen amerikanischer Werkzeugmaschinen. Industrie-Anzeiger (1962) H. 19, 341—346.

[105] BEHRENDT, W.: Dreidimensionale numerische Programmsteuerung für Werkzeugmaschinen und ihre praktische Anwendung in den Vereinigten Staaten von Amerika. Werkstatt und Betrieb (1958) H. 5, 217—222.

[106] JÜSTEL, K.: Wegmessung und Informationsverarbeitung bei numerisch gesteuerten Werkzeugmaschinen. Industrie-Anzeiger (1961) H. 70, 1354—1358.

[107] BOESE, P., E. GÖTZ u. H. G. LOTT: Die numerische Steuerung von Werkzeugmaschinen. Regelungstechnik (1961) H. 3, 93—97.

[108] GOLDSCHE, I.: Die Praxis des Nachformfräsens. Das Industrieblatt (1959) H. 1, 10—17 und (1960) H. 4, 236—245.

[109] HEROLD, H. H.: Untersuchungen an Fühlern für unstetig wirkende Nachformeinrichtungen. Industrie-Anzeiger (1962) H. 46, 1073—1076.

[110] HEROLD, H. H.: Das Verhalten unstetiger elektromechanischer Nachform systeme für Werkzeugmaschinen. Industrie-Anzeiger (1962) H. 46, 1077—1084.

[111] MAGER, T.: Zur numerischen Bahnsteuerung von Werkzeugmaschinen. Automatik (1963) H. 1, 29—32.

[112] MICHAELIS, H.: Interpolation ebener Kurven für die Werkzeugmaschinensteuerung. Regelungstechnik (1963) H. 8, 337—343.

[113] MICHAELIS, H.: Interpolationsverfahren mit natürlichen Polynomen im Hinblick auf die Steuerung von Werkzeugmaschinen. VDI-Z. (1962) H. 35, 1806—1813.

[114] MÜLLER-TRAUT, H.: Über die Anwendung elektronischer Rechenanlagen bei der Programmierung numerisch gesteuerter Werkzeugmaschinen. Werkstattstechnik (1963) H. 4, 161—169.

[115] FEDERN, K., u. H. HACK: Kurbelwellen-Auswuchtwerk mit selbsttätigem Ausgleich. MTZ (1952) H. 5, 121—123.

[116] HÄUSLER, H.: Zielspeichersysteme zur Steuerung des Fertigungsflusses in der Autoindustrie. Automatisierung der Fertigung (1962) H. 1, 25—29.

[117] HÄUSLER, H.: Magnetischer Zielspeicher mit statischer Abfragung durch Hallgeneratoren zur kontaktlosen Steuerung des Fertigungsflusses. Siemens-Z. (1961) H. 1, 45—49.

[118] LEONHARD, W., u. S. WALLER: Digitale Programmregelung für Prüfstände der Kraftfahrzeugindustrie. Siemens-Z. (1961) H. 4, 234—236.

Sachverzeichnis